国家内河航道整治工程技术研究中心系列成果

三峡水库常年回水区水沙输移规律及航道治理技术研究

杨胜发　黄　颖等　著

科学出版社

北　京

内容简介

本书围绕三峡水库常年回水区的泥沙运动规律和航道整治技术，主要开展了以下研究工作：①三峡水库运行十多年来的泥沙冲淤特点研究；②三峡水库悬移质泥沙输移基本规律研究；③三峡水库长河段航道演变数值模拟技术研究；④三峡水库悬移质输移模型试验技术研究；⑤三峡水库典型河段航道治理技术研究。

本书可供水利工程领域研究人员、工程技术人员、研究生等参考使用。

图书在版编目(CIP)数据

三峡水库常年回水区水沙输移规律及航道治理技术研究 / 杨胜发，黄颖等著. —北京：科学出版社，2015.6

ISBN 978-7-03-045101-9

Ⅰ.①三…　Ⅱ.①杨…　②黄…　Ⅲ.三峡水利工程-水库泥沙-研究　②长江-航道整治-研究　Ⅳ.①TV145　②TV882.2　③U617

中国版本图书馆 CIP 数据核字（2015）第 137493 号

责任编辑：杨　岭　朱小刚 / 责任印制：余少力

责任校对：葛茂香 / 封面设计：墨创文化

科学出版社出版

北京东黄城根北街16号

邮政编码：100717

http://www.sciencep.com

四川煤田地质制图印刷厂印刷

科学出版社发行　各地新华书店经销

*

2015年6月第 一 版　开本：787×1092 1/16

2015年6月第一次印刷　印张：23 3/4　插页：52 面

字数：550 千字

定价：130.00 元

前　言

三峡工程是世界上最大的水利工程，总库容为 393×10^8 m^3，在防洪、发电和航运方面都发挥了巨大的作用。三峡工程的泥沙问题是其运行的关键，自论证阶段起相关研究人员就开始研究，如清华大学、南京水利科学研究院、长江科学院等开展了大量的泥沙模型试验和数值模拟研究，为三峡水库的修建和运行提供了关键的技术支撑。三峡水库于 2003 年蓄水运行后，由于上游来沙条件发生了较大变化，库区泥沙淤积呈现新的态势。2003—2013 年库区总淤积量约为 15×10^8 t，其中常年回水区淤积约 14×10^8 t，淤积主要分布在常年回水区，以“点”淤积为主，重点淤积区为宽谷河段和弯道河段，25％的河段内淤积了超过 70％的泥沙。三峡水库按 175 m 方案蓄水时，常年回水区全部属于深水航道，航道等级为Ⅰ级，被认为是三峡工程航运效益最好的区段。然而，三峡水库运行十多年来，超过 90％的泥沙淤积在常年回水区内，淤积强度较大的滩险主要是梅溪河口、皇华城、兰竹坝、凤尾坝、土脑子，其中皇华城河段已经出现航槽易位，新航槽上、下行船舶航线的通视性较差，有严重的安全隐患。其他河段每年淤积幅度仍然较大，严重影响了三峡水库常年回水区的高等级航道建设。

本书紧密围绕三峡水库工程实际，以研究基础理论为根本，以研发原创技术为核心，以解决航道治理难题为目标，将理论分析、原型观测、模型试验、数值模拟等研究手段相结合，对三峡水库的泥沙输移和航道整治进行全面、系统、深入的研究，以期保证长江干线高等级航道的畅通，促进国家战略“依托长江黄金水道，打造长江经济带”的实施。

本书共 8 章，取自“十二五”国家科技支撑计划课题——三峡水库常年回水区航运工程建设关键技术研究(课题编号：2011BAB09B01)。

本书编写人员包括杨胜发、黄颖、李文杰、肖毅、王涛、童思陈、李丹勋、胡江、付旭辉和张鹏，具体分工如下：

第 1 章为绪论，执笔人为杨胜发，黄颖；

第 2 章论述三峡成库初期水沙条件变化及水库调度，执笔人为王涛，黄颖，肖毅；

第 3 章分析三峡库区航道泥沙冲淤特点及变化，执笔人为肖毅，杨胜发，王涛；

第 4 章研究三峡水库泥沙输移规律，执笔人为李文杰，杨胜发，李丹勋，张鹏；

第 5 章开发三峡水库长河段航道演变数值模拟技术，执笔人为童思陈，李文杰，胡江，付旭辉；

第 6 章研发基于原型沙的水库物理模型冲淤模拟技术，执笔人为李文杰，杨胜发，胡江，付旭辉；

第 7 章介绍三峡库区急弯分汊河段航道治理技术及应用，执笔人为杨胜发，李文杰，王涛，黄颖；

第 8 章是全书的结论，执笔人为杨胜发，黄颖。

本书仅是作者对三峡水库运行十多年来水沙运动规律及航道整治技术的初步认识，由于水平有限，书中难免有不妥之处，敬请指正。

目　录

第1章 绪 论

1.1 研究背景

内河航运是国家战略性基础产业，是综合运输体系的重要组成部分，是实现经济社会可持续发展的重要战略资源。内河航运具有占地少、运能大、运距长、能耗小、成本低、污染轻的优势。长江是自西向东连接西部欠发达地区与东部发达地区的内河运输大通道，长江经济带横跨我国东、中、西三大区域，覆盖上海、江苏、浙江、安徽、江西、湖北、湖南、重庆、贵州、四川、云南11省(市)，流域面积约180万平方公里，人口和生产总值均占全国的40%以上，具有独特优势和巨大发展潜力。改革开放以来，长江经济带已发展成为我国综合实力最强、战略支撑作用最大的区域之一。2014年国务院出台了《关于依托黄金水道推动长江经济带发展的指导意见》(国发〔2014〕39号)，明确指出充分发挥长江运能大、成本低、能耗少等优势，加快推进长江干线航道系统治理，整治浚深下游航道，有效缓解中上游瓶颈，改善支流通航条件，优化港口功能布局，加强集疏运体系建设，发展江海联运和干支直达运输，打造畅通、高效、平安、绿色的黄金水道。

长江三峡工程是长江黄金水道的重要节点，自2003年6月1日蓄水以来，带来了巨大的防洪、发电和航运效益。三峡水库总库容393×10^8 m^3，防洪库容221×10^8 m^3，平衡淤积总量165×10^8 m^3。2003年6月至2006年8月为蓄水期，(库水位为135(汛期)～139 m(非汛期)；2006年9月至2008年9月，库水位按144(汛期)～156 m(非汛期)方式运行；2008年9月开始，三峡水库按175 m试验性蓄水方式运行，汛期水位按145 m运行，非汛期蓄水位升至175 m，回水末端位于江津。水库按照145～175 m蓄水方式运行，库区从大坝至江津总长668 km，其中常年回水区为大坝至长寿河段，长535 km。三峡水库蓄水以后，由于坝前水位的抬高，库区干流水深随之提升，水流流速减缓，比降降低，挟沙能力减小，将不可避免地造成泥沙淤积。2003—2013年库区总淤积量约为15×10^8 t，其中常年回水区淤积约14×10^8 t。三峡水库泥沙主要淤积在常年回水区，以“点”淤积为主，其中25%的河段内淤积了超过70%的泥沙，其淤积分布与断面形态和平面形态关系密切，重点淤积区主要在宽谷河段和弯道河段，淤积强度和速率都较大。

三峡水库按175 m方案蓄水时，常年回水区全部属于深水航道，航道等级为Ⅰ级，被认为是三峡工程航运效益最好的区段。然而，三峡水库运行十多年来，超过90%的泥沙淤积在常年回水区内，淤积强度较大的滩险主要是梅溪河口、皇华城、兰竹坝、凤尾坝、土脑子，其中皇华城河段已经出现航槽易位，新航槽上下行船舶航线的通视性较差，有严重的安全隐患。其他河段每年淤积幅度仍然较大，严重影响了三峡常年回水区的高等级航道建设。为保证长江干线高等级航道畅通的要求，亟须开展三峡常年回水区泥沙淤积和航道治理研究。

1.2　研究目标及技术路线

本书的核心目标是，通过对三峡水库常年回水区航运工程关键技术的科技攻关和技术创新，明确三峡水库航道泥沙冲淤特点及变化规律，突破三峡库区悬移质输移规律，形成河道型水库航道演变一维、二维嵌套数值模拟技术和三峡水库常年回水区航道治理技术，达到三峡水库常年回水区 488 km 航道设计水深保持 4.5 m，航道每年维护疏浚量减少 20%～30%。

主要的研究目标包括以下 5 个方面：

(1)分析三峡成库初期的水沙变化和水库调度方式，依据实测资料探讨三峡库区航道内的泥沙冲淤特点及变化规律。

(2)通过系统的原型观测和室内试验，探索库区湍流运动规律和泥沙输移规律，建立适用于三峡库区航道演变的数学方程。

(3)基于新的库区航道演变数学方程，建立数值模型，模拟库区航道的泥沙冲淤过程，并预测演变趋势。

(4)研发适用于三峡库区细颗粒泥沙冲淤的物理模型模拟技术，建立皇华城河段的物理模型。

(5)提出三峡库区急弯分汊河段的航道整治技术和绿色施工技术，并在典型河段应用。

为实现上述目标，分别进行专题研究，总体思路如图 1-1 所示。

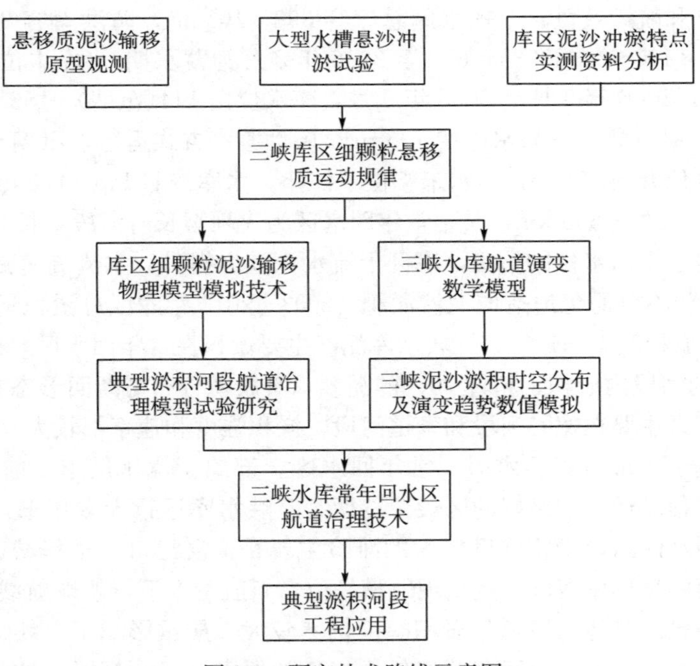

图 1-1　研究技术路线示意图

1.3 主要研究内容

1.3.1 库区深水悬移质泥沙原型观测及航道演变规律研究

(1)大规模悬移质输移原型观测。根据实测水沙资料分析三峡常年库区流量沙量的传播规律以及原型布测时间差异性。在清溪场—大坝之间布置约 30 个原型观测断面，每个断面布置 3～5 个测点，每个测点采取 5 点法取悬移质运动沙样并测量流速。在实验室分析每个沙样的粒径级配及含沙量。

(2)三峡水库建库以来的航道演变规律研究。根据三峡水库蓄水后 2003—2010 年的实测河床变形资料，对三峡库区重点淤积区和淤沙浅滩的航道演变规律进行研究。

通过上述研究，探索三峡库区深水悬移质泥沙沿水深分布规律、三峡水库泥沙淤积时空分布及航道演变趋势。

1.3.2 三峡水库泥沙输移规律及模拟技术研究

(1)大水压力下泥沙起动试验、泥沙沉降试验、泥沙冲淤试验。在三峡典型淤积河段进行淤积物采样，在实验室建立大水压力下泥沙起动试验系统、泥沙沉降试验系统，全面研究三峡水库泥沙输移规律。

(2)库区细颗粒泥沙输移物理模型。拟采用悬移质起动、沉降概化模型试验，研究库区细颗粒泥沙运动的相似比尺，为典型淤积河段的泥沙模型设计提供依据。建立典型淤积河段的概化模型，使其能反映三峡常年回水区典型的河床平面形态。

(3)三峡水库航道演变数学模型。建立适合三峡水库淤积特点和航道变化的一维、二维嵌套数学模型。根据 2003—2010 年的实测河床变形资料进行验证，并预测三峡水库泥沙淤积形态和航道演变趋势。

通过上述研究，探索三峡水库建库以来的航道演变规律，研发适合三峡水库淤积特点和航道变化的一维、二维嵌套数值模拟技术及物理模型模拟技术。

1.3.3 三峡水库常年回水区航道治理关键技术研究

(1)典型淤积河段航道治理动床物理模型试验研究。选取皇华城河段作为典型淤积碍航河段，建立长江干流莱园沱(距坝里程 370.6 km)至贯口(距坝里程 347.2 km)的动床物理模型，模拟河段长约 23.4 km，直线长度为 12.5 km。主要研究内容有悬移质泥沙的起动、输移、沉降和再悬浮，泥沙淤积和冲刷的横向分布规律，不同蓄水期悬移质泥沙淤积部位、淤积强度、颗粒级配，各种水流条件下的航道参数及持续时间。针对皇华城河段出现的碍航问题，研究整治和维护方案。

(2)三峡水库常年回水区航道治理研究。根据三峡水库泥沙淤积时空分布及航道演变趋势，建立重点碍航河段的二维数学模型，研究其航道整治和维护方案，以及深水航道整治建筑物结构形式和疏浚方法。

(3)三峡水库绿色航道施工技术。从保护三峡库区水环境，用好库区水资源角度出发，对疏浚航道淤积泥沙的弃放位置需重点研究。主要研究典型河段污染物在水域中的混合、扩散、沉积过程，在典型淤积河段泥沙模型的基础上，建立污染物在泥沙沉降过程的吸附模型，通过对周期性水力扰动情况下泥沙对污染物的吸附效果及吸附量的研究，建立污染物降解/释放模型，揭示水体中污染物-悬浮物的相互作用机制及迁移行为，从而预测典型断面疏浚过程对于污染物重新释放回自然水体的影响，确定疏浚航道淤积泥沙的弃放位置。

通过上述研究，提出三峡水库常年回水区航道治理技术、三峡水库绿色航道施工技术，并依托三峡水库长寿-大坝河段的航道整治和维护工程，实现三峡水库常年回水区488 km航道设计水深保持4.5 m，航道每年维护疏浚量减少20％～30％。

第 2 章　三峡成库初期水沙条件变化及水库调度

2.1　三峡入库水沙变化

三峡水库成库以来，在 2003—2008 年间实施了 135～139 m 和 144～156 m 蓄水方案，其回水末端分别在涪陵李渡和铜锣峡下口；自 2008 年 9 月 28 日水库实施 175 m 试验性蓄水后，回水末端上延至重庆江津红花碛附近，寸滩站水沙特性受蓄水影响明显，因此以长江干流朱沱站(距三峡大坝约 757 km，集水面积为 694725 km^2)、嘉陵江北碚站(距河口约 53 km，集水面积为 156736 km^2)和乌江武隆站作为三峡入库控制站，采用朱沱+北碚+武隆的水沙资料代表入库水沙条件；将宜昌水文站作为三峡水库的出库控制站，其水沙条件代表出库水沙条件，如图 2-1 所示。本节将依据 2002 年蓄水前、2003—2008 年初期蓄水阶段及 2008—2013 年试验性蓄水阶段的水沙实测资料，分析三峡水库运行十多年来的水沙条件变化态势。

2.1.1　径流量变化

1. 径流量时空变化

根据北碚、武隆、朱沱、寸滩各站及三峡入库(朱沱+北碚+武隆)蓄水前(2003 年以前)多年平均、2003—2008 年多年平均、2008—2012 年多年平均的径流总量变化态势(表 2-1)，分析长江上游径流量的时空变化特点。

表 2-1　三峡上游干支流主要控制站年均径流量变化　　单位：10^8 m^3

时段＼水文站	北碚	武隆	朱沱	寸滩	朱沱+北碚+武隆
1990 年前	701.0	489.9	2686.5	3509.3	3877.4
1991—2002 年	540.6	518.7	2696.2	3372.5	3755.6
2003—2008 年	610.0	431.3	2531.0	3233.2	3572.3
2008—2012 年	606.1	413.4	2515.2	3326.6	3534.7
2008 年	586.4	491.5	2751.0	3425.0	3828.9
2009 年	672.0	361.0	2431.0	3229.0	3464.0
2010 年	762.4	415.1	2544.0	3400.0	3721.5
2011 年	767.1	314.0	1934.0	2816.0	3015.1
2012 年	758.1	485.3	2916.0	3763.0	4159.4

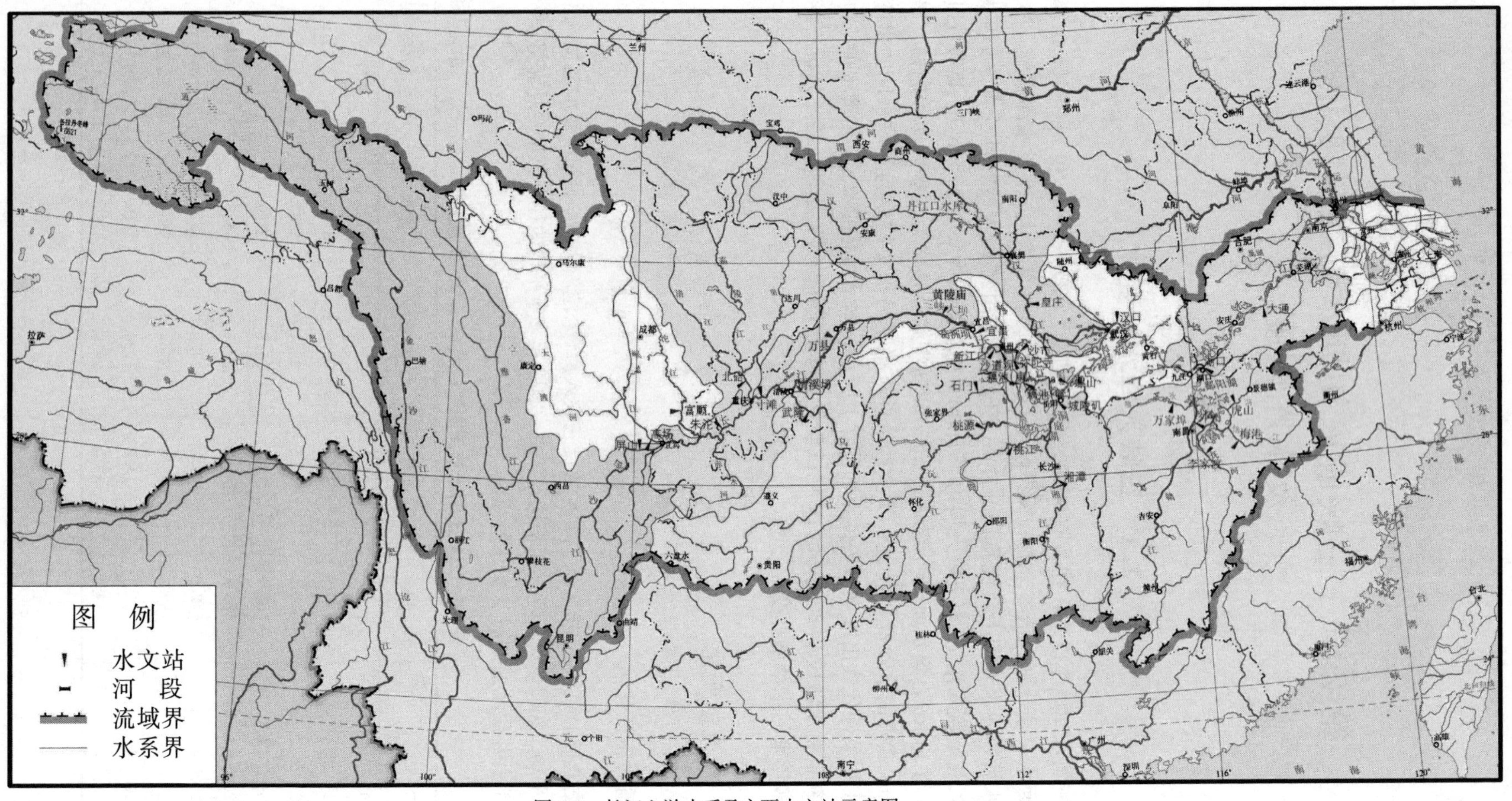

图 2-1　长江上游水系及主要水文站示意图

1)径流量随时间变化

长江上游主要水文站1990年以前的年平均经流量、三峡入库蓄水以前多年(1990—2002年)平均径流量、2003—2008年平均径流量以及2008—2012年平均径流量对比变化如图2-2所示；2008—2012年各年径流量的变化如图2-3所示。

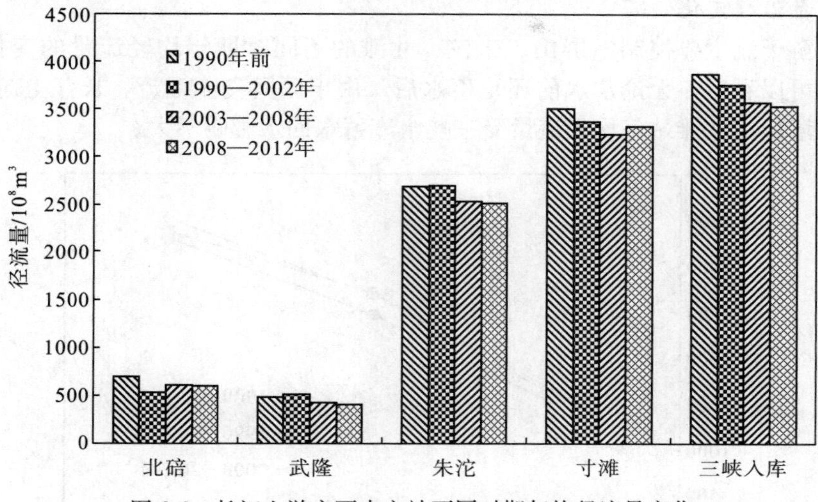

图 2-2　长江上游主要水文站不同时期年均径流量变化

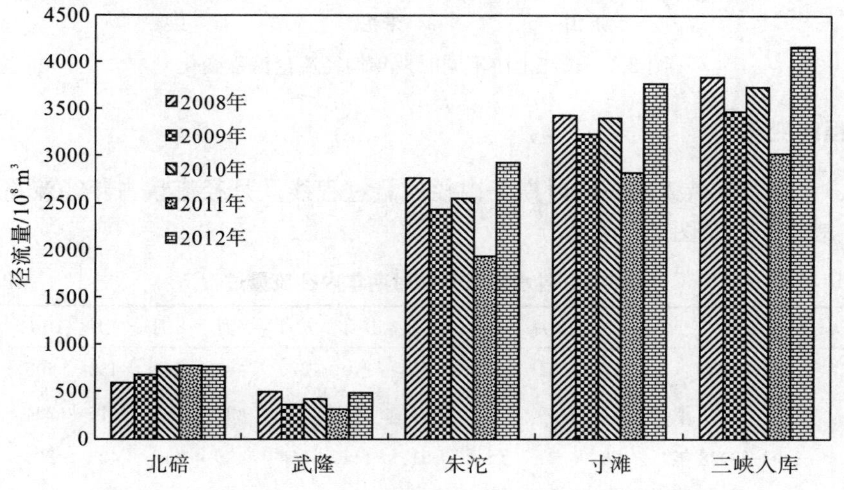

图 2-3　长江上游主要水文站 2008—2012 年年均径流量变化

(1)2003—2008年，长江上游各水文站的年均径流量和三峡入库年均径流量较1990年前均偏枯，范围为5%～13%，其中三峡入库径流量偏枯8%左右。与1990—2002年相比，除北碚站外，其他三站的年均径流量和三峡入库年均径流量偏枯4%～17%，其中三峡入库径流量偏枯5%左右。

(2)2008—2012年，除北碚站外，其他三站的年均径流量和三峡入库年均径流量较1990年前偏枯5%～16%，其中三峡入库径流量偏枯9%左右。与1990—2002年相比，除北碚站外，其他三站的年均径流量和三峡入库年均径流量偏枯1%～20%，其中三峡入库径流量偏枯6%左右。

(3)2008—2012 年各水文站年径流总量丰、枯基本一致，年际间由于水文过程的随机性有大有小，无趋势性变化。

综上所述，与 2003—2008 年初期蓄水期相比，三峡水库试验性蓄水以来(2008—2012 年)入库年均径流量变化不大，入库水量基本相当。

2)径流量沿程变化

长江上游干流主要控制站屏山、朱沱、寸滩的不同时期年均径流量的变化如图 2-4 所示。由图可以看出，无论蓄水前还是蓄水后，由于区间支流汇流，长江上游干流径流量基本沿程增加；寸滩站年均径流量受三峡水库蓄水回水影响不大。

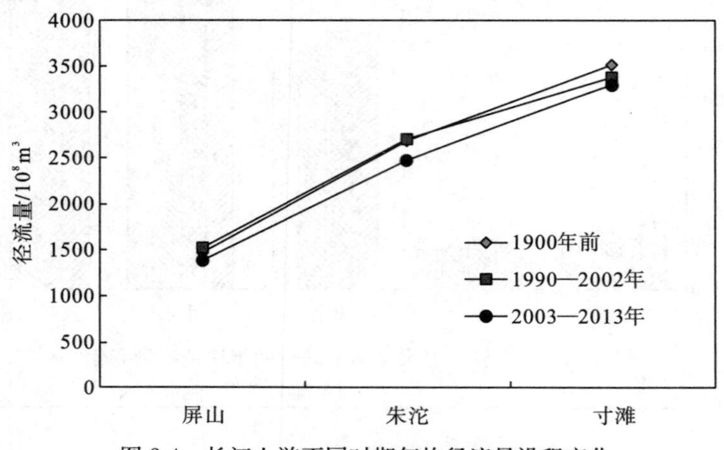

图 2-4 长江上游不同时期年均径流量沿程变化

2. 径流过程的变化

朱沱、寸滩及三峡入库不同时期年内径流量过程线及月径流量占年径流量的百分比如表 2-2、表 2-3 以及图 2-5 所示。

表 2-2 各水文站不同时期年内径流量过程 单位：10^8 m^3

控制站	时段	1月	2月	3月	4月	5月	6月	7月	8月	9月	10月	11月	12月
朱沱站	1990 年前	77	64	70	84	140	270	486	494	432	305	161	104
	1990—2002 年	81	69	75	94	145	285	491	500	416	284	154	104
	2003—2008 年	86	71	84	91	144	264	435	418	426	265	146	102
	2008—2012 年	91	71	85	92	137	231	480	451	362	262	153	101
寸滩站	1990 年前	90	73	83	114	204	345	660	628	580	398	201	124
	1990—2002 年	95	78	90	121	203	367	634	616	498	354	191	124
	2003—2008 年	105	85	104	118	191	331	583	516	532	359	182	127
	2008—2012 年	113	88	107	124	194	299	656	590	512	325	196	121
三峡入库	1990 年前	100	83	99	144	262	429	707	637	609	420	217	136
	1990—2002 年	107	91	107	148	244	443	719	666	506	368	205	135
	2003—2012 年	122	95	117	141	260	365	854	590	585	385	198	141

表 2-3　各水文站不同时期各月径流量占年径流量的百分比　单位：%

控制站	时段	1月	2月	3月	4月	5月	6月	7月	8月	9月	10月	11月	12月
朱沱站	1990 年前	2.86	2.36	2.61	3.13	5.22	10.06	18.08	18.39	16.07	11.37	5.98	3.88
	1990—2002 年	3.00	2.55	2.78	3.49	5.39	10.57	18.19	18.52	15.41	10.53	5.70	3.86
	2003—2008 年	3.41	2.79	3.30	3.60	5.70	10.44	17.17	16.50	16.83	10.47	5.77	4.01
	2008—2012 年	3.63	2.82	3.37	3.65	5.46	9.17	19.08	17.92	14.37	10.43	6.09	4.00
寸滩站	1990 年前	2.58	2.09	2.38	3.26	5.84	9.87	18.85	17.94	16.56	11.36	5.73	3.54
	1990—2002 年	2.82	2.33	2.68	3.59	6.03	10.89	18.81	18.28	14.76	10.49	5.67	3.67
	2003—2008 年	3.24	2.62	3.22	3.64	5.90	10.23	18.04	15.97	16.46	11.10	5.63	3.94
	2008—2012 年	3.39	2.64	3.21	3.74	5.82	8.98	19.75	17.75	15.40	9.78	5.91	3.63
三峡入库	1990 年前	2.60	2.16	2.58	3.75	6.82	11.16	18.40	16.58	15.85	10.93	5.65	3.54
	1990—2002 年	2.86	2.43	2.86	3.96	6.53	11.85	19.23	17.81	13.53	9.84	5.48	3.61
	2003—2012 年	3.17	2.47	3.04	3.66	6.75	9.47	22.16	15.31	15.18	9.99	5.14	3.66

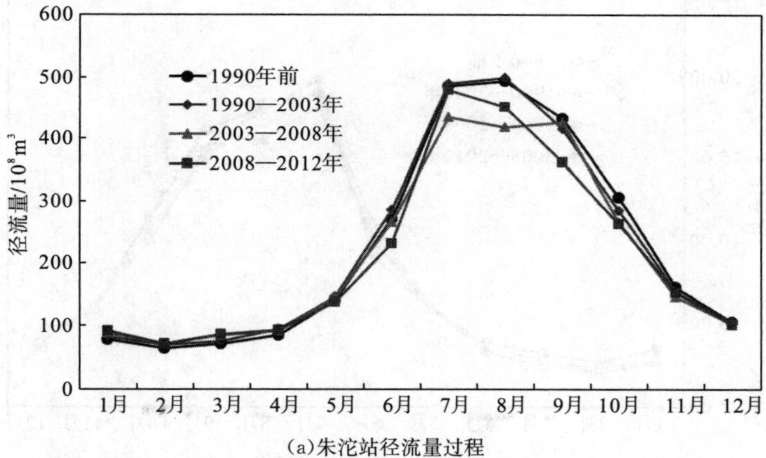

(a)朱沱站径流量过程

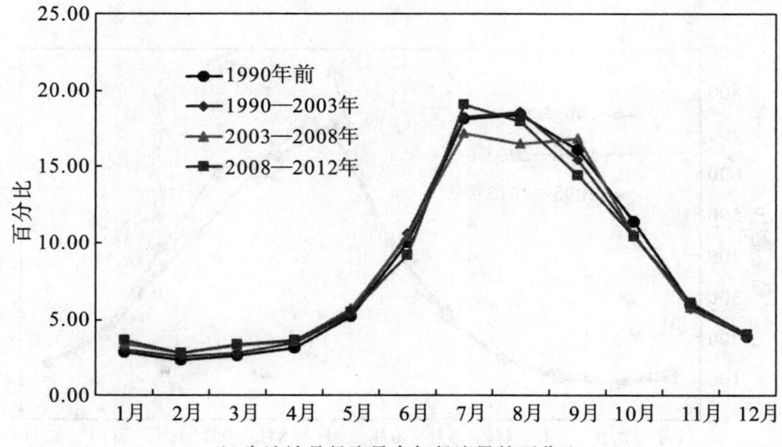

(b)朱沱站月径流量占年径流量的百分比

图 2-5　朱沱、寸滩及三峡入库不同时期年内径流量过程线及月径流量占年径流量的百分比

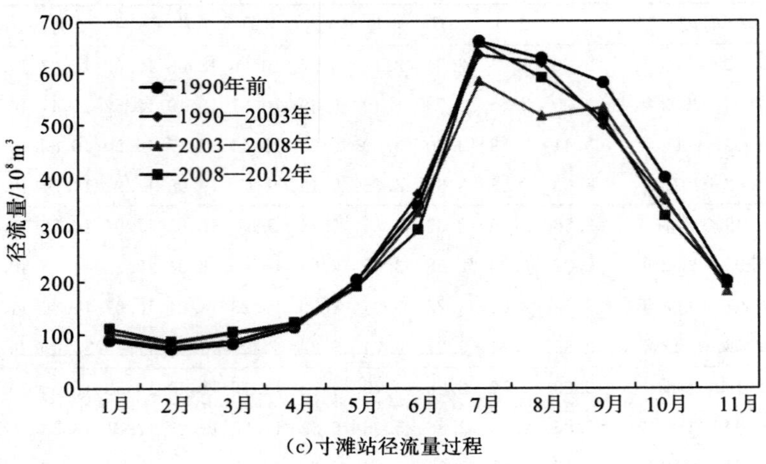

(c)寸滩站径流量过程

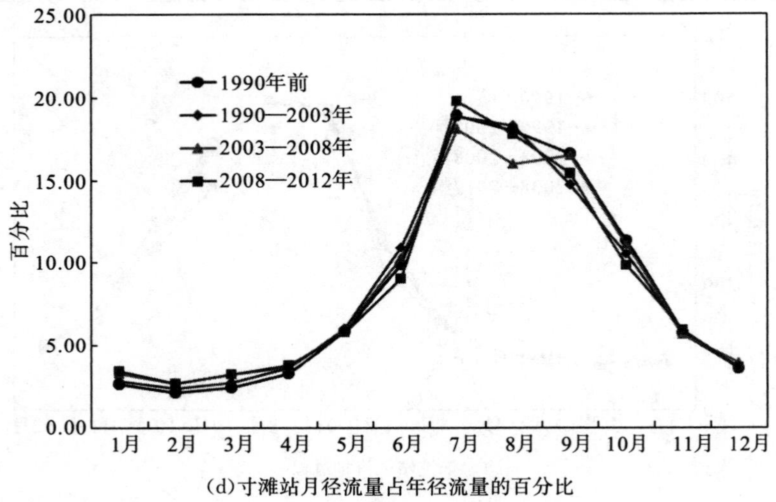

(d)寸滩站月径流量占年径流量的百分比

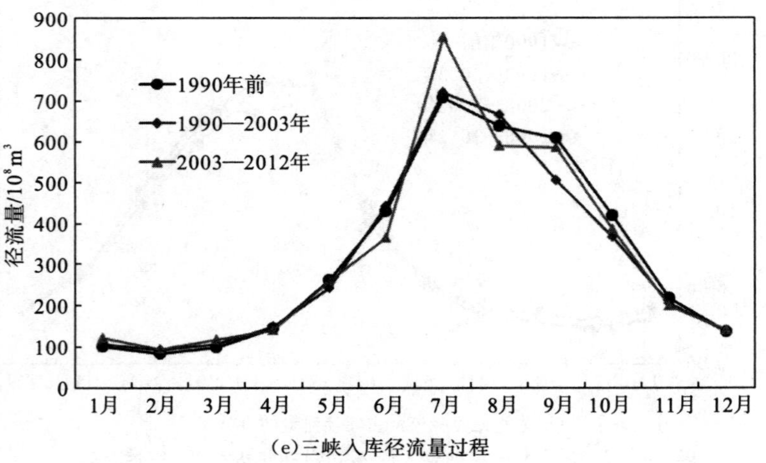

(e)三峡入库径流量过程

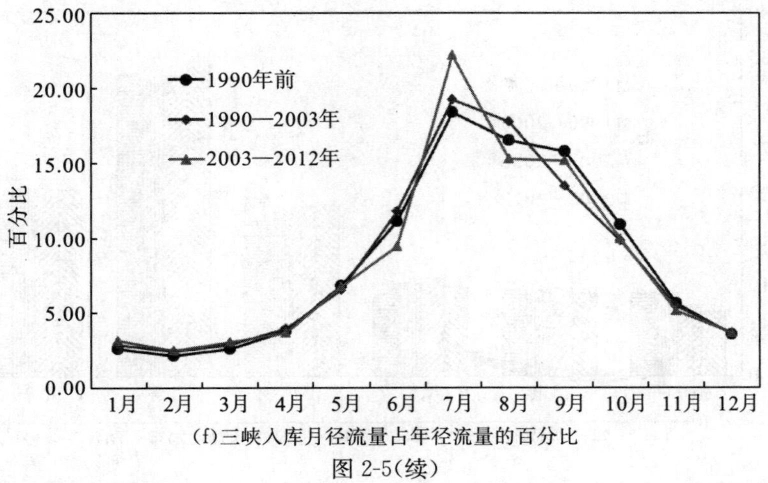

(f)三峡入库月径流量占年径流量的百分比

图 2-5(续)

朱沱、寸滩及三峡入库枯水期(1～3 月)、汛前(4～5 月)、汛期(6～9 月)、汛后(10～12 月)径流量占年径流量的百分比如表 2-4 及图 2-6 所示。

表 2-4　朱沱、寸滩和三峡入库汛期、非汛期径流量百分比　单位:%

控制站	时段	枯水期	汛前	汛初	主汛期	汛末	汛后
朱沱站	1990 年前	7.84	8.35	10.06	18.08	34.46	21.22
	1990—2003 年	8.34	8.88	10.57	18.19	33.94	20.09
	2003—2008 年	9.50	9.30	10.44	17.17	33.32	20.26
	2008—2012 年	9.82	9.12	9.17	19.08	32.29	20.52
寸滩站	1990 年前	7.05	9.10	9.87	18.85	34.50	20.64
	1990—2003 年	7.82	9.61	10.89	18.81	33.04	19.83
	2003—2008 年	9.08	9.54	10.23	18.04	32.43	20.68
	2008—2012 年	9.24	9.57	8.98	19.75	33.15	19.31
三峡入库	1990 年前	7.34	10.56	11.16	18.40	32.42	20.11
	1990—2003 年	8.16	10.48	11.85	19.23	31.35	18.94
	2003—2012 年	8.67	10.41	9.47	22.16	30.50	18.79

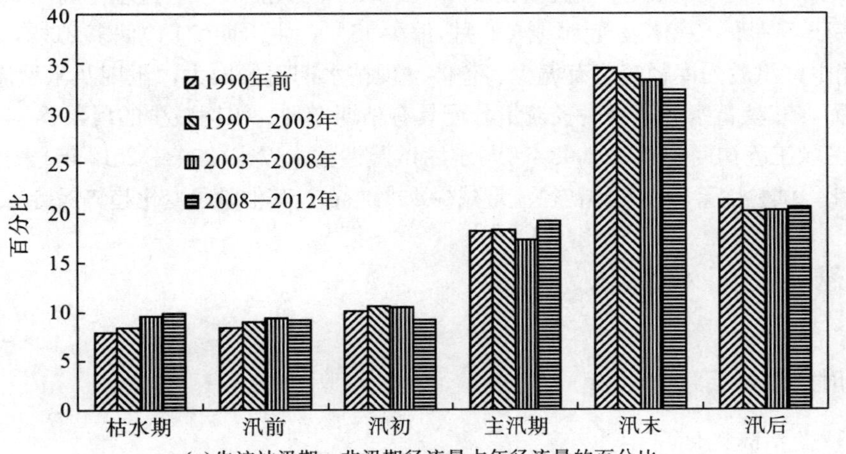

(a)朱沱站汛期、非汛期径流量占年径流量的百分比

图 2-6　朱沱、寸滩、三峡入库汛期、非汛期径流量占年径流量的百分比

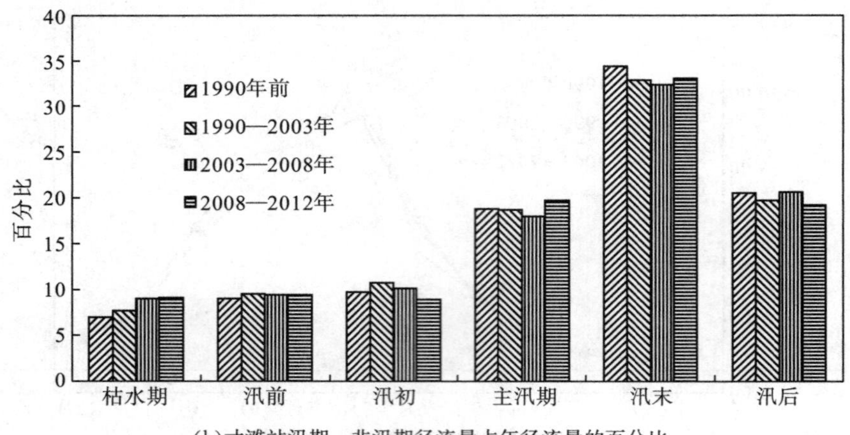

(b)寸滩站汛期、非汛期径流量占年径流量的百分比

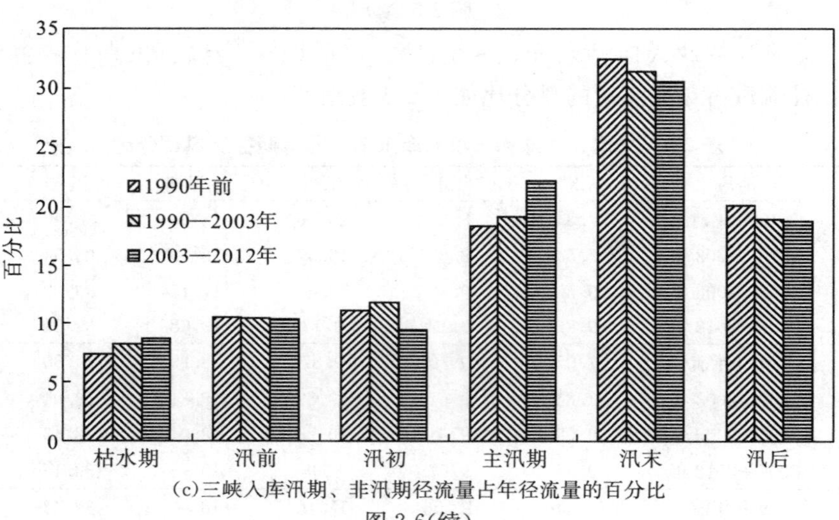

(c)三峡入库汛期、非汛期径流量占年径流量的百分比

图 2-6(续)

由上述图表可知，与1990年前均值相比，三峡水库蓄水后，三峡入库径流基本持平，其中枯水期(1～3月)三峡入库径流量偏多15%～20%；汛前(4～5月)基本持平；汛期(6～9月)变化特征不一致，总体表现为汛初(6月)偏少15%，主汛期(7月)偏多21%，汛末(8～9月)略有偏少；汛后入库径流略有偏少。整体呈现枯水期流量偏大，汛期及汛后流量偏小的态势。因而，三峡蓄水后，年内径流量分配具有枯期增加、汛期减少的现象。

对比三峡工程初期(2003—2008年)与水库试验性蓄水以来(2008—2012年)朱沱、寸滩站径流比变化，试验性蓄水以来汛初径流量减少13%左右，其他阶段变化趋势保持一致。

2.1.2　悬移质输沙量变化

1. 输沙量时空变化

1)输沙量年际变化

三峡水库蓄水以来悬移质输沙量呈现整体减少趋势。2003—2012年三峡入库年均输沙量为 2.03×10⁸ t，较 1990 年前均值减小 58%，较 1991—2002 年均值减小 42%。沙量减幅最大的是乌江和嘉陵江，武隆站和北碚站年均输沙量分别为 570×10⁸ t 、0.292×10⁸ t，与 1990 年前相比，输沙量分别减少 81%、78%。

在进入 175 m 试验性蓄水期后，2008—2012 年三峡年均悬移质输沙量为 1.83×10⁸ t，较 1990 年前均值减小 62%，较 1990—2003 年均值减小 48%，如表 2-5 及图 2-7 所示。

表 2-5　三峡入库控制站年均输沙量变化

项目	系列	长江 朱沱	嘉陵江 北碚	长江 寸滩	乌江 武隆	三峡入库 朱沱+北碚+武隆
流域面积/10^4 km^2		69.5	15.6	86.7	8.3	93.4
输沙量/10^4 t	1990 年前	31600	13400	46100	3040	48040
	1990—2003 年	29300	3720	33700	2040	35060
	2003—2012 年	16776	2915	18666	570	20261
含沙量/(kg/m^3)	1990 年前	1.19	1.9	1.31	0.61	1.24
	1990—2003 年	1.14	0.75	1.06	0.411	0.939
	2003—2012 年	0.665	0.442	0.569	0.135	0.562

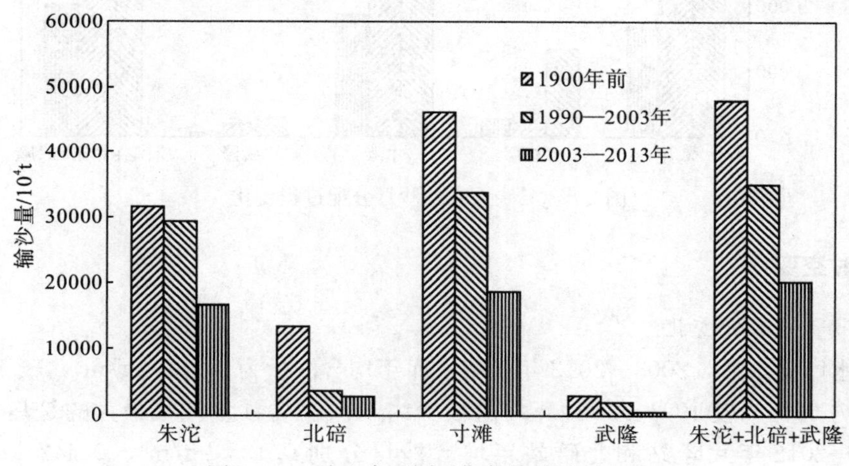

图 2-7　三峡入库不同时期年均输沙量变化

2）输沙量沿程变化

由表 2-5 可知，1990 年前，朱沱站的年均输沙量为 3.16×10⁸ t，寸滩站的年均输沙量为 4.61×10⁸ t，寸滩站的年均输沙量约为朱沱站的 1.5 倍；1990—2003 年，朱沱站的年均输沙量减少到 2.93×10⁸ t，寸滩站的年均输沙量减少到 3.37×10⁸ t，寸滩站的年均输沙量约为朱沱站的 1.2 倍；三峡蓄水后，朱沱站的年均输沙量为 1.6776×10⁸ t，寸滩站的年均输沙量为 1.8666×10⁸ t，寸滩站的年均输沙量约为朱沱站的 1.1 倍。

2. 输沙过程变化态势

悬移质输沙量分配具有枯水期变化不大、汛期明显减少的特征。与 1990 年前均值相比，三峡水库蓄水后，三峡入库沙量总体呈现减少态势，其中 1～3 月入库沙量变化不大，4～12 月三峡水库入库沙量大幅减少，最大减少月份为 5 月，减少幅度约为 77%，汛期减小幅度也在 40%～70%之间，沙量减少十分明显，如表 2-6 和图 2-8 所示。

表 2-6 三峡蓄水以来入库输沙量与往年对比

项目		1 月	2 月	3 月	4 月	5 月	6 月	7 月	8 月	9 月	10 月	11 月	12 月	全年
输沙量/10^4 t	多年平均	39	26	41	237	1300	4910	13400	10400	7560	2230	380	83	40606
	1956—1990 年	37	25	42	294	1770	5980	15600	12200	9370	2750	383	84	48535
	1991—2002 年	41	30	36	194	722	4470	11800	9970	5530	1820	421	93	35127
	2003—2012 年	51	27	46	82	400	1650	9065	4125	4475	969	203	45	21138

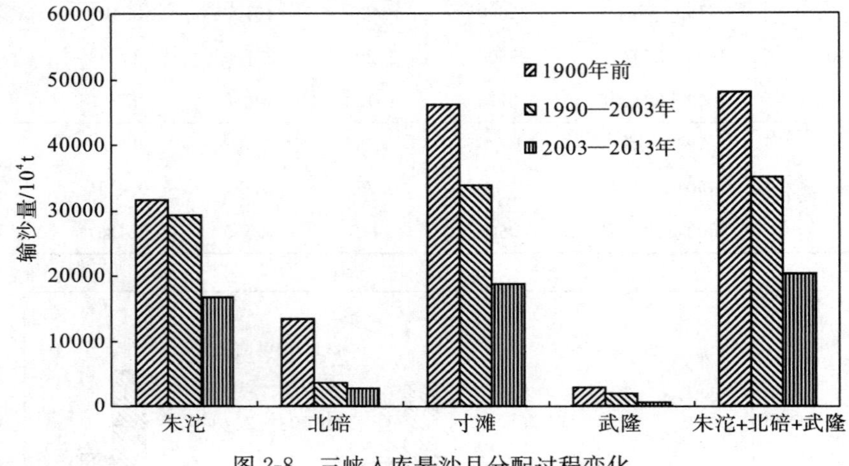

图 2-8 三峡入库悬沙月分配过程变化

3. 含沙量时空变化

1)含沙量随时间变化

三峡水库蓄水后，2003—2012 年三峡入库年均含沙量为 0.562 kg/m³，较 1990 年前均值减少约 55%，较 1991—2002 年均值减少约 40%。含沙量减幅最大的是乌江和嘉陵江，2003—2012 年武隆站和北碚站年均含沙量分别 0.135 kg/m³、0.442 kg/m³，与 1990 年前相比，含沙量分别减少约 78%、77%，见表 2-5。

2)含沙量沿程变化

1990 年前，长江上游水文控制站朱沱站和寸滩站的年均含沙量分别为 1.19 kg/m³、1.31 kg/m³；1990—2003 年，含沙量具有沿程减少的趋势，其中朱沱站的年均含沙量为 1.14 kg/m³，寸滩站的年均含沙量为 1.06 kg/m³，寸滩站的年均含沙量为朱沱站的 0.93 倍。三峡工程蓄水以来(2003—2013 年)，含沙量沿程继续减少，朱沱站的年均含沙量为 0.665 kg/m³，寸滩站的年均含沙量为 0.59 kg/m³，寸滩站年均含沙量仅为朱沱站的 0.86 倍。

4. 悬沙级配变化

三峡蓄水后，2003—2012 年朱沱站悬移质中值粒径为 0.010 mm，小于 1987—2002

年的 0.012 mm，粒径大于 0.1 mm 的颗粒含量也由 1987—2002 年的 11.00%减少到 10.80%(表 2-7)，说明在沙量大幅减少的同时，入库悬沙粒径变细，细颗粒泥沙入库比重增大(图 2-9)。

表 2-7　朱沱、北碚、寸滩、武隆悬沙级配和中值粒径变化

站名	各粒径级沙重百分数/%		中值粒径/mm	统计时间
	0.05 mm<d<0.1 mm	d≥0.1 mm		
朱沱	8.60	11.00	0.012	1987—2002 年
	7.20	5.20	0.010	2011 年
	9.70	10.73	0.010	2003—2011 年
	9.12	11.32	0.011	2012 年
	9.64	10.80	0.010	2003—2012 年
北碚	5.00	6.20	0.008	1987—2002 年
	6.85	5.57	0.010	2011 年
	5.08	6.29	0.008	2003—2011 年
	6.85	5.57	0.010	2012 年
	5.28	6.21	0.008	2003—2012 年
寸滩	8.30	10.30	0.011	1987—2002 年
	5.35	4.35	0.010	2011 年
	6.23	7.19	0.009	2003—2011 年
	6.89	6.89	0.010	2012 年
	6.30	7.16	0.009	2003—2012 年
武隆	4.80	5.90	0.007	1987—2002 年
	6.67	3.63	0.010	2011 年
	5.71	4.84	0.007	2003—2011 年
	6.50	3.09	0.010	2012 年
	5.80	4.65	0.007	2003—2012 年

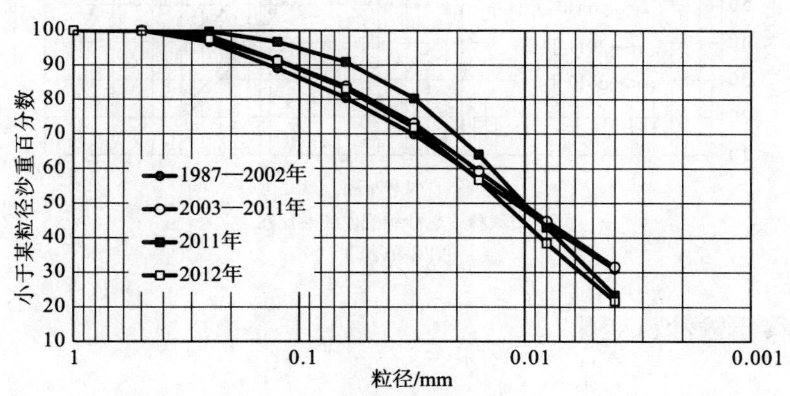

(a)朱沱站悬沙级配曲线对比图

图 2-9　朱沱、北碚、寸滩、武隆悬沙级配曲线对比图

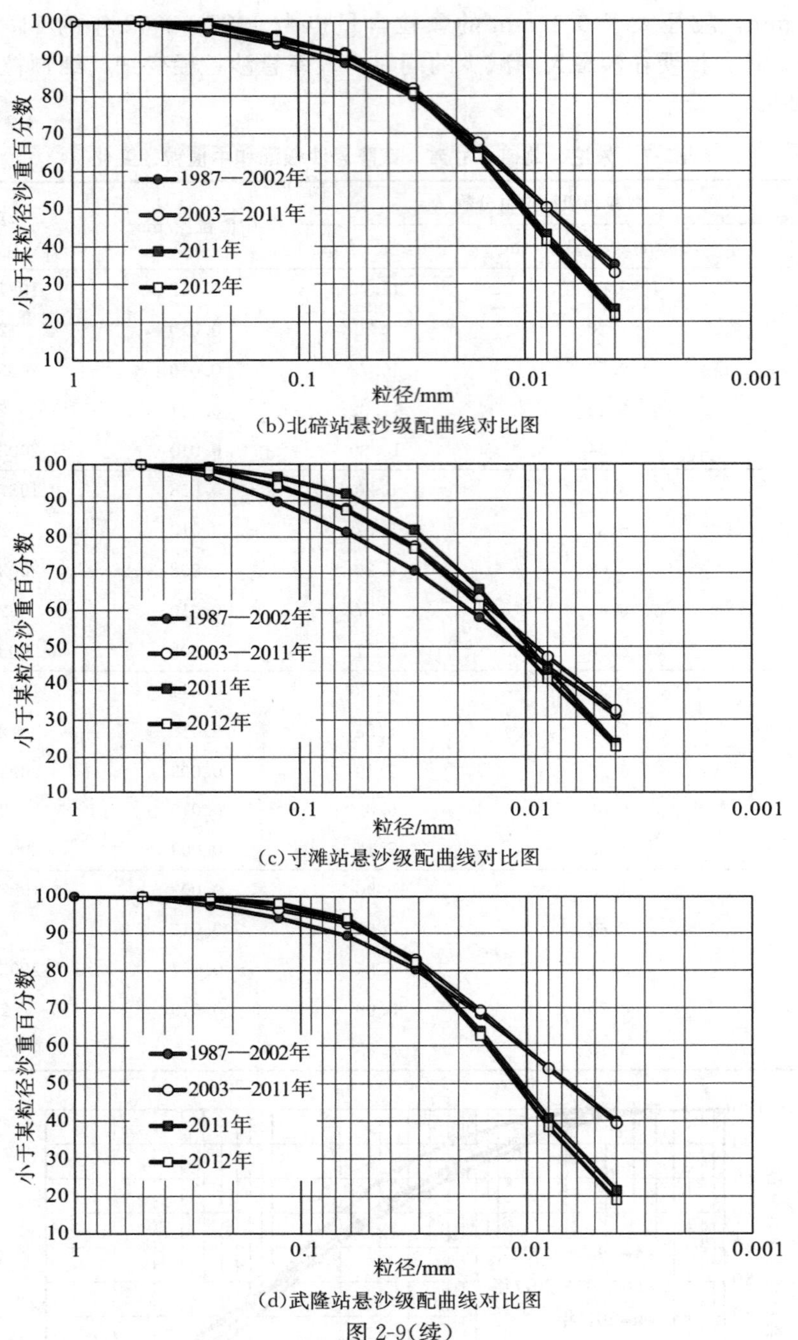

(b)北碚站悬沙级配曲线对比图

(c)寸滩站悬沙级配曲线对比图

(d)武隆站悬沙级配曲线对比图

图 2-9(续)

2.1.3 推移质输沙量变化

推移质泥沙包括沙质推移质(粒径为 1～2 mm)、砾石推移质(粒径为 2～10 mm)和卵石推移质(粒径大于 10 mm)，长江上游寸滩站早在 20 世纪 60 年代初就开展了砾卵石推移质测验，从 1974 年起，又相继在朱沱、万县、奉节站开展观测(奉节站 2002 年起停测)；2002 年起，又在嘉陵江东津沱站和乌江武隆站进行砾卵石($d>2$ mm)推移质测验；为满足三峡工程论证和设计需要，寸滩站还在 1986 年、1987 年施测了 1～10 mm 的砾石推移质，从 1991 年开始施测沙质推移质($d<2$ mm)。各站砾卵石推移质输沙量统计成果见表 2-8。

表 2-8　长江上游砾卵石推移质输沙量统计成果表

河流	站名	统计时间	砾卵石推移量/10^4 t
长江	朱沱	1975—2002 年	26.9
		2003—2012 年	14.44
	寸滩	1966 年、1968—2002 年	22.0
		2003—2012 年	4.44
	万县	1973—2002 年	34.1
		2003—2012 年	0.21
嘉陵江	东津沱	2002 年	0.053
		2003—2007 年	1.32
乌江	武隆	2002 年	18.7
		2003—2012 年	7.00

注：由于测站测验设施受滑坡、地震和草街航电枢纽蓄水等影响，东津沱站 2008 年停测。

1. 推移质输沙量随时间变化

三峡水库入库控制站朱沱站 2002 年以前(1975—2002 年)的多年平均砾卵石推移质输沙量为 26.9×10^4 t，2003—2012 年的年平均输沙量为 14.44×10^4 t，比 2002 年前的平均输沙量减少 46%左右。寸滩站 1990 年以前的多年平均砾卵石推移质输沙量为 25.1×10^4 t，1991—2002 年的年平均输沙量为 15.3×10^4 t，比 1990 年以前的平均输沙量减少 40%左右。2003—2012 年多年平均砾卵石推移质输沙量为 4.4×10^4 t，较 1991—2002 年均值减少约 71%(表 2-8)。

寸滩站 1991—2002 年实测沙质推移质的年均输沙量为 25.8×10^4 t，三峡水库蓄水后的 2003—2012 年，年均沙质推移质量仅为 1.5×10^4 t，较 1991—2002 年减少 94%，2011 年、2012 年更分别减小至 0.2×10^4 t、0.6×10^4 t，如图 2-10 所示。

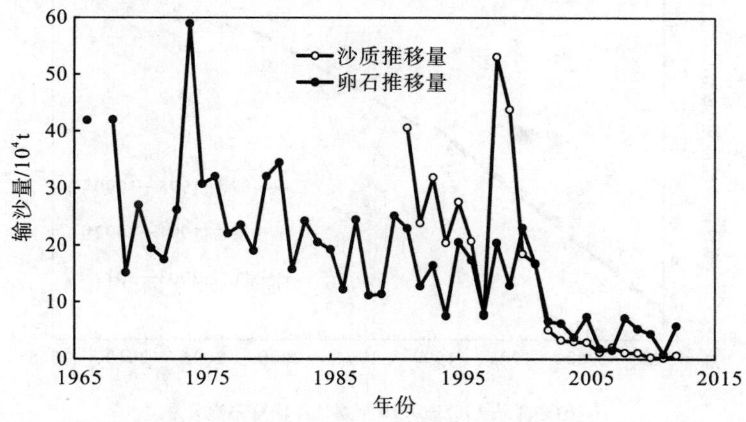

图 2-10　长江寸滩站卵石和沙质推移质输沙量变化

为研究三峡入库推移质输移量年际之间的变化，定义年推移质输移系数：

$$O = \frac{年推移质输移量}{年径流量}$$

其中，年推移质输移系数反映某个断面推移质综合输移能力，用年平均单位流量输移量来表示，单位为 g/m^3。

三峡水库入库控制站朱沱站 1990 年的年单位流量卵石推移质输移量为 1.18 g/m^3，1990—2002 年单位流量卵石推移质输移量为 0.79 g/m^3，比 1990 年减少了约 33%；2003—2012 年单位流量卵石推移质输移量为 0.55 g/m^3，较 1990 年前减少了 53%，较 1990—2002 年均减少 30%，如图 2-11(a)所示。因而，三峡水库蓄水以来，入库推移质输沙量总体呈下降趋势。

三峡水库变动回水区寸滩站 1990 年单位流量卵石推移质输移量为 0.72 g/m^3，1990—2002 年单位流量卵石推移质输移量为 0.45 g/m^3，比 1990 年减少了约 38%；2003—2012 年单位流量卵石推移质输移量有所减小，为 0.13 g/m^3，比 1990 年以前的年平均单位流量卵石推移质输移量减少 82%左右，较 1990—2002 年减少 71%，如图 2-11(b)所示。

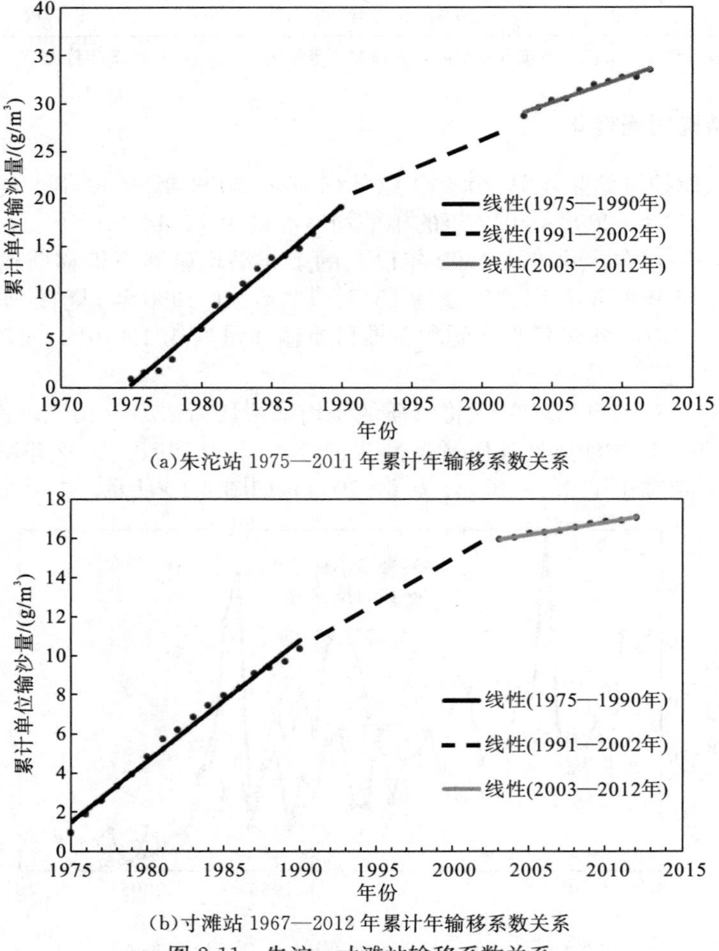

(a)朱沱站 1975—2011 年累计年输移系数关系

(b)寸滩站 1967—2012 年累计年输移系数关系

图 2-11　朱沱、寸滩站输移系数关系

2. 推移质输沙量沿程变化

朱沱站沙质推移质从 2012 年开始施测。2012 年朱沱站沙质推移质输沙量为 1.64×10^4 t；寸滩站的沙质推移质输沙量为 0.64×10^4 t，沿程减少了 1×10^4 t。

2002 年前，朱沱站的多年平均砾卵石推移质为 26.9×10^4 t，寸滩站的多年平均砾卵石推移质为 22×10^4 t，沿程减少了 4.9×10^4 t；2003—2012 年，朱沱站砾卵石推移质为 14.44×10^4 t，而寸滩站的砾卵石推移质仅为 4.44×10^4 t，沿程减少了 10×10^4 t，寸滩站为朱沱站的 1/3 左右。

2.1.4　入库沙量减少原因分析

1. 悬移质输沙量减少原因

悬移质输沙量减少的主要原因如下：一是上游水土保持工作取得一定成效；二是上游水库大坝的调度运行，拦截了部分进入三峡库区的泥沙。

泥沙主要来源于山体滑坡、崩塌、泻溜、泥石流、沟谷冲刷等。由于历史原因，长江上游自然植被遭到不同程度破坏，尤以新中国成立以来大炼钢铁为甚。至 20 世纪 70 年代，川中丘陵大部分县的森林覆盖率仅为 3%～5%，金沙江流域为 10%～30%。20 世纪 80 年代以来，农村社会经济情况发生了巨大的变化，植被总体呈恢复的趋势，森林覆盖率有所提高，对抑制滑坡、崩塌、泻溜和泥石流活动具有一定作用。自 1989 年以来，各级政府加强了对水土流失、滑坡、泥石流的治理力度，如金沙江下游治理区，截至 1996 年，共完成治理面积 2.1×10^4 km^2，这些措施有效减少了河道卵石来源，从而减少了长江上游干支流的含沙量，使推移质输移量进一步减少。另外，长江上游干支流水利枢纽的建设，使坝上推移质在相当长的时间内不能向下输移，导致推移质补给量迅速减少，同时使长江干支流的含沙量及悬移质输沙量减少。

2. 推移质输沙量减少原因

从推移质输沙量的时间变化规律可知，长江上游控制站(朱沱站)的推移质输沙量具有整体减少的趋势，主要原因可能包括 3 个方面：①由于上游水土保持工作取得成效，减少了进入三峡水库的推移质泥沙；②上游水库大坝的调度运行，拦截了部分进入三峡水库的推移质泥沙；③干支流河道采砂，破坏了推移质输移过程。

在推移质输沙量整体减少的情况下，2000 年以后寸滩站的推移质(卵石推移质和沙质推移质)输沙量急剧减少，其中卵石推移质由 25×10^4 t 左右减少为 6×10^4 t 左右，沙质推移质由 20 世纪 90 年代中期的 20×10^4 t 减少为 0.5×10^4 t。分析寸滩站推移质输沙量减少的原因，主要为近年来长江干、支流河道大规模的采砂活动以及长江、嘉陵江等干支流大型水库的建设。

据重庆市主城区附近几个河段的不完全调查(表 2-9 和表 2-10)，每个河段的年采砂量都达数百万吨，采砂量远远超过上游的推移质输沙量。河道采砂减少了进入三峡水库的推移质数量，并使河床形态发生变化，导致滩面下降、洲滩面积减小。例如，重庆珊珊坝江心洲，1977—1996 年洲面平均下降近 1 m，局部区域下降 4 m，洲体面积由 1980 年的 0.957 km^2 减小为 2009 年的 0.832 km^2；嘉陵江出口的金沙碛边滩，面积由 1980 年的 0.909 km^2 减小为 2009 年的 0.672 km^2。

表 2-9 1993 年、2002 年长江上游河道采砂调查成果 单位：10^4 t

河流	1993 年				2002 年			
	调查范围及长度	砂 $d<2$ mm	砾卵石 $d\geqslant2$ mm	总和	调查范围及长度	砂 $d<2$ mm	砾卵石 $d\geqslant2$ mm	总和
长江	长寿－大渡口，337 km	555	310	865	铜锣峡－泸州，277 km	507	386	893
嘉陵江	朝天门－盐井，75 km	245	105	350	朝天门－渠河嘴，104 km	290	67	357

表 2-10 近几年重庆主城区长江干流（大渡口－铜锣峡段）河道采砂量统计表

序号	采砂点名称	位置	所处河段	左右岸	采区长度/m	采区面积/m^2	平均开采厚度/m	开采方式	年控制开采量/10^4 t
1	九渡口	九龙坡区	九龙坡河段	左	500	100000	0.6	水下开采	7.8
2	九堆子（含哑巴洞）	南岸区刘家石盘－铜元局		右	2500	370000	0.5	水下开采	23.8
3	珊瑚坝（含冯家嘴）	渝中区珊瑚坝－冯家嘴	珊瑚坝－朝天门河段	左	700	70000	0.5	水下开采	4.6
4	黄桷渡（至陈家溪）	南岸区黄桷渡－陈家溪		右	900	90000	0.3	水下开采	3.5
5	木关沱	江北区木关沱－塔子山	朝天门－唐家沱河段	左	1100	420000	4	水下开采	218
6	良沱	江北区		左	770	200000	3	水下开采	78
7	青草坝	江北区		左	300	110000	0.5	水下开采	7.2
8	茅溪桥	江北区		左	500	30000	0.4	水下开采	1.6
9	白沙沱	南岸区		右	1000	220000	2.5	水下开采	71.5
10	唐家沱	江北区		左	1500	467000	1	水下开采	61
			合计						477

河道大规模采砂，一方面直接减少了河床砂卵石储量，破坏了砂卵石输移的连续性；另一方面开挖留下了大量槽、坑、窝，洪水期，上游下来的推移质泥沙就在这些槽、坑、窝淤积下来，从而导致测验断面推移质补给量迅速减少。

2.2 三峡出库径流变化

三峡水库蓄水后，消落期出库径流有所增大，汛期及汛后有所减少，其中 10 月蓄水阶段减小幅度达 50%。

2.2.1　三峡出库径流年际变化

三峡水库蓄水后(2003—2012 年)，三峡水库出库径流量总体较蓄水前有所减少，这主要与近年来上游来水偏少有关。2003—2008 年，宜昌站的多年平均径流量较蓄水前偏枯 10%；2008—2012 年，宜昌站年径流量与 2002 年前多年平均相比，除 2012 年偏大 6.4%外，其余各年偏枯 4%～22%，如图 2-12 所示。

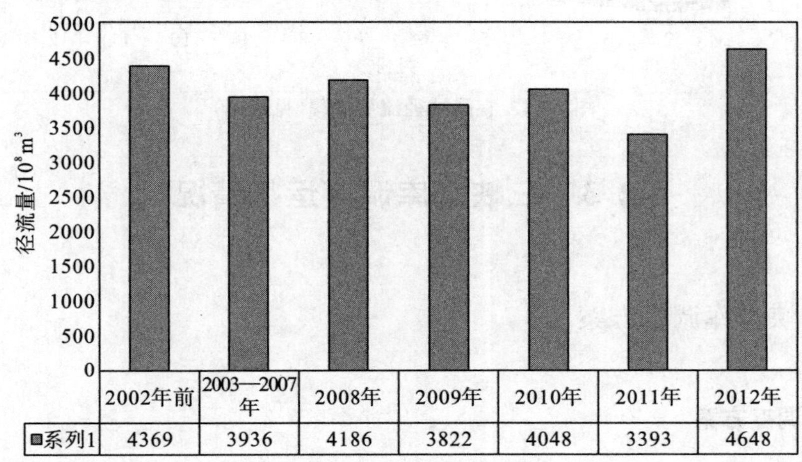

图 2-12　宜昌站径流量变化

2.2.2　三峡出库径流过程变化

由宜昌站径流统计表(表 2-11)可知，三峡蓄水以来，年初消落期 1～4 月三峡水库由于为下游补水，增大下泄流量，流量较蓄水以前有所增大，以 2 月、3 月两月增大最为明显，增大幅度约为 20%；5～12 月总体下泄流量较蓄水前减少，其中 10 月蓄水期减少最为明显，减少幅度达到 50%，其中 7～9 月为三峡汛期调峰时期，下泄流量也较蓄水前有所减少，减少幅度在 20%左右，宜昌站月平均流量变化如图 2-13 所示。

表 2-11　宜昌站径流量与多年平均对比表

项目		1 月	2 月	3 月	4 月	5 月	6 月	7 月	8 月	9 月	10 月	11 月	12 月
径流量/10^8 m^3	三峡蓄水前	114	93	116	171	310	466	804	734	657	483	260	157
	2003—2008 年	145	120	157	198	336	513	841	698	703	433	248	175
	2008—2012 年	174	154	174	219	376	472	816	782	576	316	287	175
占全年百分比/%	三峡蓄水前	2.6	2.1	2.7	3.9	7.1	10.7	18.4	16.8	15.1	11.1	6.0	3.6
	2003—2008 年	3.2	2.6	3.4	4.3	7.4	11.2	18.4	15.3	15.4	9.5	5.4	3.8
	2008—2012 年	3.8	3.4	3.8	4.8	8.3	10.4	18.0	17.3	12.7	7.0	6.3	3.9

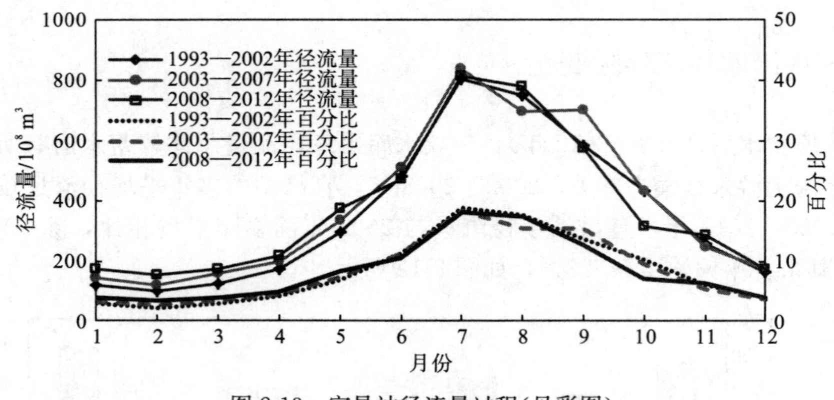

图 2-13　宜昌站径流量过程(见彩图)

2.3　三峡水库调度运行情况

2.3.1　三峡水库调度方案

1. 设计阶段调度方案

三峡工程初步设计提出的三峡水库运行方式为 175～155～145 m。三峡水库正常运行期水库运行方式见表 2-12。

表 2-12　初步设计阶段提出的三峡水库计划运行方式

坝前水位/m			备注
正常蓄水位	消落低水位	防洪限制水位	
175	155	145	吴淞高程

三峡水库按上述调度方式运行，考虑防洪、发电、航运、排沙、补水等要求，主要以防洪为主。水库年度蓄水可分为汛末蓄水期、蓄水运行期、汛前消落期三个阶段，175 m 正常蓄水设计调度运行方式如下：

(1)汛末蓄水期，蓄水时间不早于 9 月 15 日，具体开始蓄水时间根据每年实际情况经防汛指挥部门批准后执行，10 月底蓄至 175 m；10 月蓄水期间，水库上、中、下旬最小下泄流量分别按不小于 8000 m^3/s、7000 m^3/s、6500 m^3/s 控制，当水库来水流量小于以上流量时，可按来水流量下泄。

(2)蓄水运行期，11 月水库最小下泄流量按保证葛洲坝下游水位不低于 39 m 和三峡电站保证出力对应的流量(5100 m^3/s 左右)控制；枯水期(12 月至次年 4 月)为满足发电和航运，水库下泄流量不小于 6000 m^3/s。

(3)汛前消落期，为满足排沙及防洪需要，坝前水位 5 月开始消落，6 月中旬降至防洪限制水位 145 m。

(4)汛期(6～9 月)坝前水位维持在 145 m，下泄流量与天然状况基本一致，仅当入库流量超过下游河道安全泄量(枝城为 56700 m^3/s)时，水库拦洪蓄水。

(5)如遇枯水年份，实施水资源应急调度时，可不受以上水位、流量限制。

2. 蓄水进程

2003 年 6 月三峡水库开始正式蓄水，至 2014 年 6 月历时 11 年。根据期间三峡水库的运行调度方式，将蓄水过程分为 3 个阶段。

(1)135～139 m 蓄水：2003 年 6 月至 2006 年 9 月期间，水库按 135～139 m 调度方式运行(汛后枯水期坝前水位为 139 m，汛期坝前水位为 135 m)。

(2)144～156 m 蓄水：2006 年 9 月至 2008 年 9 月期间，三峡水库按 144～156 m 方式蓄水运行(汛后枯水期坝前水位为 156 m，汛期坝前水位为 144 m)。

(3)175～145～155 m 试验性蓄水：2008 年 9 月至今，三峡水库按 175 m 方案蓄水试运行(汛后枯水期坝前水位为 175 m，汛期坝前水位为 145 m)。

3. 2009 年批复优化调度方案

1)汛前消落调度

一般情况下，自 5 月 25 日开始，三峡水库视长江中下游来水情况从枯期消落低水位 155 m 均匀消落水库水位，6 月 10 日消落到防洪限制水位(每天水位下降速率按 0.60 m 控制)。

2)汛期调度

汛期水库在不需要因防洪要求拦蓄洪水时，原则上水库水位应按防洪限制水位 145 m 控制运行。实时调度时水库水位可在防洪限制水位上下一定范围内变动。

3)汛末调度

水库开始兴利蓄水的时间不早于 9 月 15 日。具体开始蓄水的时间，由水库运行管理部门每年根据水文、气象预报编制提前蓄水实施计划，明确实施条件、控制水位及下泄流量，经国家防汛抗旱总指挥部批准后执行。

蓄水期间的水库水位按分段控制的原则，在保证防洪安全的前提下，均匀上升。一般情况下，9 月 25 日水位不超过 153 m，9 月 30 日水位不超过 156 m(在对防洪风险、泥沙淤积等情况做进一步分析的基础上，通过加强实时监测，9 月 30 日蓄水位视来水情况，经防汛部门批准后可蓄至 158 m)，10 月底可蓄至汛后最高蓄水位。

2.3.2　三峡水库试验性蓄水以来调度情况

1. 2008 年

2008 年是三峡水库实施试验性蓄水的第一年，2008 年汛后，三峡工程开始 175 m 试验性蓄水阶段，9 月 28 日三峡水库开始蓄水，起蓄水位约为 147 m，至 11 月 4 日水位蓄至 172.30 m。实际调度过程如图 2-14 所示。

2. 2009 年

2009 年汛期是三峡水库首个按照 145 m 汛限水位控制的蓄水时期，2009 年汛期坝前水位基本按照 145 m 水位运行，但 2009 年 8 月初三峡入库流量增大，坝前水位快速上升，8 月 8 日上升至最高水位 152.84 m，较汛限水位抬高 7.84 m。

2009 年的试验性蓄水开始于 9 月 15 日，起蓄水位为 145.87 m，由于上游来水偏枯、下游严重干旱需加大下泄流量，原定于 10 月底的 175 m 蓄水目标仍未能及时完成。至 10 月 31 日，三峡水库蓄水位接近 171 m。实际调度过程如图 2-14 所示。

3. 2010 年

2010 年消落期坝前水位自 169.12 m 开始消落，消落初期(1～4 月)水位日均降幅为 0.10～0.20 m，消落期末(5～6 月)消落速度加快，日均降幅为 0.30～0.60 m。

2010 年汛期是比较特殊的一年，首先在 6 月下旬上游来水量不大的情况下，坝前水位出现明显上升，6 月 20 日三峡入库流量为 25000 m^3/s 左右时，坝前水位开始上涨，之后三峡入库流量约为 15000 m^3/s，坝前水位持续上涨，至 6 月 27 日上涨至 150 m 左右，此时三峡入库流量不足 20000 m^3/s；在 7 月中旬，三峡出现入库 30000 m^3/s 左右的流量，三峡实施了调度，坝前水位 7 月 15 日提升至 150 m 左右，7 月 18 日三峡入库流量突增，达到 40000 m^3/s 以上，7 月 19 日三峡入库流量达到 70000 m^3/s 左右，坝前水位开始突增，此后入库流量有所回落，但坝前水位持续上涨，至 7 月 31 日上涨至 161.02 m，坝前水位持续消落；8 月下旬三峡入库流量突然增大，坝前水位继续上涨，承接本次上涨过程，三峡水库在 9 月中旬开始蓄水，并在 10 月下旬最终实现 175 m 蓄水。

2010 年三峡水库蓄水时间进一步提前，于 9 月 10 日开始，起蓄水位承接前期防洪运用水位 160.20 m，明显高于设计起蓄水位，10 月 26 日蓄水水位涨至 175 m。实际调度过程如图 2-14 所示。

4. 2011 年

2011 年坝前水位自 174.64 m 开始消落，2011 年度三峡调度基本平稳。自 2011 年 1 月 1 日起，坝前水位逐渐消落，至 5 月中旬，坝前水位保持在日均消落 0.20 m 的水平，5 月 10 日左右水位降至 155 m，5 月中旬至 6 月中旬，汛前降水速度有所加快，保持在日均 0.50 m 左右的水平，6 月 13 日坝前水位降至 145.50 m。

2011 年 8 月下旬，三峡水库出现 56000 m^3/s 的洪峰，为减小中下游防洪压力，三峡水库共拦蓄洪水约 80×10^8 m^3；9 月 10 日三峡工程开始 175 m 试验性蓄水，起蓄水位为 152.24 m，在 9 月下旬水库来水大幅偏少的情况下，9 月 30 日实际蓄水位为 162.75 m；10 月 26 日三峡水库水位上升至 175 m。实际调度过程如图 2-14 所示。

5. 2012 年

2012 年 1 月 1 日开始，坝前水位自 174.66 m 开始消落，至 5 月 4 日水位降至 162.84 m，日均降幅为 0.10 m，5 月初坝前水位仍然维持在 162 m 以上。为了配合进行三峡库区拉沙实验，坝前水位快速降落，水位自 5 月 4 日的 162.84 m 降至 6 月 13 日的 145.56 m，日均降幅为 0.40 m。

2012 年汛期长江上游干流航道朱沱站出现了建站以来最大的洪峰过程，朱沱站最大流量达到 56400 m^3/s。根据寸滩站实测资料分析，2012 年汛期长江上游共发生 3 次较大的洪峰过程，2012 年汛期三峡水库基本都在迎接洪峰过程，进入 7 月长江上游出现洪峰，坝前水位随之抬升，7 月 27 日坝前水位抬升至最高值 162.95 m，至 8 月 26 日回落至 146.32 m。2012 年汛期坝前水位持续维持高水位，汛期(7～9 月)平均水位为 154.50 m，较汛限水位抬高了 9.50 m。9 月 10 日，三峡水库正式开始汛后蓄水，至 10 月 30 日 8 时蓄水过程结束，坝前水位达到 175 m。实际调度过程如图 2-14 所示。

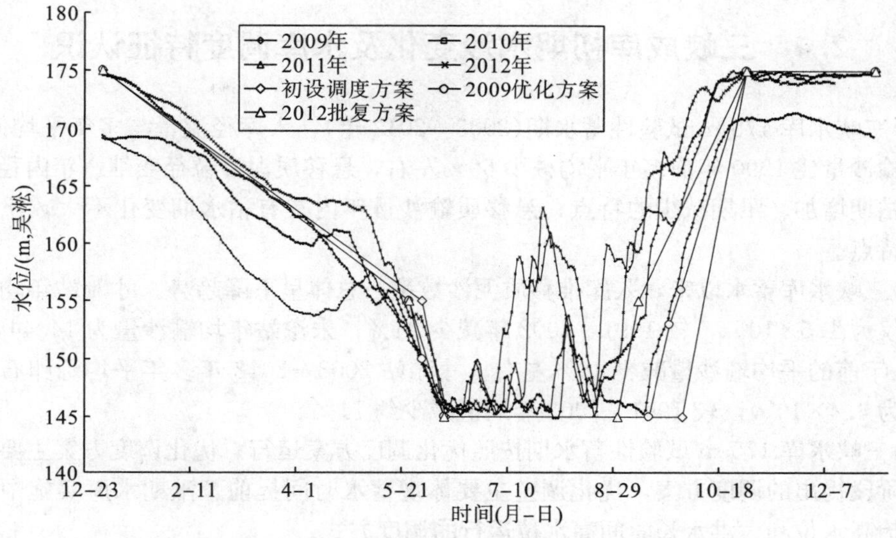

图 2-14　三峡水库试验性蓄水以来调度过程

6. 2013 年

2013 年考虑上游水库群汛末蓄水，三峡水库自 8 月底开始抬升水位，于 9 月 10 日开始蓄水，起蓄水位为 157.12 m，至 9 月 24 日水库水位升至 166.45 m，10 月长江流域全线退水，来水较历史同期显著偏少，三峡水库在来水严重偏枯的不利条件下，10 月 31 日蓄水至 173.84 m，11 月 11 日 14 时，成功蓄水至 175 m，此后水库开始为坝下游河段补水，坝前水位缓慢消落，至 2013 年 12 月 31 日，坝前水位消落至 173.36 m。

2.3.3　三峡水库试验性蓄水调度特点

通过分析三峡水库试验性蓄水期间调度实践可以看出，水库调度方式不断试验优化，具体体现在以下几个方面：

(1)三峡水库消落初中期(1～4 月)在满足下游补水的情况下，水库保持较高库水位运行，对变动回水区航道条件改善有利，消落期末库水位降落速度快，库区航道快速向天然航道转化。

(2)三峡水库消落初期(1～2 月)消落速度主要取决于当年满蓄情况与下游补水需求，消落中期(3～4 月)消落速度主要取决于上游来水与下游补水需求。

(3)三峡水库汛期实施洪水调度，特别是对中小洪水(流量低于 30000 m^3/s)实施调度，短时间抬高蓄水位，对大洪水实施调度，长时间抬高蓄水位。例如，2010 年坝前水位高于 150 m 的时间约为 34 天；2012 年坝前水位高于 150 m 时间约为 52 天。

(4)考虑到水库满蓄问题，三峡水库蓄水时间提前，由初设提出的 9 月 30 日蓄水提前至目前 9 月 10 日蓄水。

(5)三峡水库起蓄水位较高，如 2008 年(146.47 m)、2009 年(145.6 m)、2010 年(161.08 m)、2011 年(152.41 m)、2012 年(150 m)均高于汛限水位。

2.4 三峡成库初期水沙变化及水库调度特征认识

(1)三峡水库 175 m 试验性蓄水期(2008—2012 年)，入库径流量与多年平均值相当，悬移质输沙量比 1990 年前多年平均减少 60%左右，悬移质泥沙粒径变细。年内径流量分配具有枯期增加、汛期减少的特点；悬移质输沙量年内具有枯水期变化不大，汛期明显减小的特点。

(2)三峡水库蓄水以来，入库推移质泥沙数量，总体呈下降趋势。寸滩站年均沙质推移质量仅为 1.5×10^4 t，较 1991—2002 年减少 94%；朱沱站年均输沙量为 14.44×10^4 t，较 2002 年前的平均输沙量减少 46%左右。寸滩站 2003—2012 年多年平均砾卵石推移质输沙量为 4.4×10^4 t，较 1991—2002 年均值减少约 71%。

(3)三峡水库 175 m 试验性蓄水期按照优化调度方案运行。优化调度方案主要遵循初步设计阶段提出的调度方案，优化调整主要体现蓄水时间提前、汛期水库实施中小洪水短时间抬高水位和大洪水长时间高水位运行的调度方式。

第3章 三峡库区航道泥沙冲淤特点及变化

3.1 三峡库区冲淤变化特点

2008年汛后，三峡水库开始试验性蓄水，2010年10月26日三峡大坝坝前水位蓄至175 m，标志着三峡工程175 m试验性蓄水顺利完成，工程也将全面发挥防洪抗旱、发电、航运、补水等综合效益，相应的变动回水区末端也由铜锣峡上延至江津。

江津至三峡大坝河段总体流向自西向东，库区总长度为673.5 km。三峡水库库区范围示意图如图3-1所示。在重庆有嘉陵江自北向南、涪陵有乌江自南向北汇入，经过重庆市万州区后又改向东流。川江河段上段穿行于四川盆地南端，自奉节以下即进入雄伟险峻的三峡河段，自西向东，有瞿塘峡、巫峡、西陵峡、巫山山脉纵贯其间，沿江两岸峰峦起伏，岸壁陡峭，河谷深切。

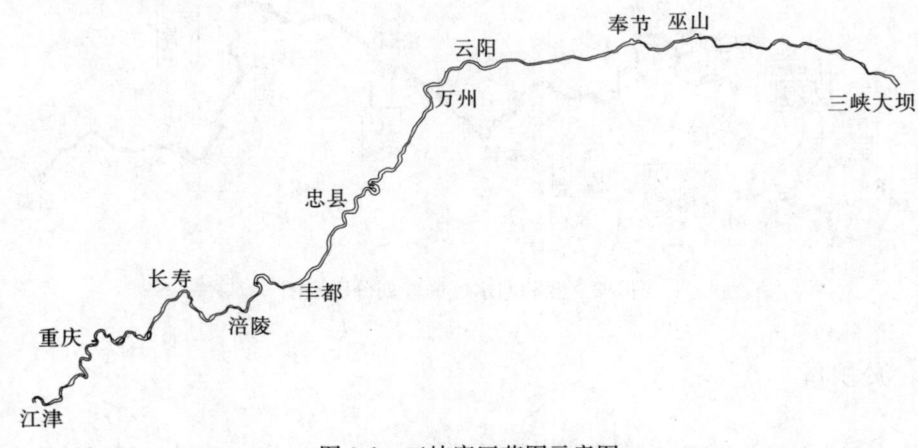

图3-1 三峡库区范围示意图

三峡水库按照175～145～155 m试验性蓄水，根据实测水位流量资料分析，汛期水位按145 m控制，回水末端在长寿附近，非汛期水位提升至175 m，回水末端在江津红花碛附近，如图3-1所示。

坝前水位按145 m运行时，库区回水约在长寿附近。长寿至涪陵河段的水位抬高幅度不大，流量在30000 m^3/s以下时水位抬高1～5 m(北拱站)，大于30000 m^3/s时基本与天然河道的水位接近，表现出天然河道的特性。长寿至涪陵河段有黄草峡等多个峡谷窄深河段，较小的水位抬高很难根本改变这一河段的航道条件。坝前水位按145 m运行时，涪陵以下河段水位抬高较大，航道条件与天然航道相比有明显改善，全面表现出明显的库区特性。因此将涪陵作为常年回水区与变动回水区的分界点，大坝至涪陵段为常年回水区，涪陵至江津段为变动回水区，如图3-2所示。

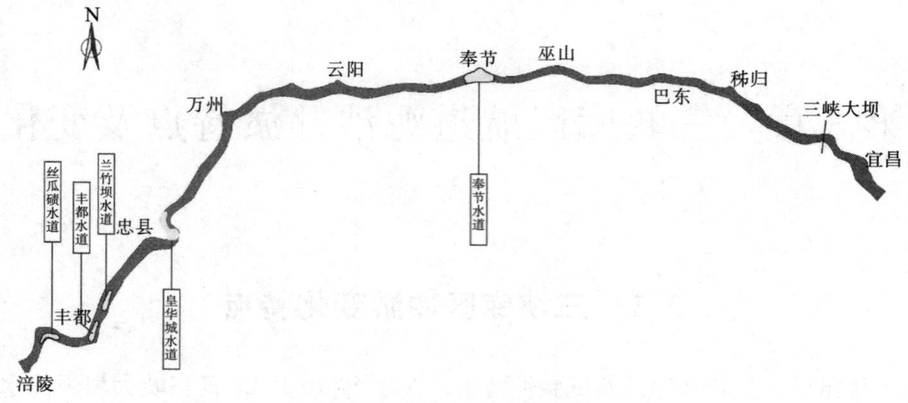

图 3-2 常年回水区示意图

变动回水区由于年内水位不断变化以及受上游来水来沙影响，不同河段表现出各自水流及冲淤特性，总体而言可以分为 3 段：变动回水区上段(自江津至重庆)、变动回水区中段(自重庆至长寿)、变动回水区下段(自长寿至涪陵)，如图 3-3 所示。

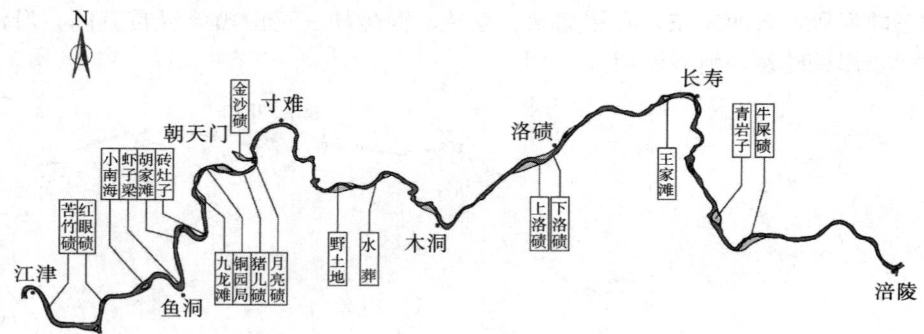

图 3-3 变动回水区区段划分示意图

3.1.1 淤积量

三峡水库泥沙主要淤积在涪陵以下常年回水区内，变动回水区淤积量相对较少。

三峡水库从 2003 年蓄水以来，共淤积泥沙 14.36×10^8 t，其中 2003—2007 年淤积 6.40×10^8 t，2008—2012 年淤积 7.96×10^8 t(表 3-1 和图 3-4)。

三峡水库整体淤积主要集中在清溪场以下的常年回水区，其淤积量为 13.0278×10^8 t，占总淤积量的 90.7%；朱沱－寸滩、寸滩－清溪场段分别淤积 0.3448×10^8 t、1.0016×10^8 t，分别占总淤积量的 2.40%、6.97%(表 3-1)。

2008 年 175 m 试验性蓄水以来，回水末端达到江津。对比 2003—2007 年与 2008—2012 年的三峡库区淤积量沿程分布来看，2008—2012 年朱沱－寸滩出现少量泥沙淤积，占总淤积量的 4.5%。寸滩－清溪场的淤积量明显增加，淤积比重从 1.5%增至 8.7%，清溪场－万州淤积量比重略有增加，而万州－坝前的淤积量比重减少 5%。

表 3-1　不同年份三峡水库库区分段淤积量统计表　　单位：10^4 t

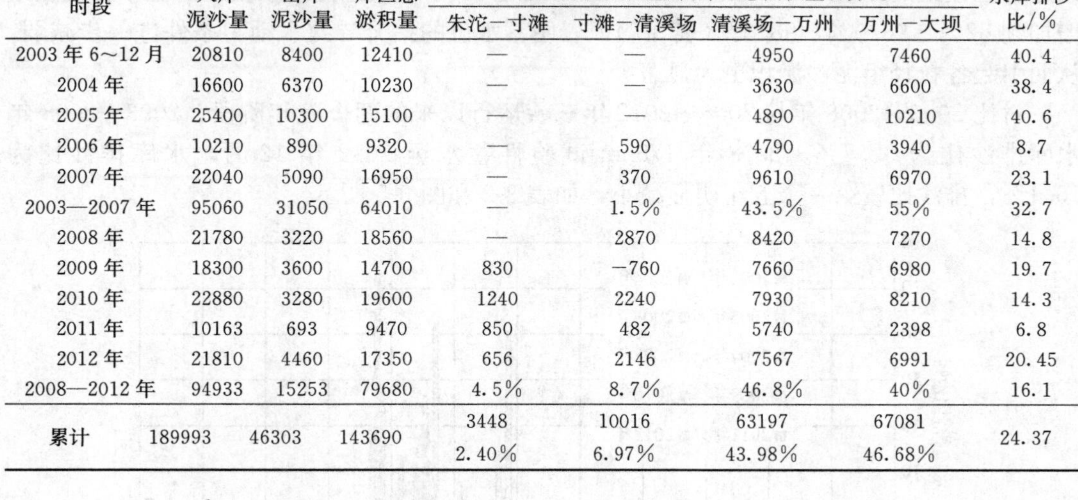

时段	入库泥沙量	出库泥沙量	库区总淤积量	库区分段淤积量/占库区总淤积量百分比				水库排沙比/%
				朱沱－寸滩	寸滩－清溪场	清溪场－万州	万州－大坝	
2003 年 6～12 月	20810	8400	12410	—	—	4950	7460	40.4
2004 年	16600	6370	10230	—	—	3630	6600	38.4
2005 年	25400	10300	15100	—	—	4890	10210	40.6
2006 年	10210	890	9320	—	590	4790	3940	8.7
2007 年	22040	5090	16950	—	370	9610	6970	23.1
2003—2007 年	95060	31050	64010	—	1.5%	43.5%	55%	32.7
2008 年	21780	3220	18560	—	2870	8420	7270	14.8
2009 年	18300	3600	14700	830	−760	7660	6980	19.7
2010 年	22880	3280	19600	1240	2240	7930	8210	14.3
2011 年	10163	693	9470	850	482	5740	2398	6.8
2012 年	21810	4460	17350	656	2146	7567	6991	20.45
2008—2012 年	94933	15253	79680	4.5%	8.7%	46.8%	40%	16.1
累计	189993	46303	143690	3448 2.40%	10016 6.97%	63197 43.98%	67081 46.68%	24.37

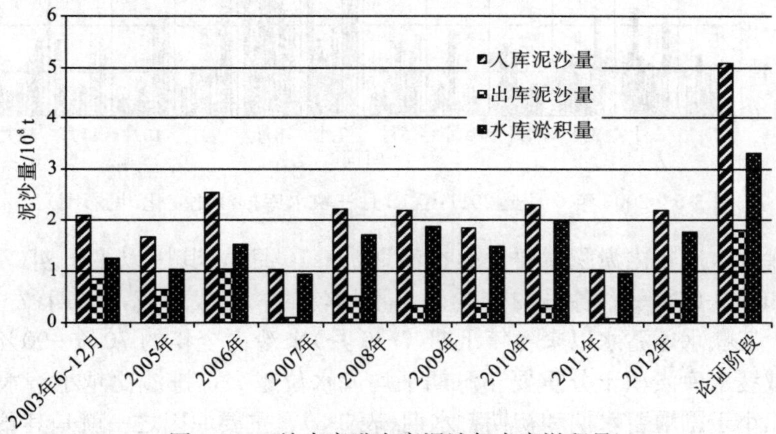

图 3-4　三峡水库进出库泥沙与水库淤积量

3.1.2　库区淤积物与排沙比

库区淤积物以中值粒径 $d_{50}\leqslant 0.062$ mm 的泥沙为主，2003—2012 年淤积量为 12.328×10^8 t，占总淤积量的 85.8%，粒径 0.062 mm$<d\leqslant$0.125 mm 和 $d>$0.125 mm 的泥沙淤积量分别为 1.090×10^8 t 和 0.946×10^8 t，见表 3-2。

表 3-2　三峡水库进出库泥沙与水库淤积量

时间段	入库		出库		水库淤积/10^8 t	排沙比(出库/入库)/%
	水量/10^8 m³	沙量/10^8 t	水量/10^8 m³	沙量/10^8 t		
2003 年 6 月至 2006 年 8 月	13276	7.004	14097	2.590	4.414	37.0
2006 年 9 月至 2008 年 9 月	7619	4.435	8178	0.832	3.603	18.8
2003 年 6 月至 2008 年 9 月	20895	11.439	22275	3.422	8.017	30.0
2008 年 10 月至 2012 年 12 月	15234	7.558	16720	1.211	6.348	16.1
2003 年 6 月至 2012 年 12 月	36130	18.999	38993	4.633	14.366	24.4

分析三峡运行阶段两个五年淤积情况，各粒径组泥沙在第一个五年淤积比例分别为入库各粒径组的65.4%、90.9%、73.9%；而在2008年试验性蓄水以来的五年各粒径组增加到82%、96.5%、98.5%(表3-2)，表明蓄水位的抬升导致水动力条件进一步减弱，从而引起各粒径组泥沙淤积更为显著。

对比2003—2008年与2008—2012年三峡运行以来的两个五年阶段，2003—2008年水库排沙比为32.7%，2008年175 m试验性蓄水至2012年12月，水库排沙比为16.1%，排沙比较第一个五年明显减小，如表3-2和图3-5所示。

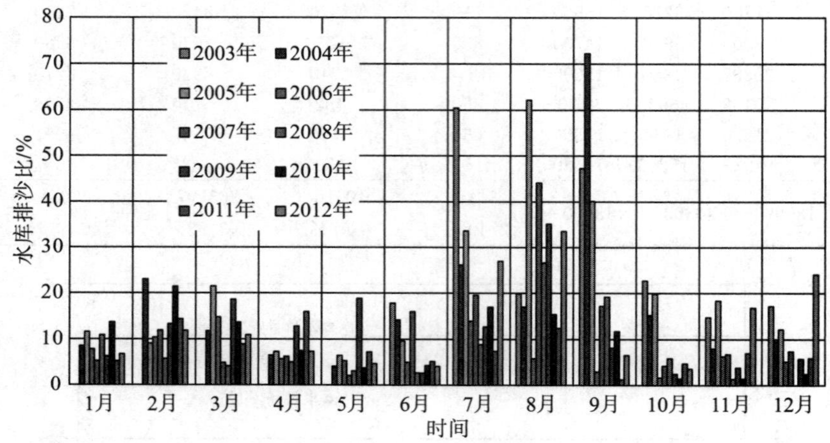

图3-5　2003年6月至2011年12月三峡水库排沙比变化(见彩图)

三峡水库蓄水后年内淤积主要发生在汛期(5～10月)，其中以主汛期(7～9月)淤积最为明显，如图3-6所示。各月的排沙比是不均匀的。一般而言，汛期(7～9月)较大，非汛期较小。三峡水库蓄水以来各年汛期(7～9月)来沙占全年的70%～90%，保持汛期排沙比大对减缓水库淤积十分重要。汛期平均库水位越高，排沙比越小。水库试验性蓄水期的排沙比小于围堰蓄水期和初期蓄水期(表3-3)，重要原因之一就是其蓄水位，特别是汛期水位，较之前有所提高。

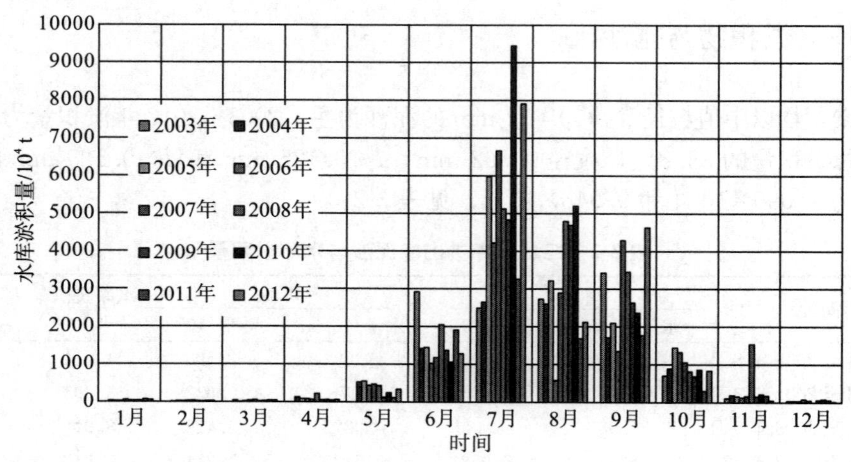

图3-6　三峡水年内库淤积量变化(见彩图)

表 3-3　三峡水库进出库泥沙与水库淤积量

时间	三峡水库坝前平均水位（汛期 5~10 月）/m	入库					出库（黄陵庙）					水库淤积				排沙比（出库/入库）/%
		水量/10^8 m^3	各粒径组沙量/10^8 t				水量/10^8 m^3	各粒径组沙量/10^8 t				各粒径组沙量/10^8 t				
			$d\leqslant0.062$	$0.062<d\leqslant0.125$	$d>0.125$	小计		$d\leqslant0.062$	$0.062<d\leqslant0.125$	$d>0.125$	小计	$d\leqslant0.062$	$0.062<d\leqslant0.125$	$d>0.125$	小计	
2003 年 6~12 月	135.23	3254	1.85	0.11	0.12	2.08	3386	0.720	0.03	0.09	0.84	1.13	0.08	0.03	1.24	40.4
2004 年	136.58	3898	1.47	0.10	0.09	1.66	4126	0.607	0.006	0.027	0.64	0.863	0.094	0.063	1.02	38.4
2005 年	136.43	4297	2.26	0.14	0.14	2.54	4590	1.01	0.01	0.01	1.03	1.25	0.13	0.13	1.51	40.6
2006 年	138.67	2790	0.948	0.0402	0.0323	1.021	2842	0.0877	0.00116	0.00027	0.0891	0.860	0.039	0.032	0.932	8.7
2007 年	146.44	3649	1.923	0.149	0.132	2.204	3987	0.500	0.002	0.007	0.509	1.423	0.147	0.125	1.695	23.1
2003—2007	—	—	8.451	0.5392	0.5143	9.5045	—	2.9247	0.04916	0.13427	3.1081	5.5263	0.49	0.38	6.3964	32.7
2008 年	148.06	3877	1.877	0.152	0.149	2.178	4182	0.318	0.003	0.001	0.322	1.559	0.149	0.148	1.856	14.8
2009 年	154.46	3464	1.606	0.113	0.111	1.83	3817	0.357	0.002	0.001	0.36	1.249	0.111	0.110	1.47	19.7
2010 年	156.37	3722	2.053	0.132	0.103	2.288	4034	0.322	0.005	0.001	0.328	1.731	0.127	0.102	1.960	14.3
2011 年	154.52	3015	0.924	0.057	0.036	1.017	3391	0.0648	0.0030	0.0014	0.0692	0.860	0.054	0.034	0.948	6.8
2012 年	158.17	4159	1.835	0.168	0.176	2.180	4638	0.432	0.009	0.004	0.446	1.403	0.159	0.172	1.734	20.5
2008—2012	—	—	8.295	0.622	0.575	9.492	—	1.4938	0.022	0.0084	1.5242	6.8012	0.6	0.5666	7.9678	16.1
总计		36125	16.746	1.161	1.089	18.997	38993	4.419	0.071	0.143	4.632	12.328	1.090	0.947	14.364	24.4

注：1. 入库水沙量未考虑三峡库区区间来水来沙；2006 年 1~8 月入库控制站为清溪场，2006 年 9 月至 2008 年 9 月入库控制站为寸滩+武隆，2008 年 10 月至 2012 年 12 月入库控制站为朱沱+北碚+武隆；

2. 2010—2012 年长江干流各主要测站的悬移质泥沙颗粒分析均采用激光粒度仪；

3. 粒径单位为 mm。

三峡各主要控制站悬沙中值粒径变化见表3-4。由表可以看出，根据各控站三峡蓄水前多年平均值，宜昌站为0.009 mm，粒径大于0.125 mm的多年平均粗颗粒泥沙含量分别为9.0%；而武隆多年平均中值粒径为0.007 mm，粒径大于0.125 mm的多年平均粗颗粒泥沙含量为5.9%，沿程泥沙细化现象并不明显。

三峡水库蓄水以来，从表3-4可知，以2012年沿程主要控制站含沙量变化为例，朱沱、北碚、寸滩、武隆站中值粒径分别为0.012 mm、0.010 mm、0.011 mm、0.011 mm，粗颗粒泥沙含量分别为8.7%、4.3%、5.8%、1.8%，进入常年回水区清溪场至万县泥沙有明显细化现象，而从黄陵庙至宜昌泥沙中值粒径均为0.007 mm，细化现象不明显。因而，三峡水库蓄水后，泥沙粒径沿程至万县细化，万县至出库无明显变化。

表3-4　三峡进出库各主要控制站不同粒径级沙重百分数对比表　　单位：mm

范围	时段	沙重百分数/%							
		朱沱	北碚	寸滩	武隆	清溪场	万县	黄陵庙	宜昌
$d \leqslant 0.031$ mm	多年平均	69.8	79.8	70.7	80.4	—	70.3	—	73.9
	2003—2011年	73.1	82.0	77.4	82.9	81.5	107.3	88.2	85.6
	2012年	71.8	80.7	76.7	82.3	80.0	85.5	89.5	90.4
0.031 mm$<d \leqslant$0.125 mm	多年平均	19.2	14.0	19.0	13.7	—	20.3	—	17.1
	2003—2011年	18.6	12.9	16.9	13.1	14.5	11.2	8.4	8.0
	2012年	19.5	15.0	17.5	15.9	17.0	13.2	9.5	8.4
$d>0.125$ mm	多年平均	11.0	6.2	10.3	5.9	—	9.4	—	9.0
	2003—2011年	8.6	5.1	6.2	3.7	4.0	0.7	3.4	6.4
	2012年	8.7	4.3	5.8	1.8	3.0	1.3	1.0	1.2
中值粒径	多年平均	0.011	0.008	0.011	0.007	—	0.011	—	0.009
	2003—2011年	0.011	0.008	0.009	0.007	0.008	0.004	0.005	0.005
	2012年	0.012	0.010	0.011	0.011	0.010	0.009	0.007	0.007

注：1. 朱沱、北碚、寸滩、武隆、万县站多年均值资料统计年份为1987—2002年，宜昌站资料统计年份为1986—2002年；
2. 清溪场站无2003年前悬沙级配资料，黄陵庙站无2002年前悬沙级配资料；
3. 2010—2012年长江干流各主要测站的悬移质泥沙颗粒分析均采用激光粒度仪。

三峡论证阶段方案中粒径小于0.005 mm悬移质落淤较少，表3-5为初期论证方案与现运行期间常年回水区重点淤积河段皇华城泥沙淤积数据，未考虑来沙减少的情况下，皇华城河段已超过论证时期12年对应粒径组概算淤积量。

表3-5　论证阶段各方案与运行期细颗粒泥沙冲淤量对比

论证方案	淤积时间	不同粒径泥沙分组冲淤量(以万吨计，粒径以mm计)		
		0.005	0.005～0.010	0.010～0.025
160～135～154 m	1～12月	0	6815	36903
170～140～150 m	1～12月	0	7909	40429
180～158～168 m	1～12月	21012	10476	47099
180～145～165 m	1～12月	537	9178	43918
175～145～155 m	2003—2012年		13762	

注：表格最后一行为皇华城2003—2012年中值粒径为0.007 mm的泥沙冲淤量。

常年回水区作为泥沙淤积主要河段，经现场取样分析，淤积物主要由颗粒较细的悬沙组成，新淤泥沙呈现流动淤泥特性。通过水下摄像系统观察三峡常年库区的航道淤积物(图 3-7)可以看出，航道内新淤积的泥沙类似浮泥，还有些类似絮凝的结构，通过现场采样及后期分析，可能存在絮凝结构。

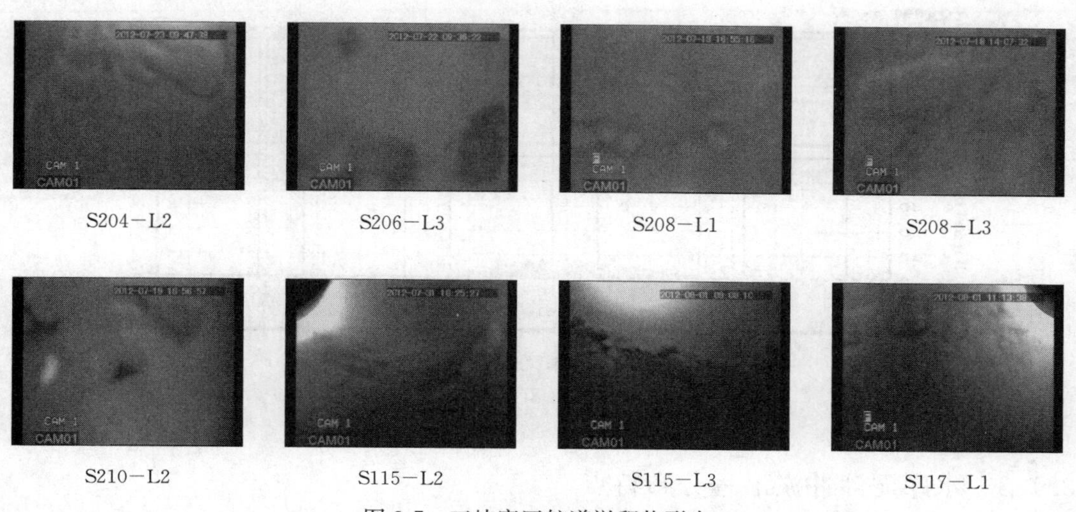

S204－L2　　S206－L3　　S208－L1　　S208－L3

S210－L2　　S115－L2　　S115－L3　　S117－L1

图 3-7　三峡库区航道淤积物形态

选取皇华城水道的两个点进行了泥沙淤积的取样，对取回的样本采用激光粒度分析仪进行分析，1 号样本的中值粒径为 0.0076 mm，2 号样本的中值粒径为 0.0067 mm，级配曲线如图 3-8 所示。两者相差不大，淤积物中值粒径可取其平均值，为 0.0073 mm。由此可见，淤积物为粉土类。

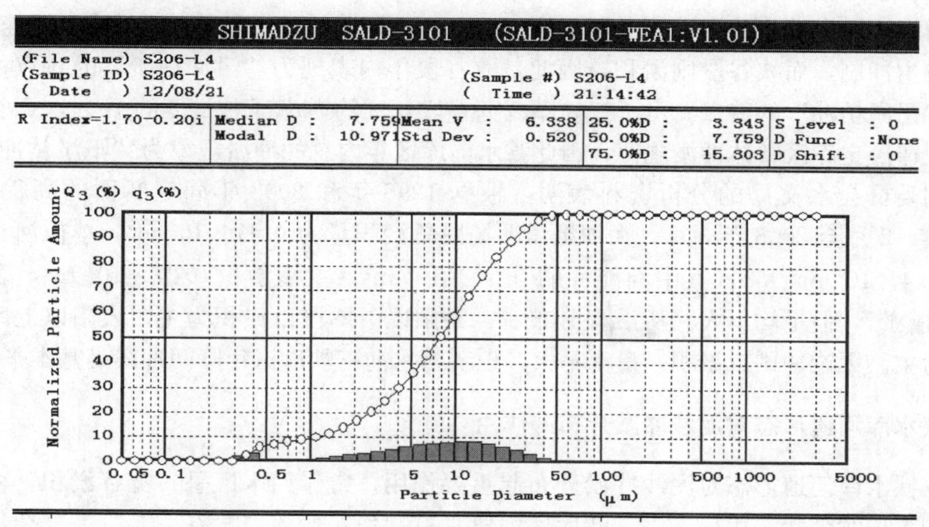

(a)1 号样本颗粒级配曲线

图 3-8　样本颗粒级配曲线

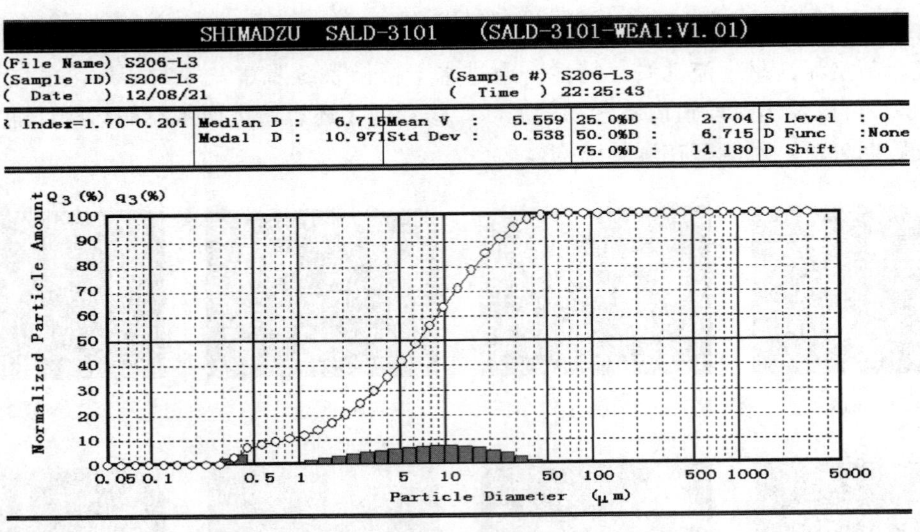

(b)2号样本颗粒级配曲线

图 3-8(续)

3.1.3 水库泥沙冲淤沿程分布特点

1. 蓄水前库区年内总的冲淤规律

蓄水前库区年内总的冲淤规律为“汛期淤积，枯水冲刷”。三峡库区岸线参差不齐，河道宽窄相间，深槽和浅滩高程变化明显。涨水时峡谷段形成卡口，卡口上游宽谷段水流不畅，水位壅高，比降变缓，泥沙落淤。而峡谷段则与之相反，随着水位升高，比降流速增大，河床发生冲刷；落水期峡谷壅水影响消除，卡口上游宽谷段比降与流速增大，河床发生冲刷，而峡谷段则淤积。因此，峡谷段年内表现为“汛冲枯淤”的特点；宽谷段为“汛淤枯冲”的特点。由于三峡库区宽谷段长度约占库区总长度的70%，宽谷段的冲淤规律决定库区整体冲淤规律，因此蓄水前库区年内总的冲淤规律为“汛淤枯冲”。长江水利委员会水文局的分析资料表明，根据1996年和2003年固定断面的高程变化，1996年12月至2003年3月，大坝至清溪场段总淤积量为$0.17\times10^8\ m^3$，单位河长淤积量为$3.4\times10^4\ m^3/km$，其中洲滩冲刷$0.10\times10^8\ m^3$，主槽淤积$0.27\times10^8\ m^3$，表现为“滩冲槽淤”，但量均不大。从沿程分布看，云阳以下库段以淤积为主，云阳以上库段以冲刷为主。无论冲刷或淤积，量都不大，说明蓄水前三峡库区年际间冲淤是基本平衡的。

2. 三峡水库河道形态对泥沙冲淤分布的作用

三峡水库河道形态对泥沙冲淤分布起重要作用，常年回水区呈“宽谷淤积，峡谷不淤”的不连续带状淤积形态。三峡库区河段具有峡谷、弯道、宽谷、卡口等复杂地形特征；从地貌上讲，属于河道型水库。2003年三峡水库运行以来，经过139 m蓄水、156 m蓄水及175 m试验性蓄水3个阶段，库区不同区段淤积特征已初步显现。图3-9所示为常年回水区重点淤积河段分布。

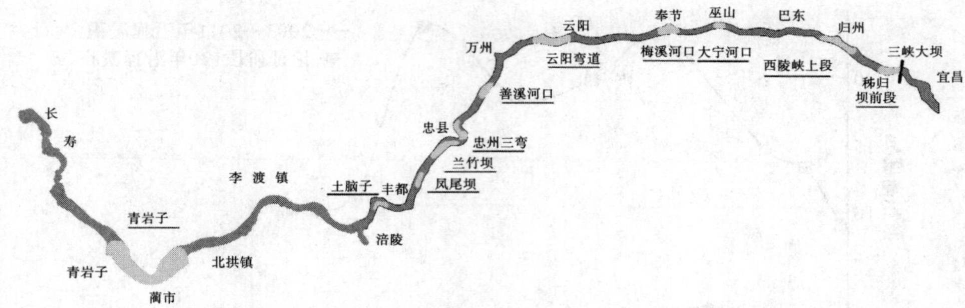

图 3-9　常年回水区重点淤积区分布

自 2003 年 6 月水库蓄水以来，库区干流坝前至铜锣峡河段泥沙淤积总量约为 $14.3\times10^8\ m^3$；而所淤积泥沙 99%左右均分布在长寿以下库区河段内(表 3-1)。这 10 个重点淤积区总长度为 227 km，仅占库区总长的 34%，但淤积量占库区总淤积量的 83%~93%。根据表 3-6 中 10 个重点淤积河段河道形态可知，三峡水库河道形态对泥沙冲淤分布起重要作用。

图 3-10 所示为三峡库区运行期 2003—2011 年与论证阶段 120 年时常年回水区沿程淤积对比。论证方案 175~145~163 m 在 120 年平衡后淤积量最大分别出现在奉节及忠县段，随后快速减少；2003—2011 年运行期忠县以上段淤积量再次增大，部分河段出现细沙淤积(兰竹坝、凤尾坝、忠州三弯等)，说明在水沙条件变化下，水库蓄水时间尚短，库区淤积还未达平衡。

表 3-6　三峡水库各重点淤积区淤积量

序号	名称	河道形态	2003—2011 年淤积量/$10^8\ m^3$	淤积百分比
1	坝前	坝前宽谷	1.529	12.1
2	西陵峡上段	微弯宽谷	1.42	11.3
3	大宁河口	河口宽谷	0.309	2.5168
4	臭盐碛	河口宽谷	0.818	6.5208
5	云阳弯道	弯道	1.949	15.5584
6	万州关刀碛	弯道	0.459	3.6608
7	忠州三弯	弯道+江心洲	1.89	15.1008
8	兰竹坝弯道	弯道+江心洲	1.603	12.8128
9	凤尾坝	弯道+江心洲	0.198	1.6016
10	土脑子	弯道	0.209	1.716
合计	重点淤积段总和	弯道+江心洲：3 个 微弯宽谷：4 个 弯道：3 个	10.38	83

注：统计资料收集至 2011 年，因此分析区段为 2003—2011 年。

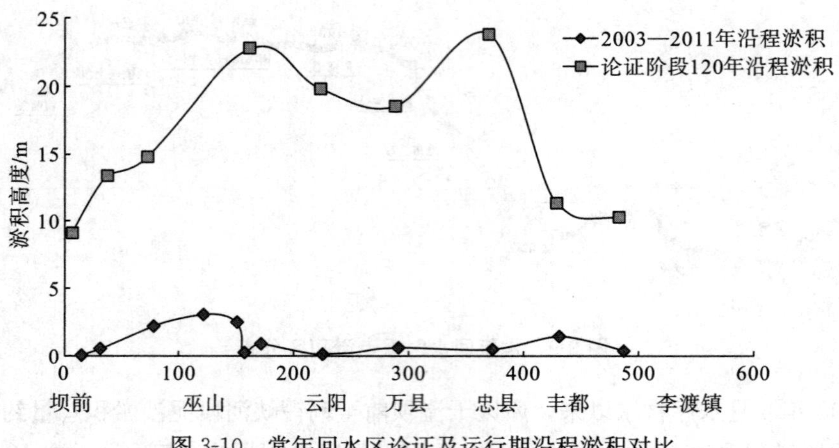

图 3-10 常年回水区论证及运行期沿程淤积对比

水库的纵剖面常常能反映水库淤积的总体，选取 2003 年与 2011 年 3 月的深泓高程反映断面最深点淤积情况及沿程变化。由图 3-11(a)可知，深泓线在奉节以下变化不大，在部分河段甚至出现微冲。图 3-11(b)为其对应云阳奉节段至玉皇阁河段相对深泓线变化，从相对深泓线正负交替可知，常年回水区河段淤积沿程不连续。

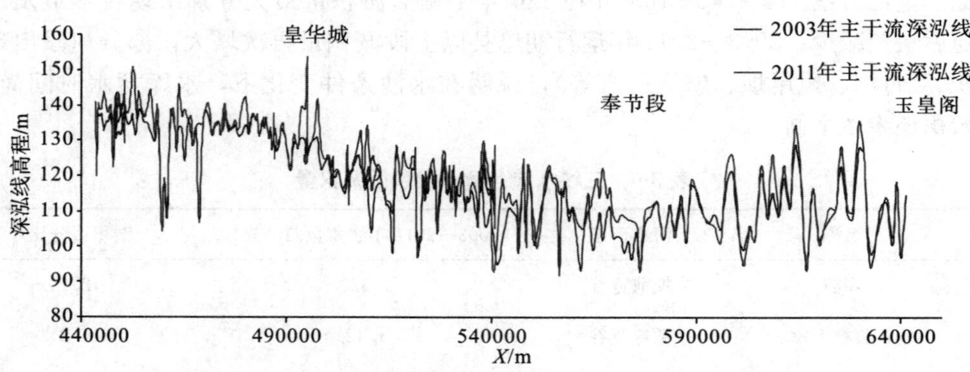

(a)常年回水区河段深泓线变化图

2010年与2003年沿程深泓线差
相对深泓线变化/m
玉皇阁
云阳段

(b)云阳奉节至玉皇阁河段相对深泓线变化

图 3-11 2003 年与 2013 年 3 月常年回水区及云阳奉节至玉皇阁河段深泓线变化(见彩图)

深泓高程常常不能反映整个横断面的淤积，采用 2003 年与 2011 年 3 月三峡库区巫山到涪陵河段完整地形测图资料，划分 22 个河段，得到平面地形冲淤变化图，直观显示河段冲淤分布及平面淤积形态。2003 年与 2011 年 3 月常年回水区段的冲淤整体情况见表 3-7。通过对比 2003 年与 2011 年常年回水区地形变化，河段冲刷淤积交替，在部分河段出现了微冲，淤积河段不连续。

表 3-7　常年回水区分段河段冲淤情况

序号	名称	冲淤情况	序号	名称	冲淤情况
1	巫山－迎水观	不淤	12	复兴镇－观音阁	不淤
2	宝子滩－黄莲坪	不淤	13	西沱－折栀子	淤
3	大溪－小黑石	不淤	14	顺溪镇－倒脱靴	淤
4	白帝城－五里铺	淤	15	干井溪－邓家沱	淤
5	玉皇阁－红沙溪	不淤	16	乌杨镇－大山溪	淤
6	白帝城－五里铺	淤	17	凤凰嘴－高家镇	淤
7	三块石－东洋子	不淤	18	文溪－麻柳林	淤
8	新津口－马岭子	淤	19	丰都－金刚背	淤
9	小当－小江	淤	20	红岩乡－南沱	不淤
10	白笑滩－土地盘	淤	21	鸳鸯盘－花滩	淤
11	鸭儿－万州区二	淤	22	大石鼓－涪陵	不淤

常年回水区部分河段地形及典型断面冲淤变化如图 3-12 至图 3-17 所示。由图可以看出，河段冲刷淤积交替，呈现不连续带状淤积形态，仍未达到冲淤平衡；河段淤积主要发生在弯段下段或者宽阔河段，淤积平面形态主要呈现“点”或“段”分布；若河床断面呈现倒“凸”形时(图 3-14)，断面淤积主要为等厚淤积，平面形态可能呈现明显“条状”淤积带(表 3-8)。

2011 年出现冲刷的河段多集中在坝前局部河段、窄深河段及变动回水区河段，如大坝－S32、S303－S305 等河段。自蓄水以来，冲刷强度最大的是 S256－S257(长 1.64 km)，总冲刷量为 $135.6\times10^4\ m^3$，单位河长冲刷量为 $82.6\times10^4\ m^3/km$；其次是 S248+1－S249 和 S262－S263，单位河长冲刷量分别为 $71.5\times10^4\ m^3/km$ 和 $68.7\times10^4\ m^3/km$。其余出现冲刷现象的河段单位河长冲刷量均在 $50\times10^4\ m^3/km$ 以下。大坝－铜锣峡 597.9 km 河段出现冲刷情况的河段总长为 60.1 km，仅占干流观测河段总长的 10.1%。

2003 年 3 月至 2011 年 11 月间，深泓变化最大的断面为 S34，淤高 60.3 m，淤积抬升量变化前十位的断面除 S148、S207 和 S204 外仍集中于坝前段，但坝前段深泓抬升速度已经明显放缓。蓄水以来，大坝－铜锣峡河段深泓淤高在 20 m 以上的断面有 26 个，深泓淤高 10～20 m 的断面有 35 个，这些深泓抬高较大的断面多集中在近坝段、香溪宽谷段、臭盐碛河段、皇华城河段等淤积较大的区域；深泓累积出现抬高的断面共有 271 个，占统计断面数的 88.0%。

2011 年冲刷最大的断面除受采砂影响的 S277+1、S153 外，多集中在坝前段。蓄水以来由于冲刷导致深泓刷深量最大的断面是 S109，累积刷深 8.3 m，其次为 S166、S192 和 S87，分别刷深 5.1 m、4.6 m 和 2.8 m，刷深量大于 1 m 的断面共有 10 个，主要集中在河段水面较窄的峡谷段和回水末端区域。累积为刷深的断面有 37 个，但刷深量相对淤积抬升的幅度要小得多，且深泓冲刷深量和出现冲刷的河段区域均有所减小。

说明两点：一是宽谷和峡谷相间，泥沙落淤在宽谷河段(江心洲宽谷、弯曲放宽、支流河口宽谷)内；二是峡谷内泥沙淤积少，在特殊水文年甚至发生冲刷(表 3-8)。

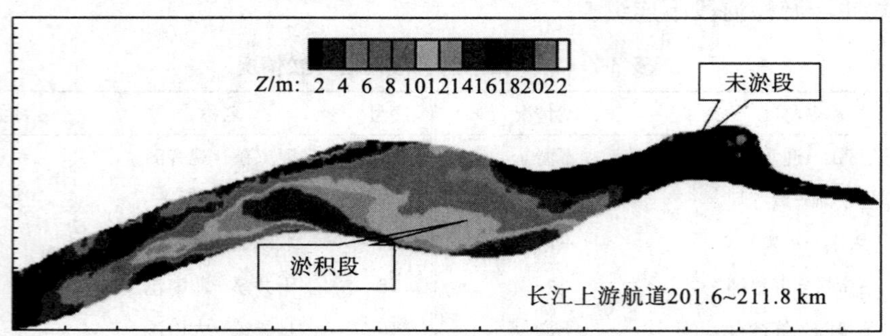

注：Z 为冲淤变化高程，余同。

图 3-12 白帝城－五里铺河段地形冲淤变化

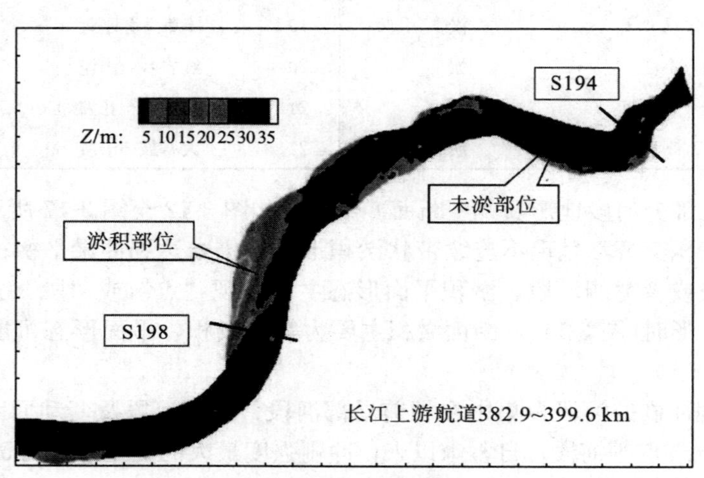

(a)地形冲淤变化

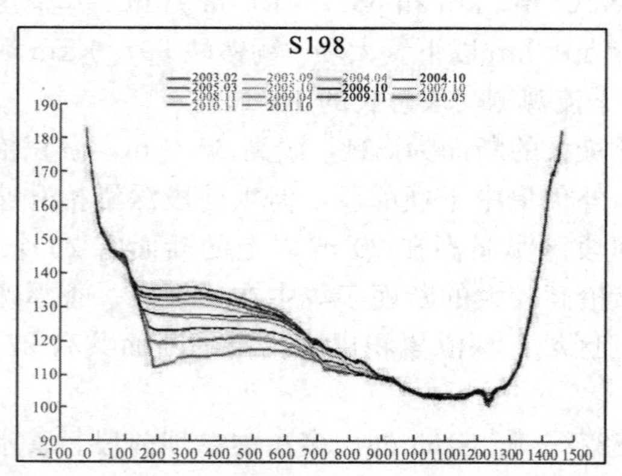

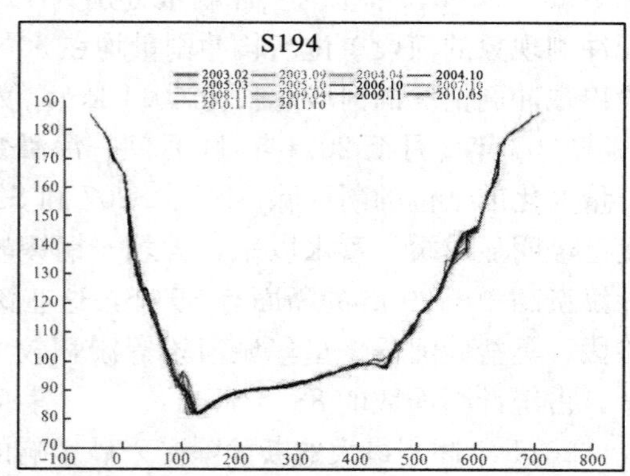

(b)典型断面冲淤变化

图 3-13 西沱－折桅子河段地形及典型断面冲淤变化(见彩图)

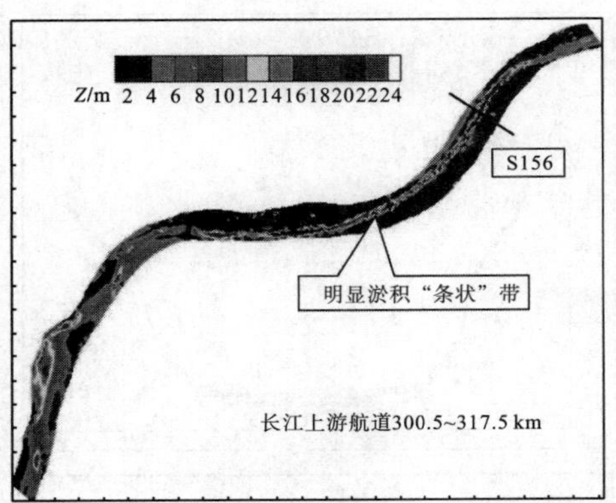

(a)地形冲淤变化

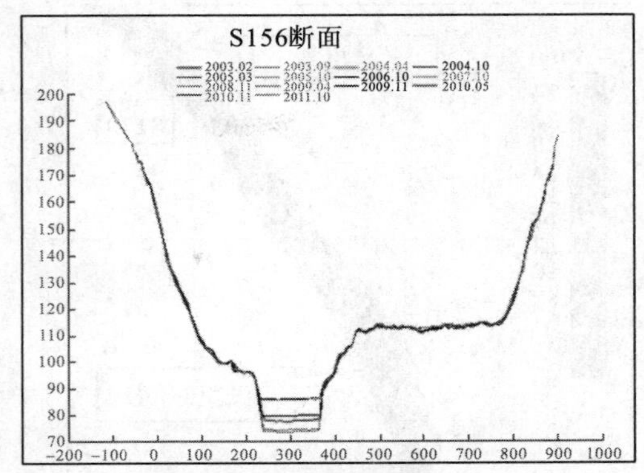

(b)典型断面冲淤变化

图 3-14　白笑滩－土地盘河段地形及典型断面冲淤变化(见彩图)

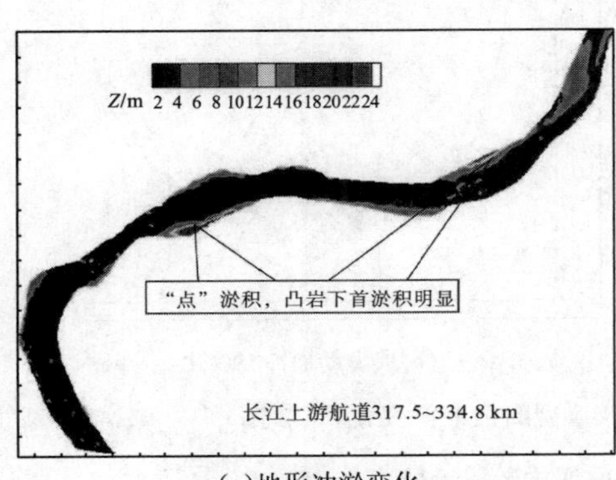

(a)地形冲淤变化

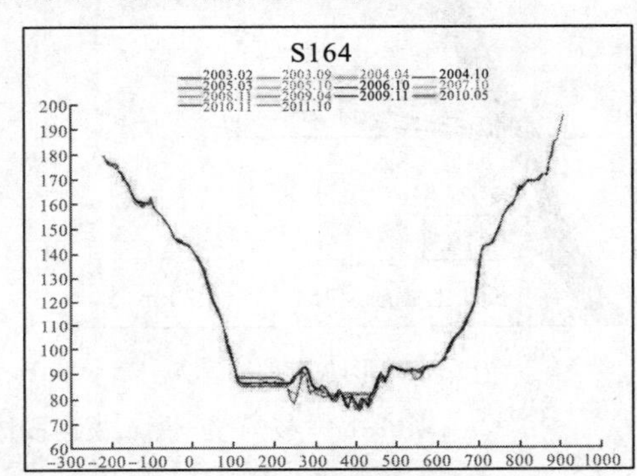

(b)典型断面冲淤变化

图 3-15　鸭儿碛－万州区河段地形及典型断面冲淤变化(见彩图)

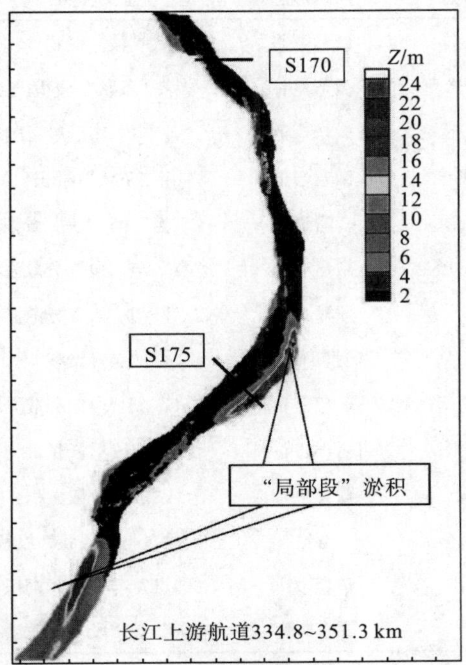

(a)地形冲淤变化

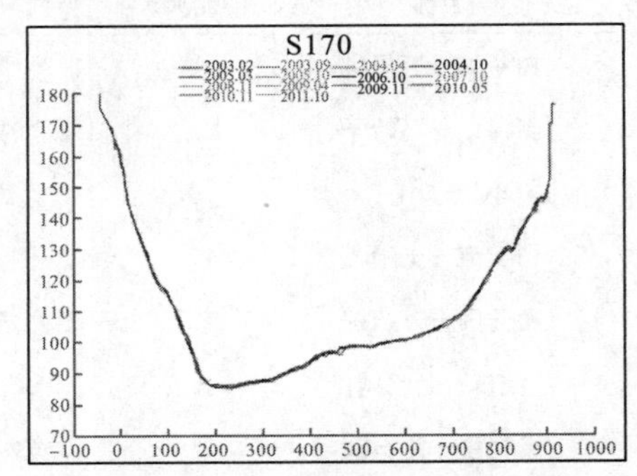

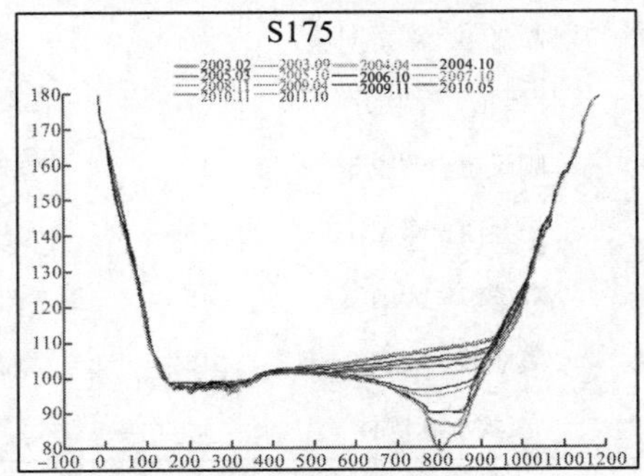

(b)典型断面冲淤变化

图 3-16　沱口－老鸦镇河段地形及典型断面冲淤变化(见彩图)

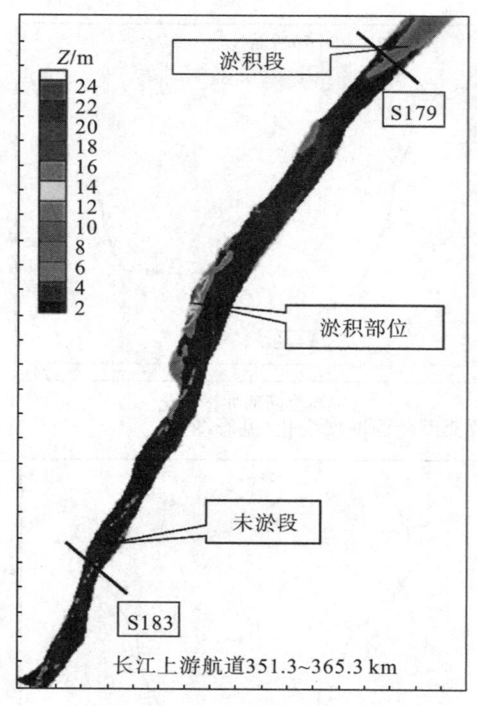

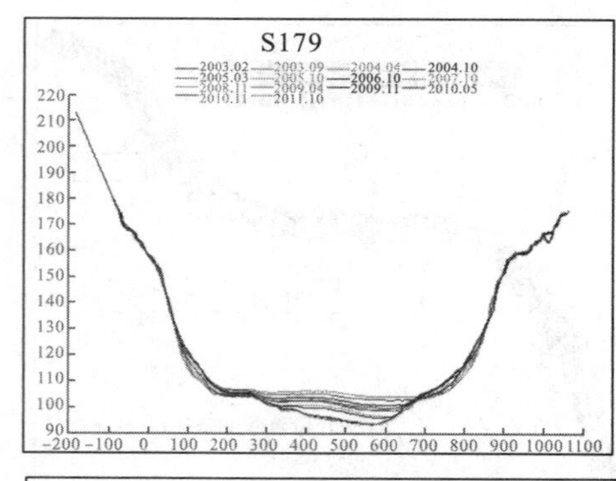

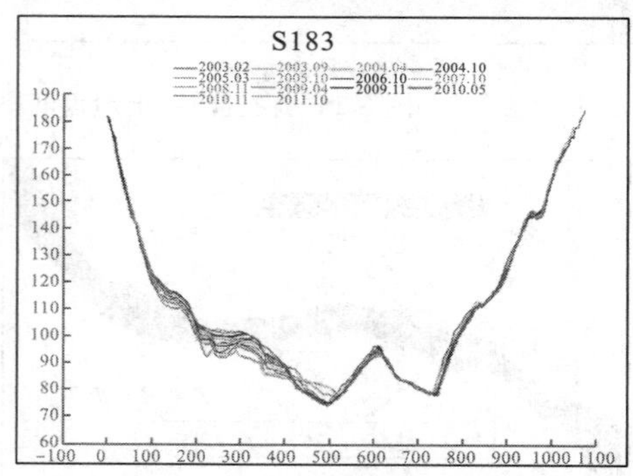

(a)地形冲淤变化　　(b)典型断面冲淤变化

图 3-17　杨河溪—黑石溪河段地形及典型断面冲淤变化(见彩图)

表 3-8　常年回水区分段河段淤积特征

序号	名称	范围/km	河段断面形态	河道形态	淤积特征
1	白帝城－五里铺	6	“U”形	微弯宽谷	“段”淤积
2	新津口－马岭子	20	“U”或倒“凸”形	微弯宽谷	“条状”淤积
3	小当－小江	16	宽阔“U”形	微弯弯道	“点”与“条状”淤积
4	白笑滩－土地盘	17	倒“凸”形	微弯弯道	“条状”淤积
5	鸭儿碛－万州区	17	宽阔“U”形	弯道	“点”与“块”淤积
6	沱口－老鸦镇	16	“U”或 W”形	微弯顺直	“点”与“段”分散淤积
7	杨河溪－黑石溪	17	宽阔“U”形	顺直	“点”与“段”分散淤积
8	复兴镇－观音阁	16	“U”形	顺直+微弯	“点”淤积
9	西沱－折桅子	17	“U”或“W”形	弯道	“点”或“段”分散淤积
10	顺溪镇－倒脱靴	14	宽阔“U”形	弯道+江心洲	“段”淤积
11	干井溪－邓家沱	15	“U”形	顺直微弯	“点”分散淤积
12	乌杨镇－大山溪	19	倒“凸”或“U”形	弯道	“段”与“条状”淤积
13	凤凰嘴－高家镇	16	宽阔“U”形	顺直微弯	“点”与“块”淤积
14	文溪－麻柳林	14	“U”形	顺直微弯	“点”或“段”分散淤积

弯曲宽谷河段的淤积速度快，淤积主要部位发生在弯道凸岸下首缓流区。此类水道比较典型的有皇华城水道、平绥坝－丝瓜碛河段(图 3-18)。

皇华城水道是一典型的弯曲河段，河道形态整体呈现“S”形，是典型的弯曲河段，淤积主要发生在弯道凸岸下首麻柳嘴、左汊缓流区、倒脱靴回水沱。皇华城水道属于急弯河段，其淤积主要原因是由于上下游弯道作用，水流趋直，在凸岸下首及凹岸回水沱形成缓流区，造成泥沙淤积[图 3-18(c)]。

平绥坝－丝瓜碛河段是典型的弯曲河段，河道整体呈现“Ω”形。三峡蓄水以来，泥沙大量淤积在平绥坝－丝瓜碛河段内，淤积主要发生在平绥坝左汊及土脑子一带，均位于凸岸下首[图 3-18(b)]。

分汊宽谷河段淤积主要发生在缓流区汊道、江心洲洲尾。库区河段典型的分汊河段有兰竹坝水道、丰都水道(凤尾坝)。

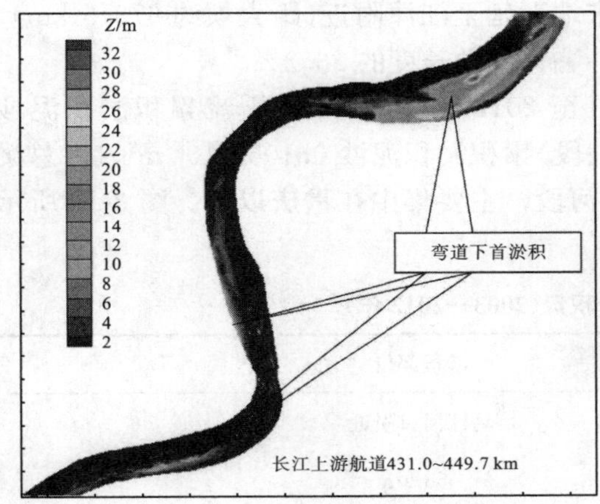

(a)乌杨镇－大山溪

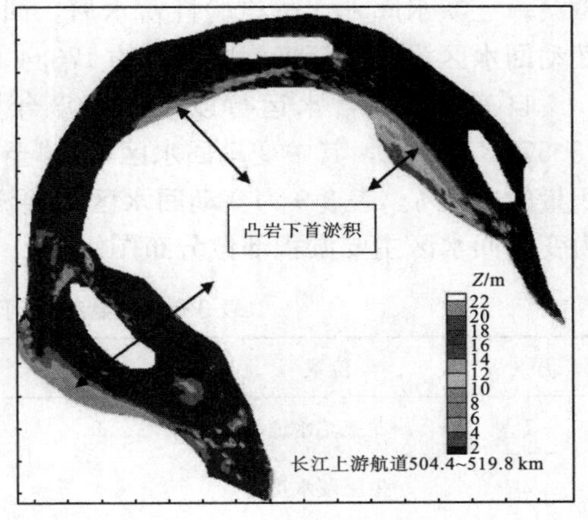

(b)鸳鸯盘－花滩

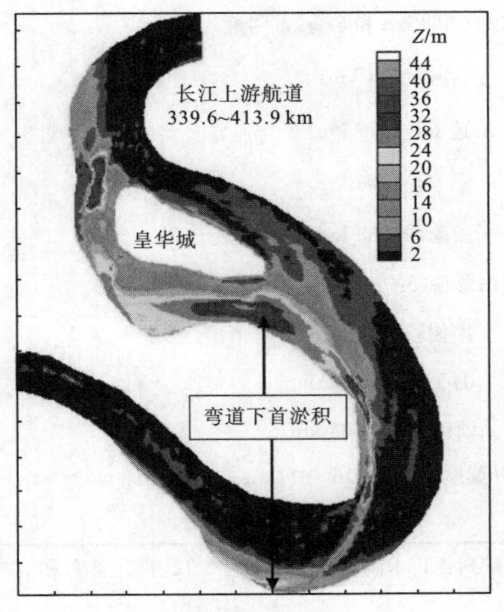

(c)顺溪镇－倒脱靴

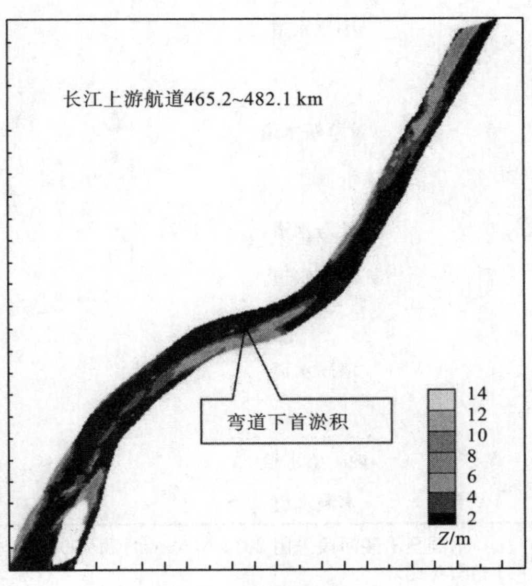

(d)文溪－麻柳林

图 3-18　典型河段主要淤积分布图

兰竹坝水道属于微弯分汊型河道，兰竹坝江心洲将河道一分为二，左汊是天然航道主航槽。兰竹坝水道在三峡成库以后发生大量淤积，淤积发展最快的部位是兰竹坝左汊，最大淤积厚度接近 30 m，最大淤积高程已经接近 147 m，并且淤积继续发展，值得重点关注。另外，在兰竹坝洲头也出现明显的累积性淤积。

丰都水道(凤尾坝)为微弯分汊河段，凤尾坝横卧江心，凤尾坝坝顶高程为 160.0 m 左右，将河道分为左、右两槽，左槽为主槽，右槽为副槽。2003 年三峡蓄水以来该河段累积淤积 2305×10^4 m^3，单位河长淤积量为 422×10^4 m^3/km。淤积区域主要集中在左岸深槽及江心洲尾。

3. 变动回水区淤积情况

变动回水区悬移质主要淤积于回水沱内，变动回水区中段卵石滩群出现卵石推移质微淤。三峡水库 175 m 试验性蓄水后，回水末端上延至江津附近(距大坝约 673.5 km)，变动回水区为江津至涪陵段，长约 173.4 km，占库区总长度的 26.3%。

自三峡水库蓄水运行以来，2003 年 3 月至 2012 年 10 月库区干流累积淤积泥沙 13.575×10^8 m^3，其中变动回水区(江津至涪陵段)累积淤积泥沙 0.106×10^8 m^3，占总淤积量的 0.8%。表 3-9 为变动回水区主要淤积河段，主要集中在重庆以下。图 3-19 所示为变动回水区主要淤积部位分布图。

表 3-9 主要淤积河段淤积量(2003—2012 年)

序号	位置	淤积部位
1	龙王沱水道	乌江河口附近
2	牛屎碛水道	558 km
3	青岩子水道	563～566 km
4	中堆水道	航道里程 568 km 和 570 km 附近
		连沱(574 km)
5	黄草峡水道	莲子沱(577 km)
		袁家沱(578 km)
6	长寿水道	王家滩(588 km)
7	扇沱水道	白鹭嘴(590～591 km)
		茅树碛(595 km)
8	洛碛水道	月亮碛(598 km)
		洛碛镇(602～603 km)
9	炉子梁水道	搬针梁航道里程 616～617km
10	木洞水道	冷饭碛

注：木洞至涪陵河段采用 2012 年 5～6 月和 2003 年 7～8 月测图对比；木洞上游河段采用 2012 年 5～6 月和 2007 年 4 月测图对比。

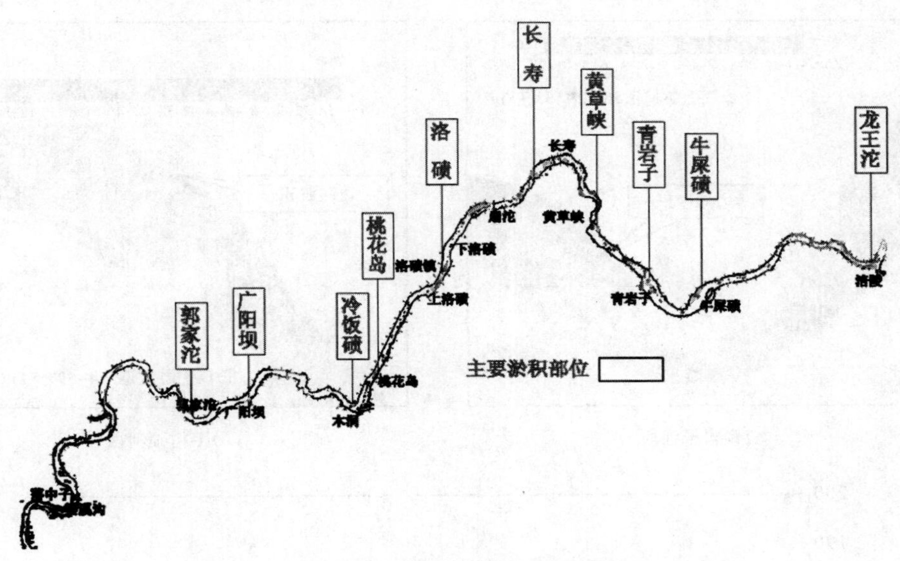

图 3-19　变动回水区淤积分布示意图

采用 2003 年 3 月与 2012 年 5～6 月变动回水区涪陵至木洞的主干流河段地形测图资料，得到两年地形冲淤变化平面图，如图 3-20 所示。主要淤积河段淤积的主要部位为边滩、深槽、回水沱内。图 3-21 所示为变动回水区典型淤积部位平面的冲淤地形变化图与横断面变化图。

龙王沱河段淤积部位主要是龙王沱深槽附近、白岩寺至乌龟石河段、麻柳嘴、锦绣洲和坳马石之间最大淤积厚度约为 8 m，如图 3-22 所示。

黄草峡河段主要淤积部位为莲子沱和袁家沱(航道里程 578 km 附近)以及老马岭下游(航道里程 574 km 附近)的连沱，如图 3-23 所示。该河段主要淤积部位淤积厚度可达 13 m。冲刷部位主要位于河道河面突然变窄的河段，流速加大导致对该河段河床底部造成冲刷，其主要冲刷部位最大冲刷深度可达 18 m。

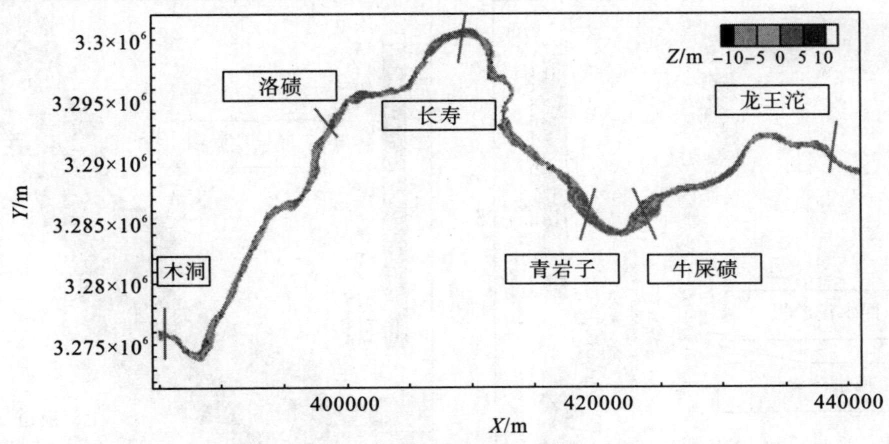

图 3-20　变动回水区淤积分布示意图

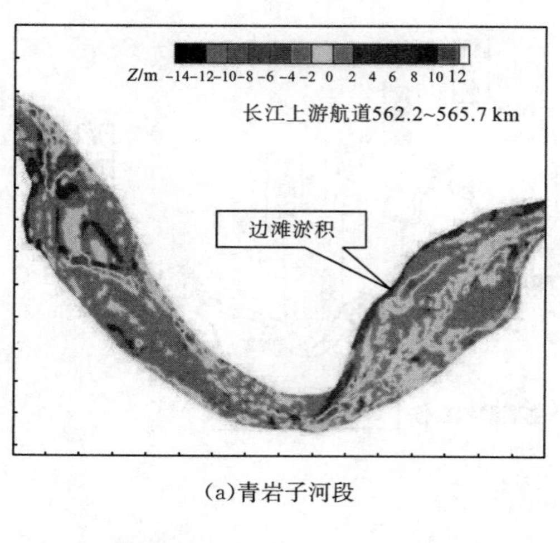

(a)青岩子河段

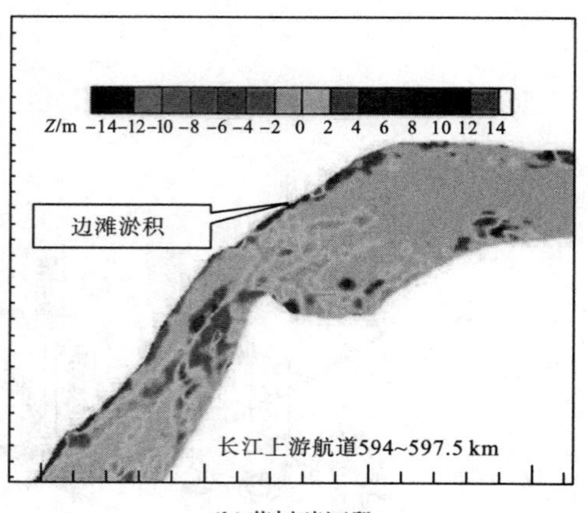

(b)茅树碛河段

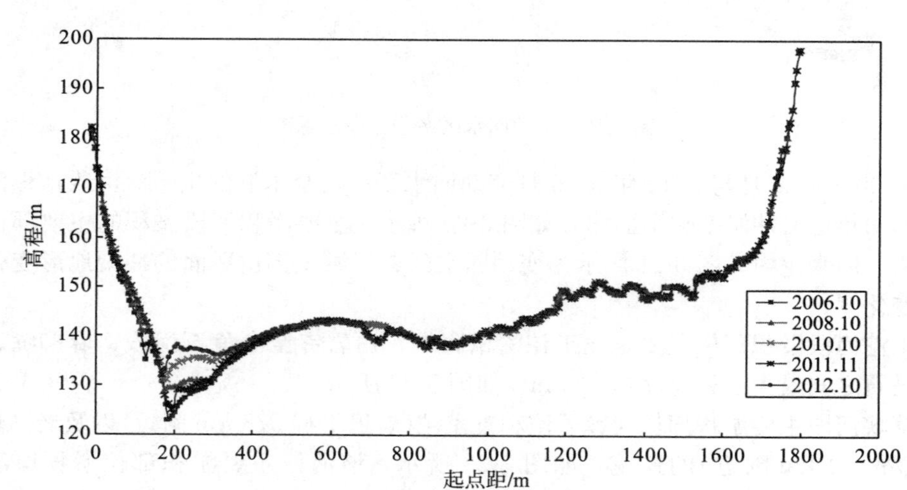

(c)青岩子－牛屎碛河段 S277+1 断面

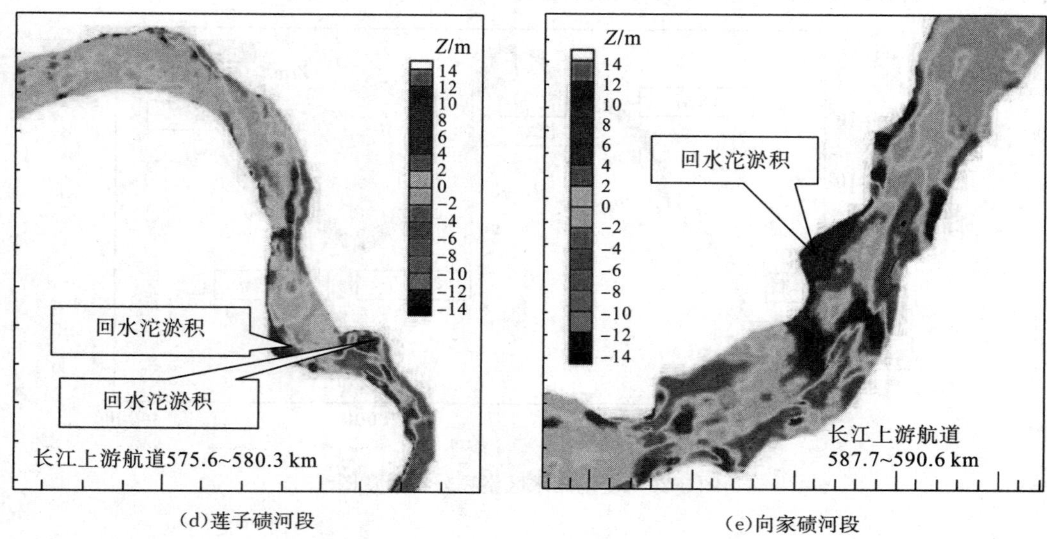

(d)莲子碛河段

(e)向家碛河段

图 3-21　变动回水区典型淤积部位平面的冲淤地形变化图与横断面变化图(见彩图)

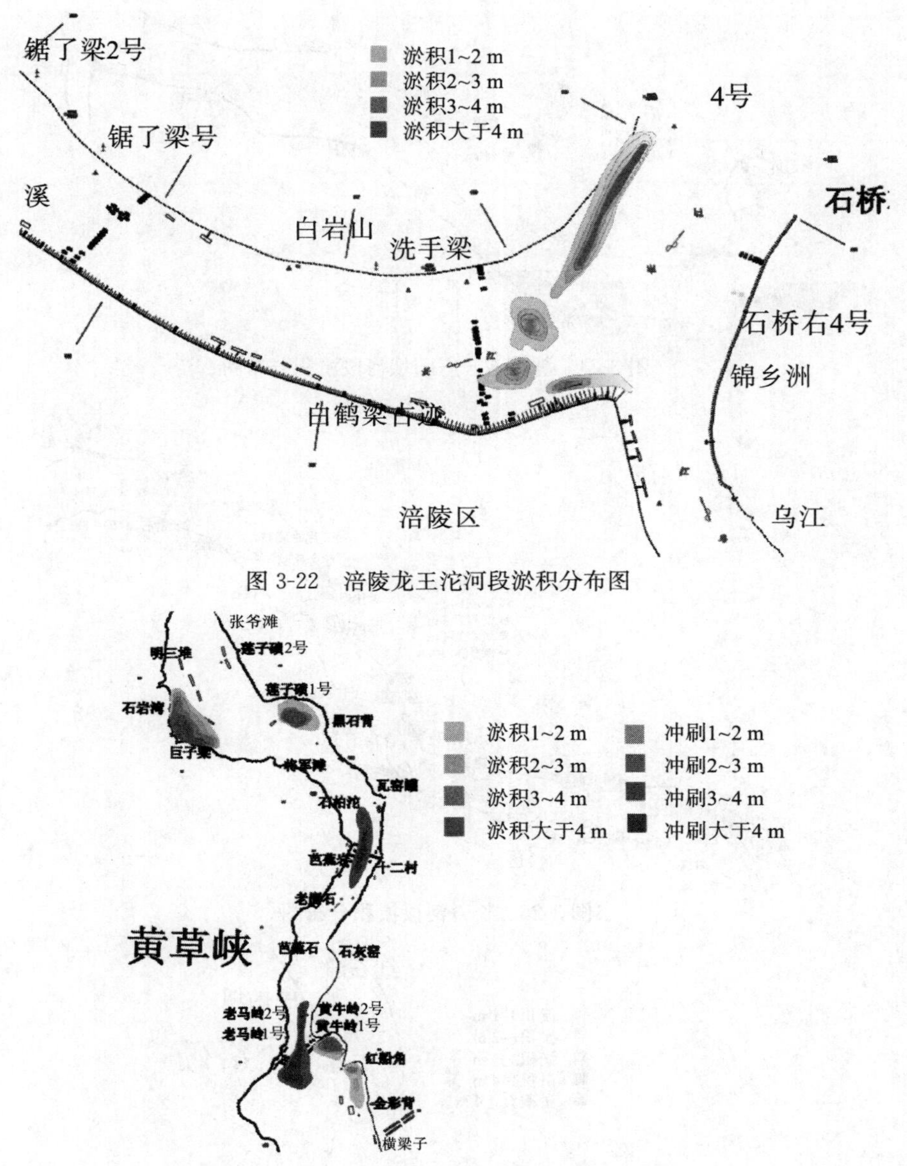

图 3-22　涪陵龙王沱河段淤积分布图

图 3-23　黄草峡河段冲淤分布图

铜锣峡以上河段采用 2007 年与 2012 年变动回水区测图资料，铜锣峡河段至变动回水区末端之间河段没有明显淤积部位，零星淤积部位淤积厚度大多在 0.5 m 以下。其中，广阳坝至郭家沱河段有两处明显淤积部位，郭家沱和广阳坝坝尾两个淤积部位最大淤积厚度均约为 4 m，如图 3-24 所示。

长寿水道和洛碛水道距离较近，在三峡蓄水后表现出的淤积现象也具有共同点。长寿水道累积性淤积量不大，但淤积基本处于主航道附近，造成主航道航宽、水深减小，对航道条件影响较大。长寿水道在忠水碛右侧主航道淤积，造成右侧航道水深和航宽减小；洛碛水道主航道深槽和部分边滩出现泥沙淤积。另外，长寿水道和洛碛水道之间扇沱附近有淤积区域，淤积区位于主航槽，淤积强度较小，如图 3-25 和图 3-26 所示。

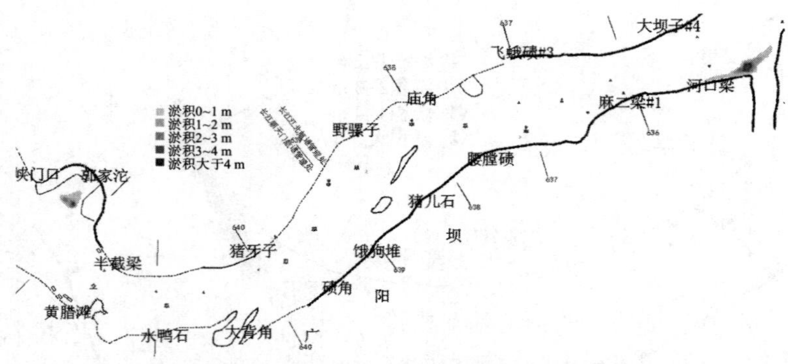

图 3-24　郭家沱－广阳坝河段淤积分布图

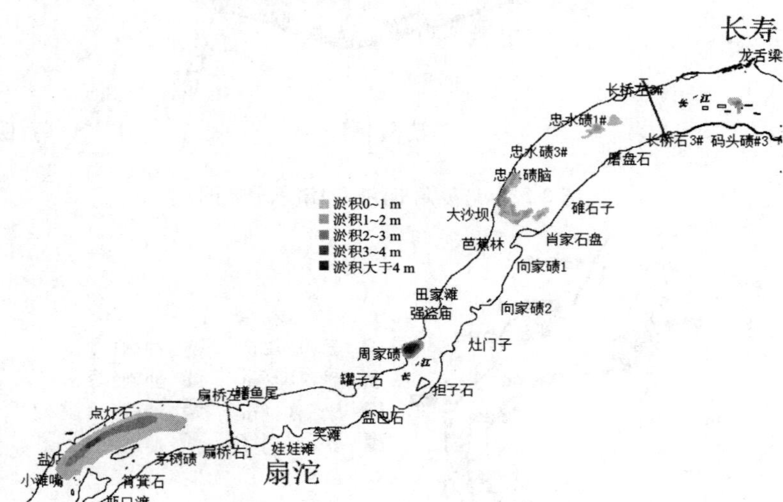

图 3-25　长寿河段淤积分布图

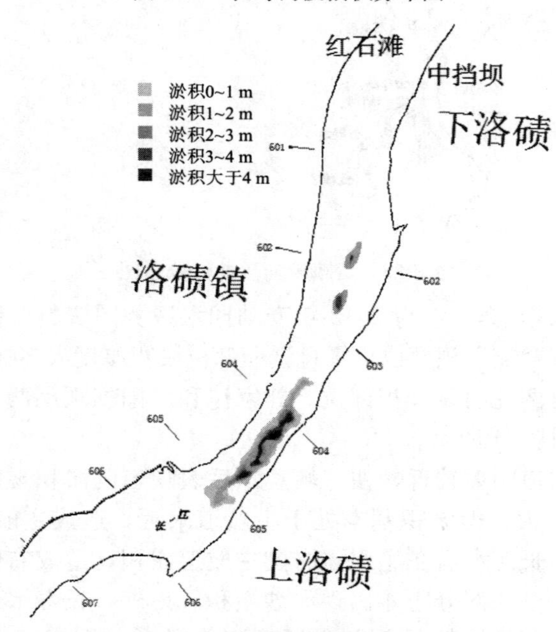

图 3-26　洛碛河段淤积分布图

3.2　三峡库区水位变化特点

3.2.1　三峡水库回水末端

三峡水库正常蓄水期回水末端位于江津红花碛附近，汛期汛限水位时坝前水位影响到长寿附近，与三峡论证期间的结论基本相符。

三峡论证期间的科研成果中，三峡水库 175 m 试验性蓄水后回水末端在江津红花碛(上游航道里程 720 km)附近。2010 年三峡蓄水首次达到 175 m，通过对长江上游航道里程约为 719 km 的双龙水位站以及上游塔坪水位站的实测水位资料进行分析，表明 175 m 蓄水期双龙水位站水位较天然情况下抬高 0.4 m，而塔坪水位站无明显抬高，回水末端位于双龙与塔坪之间。根据双龙与小南海站之间比降关系上延，确定三峡工程回水末端在长江上游航道里程 721.3 km 左右(图 3-27)，与论证期间的结论基本相符。

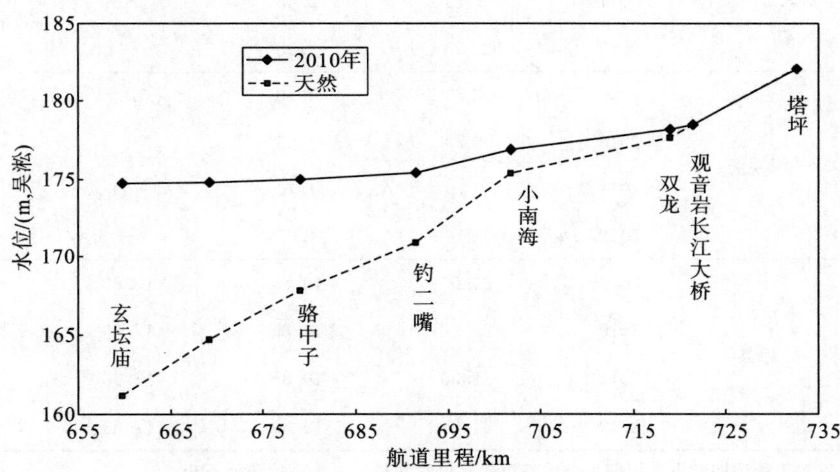

图 3-27　三峡水库 175 m 试验性蓄水后回水末端示意图

3.2.2　库区主要水位站水位变化

三峡水库各主要水位站汛期水位变化见表 3-10。由表 3-10 和图 3-28 可知，该区段受坝前水位抬升影响明显，原有天然河道流量水位关系已经打破，河段整体水动力条件已发生变化，是引起常年回水区泥沙冲淤变化的主要因素。

表 3-10　不同水位站在汛期不同流量下的水位抬高值(坝前 145 m)

序号	名称	年份	水位抬高值/m			
			10000 m^3/s	20000 m^3/s	30000 m^3/s	40000 m^3/s
1	寸滩	2009	0	0	0	0

续表

序号	名称	年份	水位抬高值/m			
			10000 m³/s	20000 m³/s	30000 m³/s	40000 m³/s
1	寸滩	2010	0	0	0	0
		2011	0	0	0	0
		2012	0	0	0	0
2	长寿	2009	0.60	0.30	0	0
		2010	0.58	0.29	0	0
		2011	0.58	0.35	0	0
		2012	0.60	0.30	—	—
3	北拱	2009	3.12	2.45	0.9	0
		2010	3.13	2.45	—	—
		2011	3.13	2.45	0.9	—
		2012	3.50	2.58	—	—
4	清溪场	2009	4.70	4.10	3.90	2.20
		2010	4.70	4.05	—	—
		2011	4.70	4.10	3.86	—
		2012	5.14	4.08	—	—
5	忠县	2009	21.00	19.85	17.66	15.2
		2010	21.00	19.85	17.66	—
		2011	21.00	19.85	17.66	—
		2012	21.04	19.85	17.63	—

注：由于三峡工程汛期调洪，坝前水位维持汛限水位时间较短，壅高值统计不全。

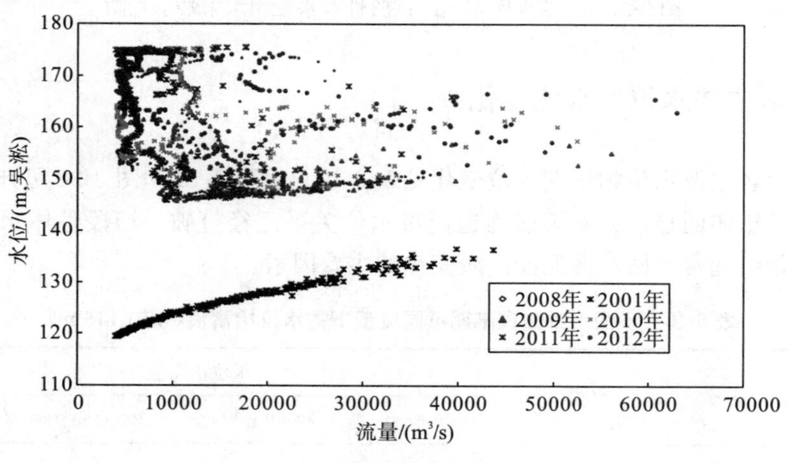

(a)忠县水位站水位流量关系

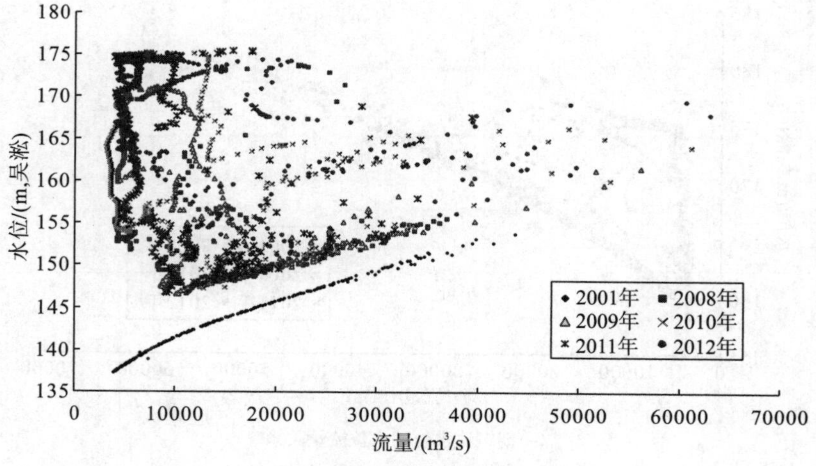

(b)清溪场水位站水位流量关系

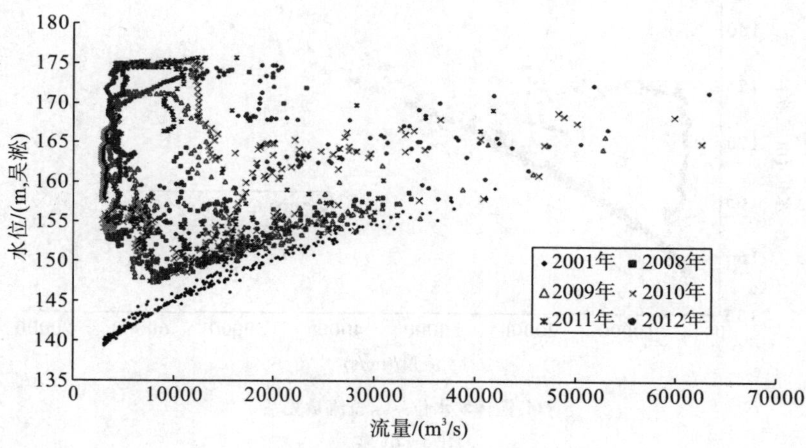

(c)北拱水位站水位流量关系

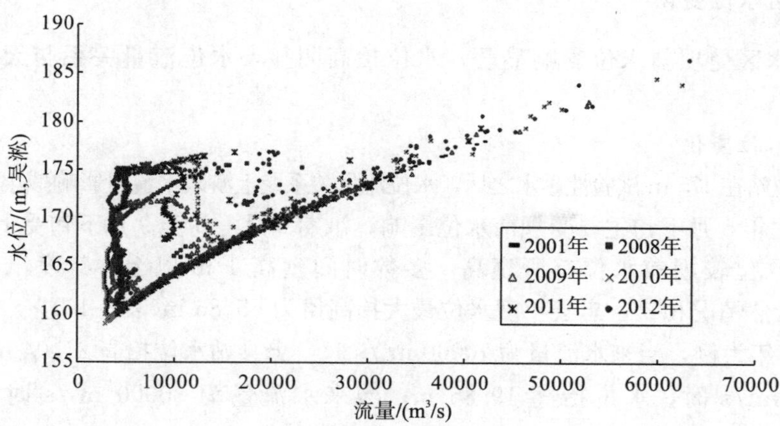

(d)长寿水位站水位流量关系

图 3-28　主要控制水位站水位流量关系(见彩图)

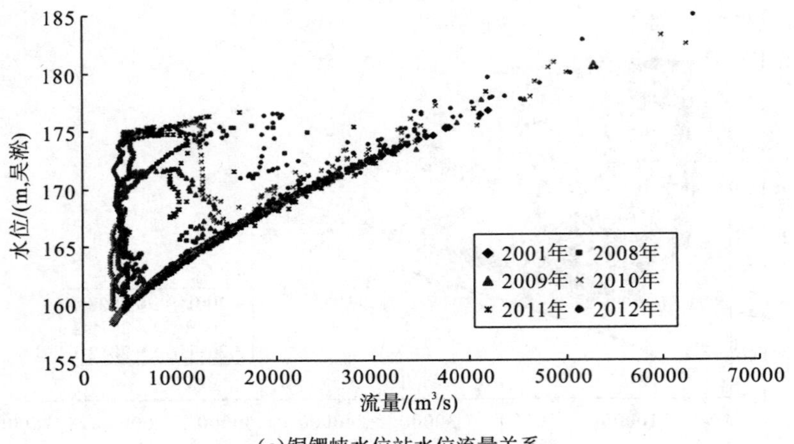

(e)铜锣峡水位站水位流量关系

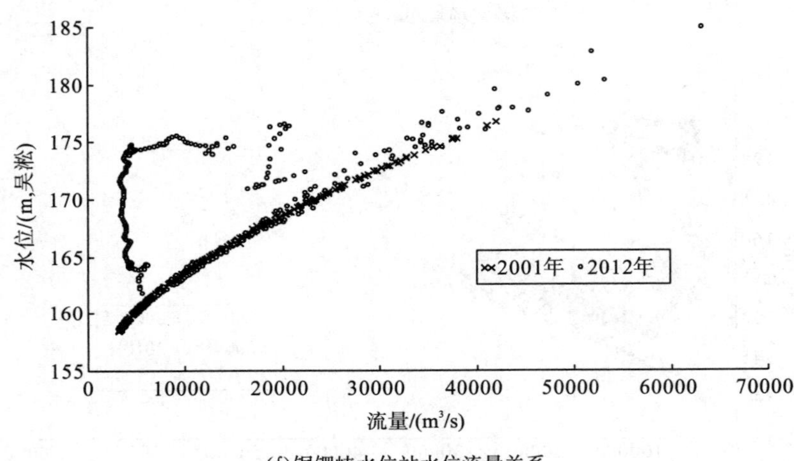

(f)铜锣峡水位站水位流量关系

图 3-28(续)

1. 常年回水区水位变化

常年回水区受坝前水位影响显著，水位抬高明显，水位流量关系与天然航道差异较大。

1)忠县水位变化

忠县水位站在 175 m 试验性蓄水之后，水位流量关系受上游来水流量影响减小[图 3-28(a)]，9 月中旬至次年 5 月下旬主要受坝前水位影响，汛期 6 月上旬至 9 月下旬受上游来水影响逐渐增强，水位较坝前水位有所壅高，多数时间壅高 1 m 以上，年度汛期最大抬高 6.3 m。与天然情况相比，忠县年度水位最大抬高值为 55.86 m(表 3-10)。

以 2012 年为例，当来水流量为 10000 m^3/s 时，忠县站水位抬高 21.04 m；当来水流量为 20000 m^3/s 时，水位抬高 19.85 m；当来水流量为 30000 m^3/s 时，水位抬高 17.63 m。其抬高值基本与前几个年度一致(表 3-10)。

2)清溪场水位变化

175 m 试验性蓄水之后，水位进一步抬高，非汛期清溪场水位与坝前水位基本同步

[图 3-28(b)]，汛期 6 月 10 至 9 月 10 日之间，清溪场水位均较坝前水位壅高 1 m 以上，最大壅高达 8 m，除汛期流量较大的一段时间外，水位变化过程与坝前水位相关性较高，本年度清溪场水位较同期天然水位最大抬高约为 37.86 m，与上一年度相差不大。

以 2012 年为例，当来水流量为 10000 m^3/s 时，清溪场站水位抬高 5.14 m，较上一年度增加 0.44 m；当来水流量为 20000 m^3/s 时，水位抬高 4.08 m(表 3-10)。

2. 变动回水区水位变化

变动回水区长寿至涪陵基本全年都受三峡水库蓄水影响，但影响幅度小于常年回水区。

1) 北拱水位变化

175 m 试验性蓄水后，北拱水位大幅抬高，非汛期基本受坝前水位影响，汛期受坝前水位和上游来水双重影响。

由表 3-10 可以看出，2012 年北拱站水位最大抬高值为 3.5 m，较上一年度略有减小。在汛期，当来水流量为 10000 m^3/s 时，北拱水位抬高 3.50 m；当来水流量为 20000 m^3/s 时，水位抬高 2.58 m。

北拱水位站位于变动回水区下段，以该水位站资料说明水位变化特点，如图 3-28(c) 所示。由图 3-28(c)可以看出，北拱水位站汛期也受三峡蓄水影响，但总体而言影响程度不大，在寸滩流量为 30000 m^3/s，坝前水位为 145 m 左右时，水位较天然情况抬高 0.9 m 左右。

2) 长寿水位变化

变动回水区重庆至长寿段受三峡蓄水影响主要在蓄水期及消落期。长寿水位站位于变动回水区中段，以该水位站资料说明水位变化特点。变动回水区中段自汛后蓄水开始逐渐受到蓄水影响，从长寿水位站统计资料来看，除汛期坝前水位维持汛限水位外，基本受壅水影响，见表 3-11。

表 3-11　长寿水位站受三峡蓄水影响分析

站点	影响水位(坝前水位)/m	影响时间	天数/天	最大流量(寸滩)/(m^3/s)	最大含沙量(寸滩)/(kg/m^3)
长寿	147.6	1.1～6.5	156	8630	0.198
	147.6	9.5～12.30	130	41700	1.85

175 m 试验性蓄水之后，长寿水位站位于变动回水区内，其水位变化受上游来水流量及坝前水位的双重影响[图 3-28(d)]。由于三峡汛期调洪抬高坝前水位，因此长寿水位流量关系表现比较紊乱。蓄水期及消落期(10 月及次年 5 月)，长寿水位受坝前水位影响较大，汛期随着上游流量逐渐增大，长寿水位主要受坝前水位影响，由于坝前水位汛期抬高，在部分时段仍然受到影响，汛期水位明显抬高。从三峡试验性蓄水以来的水位成果看，三峡水库达到 145 m 水位时，长寿水位受到坝前水位影响较小，长寿处于汛期 145 m 蓄水影响的上段。

在汛期，当来水流量为 10000 m^3/s 时，长寿站水位抬高 0.60 m；当来水流量为 20000 m^3/s 时，水位抬高 0.30 m(表 3-10)。

3)铜锣峡水位变化

在三峡水库156 m蓄水阶段，铜锣峡处于天然河道状态，水位基本不受三峡水库蓄水的影响。水库进入175 m试验性蓄水以后，铜锣峡水位开始受到影响，铜锣峡水位自汛后9月底随着蓄水水位逐渐上升而受到影响，消落期至4月开始逐渐脱离三峡水库壅水影响，汛期基本不受三峡水库蓄水影响，处于天然河道状态。

铜锣峡水位站水位变化在一定程度上反映长寿水位站水位抬升对重庆河段的影响，是判断重庆河段整体水沙输移条件改变的重要因素，影响重庆河段的冲淤情况。研究长寿水位站与铜锣峡水位站水位间的关系是控制重庆上段水位的关键之一。图3-28(e)为铜锣峡水位流量关系图。分析2001年在三峡蓄水前与2012年三峡蓄水后水位流量关系[图3-28(f)]，其与天然流量水位关系出现偏差，图形形态与长寿水位站水位流量变化关系图形态基本相同。

图3-29所示为2001年天然情况下长寿—铜锣峡段水位关系图，符合线性关系。分析2012年长寿水位站与铜锣峡水位站水位变动关系，1～4月的水位关系(图3-30)与2001年基本相同，此时坝前蓄水水位基本在162 m以上，长寿水位仅受坝前水位的影响。

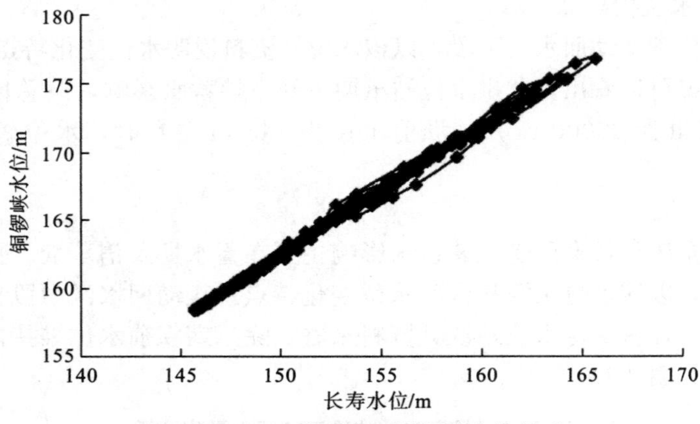

图3-29 2001年长寿—铜锣峡水位关系

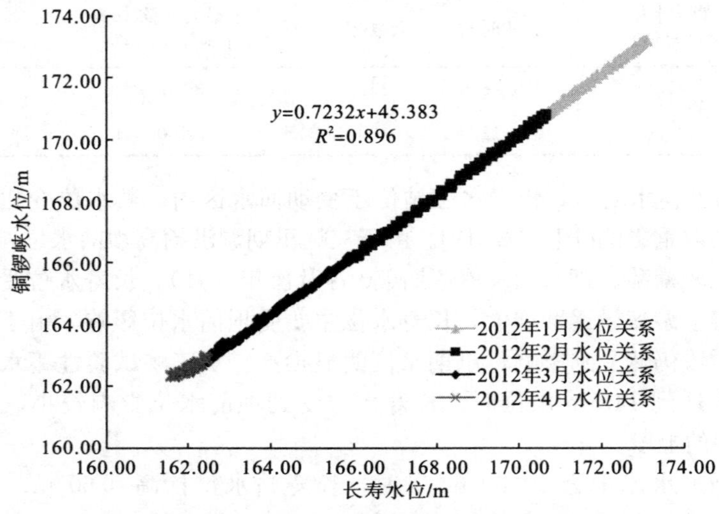

图3-30 2012年1～4月长寿—铜锣峡水位关系(见彩图)

2012 年汛期长江上游共发生 3 次较大的洪峰过程，2012 年汛期三峡水库基本都在迎接洪峰过程，进入 7 月长江上游出现洪峰，坝前水位随之抬升，7 月 27 日坝前水位抬升至最高值 162.95 m，至 8 月 26 日回落至 146.32 m。2012 年汛期坝前水位持续维持高水位，汛期(7～9 月)平均水位为 154.5 m，较汛限水位抬高 9.5 m。该时间段内长寿站受到坝前水位以及洪水双重作用，水位变动复杂，因此随着 5 月消落期的来临，两站的水位关系图规律性非常弱，基本为“绳套”形态(图 3-31)。10 月以后，进入蓄水期，两者水位再次呈现线性关系。

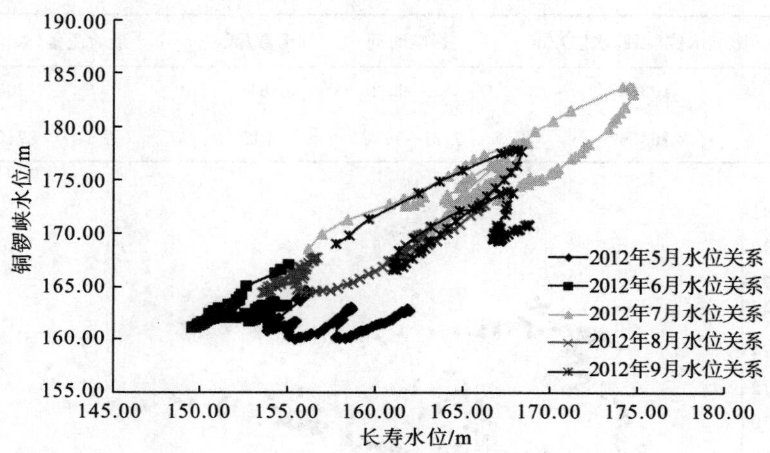

图 3-31　2012 年 5～9 月长寿－铜锣峡水位关系(见彩图)

4)寸滩水位变化

在三峡 156 m 蓄水阶段，寸滩为天然河道，不受三峡水库蓄水的影响。水库进入 175 m 试验性蓄水以后，寸滩水位站位于变动回水区，当坝前水位达到 160 m 以上时，寸滩水位明显受到三峡水库蓄水影响，在此时间段内，寸滩水位基本与坝前水位同步变化；消落期 4 月底以后，寸滩水位基本不受三峡水库蓄水影响，为天然河道(图 3-32)。在汛期，寸滩以上河段不受坝前水位影响(表 3-10)。

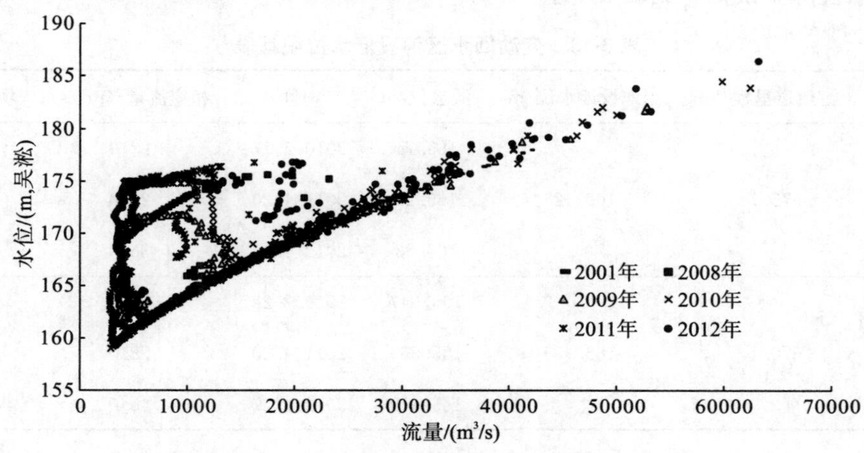

图 3-32　寸滩水位站水位流量关系(见彩图)

5)鹅公岩水位变化

变动回水区江津至重庆段受三峡蓄水影响时间主要在蓄水期及消落初期，影响期间水位较天然同流量下有较大抬升。

鹅公岩水位站位于重庆主城区，以该水位站资料说明水位变化特点。江津至重庆段主要在蓄水末期开始受到三峡蓄水的影响，从鹅公岩水位站统计资料来看，受壅水影响时间主要集中在 9 月底至次年 3 月底，其余时间段内水位流量关系与天然河道基本一致，如表 3-12 和图 3-33 所示。

表 3-12 年内受三峡蓄水影响分析

站点	影响水位(坝前水位)/m	影响时间	天数/天	最大流量(朱沱)/(m^3/s)
鹅公岩	163.67	1.1～3.25	84	4200
	163.67	9.21～12.31	102	8740

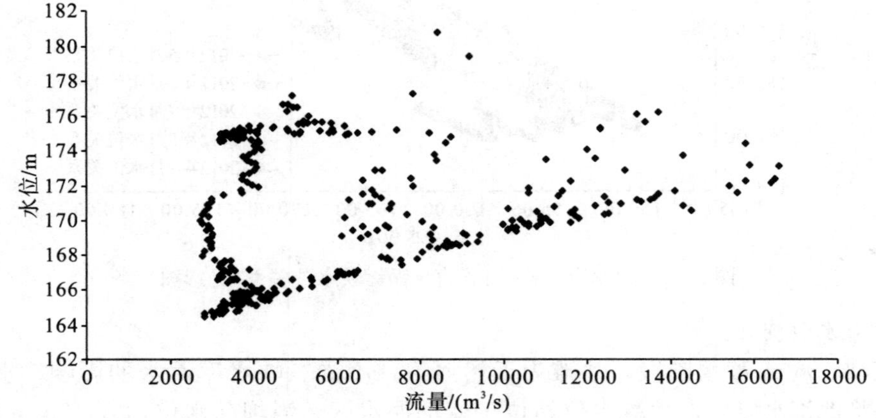

图 3-33 2012 年鹅公岩水位站水位流量关系

变动回水区低水位出现在 2～5 月，由于消落期库水位消落较缓，重庆主城区河段在 4 月中旬水位降至最低，见表 3-13。

表 3-13 变动回水区河段低水位统计表

水尺名称	上游航道里程/km	当地设计水位/m	低水位/m	时间	相应流量/(m^3/s)	坝前水位/m
何家滩	675.1	165.42	165.74	2010.2.17	2310	162.4
			166.29	2011.4.20	2810	159.15
			166.53	2012.4.10	3660	163.49
九龙滩	670.1	163.43	165.047	2010.2.28	2460	159.78
			165.569	2011.4.20	2810	159.15
			165.919	2012.4.27	4040	163.25

续表

水尺名称	上游航道里程/km	当地设计水位/m	低水位/m	时间	相应流量/(m^3/s)	坝前水位/m
观音阁	668.0	162.80	163.615	2010.2.28	2460	159.78
			164.477	2011.4.21	3030	158.81
			165.161	2012.4.10	3660	163.49
珊瑚坝	665.1	162.40	163.039	2010.3.23	2520	155.58
			163.559	2011.4.29	3260	156.93
			164.689	2012.5.11	4740	159.39
黄桷渡	663.9	162.30	162.612	2010.3.22	2460	155.76
			163.084	2011.4.29	3260	156.93
			164.024	2012.5.12	5220	158.72
大佛寺	655.0	159.56	159.518	2010.3.26	2920	155.11
			160.388	2011.4.29	4200	156.93
			163.121	2012.5.20	6610	156.02
寸滩	652.5	159.24	158.82	2010.3.26	2920	155.11
			159.81	2011.4.29	4200	156.93
			161.92	2012.5.12	5220	158.72
鸡冠石	648.0	158.81	158.428	2010.3.26	2920	155.11
			159.96	2011.5.1	4950	156.5
			161.693	2012.5.12	5220	158.72
莲花背	645.0	158.80	158.206	2010.3.26	2920	155.11
			159.456	2011.5.8	4170	155.14
			161.652	2012.5.12	5220	158.72
望江厂	641.5	158.78	158.197	2010.4.1	3070	154.18
			159.33	2011.5.8	4170	155.14
			161.619	2012.5.12	5220	158.72
殷家梁	621.3	155.21	155.323	2010.4.2	3070	154.07
			156.653	2011.5.8	4170	155.14
			158.739	2012.5.21	7140	155.29
骑马桥	588.5	150.78	152.632	2010.5.30	6360	150.44
			152.713	2011.5.31	7260	149.89
			155.689	2012.5.26	8480	153.58

续表

水尺名称	上游航道里程/km	当地设计水位/m	低水位/m	时间	相应流量/(m^3/s)	坝前水位/m
青岩子	564.0	147.72	151.345	2010.5.30	6360	150.44
			151.155	2011.5.31	7260	149.89
			154.98	2012.5.26	8480	153.58
李渡	546.8	146.77	151.09	2010.5.30	6360	150.44
			150.84	2011.5.31	7260	149.89
			154.73	2012.5.26	8480	153.58

3.2.3 泥沙淤积对汛期水位变化的影响

三峡水库蓄水运行以来，2003 年 6 月至 2012 年 12 月三峡入库悬移质泥沙 19.003×10^8 t，出库(黄陵庙站)悬移质泥沙 4.620×10^8 t。不考虑三峡库区区间来沙，水库淤积泥沙 14.383×10^8 t，占长科院计算淤积量的 16.77%，若按此比例计算，得到长寿抬高的水位为 0.78 m。而通过实测水位资料分析，长寿水位未发生明显抬高现象。

在汛期坝前水位为 145 m 时，不同流量情况下，回水末端位置不同，并且流量越小回水范围越长，水位抬高值相对越大。通过对 145 m 蓄水期各水位站不同来水流量条件下水位抬高值的分析，三峡水库淤积量约为 14×10^8 t，但淤积对库尾河段水位抬升未产生明显影响(表 3-10)。因此，目前三峡水库泥沙淤积对库尾河段水位抬升未产生明显影响。

3.2.4 坝前水位变化对库区泥沙淤积的影响

三峡水库调度要综合考虑防洪、航运、生态、安全、水资源应用等综合效益，特别是上游出现洪峰，为减缓中下游防洪压力提高蓄水位，上游建库后为避免不能满蓄的情况，汛后提前蓄水，对三峡库区泥沙淤积影响较大，如 2010 年汛期洪水过程较常年明显增多，三峡平均库水位为 151.54 m，较汛限水位抬高 6.54 m，汛期最高库水位为 161.02 m。汛期三峡工程进行防洪调度，抬高了坝前蓄水位，将大量洪水拦蓄在库区，汛期正值丰水丰沙期，大量泥沙落淤，增加库区泥沙淤积。

表 3-14 反映了 2003—2012 年每年各粒径组入库量、淤积量及各年汛期坝前平均水位。三峡水库试验性蓄水以来(2008—2012 年)各粒径组泥沙淤积比例较三峡水库施工期(2003—2008 年)明显增加，0.062 mm 以下、0.062～0.125 mm 粒径组的淤积比例由 0.654、0.909 提高到 0.82、0.965。由于试验性蓄水以来水位抬升使得库区河段水动力条件进一步减弱，较粗泥沙在库区淤积影响明显，0.125 mm 以上粒径组淤积比例由 0.739 提高到 0.984。泥沙淤积受坝前蓄水位波动影响明显。

表 3-14　2003—2012 年各粒径组入库淤积泥沙及坝前平均水位资料

时间	三峡水库坝前平均水位（5～10 月）/m	入库 各粒径组沙量/10^8 t			水库淤积 各粒径组沙量/10^8 t			水库淤积量/入库量（各粒径组淤积比例）		
		$d \leqslant 0.062$	$0.062 < d \leqslant 0.125$	$d > 0.125$	$d \leqslant 0.062$	$0.062 < d \leqslant 0.125$	$d > 0.125$	$d \leqslant 0.062$	$0.062 < d \leqslant 0.125$	$d > 0.125$
2003 年 6～12 月	135.23	1.85	0.11	0.12	1.13	0.08	0.03	0.611	0.727	0.25
2004 年	136.58	1.47	0.1	0.09	0.863	0.094	0.063	0.587	0.94	0.7
2005 年	136.43	2.26	0.14	0.14	1.25	0.13	0.13	0.553	0.929	0.928
2006 年	138.67	0.948	0.0402	0.0323	0.86	0.039	0.032	0.907	0.970	0.991
2007 年	146.44	1.923	0.149	0.132	1.423	0.147	0.125	0.740	0.9877	0.947
2003—2007		8.451	0.5392	0.5143	5.526	0.49	0.38	0.654	0.909	0.739
2008 年	148.06	1.877	0.152	0.149	1.559	0.149	0.148	0.831	0.981	0.993
2009 年	154.46	1.606	0.113	0.111	1.249	0.111	0.11	0.778	0.982	0.991
2010 年	156.37	2.053	0.132	0.103	1.731	0.127	0.102	0.843	0.962	0.990
2011 年	154.52	0.924	0.057	0.036	0.86	0.054	0.034	0.931	0.947	0.944
2012 年	158.17	1.835	0.168	0.176	1.403	0.159	0.172	0.765	0.946	0.9773
2008—2012		8.295	0.622	0.575	6.802	0.6	0.566	0.820	0.965	0.984

注：粒径单位为 mm。

图 3-34 所示为各粒径组淤积比例与坝前水位的关系。当粒径在 0.062 mm 以上时，坝前水位抬高到 138.67 m 以后，淤积比例基本维持在 95%以上，基本保持稳定，坝前水位变化对其影响逐渐减弱。当粒径在 0.062 mm 以下时，其为库区主要淤积物组成，淤积比例随着坝前水位变化波动明显，坝前水位对其淤积影响较强。

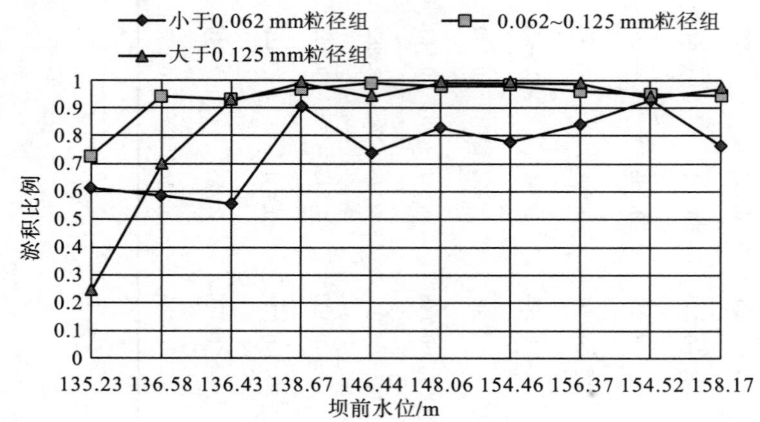

图 3-34 粒径组淤积比例与坝前水位的关系

表 3-15 所示为重点淤积段 2003—2011 年的淤积量；图 3-35 所示为常年回水区各河段累积淤积量与坝前水位的关系。各河段的累积淤积量与坝前水位关系曲线基本一致，增速较为平缓，说明常年回水区重点淤积部位淤积速率有减缓趋势。

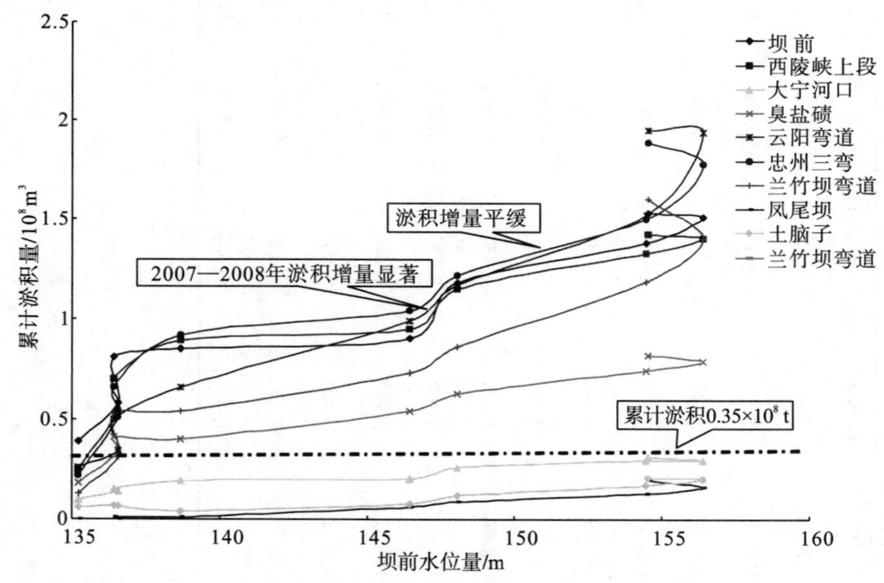

图 3-35 常年回水区重点河段累计淤积量与坝前水位变化关系(见彩图)

由图 3-35 可知，2003 年 3 月至 2007 年 10 月，三峡大坝主要是 135～139 m 和 144～156 m 蓄水阶段。宽谷河段的 4 个淤积区在 2003 年 10 月淤积速率最大，坝前、西陵峡上段、大宁河口淤积区在 2004 年 10 月至 2007 年 10 月阶段逐年减小，臭盐碛淤积区在 2004 年 10 月至 2006 年 10 月阶段逐年减小。2008 年 10 月至 2010 年 10 月，三峡大坝

175～145～155 m 试验性蓄水。宽谷河段的 4 个淤积区在 2008 年 10 月淤积速率最大，至 2011 年 11 月逐年减小。2003 年及 2008 年坝前水位较之前变化波动较大时，各重点淤积段淤积增速明显加快，随后淤积增速逐渐减缓。2009—2011 年累积淤积速率与 2004—2007 年基本相同。

表 3-15　坝前水位与常年回水重点淤积段淤积量　单位：10^8 m^3

名称	范围/km	2003.10	2004.10	2005.10	2006.10	2007.10	2003—2007 年	2008.11	2009.11	2010.11	2011.11	2008—2011 年
坝前平均水位(5～10 月)/m	—	135.23	136.58	136.43	138.67	146.44	—	148.06	154.46	156.37	154.52	—
入库沙量	—	2.08	1.66	2.54	1.021	2.204	9.505	2.178	1.83	2.288	1.0163	7.3123
坝前	25.00	0.39	0.18	0.23	0.04	0.05	0.89	0.28	0.2	0.15	0.019	0.649
西陵峡上段	51.29	0.25	0.29	0.16	0.19	0.06	0.95	0.06	0.18	0.07	0.02	0.33
大宁河口	12.68	0.10	0.04	0.01	0.04	0.01	0.2	0.09	0.024	0.001	0.012	0.127
臭盐碛	12.20	0.18	0.15	0.08	0.14	0.14	0.69	0.19	0.11	0.05	0.028	0.378
云阳弯道	42.86	0.26	0.08	0.16	0.01	0.33	0.84	0.18	0.35	0.38	0.009	0.919
万州关刀碛	9.64	0.04	0.03	0.01	0.1	0.07	0.25	0.04	0.08	0.05	0.039	0.209
忠州三弯	25.63	0.22	0.29	0.15	0.26	0.12	1.04	0.18	0.28	0.28	0.11	0.85
兰竹坝弯道	40.62	0.13	0.18	0.18	0.01	0.19	0.69	0.13	0.33	0.27	0.203	0.933
凤尾坝	3.90	0.00	0.00	0.01	0	0.05	0.06	0.03	0.04	0.03	0.038	0.138
土脑子	3.21	0.06	0.01	0	0.04	0.04	0.15	0.04	0.05	0.03	0.009	0.009

汛期坝前水位抬升，变动回水区河段泥沙淤积增大。表 3-16 显示，2010 年、2012 年洪水过程由于坝前水位抬高，使得铜锣峡以下河段受回水影响，大量泥沙淤积在铜锣峡以下河段内。表 3-17 为各年长寿－铜锣峡段处于天然河道天数资料。图 3-36 为 2009—2012 年变动回水区各河段淤积量与坝前水位的关系。由于 2010 年汛期洪水使坝前平均水位达到 153 m，对变动回水区影响范围较大，而消落期坝前水位小于之前，减少冲刷量，因而造成汛期的淤积与消落期的冲刷重新分配，从而淤积量剧增。说明变动回水区河段的消落期与汛期影响的消长关系影响其冲淤，而河段是否处于库区河道或天然河道也是其淤积强弱的主要影响因素。

表 3-16　汛期抬高蓄水位对库区泥沙淤积影响　单位：10^4 t

时间	长寿－铜锣峡	铜锣峡－大渡口	大渡口－江津	合计	汛期平均坝前水位
2009	−146.4	−130	−201.6	−478.0	147.27
2010	1516.8	266.2	343.7	2126.7	153.18
2011	220.0	−161.0	−616.0	−557.0	150.22
2012	292.0	−158.8	−215.7	−82.5	154.54

表 3-17 长寿－铜锣峡处于天然河道的天数、径流量及输沙量

时间	河段	起止日期	天数/天	径流量/10^8 m^3	百分比	输沙量/10^4 t	百分比
2009	长寿－铜锣峡	6.10～9.15	98	1782	51.4	15137	83
2010	长寿－铜锣峡	6.10～7.21	42	841	22.6	8440	37
2011	长寿－铜锣峡	6.10～8.01	52	737	24.4	4918	48.4
2012	长寿－铜锣峡	6.10～8.21	25	1176	42.8	10274	67

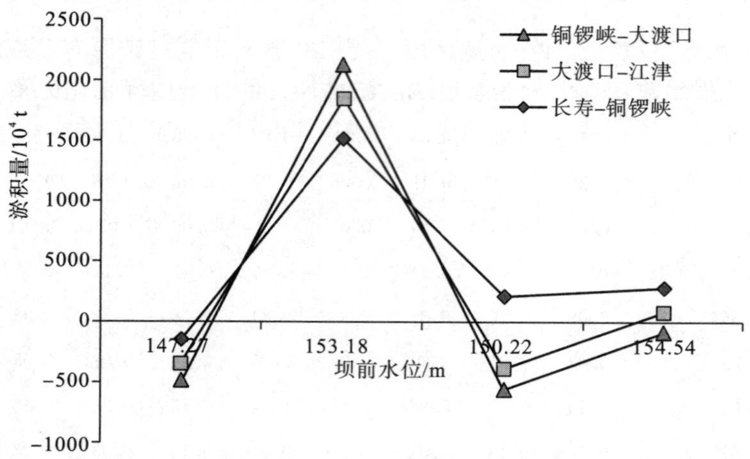

图 3-36 2009—2012 年变动回水区各河段淤积量与坝前水位的关系

寸滩－清溪场段位于变动回水区，在汛期(6～9 月)其淤积量占全库区百分比受坝前水位调度影响较大。2009—2012 年汛期坝前平均水位分别为 147.27 m、153.18 m、150.22 m 和 154.54 m，寸滩－清溪场段淤积量占全库区百分比分别为－5.2%、11.4%、5.1%和 12.4%，见表 3-18。

表 3-18 2012 年库区分段冲淤量与往年同期对比表

时段	项目	朱沱－寸滩	寸滩－清溪场	清溪场－万县	万县－大坝	总量
2003—2008 年	总淤积量/10^4 t	6806	9404	36300	42353	94863
	占总淤积量百分比	7.2	9.9	38.3	44.6	100
2009 年	淤积量/10^4 t	833	−759	7655	6978	14706
	占总淤积量百分比	5.7	−5.2	52.1	47.4	100
2010 年	淤积量/10^4 t	1240	2244	7925	8214	19623
	占总淤积量百分比	6.3	11.4	40.4	41.9	100
2011 年	淤积量/10^4 t	850	483	5740	2398	9470
	占总淤积量百分比	9.0	5.1	60.6	25.3	100
2012 年	淤积量/10^4 t	658	2146	7567	6991	17360
	占总淤积量百分比	3.8	12.4	43.6	40.3	100

3.3　航道泥沙冲淤特点及航道条件变化

三峡水库修建后，在坝前高水位时，绝大部分河段受回水影响，水深加大，流速变缓，航道条件得到明显改善；在坝前中、低水位时，浅滩减少、流速变缓。变动回水区在某些不利的条件下，也会出现碍航浅滩，而且一旦出现，可能较天然情况更为严重。根据三峡水库变动回水区按水沙动力响应机制及其所引起的泥沙冲淤特性可分为变动回水区上段、变动回水区中段、变动回水区下段。

(1)变动回水区上段：江津－重庆河段。受三峡蓄水影响打破原有航道冲淤规律，河道原有泥沙冲淤发生改变，由天然航道“洪淤枯冲”的冲淤过程转化为蓄水后的汛期淤积、汛后先冲后淤、消落期冲刷；其汛期及汛后淤积泥沙主要集中在消落期初期冲刷，但消落期流量较小，冲刷力度不大，消落期航道富余水深不大，输移泥沙集中在主航道，从而导致消落初期枯水河槽卵石集中输移过程对该段航道条件造成不利影响，主要以重庆主城区胡家滩水道、三角碛水道、猪儿碛水道为代表。

(2)变动回水区中段：重庆－长寿河段。该河段在三峡水库处于汛限水位时，基本不受三峡蓄水影响，但因汛期坝前运行水位常高于汛限水位，因此汛期极易受到坝前水位抬升影响，根据现场观测该河段主要淤积物为卵砾石，已经出现卵砾石累积性淤积趋势，从观测成果看，淤积发展相对较缓，但淤积造成边滩发展，不断挤压主航道，航道尺度逐渐缩窄引起碍航，目前低水位期航道紧张，主要通过疏浚保障畅通。卵砾石累积性淤积浅滩以洛碛水道、长寿水道为代表。

(3)变动回水区下段：长寿－涪陵河段。流量在 20000 m^3/s 以下时，长寿－涪陵河段都受坝前壅水的影响；汛期流量为 30000～40000 m^3/s 时，回水末端在北拱附近，北拱－涪陵河段受坝前水位影响；流量为 40000 m^3/s 时，回水末端在涪陵附近，整个长寿－涪陵河段与天然河道一致。长寿－涪陵河段在汛期淤积在宽谷河段淤积的沙质泥沙，由于受蓄水期高水位运行影响无法全部冲刷，出现累积性淤沙浅滩，以青岩子水道为代表。

3.3.1　变动回水区上段冲淤特点及航道条件变化

变动回水区上段在三峡水库试验性蓄水后才逐渐受到蓄水影响。

1. 航道年内冲淤过程

航道年内冲淤过程主要表现为汛期与天然情况一致，汛后泥沙先冲(未受蓄水影响)后淤(受蓄水影响)，蓄水期基本稳定，消落期冲刷。

近年来通过对典型水道三角碛进行重点观测，结合收集的航道维护测图，涵盖汛前、汛期、汛后、蓄水期、消落期等重点时段，对三角碛水道年内冲淤过程进行分析，通过分析，三角碛水道年内冲淤过程主要是汛期冲淤与天然情况特征一致，而汛后泥沙先冲刷后淤积，蓄水期基本稳定，消落期主要表现冲刷。

由于江津－重庆河段汛期基本保持原天然航道特性，冲淤规律和冲淤过程与天然航道类似。汛期上游来水流量较大，卵砾石运动主要集中在汛期，因而卵石淤积主要发生在汛期。

通常情况下9月中旬至10月中旬，重庆主城区河段尚未受到三峡水库蓄水影响；汛后三峡水库开始蓄水，随着蓄水位的不断抬升，该河段逐渐在10月中旬开始受到蓄水影响。汛后上游来水流量减退过程中，退水冲刷作用仍然较强，此时汛期淤积泥沙受到一定冲刷；10月中旬后，河段流速、比降减小，水动力条件减弱，卵砾石、细沙逐渐淤积在河段内，由天然河道转变为库区河道。

随着消落期坝前水位逐渐消落，水库自上而下逐渐进入天然航道，水动力条件逐渐加强，泥沙逐渐开始冲刷下移，河段主要表现为冲刷。此时长江上游正值枯水期，主流集中在主槽，泥沙输移主要集中在主航槽。

2. 2008年试验性蓄水以来，大量细沙累积性淤积不显著

对比重庆主城区河段2008—2012年猪儿碛、三角碛、胡家滩等典型河段地形图，典型河段断面变化如图3-37所示。由图可以看出，重庆主城区河段地形总体变化较为稳定，目前尚未出现细沙累积性淤积现象。

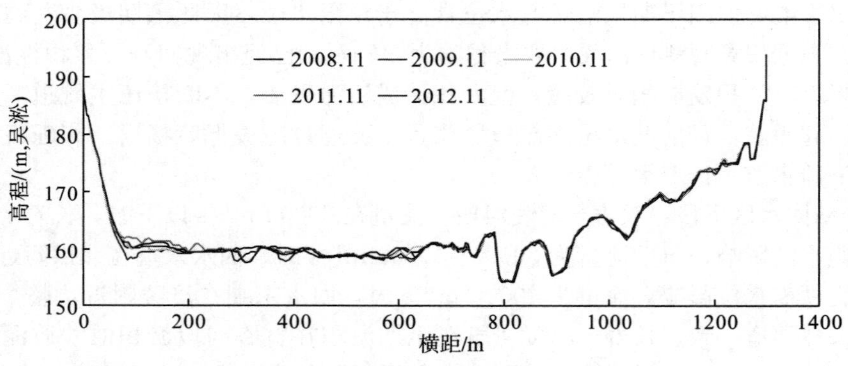

(a)试验性蓄水后猪儿碛水道典型断面冲淤变化

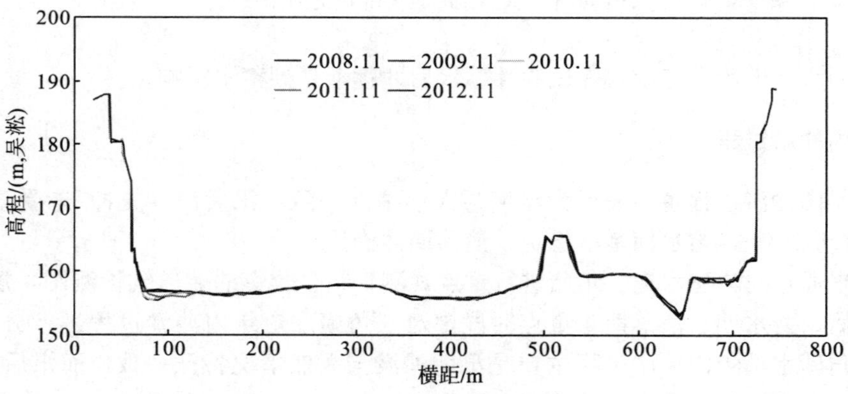

(b)试验性蓄水后三角碛水道典型断面冲淤变化

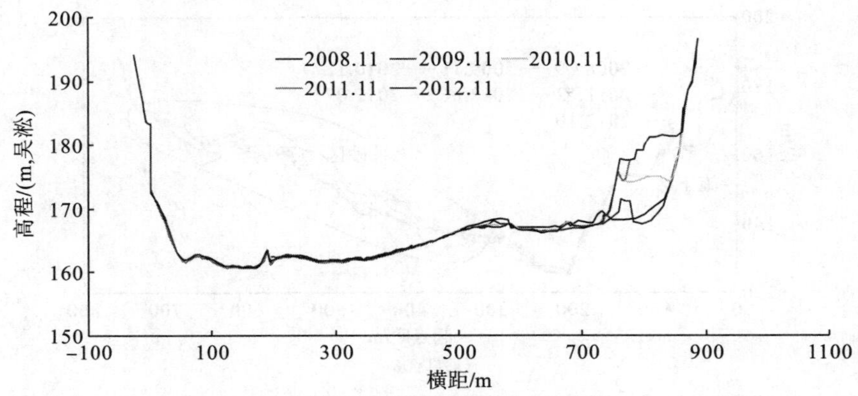

(c)试验性蓄水后胡家滩水道典型断面冲淤变化

图 3-37　重庆主城区典型河段断面冲淤变化(见彩图)

3. 重庆主城区河段、主航道河床组成

为了解消落期重庆主城区河床组成情况，对重庆主城区的三角碛、猪儿碛水道进行现场观测，观测成果如图 3-38 所示。从实测三角碛、猪儿碛水道河床表面照片上看，上述两个水道消落期河床主要由卵石组成，说明表面淤积的细沙基本得到有效冲刷。

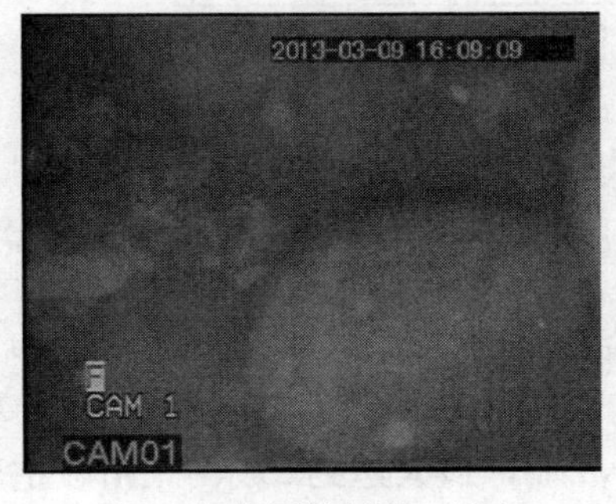

(a)三角碛实测河床卵石形态

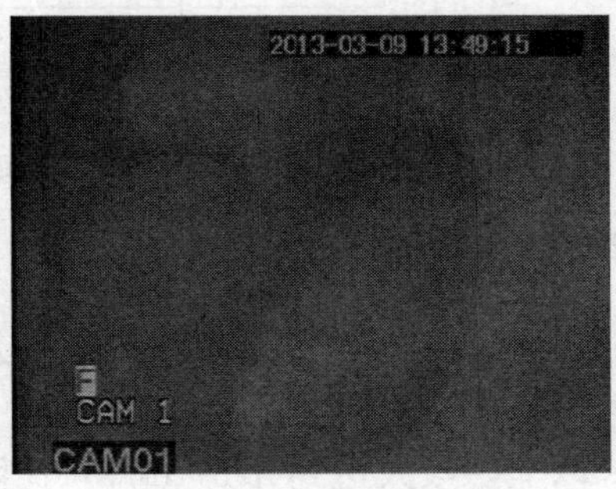

(b)猪儿碛实测河床卵石形态

图 3-38　实测河床组成

4. 河道采砂对重庆主城区河段泥沙冲淤的影响

重庆主城区河段泥沙冲淤除受三峡蓄水影响外，还受河道采砂的影响。三峡水库试验性蓄水以来，重庆主城区河段典型水道年内冲淤量在 10×10^4 t 以下，而每年重庆主城区采砂量远超过该数目。

由于采砂影响，造成河段局部位置地形变化明显(深坑)，对泥沙冲淤计算造成重大影响；由于采砂形成冲刷坑，汛期上游输移卵石在采砂坑淤积，破坏原有泥沙输移过程，对泥沙运动规律分析产生一定误导。

近几年主城区长江干流河道采砂量统计表见表 2-10。图 3-39 所示为三峡试验性蓄水后主要采砂典型断面图。由图可以看出，采砂主要引起断面局部区域高程变化，且年际变化较频繁。

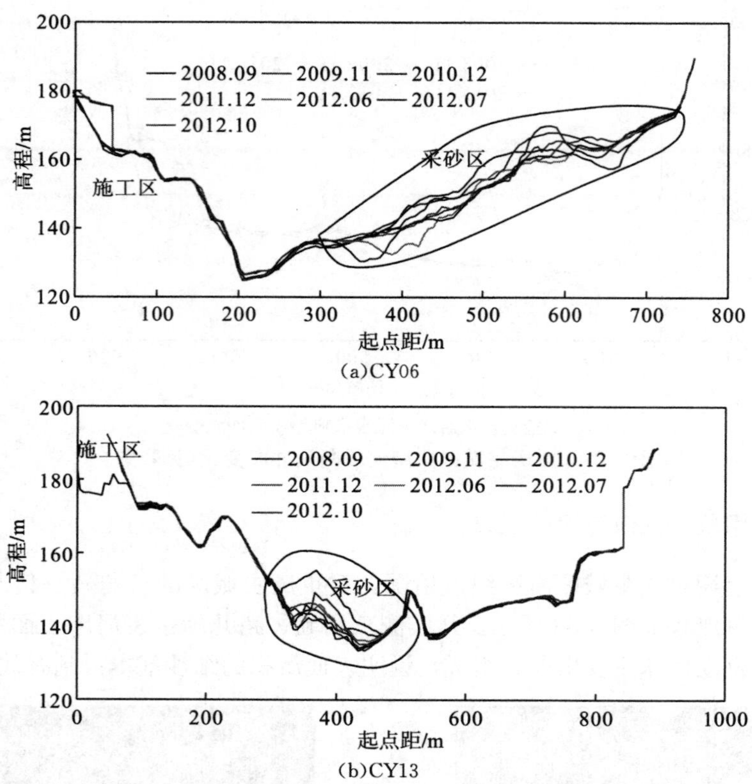

(a)CY06

(b)CY13

图 3-39 试验性蓄水期间重庆主要采砂典型断面图(见彩图)

5. 消落期航道冲淤情况

根据消落期实测消落期流速、流向及河心比降测量结果，测量成果见表 3-19。由表可知，坝前水位为 163.91 m，上游来水流量为 3630 m³/s，九龙滩港区流速基本在 2.5 m/s 以上，最大达到 3.37 m/s，比降基本为 0.2‰，最大达到 2‰，三角碛主航道流速为 1.7~2.43 m/s，比降为－1.2‰~1.3‰；坝前水位为 153.8 m，上游来水流量为 4100 m³/s，九龙滩港区流速在 2.67 m/s 以上，最大达到 3.82 m/s，比降基本在 0.4‰以上，三角碛主航道流速为 0.75~2.44 m/s，比降为－1.0‰~0.8‰，表明消落期重庆主城区河段仍有较大流速，对航道泥沙进行冲刷。

表 3-19 三角碛水道消落期流速及比降统计表

流量/(m³/s)	坝前水位/m	位置	流速/(m/s)	比降/%
3630	163.9	九龙坡港	2.5~3.4	0.2~2
		三角碛主航道	1.7~2.4	−1.2~1.3
4100	153.8	九龙坡港	2.7~3.8	大于 0.4
		三角碛主航道	0.8~2.4	−1.0~0.8

6. 江津－重庆河段中洪水期最小维护水深

江津－重庆河段中洪水期最小维护水深得到显著提升，但消落期 1~4 月最小维护水深仍停留在 2.7 m，并未得到有效提升。

为适应船舶大型化发展需求，2011 年起提高了重庆羊角滩以上中洪水期的维护水深，羊角滩至娄溪沟段 7 月、8 月及 9 月的维护水深由以前的 3.0 m 提升至 3.7 m，3000 吨级的船舶可直达宜宾港。但 12 月至次年 4 月航道维护水深仍为 2.7 m，最小维护水深并没有得到明显提升，江津－重庆河段航道分月维护水深见表 3-20。

表 3-20　变动回水区上段航道分月维护水深表

时间	河段	分月维护水深/m											
		1月	2月	3月	4月	5月	6月	7月	8月	9月	10月	11月	12月
2005	羊角滩－娄溪沟	2.7	2.7	2.7	2.7	2.9	3.0	3.0	3.0	3.0	3.0	2.9	2.7
2006—2010	羊角滩－娄溪沟	2.7	2.7	2.7	2.7	3.0	3.0	3.0	3.0	3.0	3.0	3.0	2.7
2011—2012	羊角滩－娄溪沟	2.7	2.7	2.7	2.7	3.2	3.5	3.7	3.7	3.7	3.5	3.2	2.7
2013	羊角滩－娄溪沟	2.7	2.7	2.7	2.7	3.2	3.5	3.7	3.7	3.7	3.5	3.2	2.7

7. 蓄水对航道条件的影响

汛后开始受到三峡水库蓄水影响至水库按照 175 m 水位运行期间，江津－重庆河段受到壅水影响，航道水深增加、流速减小，航道条件有较大改善；1～4 月随着坝前水位逐渐开始消落，自库尾开始逐渐进入天然航道，此时正值长江上游进入枯水期，受流量小、水深浅、汛后淤积泥沙不完全冲刷等因素影响，航道出现弯、窄、浅的碍航情况，航道条件比较紧张；5 月三峡水库进入汛前降水阶段，坝前水位快速消落，至 10 月中旬，此阶段江津－重庆河段进入天然航道，冲淤变化及航道条件与天然航道基本一致。

3.3.2　变动回水区中段冲淤特点及航道条件变化

变动回水区中段主要为重庆－长寿河段。三峡水库试验性蓄水以来，该河段重点浅滩已经出现卵石累积性淤积，但淤积发展速度相对较缓。

该河段在三峡水库 144～156 m 蓄水期开始受到影响，此阶段该河段处于变动回水区上段，受蓄水影响较小；175 m 试验性蓄水后，该河段受蓄水影响明显增大，泥沙淤积也表现出一定的规律性，卵石累积性淤积初步显现。

从目前的观测资料来看，河段淤积主要集中在回水沱、缓流区的边滩，受上游卵石输移量大幅减少的影响，该河段年际间累积性淤积量并不大。

该河段年内冲淤变化受上游来水来沙及坝前水位调度影响，淤积主要发生在汛期。以洛碛水道为例进行说明。2011 年为枯水少沙年，上游来水来沙量不大，坝前水位调度也较为平稳，洛碛水道受坝前水位影响不大，通过 2011 年年内分析资料，水道淤积量在 $10\times10^4\ m^3$ 以下。2012 年长江上游出现明显洪峰过程，三峡水库也进行多次防洪调度，该河段明显受到回水影响，水道发生显著泥沙淤积，淤积分布范围几乎遍布整个水道，洛碛水道淤积量约为 $150\times10^4\ m^3$，淤积明显增加。通过分析消落期观测成果发现，消落期洛碛水道出现冲刷，表明水道消落期存在一定冲刷。

表 3-21 显示，2010 年洪水过程由于坝前水位抬高，使得铜锣峡以下河段受回水影

响，大量泥沙淤积在铜锣峡以下河段内，可见汛期水位抬高对库区泥沙淤积的影响是比较明显的。

表 3-21 汛期抬高蓄水位对库区泥沙淤积影响

单位：m

时间	长寿—铜锣峡	铜锣峡—大渡口	大渡口—江津	合计	汛期平均坝前水位
2009	−146.4	−130	−201.6	−478.0	147.26
2010	1516.8	266.2	343.7	2126.7	153.14
2011	220.0	−161.0	−616.0	−557.0	150.23
2012	292.0	−158.8	−215.7	−82.5	154.54

三峡水库 175 m 试验性蓄水以来，重庆涪陵—羊角滩以下航道最小维护尺度由 2.9 m 提升至 3.5 m，维护水深有较大提升；中洪水期及蓄水期航道最小维护水深达到 4 m，蓄水期最小维护水深达到 4.5 m，航道尺度较蓄水初期有较大幅度提升。长寿—羊角滩河段分月最低维护水深见表 3-22。

表 3-22 变动回水区长寿—羊角滩河段航道分月维护水深表

时间	分月维护水深/m										
	1月	2月	3月	4月	5月	6月	7月	8月	9月	10月	11月
2005	2.9	2.9	2.9	2.9	3.2	3.5	3.5	3.5	3.5	3.5	3.5
2006—2007	2.9	2.9	2.9	2.9	3.2	3.5	4.0	4.0	4.0	4.0	4.0
2008	3.2	2.9	2.9	2.9	3.2	3.5	4.0	4.0	4.0	4.0	4.0
2009	3.2	2.9	2.9	2.9	3.2	3.5	4.0	4.0	4.0	4.0	4.5
2010—2012	4.5	4.0	3.5	3.5	3.5	3.5	4.0	4.0	4.0	4.0	4.5
2013	4.5	4.0	3.5	3.5	3.5	3.5	4.0	4.0	4.0	4.0	4.5

注：2013 年 9～12 月为计划维护水深。

三峡水库试验性蓄水后，重庆—长寿河段受三峡水库蓄水影响时间相对较长，航道条件也有较大改善，但在汛前由于水位快速降低，部分河段出现水深航宽不足的碍航情况。自 9 月中旬开始蓄水至次年 6 月中旬汛前降水，河段基本受三峡蓄水影响，受蓄水影响期间水位抬高、流速减小，航道条件得到较大改善；汛前消落期坝前水位快速消落，重庆—长寿河段快速进入天然航道，汛期淤积卵砾石冲刷不及时，停留在主航道，造成航宽、水深不足而碍航，其中表现比较明显的水道为长寿、洛碛水道。

重点部位累积性淤积量不大，泥沙淤积引起浅滩碛翅扩张，使得主航道航道尺度缩小，对航道条件带来不利影响甚至出现碍航。重庆—长寿河段主要存在长寿、洛碛两个重点碍航水道，试验性蓄水后，上述两个水道出现卵石累积性淤积，造成边滩向主航道推进，限于目前长寿、洛碛水道低水位期航道富余水深和航宽不大，少量泥沙淤积造成航道条件紧张，船舶航行困难。

通过分析洛碛、长寿水道边滩变化情况，上、下洛碛边滩均出现了向主航道拓展的现象，其中上洛碛边滩 4 m 等深线向主航道延伸 60～80 m，下洛碛边滩向主航道延伸 75 m；长寿水道忠水碛边滩向主航道推进 50～60 m，造成忠水碛碛翅不满足维护尺度。2012 年消落期靠维护性疏浚保障消落期船舶航行安全，目前长寿水道低水位期 4 m 等深线最小宽度为 116 m，上洛碛边滩 4 m 等深线最小宽度为 98 m，根据航运企业反映，长寿、洛碛水道低水位期航行条件较为恶劣，严重影响库区大型船舶上行至重庆港。

三峡水库蓄水后，极大地带动了库区航运发展，沿江港口码头大量兴建，库区通行船舶密度大大增加，据统计，2011 年三峡船闸过坝货运量为 1.0032×10^8 t，加上翻坝运输货运量，三峡枢纽过坝货运总量为 1.0996×10^8 t，占重庆市港口吞吐量的 91%。

根据对三峡船闸过闸船舶情况的统计，过闸船舶大型化趋势十分明显(表 3-23)，其中 2011 年三峡船闸 5000 吨级船舶占总过闸比例由 2007 年的 1.18%上升至 16.44%，船舶大型化趋势十分明显。

表 3-23　2004—2011 年三峡船闸船型大型化率　单位:%

吨级	2004 年	2005 年	2006 年	2007 年	2008 年	2009 年	2010 年	2011 年
3000 吨级	2.37	2.87	6.95	12.43	11.79	11.6	17.52	33.83
4000 吨级	—	—	—	4.08	4.14	6.33	10.56	23.26
5000 吨级	—	—	—	1.18	1.26	2.54	6.4	16.44

根据《长江干线航道总体规划纲要》，至 2020 年重庆－城陵矶河段航道尺度全线达到 3.5 m×150 m×1000 m 标准，目前重庆至长寿段航道最低维护尺度仅为 3.5 m×100 m×800 m，部分浅滩和礁石河段并未达到规划尺度，航道维护尺度仍需要提升。

3.3.3　变动回水区下段冲淤特点及航道条件变化

变动回水区下段主要为长寿－涪陵河段。长寿－涪陵河段汛期亦受蓄水影响，试验性蓄水后表现出明显的细沙累积性淤积。该河段典型代表为青岩子－牛屎碛河段，青岩子－牛屎碛河段在寸滩来水流量为 35000 m^3/m，坝前水位为 145 m 运行时，河段水位抬高 2 m 左右，流速相对天然河段有所减小，泥沙出现累积性淤积。试验性蓄水后河段出现细沙累积性淤积，2007 年 3 月至 2012 年 11 月，青岩子－牛屎碛河段累积淤积泥沙 547×10^4 t。

通过分析三峡蓄水后青岩子－牛屎碛河段冲淤变化可以看出，汛期上游来水来沙大，防洪调度明显的年份，河段泥沙淤积明显。三峡水库蓄水以来青岩子－牛屎碛河段淤积量变化如图 3-40 所示。

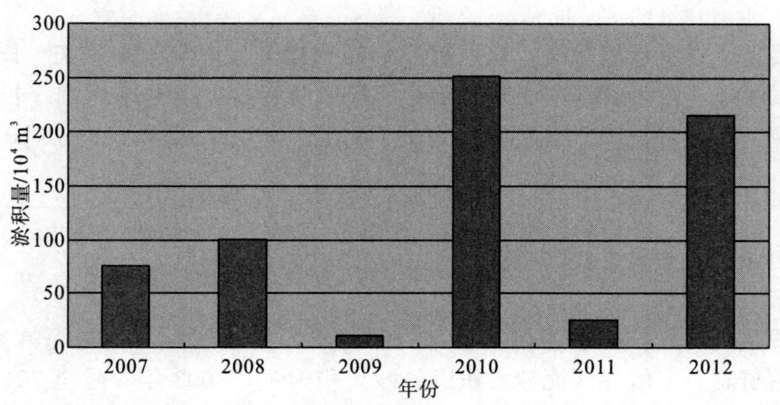

图 3-40　三峡水库蓄水以来青岩子－牛屎碛河段淤积量变化

以 2010 年为例进行说明。2010 年汛期，三峡大坝发挥调洪作用，共拦截 7 次洪水，造成三峡大坝汛期水位有所抬高，平均库水位(6 月 10 日至 9 月 9 日)为 151.54 m，较汛限水位抬高 6.54 m，最高库水位抬高至 161.02 m。

2010 年汛期三峡平均入库流量为 18800 m^3/s，与 2007 年同期基本相同，但是 2007 年汛期坝前平均水位为 146.44 m，比汛限水位略有抬高，2010 年汛期平均水位达到 151.54 m，比 2007 年高出 5.10 m。依据 2010 年汛期平均坝前水位，当来水流量为寸滩汛期平均流量时，青岩子水位较天然约抬高 7 m，水位有较大抬高。

2010 年 9 月寸滩流量为 28600 m^3/s 时，金川碛断面最大流速为 2.35 m/s，而 2005 年 12 月流量为 5790 m^3/s 时，金川碛断面最大流速达到 2.90 m/s。由此可以看出，汛期抬高水位后青岩子水道流速减小。因此 2010 年汛期坝前水位抬升，流速减小，造成了青岩子－牛屎碛河段泥沙淤积。

试验性蓄水以来，长寿－涪陵以下航道最小维护尺度由 2.9 m 提升至 3.5 m，维护水深有较大提升；中洪水期及蓄水期航道最小维护水深达到 4 m，蓄水期最小维护水深达到 4.5 m，航道尺度较蓄水初期有较大幅度提升，见表 3-24。

表 3-24 变动回水区长寿至涪陵河段航道分月维护水深表

时间	河段	分月维护水深/m											
		1月	2月	3月	4月	5月	6月	7月	8月	9月	10月	11月	12月
2005	长寿－涪陵	2.9	2.9	2.9	2.9	3.2	3.5	3.5	3.5	3.5	3.5	3.5	3.2
2006—2007	涪陵－羊角滩	2.9	2.9	2.9	2.9	3.2	3.5	4.0	4.0	4.0	4.0	4.0	4.0
2008	涪陵－羊角滩	3.2	2.9	2.9	2.9	3.2	3.5	4.0	4.0	4.0	4.0	4.0	4.0
2009	涪陵－羊角滩	3.2	2.9	2.9	2.9	3.2	3.5	4.0	4.0	4.0	4.0	4.5	4.5
2010—2012	涪陵－羊角滩	4.5	4.0	3.5	3.5	3.5	3.5	4.0	4.0	4.0	4.0	4.5	4.5
2013	涪陵－羊角滩	4.5	4.0	3.5	3.5	3.5	3.5	4.0	4.0	4.0	4.0	4.5	4.5

注：2013 年 9 月～12 月为计划维护水深。

目前泥沙淤积并未对现行航道维护尺度造成明显影响，但淤积发展趋势值得关注。长寿－涪陵河段重点河段已经出现泥沙累积性淤积，目前泥沙淤积并未对现行航道维护尺度造成影响，由于泥沙淤积主要发生在主航道附近，其发展对航道条件的影响今后应重点关注。

航道尺度并未达到规划尺度，航道尺度仍需要提升。该河段与重庆－长寿段同处于重庆－城陵矶河段，该河段存在浅滩及礁石河段航道尺度，也并未达到《长江干线航道总体规划纲要》规定的重庆－城陵矶河段航道等级提升至 3.5 m×150 m×1000 m 尺度的标准。

3.3.4 常年回水区航道泥沙淤积特点及航道条件变化

三峡水库涪陵－三峡大坝河段，常年受三峡水库蓄水影响，大量泥沙在该段淤积。根据目前掌握资料，三峡库区泥沙淤积以悬沙淤积为主，2003 年 6 月至 2012 年 11 月水库淤积泥沙 14.365×10^8 t，其中约 91%的泥沙淤积在清溪场(涪陵)以下库段内。库区淤

积物中以粒径 $d \leqslant 0.062$ mm 的泥沙为主，其淤积量为 12.328×10^8 t，占总淤积量的85.8%，该段淤积物主要以细沙为主。

常年回水区淤积河段较多，但目前淤积对航道条件影响主要集中在万州以上，因此分析重点为万州以上至涪陵河段。

(1)三峡水库蓄水后，航道细沙累积性淤积发展较快，淤积量、范围、厚度等均较大，大多数浅滩未达到冲淤平衡，淤积部位年际间基本一致。根据近年来跟踪观测成果，常年回水区局部区段呈现大面积、大范围累积性淤积，淤积部位年际间基本保持一致，重点淤积区仍以年均1~2 m的淤积厚度逐年递增，目前并未达到冲淤平衡，仍需继续观测。

(2)冲淤过程：汛期淤积，汛后冲刷，汛前基本稳定。汛期淤积，主要发生在首次洪水涨水阶段，汛期内如坝前水位抬升则河段淤积，坝前水位消落则河段冲刷。汛期是长江泥沙主要输移时段，受三峡蓄水影响，大量泥沙淤积；汛期新淤泥沙未经充分密实呈糊状，稍有流速即可冲刷，加上新淤泥沙自身絮凝作用，汛后淤积体表现出厚度减小，分析表现为冲刷；汛后9月中旬水库蓄水，至次年5月，涪陵以下河段水深较大，水流流速小，新淤泥沙经过较长时间密实和沉积之后，抗冲性能有较大提升，加上汛前上游来水流量一般不大，因此汛前冲刷效果并不明显，地形变化不大。分析皇华城水道汛期冲淤变化，汛期首次洪水期间，皇华城出现明显泥沙淤积，其后多次洪峰过程中，河段淤积不明显，当坝前水位抬升时，河段又出现明显淤积，洪水过后，坝前水位消落，河段又出现一定冲刷。

(3)淤积主要发生在弯曲放宽、分汊放宽河段，淤积部位主要在弯道凸岸下首缓流区、汊道、江心洲洲尾。通过分析主要淤积区的河型特点及淤积分布，库区主要淤积区域集中在河宽较大的地方，河面放宽流速减小，在弯道、汊道、回水沱等部位出现缓流区，容易造成泥沙淤积，如皇华城、兰竹坝、土脑子等。

(4)三峡水库蓄水后，万州－涪陵河段航道条件大大改善，维护尺度得到较大提升。三峡水库蓄水以来，常年回水区水位抬高，航道维护尺度随着蓄水位的抬高逐步提高，特别是2007年以来，航道水深由最小维护水深2.9 m提高至4.5 m，三峡水库试验性蓄水后，常年回水区实施了航路改革，航道宽度由原来的60 m提升至150 m，航道水深和航道宽度均有大幅度提升。从表3-25中可以看出，175 m试验性蓄水后，航道尺度逐步改善，2012年、2013年度均保持4.5 m最小维护水深，近段时间内继续按此尺度维护的可能性较大。

表3-25　常年回水区航道维护尺度变化表

河段	航道维护尺度(深×宽×弯曲半径)/(m×m×m)		
	2006年	2007—2010年	2011—2013年
李渡－丰都	2.9×60×750	4.5×60×750	4.5×150×1000
丰都－万州	2.9×150×1000	4.5×150×1000	

注：青石洞弯曲半径为950 m。

(5)在部分时段、局部区段仍然存在流速大、流态坏的礁石碍航现象。涪陵－丰都段航道狭窄，存在多处礁石、卡口河段，如观音滩、和尚滩等，由于航道狭窄，束窄江面，汛期滩口流速、比降大，船舶上滩困难；涪陵－丰都段存在老虎梁、鸡飞梁、佛面滩等礁石深入江中，造成礁石附近水流条件差，严重影响上行船舶航行安全，同时礁石周围航道维护难度也较大，希望通过工程措施炸除礁石，改善涪陵－丰都段航道条件。

(6)泥沙淤积造成边滩扩展、深槽淤高、深泓摆动，局部滩险深泓摆动出现航槽移位现象。土脑子河段深泓向江中偏移 750 m，低水期主航槽自右岸向江心偏移，传统航槽已经淤平，航槽向兔儿坝一侧移动。皇华城水道泥沙淤积造成左汊低水位期不能通航，航槽改移为右汊，也出现了航槽移位。

3.4 重点河段冲淤及航道条件变化

3.4.1 变动回水区重点河段航道条件变化

变动回水区重点水道典型滩险碍航特点归纳见表 3-26。

表 3-26 三峡库区变动回水区重点水道典型滩险航道条件统计表

序号	水道	滩险	维护尺度/(m×m×m)	碍航特点	碍航时期
1	占碛子水道	占碛子	2.7×50×560	占碛子碛翅水深航宽不足	消落初期
2	胡家滩水道	胡家滩		胡家滩主航道出口 3 m 等深线向主航道延伸，水深富余不大	消落初期
3	三角碛水道	三角碛		三角碛主航道弯、窄、浅险	消落初期
4	猪儿碛水道	猪儿碛		猪儿碛碛翅 3 m 等深线不贯通	消落初期
5	洛碛水道	上洛碛	3.5×100×800	边滩航宽、水深不足、礁石影响主航道流态差	消落中期
		下洛碛		主航道水深富余不大	消落中期
6	长寿水道	王家滩		忠水碛主航道航宽小、入口弯曲，入口有礁石，水流条件差	消落中期
7	青岩子水道	青岩子		金川碛尾淤积侵入主航道	暂不碍航
		牛屎碛		边滩发展、上下游航道弯曲	暂不碍航

1. 胡家滩水道

1)水道概况

胡家滩水道位于上游航道里程 675～681 km，在水道尾部有一滩险——胡家滩。胡家滩位于一急弯河段的上游(航道里程 680 km)，滩段长 1 km 左右。右岸为一巨大的卵石边滩，名为倒钩碛，边滩上卵石中值粒径在 10 cm 左右；左岸主要是一些专用码头，岸边有多处石梁。河段江中有一潜碛，最小水深为 0.8 m，将河床分为左、右两槽。左槽弯曲狭窄有明暗礁石阻塞。右槽顺直，是主航槽，但水深较小，在兰巴段航道工程中炸礁至设计水位下 2.7 m。胡家滩中洪水时，江面宽度达 1000 m 左右，过水面积大，下游又有石梁束窄河床产生壅水，致使滩段流速比降减小。主流经倒钩碛而下，卵石输移带偏向右岸，在放宽段淤积，枯水期则出浅碍航，河势图如图 3-41 所示。

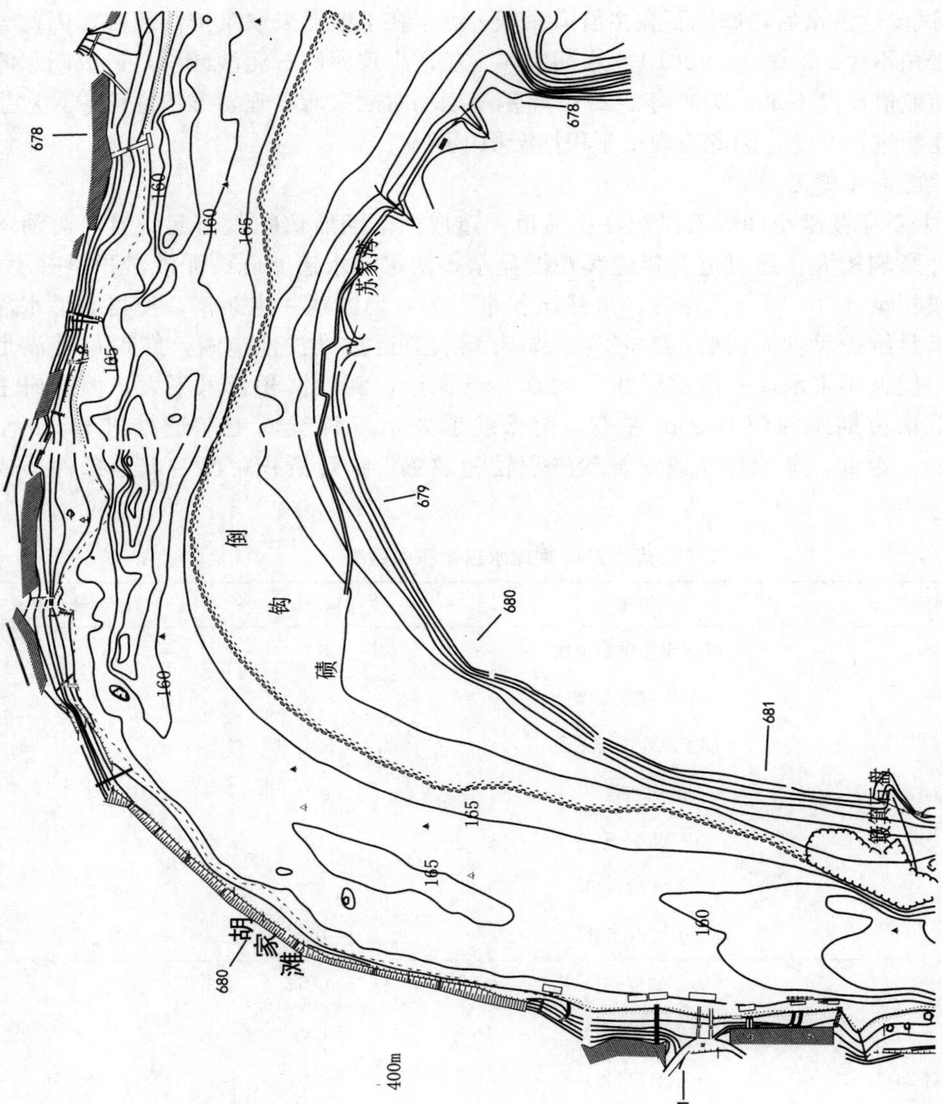

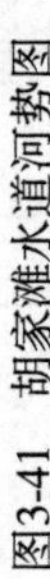

图3-41 胡家滩水道河势图

2)冲淤变化

(1)三峡水库试验性蓄水期间细沙累积性淤积不明显。三峡水库试验性蓄水后，通过对胡家滩水道跟踪观测，仅在胡家滩主航道、倒钩碛附近出现少量淤积，细沙累积性淤积不明显。

(2)试验性蓄水后，卵砾石在主航道淤积，由于在主航道采取维护性疏浚，因此表现出泥沙淤积不大。2009 年、2010 年在胡家滩主航道出现卵砾石泥沙淤积，造成胡家滩水道消落期航道尺度不足，2009 年、2010 年消落期均对胡家滩实施了维护性疏浚，对主航道淤积泥沙进行开挖，因此表现出累积性淤积不明显。

3)航道条件变化

(1)主要存在微小卵砾石淤积在主航道，造成消落期航道吃紧引起碍航，对消落期航道条件影响较大。通过近几年连续观测显示，胡家滩水道卵砾石泥沙淤积量并不大，年际间淤积量在 3×10^4 m^3 左右，虽然淤积量不大，但淤积在主航槽，使得航道水深和航宽不满足维护尺度而碍航(表 3-27)。胡家滩水道经过维护性疏浚，航道尺度满足维护要求，但近年来水道主航道淤积了约 0.5 m 泥沙，泥沙淤积量虽不大，但造成主航道出口低水位期水深仅 0.9 m 左右，使得航道 3 m 等深线向主航道推进 60 m 左右(图 3-42)。因此，胡家滩水道对泥沙淤积较为敏感，少量淤积可能对航道条件形成负面影响。

表 3-27 家滩水道淤积参数表

时间	位置	淤积量/10^4 m^3	总淤积量/10^4 m^3
2011.5 对 2007.3	胡家滩左深槽上段	0.3	2.7
	胡家滩左深槽	0.3	
	胡家滩左深槽下段	0.4	
	倒钩碛碛首	1.1	
	骆中子	1.3	
	胡家滩右槽	−0.7	
	倒钩碛(采砂)	−16.9	
2012.8 对 2011.5	主航道(上)	−0.375	−3.175
	主航道(中)	−1.04	
	主航道(下)	−0.63	
	倒钩碛碛翅	−1.13	
	倒钩碛尾部(采砂)	−26.8	
2012.8 对 2012.11	倒钩碛边滩主航道	2.931	6.123
	主航道入口	3.192	
2012.11 对 2013.3	主航道	−2.194	−2.194

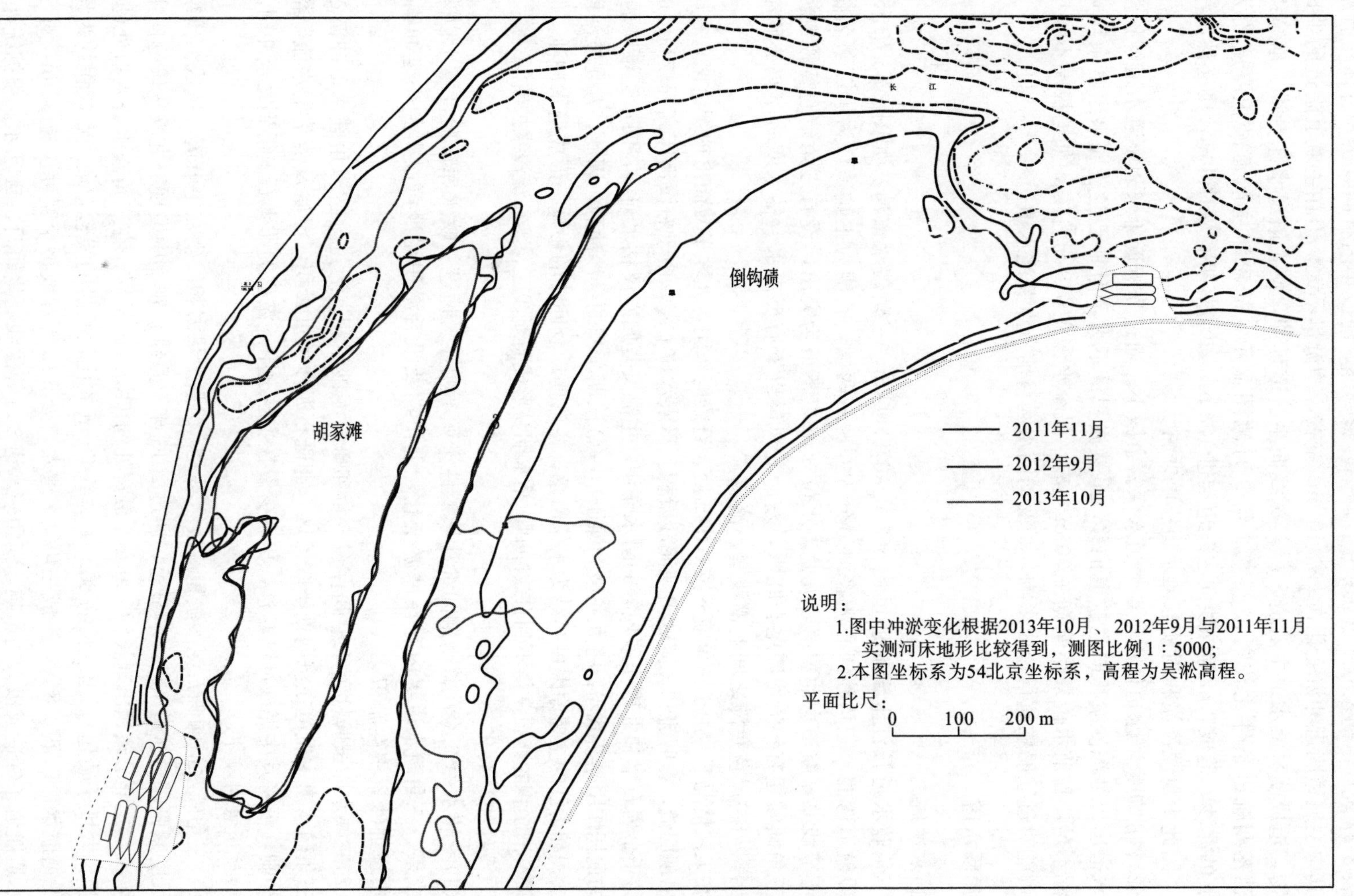

图3-42 胡家滩水道3 m等深线变化图

表3-27统计了胡家滩水道淤积量，除采砂影响外，河段年内有冲有淤，总体略有淤积，其中主航道附近冲淤变化在$\pm3\times10^4$ m^3左右，冲淤量不大，但在主航道附近的少量淤积物，造成胡家滩水道主航道3 m等深线向主航道延伸，使主航道水深变浅、航宽缩窄，消落期航道条件比较紧张。2012年9月测图显示，胡家滩主航道淤积厚度约为0.6 m的泥沙，造成3 m等深线向主航道推进108 m，如消落期不及时冲刷，则必然出浅碍航，因此少量泥沙淤积对胡家滩水道影响非常大。

(2)目前胡家滩水道低水位期航道水深富余微小。通过分析近年来胡家滩水道维护测图，水道出口处泥沙淤积向主航道推移，虽然淤积量不大，但是已经造成水道富余航宽及水深不足，目前水位最小航宽在70 m左右，最小水深在0.9 m左右，如遇极端不利年份，可能对过往船舶航行造成影响，是变动回水区目前重点关注水道。

2. 三角碛水道

1)水道概况

三角碛水道长江上游航道里程667.0～675.0 km，三角碛水道河势如图3-43所示。该河段航道弯曲，三角碛江心洲将河道分为左、右两槽，右槽为主航道，为川江著名枯水期弯窄浅滩，航道弯曲狭窄，九龙滩水位3 m以下最为突出，设有三角碛通行控制河段，三角碛碛翅有斜流，碛尾有旺水，左岸龙凤溪以下有反击水。枯水期右岸鸡心碛暗翅伸出，与左岸芭蕉滩之间航槽浅窄、流急。

在天然情况下，由于三角碛下游200 m处大石梁的作用，九堆子滩面出现缓流区，右岸边滩出现回流，在回流和缓流区出现泥沙淤积。汛末水位下降，由于右汊河床高程较高，加之上游千金岩石梁和九堆子碛坝等的阻水作用，主流又复归左汊枯水河槽，回流逐渐减弱，大梁的顶托作用亦渐减弱，将九龙坡和滩子口一带汛期淤积的悬沙冲刷。因此，九龙坡河段泥沙淤积和走沙的主要原因可归结为水位涨落，主流摆动及回流的影响，形成退水冲沙。但三角碛右槽淤积的卵石常得不到有效冲刷，枯水期易形成碍航浅区，需靠疏浚维护航深。

2)河段冲淤变化

(1)三峡水库试验性蓄水期间细沙累积性淤积不明显。通过三峡水库试验性蓄水以来观测成果，三角碛水道年内存在冲淤变化，但汛期及汛后淤积泥沙可以得到一定冲刷，并未出现细沙累积性淤积。

(2)三峡水库试验性蓄水期间存在少量卵砾石泥沙淤积。通过分析三角碛水道冲淤过程，三角碛水道主航道在汛期处于缓流区，卵砾石泥沙大量淤积，汛后及消落期水流归槽期间冲刷，可将其中泥沙冲刷输移，仍有少量在主航道附近淤积的卵砾石未得到完全冲刷。

3)航道条件变化

(1)三角碛水道卵砾石泥沙淤积量虽然不大，但是少量淤积发生在主航道，造成消落期航道尺度紧张，对航道条件影响显著。通过2013年2月维护观测中发现，九堆子碛翅向主航道伸入，九堆子碛翅出现长约420 m、最宽处约115 m的扩展，在三角碛水道入口处(航道右侧，九堆子碛翅)，出现长约80 m、宽约60 m的比较明显的浅包，最浅点高程约为设计最低通航水位以下0.8 m，造成三角碛水道入口处3 m等深线最窄宽度仅有37 m，对三角碛水道航道条件造成极大的影响，三角碛水道3 m等深线变化如图3-44所示。根据统计，九堆子碛翅处淤积总量不足3×10^7 m^3，可见少量泥沙淤积即能造成航道条件较大变化。

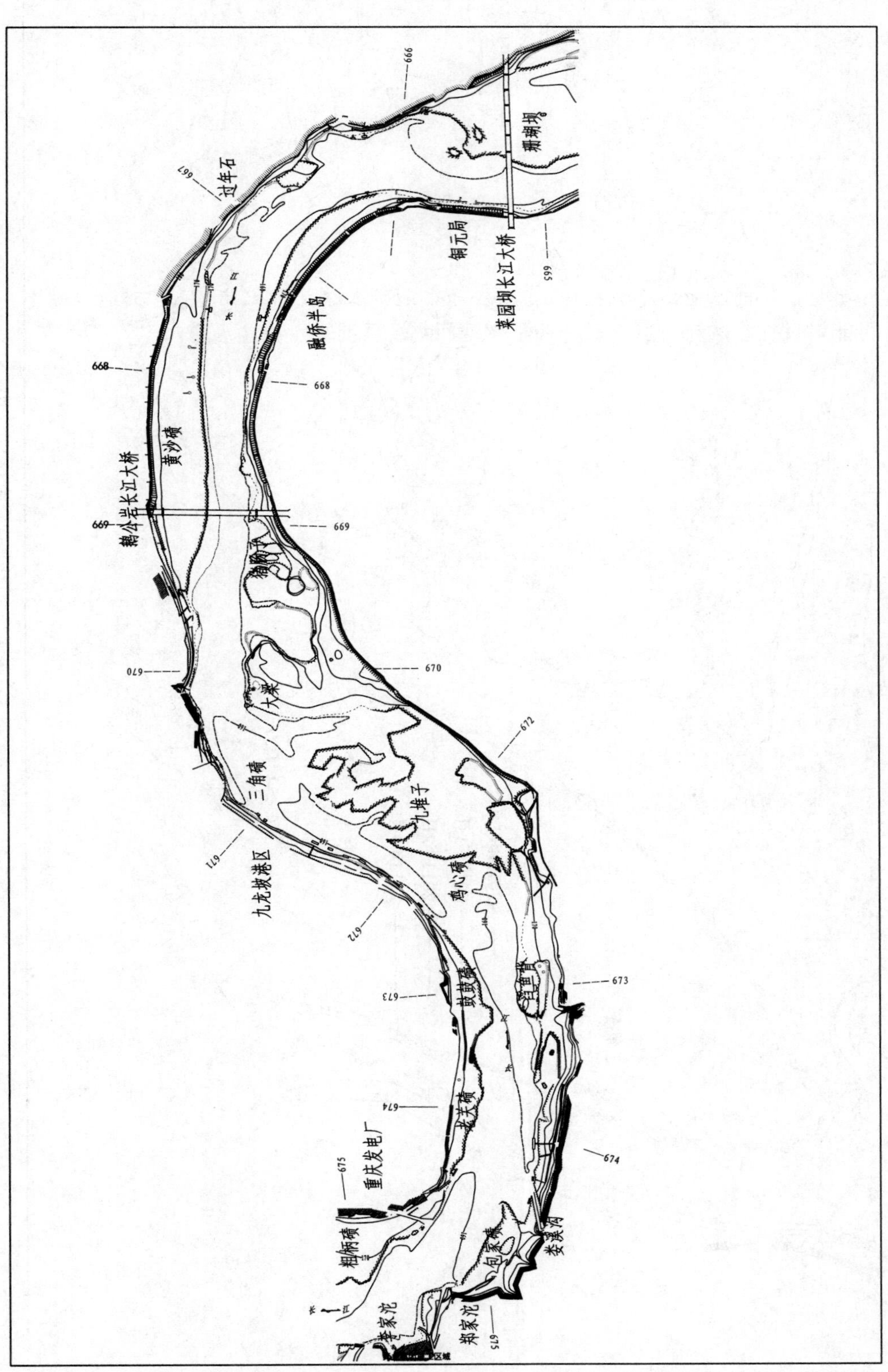

图 3-43　三角碛水道河势图

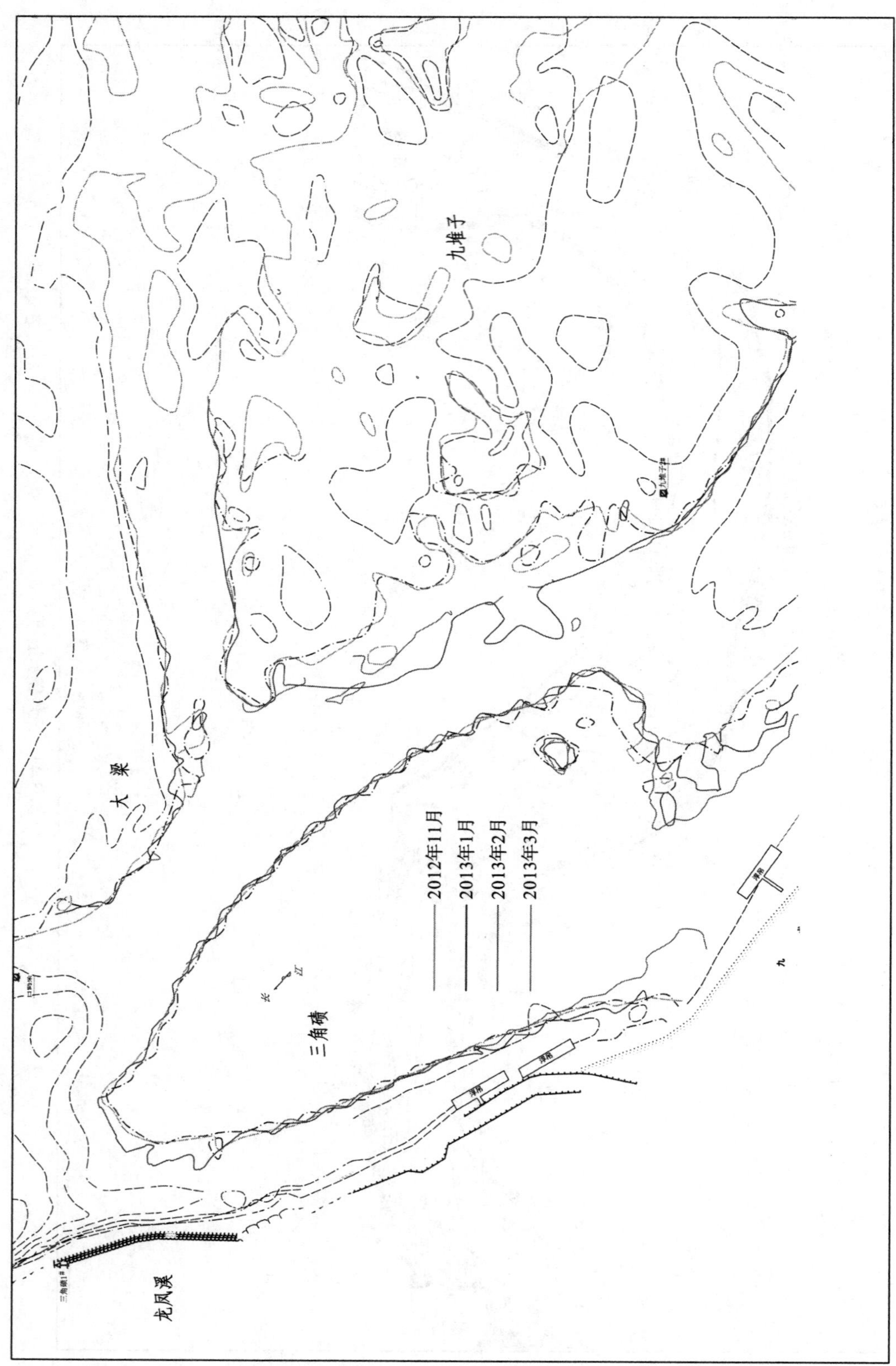

图 3-44 三角碛水道 3 m 等深线变化图(见彩图)

表 3-28 统计了三角碛水道冲淤变化情况。三角碛水道整体年内有冲有淤，主航道附近冲淤变化量不大，但局部少量变化就造成三角碛和九堆子碛翅向主航道延伸，3 m 等深线缩窄，使得消落期水道航道尺度减小，增大船舶航行难度。例如，2013 年 3 月消落期，九堆子碛翅 3 m 等深线向主航道推进 120 m，使得三角碛水道入口航道尺度不满足最小维护标准，通过应急疏浚才保障消落期航道畅通。

表 3-28　三角碛水道淤积参数表

时间	位置	淤积量/10^4 m^3	总淤积量/10^4 m^3
2011.5 对 2007.03	千斤岩	0.4	9.9
	鸡心碛	3.9	
	白鹤梁	1.4	
	三角碛	0.9	
	白鹤梁边滩	6.1	
	九堆子内槽	−1.9	
	九堆子	−0.9	
2012.5 对 2012.8	九堆子碛脑	−17.535	13.375
	九堆子(靠滨江路)	−12.93	
	九堆子(靠主航道)	−4.6	
	大梁右侧	−6.83	
	白鹤梁	3.67	
	九龙坡港区	51.6	
2012.8 对 2012.11	九龙坡港区前沿	4.524	4.94
	九堆子碛翅	0.42	
2012.11 对 2013.1	九堆子碛翅	0.027	0.1
	九堆子碛翅	0.07	
2013.1 对 2013.2	龙凤溪	2.84	6.21
	九堆子碛翅	3.37	
2013.2 对 2013.3	九龙坡港区前沿	−5.41	−7.985
	九堆子碛翅	−2.275	

(2)航道在消落期逐渐由库区恢复至天然，在此期间比降和流速逐步增大至天然航道水平，转化时间受水库消落速度影响，转化时间长短对变动回水区航道条件影响较大。重庆主城区河段处于长江、嘉陵江两江交汇上游，水位流量影响因素较多，当地水位流量关系较为凌乱，因此难以从水位流量关系中判断典型水道实时航道状态，但在分析中发现，变动回水区由库区航道向天然航道转变过程中流速和比降变化比较明显，在由库区航道向天然航道转变过程中，比降出现突变，如九龙滩河段实测比降变化见表 3-29。

表 3-29　九龙滩转换为天然航道后比降变化

年份	时间	朱沱流量/(m^3/s)	九龙滩水位(吴淞)/m	重庆水位(吴淞)/m	寸滩水位(吴淞)/m	坝前水位(吴淞)/m	九龙滩比降/‰
2010	2月12日	2800	165.496	163.98	163.89	163.610	0.193
	2月13日	2830	165.497	163.79	163.67	163.340	0.228
	2月14日	2850	165.437	163.6	163.44	163.160	0.242
	2月15日	2850	165.367	163.41	163.23	162.820	0.252
	2月16日	2800	165.297	163.12	162.95	162.630	0.287
	2月17日	2780	165.237	162.87	162.87	162.400	0.305
2011	3月22日	3500	166.639	164.89	164.64	164.02	0.002
	3月23日	3730	166.549	164.65	164.45	163.91	0.014
	3月24日	3760	166.669	164.72	164.49	163.83	0.058
	3月25日	3860	166.639	164.63	164.38	163.73	0.079
	3月26日	4030	166.907	164.65	164.37	163.620	0.139
	3月27日	4190	166.967	164.89	164.59	163.540	0.200
	3月28日	3870	166.957	164.69	164.37	163.460	0.203
	3月29日	3870	166.917	164.5	164.21	163.250	0.224
2012	3月14日	4260	167.283	166.54	166.3	165.88	0.089
	3月15日	3850	167.083	166.33	166.13	165.77	0.099
	3月16日	3680	166.893	166.17	165.95	165.67	0.107
	3月17日	3700	166.733	166.0	165.74	165.52	0.104
	3月18日	3670	166.643	165.84	165.6	165.35	0.121
	3月20日	3730	166.599	165.62	165.33	164.98	0.131
	3月22日	3670	166.479	165.22	165.01	164.67	0.148
	3月24日	3750	166.639	165.14	164.88	164.54	0.19
	3月25日	4160	166.703	165.27	164.96	164.44	0.18
	3月28日	3670	166.279	164.91	164.66	164.21	0.19
	3月29日	3730	166.239	164.81	164.52	164.17	0.19
	4月1日	4000	166.269	164.75	164.41	163.94	0.2
	4月2日	4170	166.329	164.8	164.51	163.93	0.21
天然		2800	165.5				0.31
		4000	166.9				0.24

据变动回水区水尺观读资料统计分析，当坝前水位消落至163.7 m以下时，九龙滩水尺基本不受三峡蓄水影响。表3-29统计了九龙滩恢复为天然航道前后的比降变化。2010年九龙滩断面比降由2月12日的0.193‰提高到0.305‰，历时5天时间完成库区航道与天然航道的转化；2011年九龙坡断面比降自3月22日的0.002‰提升至3月29日的0.224‰，历时4天，比降转化至与天然航道基本一致；2012年坝前水位消落较慢，库区航道向天然航道转化历时较长，约为10天。

相对而言，重庆主城区河段转化为天然航道后，水位接近天然航道枯水位，航道水深迅速减小，航道条件恢复至天然航道水平，在此期间，随着比降增大，流速也逐渐增大，航道淤积泥沙开始冲刷下移，这在消落期九龙坡现场踏勘过程中也明显看到水流携带大量泥沙下移的过程。若库区航道向天然航道缓慢过渡，则泥沙经充分冲刷后，航道水深有所增加；若转化较快，泥沙来不及冲刷，则未完全冲刷泥沙停留在主航道，造成水深变浅，而考虑泥沙随机运动特点，航道水深时深时浅，对船舶航行造成重大影响，在 2009 年、2010 年消落期多艘船舶遇到类似情况。因此消落期水位缓慢消落既有利于重庆主城区河段保持较高水位，又有利于有足够时间冲刷主航道淤积泥沙。

(3)受汛后蓄水影响，适合推移质走沙期缩短，但主要走沙天数减幅较小。现以三角碛水道为例进行分析，三角碛水道位于李家沱弯道下游的放宽段，两头小，中间大，中段河道开阔，其宽度可达 1200～1500 m。在天然下属宽浅河段，洪水期虽然流量大，但河面宽度及过水面积也大大增加，使得流速缓慢、比降小，泥沙容易落淤，汛后枯水水流集中冲槽，属泥沙冲刷期。根据长委水文局实测资料分析表明，当汛期流量超过 20000 m^3/s 时，九龙坡河段以淤积为主，其淤积强度随着流量的增加而增大；在汛末流量小于 14500 m^3/s 以后，河床开始冲刷，其冲刷强度与流量大小有一定关系。其中，当流量为 6000～14500 m^3/s 时，为主要走沙期，平均走沙强度约为 1.0×10^4 $m^3/(d\cdot km)$；当流量为 3000～6000 m^3/s 时，为次要走沙期；当流量小于 3000 m^3/s 时，走沙基本停止。

表 3-30 统计了三峡蓄水以来三角碛水道走沙期的天数。由表可见，三峡 175 m 试验性蓄水前，三角碛水道主要走沙天数(朱沱站流量为 6000～14500 m^3/s)占全年天数的 1/4～1/3，次要走沙天数(朱沱站流量为 3000～6000 m^3/s)占全年天数的 1/3～1/2；三峡 175 m 试验性蓄水后，三角碛水道主要走沙天数(朱沱站流量为 6000～14500 m^3/s)平均减少 17.1%，次要走沙天数(朱沱站流量为 3000～6000 m^3/s)减少约 68.8%。可见，三峡 175 m 试验性蓄水后三角碛水道走沙期天数大幅减少，但主要可供走沙天数未有明显减少。

表 3-30　近年来三角碛水道走沙天数统计表

年份	3000～6000 m^3/s			6000～14500 m^3/s		
	蓄水期/天	全年/天	比例/%	蓄水期/天	全年/天	比例/%
2003	73	106	68.9	6	81	7.4
2004	85	132	64.4	17	112	15.2
2005	129	158	81.6	17	123	13.8
2006	145	196	74.0	2	140	1.4
2007	85	125	68.0	7	107	6.5
2008	88	158	55.7	20	127	15.7
2009	129	174	74.1	21	88	23.9
2010	72	116	62.0	23	104	22.1
2011	140	204	68.6	34	132	25.8
2012	101	142	71.1	34	87	39
平均值	105	152	68.8	16.3	112.7	17.1

注：蓄水期天数按日历年计算，为当年三角碛受蓄水影响的时段，表中流量为朱沱站流量。

(4)消落期航道条件较差，需采取维护性疏浚手段，保障消落期航道畅通。在实际维护过程中，三角碛水道是该段航道中最为紧张的水道，设标困难、维护难度大、船舶航行困难，行船单位多次呼吁改善航道条件。2011—2012 年度对三角碛水道中的三角碛实施维护性疏浚，2012—2013年度蓄水期，对三角碛水道入口鸡心碛、鼓鼓碛实施了维护性疏浚，疏浚实施后，当年效果较好，均达到预期效果，航道条件有所改善，碍航情况有所缓解，消落期船舶搁浅事故减少，但碍航情况仍然存在。

(5)受三角碛水道河势条件限制，河段内弯、窄、浅、险局面仍然存在，需要通过系统整治彻底解决。三角碛水道消落期主航道位于三角碛右汊，该河段在当地水位3 m以下实施通航控制，航道狭窄，航道宽度为60～80 m，航道水深不大，航道内水深维持在3.0～3.5 m，航道水深富余不大，受三角碛、九堆子、白鹤梁三者影响，消落期主航道十分弯曲，弯曲半径略高于最低维护尺度，仅为600 m左右，弯道出口有白鹤梁礁石影响，船舶航行十分困难，因此该河段消落期航道条件仍然十分紧张，需要通过综合整治的措施彻底解决。

3. 猪儿碛水道

1)河段概况

猪儿碛水道位于长江上游航道里程660.0～667.0 km，河势条件如图3-45所示。

长江、嘉陵江汇于朝天门沙嘴，洪水期，由于两江涨水时间、涨水幅度及流量大小各有差异，从而相互顶托，在交汇处以上附近的两江水域内，形成壅水。猪儿碛位于上段河心偏左，潜于河中，碛上最小水深0.9 m，枯水期为川江最浅险航道，窄弯流急，其下月亮碛脑暗翅伸布较开。枯水期，主流偏右直泄鸡翅膀扫湾下流。

研究河段在天然情况下平面形态较为复杂，属典型的山区河流。河道有江心洲，南北分流，沿河两岸基岩出露，如鸡翅膀等，且两边常为大型的边滩所覆盖，如老鹤碛、月亮碛等。本河段河床及河岸边界条件较为稳定。

2)河道冲淤变化

(1)猪儿碛水道在三峡水库蓄水期间泥沙累积性淤积不明显。分析三峡水库试验性蓄水后地形变化，猪儿碛水道细沙和粗沙淤积均不明显，年内及年际间淤积厚度基本在0.5 m以下，淤积量在3×10^4 m^3以内，并未出现累积性淤积的趋势。

(2)猪儿碛水道冲淤变化主要集中在猪儿碛、老鹳碛、鸡翅膀之间的过渡段。猪儿碛、老鹳碛、鸡翅膀之间的过渡段是猪儿碛水道泥沙输移主通道，泥沙输移必然造成过渡段冲淤变化。

3)航道条件变化

(1)猪儿碛水道航道条件最为紧张的区域为猪儿碛、老鹳碛、鸡翅膀之间的过渡段，少量泥沙淤积即对航道条件造成较大影响。2012—2013年度猪儿碛水道航道维护测图显示，猪儿碛水道浅点仍主要集中在猪儿碛碛脑与鸡翅膀之间，猪儿碛水道3 m等深线如图3-46所示。分析2012年9月测图，猪儿碛碛脑与鸡翅膀之间主航道内出现水深不满足3 m的浅包，最浅点水深仅为2.8 m，猪儿碛碛翅与老鹳碛碛翅之间3.0 m等深线基本维持在40 m以下；2013年2月测图显示，猪儿碛碛脑与鸡翅膀之间浅包与猪儿碛连成一片，3 m等深线最窄处仅有14 m，猪儿碛碛翅与老鹳碛碛翅之间3.0 m等深线向主航道推进，最窄处不足20 m；2013年3月泥沙淤积继续压缩主航道，出现3 m等深线不能贯通的现象，相对2013年2月测图而言，淤积厚度并不大，淤积厚度仅为0.2 m左右，但是少量泥沙淤积决定着猪儿碛水道航道条件，对猪儿碛水道造成很大影响，若消落期水位消落快，则猪儿碛水道必然碍航。

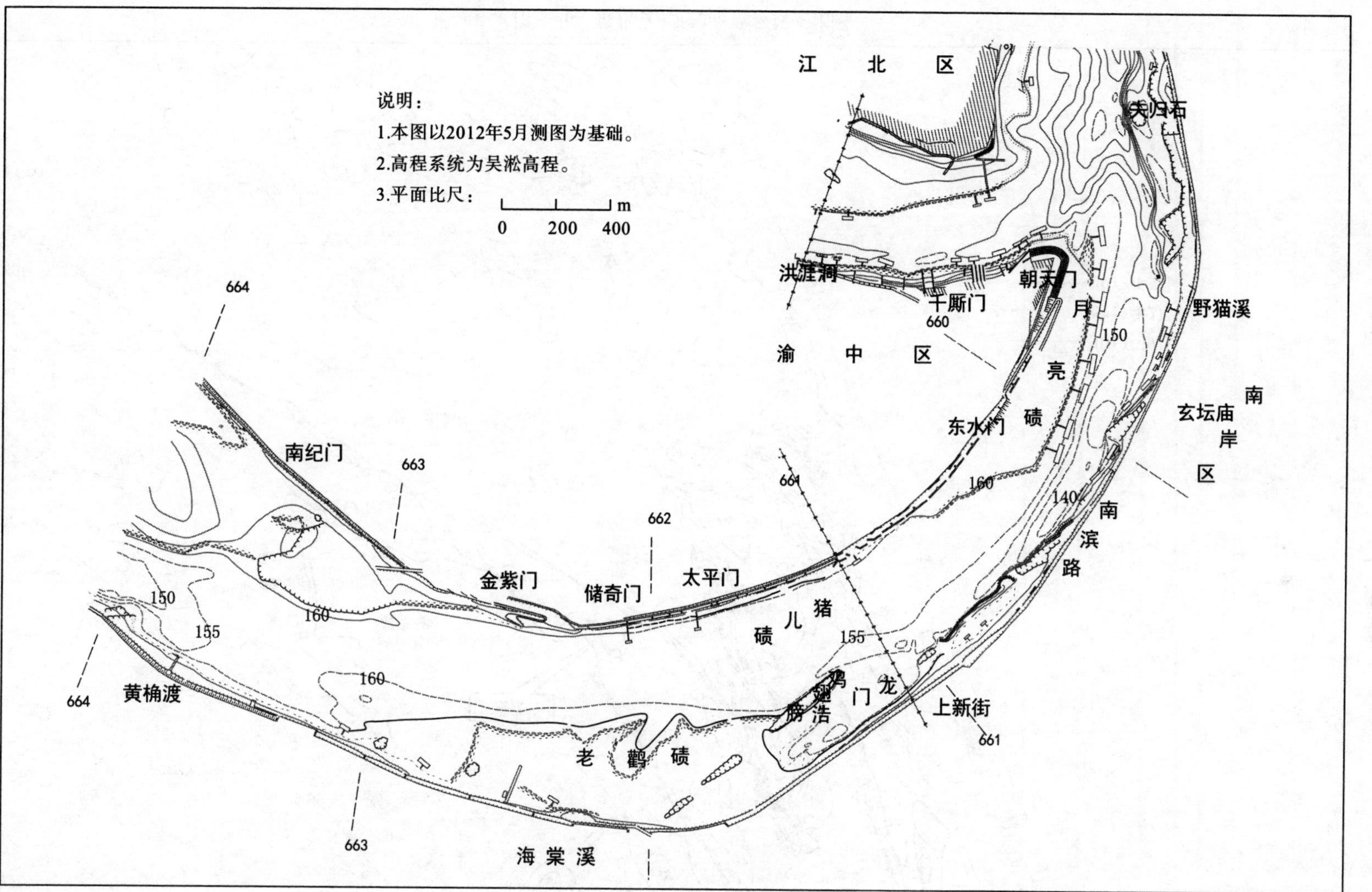

图 3-45　猪儿碛水道河势图

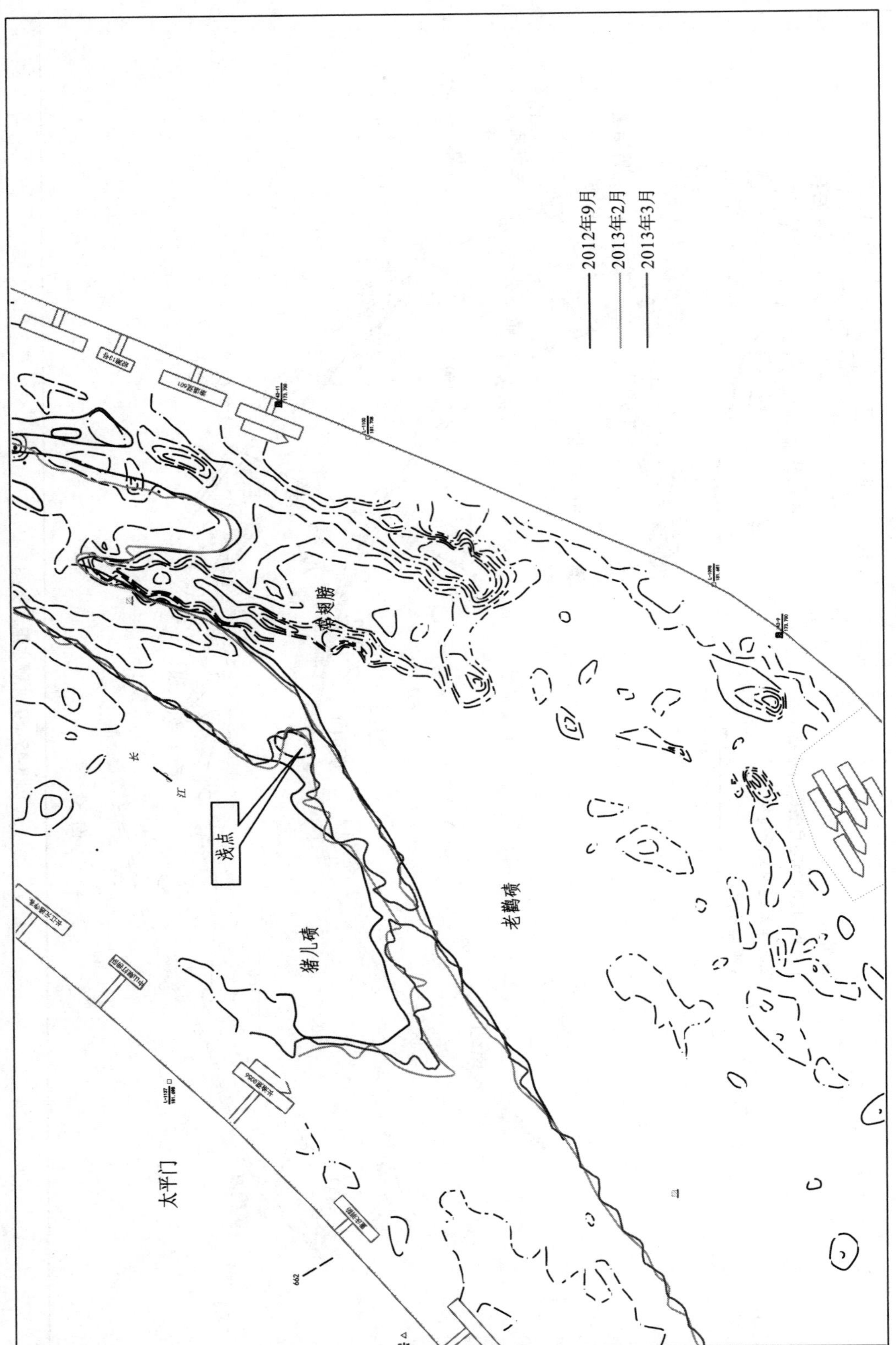

图 3-46 猪儿碛水道 3 m 等深线变化图

表 3-31 统计了猪儿碛水道主要淤积部位及淤积量。总体而言，猪儿碛水道有冲有淤，主航道部位淤积量不大，但是少量泥沙淤积决定着猪儿碛水道航道条件，对猪儿碛水道造成很大影响。

表 3-31　猪儿碛水道淤积参数表

时间	位置	淤积量/10^4 m^3	总淤积量/10^4 m^3
2007.02 对 2011.05	老鹳碛首	1.1	−2.12
	老鹳碛尾	0.4	
	龙门浩	1.0	
	狗钻洞	0.08	
	月亮碛	0.1	
	朝天门	0.5	
	江北嘴	3.6	
	老鹳碛	−8.9	
2011.05 对 2012.05	金紫门	0.1	2.2
	储奇门	0.1	
	老鹳碛	1.6	
	鸡翅膀	0.05	
	江北嘴	1.1	
	金紫门	0.1	
2012.5 对 2012.8	金紫门	0.5	2.213
	老鹳碛	1.1	
	猪儿碛	0.613	

(2)水库消落期水位消落速度，对航道条件影响较大。猪儿碛水道处于重庆主城区河段下段，相比以上几个碍航河段，其受三峡水库蓄水影响时间较长，因此可以利用水库高水位运行来改善航道条件，2009 年、2010 年，三峡水库消落期消落速度快，猪儿碛碍航特别明显，2011 年、2012 年、2013 年三峡水库消落期放慢消落速度，猪儿碛碍航情况得到一定缓解，因此水库消落速度是影响猪儿碛航道条件的重要因素。

(3)以猪儿碛为代表的重庆主城区河段浅滩碍航主要是由推移质输沙特征变化引起的。重庆市主城区河段碍航主要是由输沙特征变化引起的，其输沙特征变化主要包括走沙期变化、走沙天数变化、输沙带宽的变化等方面。

175 m 试验性蓄水后，重庆市主城区河段受坝前水位影响，在水库消落期航道水深变浅，每年都有多艘船舶搁浅碍航，究其原因主要是输沙特征较天然变化。

走沙期变化：175 m 试验性蓄水前，重庆主城区河段每年汛初至 9 月中旬，以淤积为主；汛后走沙期多数在 9 月中旬至 10 月中旬(相应寸滩站流量为 25000～12000 m^3/s)，次要走沙期在 10 月中旬至 12 月下旬(相应寸滩站流量为 12000～5000 m^3/s)，当寸滩站流量小于 5000 m^3/s 时，走沙过程结束。175 m 试验性蓄水后，天然时，走沙期水位大幅抬高，流速减缓，走沙能力较弱。其走沙期推迟到次年水库消落期，但消落期流量较小，走沙能力弱，泥沙淤积不能及时冲刷，造成航道水深变浅。

全年走沙天数变化：175 m 试验性蓄水前，平均每年约有 250 天适合走沙，但是 175 m 试验性蓄水后，适合走沙天数减少至 136 天，减少约 45.6%。

输沙带宽变化：主城区河段几个典型滩险均属过渡性浅滩，航道两边均有潜碛，天然时，输沙流量较大，潜碛上可以输沙，输沙面积大，输沙能力强；175 m 试验性蓄水后，消落期输沙流量较小，航道内水深、流速相对较大，输沙带主要集中在航道内，造成航道内输沙率大，冲刷不及时的泥沙留在航槽内，造成航道变浅。

重庆主城区河段平面形态也是碍航的另一重要因素，主城区河段河势如图 3-47 所示。该河段由 6 个连续弯道河段组成，河道中浅碛密布，形成多个过渡型浅滩，蓄水后河段输沙特征的变化，更加恶化了该河段航道条件，因此该河段碍航主要是由特殊河势条件下输沙特征变化所引起的。

由于三峡蓄水的影响，造成这些浅滩的输沙特征发生变化，泥沙淤积在航道内，航道水深逐渐变浅。低水位期，重庆市主城区河段典型浅滩富余水深仅有 0.3 m 左右，少量泥沙淤积可能造成不满足航道尺度的情况。

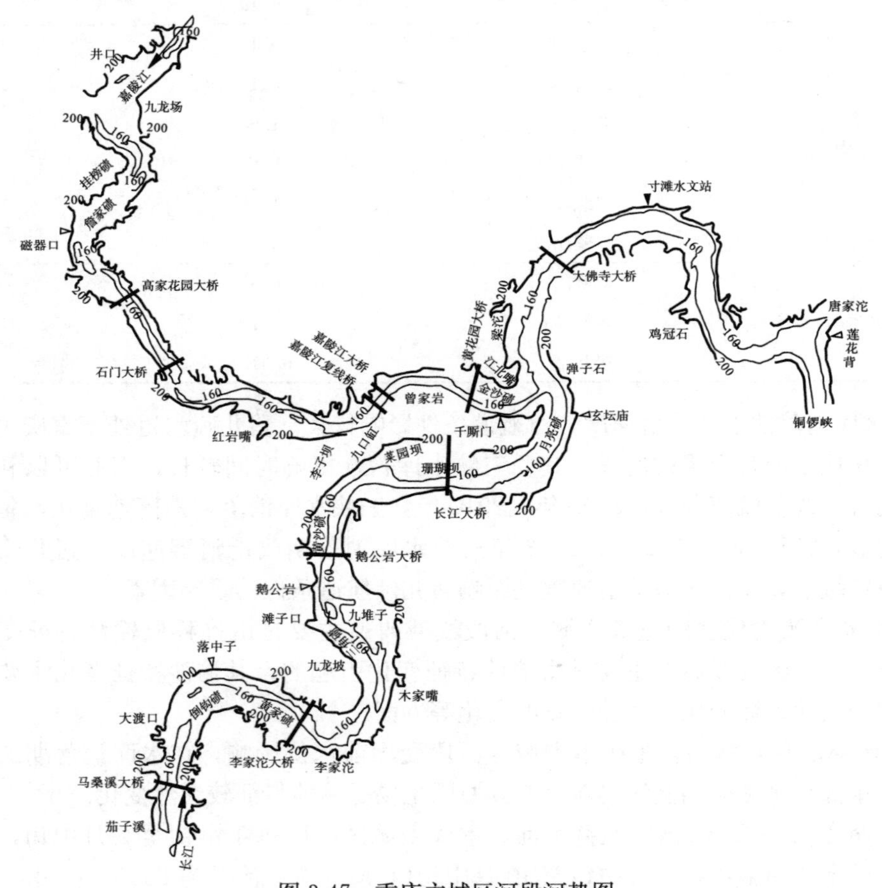

图 3-47 重庆主城区河段河势图

4. 长寿水道(王家滩)

1)河段概况

长寿水道长江上游航道里程为 580～589 km，有滩险王家滩。王家滩长江上游航道里程为586.3～587.6 km。该研究河段为一浅滩群，是川江著名的“瓶子口”河段，河势及断面布置如图3-48所示。忠水碛纵卧河心，将河道分为左、右两槽。左槽为柴盘子，入口处航道弯曲半径仅为500 m左右；右槽为王家滩，槽窄流急，只供小型船只和拖排船航行；大型船队当水位在1.5 m以上时，下行才走右槽，上行需航行水尺2 m以上水位。忠水碛尾、码头碛上翅与灶门子、秤杆碛、棺材石等暗碛分列两岸，阻束航槽，枯水期水浅、弯曲、流急。恶狗堆、磨盘石等石梁淹没不能过船时产生较强的滑梁水等不良流态，妨碍上下行船舶顺利进出左右槽航行。

王家滩为川江著名险滩，河段内建有较多整治工程，包括左槽象鼻子处的束水堤，灶门子处的顺坝，忠水碛尾的岛尾坝以及右槽早年的炸礁等。2006年三峡水库156 m蓄水前涪陵－铜锣峡河段航道整治炸礁工程中，切除了肖家石盘、磨盘石等突嘴，恶狗堆、鳗鱼石孤礁，拓宽了航道宽度，鳗鱼石水深4.0 m，肖家石盘水深3.7 m，磨盘石、碓石子和横板石水深3.7 m，对船舶航行的安全威胁消除，河段水流条件有进一步的改善，满足156 m蓄水期的通航要求。

长寿水道河床边界主要由基岩和卵石滩组成，两岸基岩裸露，分布有众多的石梁、礁石和突嘴等，总体控制着该河段河势。河床边界稳定，不易发生变化。

长寿水道在三峡水库蓄水前采取过整治措施，主要解决蓄水初期的泥沙淤积问题，这些工程措施在目前仍发挥一定作用，如柴盆子顺坝、忠水碛岛尾坝、灶门子丁坝等。

2)河道冲淤变化

三峡水库试验性蓄水后，长寿水道出现累积性淤积，但累积性淤积量不大，汛期是长寿水道主要淤积时段，丰水丰沙年泥沙淤积更为明显，消落期长寿水道有一定冲刷。

对比2007年12月与2012年11月地形变化，淤积部位与2012年年内基本类似。淤积分布如图3-49所示；淤积量见表3-32。

对比2012年11月与2011年11月地形变化，可以看出长寿水道在2012年大水后发生了较明显的泥沙淤积，河床普遍淤积在0.5 m以上，重点淤积区主要有忠水碛碛脑及左侧、柴盆子、磉子碛、忠水碛碛翅右侧主航道、秤杆碛、棺材石前沿等区域，淤积分布如图3-50所示。

对比2012年11月与2013年5月地形变化，长寿水道主要表现出冲刷，冲淤变化明显的区域主要集中在忠水碛附近，忠水碛左汊入口存在少量淤积，忠水碛右汊出现冲刷(疏浚施工)，柴盆子出现冲刷，其余部位冲刷不明显，淤积分布如图3-51所示。

3)航道条件变化

(1)泥沙淤积造成边滩碛翅不断向航道内扩展，有效航道尺度缩窄。从4 m等深线变化情况来看(图3-52)，长寿水道4 m等深线变化最大的区域出现在肖家石盘、忠水碛、柴盘子、秤杆碛及码头碛处。肖家石盘伸出河心，2007—2013年，该处总体表现为冲淤交替，2007年12月至2011年11月表现为冲刷，4 m等深线向内缩进约75 m；2011年11月至2013年5月表现为淤积，4 m等深线向主航道推进最大值约为125 m。2007年12月至2012年11月，忠水碛碛头处4 m等深线逐渐向内缩进，表现为冲刷，而2012年11月至2013年5月则表现为淤积，忠水碛碛头向外延伸最大值为88 m。

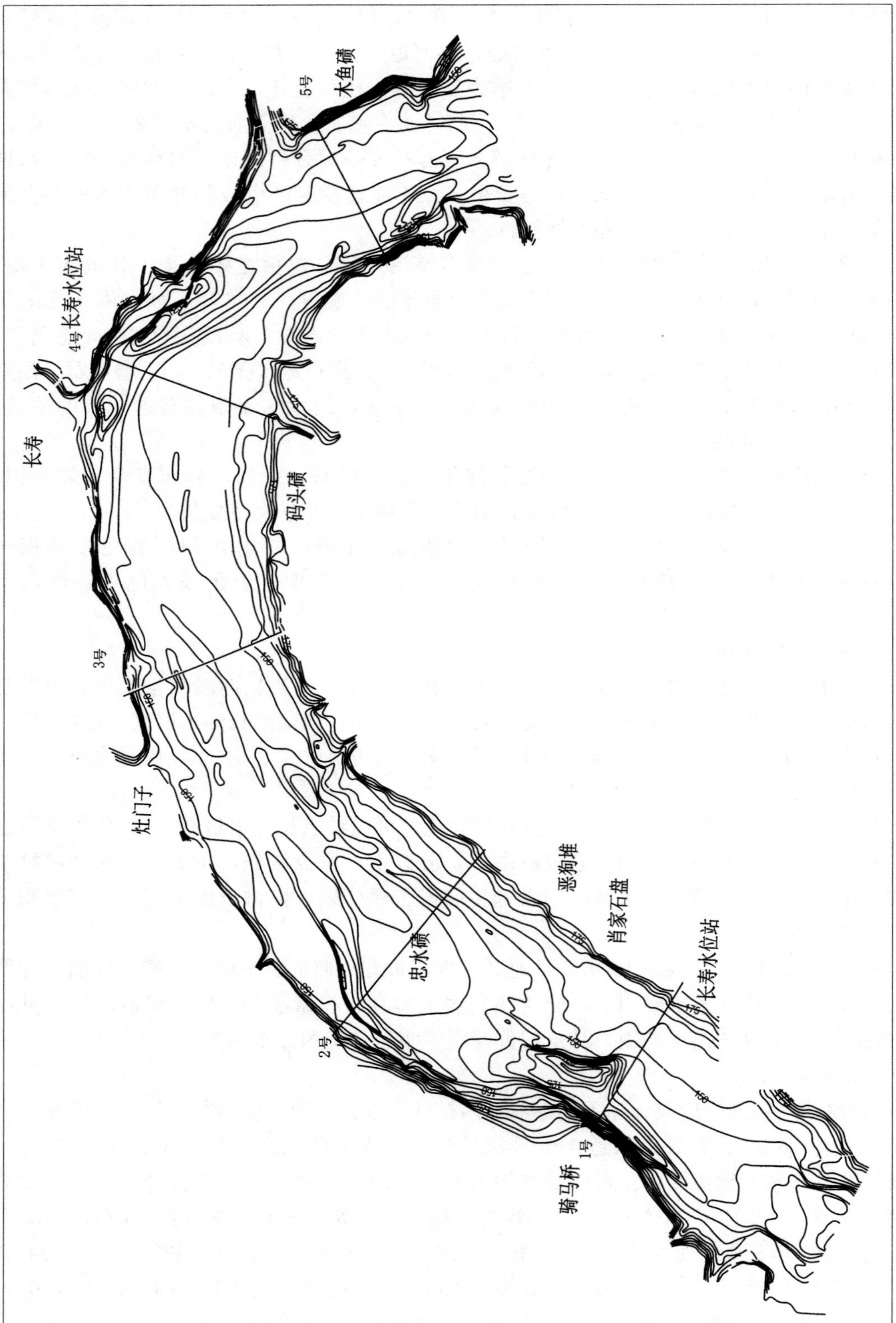

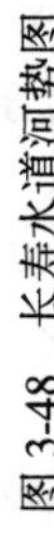

图 3-48 长寿水道河势图

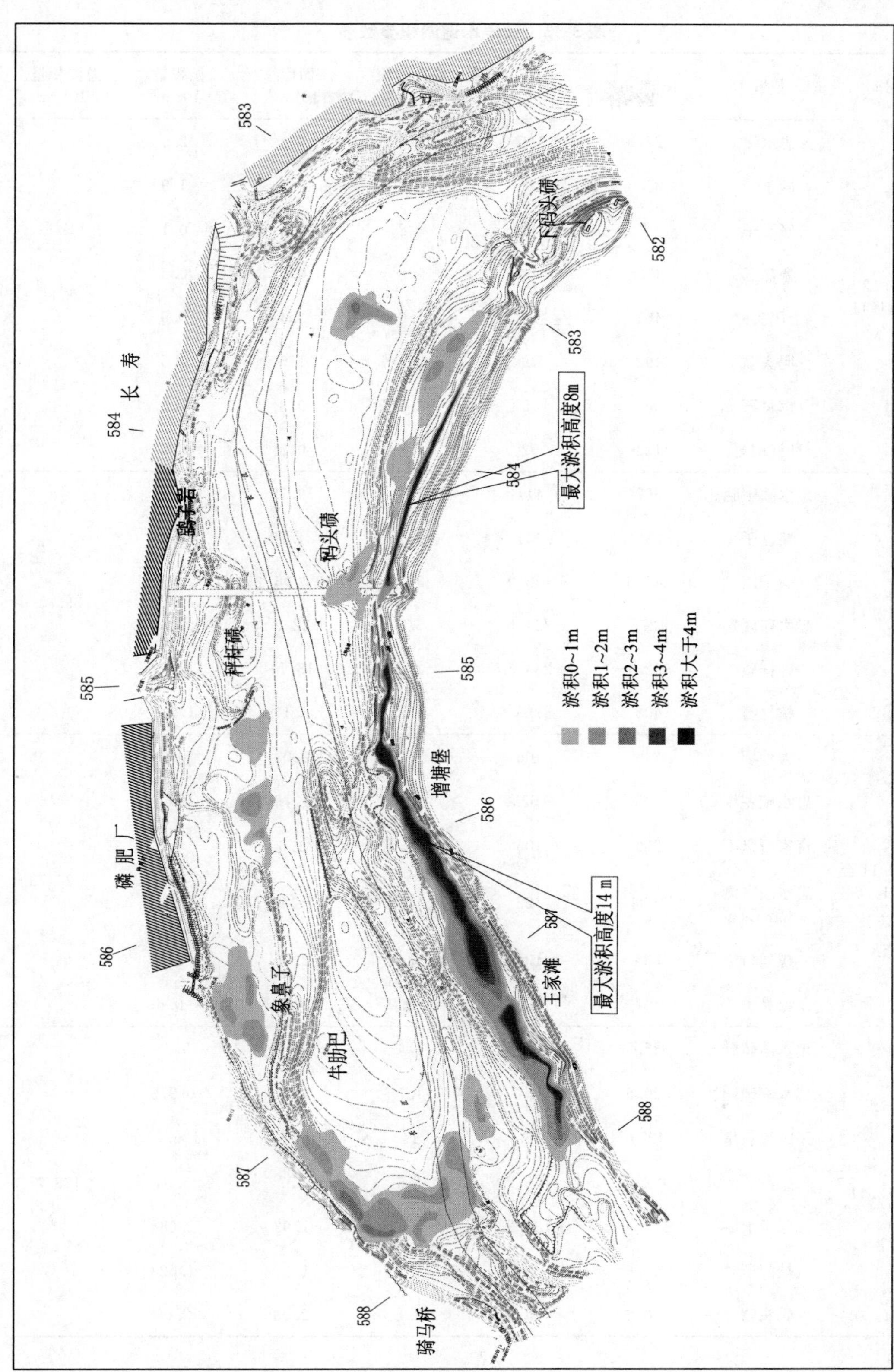

图 3-49　2007 年 12 月至 2012 年 11 月长寿水道冲淤变化图(见彩图)

表 3-32 长寿水道淤积参数表

时间	位置	长度/m	宽度/m	最大淤积厚度/m	面积/10^4 m^2	淤积量/10^4 m^3	总淤积量/10^4 m^3
2007.12 至 2011.11	忠水碛	277	169	1.4	4.4	2.9	8.3
	磙子碛	350	185	1.0	6.1	1.9	
	礁石子	91	36	0.8	0.3	0.1	
	象鼻子	133	49	1.5	0.6	0.3	
	上码头碛	461	75	1.0	3.4	0.9	
	码头碛	192	103	2.4	1.6	1.5	
	棺材石	56	45	2.0	0.3	0.2	
	秤杆碛尾	123	52	1.8	0.5	0.5	
2011.11 至 2012.11	忠水碛碛脑	867	414	2.0	19.77	13.18	89.81
	柴盆子	936	404	2.1	24.78	17.35	
	磙子碛	247.6	143.9	2.7	2.96	2.664	
	忠水碛碛翅	1278	334.6	5.7	22.3	42.37	
	秤杆碛	692.1	283.5	2.0	18.71	12.47	
	棺材石	408	125	1.2	4.44	1.776	
2012.11 至 2013.5	大沙坝	246	106	1.0	2.03	0.68	−20.73
	忠水碛左汊	355	52	1.1	1.76	0.65	
	肖家石盘下	200	105	−1.0	1.6	−0.53	
	忠水碛右侧（施工）	1094	122	−4.8	11.97	−19.16	
	螺丝口	335	100	−2.0	2.56	−1.71	
	象鼻子	447	33	−2.0	0.99	−0.66	
2007.12 至 2012.11	忠水碛碛脑	985.5	206.7	1.4	12.17	5.68	123.7
	忠水碛碛翅	320.5	62.7	1.7	1.72	0.975	
	王家滩右岸	4075	226.7	14	39.04	106.71	
	柴盘子	422.6	165.8	1.6	5.7	3.04	
	灶门子上游	179.6	138.2	1.4	1.92	2.688	
	灶门子	160.6	113.17	1.2	1.27	1.524	
	码头碛	250.3	153.4	3.1	2.98	3.08	

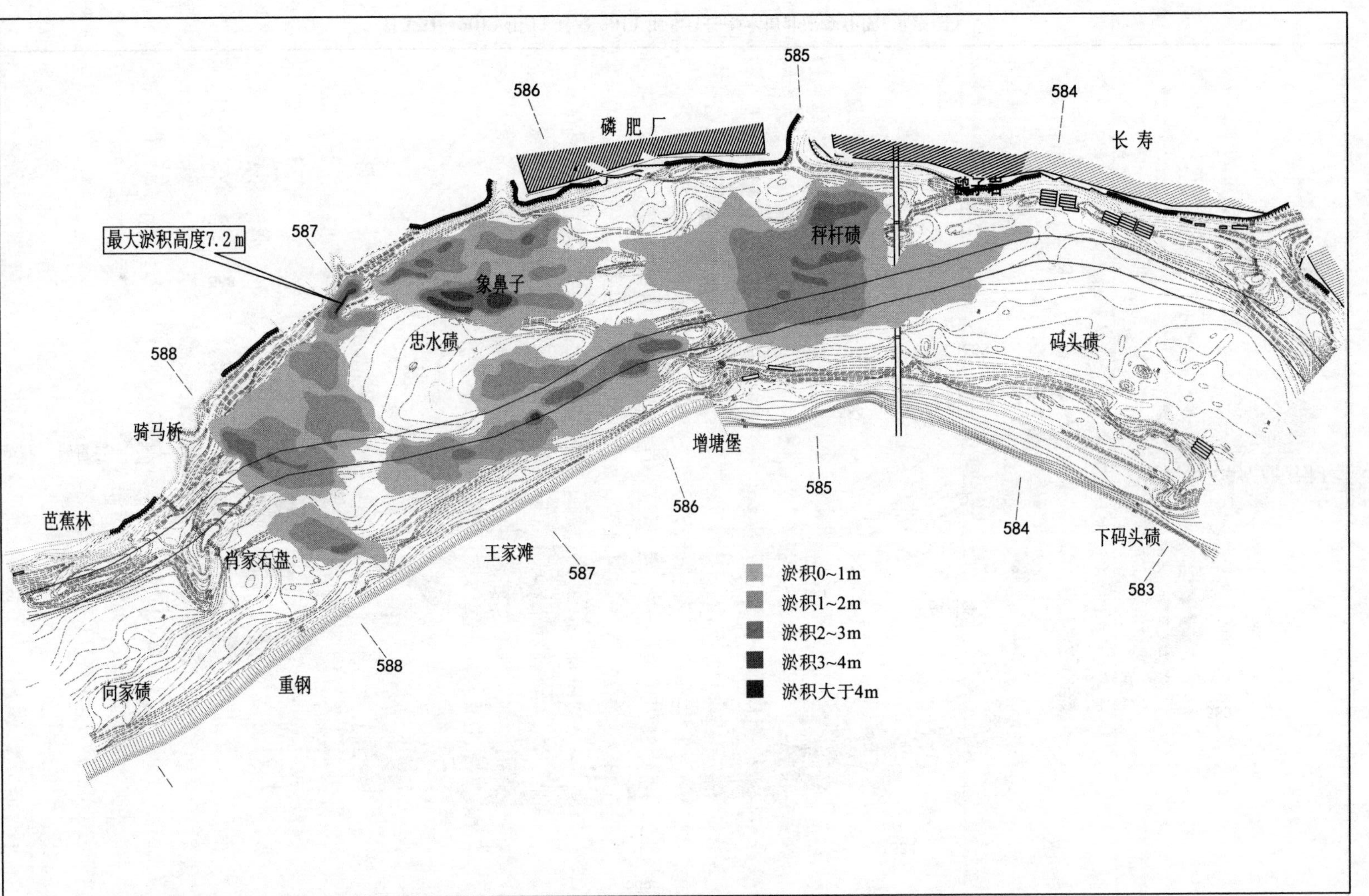

图 3-50　2011 年 11 月至 2012 年 11 月长寿水道冲淤变化图(见彩图)

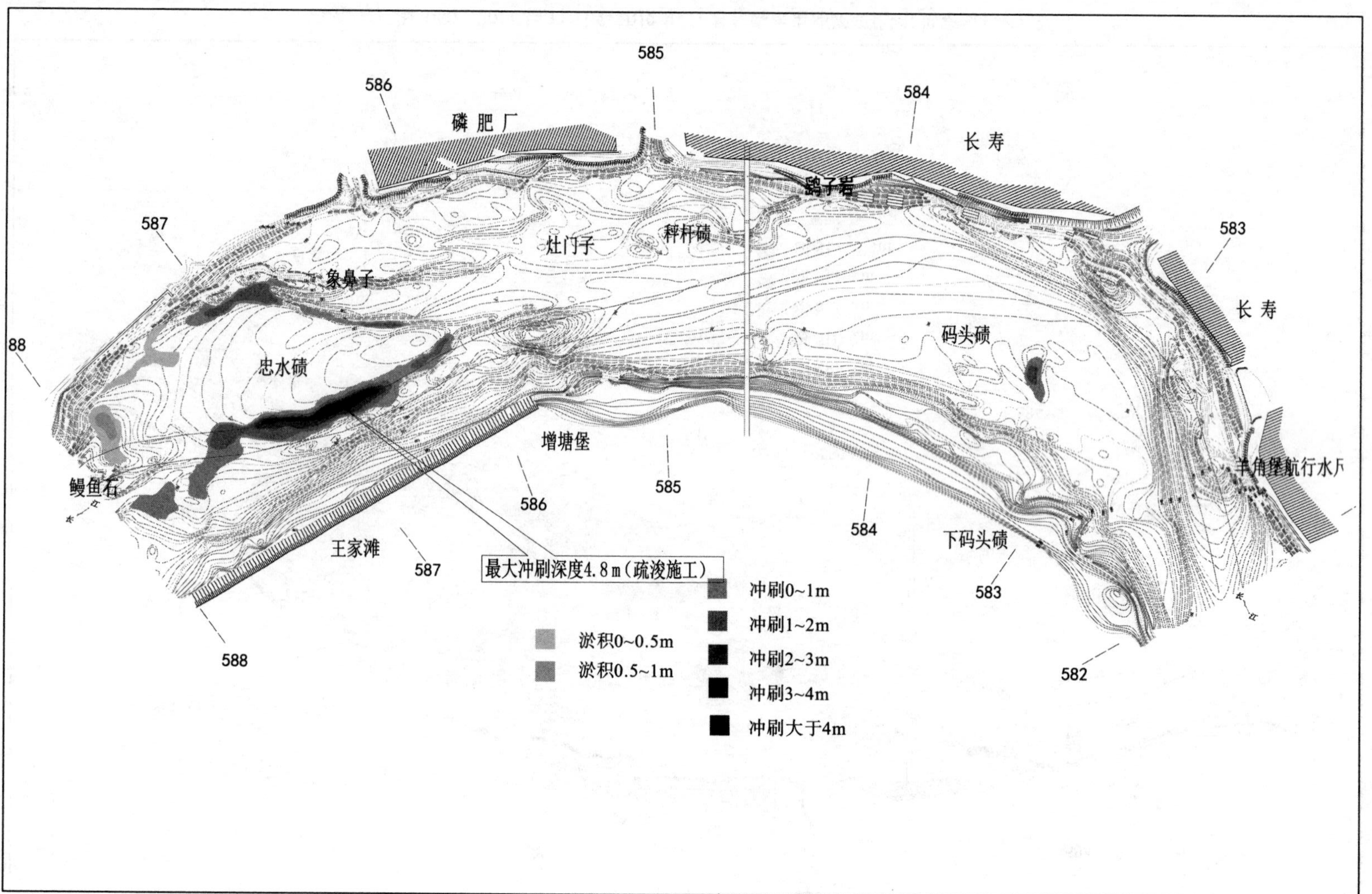

图3-51 2012年11月至2013年5月长寿水道冲淤变化图(见彩图)

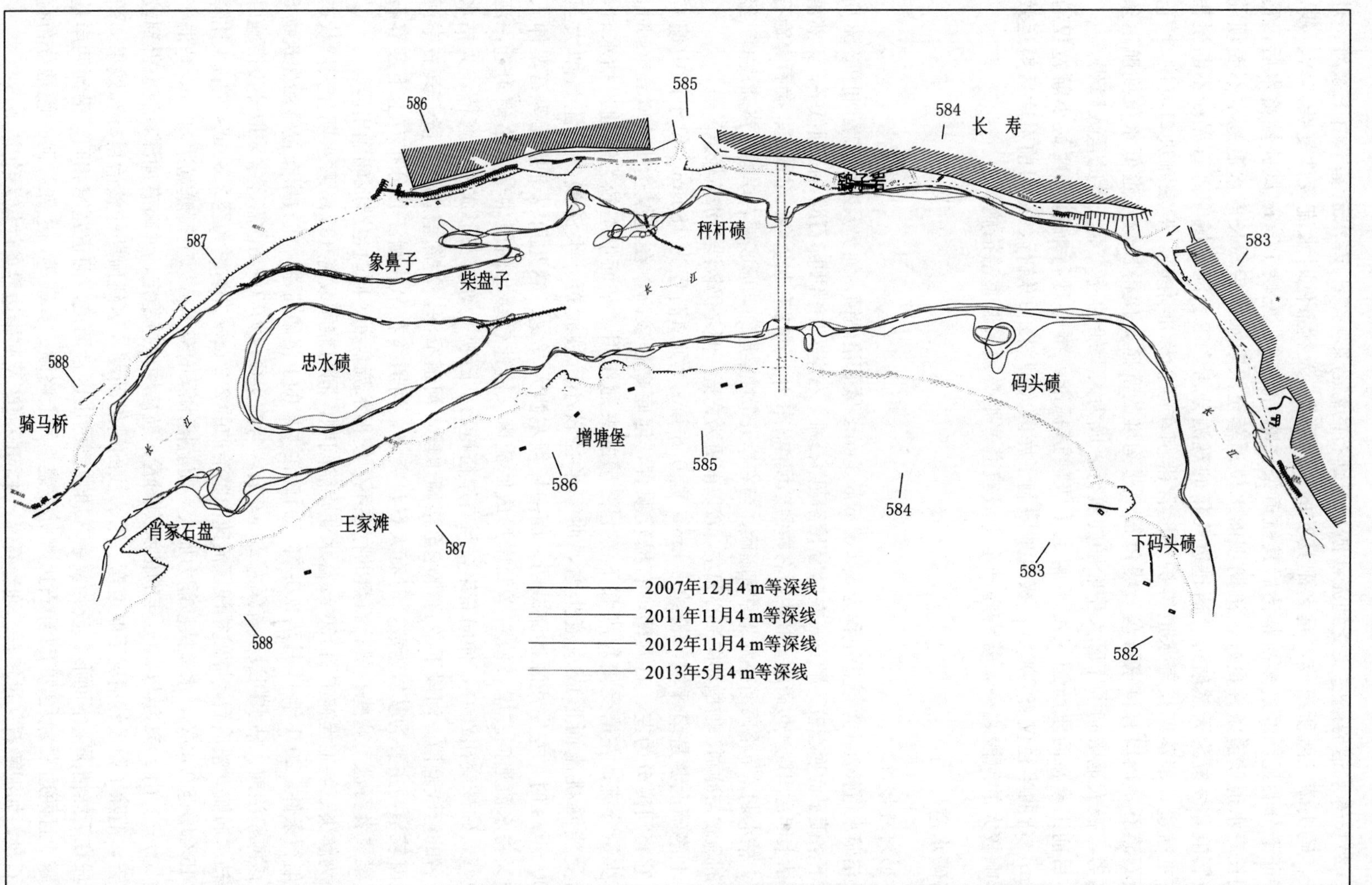

图 3-52　长寿水道 4 m 等深线变化图(见彩图)

(2)长寿水道碍航主要受到泥沙淤积与礁石的综合影响。长寿水道基本由王家滩、灶门子、码头碛三滩所组成，是名副其实的“滩群”，天然条件时水流条件复杂，弯、浅、险特征十分明显，经过多次整治后其航道条件略有改善。三峡 175 m 试验性蓄水后，蓄水期长寿水道航道条件良好，汛期坝前水位消落至汛限水位后，长寿水道基本不受坝前水位影响，恢复为天然航道。通过近几年的观测分析，王家滩水域卵砾石泥沙不断淤积侵占主航道，消落期长寿水道维护尺度常徘徊在维护标准附近，王家滩进口有磨盘石、横板石礁石，出口有肖家石盘、鳗鱼石、恶狗堆的乱礁，使得长寿水道低水位期航道条件恶劣，极大地限制了库区大型船舶的航行，成为大型船舶进入重庆港的重大障碍。

目前王家滩河段航道尺度不满足Ⅰ级航道标准，维持现行航道尺度最小航宽仅有 100 m，弯曲半径仅有 800 m，极大地限制了库区大型船舶的航行，是目前对库区航运效益影响较大的河段之一，若需提升至Ⅰ级航道，则必须采取整治措施。

5. 洛碛水道

1)河段概况

洛碛水道长江上游航道里程为 599.3～605.3 km，紧邻洛碛镇，河势及断面布置如图 3-53 所示。下洛碛平面形态较为顺直，左岸为下洛碛卵石滩，右岸为中挡坝卵石滩，碛顶低平，天然情况下枯水期常出现浅包碍航。其中，右岸中挡坝伸出较开，边缘有五金堆、金钱罐、确石等礁石分布。枯水期，下洛碛河心偏北原有暗碛，与右岸五金堆梁尾间，形成偏右岸的下洛碛浅槽。经历年的疏浚与冲刷，航槽移向河心偏左，较以前更为宽直，但是仍较浅，水流较急。

上洛碛上游是南坪坝，长约 3 km，宽 0.8 km，坝顶高程为 180 m，位于江中偏右岸。它将河道分为左、右两槽，右槽较顺直，河底高程较高，在流量达 15000 m^3/s 时，才有少量分流；左槽受南坪坝和下游上洛碛的夹逼作用，平面形态较为弯曲。枯水时，左槽受浅滩挑流而形成水流坐弯，曲率半径较小，过渡短、水深浅。当流量增大至 10000 m^3/s 时，左岸浅滩挑流减弱，而南坪坝左侧大背龙、麻儿角、十指滩等石梁伸入江中又将水流逼向左岸，使右岸凹岸形成回流区，流速较缓。河段中部上洛碛附近，河道微弯，碛翅突出江心，伸向右岸，与右岸褡裢石、野鸭梁等礁石形成浅窄弯槽，为枯水期著名的弯浅险槽。河段下游打梆沱至洛碛镇段，河道窄深，为深槽急流河段，其右岸河道边滩较窄，主要为基岩组成，时有大石盘突出，河道靠右岸一侧江心分布有上下迎春石等石梁或者石盘。这些石梁、石盘的存在不但使得水流紊乱，同时也造成船舶出浅。

为解决三峡工程施工期 156 m 蓄水期碍航问题，同时兼顾改善 135 m 蓄水期和天然状态下的航行条件，2001 年 11 月至 2002 年 5 月疏浚左岸的上洛碛碛翅，在右岸布置整治建筑物 5 座。该滩整治前，枯水期最小航深为 2 m 左右，弯曲半径仅为 500 m，需经常采取疏浚措施以维持枯水通航。整治后，原航槽浅区流速由整治前的 2.2 m/s 左右增大至 2.8 m/s 左右，比降由 0.15‰增至 0.49‰，水流挟沙能力加大，使航槽水深增至 3 m 以上，航宽达 80 m，弯曲半径达 900 m。由 2003 年与 2005 年的枯水测图看，航槽均保持稳定，并略有冲深，流态得到较大改善，消除了原天然情况下航道弯、窄、浅的碍航问题，达到预期的整治目标和效果。研究河段在天然情况下平面形态较为复杂，属典型的山区性河流。河道宽窄相间，沿河两岸基岩出露，且两边常为大型的砂卵石边滩所覆盖，如上洛碛、套碛等，边滩临河一侧常分布有众多石盘，如泥鳅石、过年石、迎春石等。本河段河床及河岸边界条件较为稳定。

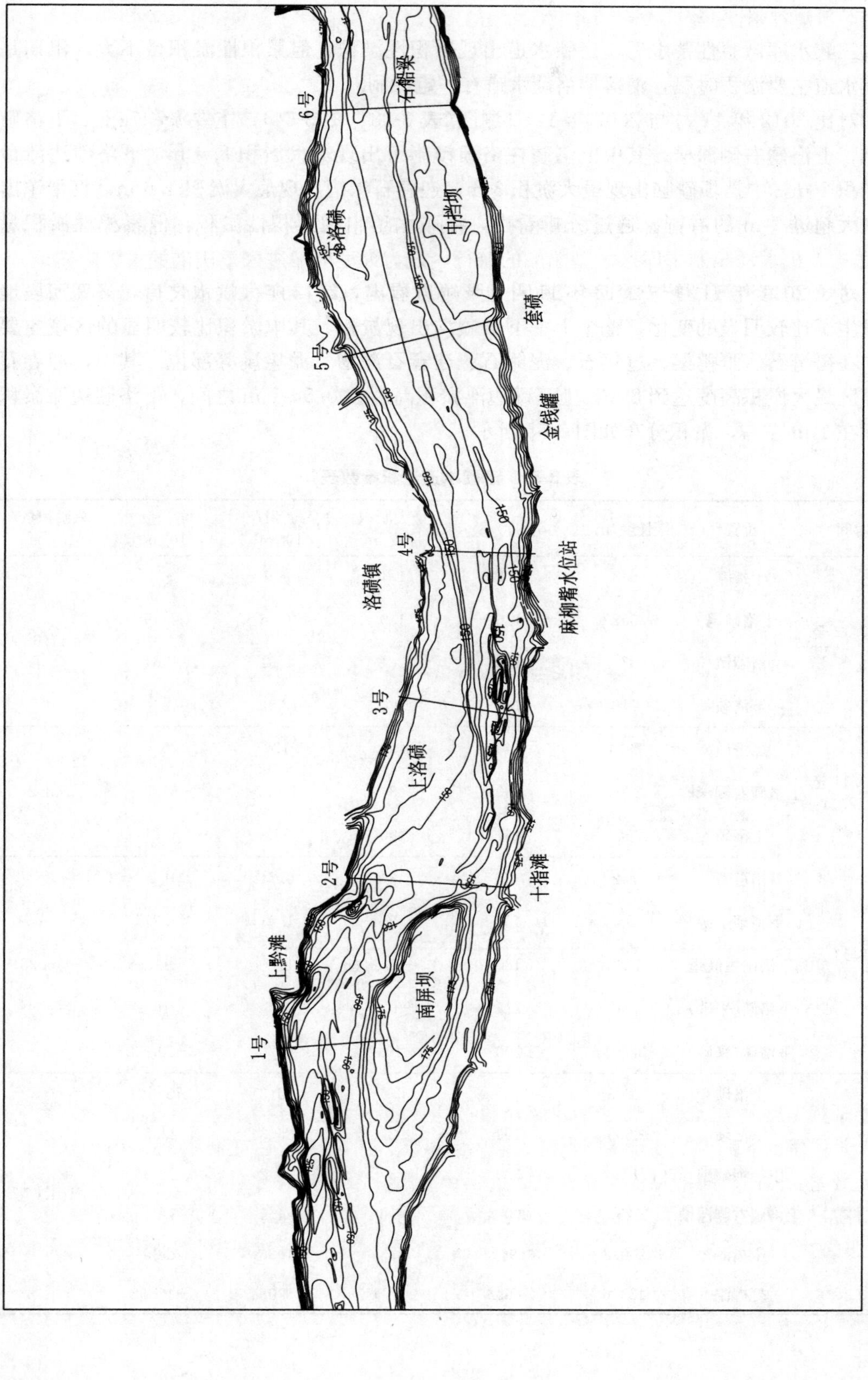

图 3-53　洛碛水道河势图

2)河道冲淤变化

三峡水库试验性蓄水后，洛碛水道出现累积性淤积，但累积性淤积量不大，汛期是洛碛水道主要淤积时段，消落期洛碛水道有一定冲刷。

对比2012年11月与2007年12月测图(表3-33、图3-54)，主要淤积在上、下洛碛边滩，上洛碛右侧深槽，其中上洛碛在洛碛镇附近出现最大淤积8.6 m，下洛碛边滩最大淤积2 m，中挡坝碛脑出现最大淤积3 m，迎春石深槽出现最大淤积4.6 m，打帮沱出现最大超过7 m的冲刷。通过分析看出，洛碛水道出现累积性淤积，但累积性淤积量不大。

对比2011年11月与2012年11月地形可以看出，2012年大洪水之后，洛碛河段地形发生了比较明显的变化，整个上、下洛碛均出现淤积，其中淤积比较明显的区域主要集中在褡裢石、野鸭梁、过年石、泥鳅石、迎春石深槽、泥怨溪等部位。其中，迎春石深槽区最大淤积高度达到8 m，上洛碛边滩淤积高度在0.5～1 m之间，下洛碛边滩淤积高度在1 m左右，淤积分布如图3-55所示。

表3-33 洛碛水道淤积参数表

时间	位置	长度/m	宽度/m	最大淤积厚度/m	面积/10^4 m^2	淤积量/10^4 m^3	总淤积量/10^4 m^3
2007.12至2011.11	十指滩	343	175	1.4	6.0	3.0	11.6
	上洛碛尾	592	126	1.0	7.46	2.49	
	洛碛镇	374	132	1.1	4.94	1.81	
	下洛碛	712	181	1.0	12.89	4.3	
2011.11至2012.11	上洛碛	2924	640	1.0	128	25.6	148.2
	上洛碛右侧深槽	2700	380	8	126.7	81.5	
	下洛碛	2544	467	1.0	123.3	41.1	
2012.11至2013.5	褡裢石	142	65	3	0.71	0.7	−46.36
	下洛碛上游	204	150	2	1.91	1.27	
	下洛碛主航道	1330	180	−3.1	11.5	−11.9	
	下洛碛(采砂)	340	211	−9.2	5.5	−16.9	
	下洛碛(采砂)	325.3	200	−10.2	5.75	−19.53	
2007.12至2012.11	上洛碛	2803	161	8.6	25.2	72.24	144.67
	下洛碛	2696	199	2	35.3	23.5	
	中挡坝碛脑	819	380	3	20.2	21.5	
	上洛碛右侧深槽	1325.7	200.4	4.6	24.4	37.4	
	十指滩	200.8	96	3.3	1.86	2.05	
	打梆沱	423.6	145.6	−7.1	5.08	−12.02	

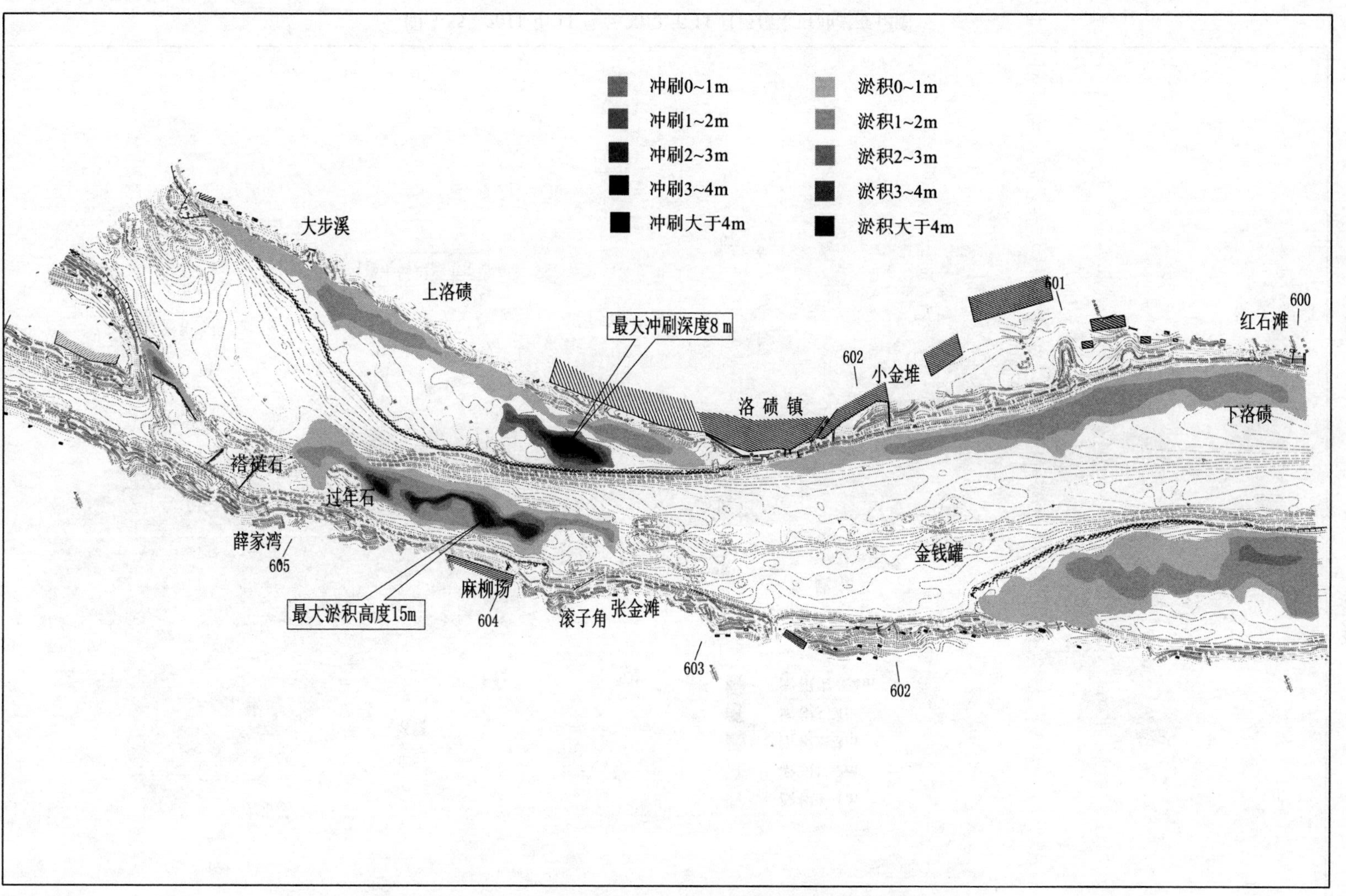

图 3-54　2007 年 12 月至 2012 年 11 月洛碛水道冲淤变化图(见彩图)

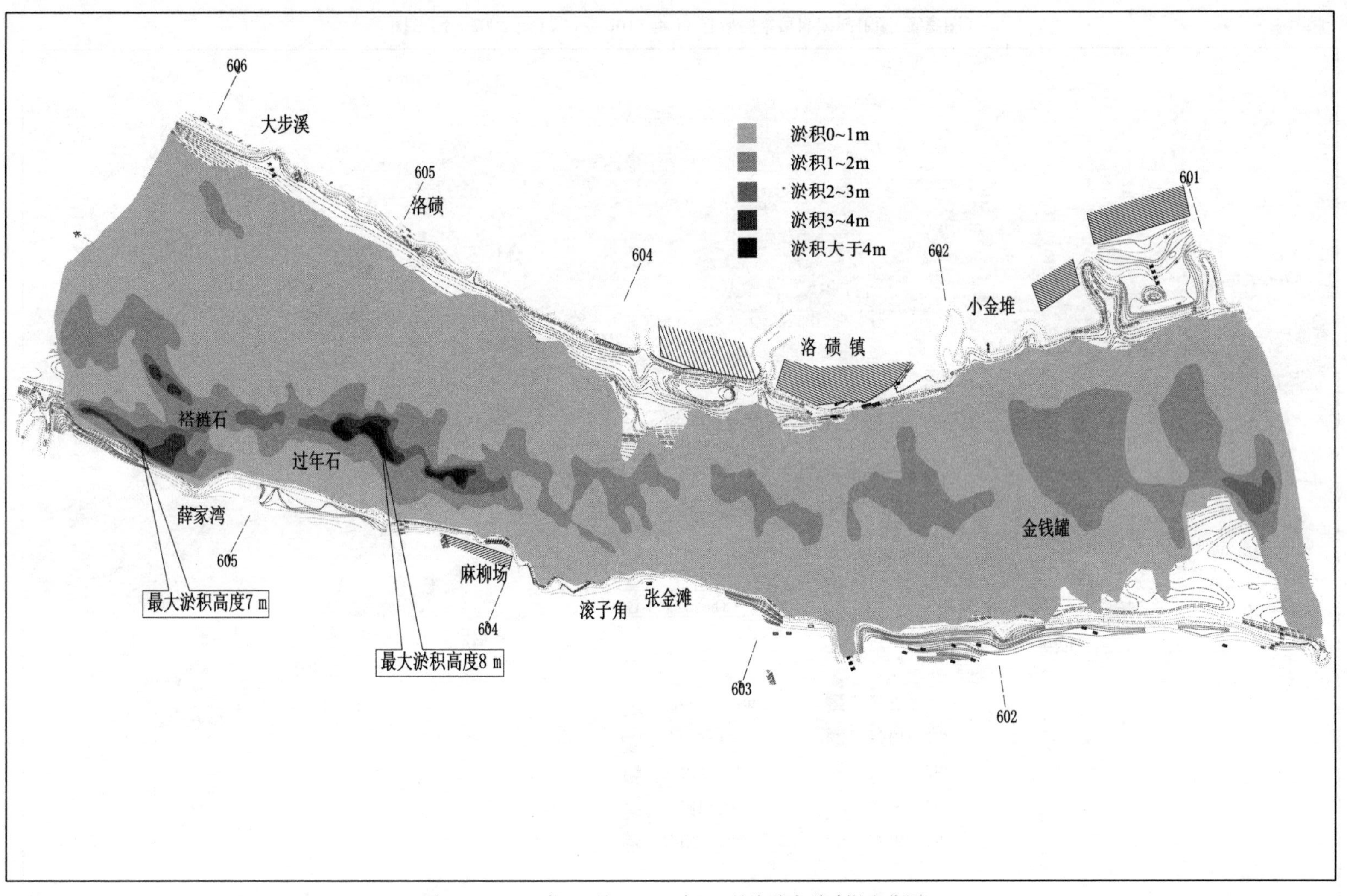

图 3-55 2011 年 11 月至 2012 年 11 月洛碛水道冲淤变化图

对比2012年11月与2013年5月测图(表3-33、图3-56)，洛碛河段地形变化以冲刷为主，除个别范围外，冲刷范围和深度并不大，在下洛碛主航道出现一定冲刷。两次测图显示淤积并不明显，仅在褡裢石出现一定淤积，下洛碛边滩上游也有一定淤积，范围均较小，在野鸭梁、鱼鳅石出现了小范围的冲刷，在上洛碛与中挡坝之间的主航道出现一定冲刷，长约1330 m，最宽处约为180 m，最大冲深约为3 m。

3)航道条件变化

(1)泥沙淤积造成4 m等深线伸向主航道。从4 m等深线变化来看(图3-57)，洛碛水道4 m等深线变化最大的区域出现在上洛碛、迎春石及下洛碛处。2007—2011年，上洛碛碛翅表现为冲刷，主航道拓宽，2011年12月至2013年5月主要表现为淤积，碛翅向主航道方向最大推进约129 m，对航道条件造成影响；迎春石礁石群造成水流流态紊乱，该处表现为冲淤交替；下洛碛4 m等深线变化最大的区域位于碛首，总体表现为淤积，2007—2013年边滩向河心方向推进约70 m。

(2)水道碍航特点主要表现为边滩发展造成航道宽度与水深减小，航线弯曲幅度不断增大，右侧礁石影响，有效航宽不足。上洛碛与上游南坪坝相连，之间属于过渡段浅区，从年内变化看，上洛碛深入主航道过渡段浅区有所淤积，但蓄水以来累积性淤积发展相对较慢，关键部位(如礁石群)出现累积性淤积，上、下洛碛累积性淤积发展较慢，基本在1 m以下，但对低水位富余水深不大的洛碛河段而言，也将产生明显影响。目前上洛碛在低水位期航道弯曲半径仅为800 m左右，过渡段浅区低水位期水深仅为4.5 m左右，低水位期航道最窄处的褡裢石、泥鳅石附近航道宽度不满足150 m，加上右侧有礁石、流态坏等因素影响有效航宽不足100 m，低水位期库区船舶航行十分困难；下洛碛主航道年内存在泥沙淤积，累积性淤积主要发生在下洛碛近岸一侧、中挡坝碛脑，虽然目前下洛碛航道尺度能够维持现行维护尺度，但低水位期有效航宽小于150 m，最小水深仅有4.5 m，由此可见，洛碛水道目前在现行维护尺度下有效航宽和水深富余不大，若要提升航道等级，则必须采取整治措施。

6. 青岩子－牛屎碛水道

1)河段概况

青岩子河段介于黄草峡口至蔺市之间，长江上游航道里程为565.0 km，距三峡坝址518.5 km，是川江著名的枯水浅险滩，如图3-58所示。该河段上、下段较直顺，中段弯曲。河段上段军田坝至桌子角，两岸石盘、暗碛突出，形成多个卡口段。河段中段，左岸有桌子石、磨盘滩等石梁凸入江中，右岸有花园石、板凳角等石梁突嘴，形成卡口控制节点。其下金川碛纵卧江心，将河道分为左、右两汊。左汊内有许多明礁暗石，枯水不能过流，中洪水期流态极坏，不能通航；右汊为主航槽，受桌子石、磨盘堆、腰卡子及青岩子等明暗礁石的相互作用，航槽弯窄，枯水水深不足。在腰卡子和青岩子石梁之间，受弯道环流的影响，形成大片浅区，多数年份都要进行维护性疏浚，才能保证通航。在青岩子石梁以下右侧为茶壶碛卵石边滩，左侧有麻雀堆等石梁。每年汛期，龙须碛－灯盘石、金川碛尾－麻雀堆一带有大量淤积，汛后走沙时有沙漩、边埂，流态较坏。河段下段，右岸为茶壶碛沙卵石滩，左岸为观音盘、盘子石礁石和冷饭碛等卵石滩，中间河道顺直。

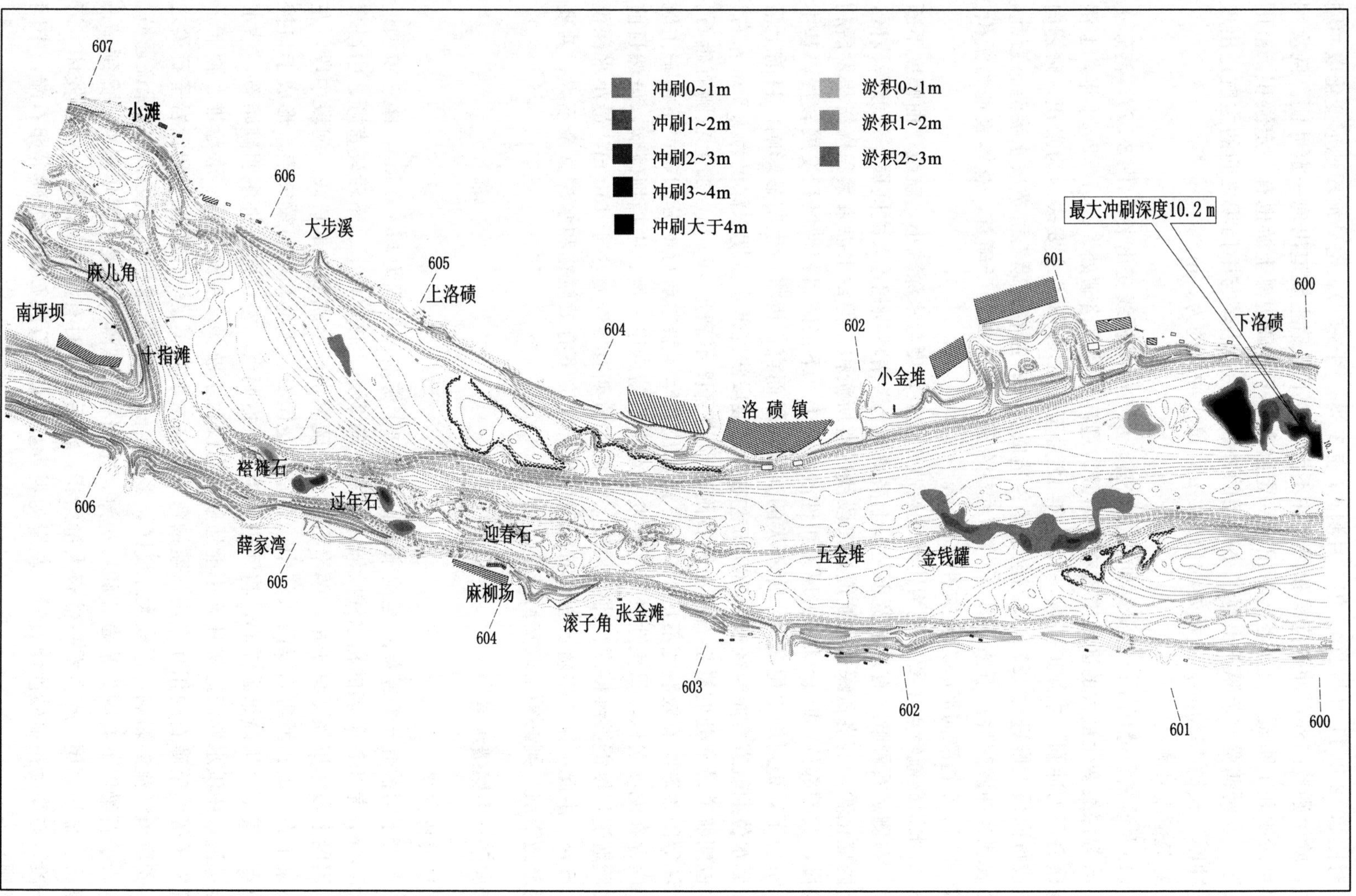

图 3-56 2012 年 11 月至 2013 年 5 月洛碛水道冲淤变化图

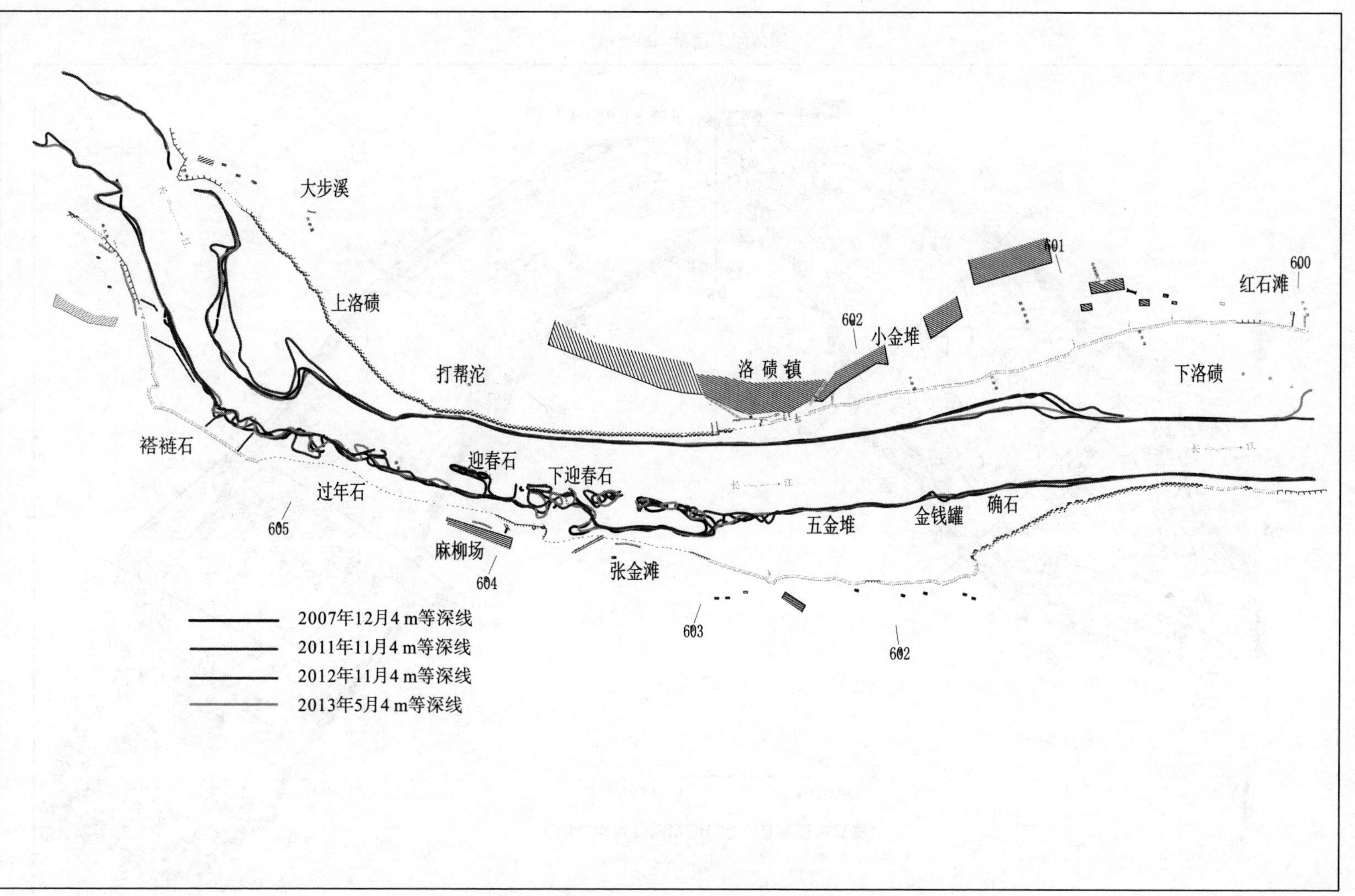

图 3-57　洛碛水道 4 m 等深线变化图(见彩图)

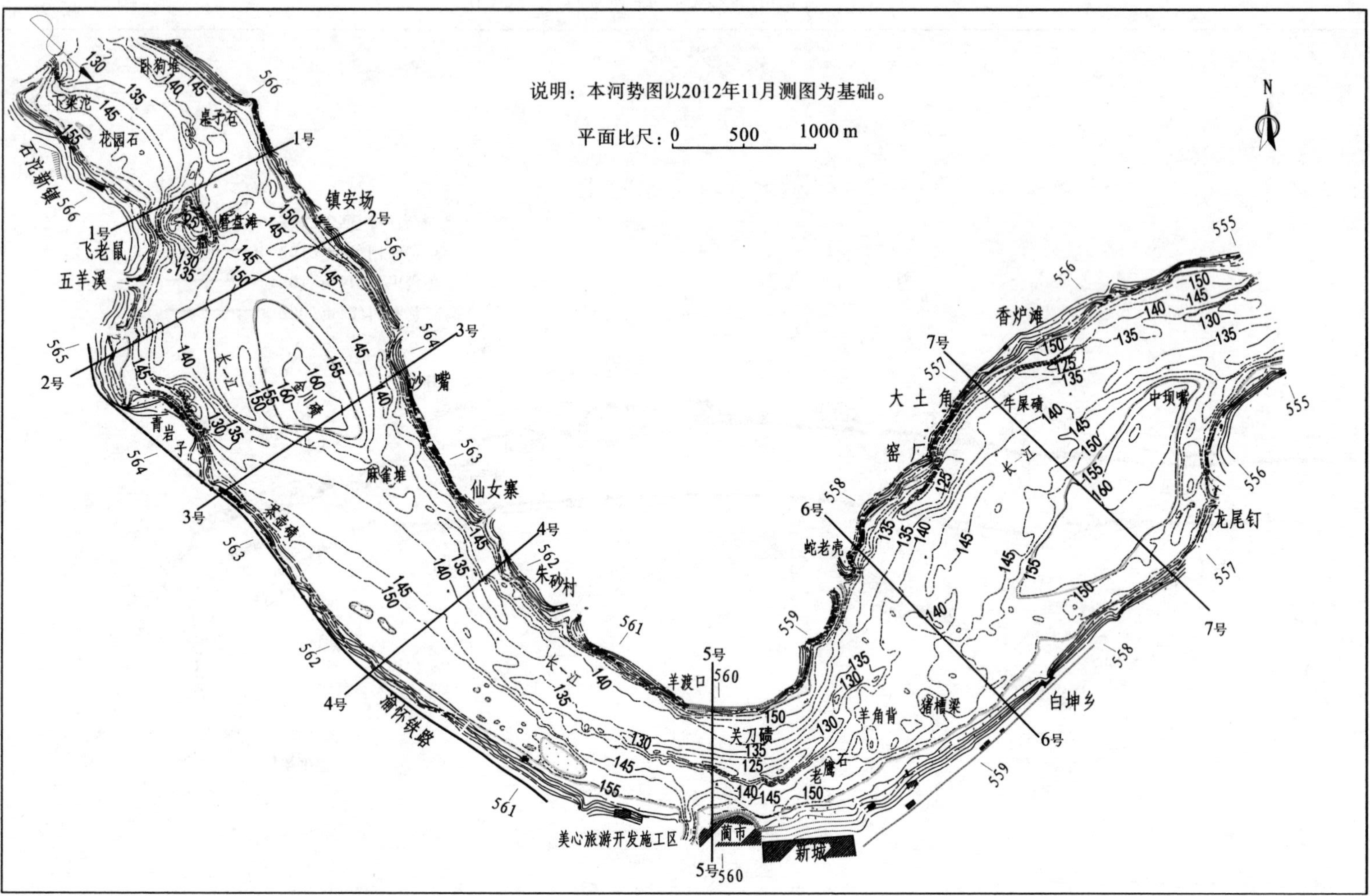
说明：本河势图以2012年11月测图为基础。
平面比尺：0 500 1000 m
N
石沱新镇
王羊溪
飞老鼠
花园石
镇安场
青岩子
沙嘴
仙女寨
东沙村
羊鼓口
美心旅游开发施工区
渝怀铁路
涪陵
新城
老虎石
蛇老壳
大土角
香炉滩
白坤乡
龙尾钉
长江
1号
2号
3号
4号
5号
6号
7号

图 3-58 青岩子河势图

牛屎碛在该河段的下游段，位于长江右岸，伸出河心甚开，枯水期时，该航段航宽最窄处约为 200 m，洪水期时，河宽最宽达到 2 km，碛上分布有搬针沱、鸡翅膀等，其中鸡翅膀石梁长达 1 km。该河段上游航道里程 559～560 km 之间为一近乎 90°的急弯。北岸红眼碛潜布河心，其下关刀碛、燕尾碛暗浅，伸出河心较开，与南岸湾内子船帮石盘及火炉石、老鹰石、碓窝滩、猪槽梁、虾子梁石梁相对，枯水期航槽浅窄，其中燕尾碛与碓窝滩间尤为窄狭，流急。牛屎碛自南岸伸出河心，与北岸读书滩、香炉滩突出石嘴间，枯水航道弯窄。尤以牛屎碛下翅潜布河心甚开，逼近北岸湾内，致使长路板至香炉滩一带水浅流急。当水位超过 151.5 m 时，牛屎碛河段水流分为左、右两汊，左汊在 1000 m 左右，而右汊在 150 m 左右。

1957 年、1958 年、1960 年曾 3 次对该河段的灯盘石暗礁进行局部炸除，以改善流态，增大弯曲半径，工程竣工后取得一定的整治效果，但水深不足的问题没有得到根本解决，从 20 世纪 50 年代到三峡水库蓄水一直靠维护性疏浚来保证航道水深。为解决三峡工程施工期碍航问题，1998 年 10 月至 1999 年 4 月炸除了腰卡子暗礁，拓宽航槽，增大弯曲半径和航道水深，同时在凹岸筑丁顺坝 1 座，归顺主流，以利于维持新航槽稳定。整治后，原在 144.4 m 水位以下形成的碍航浅包已不复存在，水深 4 m 以上的航宽超过 100 m，弯曲半径由整治前的小于 500 m，增大至 1000 m。即使 2003 年 2 月重庆出现低于设计最低通航水位 0.6 m 的特枯水年，航深仍保持 3.6 m 以上。

河段上口鸡心石为江中孤礁，右岸花园石石梁突嘴伸入江中，对通航条件造成一定影响，为保证通航，156 m 蓄水前又在 2006 年 1 月至 2006 年 7 月炸除了进口段内的鸡心石和花园石，拓宽了航道，鸡心石水深 4.0 m，花园石水深 3.7 m，消除了不良流态，航道条件得到改善，满足 156 m 蓄水期的通航要求。175 m 试验性蓄水后，水位进一步增大，通航条件更有利。

2)河道冲淤变化

三峡水库蓄水后，青岩子水道发生明显累积性淤积，淤积主要发生在主航道。

139 m 运行期间，回水末端在涪陵李渡附近，青岩子河段处于天然状态，年内虽有冲淤变化，但年际间变化不大，基本保持冲淤平衡。

156 m 运行期间，回水末端上延至铜锣峡附近，青岩子河段进入变动回水区。从三峡原型观测 2006—2007 年度分析报告结果可以看出，青岩子河段在 2007 年以前未造成较大范围的冲淤变化，无累积性淤积的现象；从三峡原型观测 2007—2008 年度分析报告结果可以看出，青岩子河段出现较大范围的淤积，年际间淤积总量约为 $76\times10^4\ m^3$。

175 m 试验性蓄水后，回水末端继续上延，在蓄水期青岩子、牛屎碛水道水位较先前大幅抬升，造成泥沙累积性淤积强度较大。2008—2009 年度青岩子河段延续了以前的淤积趋势，约淤积 $100.5\times10^4\ m^3$；2009—2010 年度继续呈现累积性淤积趋势，并且淤积范围、部位有所扩展；2010—2011 年度由于汛期水位较上一年度有所抬高，且上游来沙加大，造成泥沙大幅度、大范围淤积，2012—2013 年度由于 2012 年汛期大洪水及坝前水位抬升，造成青岩子淤积比较明显，2011 年 9 月至 2012 年 11 月共淤积 $188.5\times10^4\ m^3$，淤积变化见表 3-34 和表 3-35。

表 3-34 青岩子淤积数量表

时间	2003.12 至 2007.03	2007.03 至 2008.04	2008.04 至 2009.05	2009.05 至 2010.04	2010.04 至 2011.05	2011.09 至 2012.11	2007.03 至 2012.11
淤积量/ 10^4 m^3	约为 0	76.0	100.5	−24.9	251.5	188.5	547

注：2007 年 3 月至 2010 年 4 月年际统计时未统计牛屎碛河段冲淤变化。

表 3-35 青岩子淤积参数表

时间	位置	长度/m	宽度/m	最大淤积厚度/m	面积/ 10^4 m^2	淤积量/ 10^4 m^3	总淤积量/ 10^4 m^3
2007.03 至 2013.5	镇安镇	1402	163	6.3	17.82	37.422	547
	桌子角	227.6	78.4	9.5	1.52	4.81	
	五羊溪	1066	466	12.2	32.5	132.2	
	金川碛	637.6	450	1.5	17.94	8.97	
	麻雀堆	1282	450	5.1	28.33	48.16	
	金川碛碛翅	325.4	170	−8.9	4.23	−12.55	
	长泥凼	1175.6	180.6	−3.0	12.76	−11.85	
	老鹰石	1434.5	347.8	5.5	35.37	64.845	
	牛屎碛深槽	3188	318	11	82.8	248.4	
	牛屎碛	1666	459	1.0	53.2	26.6	

从 2013 年 5 月与 2007 年 3 月对比图可以看出，在镇安镇、桌子角、五羊溪深槽、金川碛、麻雀堆、老鹰石、牛屎碛左侧深槽、牛屎碛等区域出现泥沙淤积，淤积区域基本与以往观测成果一致，从目前观测看，五羊溪、麻雀堆、牛屎碛部位的淤积可能对航道条件造成影响。

3)航道条件变化

(1)水位变化。受三峡水库蓄水影响，汛期防洪调度抬高蓄水位，汛期青岩子－牛屎碛河段汛期水位较原来天然情况有所抬高。根据近两年的实测资料，结合下游北拱(长江上游航道里程 552 km)蓄水前后水位成果，对青岩子水道汛期水位变化进行分析。

天然情况下，青岩子水道遵循“汛淤枯冲”的原则，三峡 156 m 蓄水后，开始受到三峡水库蓄水影响，根据模型试验结果，青岩子汛期水位较天然抬高 4 m 以上时，将会大面积淤积，所以汛期水位抬高值大小将是青岩子水道是否大强度淤积的关键。

2012 年长江上游出现多次洪峰过程，三峡水库也进行了防洪调度，抬高坝前水位，汛期最高水位到达 162.95 m，汛期平均水位达到 154.5 m，较汛限水位抬高 9.5 m。

寸滩站多年汛期平均流量约为 20000 m^3/s，根据北拱站蓄水前后实测水位资料，当坝前水位为汛限水位时，北拱站较天然抬高约 1.75 m。2012 年汛期由于坝前水位维持高水位，相同来水流量条件下水位壅高值较大，如 2012 年 8 月 6 日，寸滩站流量为

20500 m^3/s，北拱站水位为 162.108 m，较天然航道壅高 11.84 m，2012 年 7 月 26 日，寸滩站流量为 41900 m^3/s，北拱站水位为 170.948 m，较天然航道壅高 11.72 m，可见 2012 年汛期北拱站水位出现大幅抬升，由于汛期水位抬高，造成青岩子水道大范围淤积。

(2)水流条件变化。受蓄水影响，青岩子－牛屎碛河段流速较原来天然航道有所减小，河段累积性淤积明显。分别收集 2005 年 12 月、2007 年 3 月、2008 年 4 月、2008 年 9 月、2009 年 9 月、2010 年 5 月、2010 年 9 月及 2011 年 5 月实测流速流向资料，具体见表 3-36。

表 3-36　青岩子河段不同年份流速对照表

断面号	断面最大流速/($m\cdot s^{-1}$)						
	2005.12 5790 m^3/s 138.9 m	2008.4 13400 m^3/s 153.3 m	2008.9 19000 m^3/s 145.9 m	2009.9 15600 m^3/s 152.0 m	2010.5 8240 m^3/s 155.6 m	2010.9 28600 m^3/s 158.4 m	2011.5 5500 m^3/s 154.7 m
1 号	2.9	1.65	2.3	1.91	0.94	2.35	0.78
2 号	2.7	1.3	2.32	1.74	0.91	1.87	0.75
3 号	2.59	1.22	2.43	1.89	0.96	2.12	0.80

三峡 175 m 试验性蓄水运行，青岩子水道流速变缓幅度较大，特别是在蓄水期。2011 年 5 月流量为 5500 m^3/s 时，断面最大流速仅为 0.75～0.8 m/s，与 2005 年 12 月流量为 5790 m^3/s 相比，流速大幅减小。在汛期，2010 年 9 月流量为 28600 m^3/s 时，断面最大流速仅为 1.87～2.35 m/s，比 2008 年 9 月流量为 19000 m^3/s 时要小。这主要是 2010 年坝前水位较高引起的。

根据 2011 年消落期实测流速流向，当来水流量为 5500 m^3/s 时，在桌子石、恶狗堆部位流速为 0.11～0.4 m/s，依照沙莫夫起动流速公式，只有 0.1 mm 以下的泥沙才能起动，故桌子石、恶狗堆产生了淤积；而花园石、金川碛尾、牛屎碛流速为 0.6 m/s 左右，且部分为负比降，造成泥沙在此 3 处大量淤积。

(3)航道条件变化。随着泥沙不断发展，今后航道尺度进一步提升受到影响。青岩子水道(含牛屎碛)受汛期水道抬高影响，泥沙淤积强度较大，存在累积性淤积，金川碛及牛屎碛淤积部位位于主航槽，水深已经变浅，但暂时并未对目前航道尺度造成碍航影响，但对今后航道尺度的进一步提升造成很大的威胁。

淤积造成边滩伸向主航道，航道尺度有减小趋势。从 4 m 等深线变化情况(图 3-59)来看，青岩子 4 m 等深线变化较大的区域出现在龙须碛、金川碛、关刀碛和牛屎碛。2007 年 12 月至 2011 年 9 月，龙须碛 4 m 等深线向主航道推进约 100 m；2011 年 9 月至 2012 年 11 月，金川碛靠近主航道碛翅出现长约 250 m、宽约 100 m 的深坑，通过调研为采砂所致；金川碛尾麻雀堆处边滩向主航道淤积约 85 m；关刀碛下游碛翅向河心方向推进约 76 m，压缩主航道；牛屎碛边滩冲淤交替，其左边滩主要表现为淤积，2007 年 12 月至 2013 年 5 月向主航道推进约 55 m。

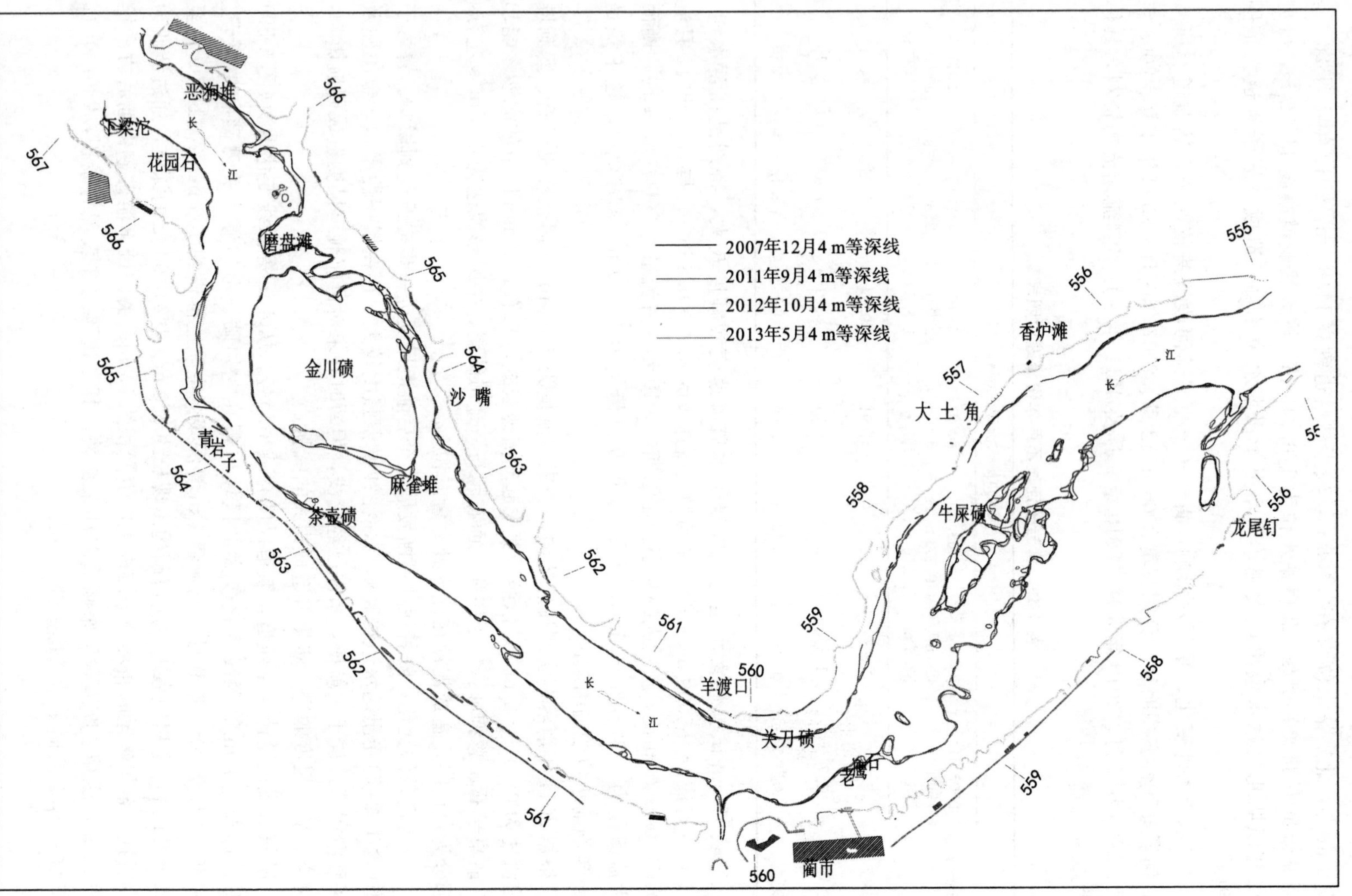

图 3-59 青岩子水道 4 m 等深线变化图(见彩图)

3.4.2　常年回水区重点河段航道条件变化

常年回水区重点滩险航道条件变化见表 3-37。

表 3-37　三峡库区常年回水区典型滩险航道条件统计表

序号	水道	滩险	维护尺度/(m×m×m)	碍航特性	碍航时期
1	平绥坝－丝瓜碛河段	平绥坝	4.5×150×1000	平绥坝左汊淤积，边滩不断发展	暂未碍航
		土脑子		土脑子边滩向主航道推进，目前航道富余航宽和水深不大	暂未碍航
2	兰竹坝水道	兰竹坝		由于兰竹坝左汊淤积，深泓摆动至右汊	暂未碍航
3	皇华城水道	皇华城		左汊泥沙淤积迅速，低水位期航宽水深不足	消落期末及汛期

1. 皇华城水道

1)河段概况

皇华城水道位于长江上游航道里程 402～410 km，为著名的“忠州三弯”之一，皇华城水道河势及断面布置如图 3-60 所示。该河段为弯曲分汊型河段，左槽为主航槽，右槽为副槽，天然河道中副槽上、下口及槽中有大量高大石梁与石盘阻塞，常年不通航。主航槽的右岸是大碛脑卵石碛坝，以平缓坡度伸向江中，与左岸的滥泥湾大面积淤沙边滩相对峙，使航槽弯曲。主航槽上口左侧有关门浅暗礁，下口左侧为高鱼子乱石坡。天然情况下，枯水期，滥泥湾航道弯曲，水浅流急；汛期，滥泥湾有大面积的淤沙，走沙时，水流湍急，关门浅至高鱼子一带并有沙梗。蓄水后，皇华城水道一直处于常年回水区，水位较天然情况下抬升较大，水面展宽，航道条件较天然情况有较大改善，由于皇华城水道处于鳅鱼背大弯道出口、皇华城分汊放宽段，出口亦为弯道，整体河型呈“S”状，在上游弯道、分汊放宽、下游岸壁顶托作用下，在天然情况下就是一重要的淤沙浅滩，但是天然情况下汛前汛后的冲刷带走大量泥沙，航道基本保持稳定。蓄水以来库区水流条件有较大改变，加上特殊河道地形条件，造成泥沙大量落淤，成为蓄水以来淤积最严重的河段之一。

2)河段冲淤变化

皇华城水道冲淤变化呈现如下特点：

(1)蓄水后出现细沙累积性淤积，淤积速度、厚度、范围均较大。三峡蓄水后，即使在低水位期，皇华城水道水位也大幅抬高，受三峡坝前水位影响，左、右汊分流比大幅变化，天然的冲淤规律被打破，造成三峡蓄水后该河段累积性淤积比较明显，淤积量很大。淤积部位主要集中在航道的左槽，左槽淤积高度基本在 20 m 以上。

在 139 m 蓄水阶段，其淤积量约为 $4505\times10^4\ m^3$，单位河长淤积量为 $643.6\times10^4\ m^3/km$，最大淤积高度为 33 m；144～156 m 蓄水期，其淤积量约为 $3500\times10^4\ m^3$，单位河长淤积量为 $500\times10^4\ m^3/km$，最大淤积高度为 45.2 m；175 m 试验性蓄水期间，皇华城水道仍然存在累积性淤积，2008 年至 2012 年初共淤积 $3373\times10^4\ m^3$，最大淤积高度约为 50 m；2012 年 8 月与 2003 年 3 月测图相比，皇华城水道淤积量约为 $11378\times10^4\ m^3$，单位河长淤积量为 $1565\times10^4\ m^3/km$，最大淤积厚度超过 52 m，淤积部位如图 3-61 所示，淤积量见表 3-38。

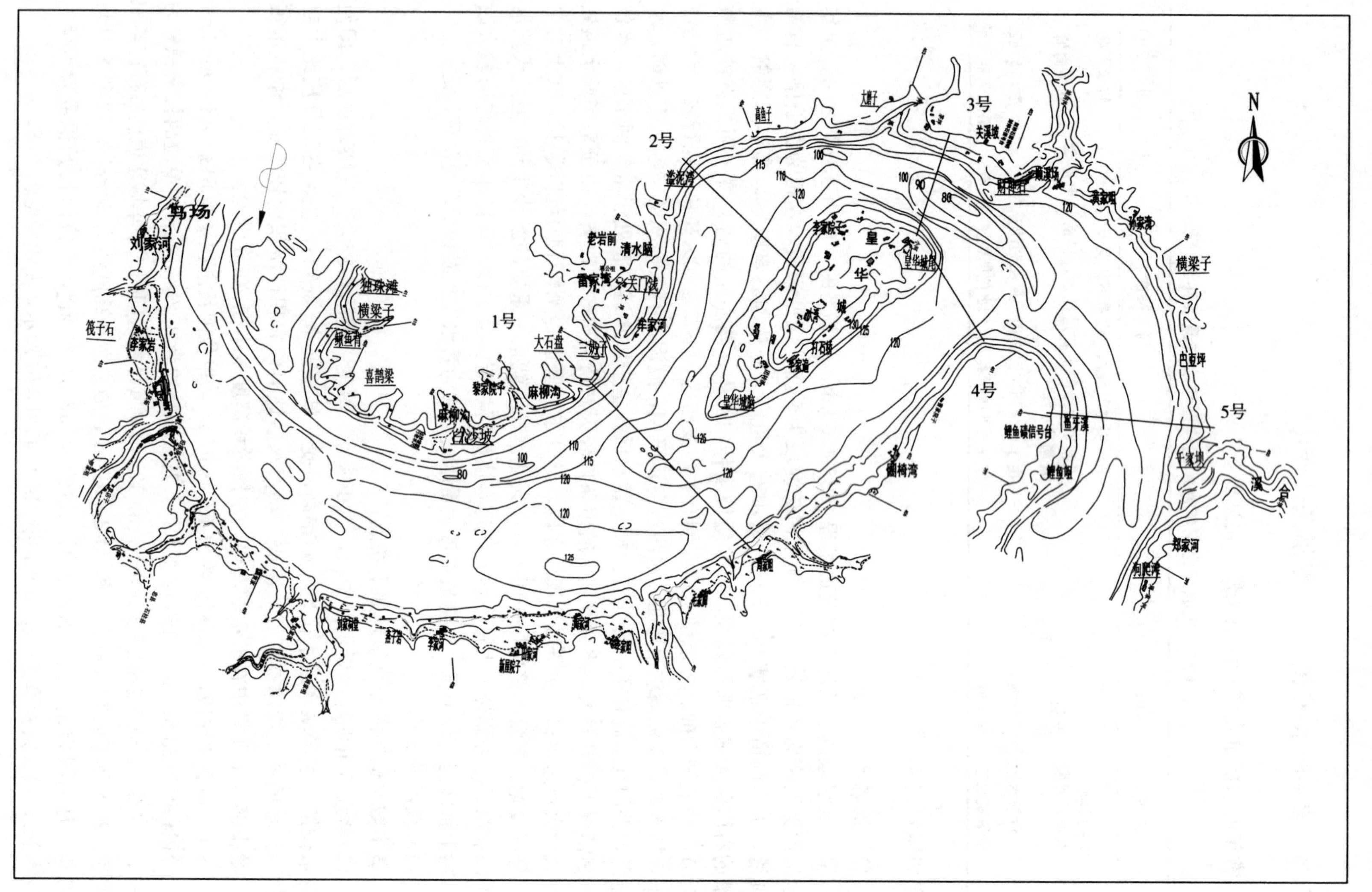

图 3-60 皇华城水道河势图

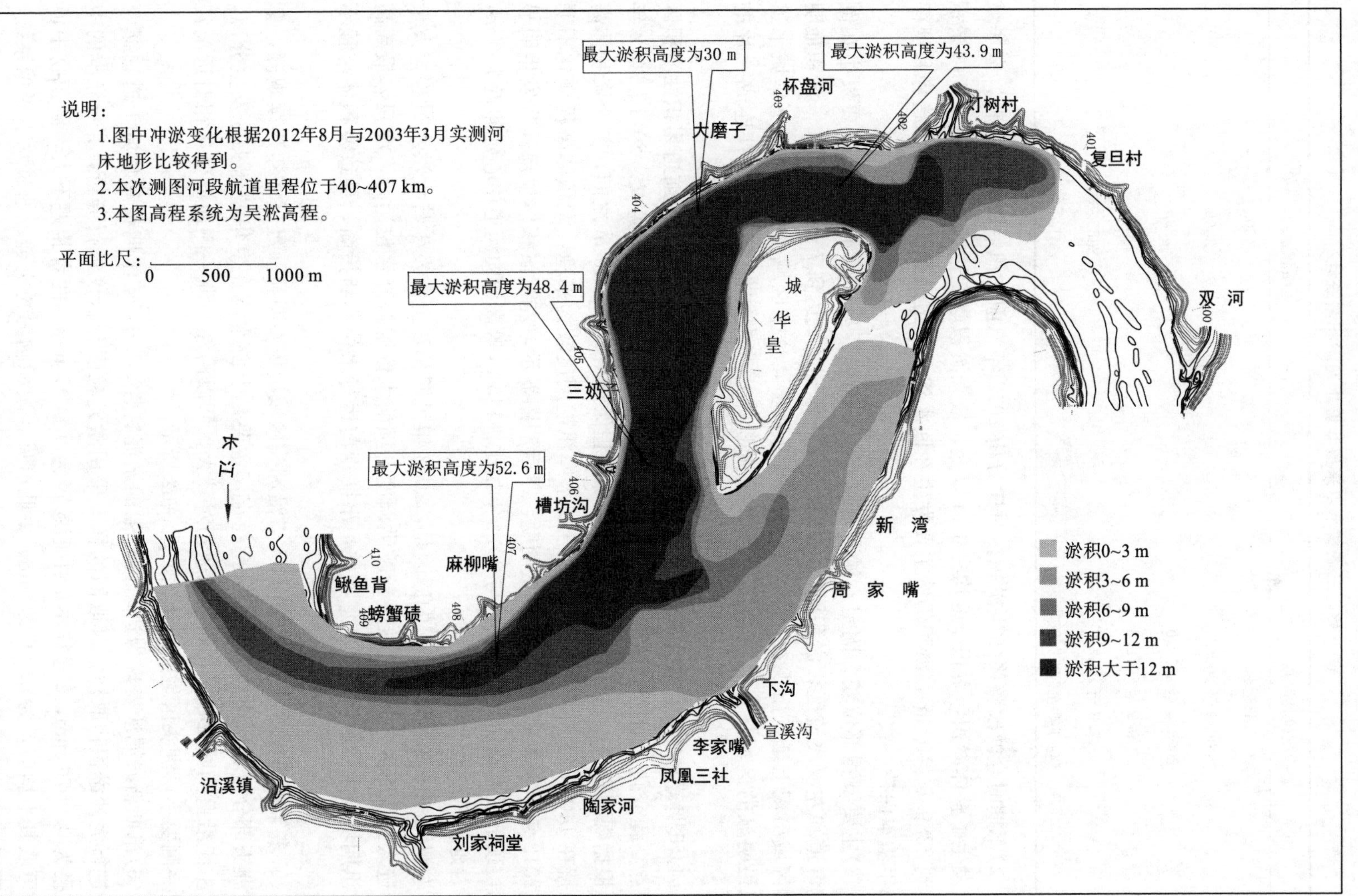

图 3-61　2003 年 3 月至 2012 年 3 月皇华城水道淤积图(见彩图)

表 3-38 三峡蓄水以来皇华城水道淤积量统计

统计时段	淤积量/10^4 m^3
2003.1 至 2006.9	4505
2006.9 至 2008.4	3500
2008.4 至 2010.9	2895
2010.9 至 2012.3	478
2012.3 至 2012.8	2389.8
2003.3 至 2012.8	13767.8

(2)汛期时全河段整体发生淤积。对比分析 2012 年汛前和汛后的地形资料，皇华城水道发生了整体淤积，淤积厚度均在 1 m 以上，最大淤积厚度达到 7 m 左右，年内淤积量达到 2389.8×10^4 m^3，淤积仍然主要发生在回水沱、弯道凸岸下首，淤积趋势和规律与往年基本保持一致。

(3)主要淤积部位较为固定，淤积范围有上延趋势。皇华城水道淤积主要发生在倒脱靴弯道和左汊缓流区，淤积厚度均超过 2 m，部分区域达到 7 m。近年来，淤积最明显的区域出现上延，出现在左汊入口缓流区麻柳嘴，这个区域也是近几年皇华城水道淤积最明显的区域之一，麻柳嘴与倒脱靴淤积体逐步向主航道延伸，有连成一片的趋势。

(4)汛期蓄水位变化对左汊关门浅淤积体顶面高程影响较大。库区航道累积性淤积区的顶点高程变化，对今后该段航道的河势发展趋势有重要的参考意义。2011—2012 年度，根据观测资料，左汊关门浅淤积体顶部高程保持在 144～145 m 之间，整个淤积体高程保持在 140～145 m 之间，2011 年三峡水库汛期调度较为平稳，淤积体高程变化不明显。2012 年汛期水库进行多次防洪调度，汛后测图显示，左汊淤积体顶部高程发生明显变化，顶部最高点达到 148 m，与 2011 年相比，145 m 等高线向河道中心延伸近 700 m，向下游延伸近 900 m。

左汊淤积体高程变化明显的原因是，2012 年汛期长江上游发生特大洪水过程，大量泥沙进入三峡库区，此时三峡进行防洪调度，坝前水位维持高水位运行，淤积体最高高程与汛期坝前水位运行过程息息相关，汛期坝前运行水位不断抬高，导致淤积体高程不断抬高。

(5)多年观测显示，皇华城左汊入口沿洲头区域淤积不明显。经过多年连续观测，皇华城洲头部分区域河道地形相对保持稳定，主要是上游水流在皇华城洲头处发生分离，左汊主流沿皇华城江心洲一侧，流速相对较大，所以沿江心洲一侧地形变化相对远离江心洲一侧要小，洲头区域断面变化如图 3-62 所示。

(6)汛期新淤泥沙表现为流动性较强的淤泥特性。2012 年汛期在皇华城水道选择两个点进行泥沙淤积物取样，对取回的样本采用激光粒度分析仪进行分析，1 号样本的中值粒径为 0.0076 mm，2 号样本的中值粒径为 0.0067 mm。两者相差不大，淤积物中值粒径可取其平均值，为 0.00715 mm。由此可见，淤积物为粉土类。通过水下摄像系统，观测到泥沙流动性较强。

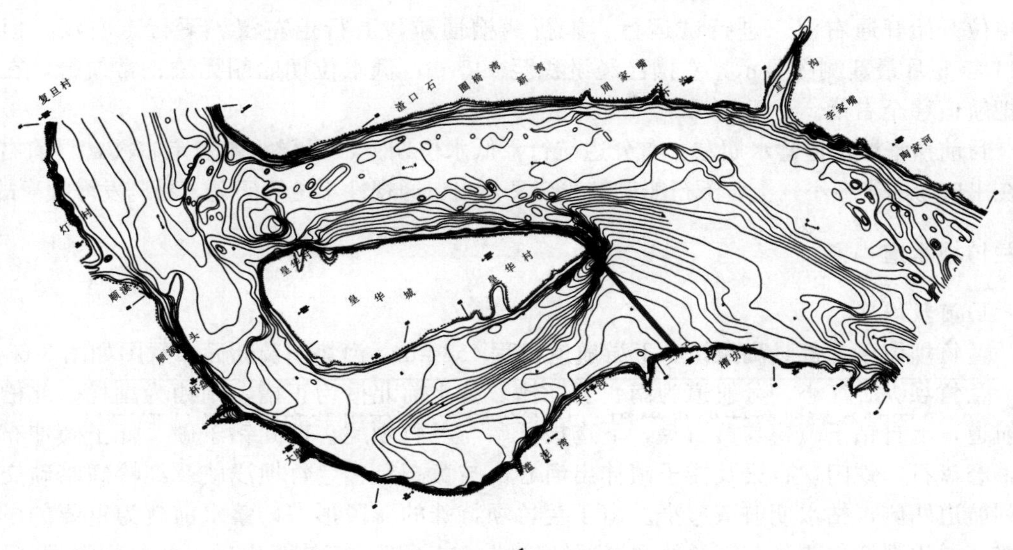

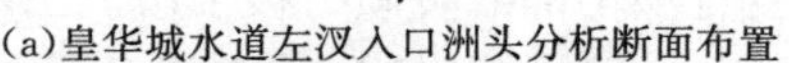
(a)皇华城水道左汊入口洲头分析断面布置

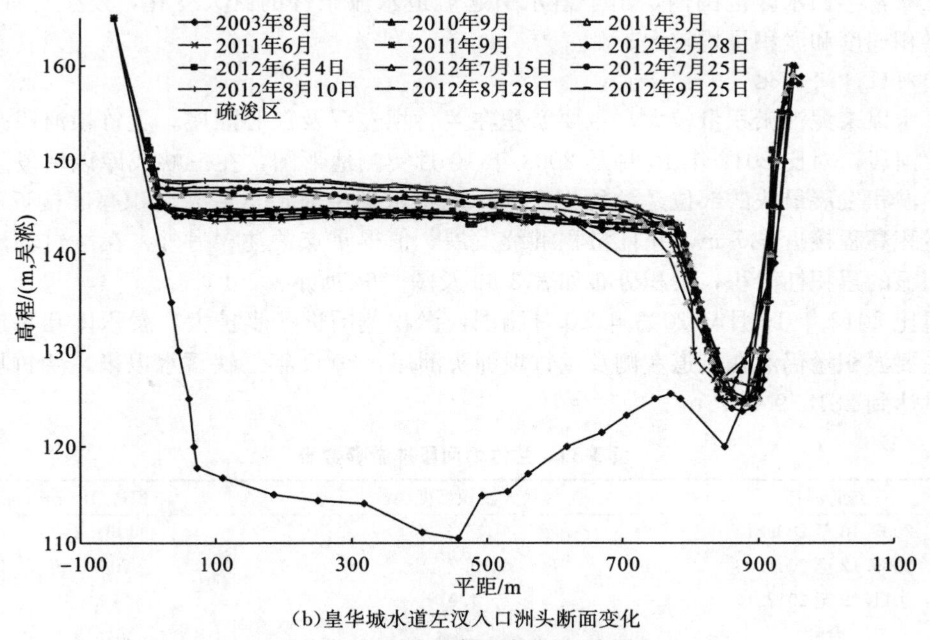

(b)皇华城水道左汊入口洲头断面变化

图 3-62　洲头区断面变化(见彩图)

3)航道条件变化

(1)主通航汊道淤积，低水位期不能通航。皇华城水道由于泥沙大量淤积，造成左汊入口 145 m 等深线快速向主航道延伸，2013 年汛期，皇华城水道左汊 145 m 等深线向主航道推进 576 m，左汊淤积体高程达到 148 m，低水位期不能满足船舶通航。

(2)低水位期左汊不能通航，暂时进行航道调整，采用上、下行船舶皆走右汊的方案。天然情况下，皇华城水道传统航线位于左槽，蓄水以后，由于水流条件大大改善，实行分边航行，上、下行船舶各自沿船舶右侧航行，航道左汊是上、下行主航道。但是由于左槽已经大量淤积，而右汊淤积较少，可以满足船舶通航，2010 年 9 月 25 日航道维护单位开始开通右汊，进行试运行，施行两槽通航，上行走左汊、下行走右汊。但据2011年5月最新测图显示，左槽已经淤积至145 m，低水位期船舶无法正常航行，在汛期把航道移至右槽。

目前皇华城水道蓄水期左、右分边航行，低水位期上、下行船舶皆走右汊，目前右汊存在出口弯曲半径小，上、下行船舶航线交叉，出口通视性不足等问题，易诱发海损事故。

2. 兰竹坝水道

1)河段概况

兰竹坝位于丰都县高家镇，上游航道里程458 km，河势图及断面布置图如图3-63所示。兰竹坝纵卧江心，分航道为南、北二槽。蓄水前北槽为正槽，南槽为副槽，北槽为主航道，上自钻子碛翅与黄石盘，下迄梭子碛与兰竹坝尾，期间钻子碛、虾子碛伸布甚开，磨盘石、铁门坎石梁及梭子碛伸出河心，与黄石盘、兰竹坝浅碛及红岭碛暗碛交错分列航道两侧，枯水期航道弯窄。由于兰竹坝特殊的滩段形态，蓄水前就为重要的淤沙浅滩，淤积部位主要分布于兰竹坝尾部红岭碛、梭子碛。三峡蓄水后，兰竹坝深埋江底，处于三峡常年回水区范围内，由于蓄水引起航道水流条件的巨大变化，发生泥沙淤积，泥沙淤积速度和淤积量均较大。

2)河段冲淤变化

蓄水以来泥沙淤积量较大，主要淤积在兰竹坝左汊及江心洲尾。兰竹坝河段是典型的分汊河段，对比2012年10月及2003年10月实测地形图，在三峡成库以后发生大量淤积，淤积发展最快的部位是兰竹坝左汊，原枯水期主航道，最大淤积厚度接近30 m，最大淤积高程接近147 m，并且淤积继续发展，值得重点关注。另外，在兰竹坝洲头也出现明显的累积性淤积，淤积分布如表3-39及图3-64所示。

对比2012年10月与2003年10月测图，淤积范围进一步扩大，淤积体几乎连成一片，主要淤积量仍然在航道左侧及兰竹坝洲头洲尾，2003年三峡蓄水以来，兰竹坝水道淤积量达到2815.9×10^4 m^3。

表3-39　兰竹坝河段冲淤参数表

统计时段	最大淤积高度/m	淤积量/10^4 m^3
2003.10至2009.12	15.8	1964.2
2009.12至2011.09	3.2	506.4
2011.09至2012.11	4.0	345.3
合计	23	2815.9

3)航道条件变化

三峡蓄水后，兰竹坝水道位于常年回水区，航道水深增大，流速减缓，航道条件整体较好，但是泥沙累积性淤积亦不可避免。通过分析兰竹坝水道冲淤变化，2010年以来，兰竹坝仍然保持较高的淤积速度，目前主航道最大淤积高程接近147 m，最大淤积厚度接近25 m。

(1)泥沙淤积对航道条件影响表现为边滩不断淤涨，延伸向主航道，航道有效水深和航宽逐年缩窄。根据测图资料，2003年兰竹坝140 m等深线靠近河岸；2011年9月，140 m等深线向主航道推进420 m；2012年10月，140 m等深线向主航道推进460 m，边滩发展如图3-65所示。航道有效水深和航宽逐年缩小，这种趋势仍在继续。

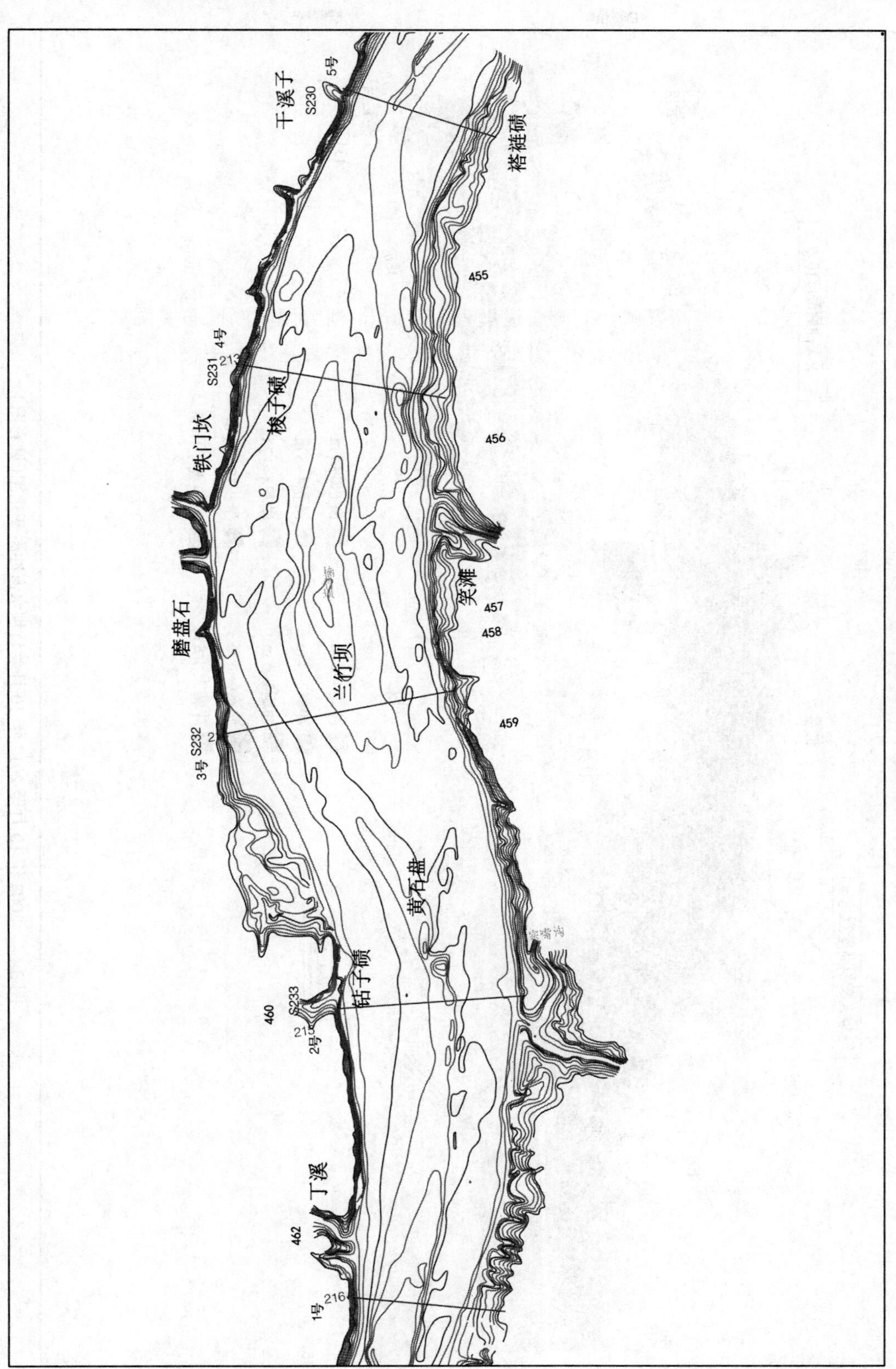

图 3-63　兰竹坝水道河势图

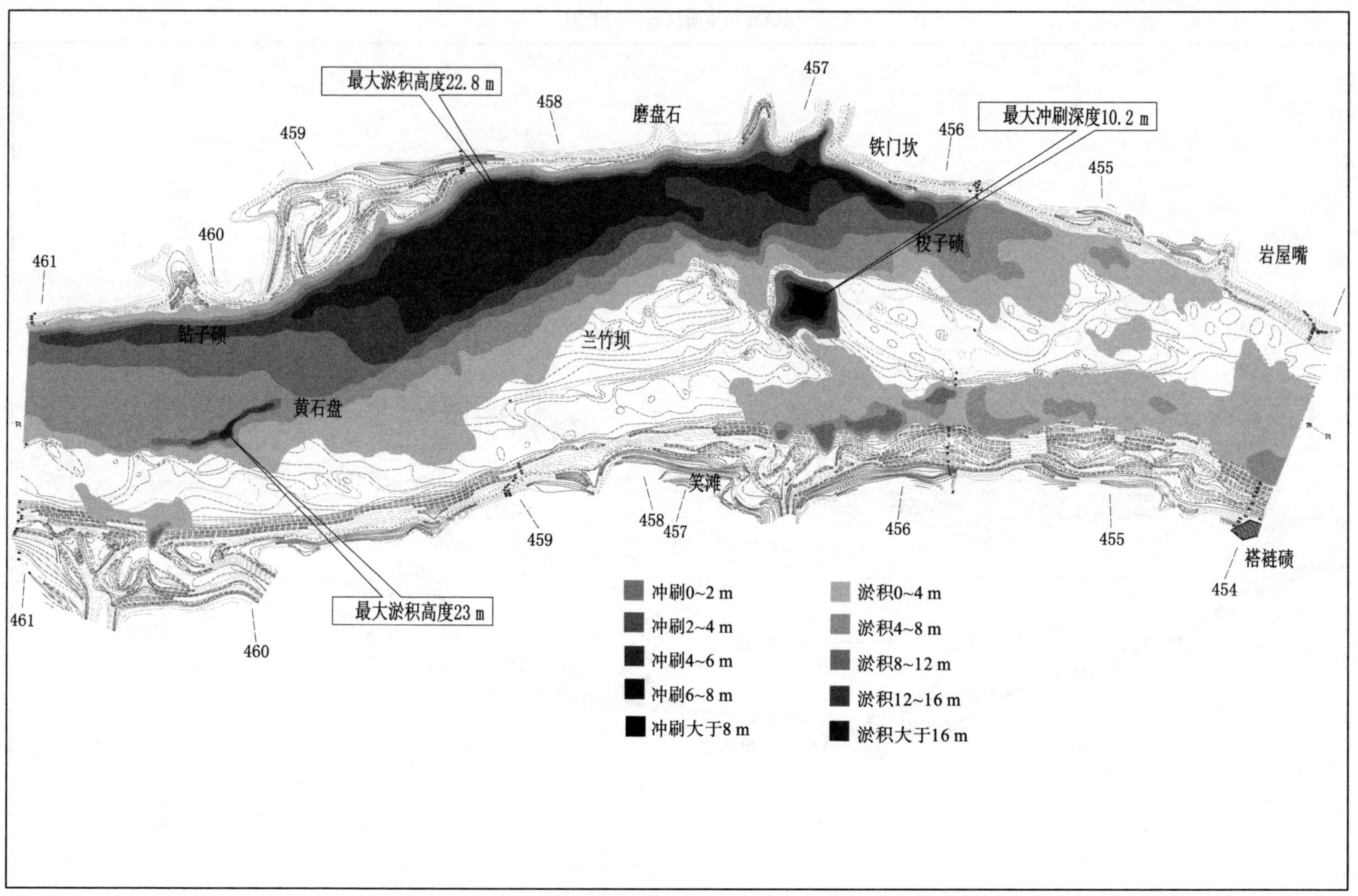

图 3-64 2003 年 10 月至 2012 年 10 月兰竹坝水道冲淤变化图(见彩图)

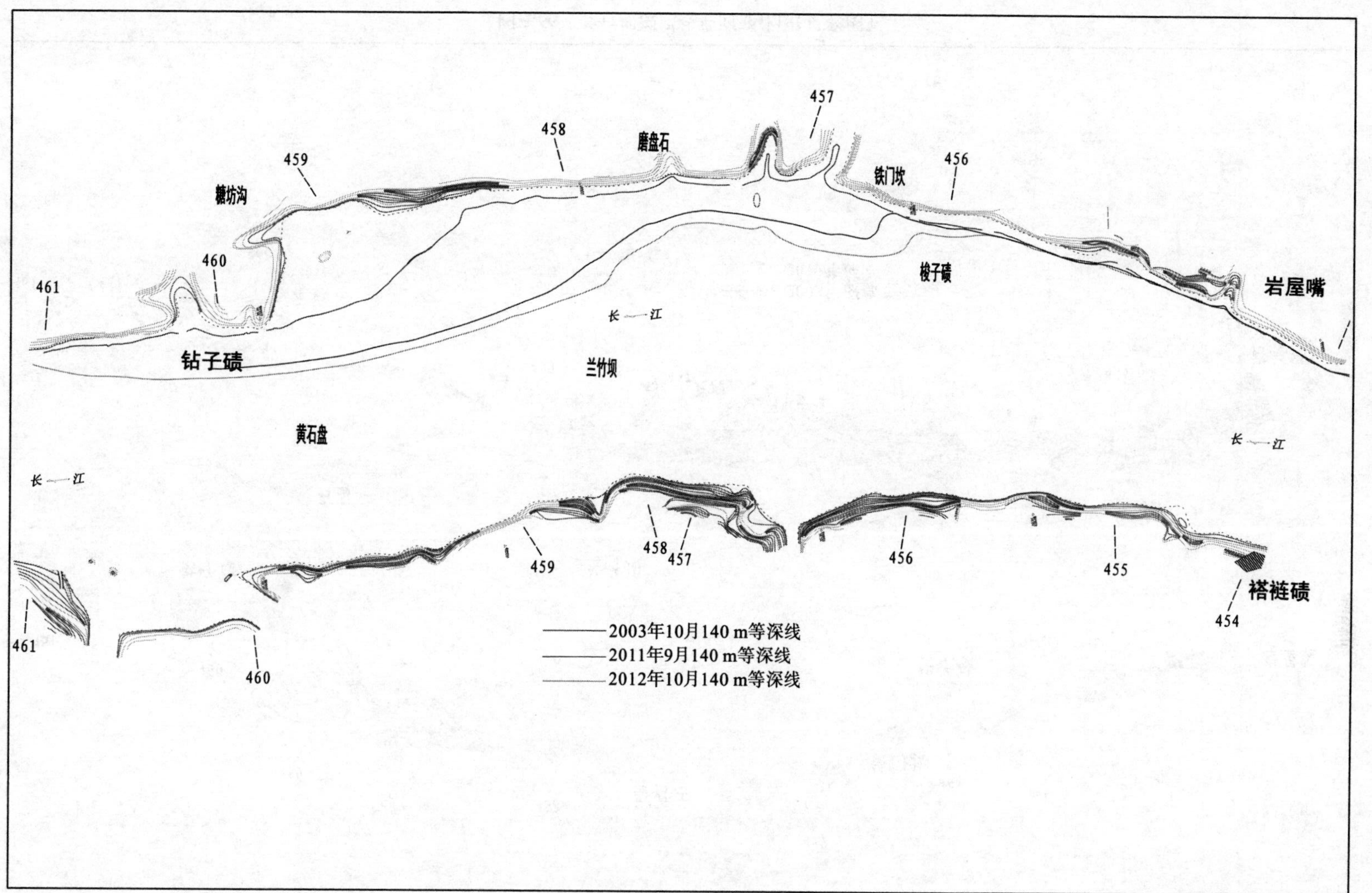

图 3-65　兰竹坝水道 140 m 等深线平面变化图(见彩图)

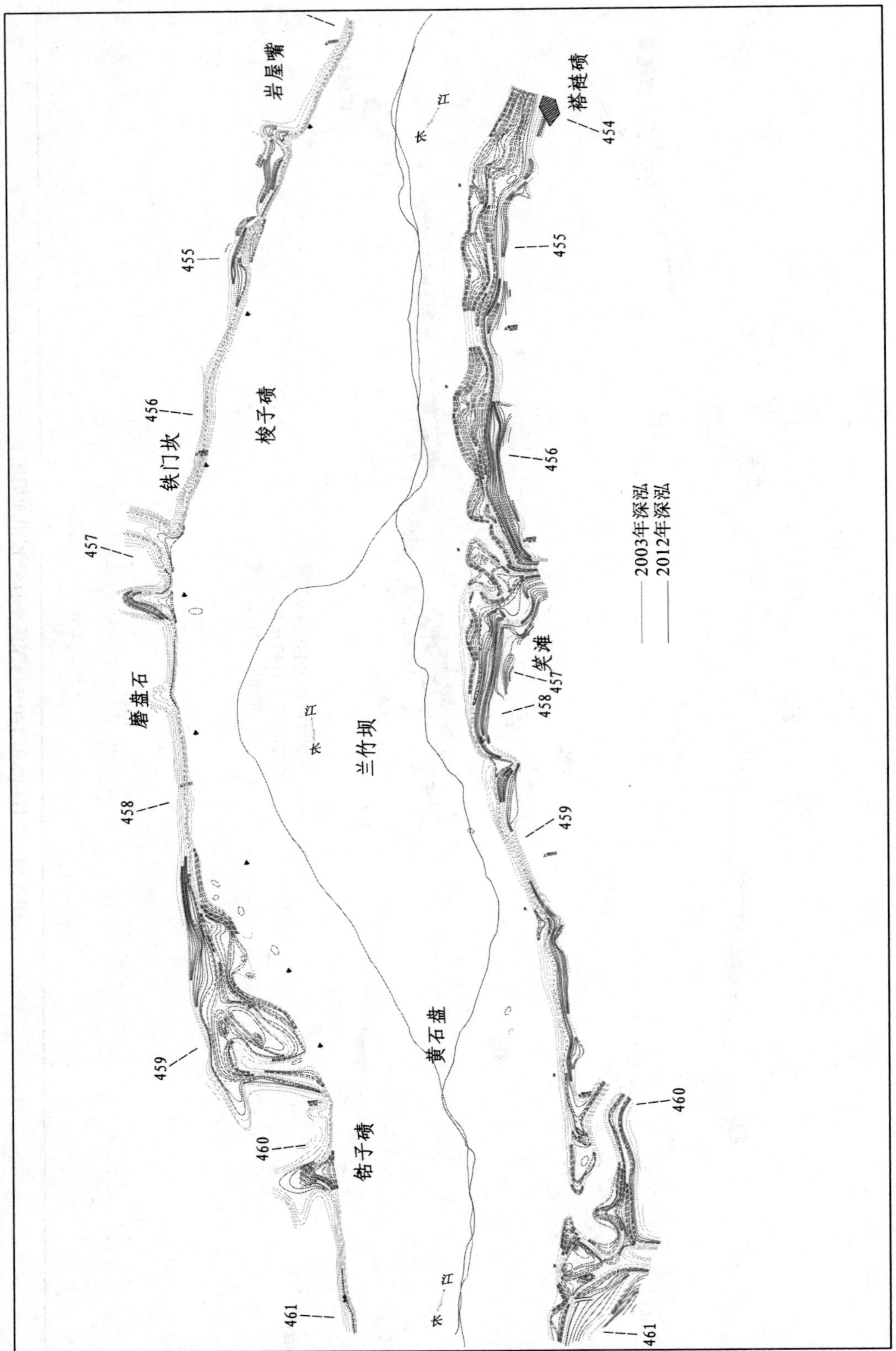

图 3-66 兰竹坝深泓线平面变化图(见彩图)

(2)泥沙淤积对航道条件影响表现为深泓摆动，深泓高程抬高，已经出现航槽移位。深泓线平面变化：对比分析兰竹坝水道 2003 年 10 月及 2012 年 10 月地形测图，兰竹坝碛坝处出现明显的深泓变化，深泓线从左汊摆动到右汊，最大偏移 950 m。这主要是因为在三峡成库以后兰竹坝河段发生大量泥沙淤积，而左汊是淤积发展最快的部位，最大淤积厚度接近 25 m，使得该段深泓线在平面上由左汊移动到右汊，深泓平面变化如图 3-66 所示。这种变化意味着兰竹坝河段主航槽偏向右汊。深泓线纵向变化：从图 3-67 可以看出，三峡蓄水后，兰竹坝河段深泓最低点高程普遍抬高，最大抬高值发生在兰竹坝洲头，约为 23 m；其余位置多处出现深泓抬高值超过 5 m。可见该河段自三峡蓄水以来由于泥沙明显淤积，深泓高程逐年抬高，航道有效水深逐年缩小。

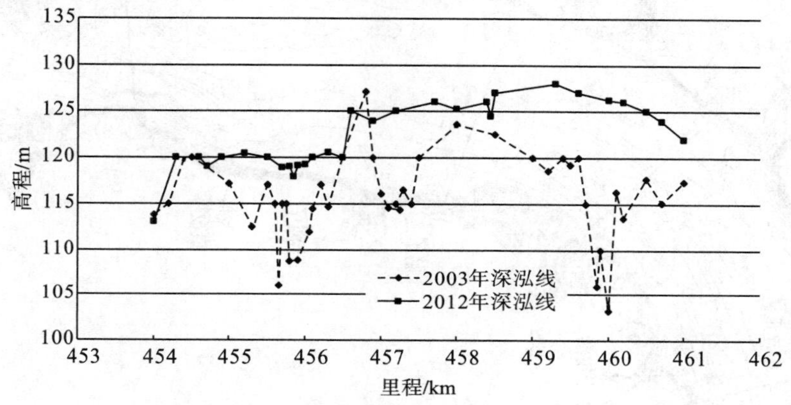

图 3-67　兰竹坝水道深泓线高程变化图

3. 平绥坝－丝瓜碛河段

1)河段概况

平绥坝、丝瓜碛位于涪陵至丰都之间，河型呈现“Ω”形态，滩险周围航道条件比较复杂，上游自清溪场下，依次有大渡口、老虎梁、鸡飞梁、花滩基础礁石，洪水期河道窄深，流态坏，行船比较困难，河势图及断面布置如图 3-68 所示。平绥坝为江中高大的江心洲，碛顶最高点为 192.4 m，常年不能淹没，平绥坝自花滩开始，将河道一分为二，左侧为现行主航道。平绥坝河道形态与皇华城水道类似，左汊微弯，河道相对开阔，右侧河道也比较开阔，但入口处有花滩、草堂河礁石阻挡，出口有龙滩子礁石挑流，低水位期不能过船，因此右汊目前为非通航汊道。出平绥坝后，进入弯道河段，河道中有上丝瓜碛、中丝瓜碛、下丝瓜碛，河道相对开阔，为弯道放宽河段。

土脑子河段从五羊背至鹭鸶盘全长约 3 km，上距长江清溪场水位站约 16.9 km，下距南沱水位站约 1.5 km，距三峡大坝 504～512 km，有著名淤积滩险土脑子。丝瓜碛弯道凹向右岸，为中心角近 180°的急弯。丝瓜碛分为上丝瓜碛、中丝瓜碛、下丝瓜碛，土脑子河段位于下丝瓜碛。受地质构造作用的影响，土脑子河段边界条件比较复杂，深槽紧贴右岸；当水位为 132.0～139.0 m 时，该河段被下丝瓜碛和兔耳碛分为三汊，当水位为 137.0～144.0 m 时，河段被兔耳碛分为两汊，水位高于 144.0 m 后，水面完全汇合。河段两岸均由坚硬岩石组成，床面为石质河床，绝大部分为卵石和砾石覆盖，部分年内有

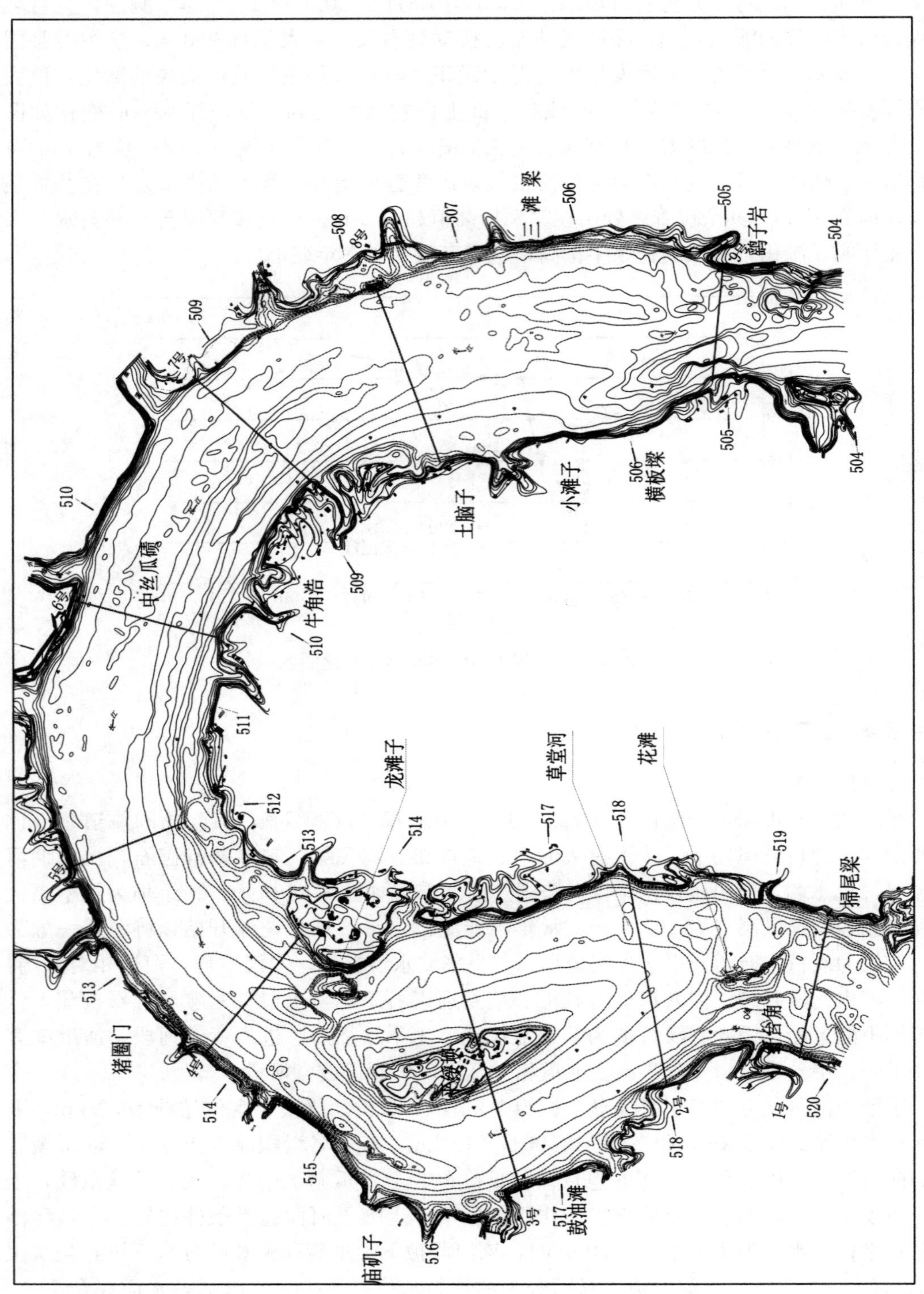

图 3-68 平绥坝－丝瓜碛水道河势及典型断布置图

淤沙。河道横断面基本为“W”型，河道开阔，洪水期一般洪水河宽大于 1000 m，最大河宽达 1600 m；枯水期下丝瓜碛露出，河道狭窄，河宽仅 300 m 左右。土脑子是川江三大淤沙河段之一，蓄水前每年的淤沙数量仅次于臭盐碛、兰竹坝，居第三位。当流量大于 16000 m^3/s 时，主流逐渐向左岸移动，五羊背至土脑子一带形成缓流漫水区域，泥沙开始落淤，此时间内航线也随主流左移，最终移至兔耳碛右侧。汛后随着水位退落，水流归槽，比降、流速增大，右侧深槽内淤积的泥沙将产生冲刷，航迹线又逐渐回归至右侧深槽，年内呈周期性往复摆动。蓄水前，本河道枯水期航行条件较差，航道的显著特点是航槽弯曲、窄浅、水流湍急，属通航控制性河道。三峡水库 135～139 m 运行期，土脑子河段处于水库变动回水区，水位壅高 0.7～6.0 m，流速较蓄水前减小 7%～80%，河床总体呈累积性淤积。

2)河段冲淤变化

三峡水库蓄水后出现淤积，135～139 m 蓄水期淤积量相对较少，144～156 m 蓄水后淤积量增大，淤积主要集中在土脑子边滩、平绥坝左汊等部位。

蓄水前冲淤情况：丝瓜碛水道在三峡水库蓄水前，冲淤特性主要受河道边界条件制约及来水来沙影响。从边界条件制约因素看，具有与冲积平原弯道不完全相同的特点。冲积平原弯道的深槽贴近凹岸，河床演变主要为凹岸冲刷和凸岸淤积；土脑子弯道两岸为礁石分布，横向变化很小。在土脑子一带，深槽贴近凹岸；在鹭鸶盘石嘴一带，深槽贴近凸岸。从来水来沙影响看，随着汛期水位上涨、流量增大和泥沙含量加大，河段主流左移，深槽成为缓流区，泥沙大量落淤槽内，至 10 月初基本被淤平，最大淤积厚度可达 30 m。汛末及汛后，随着水位降低，左部洲滩出露，主流右移，水流归槽，流速增大，槽内泥沙又被大量冲刷。如此周而复始，冲淤交替，维持着河段固有的形态特征。

139 m 蓄水期冲淤情况：三峡工程于 2003 年 6 月 1 日正式下闸蓄水，6 月 10 日坝前水位蓄至 135 m 运行。据统计，2003 年 3 月至 2005 年 12 月累积淤积 437×10^4 m^3，其中 2003 年 3～12 月淤积 84×10^4 m^3，2003 年 12 月至 2004 年 12 月淤积 227×10^4 m^3，2004 年 12 月至 2005 年 12 月淤积 126×10^4 m^3。从年内冲淤过程看，土脑子河段年内有冲有淤，可大体划分为 4 个阶段：上年末至本年度水位消落前的微冲微淤阶段、消落期冲刷阶段、汛期淤积阶段、汛末冲刷阶段。其中，汛期是主要淤积阶段，汛末和消落期是主要冲刷阶段，年际间具有明显的周期性。

156 m 蓄水期冲淤情况：2006 年 9 月开始新一轮蓄水，水位最高接近 156 m。2006 年 12 月至 2008 年 12 月共淤积 858×10^4 m^3，约是 139 m 蓄水期的 2 倍。其中，2007 年淤积 450×10^4 m^3，最高淤积高度为 6.5 m；2008 年淤积 408×10^4 m^3，最大淤积高度为 3.5 m，主要淤积在土脑子部位。

175 m 试验性蓄水以来冲淤情况：2008 年 9 月开始 175 m 试验性蓄水，试验性蓄水以来共淤积 962×10^4 m^3。其中，2009 年淤积 476×10^4 m^3，最大淤积高度为 8.6 m；2010 年淤积 424×10^4 m^3，最大淤积高度为 4.2 m；2011 年淤积 118.94×10^4 m^3，最大淤积高度为 3.5 m；2012 年淤积量有所增加，达到 1252.13×10^4 m^3，最大淤高超过 10 m（表 3-40）。

表 3-40　三峡蓄水以来丝瓜碛水道淤积量统计

统计时段	淤积量/10^4 m^3	最大淤积高度/m	备注
2003.03 至 2003.12	84	15	
2003.12 至 2004.12	227	8	
2004.12 至 2005.12	126	5.6	
2005.12 至 2006.12	105	3.5	
2006.12 至 2007.12	450	6.5	
2007.12 至 2008.12	408	3.5	
2008.12 至 2009.12	476	8.6	
2009.12 至 2010.12	424	4.2	
2010.12 至 2011.10	118.94	3.5	
2011.10 至 2012.10	3916.2	10.1	增加了平绥坝 2663.87×10^4 m^3
2012.10 至 2013.5	−28.13	—	
2003.03 至 2013.5	6307.0	42	

三峡蓄水以来，泥沙大规模淤积在平绥坝－丝瓜碛河段内，共淤积 6307×10^4 m^3，主要淤积在凸岸边滩。目前，丝瓜碛左右深槽基本相平，断面形态由“V”型淤积成“U”型。淤积分布如图 3-69 所示。

3)航道条件变化

三峡水库试验性蓄水后，平绥坝－丝瓜碛河段位于常年回水区，航道水深增大，流速减缓，扫弯水等不良流态流速减小，航道条件整体较好。

(1)边滩不断淤涨，伸向主航道，航道有效水深逐年减小航宽逐年缩窄。三峡水库蓄水后平绥坝－丝瓜碛河段中的土脑子边滩持续发展，2003 年 10 月，140 m 等深线基本靠近河岸，2011 年 9 月，140 m 等深线向主航道推进 390 m，2012 年 11 月，140 m 等深线向主航道推进 636 m，边滩不断向主航道推进，不断挤压主航道，造成主航道有效航宽和水深不断减小，如图 3-70 所示。

(2)深泓摆动，深泓高程抬高，已经出现航槽移位。深泓线平面摆动：对比分析平绥坝－丝瓜碛河段深泓线变化，主要在平绥坝左侧主航道及土脑子处出现明显的深泓变化，其中平绥坝最大偏移 270 m，主要是从左岸向江心洲靠近，主要是平绥坝左侧边滩不断发展所致；土脑子处也发生明显的深泓发展，深泓最大偏移 750 m，深泓线自右岸向江心偏移(图 3-71)，土脑子河段深泓变化反映出该河段有航槽移位的趋势，低水位期主航槽向兔儿坝一侧偏移。深泓线纵向变化：从图 3-72 可以看出，三峡蓄水后，河段内深泓最低点高程有所抬高，其中中丝瓜碛深泓最低点高程抬高 20.5 m，土脑子抬高 40 m，可见泥沙淤积对局部河段河道主航道造成影响，这种变化使得主航道有效水深逐年减小。

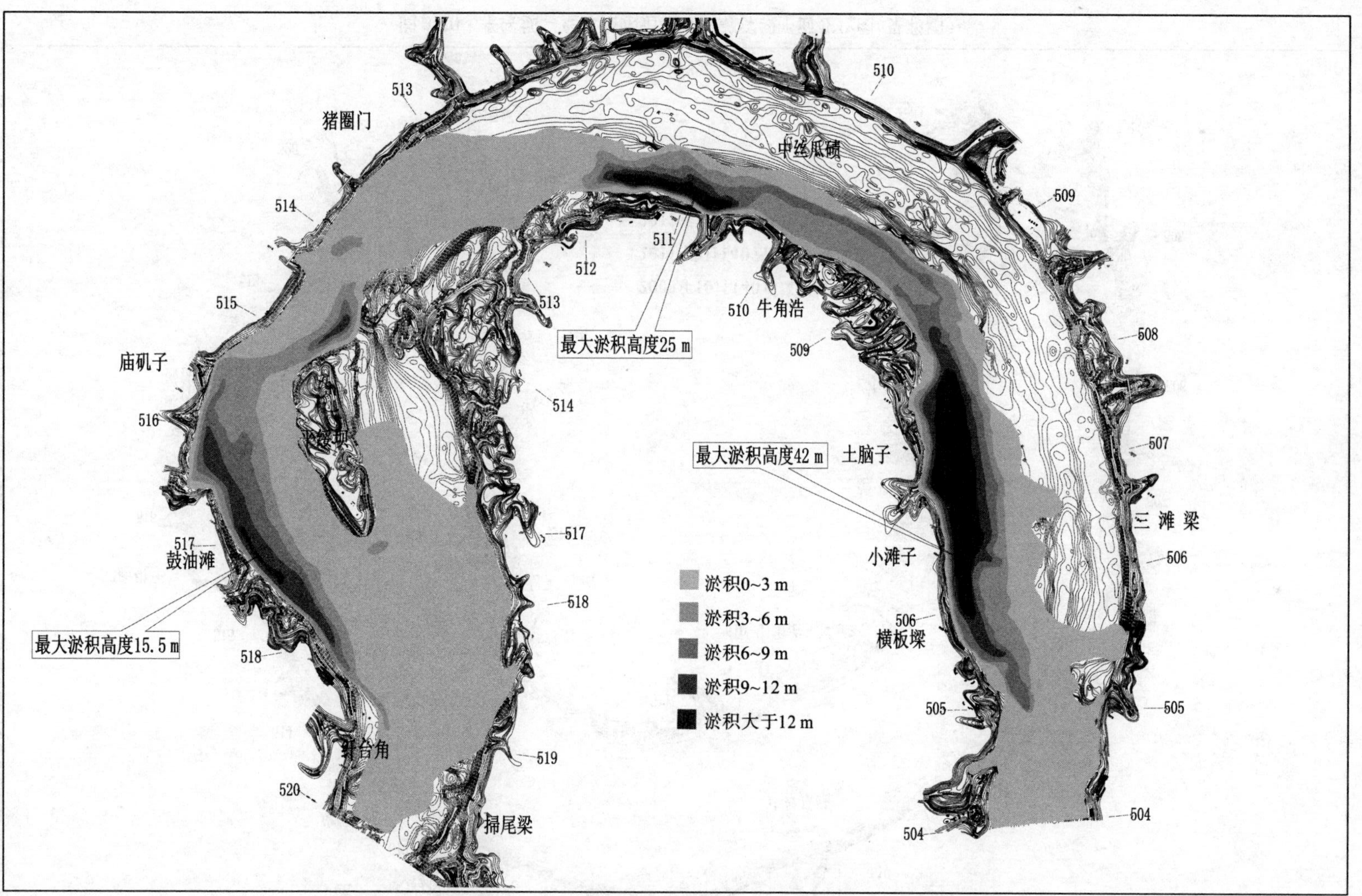

图 3-69　2003 年 3 月至 2013 年 5 月平绥坝－丝瓜碛水道冲淤变化图(见彩图)

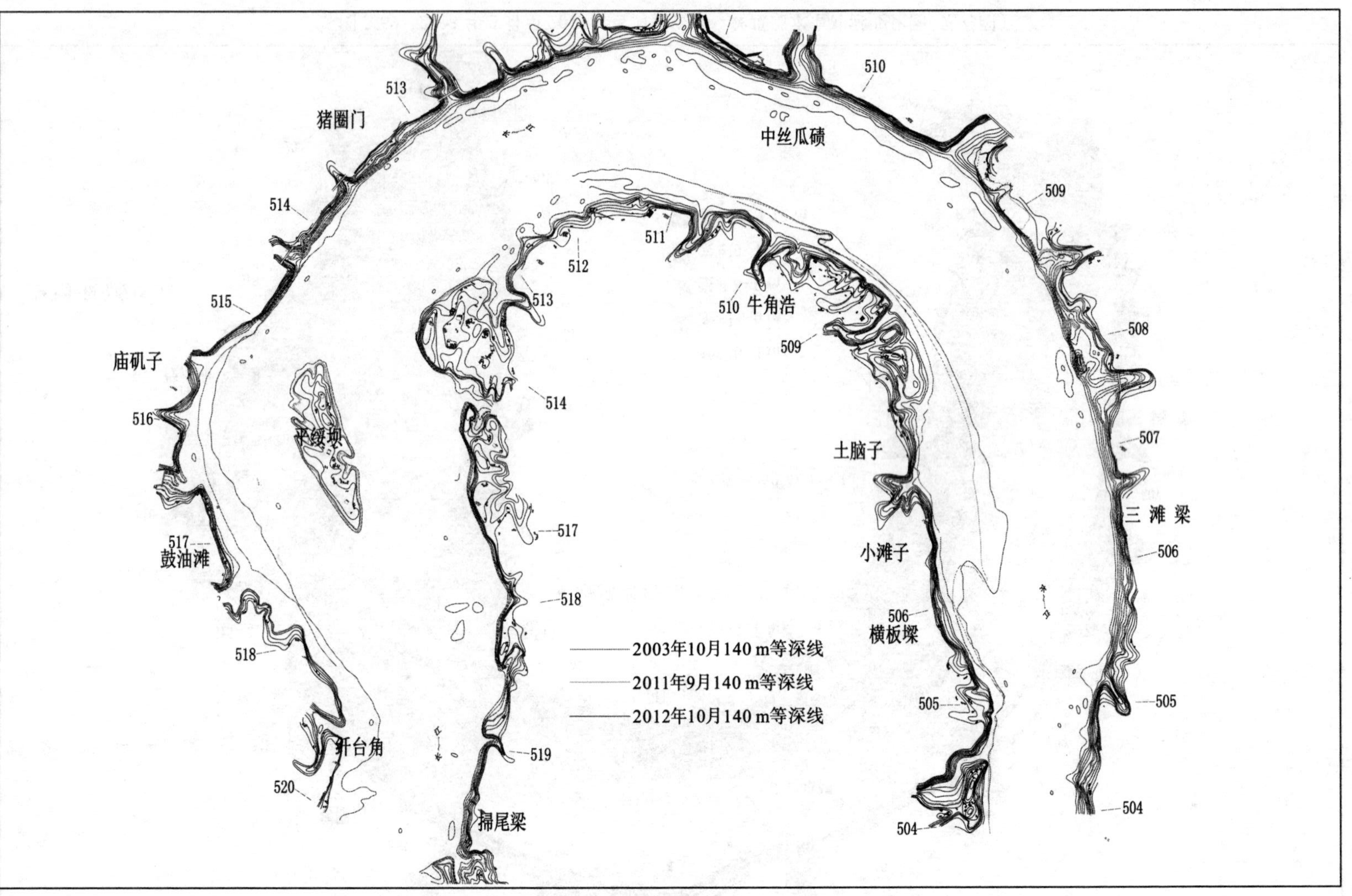

图 3-70 平绥坝－丝瓜碛水道 140 m 等深线平面变化图(见彩图)

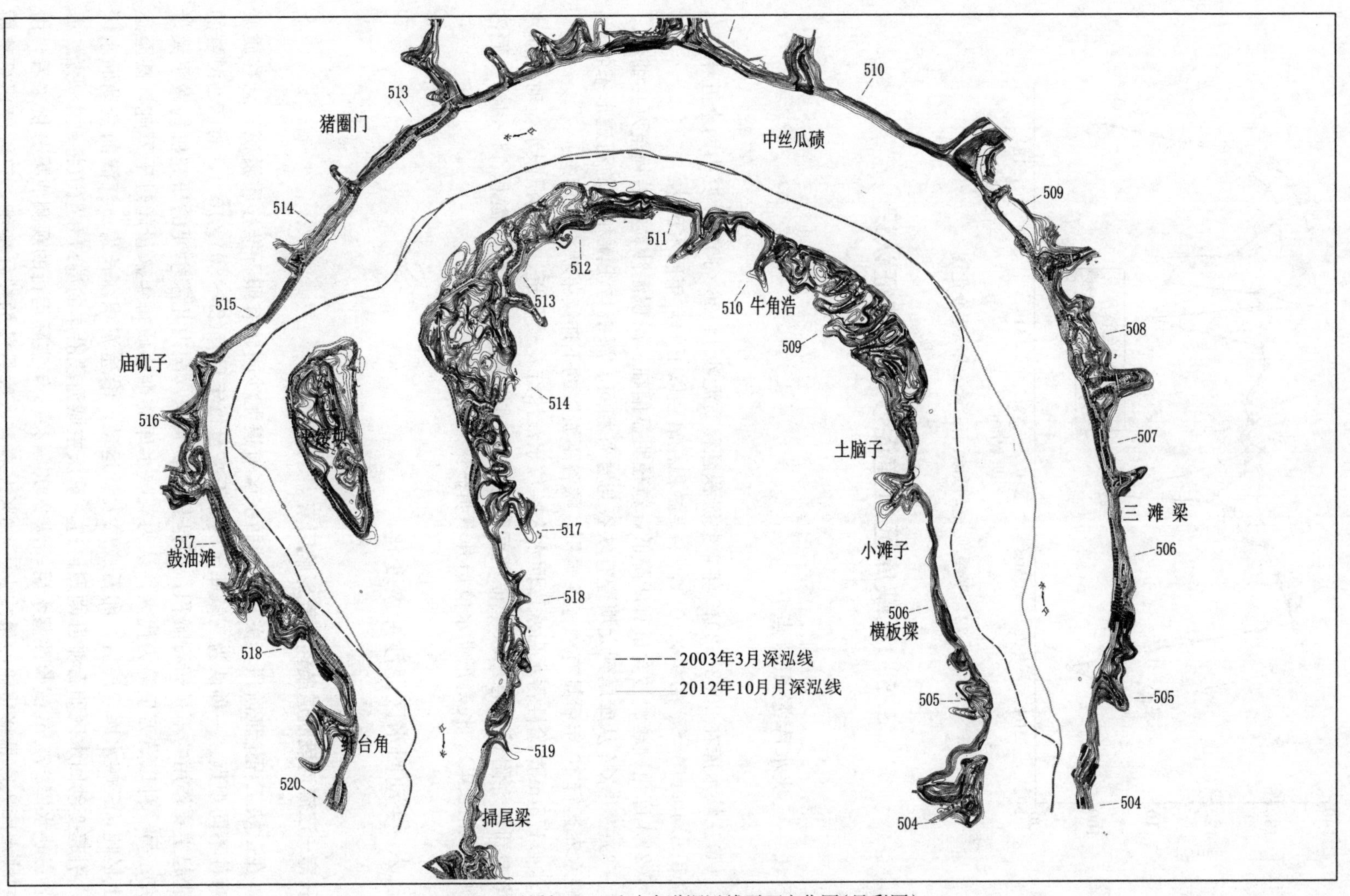

图 3-71　平绥坝－丝瓜碛水道深泓线平面变化图(见彩图)

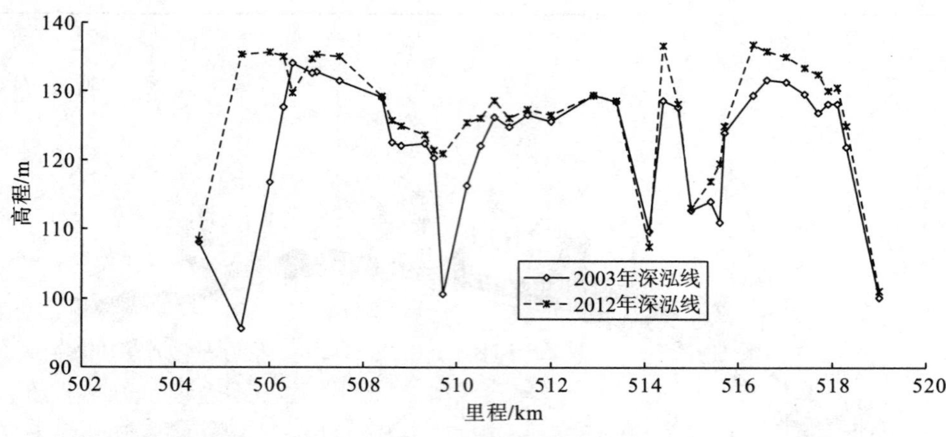

图 3-72 平绥坝－丝瓜碛河段深泓线高程变化图

3.5 三峡库区航道泥沙冲淤特征认识

3.5.1 三峡水库淤积特点

(1)三峡水库在 2003—2012 年，共淤积悬移质泥沙 14.36×10^8 t，其中两个五年期分别淤积 6.40×10^8 t 、7.96×10^8 t，主要淤积在涪陵以下的常年回水区内。

(2)入库粗颗粒泥沙含量有所降低，粒径明显偏细。淤积泥沙粒径沿程至万县细化。

(3)三峡水库从库尾到大坝皆有峡谷与宽谷相间、深槽与浅滩相隔的河道形态特点，三峡水库运行 10 年后具有“宽谷淤积、峡谷不淤”的不连续带状淤积形态。

(4)175 m 试验性蓄水后水库回水末端位于江津红花碛附近，汛期汛限水位时坝前水位影响到长寿附近，与三峡论证期间的结论基本相符。库区总体淤积 14×10^8 t 泥沙(2003—2012 年)，长寿汛期水位抬升不明显。

3.5.2 变动回水区泥沙冲淤变化

1. 长寿－江津河段航道条件主要影响因素

在三峡工程论证阶段，关于变动回水区航道泥沙问题有卵石推移质淤积和悬移质淤积两种不同观点。一种认为三峡库尾的卵石来量每年只有(20～30)×10^4 t，对卵石滩群的再造起主要作用的不是卵石淤积，而是悬移质淤积，国内几家主要的研究机构做了大量研究。另一种以黄万里等为代表，认为三峡水库的推移质每年来量超过千万吨，甚至达到上亿吨，三峡水库修建后，卵石成层大量运动，沿途淤积在长寿－江津的变动回水区内，引起变动回水区卵石滩群剧烈再造，重庆主城河段沿岸的港口和航道将被淤死。

三峡水库 175 m 试验性蓄水后，从 2008—2013 年实际运行的观测成果分析来看，由于三峡水库入库悬移质输沙量减少了 60%左右，入库悬沙的粒径变细，三峡库尾悬移质淤积造床作用不明显。由于上游推移质输沙量大幅减少，重庆主城河段目前也未出现大范围卵石淤积。影响变动回水区长寿－江津河段航道条件的主要是卵石推移质。

2. 变动回水区各段淤积情况

三峡水库变动回水区上段是卵砾石不完全冲刷及消落初期卵砾石集中输移引起的微小淤积，中段是卵石累积性微淤，下段是细沙累积性淤积。

已经运行多年的大型山区河流水库变动回水区观测成果，可以为三峡水库库尾的航道泥沙问题提供一定程度的参考。中国水利水电科学研究院、湖北省交通规划设计院等研究单位对丹江口、新安江、先觉庙等 18 座水库的变动回水区的泥沙淤积问题做了大量研究。丹江口水库走马出洞河段的 5 个卵石浅滩之间卵石淤积不连续，边滩上延下伸的幅度很大，挤压航槽。先觉庙漂水水库在消落期冲刷库尾河段卵石输移量沿程非线性增加强烈，形成了初步冲刷段、平衡段、强烈冲刷段和淤积段，新塑造的地形极度不稳定，在河槽宽阔段，断面宽浅、深槽摆动、河势散乱。

大型山区河流水库变动回水区航道泥沙有两个重要特点：

(1)山区河流经常见到由多个连续的大型浅滩组成卵石滩群。卵石滩群的两端大多是深潭，消落初期流量小，没有动力输移深潭的卵石，变动回水区形成了以深潭为节点、以卵石滩群为独立单元的卵石不连续输移，消落期卵石输移过程容易出现非线性激增，如先觉庙漂水水库的初步冲刷段。

(2)在洪水期库尾河段大多属于天然河道型，卵石浅滩的主流带位置和输沙带位置不一致，滩面上卵砾石粒径分布也不一样，消落期不能完全冲刷边滩淤积卵石，引起边滩发育，如丹江口水库走马出洞河段的 5 个卵石边滩大幅度上延下伸以及航槽卵石淤积。

三峡水库 175 m 试验性蓄水后，在消落期初期，重庆主城河段的多个浅滩均发现 20～40 mm 较为均匀的鹅卵石大量运动碍航，不过范围主要在枯水航槽，时间也较短，只有几天。参考国内其他水库的研究成果，变动回水区上段枯水河槽内卵石输移量可能也存在沿程激增输移过程，局部微小淤积在航槽引起碍航，这个过程需进一步观测研究。

长寿河段发现卵石淤积在主航槽和边滩滩唇，卵石滩群开始缓慢的卵石造床作用。说明变动回水区中段卵石累积性淤积初步显现，卵石滩群出现再造趋势，但是再造过程较为缓慢。

变动回水区下段的青岩子水道属于累积性淤沙浅滩。原型观测结果表明，青岩子水道的泥沙淤积部位与三峡论证阶段的成果基本一致，由于进库悬移质沙量大幅减少，实际淤积量较预测值减少。

3. 变动回水区上段浅滩的位置较为固定，碍航机理认识清楚

河道演变基本原理认为，河床沙质相对大小对不同河型的形成起至关重要的作用。三峡水库变动回水区的河床组成主要是卵石，所以进口朱沱站的卵石输移量对变动回水区的河床演变起主要作用。

175 m 试验性蓄水以来，通过 2008—2013 年的原型观测分析，认为变动回水区上段(重庆－江津)碍航浅滩主要在重庆主城区，且位置较为固定，主要是胡家滩、三角碛和猪儿碛。这 3 个浅滩的碍航机理也基本一致：消落初期流量小，卵砾石不完全冲刷及消落初期卵砾石集中输移引起的微小淤积在主航槽造成碍航。近期朱沱站推移质输沙量增加的可能性很小，变动回水区上段发生大规模累积性淤积的可能性不大，水道仍然将维持少量卵石在主航道淤积的态势，由于自身航道水深富余不大，少量卵石淤积对航道条件的影响值得关注。

4. 变动回水区中段航道泥沙问题较为复杂

三峡水库变动回水区中段的航道泥沙问题较为复杂，主要体现在两个方面。

(1)三峡水库优化调度方案减弱了重庆－长寿汛期卵石输移的水动力条件。三峡水库优化调度方案实施中小洪水短时间高水位和大洪水长时间高水位运行的调度方式。长寿－洛碛河段的设计最低通航水位为151～155 m，2010年汛期洪水过程较常年明显增多，三峡平均库水位为151.54 m，较汛限水位抬高6.54 m，汛期最高库水位达到161.02 m。三峡大坝汛期洪水水位抬高，长寿－洛碛河段的水深增大，流速减小，将减弱变动回水区中段洪水期输移卵石的能力。

(2)三峡水库运行以来，长寿以下河段泥沙淤积 14×10^8 t左右。由于泥沙主要淤积在宽谷河段的回流区和缓流区，未有效阻挡过流面积，泥沙淤积对长寿水位的壅高作用不明显。从长期来看，常年回水区的泥沙淤积还远未达到平衡，泥沙淤积将引起长寿水位壅高。泥沙淤积对汛期水位壅高也将减弱变动回水区中段洪水期输移卵石的能力。

变动回水区中段目前主要在上洛碛和王家滩两处出现卵石累积性淤积碍航问题，其淤积发展趋势值得重点关注。由于三峡水库优化调度方案和泥沙淤积对汛期水位壅高的影响，今后主要关注变动回水区中段新的卵石淤积位置、边滩的上延下伸以及对航道条件的影响。

3.5.3 常年回水区航道泥沙冲淤变化

由于三峡水库进库沙量大幅减少，粒径变细，常年回水区的总体呈“宽谷淤积、峡谷不淤”的不连续淤积态势。在水库调度方式不变的情况下，这种沿程淤积分布的特点基本不会改变。臭盐碛、巫山河段的淤积量比较大，但是由于航深较大，因此短时间航道不会有淤浅的问题。下一步关注的重点主要为皇华城水道、兰竹坝水道和平绥坝－丝瓜碛水道。

皇华城左汊淤积高程为140～145 m，个别淤积点达到148 m。皇华城水道入口沿洲头区域淤积不明显，左汊进口靠近皇华城洲头部分仍然有宽约170 m左右的区域，蓄水以来地形基本保持稳定，年内虽然有所淤积，但累积性不明显。左汊仍将保持现在的淤积态势，右汊水动力条件较左汊强，淤积量较少。

通过近几年的连续观测，兰竹坝水道主要淤积在原天然河段主航道，并且持续这种趋势发展。兰竹坝水道淤积并未达到平衡，今后仍然沿目前淤积趋势发展，边滩不断发展对主航道的影响，是今后关注的重点。

平绥坝－丝瓜碛水道河道特征类似皇华城水道，平绥坝左汊泥沙冲淤还未达到平衡。丝瓜碛边滩目前还在不断淤涨，伸向主航道，航道有效水深和航宽逐年缩窄，并有持续发展的趋势。

第 4 章　三峡水库泥沙输移规律

4.1 三峡水库水沙运动原型观测

4.1.1　原型观测系统研发

原型观测系统主要包括流速与含沙量紊动同步观测系统、悬沙取样器、床沙取样器、水下摄像系统及测量架。

1. 流速与含沙量紊动同步观测系统

受现场操作的可控性以及测量仪器等的限制，实施现场测量的难度较大，尤其是瞬时流速和含沙量的测量。近二十多年来，随着声波测量技术的发展，基于多普勒效应的ADV(acoustic doppler velocimeter)和ADCP(acoustic doppler current profiler)等声学测量仪器已经普遍用于流速的测量。声学设备对小尺度泥沙过程的测量具有无干扰和高时空分辨率等优势，如ADV(acoustic doppler velocimeter)通过传感器向水体发射一定频率的声波，经过传感器下方若干厘米处颗粒的反向散射再由传感器接收，根据多普勒频移，反向散射波的频率由于颗粒的移动而发生变化，且与颗粒的运动速度成比例，若假设颗粒运动的速度与水体一致，则ADV通过传感器接收反向散射声波频率的变化可测得颗粒运动速度，即水体的流速。此外，声学测量仪器所接收的反向散射声波强度主要与颗粒浓度和粒径有关，通过建立ADV反向散射声波强度与颗粒浓度的关系来进行含沙量的测量已经被学者所接受(Throne和Hanes，2002；Ha和Hsu et al.，2009)，并越来越多地被应用于现场测量(Kim和Voulgaris，2003；Hosseini和Shamsai，et al.，2006；Merckelbach和Ridderinkhof，2006；Chanson和Takeuchi et al.，2008；Moura和Quaresma et al.，2011)。

1)测量原理

ADV反向散射声波强度的大小用传感器接收到的信号表示，包括*AMP*和*SNR*两个参数。*AMP*是颗粒反向散射声波的原始信号，用来衡量水体中是否含有足够的颗粒来完成测量；*SNR*为信噪比，其值越大，噪声的影响越小，测量精度越高。利用ADV测量含沙量时，有的研究使用了*SNR*，但是一般的ADV技术文档中明确推荐使用*AMP*，也被多数研究所采用。ADV测得的*AMP*信号以Count计，1 Count等于0.43 dB，dB是一个计数单位，无量纲。将*AMP*转换为反向散射声波强度*BSI*(backscatter acoustic intensity)时可采用下式：

$$BSI = a \times 10^{0.043AMP} \tag{4-1}$$

式中，a 是为了避免 BSI 过大而不利于分析所采用的一个系数。用 ADV 进行测量时，3 个接收器可获得 3 个 AMP 值，该浓度下的反向散射声波强度可取 3 个信号分别转化为 BSI 后的平均值，即

$$BSI = a \times (10^{0.043AMP_1} + 10^{0.043AMP_2} + 10^{0.043AMP_3}) \tag{4-2}$$

本书中的 BSI 都采用此方法计算。

根据散射理论，颗粒直径 d 和声波波长 λ 满足 $\pi d/\lambda=1$ 时，BSI 最大。对于较细颗粒($\pi d/\lambda<1$)，随着颗粒粒径的减小，BSI 以粒径的 4 次方的幅度减小，而对于较粗颗粒($\pi d/\lambda>1$)，BSI 与 $\pi d/\lambda$ 的 2 次方成反正比，BSI 与颗粒粒径的关系如图 4-1 所示。

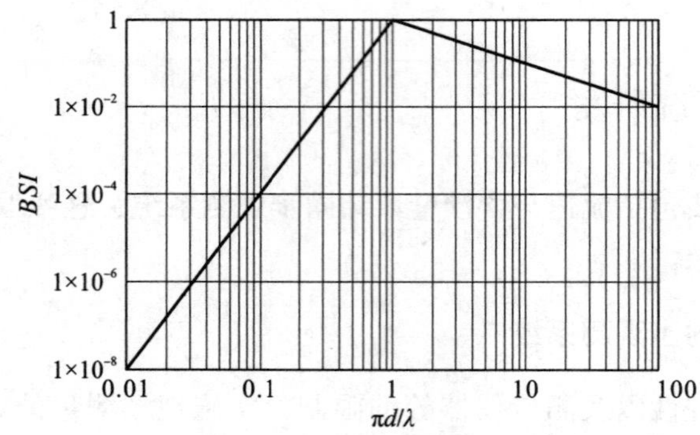

图 4-1 BSI 与颗粒粒径的关系

对于不同声波频率的 ADV，其最敏感粒径不同，如 16 MHz ADV 声波波长为 94 μm，最敏感粒径为 0.029 mm，6 MHz ADV 声波波长为 250 μm，最敏感粒径为 0.08 mm。可见，声波波长越小，对细颗粒的敏感性越高。声波由水体中泥沙颗粒的反向散射被 ADV 接收，颗粒越多则散射越充分，ADV 接收到的信号也越强，但是泥沙颗粒超过一定浓度后，颗粒间的多次散射又会导致信号衰减。实际上，低浓度时也存在声波信号的衰减，但衰减为常数，测量时可以不考虑。因此，利用 ADV 测量时会受泥沙浓度和泥沙粒径的限制。

2)ADV 测试

流速与含沙量紊动同步观测系统研发的重点在于根据 BSI 确定含沙量。采用两种 ADV 进行细颗粒泥沙浓度的测量试验：一种是实验室用 16 MHz SonTek ADV；另一种是野外用 6 MHz NorTek ADV。二者的相关参数见表 4-1。

表 4-1 两种 ADV 的相关参数

参数	16 MHz SonTek ADV	6 MHz NorTek ADV
采样频率/Hz	0.1～25	1～64
采样体积/cm^3	0.3	0.9～3.5
采样距离/cm	5	15
流速范围设置/($m \cdot s^{-1}$)	0.03，0.1，0.3，1，2.5	0.01，0.1，0.3，1，2，4，7
声波波长/μm	94	250
敏感粒径/μm	30	80

可见，实验室 ADV 声波频率较高，敏感粒径较小，但采样频率较低，而野外用 ADV 的采样频率较高，但是敏感粒径较大。此外，实验室用 ADV 的 X 探头必须对准主流方向，而野外用 ADV 则允许旋转倾斜，可将同一测次中不同旋转和倾斜角度下的数据向同一坐标系转换。

为了研究不同频率 ADV 和泥沙粒径对浓度测量的影响，减小盐度和温度等的影响，试验用水全部采用自来水，温度相近，约为 20℃。天然的细颗粒泥沙一般具有连续级配，为获得具有连续级配的细颗粒沙样，在三峡水库常年回水区忠县河段采集原型沙样，将原型沙样进行沉降得到 4 组不同中值粒径的沙样，不同中值粒径的沙样颗粒级配如图 4-2 所示。

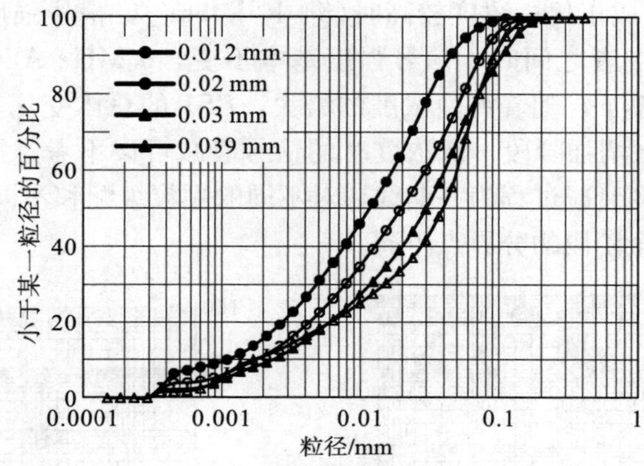

图 4-2　试验泥沙颗粒级配曲线

一定频率的声波经过最敏感颗粒的反向散射后可以获得最大的信号强度，粒径过大或者过小都会引起信号强度的减弱。由于不同频率的声波对应的敏感粒径不同，因此对于有相同颗粒级配的特定浓度的浑水，不同频率 ADV 的反向散射信号强度不同。同样，对于不同颗粒级配的同一浓度的浑水，同一 ADV 的反向散射信号强度也不同。此外，ADV 的反向信号由颗粒散射而成，颗粒浓度较低时，随浓度增大，散射信号增强，但当浓度超过一定值后，由于声波经过多次散射，散射信号减弱。因此，对于同一级配的浑水，浓度不同，同一 ADV 的反向散射信号强度也不相同。

综上，为了能反映出颗粒级配、泥沙浓度和声波频率对测量的影响，对每一种颗粒级配、每一种 ADV，在实验室内配置不同浓度的浑水，共进行 182(4×26+3×26)次测量，结见表 4-2。

表 4-2　不同 ADV 试验组次

ADV	中值粒径/mm	浓度/(kg/m³)
16 MHz SonTek	0.012，0.02，0.03，0.039	0.01，0.05，0.1，0.2，0.3，0.4，0.5，0.6，0.7，0.8，0.9，1，1.1，1.3，1.5，2，2.5，3，4，5，7，10，15，20，30，50
6 MHz NorTek	0.02，0.03，0.039	

注：由于 6 MHz ADV 与 16 MHz ADV 在不同时间购置，因此后者试验时没有配制出中值粒径为 0.012 mm 的沙样。

对每种颗粒级配的浓度，先在容器内配置最低浓度的浑水，并将 ADV 固定在合适的位置。将浑水搅拌均匀后开始测量，测量完成后加沙至下一级浓度，同样搅拌均匀后测量。每个浓度的测量均采集数据 1000 组，将每组数据按前述方法转换为信号强度后，取 1000 组信号强度的平均值作为该浓度对应的信号强度。

3)测试结果分析

将两个 ADV 测得的 *AMP* 信号转化为 *BSI*，为避免 *BSI* 过大，16 MHz ADV 的系数 a_1 取 1×10^{-4}，6 MHz ADV 的系数 a_2 取 1×10^{-6}。

(1)信号强度与泥沙浓度的关系。两种 ADV 测得的 *BSI* 与泥沙浓度的关系如图 4-3 所示。16 MHz ADV 测量结果表明，在双对数坐标系下，浓度较低时(在 2 kg/m^3 以下)，信号强度与浓度成正比；浓度较高时(5～10 kg/m^3)，信号强度迅速衰减，与浓度成反比；当浓度处于二者之间时，信号强度基本不变，6 MHz ADV 的测量结果相似。可见，在双对数坐标系下，随着泥沙浓度的增大，*BSI* 的总体变化趋势可分为增强－稳定－衰减 3 个阶段，在增强阶段，低浓度时的信号衰减可以不考虑，信号强度与泥沙浓度近似呈线性关系，而衰减过程为一曲线，对不同的颗粒级配和不同频率的 ADV，增强和衰减的速率以及 3 个阶段的分界点不同。

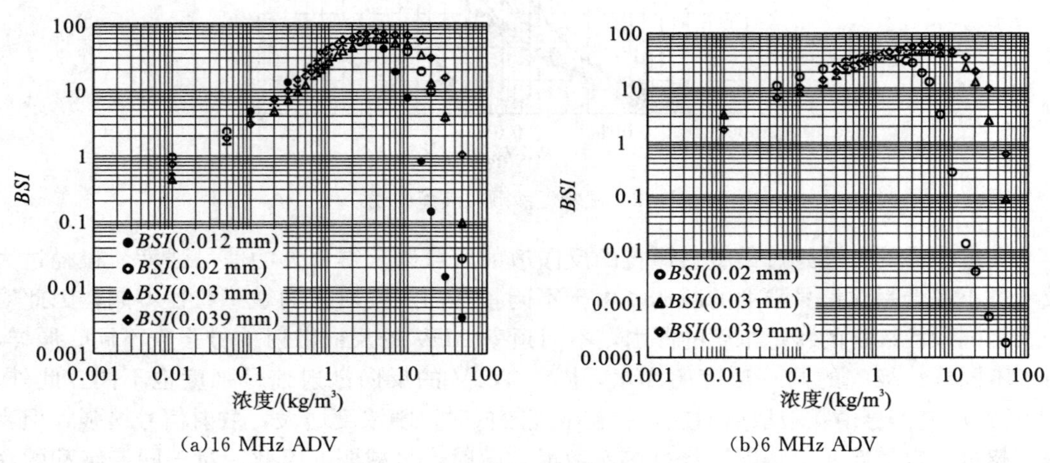

(a)16 MHz ADV　　(b)6 MHz ADV

图 4-3　ADV *BSI* 与泥沙浓度的关系

利用 ADV 进行泥沙浓度的实际测量时，同一个 *BSI* 信号对应于第一和第三阶段的两个浓度，若已知真实泥沙浓度属于某个区间，如属于小于 2 kg/m^3 的低浓度或者大于 5 kg/m^3 的高浓度情况(对应不同频率 ADV 和泥沙粒径的具体数值不同)，则可用 ADV 进行浓度测量。而稳定阶段(2～5 kg/m^3)则相当于一个盲区，该区内信号相对稳定，ADV 不能分辨浓度大小的差异。

(2)信号强度与泥沙粒径的关系。图 4-3 表明，在 *BSI* 随浓度变化的 3 个阶段以及不同频率 ADV 的情况下，粒径对 *BSI* 的影响不同，包括增长和衰减的速率以及分界点等。

在第一阶段，16 MHz ADV 的敏感粒径为 0.03 mm，与本试验用的沙样中值粒径比较接近(在 0.012～0.039 mm 之间)，因此，由于实际粒径与最敏感粒径不同引起声波信号的差异不大，4 种粒径级配下返回的 *BSI* 有接近统一的趋势性变化，在双对数坐标系下，*BSI* 随浓度的变化趋势如图 4-4(a)所示。6 MHz ADV 的敏感粒径为 0.08 mm，远大于试验沙样的中值粒径，相对于 16 MHz ADV，粒径级配不同引起的信号强度变化较大，体现在 3 种粒径级配下的信号值有明显的趋势性差异，*BSI* 随浓度变化的趋势线如图 4-4(b)所示。粒径越小，信号趋势线的斜率越小，即 ADV 对颗粒的敏感性越差，随着粒径增大，ADV 对颗粒的敏感性增强，趋势线的斜率变大。

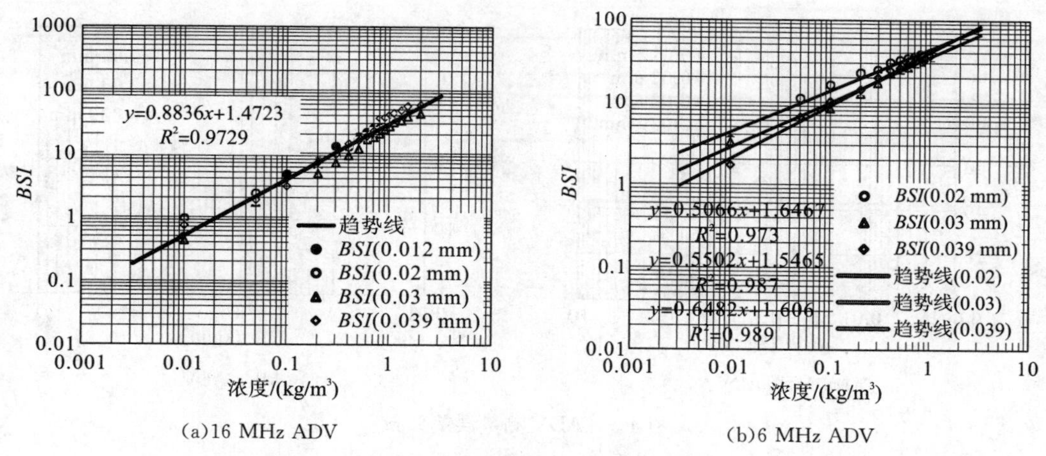

(a)16 MHz ADV (b)6 MHz ADV

图 4-4 增强阶段不同粒径下 *BSI* 与泥沙浓度的关系

在第二阶段，根据图 4-3 中 16 MHz ADV 的测量结果，中值粒径为 0.012 mm 的沙样最先进入第二阶段，浓度达到 2 kg/m³ 左右时信号稳定，超过 4 kg/m³ 后第二阶段结束，之后信号迅速衰减。中值粒径最大为 0.039 mm 的沙样，进入和结束第二阶段的浓度分别为 2.5 kg/m³ 和 10 kg/m³。6 MHz ADV 测量结果中，中值粒径为 0.02 mm 的沙样(无 0.012 mm 沙样试验)在浓度超过 1 kg/m³ 以后就进入第二阶段开始稳定，超过 2 kg/m³ 之后第二阶段结束，信号迅速衰减。可见，中值粒径越小，第二阶段出现得越早，信号强度也越小，结束得也越早。

第三阶段中，中值粒径越小，信号强度越小，信号衰减速度也越快。分析其原因，泥沙浓度较高产生更多的散射声波使信号增强的同时，也增加了颗粒间的多次散射，导致信号衰减，低浓度时后者可以忽略，高浓度时后者占主导作用，导致声波信号在第三阶段发生衰减。在同样的浓度下，颗粒粒径越小，则颗粒数量越多，颗粒间多次散射的主导作用越强烈，敏感粒径所起的作用相对越小，因此颗粒越细，第三阶段信号衰减的速率越大。由于两个方面的共同作用，衰减过程近似为曲线。

利用 ADV 测量泥沙浓度时，泥沙颗粒粒径越小，第一阶段和第二阶段越短，第三阶段越长，说明越有利于细颗粒泥沙的高浓度测量。考虑实际情况中低浓度更容易出现，即利用第一阶段测量的可能性更大，而颗粒粒径越小，第一阶段越短，信号相对浓度的趋势线斜率越小，即敏感性越差，测量出现误差的可能性越大。因此，泥沙颗粒较细会导致有效测量浓度范围缩小且精度变差。

(3)信号强度与声波频率的关系。试验用沙样粒径更接近 16 MHz ADV 的敏感粒径(0.03 mm)，所以其 *BSI* 随浓度变化曲线的斜率较大[0.88，图 4-4(a)]，而 6 MHz ADV 的敏感粒径(0.08 mm)与试验用沙样粒径的差别较大，所以其声波对浓度变化的敏感性较小，*BSI* 随浓度变化曲线的斜率相对较小[0.5～0.65，图 4-4(b)]。因此，对某一粒径的沙洋，ADV 的敏感粒径与其越接近，信号强度的可辨识度越高，随浓度变化的斜率也越大，实际测量的精度也会提高。

(4)测量误差分析。考虑到实际测量中低浓度情况较多，选择前述第一阶段 ADV 测量结果进行误差分析。两种 ADV 在不同粒径下的测量误差如图 4-5 所示。

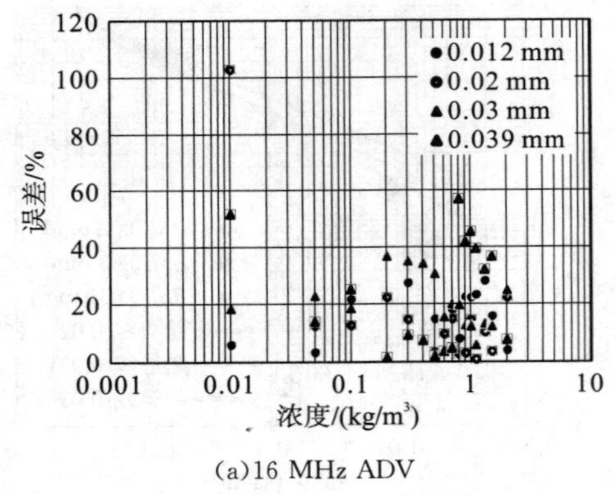

(a)16 MHz ADV

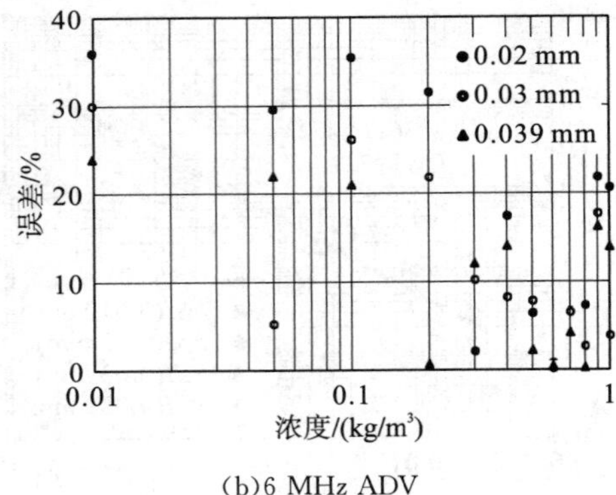

(b)6 MHz ADV

图 4-5　ADV 测量误差分布

可以看出，16 MHz ADV 测量误差大多在 40%以下，由于 4 种粒径下的测量数据进行了统一的趋势性分析，故误差偏大，而 6 MHz ADV 测量误差相对较小，大多在 20%以下。此外，浓度在 0.01 kg/m^3 附近时，浓度较小导致误差较大，浓度在 1 kg/m^3 左右时误差也较大，原因是 ADV 测量开始向盲区过渡。本次试验只对 ADV 进行了一次率定，如进行多次相同条件下的试验来率定，误差会有所减小。

综上所述，利用 ADV 进行泥沙浓度测量时，为增加可测量的浓度范围及测量精度，应尽量选择声波波长与泥沙粒径接近的 ADV。本测试中，实验室用 16 MHz ADV 测量时的 X 探头必须对准主流方向，而野外用 6 MHz ADV 则允许旋转倾斜，可将同一测次中不同旋转和倾斜角度下的各数据向同一坐标系转换。考虑到现场操作的操作性，采用 Nortek 公司生产的野外用声学多普勒流速仪 6 MHz ADV，其优点是可以进行高精度的三维流速测量，响应频率为 64 Hz，配置有罗盘、倾斜仪、压力和温度传感器。采取自容式测量，每个垂线点的间隔设置后自动测量，测量数据中包括声学逆向散射强度(响应频率为 64 Hz)，通过悬移质取样器确定的时均含沙量标定后，可确定水体含沙量的紊动浓度。

2. 悬沙取样器

悬沙取样器主要用来确定含沙量，由水泵、吸水管和固定装置组成，如图 4-6 所示。通过压力差将浑水抽至容器内，在实验室采用过滤、烘干、称重法确定含沙量，并通过激光粒度分析仪确定泥沙粒径级配。

为了不影响 ADV 的测量，吸水管头部固定在 ADV 测量水团的后方。悬沙取样器配合测量架使用，通过测量架使吸水管头部深入水体某一预设深度处时，开启水泵进行取样，完成取样后关闭水泵。

图 4-6　悬沙取样器

3. 床沙取样器

床沙取样器为重力式取样器，包括吊环、细钢丝、取样钢管、取样衬管、连接套筒、腔体、钢筋、斜角钢管、抵挡套筒、密封钢刀片、刀片弹簧、转动杆、转动杆弹簧、密封带、软管、重力式框架和重力块。重力块安装在重力式框架底部，吊环连接到取样钢管一起固定到重力式框架中间位置，取样钢管装置多个取样衬管，连接套筒由密封带密封，取样钢管底部连接腔体，腔体内布置采样封底装置，斜角钢管与取样钢管靠钢筋固定连续，密封钢刀片由抵挡套筒顶托，抵挡套筒由转动杆稳定，转动杆由转动杆弹簧拉力稳定，细钢丝穿过软管连接转动杆，转动杆释放抵挡套筒，刀片弹簧引发密封钢刀片下切进行取样钢管封闭，如图 4-7 所示。

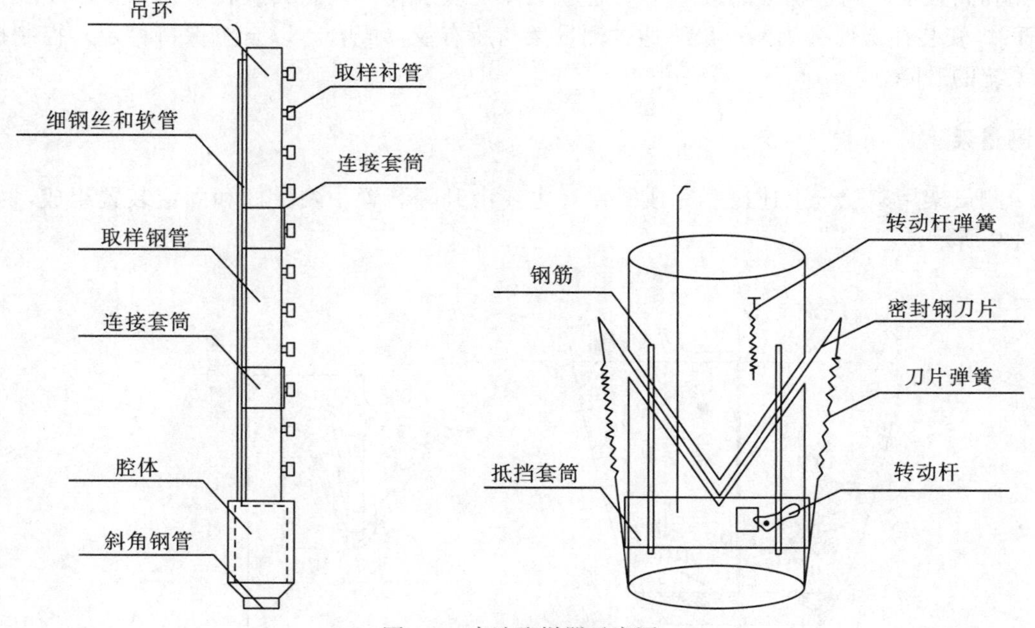

图 4-7　床沙取样器示意图

床沙取样器与水下摄像系统配合测量。下水前打开密封钢刀片，整个采样钢管贯通，通过水下摄像系统观测取样器与斜角钢管在自重下深入淤泥层，提升细钢丝后转动杆旋转，释放抵挡套筒，刀片弹簧的拉力将密封钢刀片向下拉，从而密封取样钢管。将取样器取出水面，通过取样钢管上安装的取样衬管，按不同深度取出淤泥，完成取样。

4. 水下摄像系统

水下摄像系统包括摄像头、光源、图像处理系统。摄像头和光源配合捕捉河床泥沙的起悬运动，图像处理系统与摄像头和光源连接，接收摄像头和光源的信号，用于对信号进行处理、分析，如图 4-8 所示。

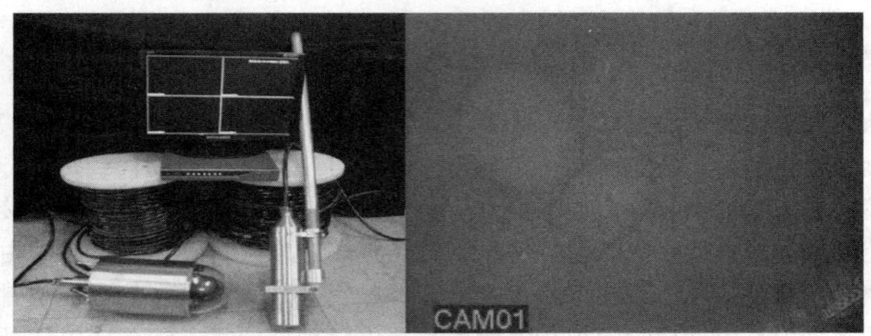

图 4-8 水下摄像系统

摄像头和光源通过 150 m 防水数据线连接图像处理系统；摄像头采用高强度的防撞外壳和高强度、高透明度的玻璃罩，通过图像处理系统可控制其旋转；光源采用 4 个强 LED 灯安装在摄像头周围；最终通过测量架与所有仪器配合，以自重保持稳定，控制摄像系统的升降。

5. 测量架

测量架用来配合上述仪器完成测量，主要由升降装置、测量杆和固定装置组成，如图 4-9 所示。

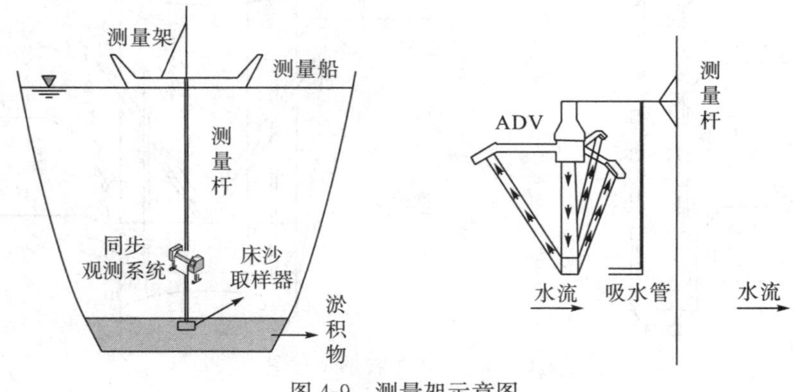

图 4-9 测量架示意图

升降装置直接采用测量船上的升降系统，如图 4-10 所示。

图 4-10　测量架升降装置

固定装置用来固定 ADV、悬沙取样器、床沙取样器和水下摄像系统，底部安装重力块，并设有尾翼防止旋转，如图 4-11 所示。

图 4-11　测量架固定装置

4.1.2　原型观测方案

现场测量在两个典型的淤积河段实施，即忠县皇华城河段和奉节臭盐碛河段。两个河段分别布置 8 个和 5 个断面，每个断面上布置 3 条或 4 条垂线，每条垂线上从水面至河床布置 6～10 个测点，总计 41 条垂线，320 个测点。底部测点距河床 0.5 m，顶部测点距水面 1 m，测点间距 5～10 m，因水深不同而不同，从河床至水面逐渐变稀疏。对各测量断面以 S 编号，每个断面上的垂线从左岸至右岸按照 L1～Ln 编号，每条垂线上的测点从河床至水面按照 H1～Hn 编号，测量断面、垂线及测点布置示意图如图 4-12 所示。

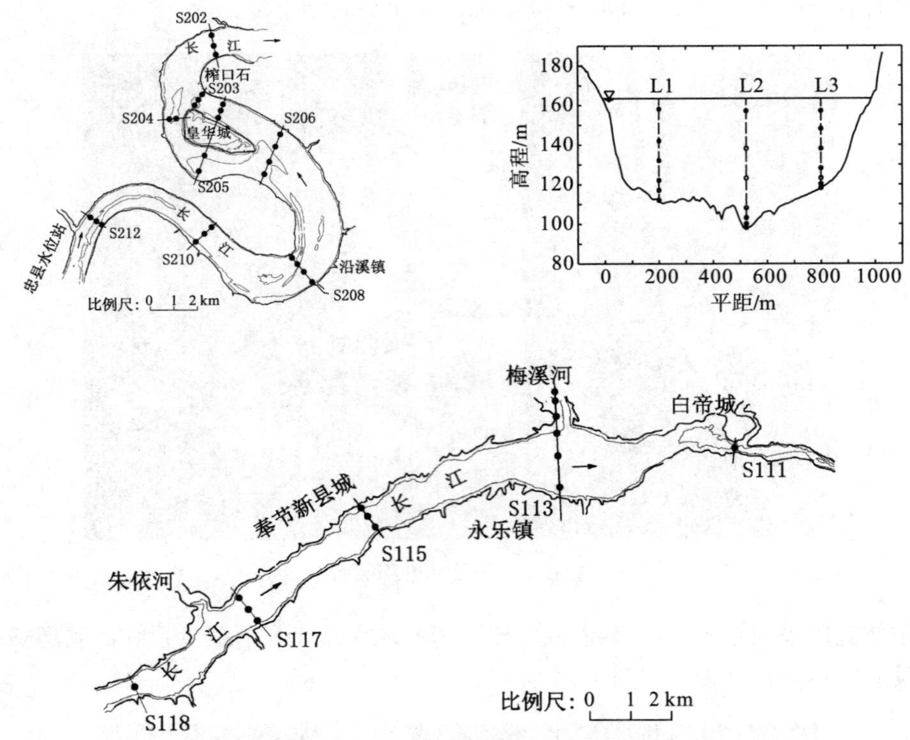

图 4-12 现场测量断面、垂线及测点布置

根据以上测量布置，各测点的统计见表 4-3 和表 4-4。

表 4-3 皇华城河段测点统计

序号	测量断面	垂线数	测点数
1	S202	3	24
2	S203	3	25
3	S204	2	14
4	S205	5	35
5	S206	4	26
6	S208	4	27
7	S210	3	20
8	S212	3	22
合计		27	193

表 4-4 奉节河段测点统计

序号	测量断面	垂线数	测点数
1	S111	1	11
2	S113	6	51
3	S115	3	27

续表

序号	测量断面	垂线数	测点数
4	S117	3	28
5	S118	1	10
合计		14	127

由于 ADV 只能测量单点的流速，为更准确地测量平均流速及其垂线流速分布规律等，采用 ADCP 进行断面流速的测量，ADV 测量垂线 ADCP 全部测量，并加密测量垂线，其布置见表 4-5 和表 4-6。

表 4-5　皇华城河段 ADCP 测量布置

序号	测量断面	垂线数	备注
1	S202	10	
2	S203	6	
3	S204	4	
4	S205	10	
5	S206	10	沿每条垂线方向按照 1 m 分层进行测量
6	S208	10	
7	S210	10	
8	S212	10	
合计		70	

表 4-6　奉节河段 ADCP 测量布置

序号	测量断面	垂线数	备注
1	S111	5	
2	S113	13	
3	S115	9	
4	S117	7	沿每条垂线方向按照 1 m 分层进行测量
5	S118	5	
6	MX1	5	
合计		44	

基于以上测量布置，测量的主要内容如下：

(1)用 ADV 测量皇华城河段 193 个测点和奉节河段 127 个测点 E、N、U 3 个方向的瞬时流速和含沙量、水深、水温、水压，确定瞬时流速和含沙量。

(2)用悬沙取样器对每个测点(共 320 个)取样，确定含沙量。

(3)用床沙取样器在忠县河段取样，确定干密度。

(4)对所有悬移质和床沙沙样进行粒径分析。

(5)用水下摄像系统拍摄每条垂线床面处的泥沙运动情况。

(6)用 ADCP 测量平均流速分布。

(7)用回声测深仪测量各垂线位置的水深。

上述测量内容不能在现场全部得出，多数需要在实验室内进行分析，且各内容需要相互结合，如瞬时流速和含沙量的测量需要根据悬沙取样获得的平均含沙量率定其与平均声波强度的关系，进而用与流速同步的瞬时声波强度计算含沙量，最终得到同步的瞬时流速和含沙量。

4.1.3 原型观测结果

1. 泥沙粒径

利用激光粒度分析仪，对床沙和悬移质粒径进行分析，部分结果如图 4-13 所示。

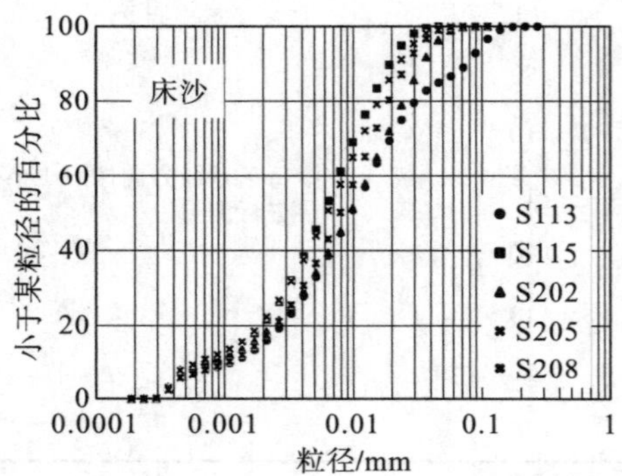

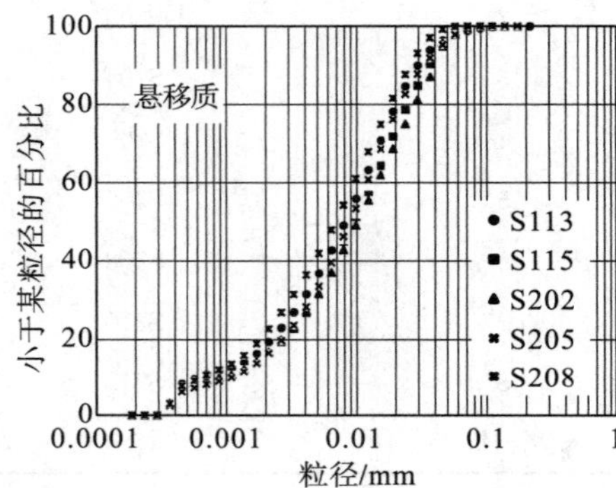

图 4-13 床沙及悬移质粒径级配图

结果表明，各测点粒径大小相近，多在 4～10 μm 之间，且床沙和悬移质的粒径级配无太大差别。图 4-14 所示为 S111 断面粒径以及所有垂线中值粒径 D_{50} 沿水深的分布，其中距离河床为 0 以及 $y/h=0$ 处的横坐标值代表床沙粒径。

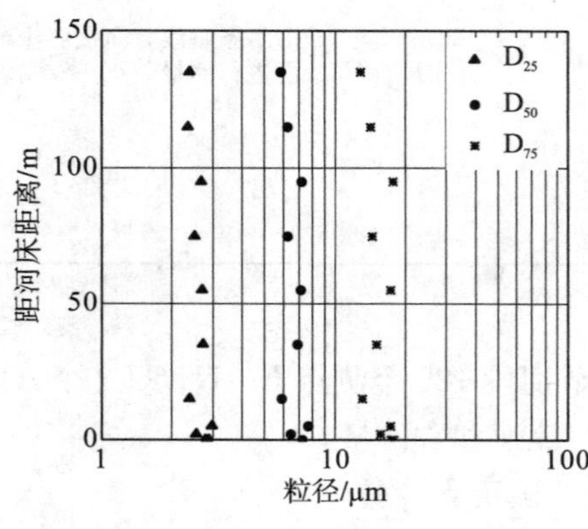

(a)S111 断面 D_{25}、D_{50} 和 D_{75} 垂线分布

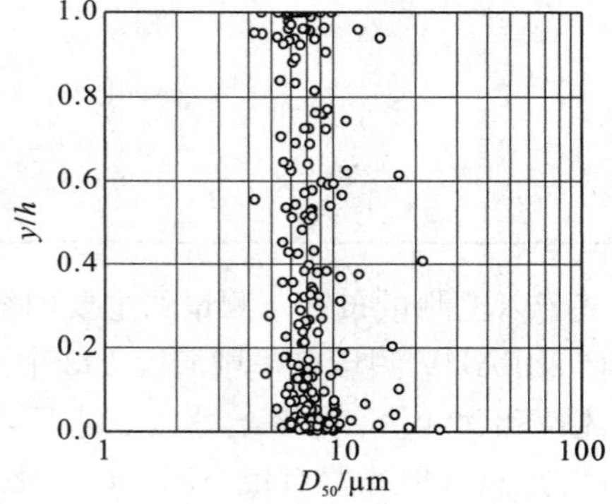

(b)D_{50}垂线分布

图 4-14 泥沙粒径的垂线分布规律

图 4-14 表明各垂线泥沙颗粒级配相同，粒径沿水深无明显变化。库区泥沙中值粒径多在 4～10 μm 之间，属于粉砂。

2. 含沙量垂线分布

根据悬沙取样器取得的沙样，在实验室内通过过滤、烘干、称重法确定各测点的平均含沙量，如图 4-15 所示。

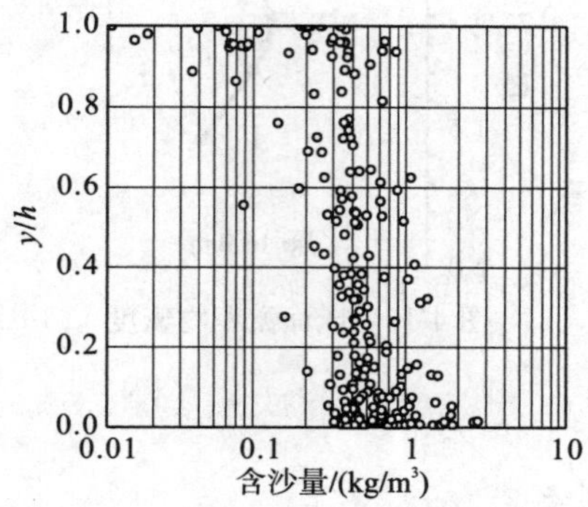

图 4-15　实测悬移质含沙量的垂线分布

可以看出，含沙量大多在 0～1 kg/m^3 之间，根据前述 ADV 测试的结果，根据声波强度率定含沙量时能满足一定的精度，部分浓度大于 1 kg/m^3 的现场测量，其精度可能稍差。

3. 床沙形态

利用水下摄像系统拍摄了床沙淤积形态录像，图 4-16 所示为部分测点的录像截图。

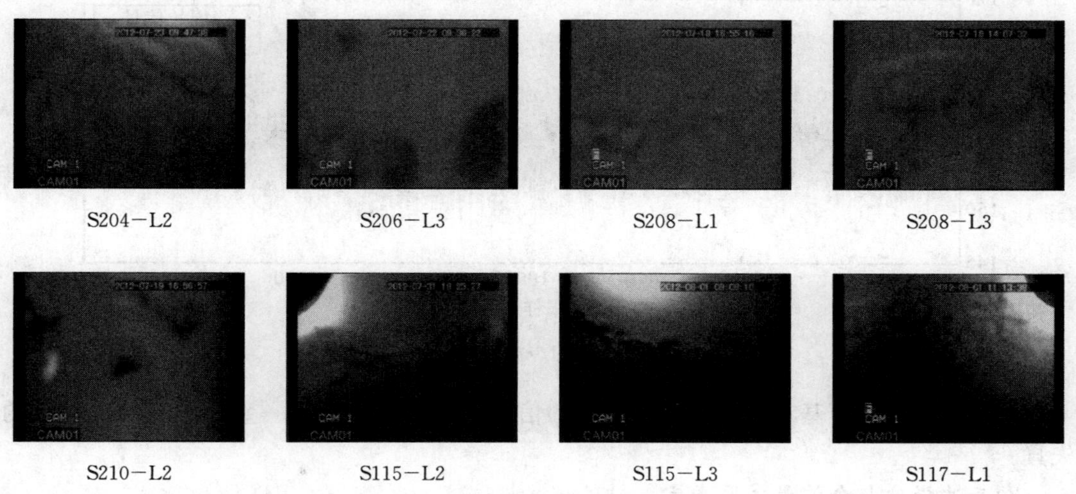

图 4-16　床沙形态录像

现场的清浑水交界面较为明显，表层淤积物类似浮泥和絮凝的结构。通过对床沙取样淤泥的分析，表层新淤泥的相对密度约为 1(图 4-17)，符合浮泥或絮凝体的特征。

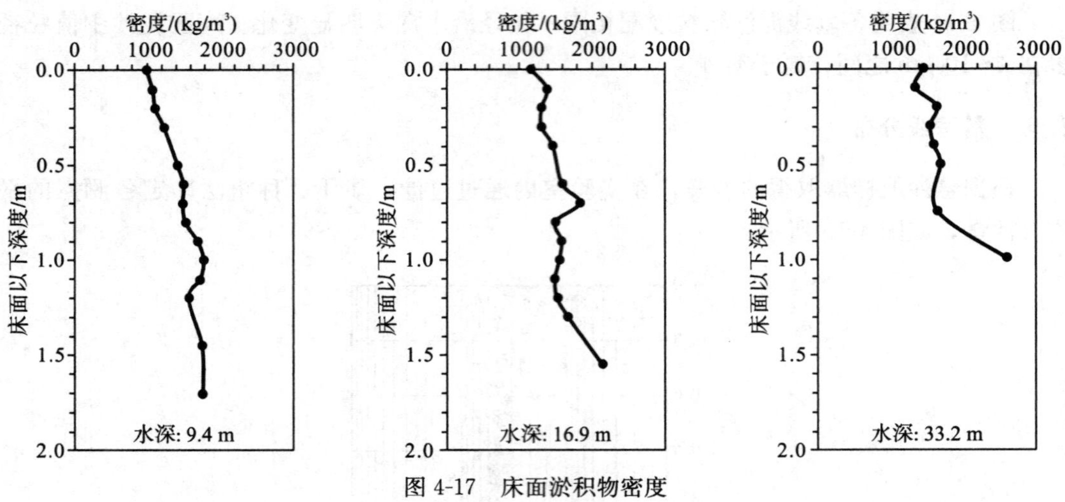

图 4-17　床面淤积物密度

4. 瞬时流速和含沙量

1）ADV 声波强度信号去噪

采用声学测量设备进行现场测量时不可避免地存在噪声，这里采用小波分析去噪。小波分析时所选取的小波函数并不是唯一的，选择和构造一个正交小波要求其具有一定的紧支撑性、平滑性和对称性。小波函数的紧支撑性是空间局部性质的保证，紧支宽度越窄或衰减越快，小波的局部化特性越好；平滑性是频率分辨率高低的保证；对称性即子波的滤波特性有线性相移，并且不会造成信号失真。因此，小波函数的选取只能针对具体的信号提出具体的方案。对本次现场测量的 ADV 信号，通过测试，选择 Daubechies5 小波函数进行去噪，原始信号与去噪后的信号对比如图 4-18 所示。

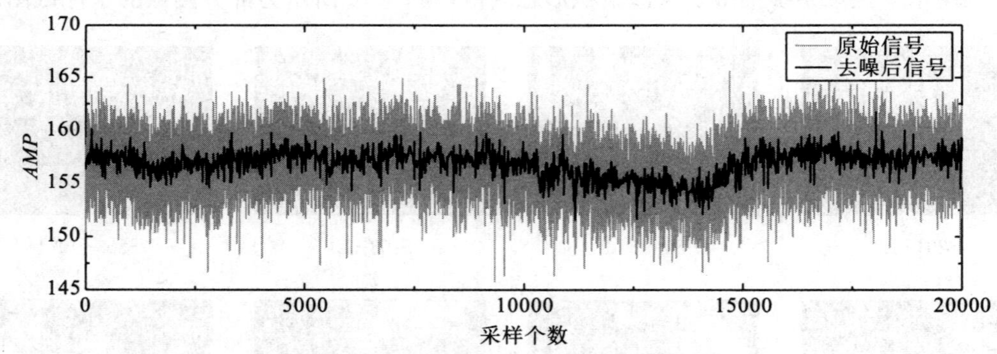

图 4-18　小波去噪后的声波信号与原始信号对比

可以看出，噪声基本被去除，处理后的信号与原始信号趋势一直，没有发生明显的失真。

2）声波强度与含沙量关系率定

经小波去噪后的 ADV 信号同样采用式(4-2)计算得到 *BSI*，根据室内测试，系数 a 取 1×10^{-6}。由于悬移质取样所得含沙量是某一时段内的平均含沙量，所以率定声波强度与含沙量的关系时，*BSI* 也应取对应时段内的平均值。根据前述敏感性分析和室内测试结果，ADV 对不同粒径泥沙颗粒的敏感性不同，故对现场测量数据按中值粒径范围分为 13 组，见表 4-7。由于中值粒径较大时测量数据偏少，因此分组时粒径范围较宽。

表 4-7　中值粒径分组及其对应斜率和截距

组次	中值粒径范围/μm	平均中值粒径/μm	斜率	截距	组次	中值粒径范围/μm	平均中值粒径/μm	斜率	截距
1	4~6	5.49	1.0817	1.1868	8	9~10	9.33	1.6849	1.4112
2	6~6.5	6.22	1.0987	1.2153	9	10~11	10.45	1.6070	1.4261
3	6.5~7	6.78	1.0590	1.2200	10	11~12	11.96	1.7489	1.4979
4	7~7.5	7.26	1.1176	1.2398	11	13~16	14.57	2.5568	1.7137
5	7.5~8	7.70	1.1048	1.2175	12	16~19	17.87	—	—
6	8~8.5	8.32	1.3807	1.3411	13	20~25	21.69	—	—
7	8.5~9	8.71	1.5915	1.4501					

分组后各中值粒径范围下 *BSI* 与含沙量的关系如图 4-19 所示。从左上至右下依次对应组次为 1~11。

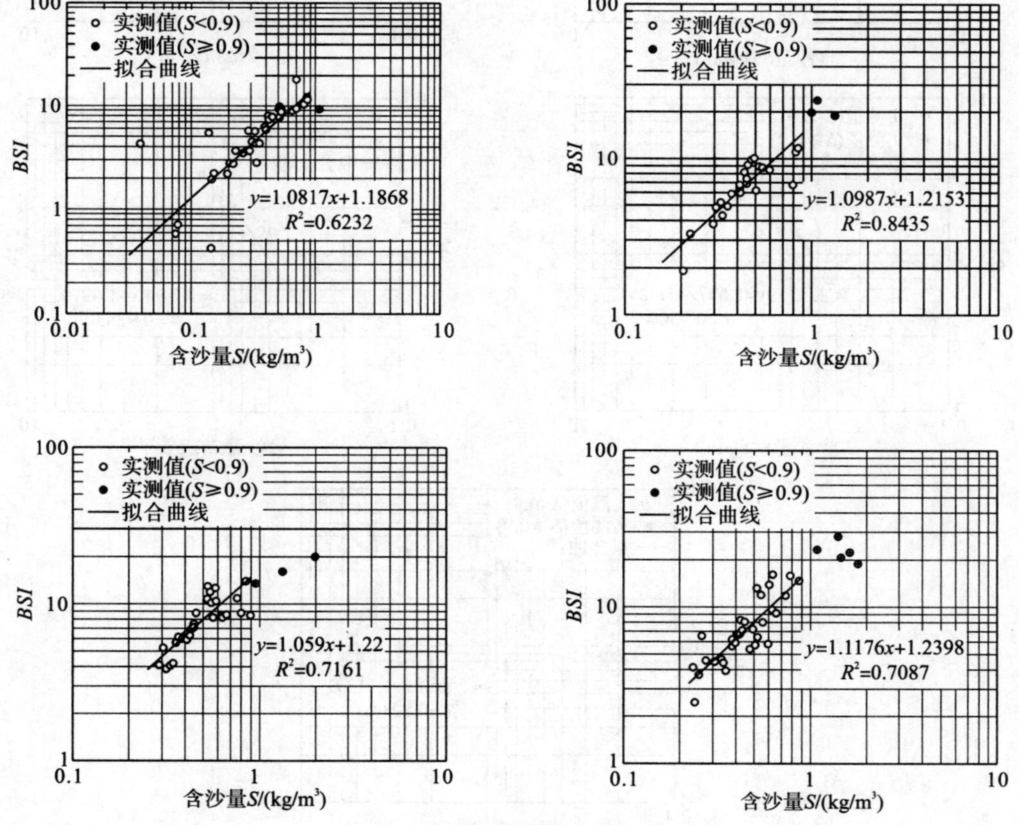

图 4-19　*BSI* 与含沙量的关系

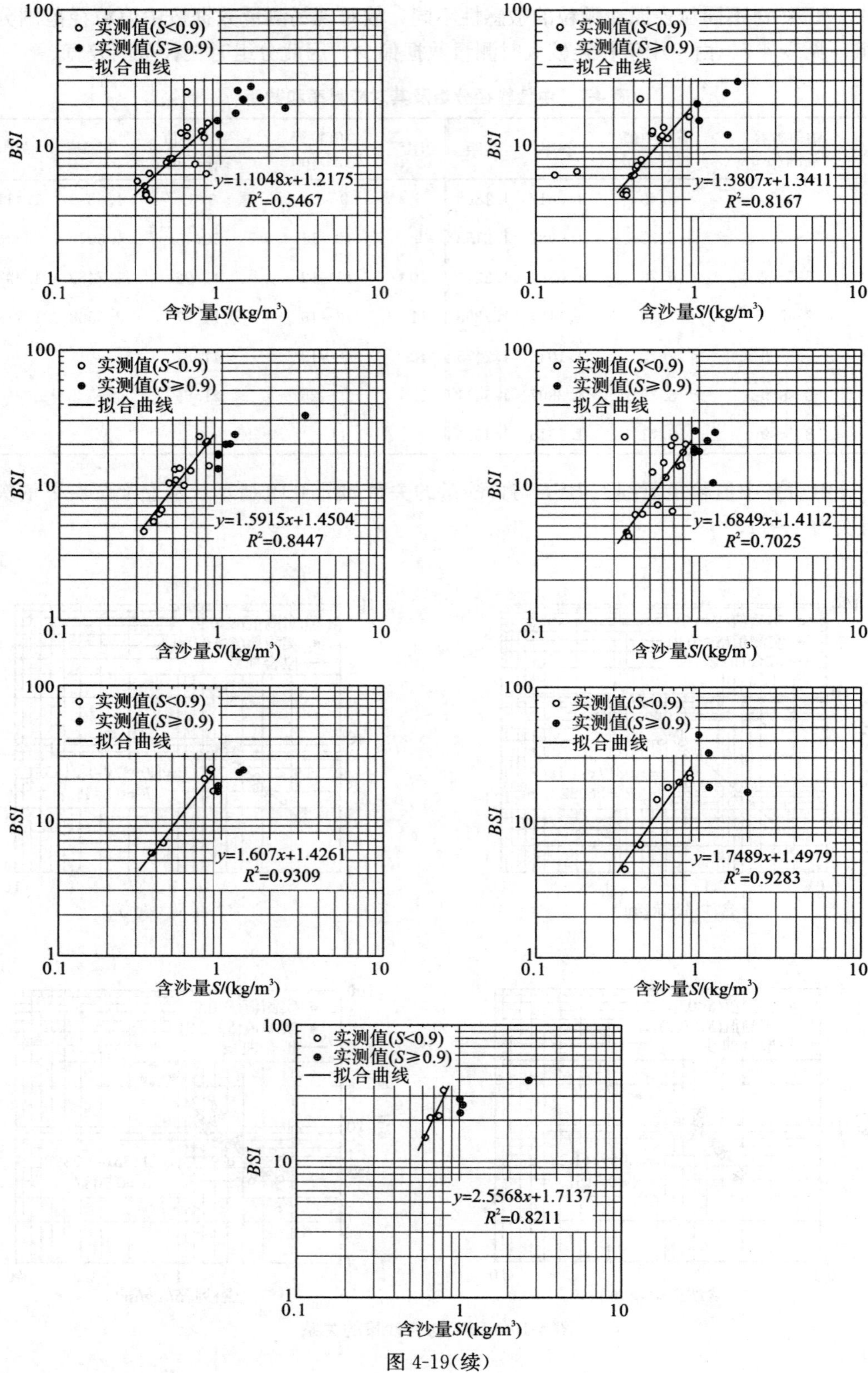
实测值(S<0.9)
实测值(S≥0.9)
拟合曲线
BSI
含沙量S/(kg/m³)
y=1.1048x+1.2175
R²=0.5467
y=1.3807x+1.3411
R²=0.8167
y=1.5915x+1.4504
R²=0.8447
y=1.6849x+1.4112
R²=0.7025
y=1.607x+1.4261
R²=0.9309
y=1.7489x+1.4979
R²=0.9283
y=2.5568x+1.7137
R²=0.8211

图 4-19(续)

可以看出，如前述 ADV 测试所示，存在一个含沙量约为 0.9 kg/m^3 的分界点，小于该值时 *BSI* 与含沙量在双对数坐标下呈线性关系，大于该值后线性关系的斜率发生变化。现场测量的含沙量多数都小于此分界点，据此将每组含沙量分为两部分，对含沙量较小的情况，*BSI* 随含沙量的变化关系如图 4-19 中趋势线，对比前 11 组(后两组数据含沙量多在分界点后)中值粒径下的趋势线，可知其斜率和截距随中值粒径的变化而变化，不同平均中值粒径对应的斜率和截距见表 4-7。为确定斜率和截距，线性拟合二者与中值粒径的关系如图 4-20 所示。

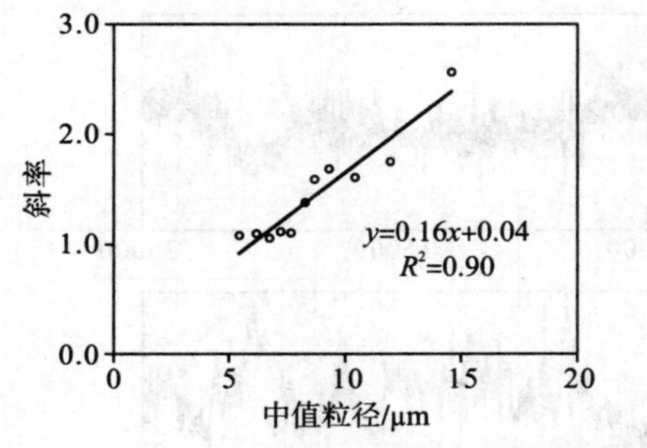

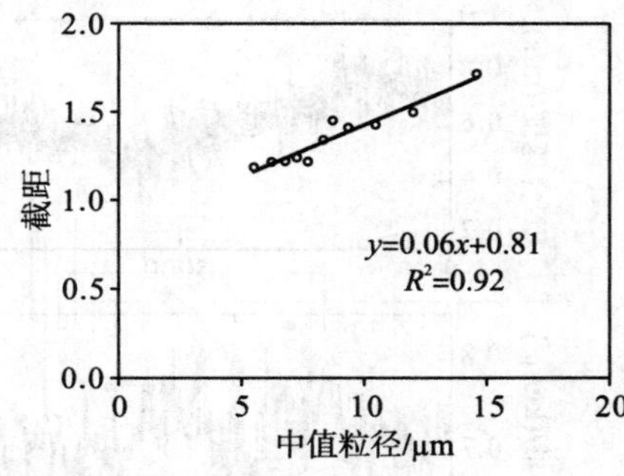

图 4-20　斜率和截距随中值粒径变化关系

图 4-20 表明，斜率和截距均可写成中值粒径的线性函数，相关系数均在 0.9 以上。这一线性关系与图 4-1 中声波强度的敏感性原理相符，即在双对数坐标下，声波强度对粒径的敏感性随粒径的减小线性降低，说明对斜率和截距的线性拟合是合理的。通过上述分析可得 *BSI* 与含沙量的关系式：

$$\log BSI = k \times \log S + b \tag{4-3}$$

式中，斜率 $k=0.16D_{50}+0.04$，截距 $b=0.06D_{50}+0.81$，D_{50} 为中值粒径(μm)，适用于含沙量 $S<0.9$ kg/m^3 的情况。经过粒径分组后，每组粒径范围内含沙量大于 0.9 kg/m^3 的不多，故将其统一分析，认为 *BSI* 与含沙量也呈线性关系且斜率和截距的计算同式(4-3)，只是其中的系数 k 和 b 值不同，线性拟合后可得斜率 $k=0.1D_{50}+1.7$，截距 $b=0.04D_{50}+0.7$，D_{50} 同上，适用于含沙量 $S \geqslant 0.9$ kg/m^3 的情况。值得注意的是，由于现场测量时泥沙的粒径、水温、水质及流速等与实验室不同，在实验室内率定的关系基本不可用，斜率相差较大。

至此可根据中值粒径确定 k 值和 b 值，带入式(4-3)中计算含沙量，实测含沙量与计算含沙量的对比如图 4-21 所示。

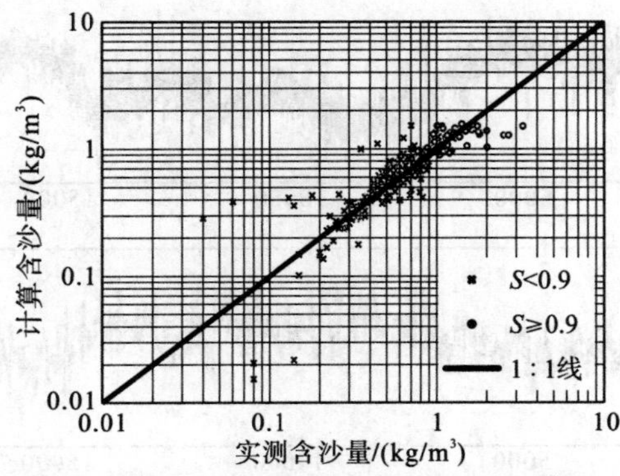

图 4-21　现场取样实测含沙量与计算含沙量的对比

可以看出，除部分较低浓度和较高浓度偏差较大外，计算含沙量与实测含沙量基本相等，$S<0.9\ \text{kg/m}^3$ 的相关系数为 0.77，$S\geqslant 0.9\ \text{kg/m}^3$ 的相关系数为 0.6。

3)瞬时流速和含沙量

将小波过滤后的瞬时 BSI 带入标定的含沙量与声波强度的关系式(4-3)，可将其转化为瞬时含沙量。考虑到其计算的平均含沙量 S_c 与实测含沙量 S_o 有一定的差异，利用该公式计算瞬时含沙量时乘以一个放大系数 S_o/S_c，以使计算的平均含沙量与实测含沙量相等。图 4-22 所示为计算的 4 个不同测点的瞬时含沙量及同步测量的瞬时流速。

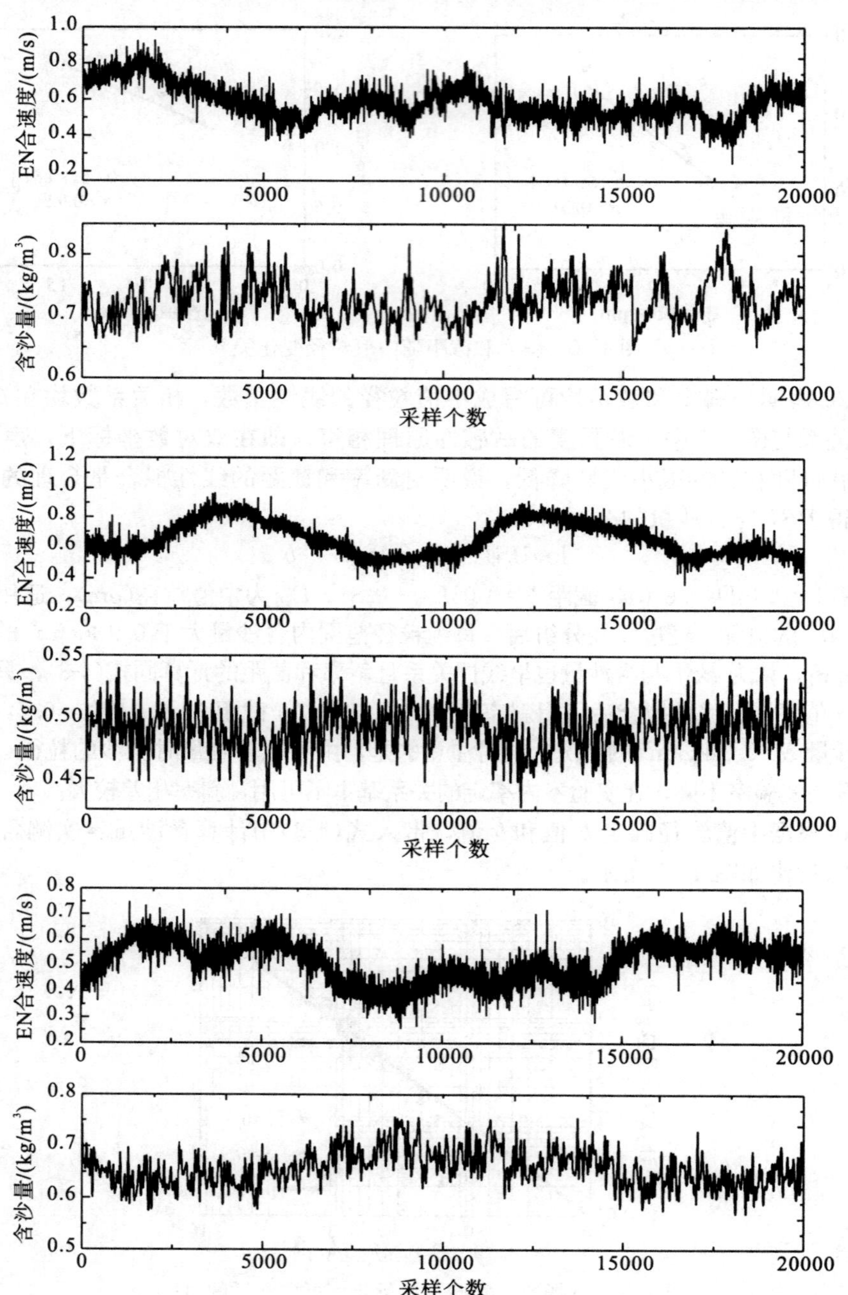

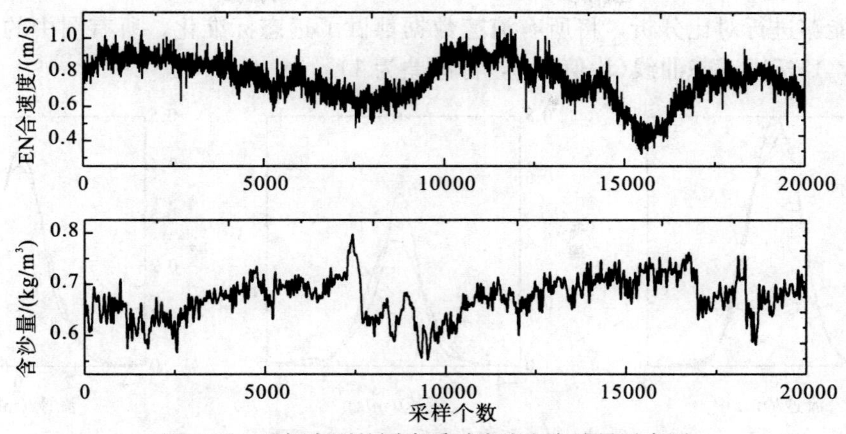

图 4-22　现场实测的同步瞬时流速和含沙量示意图

5. 库区水流运动规律

1)垂线流速分布

利用 ADCP 测量各垂线的流速分布，每条垂线以 1 Hz 的频率测量约 5 min，约测得 300 组数据，取其平均值作为垂线的平均流速。部分断面的中垂线平均流速如图 4-23 所示。

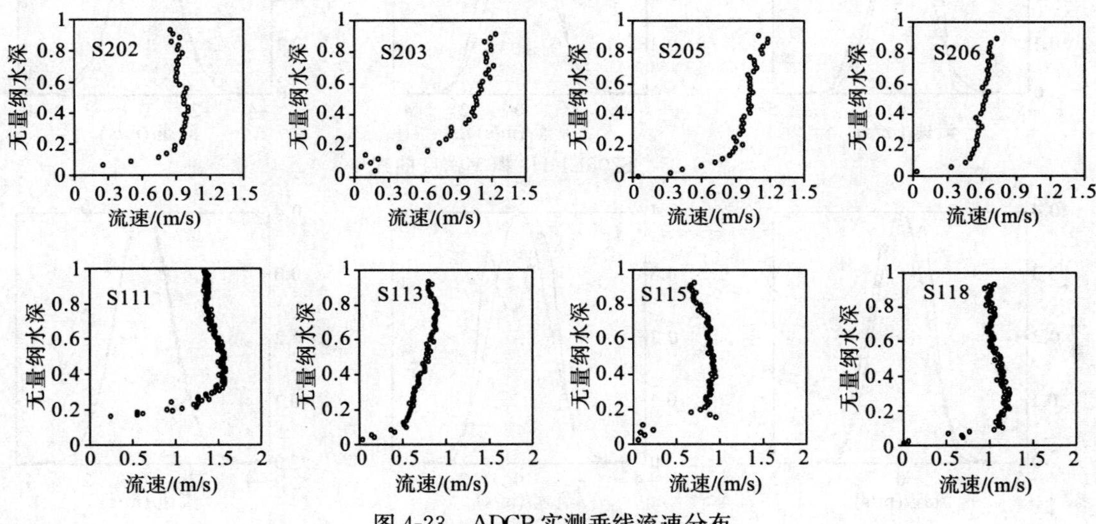

图 4-23　ADCP 实测垂线流速分布

图 4-23 表明，实测垂线流速分布较为合理。忠县河段(S202、S203、S205、S206)水深相对较小，测点相对稀疏，断面 S206 较宽，流速相对较小。奉节河段(S111、S113、S115、S118)水深较大，测点较密，断面 S113 较宽，流速相对较小。此外，忠县河段水面附近未发现流速减小的趋势，而奉节河段水面附近有明显的流速减缓的趋势。

2)流速概率密度

邓联木(2001)和卢金友(2005)通过长江实测数据分析结果，提出天然河流中自由紊流区流速紊动值的概率密度函数可近似用正态分布来描述，但在近壁强剪切紊流区的流速紊动值的概率密度函数为偏态分布。此处列出每条垂线底部、中部、顶部的 3 个测量点 3 个方向紊动速度的概率密度曲线(图 4-24 至图 4-35)，并与标准正态分布进行对比。

为了各图能够进行对比分析，将所有流速数据都做了正态标准化。所有图中的正态分布曲线为(0，1)标准正态曲线(均值为0，标准差为1)。

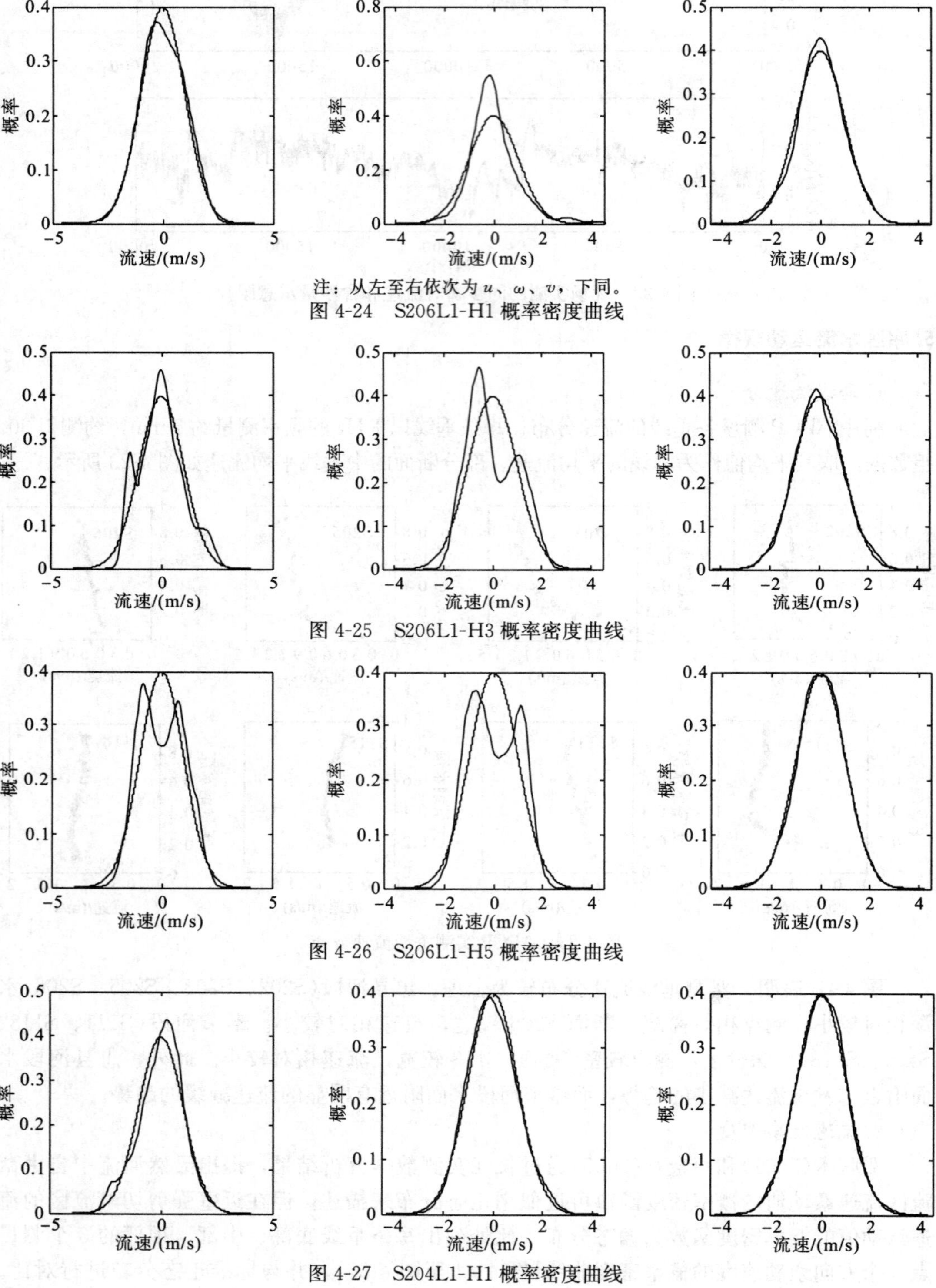

注：从左至右依次为 u、ω、v，下同。

图 4-24　S206L1-H1 概率密度曲线

图 4-25　S206L1-H3 概率密度曲线

图 4-26　S206L1-H5 概率密度曲线

图 4-27　S204L1-H1 概率密度曲线

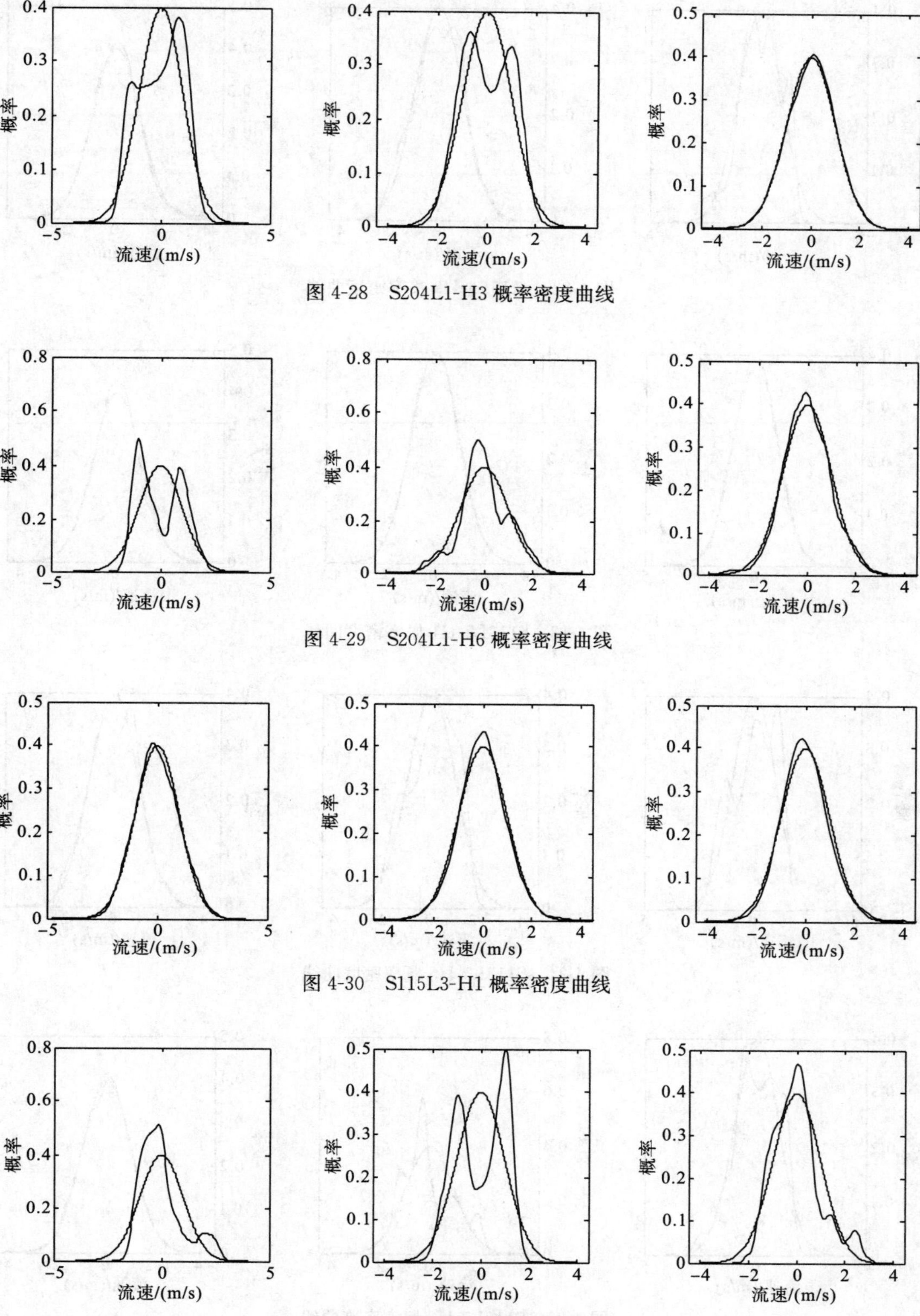

图 4-28　S204L1-H3 概率密度曲线

图 4-29　S204L1-H6 概率密度曲线

图 4-30　S115L3-H1 概率密度曲线

图 4-31　S115L3-H5 概率密度曲线

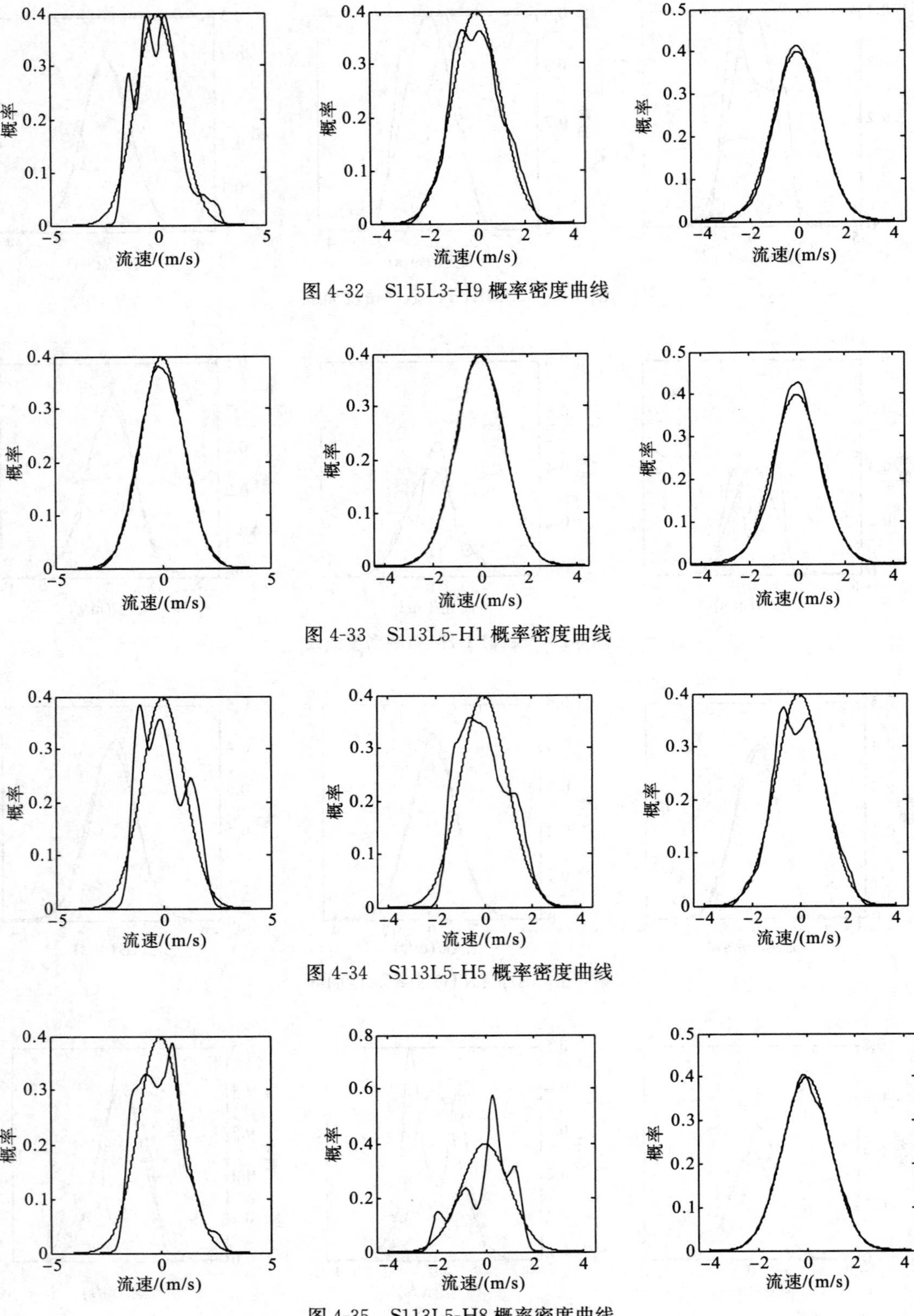

图 4-32 S115L3-H9 概率密度曲线

图 4-33 S113L5-H1 概率密度曲线

图 4-34 S113L5-H5 概率密度曲线

图 4-35 S113L5-H8 概率密度曲线

可以看出，从整体上看，每个测量点的垂向紊动速度基本符合正态分布。对于每条垂线，底部测量点 3 个方向上概率密度曲线与标准正态分布比较接近，中部和顶部测量点的概率密度与正态分布相差较大，在概率密度曲线上出现两个或多个峰值，与邓联木(2001)和卢金友(2005)的研究结果有些出入。速度值在均值左右较稳定时，紊动流速概率密度曲线与正态分布接近；速度值在均值左右变动较大时，紊动流速概率密度就与正态分布差异较大。

3)雷诺应力分布

在紊流中，水流切应力可分为两部分：黏滞切应力、雷诺切应力。其表达式为 $\tau=\tau_v+\tau_t$，式中 $\tau_v=\mu\dfrac{\mathrm{d}u}{\mathrm{d}y}$ 为黏滞切应力，$\tau_t=\rho\overline{u'v'}$ 为雷诺切应力，u'、v' 分别为纵向、垂向的流速紊动值。雷诺切应力是水流紊动对时均流所产生的影响，因各处速度不相等而引起的动量交换结果。在充分紊流区，水流的黏性作用迅速减小，而紊动流速值的增大导致该区域雷诺切应力占主导地位，这时可以忽略水流黏性的影响。图 4-36 至图 4-40 所示为部分垂线的雷诺应力分布。

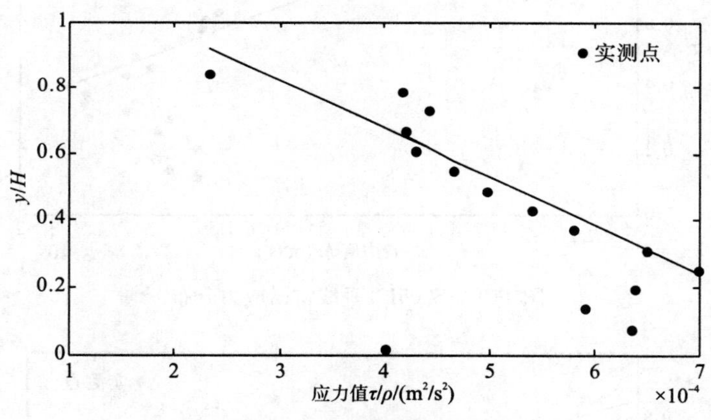

图 4-36 S208L4 垂线雷诺应力分布

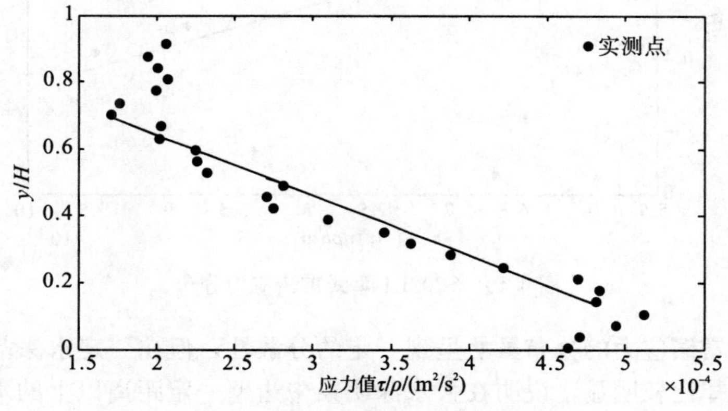

图 4-37 S206L4 垂线雷诺应力分布

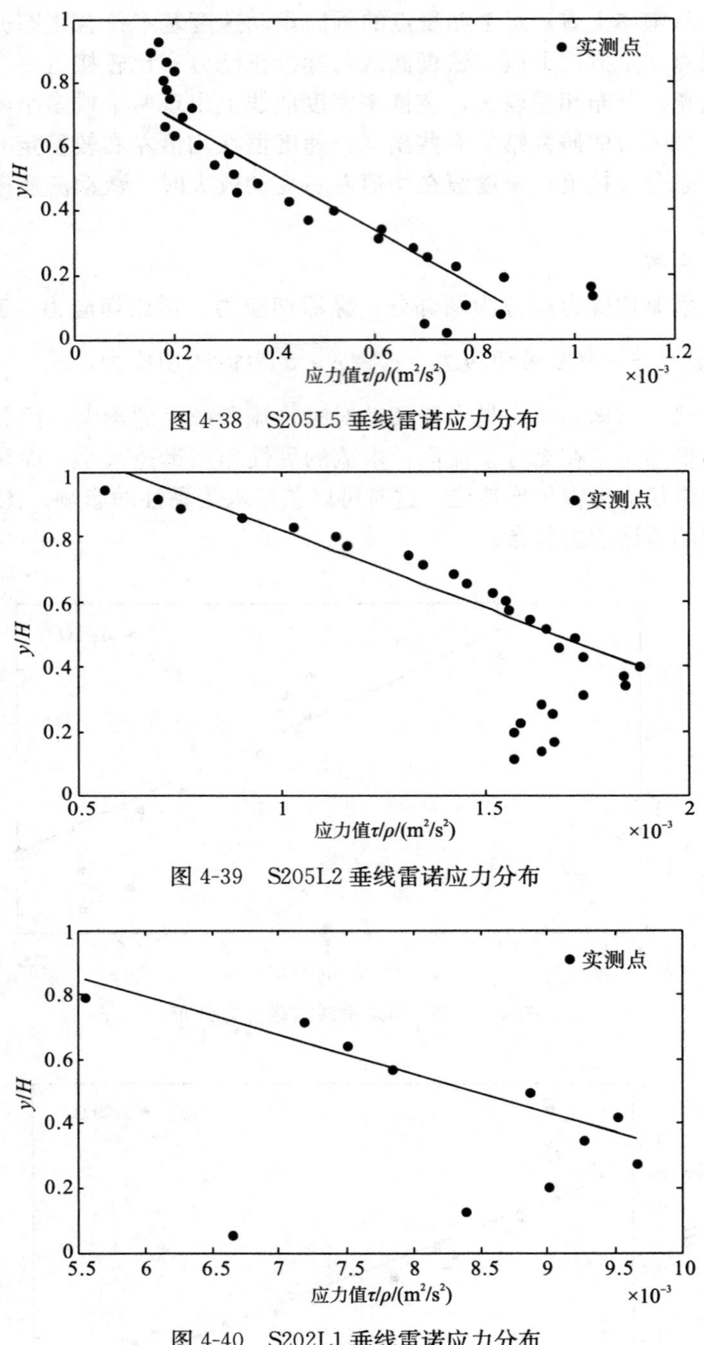

图 4-38　S205L5 垂线雷诺应力分布

图 4-39　S205L2 垂线雷诺应力分布

图 4-40　S202L1 垂线雷诺应力分布

可以看出，雷诺应力的分布虽然呈现一定的分散性，但在一定水深范围内雷诺应力呈线性分布的规律比较明显，说明在大水深明渠中边壁一定距离以上的水流雷诺应力与水深仍呈正比例关系。与实验室所不同的是，实验室雷诺应力分布通常在 0.2 倍相对水深处出现拐点，即内外区的分界处。而在大水深明渠中这个分界点存在一定的波动，从 0.1 倍相对水深到 0.4 倍相对水深不等，这与复杂的自然环境和水流的非均匀流体存在很大的关系。

4)紊流度

胡江(2009)等对明渠均匀紊流的水流结构进行研究，通过 PIV 测量了水槽中心线上纵断面径流向 u、垂向 v 两个方向的流速。对试验数据进行紊流度分析，拟合得出各经验系数：$D_u=2.05$，$D_v=1.21$，$C_k=1.25$。图 4-41 所示为在库区实测的部分垂线紊流度分布。

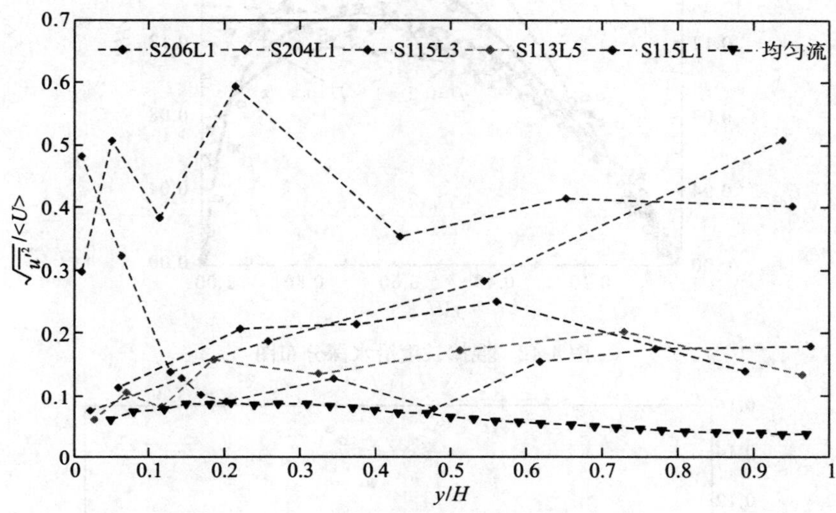

图 4-41　紊流度沿水深变化(见彩图)

可以看出，S206L1、S115L1、S115L3 和 S113L5 4 条垂线变化较为一致，中间紊流度大，两边紊流度小。与均匀流紊流度相比，在大水深明渠内，湍流运动紊动强度较大。

5)混掺长度

通过涡黏性模型解决紊流基本方程的封闭问题，采用涡黏度 μ_t 建立雷诺应力与流场中时均量之间的关系：

$$\tau_t=-\rho\overline{u'v'}=\mu_t\frac{d\bar{u}}{dy}\tag{4-4}$$

混掺长度 l 由普朗特首次提出，表示液体微团在运动一定的路程后才同附近其他液体混掺，液体微团经过的这段路程被称做混掺长度，定义为

$$-\overline{u'v'}=l^2\left(\frac{d\bar{u}}{dy}\right)^2\tag{4-5}$$

因此，利用实测流速可以计算大水深明渠水流中的混掺长度：

$$l=\sqrt{\frac{-\overline{u'v'}}{\left(\frac{d\bar{u}}{dy}\right)^2}}\tag{4-6}$$

图 4-42 所示为一些学者的混掺长度实验室测量结果；图 4-43 至图 4-47 所示为现场部分测点实测的混掺长度沿水深分布图。

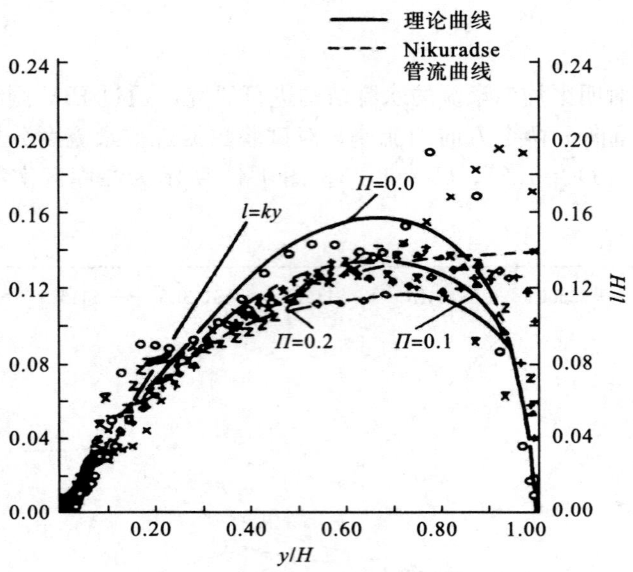

图 4-42 混掺长度沿水深分布图

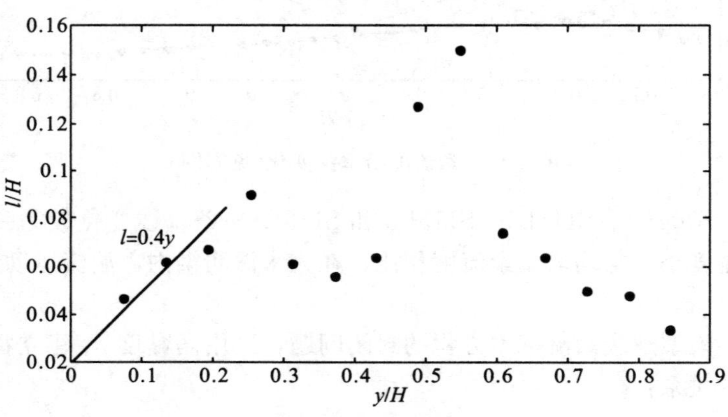

图 4-43 S208L4 垂线混掺长度分布

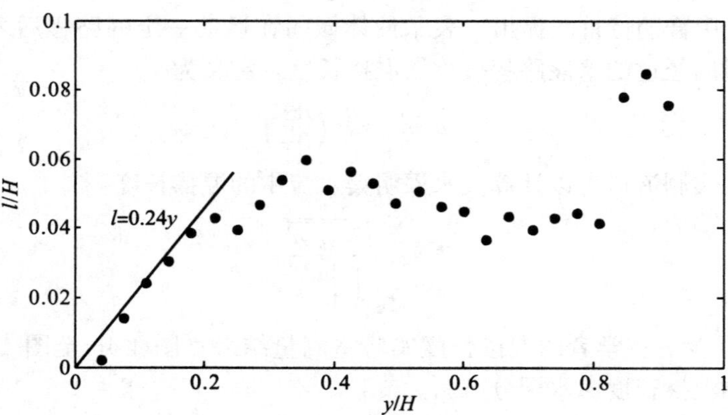

图 4-44 S206L4 垂线混掺长度分布

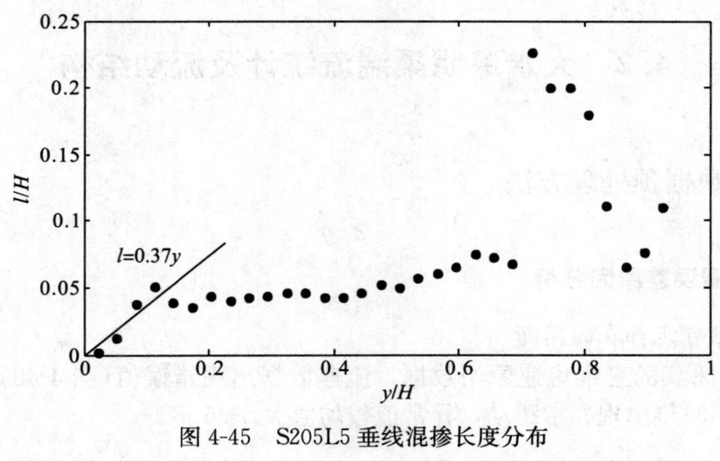

图 4-45　S205L5 垂线混掺长度分布

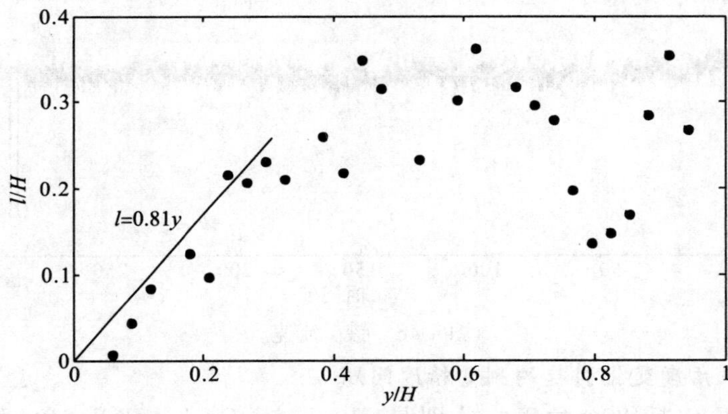

图 4-46　S205L2 垂线混掺长度分布

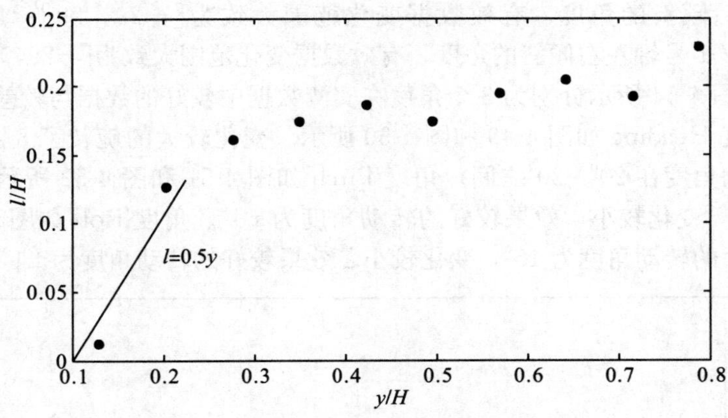

图 4-47　S202L1 垂线混掺长度分布

由于现场测量不易控制，加之天然水流自身紊乱，数据点比较分散，但还是呈现一定的规律。各测点在 0.2 倍相对水深范围内基本呈线性分布，斜率值即为卡门常数，在 0.4 左右。然而，以上结果多数表现出在水面附近并没有减小的趋势，这说明天然明渠中水面附近依旧存在强烈的动量交换。

4.2 大水深明渠湍流统计及流动结构

4.2.1 实测数据预处理方法

1. ADV 采集数据误差原因分析

1)流速数据可能存在的问题

查看 ADV 采集的三维流速原始数据，流速数据出现错误值(图 4-48)。速度值平稳正常，在某一个时刻出现异常跳动，异常值较均值大 5~6 倍。

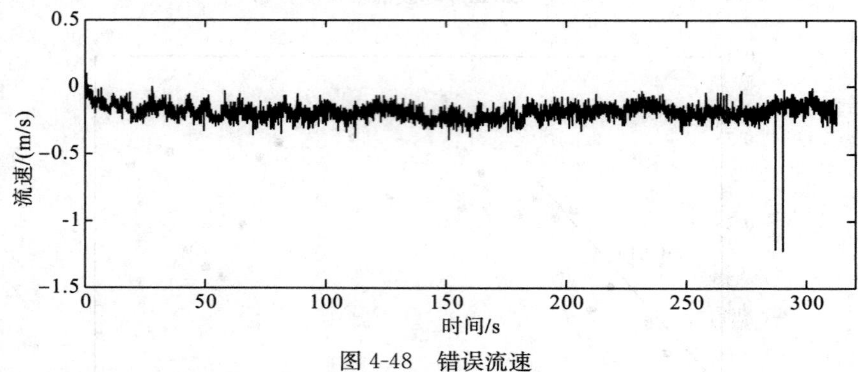

图 4-48 错误流速

2)ADV 方位角度变化引起的测量精度问题

ADV 方位角包括 3 个角度，分别是 Heading，Pitch，Roll。角度 Heading 表示 ADV-1 号轴与地理北极的夹角，数据变化范围为[0，360)；角度 Pitch 表示 ADV 基于 ADV-1 号轴前后倾斜的角度，有效数据变化范围大致为[-29，29]；角度 Roll 表示 ADV 基于 ADV-1 号轴左右倾斜的角度，有效数据变化范围大致为[-29，29]。

图 4-49 至图 4-54 所示分别为 3 个角度在实测数据中较好的数据与较差的数据。在实测资料中，角度 Heading 如图 4-49 和图 4-50 所示。变化较大的旋转了 3 圈，变化较小、效果较好的转动角度在 20°~30°之间。角度 Pitch 如图 4-51 和图 4-52 所示。变化较大的转动角度为 15°，变化较小、效果较好的转动角度为±1°。角度 Roll 如图 4-53 和图 4-54 所示。变化较大的转动角度为 15°，变化较小、效果较好的转动角度为±1°。

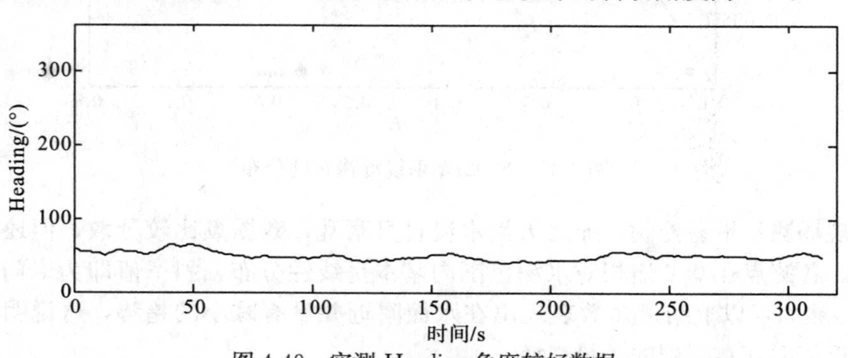

图 4-49 实测 Heading 角度较好数据

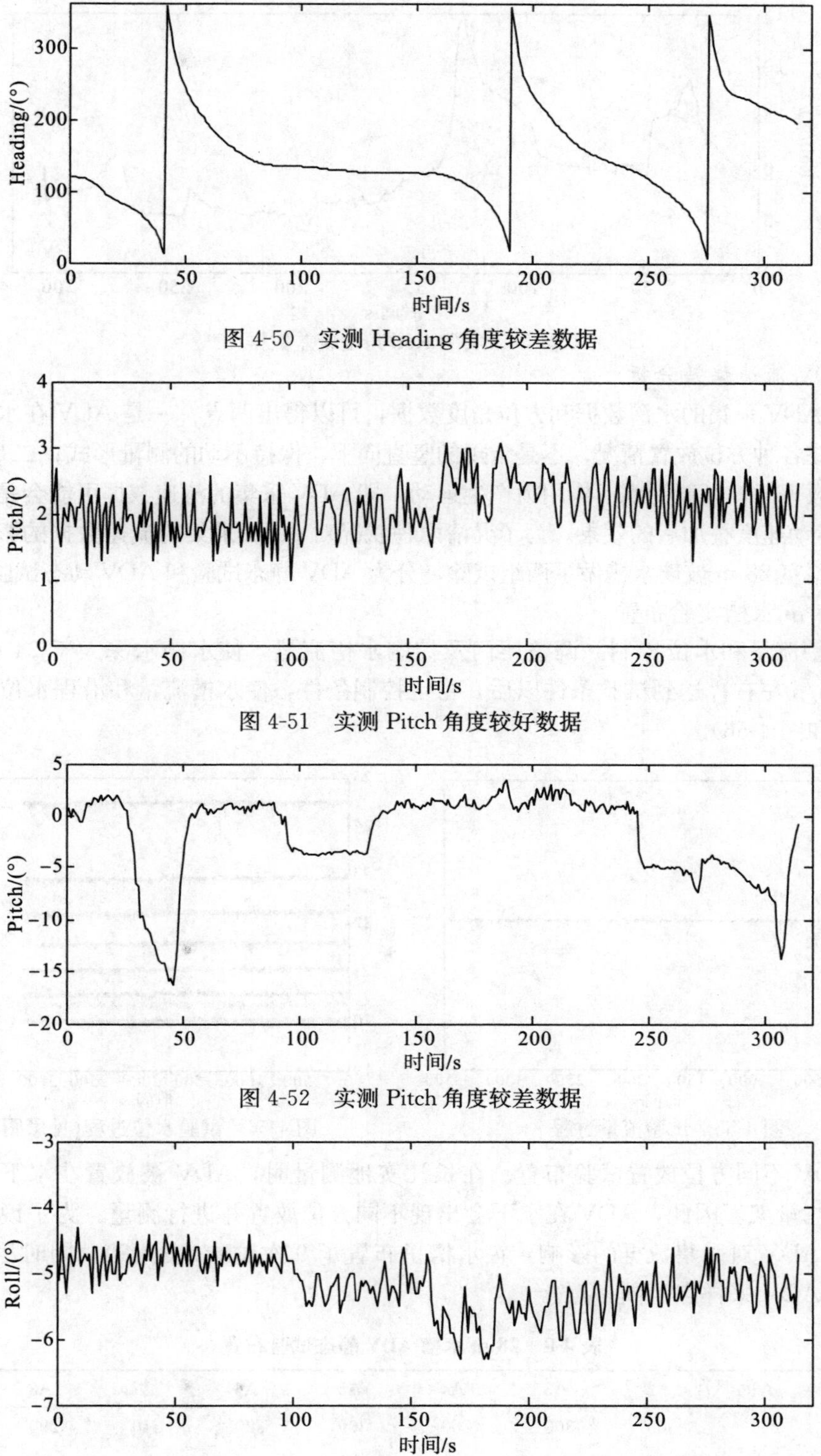

图 4-50　实测 Heading 角度较差数据

图 4-51　实测 Pitch 角度较好数据

图 4-52　实测 Pitch 角度较差数据

图 4-53　实测 Roll 角度较好数据

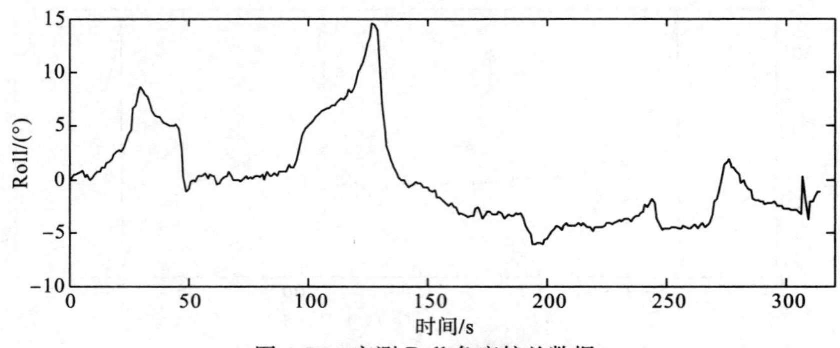

图 4-54 实测 Roll 角度较差数据

3)ADV 流速误差分析

分析 ADV 采集的水深数据和方位角度数据，可以得出两点：一是 ADV 在水下采集数据时，存在各种方位放置情况，不是常规的竖直向下、保持不动的测量形式；二是 ADV 在水下采集数据时，可能受水下作用力产生运动，即 ADV 采集的流速数据可能会是水流速度与 ADV 运动速度叠加后的效果。为了弄清两种状况对 ADV 采集的流速数据的影响，研究人员在实验室 28 m 玻璃水槽做了两组试验，分为 ADV 静态试验和 ADV 动态试验。

(1)28 m 水槽实验布置。

①水槽流量和水位控制。调整尾门及控制水槽流量，使水槽水深大于 24 cm，流速在 0.25 m/s 左右；达到试验条件以后，稳定控制条件，使水槽流量和沿程水位基本恒定(图 4-55 和图 4-56)。

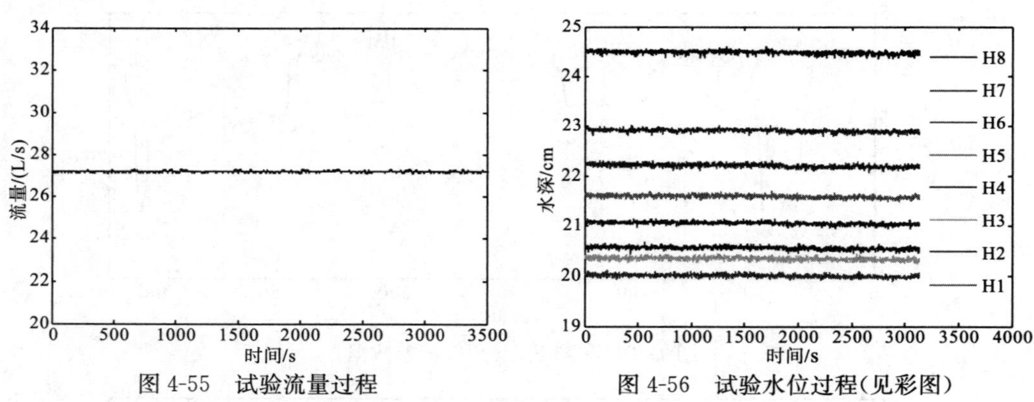

图 4-55 试验流量过程

图 4-56 试验水位过程(见彩图)

②ADV 不同方位放置试验布置。在长江实地测量时，ADV 被放置在水下，由缆绳控制升降测量架。因此，ADV 在水下会出现不同方位放置并进行测量。为了说明不同方位放置的 ADV 对采集数据的影响，在水槽里布置了 9 次试验(表 4-8)，同时尽量保证 9 次试验的 ADV 采样点为同一点。

表 4-8 28 m 水槽 ADV 静态试验布置

角度	A1	A2	A3	A4	A5	A6	A7	A8	A9
Heading	280°	300°	300°	280°	300°	320°	310°	290°	300°
Pitch	0°	10°	20°	0°	0°	10°	20°	10°	20°
Roll	0°	0°	0°	20°	−20°	−10°	−20°	10°	20°

③ADV 运动状态试验布置。为了说明 ADV 在运动状态下对采集数据的影响，研究人员在水槽里布置 5 次试验(表 4-9)，ADV 主轴(1 号轴)直下下游。

表 4-9　28 m 水槽 ADV 动态试验布置

角度	竖向旋转两圈/B1	基于主轴前后/B2	基于主轴左右/B3	基于主轴西北/B4	基于主轴东南/B5
Heading	0° ～ 360°	300°	300°	300°	300°
Pitch	0°	−30° ～ 30°	0°	0° ～ 30°	0° ～ 30°
Roll	0°	0°	−30° ～ 30°	−30° ～ 0°	0° ～ 30°

(2)ADV 不同状态对流速的影响。

① ADV 静态试验。图 4-57 所示为 9 组 ADV 静态试验采集的东向、北向、垂向 3 个方向的流速值。9 次 ADV 不同放置角度，ADV 采集到的信号转换为 E、N、U 3 个方向的原始流速是一致的。能够说明，当 ADV 不动，ADV 放置的角度在有效范围内时，ADV 在不同方位采集到的流速数据为水流流速数据。图中，A4、A8 和 A9 速度大小与其他有点差异，原因是 ADV 倾角较大且水槽里 ADV 固定比较困难，ADV 采样点可能存在偏移，不完全为同一采样测点，导致各分向流速大小存在差异。

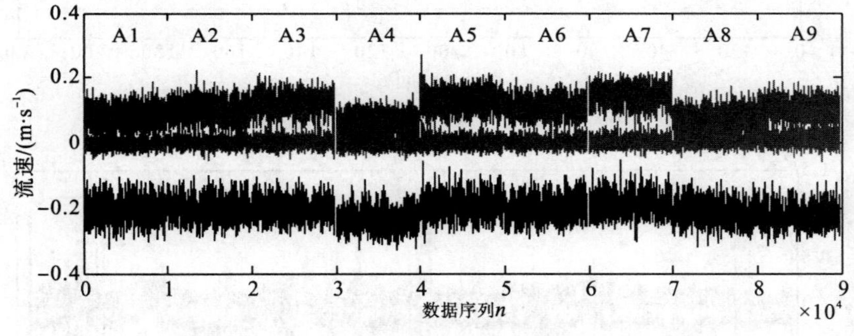

图 4-57　9 次试验 E、N、U 方向原始流速

②ADV 动态试验。图 4-58 所示为 B1 运动方案角度 Heading 的变化方案，即顺时针旋转一圈再逆时针旋转一圈，得到 ADV 采集的三维流速(图 4-59)。图 4-60 所示为 B2(基于主轴前后)、B3(基于主轴左右)、B4(基于主轴西南向)、B5(基于主轴东南向)运动方案角度 Pitch，Roll 的变化方案。

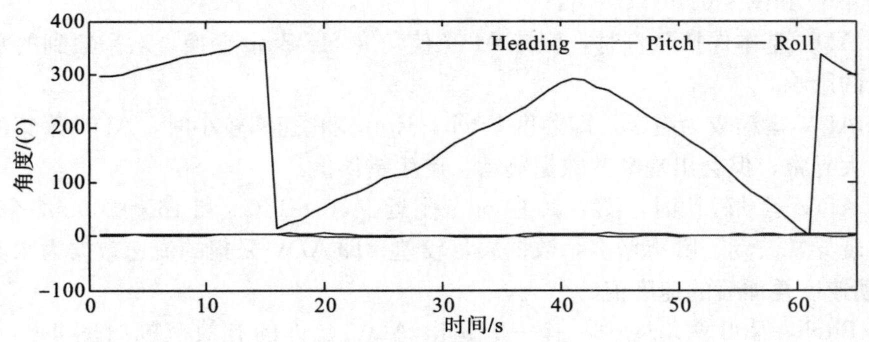

图 4-58　角度 Heading 动态变化(见彩图)

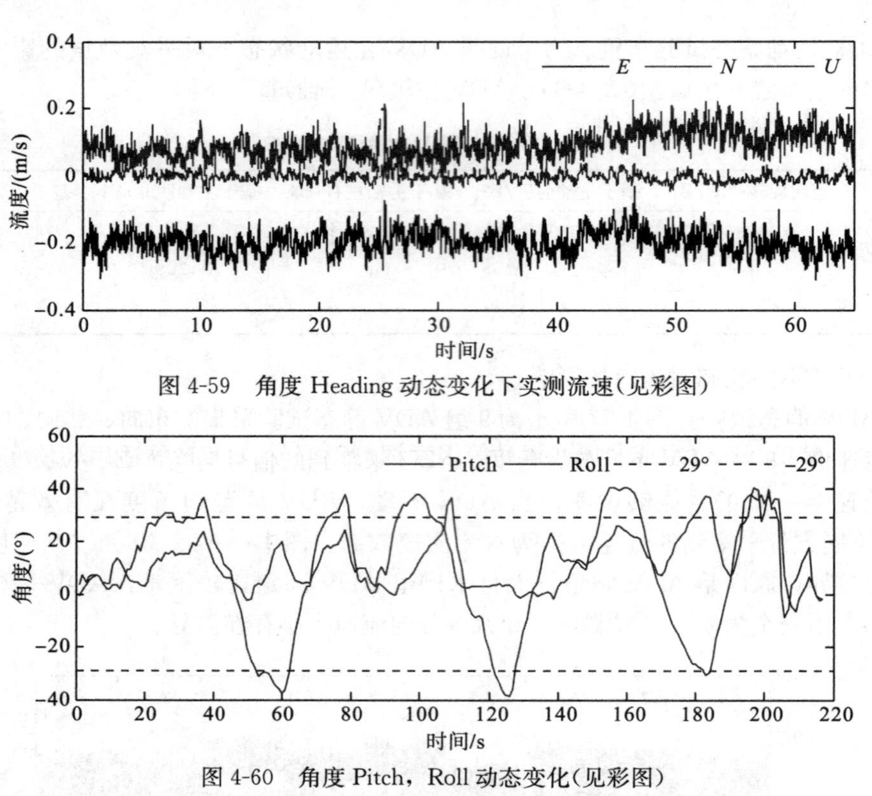

图 4-59 角度 Heading 动态变化下实测流速(见彩图)

图 4-60 角度 Pitch，Roll 动态变化(见彩图)

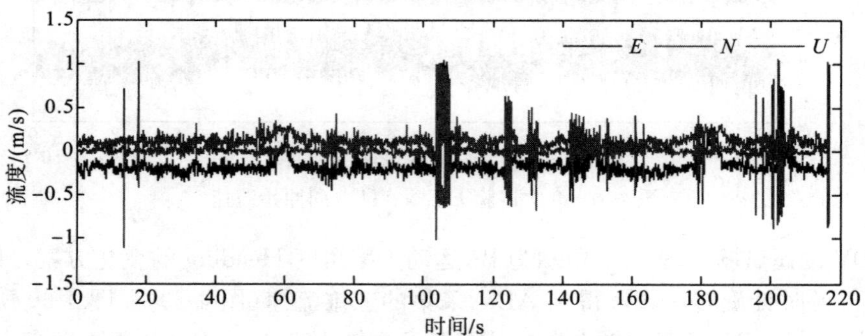

图 4-61 角度 Pitch，Roll 动态变化下实测流速(见彩图)

从图 4-60 和图 4-61 可以看出：

• 当 ADV 基本保持竖直时，旋转 ADV 使角度 Heading 变换，对采集到的水流速度没有明显的影响。

• 当 ADV 运动较为缓慢，即角度 Pitch，Roll 变化速率较小时，ADV 采集的流速数据没有太大异常，但会出现某些数据跳动，产生错误值。

• 当 ADV 运动较快时，图 4-60 中 60 s 附近、110～140 s 和 160～200 s 3 个时间段，流速值出现异常波动、噪声增多，数据质量较差，即 ADV 采集的流速数据为水流速度与 ADV 运动速度叠加后的速度值。

• 当 Pitch，Roll 两角度中，有一个超出 ADV 允许的有效范围时图 4-60 中 80 s、120 s 和 160 s 3 个时刻附近，错误流速值明显增加。

• 当 Pitch，Roll 两角度都超过 ADV 允许的有效范围时，在 180 s 和 200 s 时刻附近，错误流速值明显增加，强度比只有一个超出时大，数据质量很差。

因此，根据以上对 ADV 采集数据的认识，对于原型观测实测数据中有效数据的选取提供了依据和分析方法。

2. ADCP 采集数据误差原因分析及控制

ADCP 误差主要来自仪器自身性能和外部环境影响。

(1)ADCP 自身性能相关的仪器误差。包括单呼标准差、呼速率以及误释流速，这些主要与设备性能有关。宽带的 ADCP 就比窄带的 ADCP 具有很强的精度优势。

(2)河流的水力、物理等因素引起的环境误差。水深、河宽、断面流速、含沙量、水温、盐度、磁场、床底组成及床沙运动等因素都可以当作 ADCP 的适用环境和应用条件来考虑。一般来说，试验布置在水深、河宽、流速比较大，而且具有稳定床面条件的河流，其流速测量的误差较小。

(3)人员操作不合理而引起的误差。例如，参数设置不符合仪器的限制要求或者是没有选择最合适的参数组合。

(4)船舶前后晃动或是左右摆动(Pitch，Roll)引起的测流误差，如图 4-62 所示。

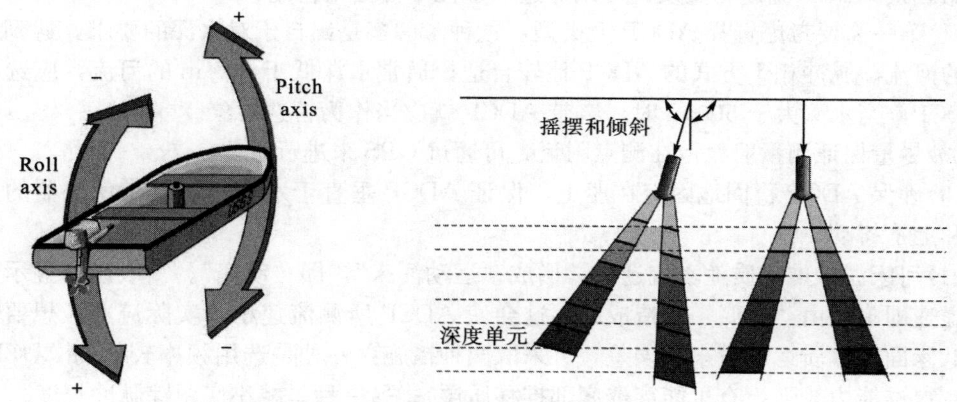

图 4-62　ADCP Pitch，Roll 示意图

(5)水体紊动过大，且分布很不均匀引起的测流误差。ADCP 测流原理中有一个很重要的假设，就是假设测量空间为均匀的紊流空间(图 4-63)，当紊动分布不均匀时，会出现较大的误差。ADCP 测量结果数据中有一列为误差流速，通过误差流速的大小可以看到测量水体满足均匀同向性的情况，对误差较大的数据进行一定处理。

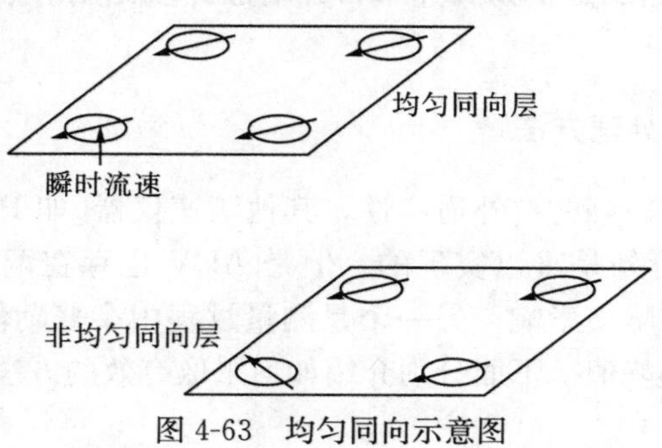

图 4-63　均匀同向示意图

ADCP 流速测量标准差为

$$s_v = 1.6 \times 10^7 f D_a \sqrt{p} \tag{4-7}$$

式中，s_v 为流速标准差；f 为 ADCP 发射声波频；D_a 为测深单元厚度；p 为每组信号的脉冲数。

通常情况下，D_a 与 f 两个因子的影响幅度比较有限，ADCP 测速标准差主要取决于 p 参数的设置。

由式(4-7)计算出各种 p 条件下的标准差，见表 4-9(其中 f=600 kHz，D_a=1 m)。

表 4-10 ADCP 标准差计算表

p	1	10	20	40	80	100	177	771
标准差	26.67	8.43	5.96	4.22	2.98	2.67	2.00	1.00

一般意义上，p 值增大，流速精度就会变高，但 p 值的确定又受测验区域流场随时空变幅的制约。若流速变幅较大，则必然要求单次测流历时尽可能缩短，速度需加快，但流场随空间分辨的变化又制约着测流的精度，所以 p 值的选择应在几种可能的误差之间寻求平衡，以使流速的测量误差能控制在一定范围内。

船载式 ADCP 流速测量误差可以通过以下几个方面来控制：

(1)第一需要考虑选择 ADCP 大类型，这种考虑多是出自于对水深的要求，遇到水深较小的河流，脉冲相干方式的 ADCP 比较合适；通常水深低于 200 m 的河流，应选择宽带 ADCP；当水深大于 500 m 时，窄带 ADCP 就应当作为首选对象。

(2)尽量保证测量船稳定在测点附近，可通过 GPS 来进行定位。

(3)确保 ADCP 稳固地固定在船上，保证 ADCP 垂直于水面，尽量避免仪器的左右旋转和上下抖动。

(4)河床泥沙推移质随水流迁移，形成“运动河床”，即“动底”。一般设备显示反方向的虚速即多是由“动底”所造成的，这会使 ADCP 所测流速小于实际流速。想要清除或降低床面推移质运动带来的误差，可采取两种措施：一种是选用频率较低的 ADCP(低频声波穿透能力较强，有可能穿透底部推移质层)；另一种是减小底跟踪脉冲长度。

(5)选择适宜的单元参数。单元尺寸越小，流速测量垂线分辨率就越高，但流速测量精度会有所降低。并且采用小尺寸单元让剖面深度降低。因此，当水深比较浅时，应使用小单元尺寸，以扩大实测区域范围。当水深较深时，可选用大尺寸的单元尺寸，以增加测量精度。若设定的单元数目过多，则会使得 ADCP 的所测得剖面深度增大，当其超过水深较多时，会降低 ADCP 的采样速率，并增加许多无用的数据。因此，应根据水深设置不同深度单元数目。

3. ADV 与 ADCP 数据预处理方法

ADV 测量流速具有较好的户外适应性，其他测速仪器[如 PIV(粒子图像测速仪)和 LDV(激光流速仪)]在野外是难以实现的。但是 ADV 也存在两个主要的缺点：一个是 ADV 多普勒效应的本底噪声影响；另一个是测量过程中多普勒信号混淆(超出了多普勒的频移范围)引起的流速峰值。下面分别介绍如何采取有效的方法降低这两个问题带来的流速测量误差。

1)本底噪声的处理

采用 I. Nikora 介绍的一种简单方法，处理本底噪声对紊动参数计算的影响。一般而言 ADV 测得的流速为 U_{mi}，$i=u$，v，w。对于一个平稳的时间序列，多普勒噪声的对紊动参数的影响为 1 阶、2 阶、3 阶、4 阶分量，雷诺应力，相关函数，流速谱；假设在流速噪声时间序列中，流速与噪声的相关系数为 0。那么可以得到：

$$\bar{U}_i = \bar{U}_{mi} - \bar{n}_i \tag{4-8}$$

$$\overline{U'_i U'_j} = \overline{U'_{mi} U'_{mj}} - \overline{n'_i n'_j} \tag{4-9}$$

$$R_{ii}(\tau) = R_{mi}(\tau) - R_{nn}(\tau) \tag{4-10}$$

$$S_{ii}(w) = S_{mi}(w) - S_{nn}(w) \tag{4-11}$$

式中，$\bar{U}_i$ 为平均真实流速分量；$\bar{U}_{mi}$ 为平均测量流速分量；$\bar{n}_i$ 为平均多普勒噪声分量；$\overline{U'_i U'_j}$ 为真实雷诺应力；$\overline{U'_{mi} U'_{mj}}$ 为测量雷诺应力；$\overline{n'_i n'_j}$ 多普勒噪声分量间的关系；$R_{ii}(\tau)$ 为 i 方向真实流速分量自相关函数；$R_{mi}(\tau)$ 为 i 方向测量流速分量自相关函数；$R_{nn}(\tau)$ 为 i 方向多普勒噪声相关函数；$S_{ii}(w)$ 为 i 方向真实流速分量功率谱；$S_{mi}(w)$ 为 i 方向测量流速分量功率谱，$S_{nn}(w)$ 为 i 方向噪声功率谱。

仪器噪声信号的获取：在实验室 2 m 水深的沉沙池，水流静止状态下，设定 ADV 测量参数(不同的流速设定范围对应的噪声信号不一样，处理的时候要选择对应的噪声值)，获得 ADV 采样流速信号。认为该流速值为仪器噪声信号。因仪器噪声信号为白噪声，其功率谱曲线在整个频域内均匀分布，如图 4-64 所示。

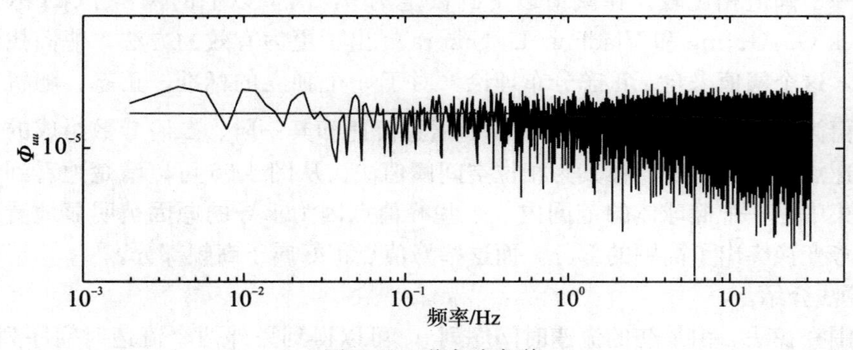

图 4-64　噪声功率谱

2)多普勒信号混淆数据

实际流速超过预先设置流速范围、河底复杂地形导致发射信号污染等都会引起类似误差，而且有一些错误的峰值看起来像正常的紊动一样。下面介绍几种检测及处理峰值的方法。对于一些单点的峰值情况(图 4-65)，一般的方法就能取得很好的效果。但是对于多个峰值的情况，处理起来就比较困难。峰值的消除大致可以分为两步：首先进行检测，将这些异常点搜寻出来；然后用合适值进行替换。这两步之间是相互独立的，下面将分别对其进行讨论，但是要注意的是，峰值的选择将会影响到最后的替换效果。

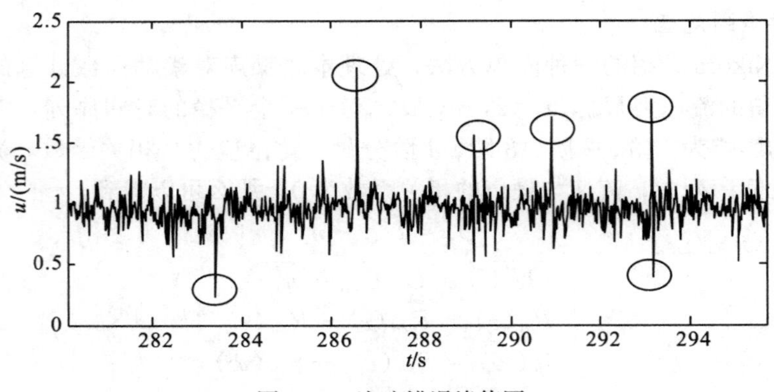

图 4-65 流速错误峰值图

(1)峰值检测。电学工程师们早已熟悉错误的峰值数据，并采取了很多方法来处理它们。开始，他们提出了范围查找法、五三均值法。这两种方法是通过数字滤波产生两种时间系列数据：一种是粗糙的数据系列；另一种是平滑的数据系列。若峰值点超过粗糙数据和平滑数据范围一定阈值，则被视为错误点。后来他们提出了加速度阈值法。该方法是基于在正常的水流条件下，河流中质点的运动速度必须小于或与重力加速同一量级这个假设，这是因为不满足该条件，泥沙将会剧烈地甩出水面，这与实际观察到的情况并不符合。有一些学者提出了用小波分析的方法来检测和移除信号中的噪声。该方法是将信号进行正交小波变换，出现在第一个尺度的小波信号包含着信号中大部分的噪声信号，再与一个阈值相比较。在阈值以下的设定为 0，阈值以上的保留下来(称为小波收缩)。Derek G. Goring 和 Vladimir I. Nikora 提出了更为有效的方法，他们找到一个统一的阈值，这个阈值来自于正态分布理论，对于 n 个独立的标准、正态、随机变量，其最大期望值为 $E(|\zeta_i|_{\max})=\sqrt{2\mathrm{In}n}=\lambda_U$。通过流速和其一阶、二阶导数组成的相位空间来观察流速点的变化，他们称其为相位空间阈值法。从图 4-66 可以清楚地看到大部分的数据点都集中在一个椭球体的范围内，一些峰值点因为求导的原因被明显地看出来，这是由于微分变换突出了高频的部分，而这些峰值点正好属于高频部分。

(2)算法介绍。

①范围查找法。由最初的流速时间序列 u_i 可以得到另外两个流速时间序列$\overline{u_i^2}$和 $\bar{u}_i^2$，那么样本的标准差可以表示为

$$\sigma_i^2=\overline{u_i^2}-\bar{u}_i^2$$

若 $i+1$ 点在 $u_i-k\sigma_i<u_{i+1}<u_i+k\sigma_i$ 范围外，则判定为异常点。通常 k 的值在 3~9 之间。

②五三均值法。由邻近的 5 个点 $u_{i-2}\sim u_{i+2}$ 得到 $u_i^{(1)}$，由邻近的 3 个点 $u_{i-1}\sim u_{i+1}$ 得到 $u_i^{(2)}$，构造一个汉宁平滑滤波器，$u_i^{(3)}=\frac{1}{4}(u_{i-1}^{(2)}+2u_i^{(2)}+u_{i+1}^{(2)})$。令$\Delta_i=|u_i-u_i^{(3)}|$，若$\Delta_i=k\sigma$，则认为该点为异常点。

③加速度阈值法。计算相邻两个点的加速度 $a_i=(u_i-u_{i-1})/\Delta t$，$\Delta t$ 为采样时间间隔。首先，当 $a_i<-\lambda_a g$ 和 $u_i<-k\sigma$ 时，视为异常点，并逐一替换；然后，按照相同的步骤，当 $a_i>\lambda_a g$ 和 $u_i>k\sigma$ 时，视为异常点，并逐一替换，直到所有点都处理完成。通

常 λ_a 的取值为 1～2，k 的取值为 1.5。

④中点过滤技术。突变的局部流速根据前后相邻流速数据进行修正，一般选择该点前后相邻 5 个流速数据进行判断。首先计算除中间点外前后相邻 5 个点的平均值 $\bar{u}=\left(\sum_{i-2}^{i+2}u_i+\sum_{i+4}^{i+8}u_i\right)/10$，然后与这 11 个点的标准差 σ_i 进行比较，若 $\bar{u}>k\sigma_i$，则判定该点为异常点，以此类推，每 11 个数据进行一次判断直到完成所有数据的处理。

⑤相空间法。这种方法采用了在三维庞加莱映射或相空间图中变量及其一阶、二阶导数相对应的思想。测点被一个统一标准所确定的椭球体所包围，在椭球体外的点就认为是错误峰值。用这种方法一直迭代到不再有点被判断在椭球体之外。每次迭代过程的步骤如下：

第一步，计算流速变量的一阶、二阶导数。$\Delta u_i=(u_{i+1}-u_{i-1})/2$，$\Delta^2 u_i=(u_{i+1}-u_{i-1})/2$。这里没有用时间步长 Δt 作为除数，后面有说明。

第二步，计算 3 个变量的标准差 σ_u、$\sigma_{\Delta u}$、$\sigma_{\Delta^2 u}$，以及之前提到的 λ_U。

第三步，利用互相关计算 $\Delta^2 u_i$ 相对于 u_i 的主轴旋转角，$\theta=\tan^{-1}\left(\sum u_i\Delta^2 u_i/\sum u_i^2\right)$。

第四步，针对每组变量，从以上 3 步计算椭圆的长轴和短轴。从而得到 Δu_i 相对于 u_i 的长轴为 $\lambda_U\sigma_U$，短轴为 $\lambda_U\sigma_{\Delta U}$；$\Delta^2 u_i$ 相对于 Δu_i 的长轴为 $\lambda_U\sigma_{\Delta U}$，短轴为 $\lambda_U\sigma_{\Delta^2 U}$；$\Delta^2 u_i$ 相对于 Δu_i 的长轴和短轴分别为 a、b，通过以下方程组计算得到。

$$\begin{cases}(\lambda_U\sigma_U)^2=a^2\cos^2\theta+b^2\sin^2\theta\\(\lambda_U\sigma_{\Delta^2 U})^2=a^2\sin^2\theta+b^2\cos^2\theta\end{cases}\tag{4-12}$$

第五步，对每一个相空间映射判断流速点是否在椭圆以外，如果是，就将其替换掉。在每一次迭代过程中，替换错误峰值点减少标准差，这样椭圆的尺寸就会减小，直到没有峰值点被替换掉。在计算时要注意保证方程组不是病态的。如果 σ_u 和 $\sigma_{\Delta^2 u}$ 不是同一数量级，就可能出现病态方程组，导致最后方程组的解出现复数。解决的办法是在进行第一步提到的求导时采用数值间隔而不是时间间隔作为除数。这就意味着所有轴的单位是一致的。相空间方法的处理过程如图 4-66 和图 4-67 所示。

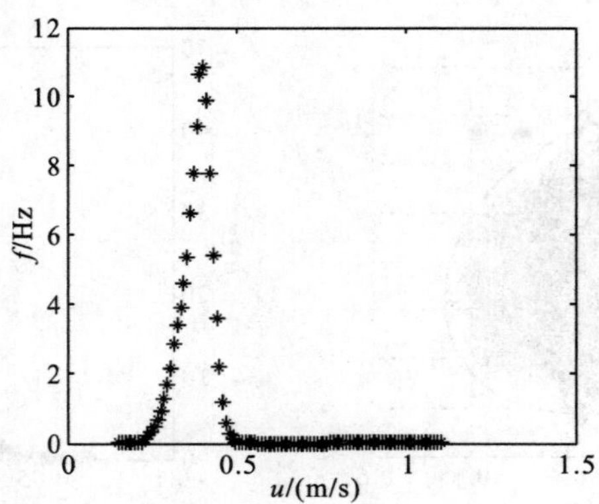

图 4-66　相空间法显示的受污染的 ADV 数据图

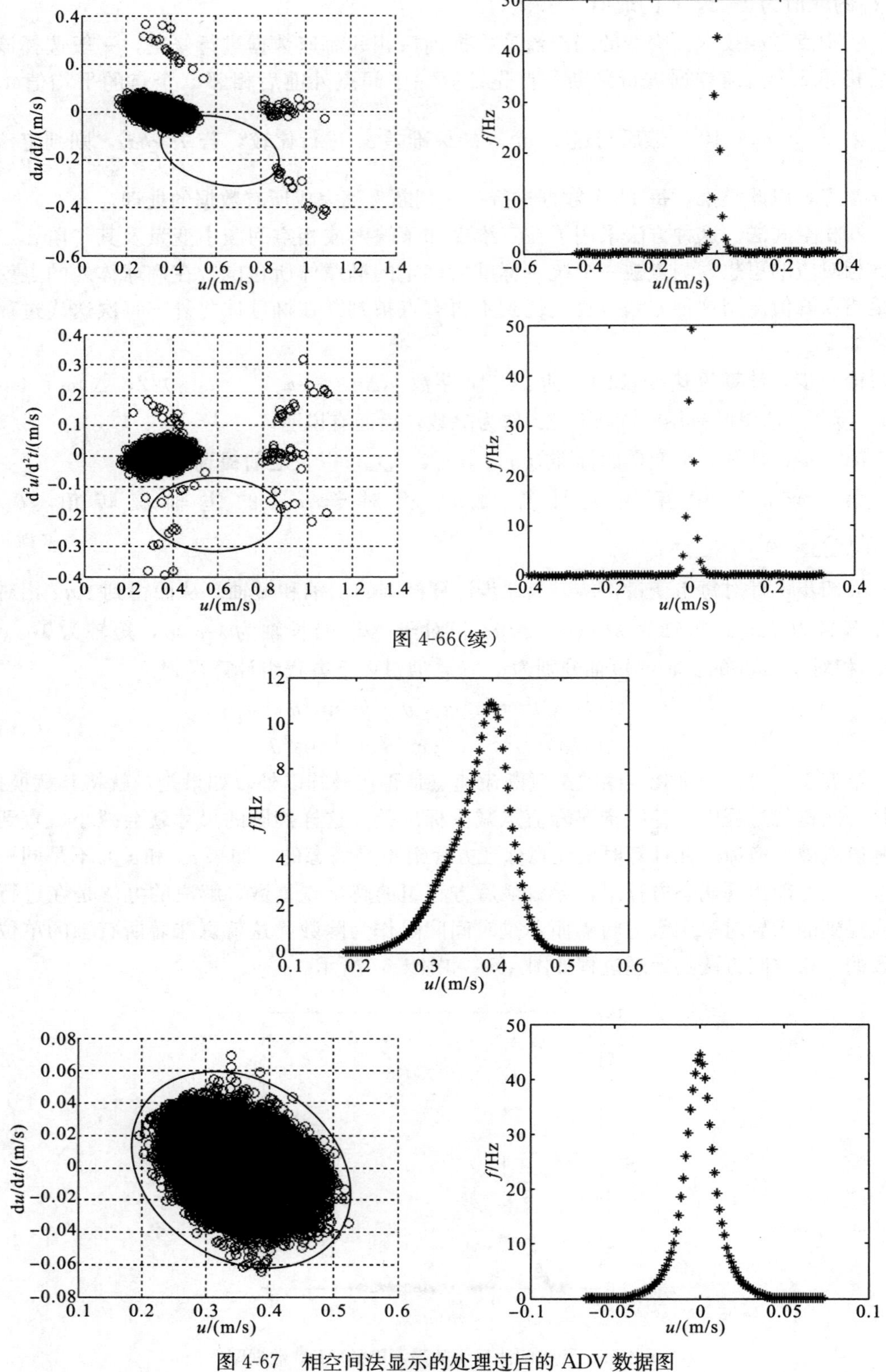

图 4-66(续)

图 4-67 相空间法显示的处理过后的 ADV 数据图

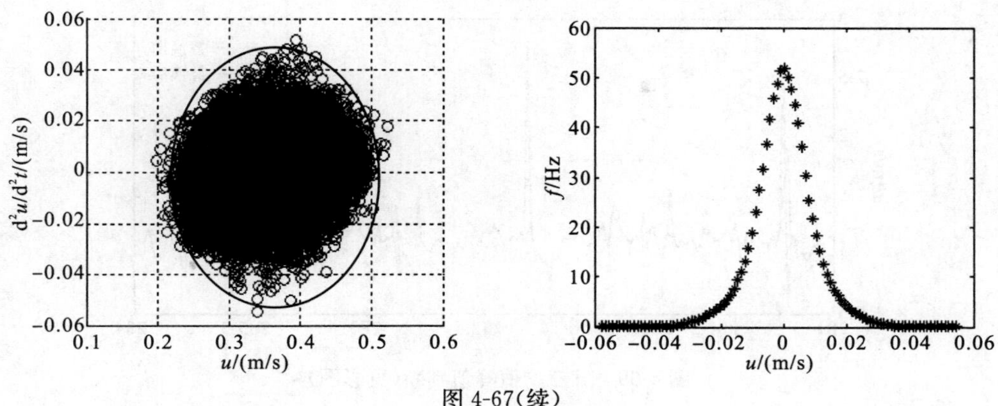

图 4-67(续)

(3)替换错误峰值点。

①用紧邻靠前的一个值替换，即 $u_i = u_{i-1}$。

②用紧邻靠前的两个值替换，即 $u_i = 2u_{i-1} - u_{i-2}$。

③取所有值的平均，即 $u_i = \bar{u}_i$。

④利用平滑估计来替换。

⑤用异常点两端邻近点进行插值。

在这些方法中平滑估计是较为好用的方法，但是相比其他方法并没有更好的准确度。利用一个点或两个点进行插值，针对加速度阈值法来说是很有效的。但是对于紊动变化较大的流速数据，利用这种方法起不到太大效果，特别是针对出现连续多个峰值的情况，替换效果并不好。利用所有值的平均可以解决这个问题，但是当某些局部相对于平均值来说有较大的紊动时，这种替换有可能会带来另一个错误峰值。插值法在大多数情况上来说是最为合适的。线性插值有时会引起另一个峰值。Derek G. Goring 和 Vladimir I. Nikora 在经过很多试验以后，发现利用峰值点邻近的数据进行多项式拟合，再进行插值是最为合适的方法。他们经过多次实验发现，选择 ADV 错误峰值数据邻近的 12 个点进行三次多项式拟合并插值，能够取得较好的效果。当然，用于插值的点数依赖于采样的频率，Derek G. Goring 等研究后认为采样频率在 25～100 Hz 范围的 ADV 选择 12 个点作为插值较为合适，本试验的 ADV 采样频率为 64 Hz，所以选择 12 个点。图 4-68 至图 4-72所示为采用不同方法判断误差峰值点的结果，并用多项式插值进行了替换。

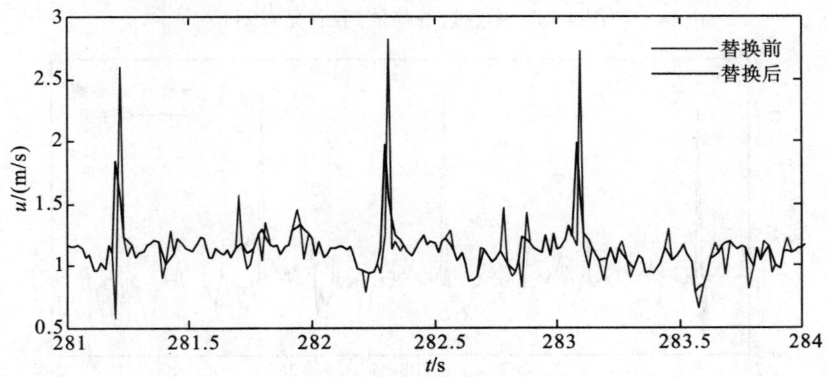

图 4-68　标准差法峰值判断(见彩图)

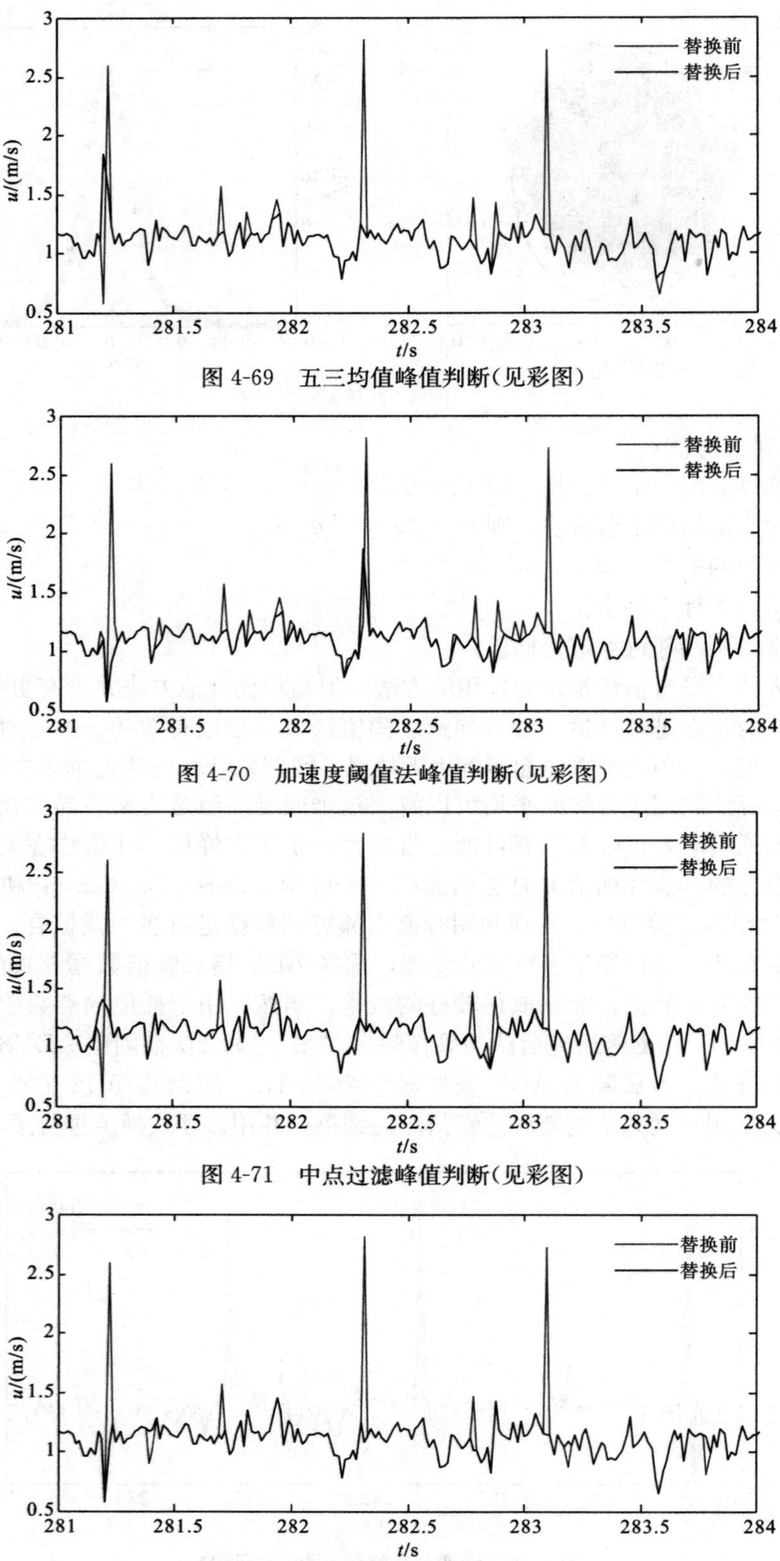

图 4-69 五三均值峰值判断(见彩图)

图 4-70 加速度阈值法峰值判断(见彩图)

图 4-71 中点过滤峰值判断(见彩图)

图 4-72 向空间法峰值判断(见彩图)

4. ADCP、ADV 数据转向处理

应用 ADCP 和 ADV 系统生成包含相关测量数据的文本文件，从该文件中提取实测水流的东/西、南/北、垂直 3 个方向的流速以及水深等数据，来对皇华城和猪儿碛河段水流紊动特性进行分析。

首先，从 ADCP 和 ADV 系统生成的文本文件中提取各垂线上有效深度单元的水深、流速及流向，然后将大地坐标系下的东/西向流速 V_E 及南/北向流速 V_N 转换成与测量断面相对应的用户坐标系 $OXYZ$（图 4-73）下的 X（纵向，指向下游）与 Y（横向，垂直于纵向）的方向的流速 u，大地坐标系下的垂向流速 V_U 即为 Z 方向（垂向，向上）流速 w，如图 4-74 和图 4-75 所示。特别指出，为了与传统明渠测量结果对比，本书中的 X 方向定为水流运动的主流方向（即流向角的平均值，各测点的流向角在数据文件中已有记录）。

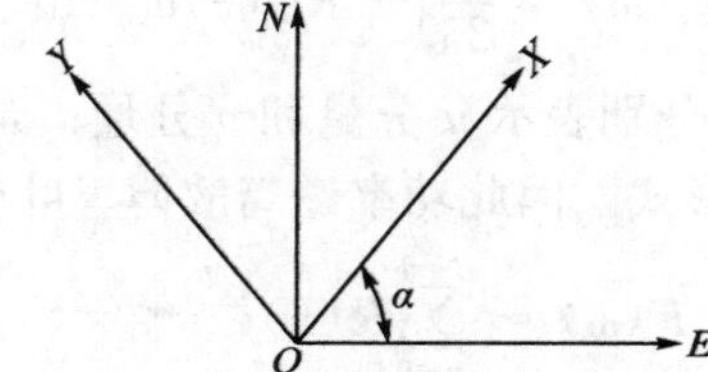

图 4-73　当前坐标系与大地坐标系示意图

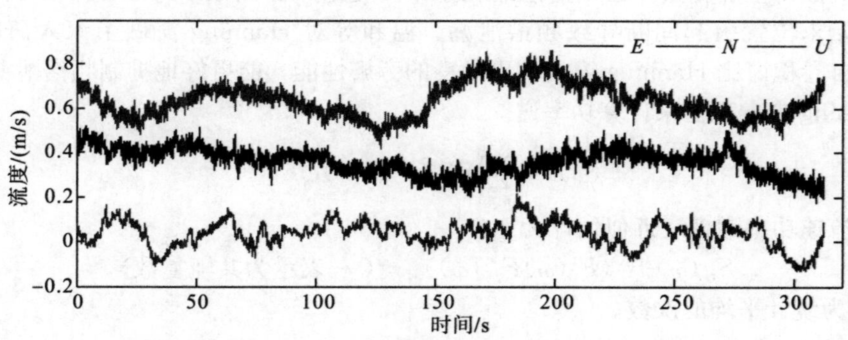

图 4-74　ENU 坐标系流速（见彩图）

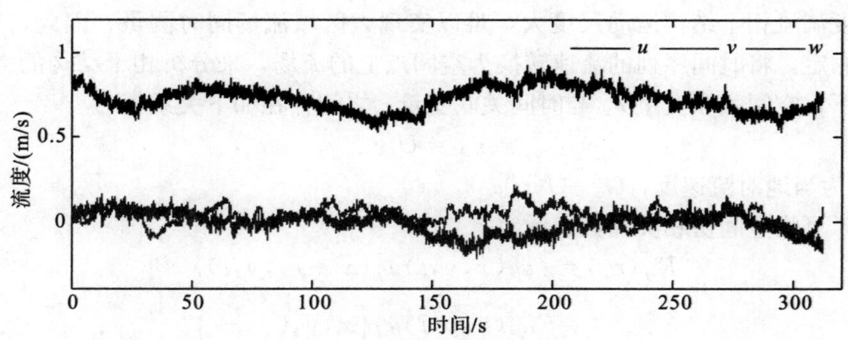

图 4-75　uvw 坐标系流速（见彩图）

4.2.2 湍流结构谱分析方法

1. 功率谱密度估计

定义水流方向为正 X 轴，垂直床面向上为正 Y 轴，X、Y 方向上的紊动速度分量分别用 u、v 或 $u_1(x, y, t)$、$u_2(x, y, t)$表示，协相关函数为

$$R_{ij}(\tau) = \langle u_i(x,y,t)u_j(x,y,t)\rangle \tag{4-13}$$

式中，τ 为时间延迟参数；i，$j=1$，2，分别表示 u 分量和 v 分量。

根据维纳－辛钦定理，功率谱与自相关函数是傅里叶变换对，得到紊动流速的功率谱：

$$S_{jk}(\omega) = \frac{1}{2\pi}\int_{-\infty}^{\infty} R_{jk}(\tau)\mathrm{e}^{-\mathrm{i}\omega\tau}\,\mathrm{d}\tau \tag{4-14}$$

式中，i 为复数；j，$k=1$，2，分别表示 u 分量和 v 分量；ω 为频率分量。

通常测量采样数据为离散形式，因此功率谱离散傅里叶变换为

$$F(\omega) = \sum_{n=0}^{N-1} R(n)\mathrm{e}^{-\mathrm{i}2\pi\omega n/N} \tag{4-15}$$

式中，$\omega=0$，1，2，…，$N-1$，N；N 为数据序列总量。

由于离散傅里叶变换存在频谱泄漏现象，因此采用窗函数来抑制矩形函数在截断信号时，在始末位置引起间断导致频谱泄漏。温和等对 Hanning 窗做了深入研究，认为 Hanning 自卷积窗比 Hanning 窗具有更优良的旁瓣性能，能更好地抑制频谱泄漏，在此，引用 Hanning 自卷积窗来计算功率谱。

$$F(\omega) = \sum_{n=0}^{N-1} W_{\mathrm{H}}(n)R(n)\mathrm{e}^{-\mathrm{i}2\pi\omega n/N} \tag{4-16}$$

紊动流速功率谱密度近似估计为

$$S_{ij}(\omega) = \langle F_i(\omega)F_j^*(\omega)\rangle_M \quad (* \text{ 表示为共轭复数}) \tag{4-17}$$

式中，M 为统计平均的次数。

2. 波数谱估计

大尺度湍流相干结构运动尺度大，难以实现大区域流场同时测量。因此，通过泰勒流场冻结假定，将时间序列的流速转换为空间点上的流场，来分析相干结构的空间尺度。在此假设下，空间关联变量 r_x 与时间关联变量 τ 之间存在如下关系：

$$r_x = U_{\mathrm{c}}\tau \tag{4-18}$$

式中，U_{c} 为当地对流速度，$U_{\mathrm{c}}=U(y)$。

因此，可将空间协相关函数表示为

$$\begin{aligned} R_{ij}(r_x) &= \langle u_i(x,y,t)u_j(x+r_x,y,t)\rangle \\ &= \langle u_i(x,y,t)u_j\left(x,y,t-\frac{r_x}{U_{\mathrm{c}}}\right)\rangle \\ &= R_{ij}\left(\tau=-\frac{r_x}{U_{\mathrm{c}}}\right) \end{aligned} \tag{4-19}$$

则空间协相关函数的功率密度函数为

$$S_{jk}(k_x)=\frac{1}{2\pi}\int_{-\infty}^{\infty}R_{jk}(r_x)\mathrm{e}^{-\mathrm{i}k_x r_x}\mathrm{d}r_x=\frac{U_c}{2\pi}\int_{-\infty}^{\infty}R_{jk}(\tau)\mathrm{e}^{-\mathrm{i}k_x U_c\tau}\mathrm{d}\tau \tag{4-20}$$

式中，k_x 为波数，表示一个 2π 长度内的波长(λ_x)数量。

泰勒流场冻结假定在研究较长时间延展流场时，确有不足之处，Dennis 和 Nickels 提出了适合边界层湍流拓展的最大尺度为 6δ(边界层厚度)；对于较长时间的延展流场，计算得到的结构尺度精度不足，但能反映相干结构的尺度大小趋势。因此，在研究大尺度和超大尺度相干结构时，还是大量运用泰勒冻结假定。

从预乘波数谱中，能够更好地找到代表涡尺度的峰值。同样，预乘波数谱也能够用来说明能量伴随波数 k_x 或波长 $\lambda=2\pi/k_x$ 的分布情况。低波数峰值对应超大尺度，高波数峰值对应大尺度及更小的尺度。

M. Guala 等(2006)对涡尺度的划分，若 $2<\lambda/R<\pi$，则称为大尺度涡；若 $\lambda/R>\pi$，则称为超大尺度涡。

3. 涡尺度累计能量分布

湍流中超大尺度的涡结构和大尺度的涡结构占据了绝大部分的紊动动能。为了说明反映不同涡尺度所对应的能量分布，应用累积能量分布对大尺度涡和超大尺度涡占有能量进行分析：

$$\gamma\left(k=\frac{2\pi}{\lambda}\right)=\frac{\sum_0^k \Phi_{uu}(k)}{\sum_0^{k_{\max}}\Phi_{uu}(k)} \tag{4-21}$$

式中，γ 表示从 0 到 k 的波数占据紊动动能的比例。

4.2.3　湍流结构涡尺度分布

1. 速度功率谱估计涡尺度

1)涡尺度分布

列出 36 个测量点径流向、垂向的涡尺度，其他测量点的两个方向的波数谱以及预乘波数谱图较为类似，都有 2～3 个峰值出现，说明在流速时间序列内存在 2～3 个主要尺度的涡结构。文中只列出一个测量点的径流向、垂向波数谱图。

在表 4-11 中，统计了 36 个测量点的径流向和垂向涡尺度。表中，一级、二级表示在波数谱中，低波数的两个峰值对应的涡尺度(图 4-76 和图 4-77)。

表 4-11　径流向与垂向涡尺度统计

测量垂线	测量点	u 向涡尺度		v 向涡尺度	
		一级	二级	一级	二级
S113L1	H1	0.29	0.10	0.07	0.02
	H2	0.35	0.08	0.07	0.03

续表

测量垂线	测量点	u 向涡尺度		v 向涡尺度	
		一级	二级	一级	二级
S113L1	H3	0.43	0.16	0.03	0.01
	H4	0.22	0.10	0.02	0.01
	H5	0.35	0.12	0.05	0.01
	H6	0.35	0.16	0.05	0.01
	H7	0.43	0.16	0.03	0.02
	H8	0.35	0.11	0.03	0.02
S113L5	H1	1.32	0.38	0.02	0.01
	H2	1.32	0.59	0.01	0.01
	H3	1.06	0.53	0.02	0.01
	H4	1.06	0.41	0.06	0.02
	H5	1.32	0.19	0.02	0.01
	H6	1.32	0.28	0.02	0.01
	H7	1.32	0.76	0.02	0.01
	H8	0.88	0.41	0.07	0.03
S115L3	H1	0.96	0.43	0.04	0.02
	H2	0.96	0.27	0.04	0.03
	H3	1.59	0.20	0.06	0.03
	H4	1.19	0.48	0.05	0.03
	H5	1.19	0.43	0.08	0.04
	H6	0.80	0.34	0.04	0.02
	H7	1.59	0.34	0.06	0.03
	H8	0.80	0.25	0.05	0.03
	H9	1.19	0.40	0.06	0.03
S204L1	H1	1.66	0.74	0.07	0.05
	H2	2.22	0.51	0.10	0.05
	H3	1.11	0.30	0.07	0.03
	H4	1.66	0.61	0.10	0.03
	H5	2.22	0.39	0.04	0.03
	H6	2.22	0.95	0.13	0.03
S206L1	H1	2.33	0.83	0.19	0.08
	H2	3.88	1.45	0.09	0.05
	H3	3.88	0.83	0.25	0.09
	H4	1.94	0.83	0.12	0.05
	H5	2.91	1.16	0.25	0.05

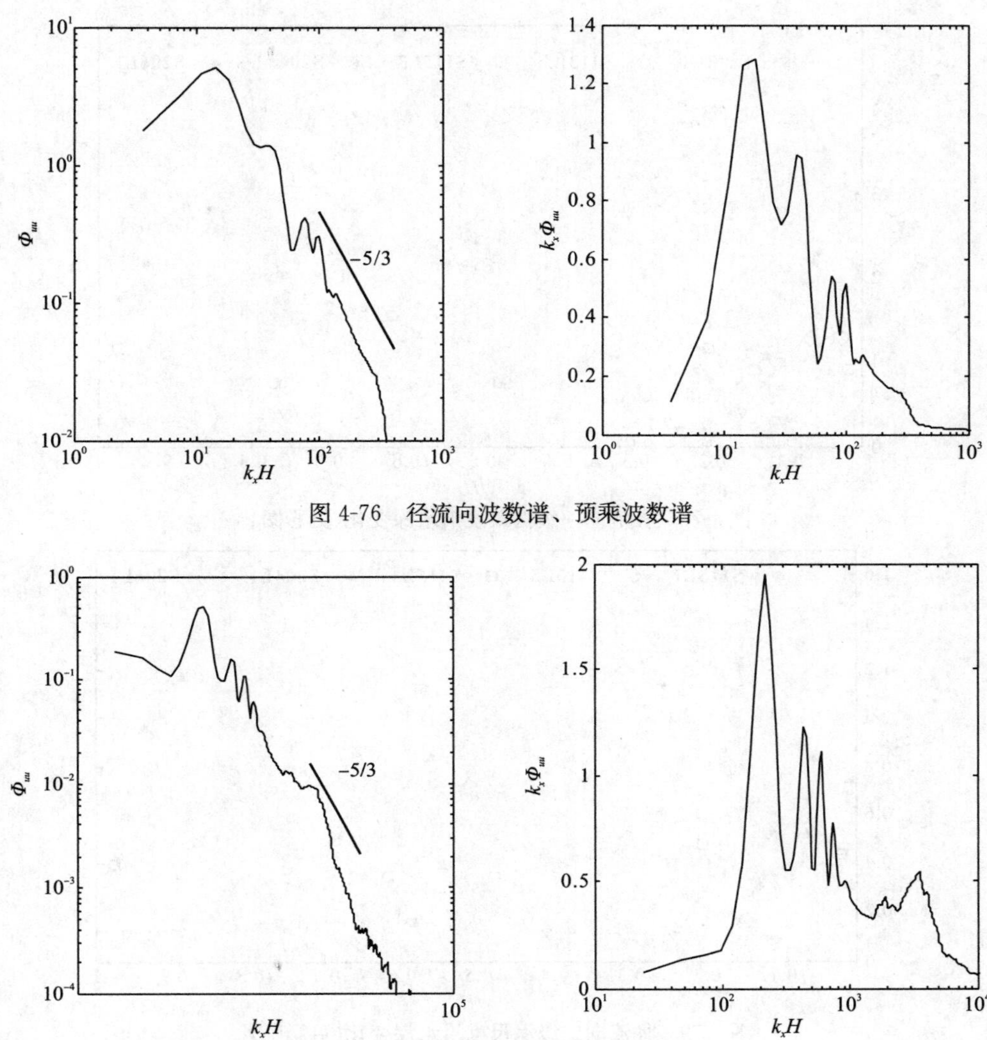

图 4-76　径流向波数谱、预乘波数谱

图 4-77　垂向波数谱、预乘波数谱

对各测量点径流向一级、二级涡尺度沿水深分布进行分析(图 4-78 和图 4-79)，可以看出，S113L1、S115L1、S115L3 三条测量垂线，涡尺度沿水深分布较为均匀，垂线上涡尺度大小差异不大，一级涡尺度与水深为同一量级，通常为 1～2 倍水深，二级涡尺度通常为 0.5 倍左右水深；S206、S204 两条测量垂线，涡尺度明显较下游三条测量垂线涡尺度大，涡尺度沿水深分布差异也很明显，一级涡尺度通常为 2～4 倍水深，二级涡尺度通常在 1 倍水深左右。

对各测量点垂向一级、二级涡尺度沿水深分布进行分析(图 4-80 和图 4-81)，可以看出，S113L1、S115L1、S115L3 三条测量垂线，垂向涡尺度沿水深分布较为均匀，在整个水深变幅较小，垂向一级涡尺度为 0.05 倍水深左右，垂向二级涡尺度为 0.02 倍水深左右；S206、S204 两条测量垂线，涡尺度明显大于下游三条测量垂线，垂向涡尺度与径流向涡尺度沿水深分布相似，一级涡尺度通常在 0.2 倍水深左右，二级涡尺度通常在 0.05 倍水深左右。

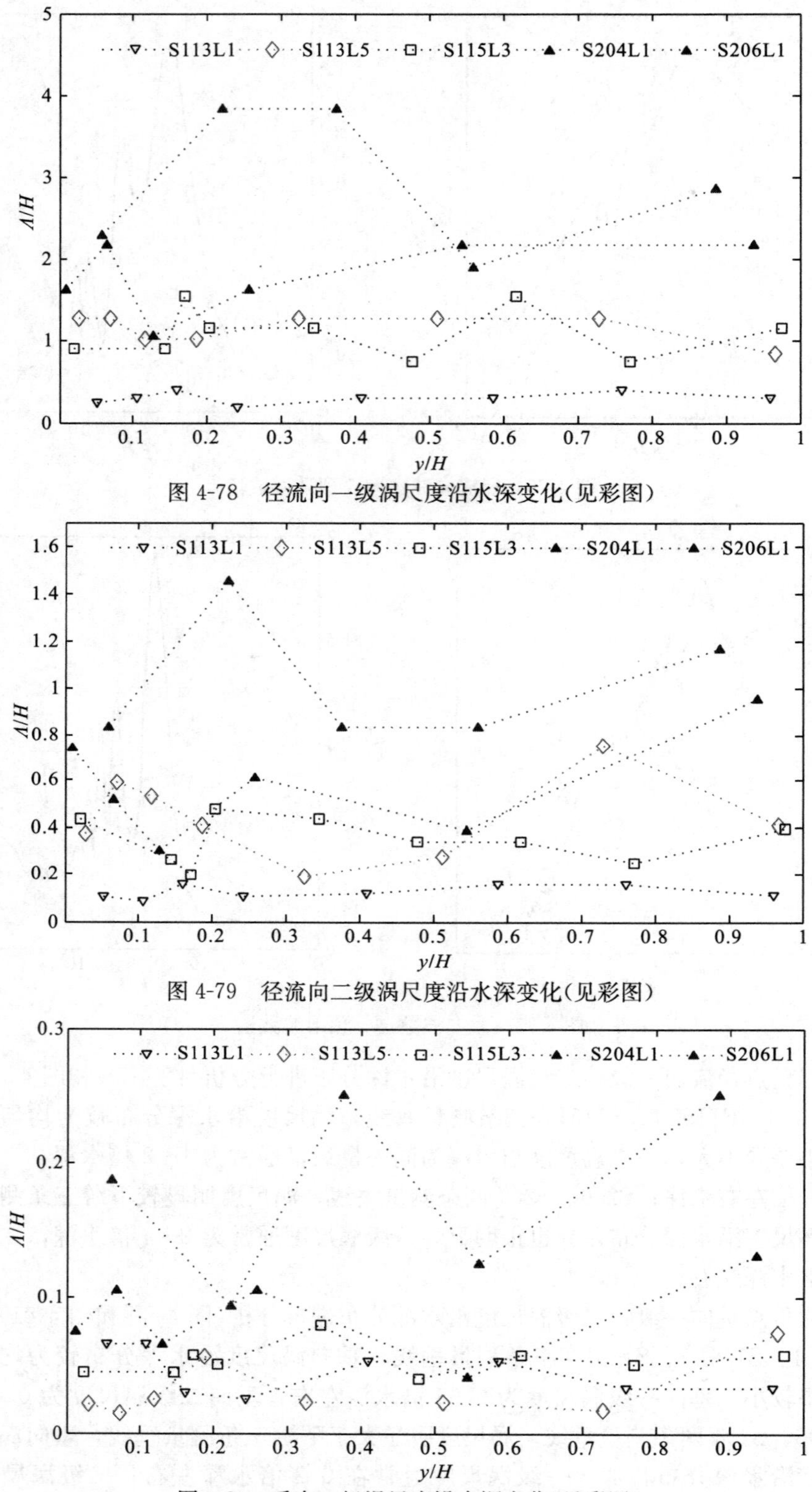

图 4-78 径流向一级涡尺度沿水深变化(见彩图)

图 4-79 径流向二级涡尺度沿水深变化(见彩图)

图 4-80 垂向一级涡尺度沿水深变化(见彩图)

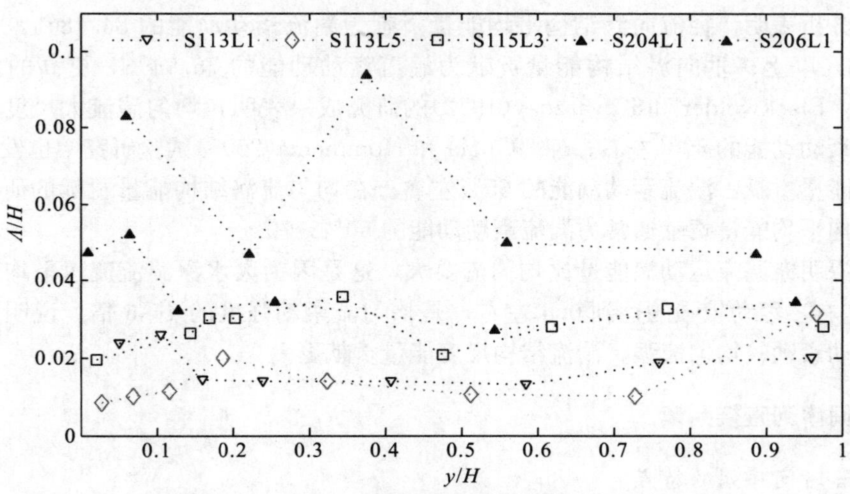

图 4-81　垂向二级涡尺度沿水深变化(见彩图)

2. 湍流涡尺度累计能量贡献

按累积能量计算方法，对应每个测量点的波谱曲线以及左乘波谱曲线，确定−1 次幂和−5/3 次幂的临界波数，统计小于这些波数的累积涡能量。统计每个测量点累积涡能量占据湍流紊动动能的比例。列出了 5 条测量垂线总计 36 个测量点的径流向和垂向涡能量贡献(表 4-12)。

表 4-12　径流向和垂向涡能量贡献统计

测量垂线	测量点	能量贡献/%		测量垂线	测量点	能量贡献/%	
		u	v			u	v
S113L1	H1	87.07	88.78	S113L5	H1	65.06	73.82
	H2	79.82	80.93		H2	87.75	85.24
	H3	83.31	86.13		H3	77.81	65.24
	H4	91.83	80.35		H4	94.66	75.60
	H5	88.93	73.78		H5	83.97	88.90
	H6	92.34	75.80		H6	86.20	89.02
	H7	93.62	73.79		H7	91.08	75.38
	H8	95.09	77.15		H8	96.04	76.34
S204L1	H1	78.10	74.65	S115L3	H1	68.04	53.14
	H2	80.10	57.72		H2	80.13	79.28
	H3	79.35	62.16		H3	77.68	81.16
	H4	87.34	51.97		H4	85.76	86.89
	H5	76.40	73.56		H5	87.82	85.32
	H6	85.32	74.64		H6	80.65	90.38
S206L1	H1	67.71	63.42		H7	85.10	82.57
	H2	75.72	72.16		H8	93.04	79.00
	H3	77.13	84.63		H9	93.53	70.34
	H4	94.30	90.16	径流向平均		84.18	
	H5	82.69	90.41	垂向平均		76.94	

统计分析表明，径流向涡结构平均能量贡献为湍流紊动动能的 84.18%，更高的能够达到95%以上；垂向涡结构能量贡献为湍流紊动动能的 76.94%，更高的能够达到90%左右。Blackwelder 和 Kovasznay(1972)的研究成果表明，均匀湍流大尺度涡能量贡献占湍流紊动动能的50%左右；M. Guala 和 Hommema(2005)试验研究中也发现了湍流大尺度涡能量贡献占湍流紊动动能的65%左右。在均匀流涡结构能量贡献的研究中，均匀流涡结构平均能量贡献通常为湍流紊动动能的 50%～70%。

大水深明渠湍流运动涡能量比均匀流要大，这是因为大水深湍流流速平均紊动幅度在 0.23 左右，紊动较强的达到 0.4 左右，是均匀流紊动强度的 4～6 倍。说明大水深明渠湍流运动紊动较均匀流强，湍流结构尺度能量贡献更大。

3. 流速时间序列直接判读

1)流速时间序列的特点

以往学者在研究湍流涡结构时通常采用高频流速测量仪。由于频率高，采集数据量大，通常测量时间很短。因此，在分析湍流涡结构时，要应用一些涡结构识别方法(如小波分析、本征分析等)来提取涡运动特征。本次测量使用的 ADV 采样频率为 64 Hz，采样频率相对来说比较小，采样时间为 315 s。因受回水、壅水影响，大水深水流流速较小，ADV 采样流速时间序列能够直观地看出低动量区、高动量区、涡运动周期、估算大尺度涡及小尺度涡波长等(图 4-82 和图 4-83)。通过径流向紊动流速和垂向紊动流速，分析紊动流速四象限过程与雷诺应力的关系，如图 4-84 至图 4-87 所示。

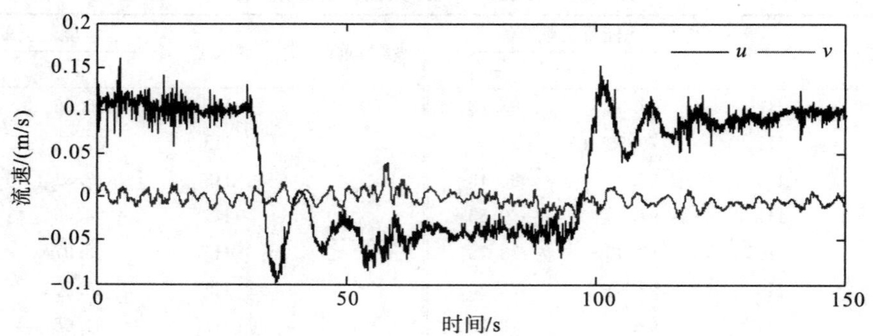

图 4-82　S115L1-H7 流速时间序列(见彩图)

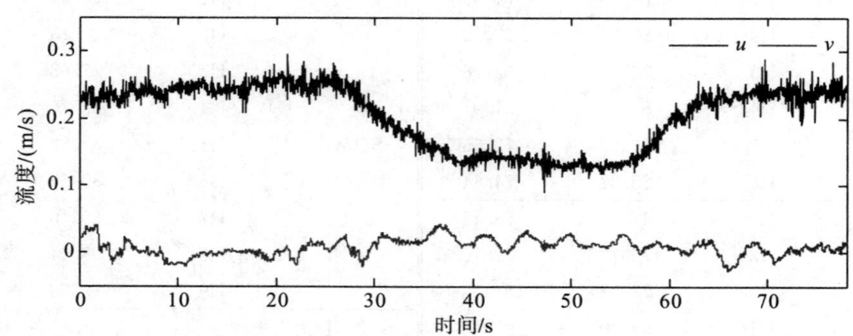

图 4-83　S206L1-H1 流速时间序列(见彩图)

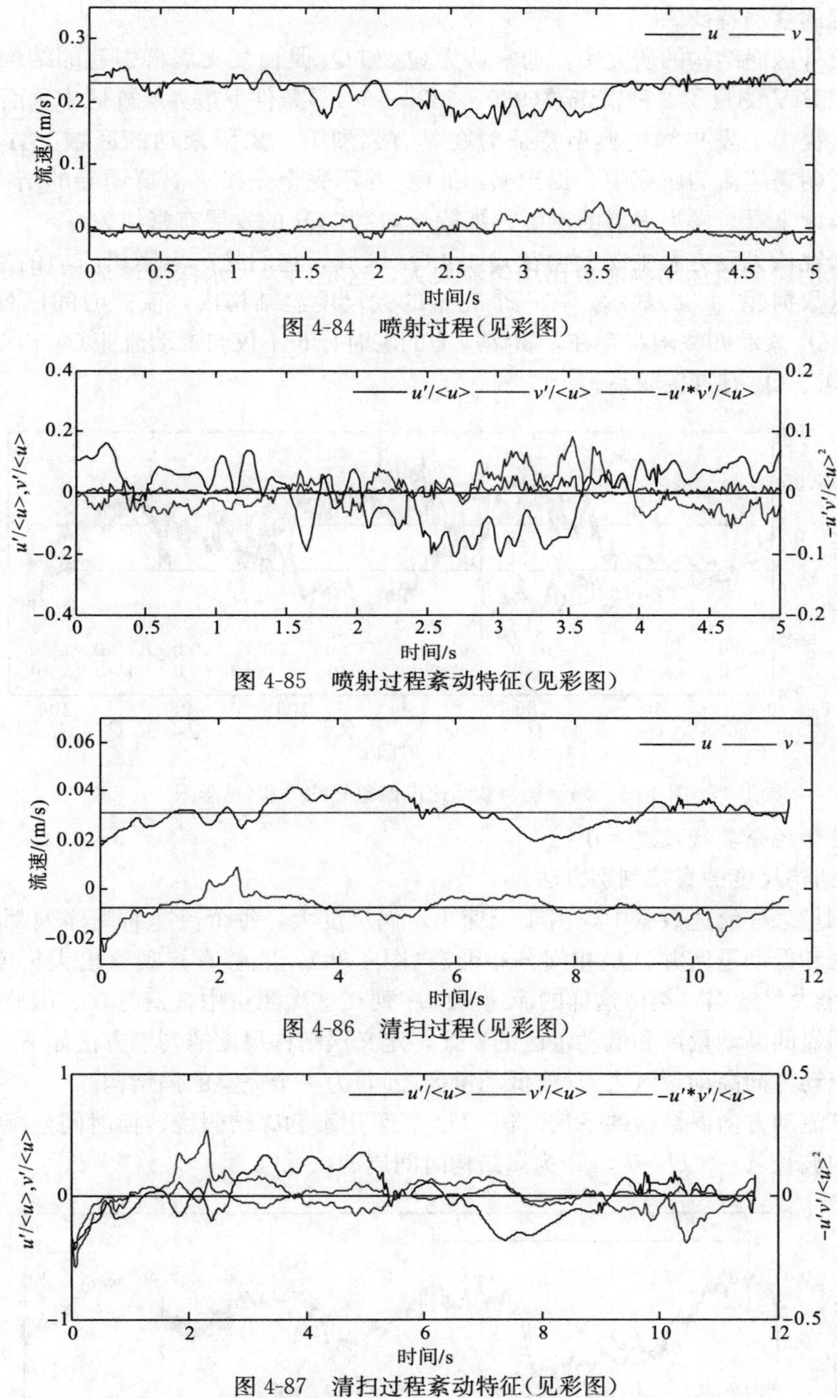

图 4-84　喷射过程(见彩图)

图 4-85　喷射过程紊动特征(见彩图)

图 4-86　清扫过程(见彩图)

图 4-87　清扫过程紊动特征(见彩图)

紊动流速四象限的变化(Q_1：$u>0$，$v>0$；Q_2：$u>0$，$v<0$；Q_3：$u<0$，$v<0$；Q_4：$u>0$，$v<0$)，能够从径流向和垂向紊动流速值的变化过程来判断，如湍流猝发过程中喷射(Q_2：$u>0$，$v<0$)及清扫过程(图 4-84 和图 4-86)。图 4-84 中，2～3.5 s 为喷射过程；图 4-85 为喷射过程的紊动特征；图 4-86 中，4～5.8 s 附近为清扫过程；图 4-87

为清扫过程的紊动特征。

在湍流外区涡结构的研究中，通常认为 Q_2 和 Q_4 是由发夹涡群引起的结构。Adrian(2000)等用 PIV 测量了 3 种雷诺数(930、2370、6845)条件下边界层外区中垂面内的瞬时流动结构，提出了发夹涡的典型特征为在具有强烈第二象限紊动的区域上方。但钟强(2012)在对明渠湍流的研究中，提出 Q_2 和 Q_4 并不完全是发夹涡群诱导的结构，相反，从能量的角度来看，发夹涡群的产生、维持与 Q_2 和 Q_4 的发展有密切关系。

以往研究认为发夹涡主要发生在 Q_2 和 Q_4 区域，它们是产生雷诺应力的主要区域。但本次测量数据(图 4-88)显示，在一个完整的大尺度涡结构内，流速时间序列内，Q_1、Q_2、Q_3 和 Q_4 紊动四象限都存在，雷诺应力的瞬时分布不仅与紊动流速 Q_2 和 Q_4 过程有关，还与 Q_1、Q_3 有直接联系。

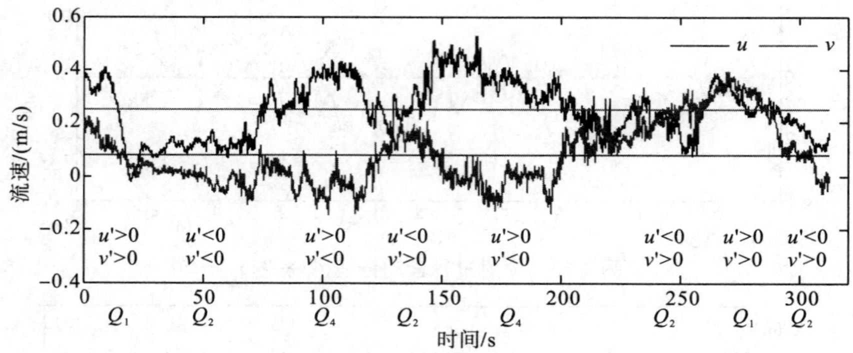

图 4-88 涡结构与紊动速度四象限的关系(见彩图)

2)涡结构的分类及尺度大小

(1)涡结构尺度的直接判别方法。

本次测量采样流速数据中，由于流速小，涡尺度大，每个流速时间序列都具有明显的高动量区和低动量区并且呈相间分布形态(图 4-89)，能够直接观察出大尺度涡运动，共有 2～3 个大尺度涡。类似这样的流速时间序列在这次测量中普遍存在。因此，直接根据涡具有明显的高动量区和低动量区的特征，定义涡结构尺度的判别方法如下：

①以流动方向高动量区之间(或低动量区之间)为一个完整的涡结构。

②计算流动方向涡结构的平均流速$<U>$，采用泰勒冻结假说转换时间坐标为空间坐标，涡结构波长 $\Lambda=<U>T$，T 为涡结构时间周期。

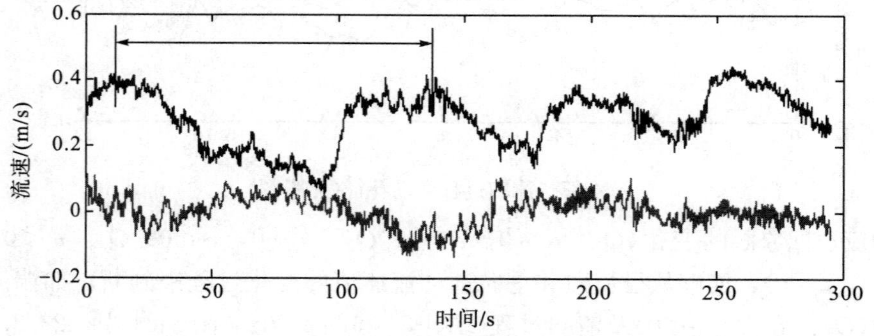

图 4-89 一级大尺度涡结构流速时间序列

径流向流速时间序列将湍流涡结构划分为四级涡结构尺度，分别命名为Ⅰ级涡、Ⅱ级涡、Ⅲ级涡和Ⅳ级涡。

Ⅰ级涡结构：如图 4-89 中双向箭头标注部分，根据径流向流速和垂向流速变化特性的一致性来划分。

Ⅱ级涡结构：流速时间序列为Ⅰ级涡结构(图 4-89)流速时间序列放大图，如图 4-90 所示。根据在Ⅰ级涡结构内的流速时间序列的波动情况，划分二级尺度，定义为Ⅱ级涡结构。从图 4-90 可以看出，Ⅰ级涡结构包含有 12 个Ⅱ级涡结构。

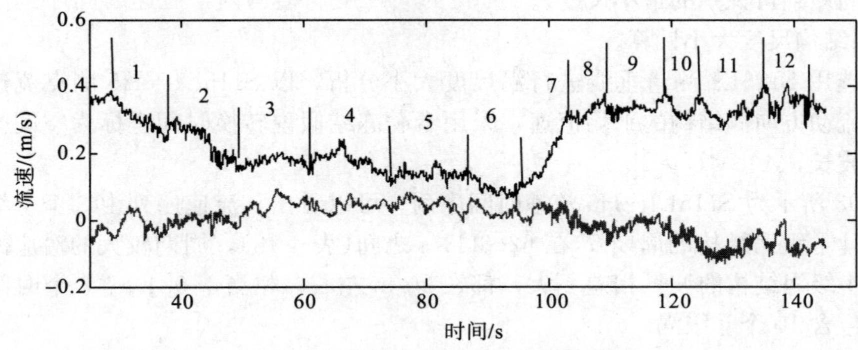

图 4-90　一级涡结构包含的二级涡结构

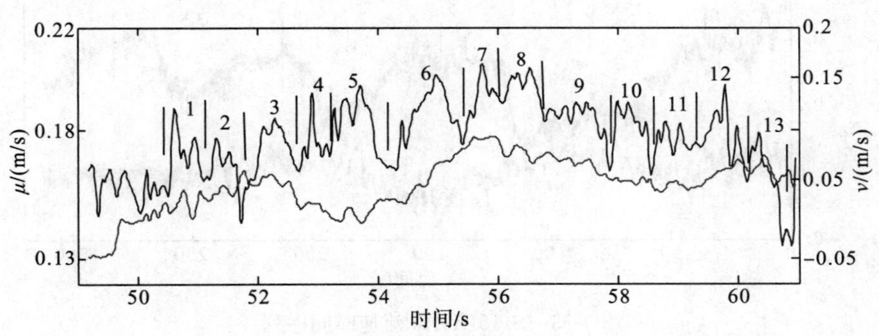

图 4-91　二级涡结构包含的三级涡结构

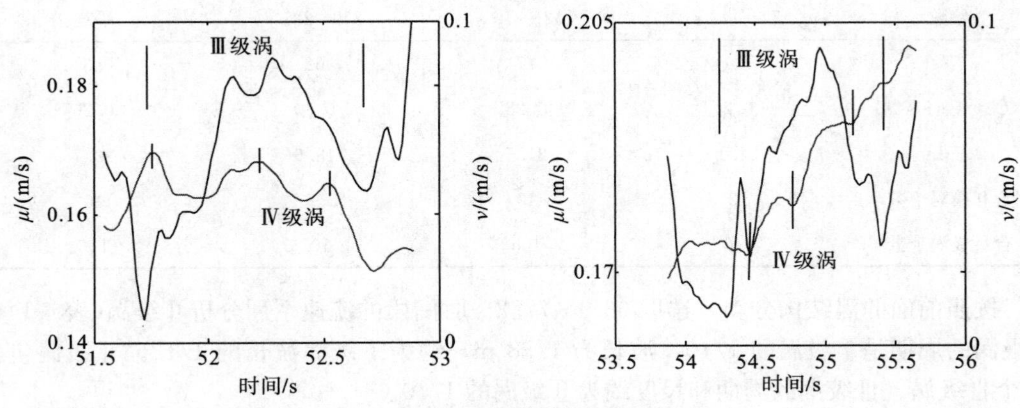

图 4-92　三级涡结构流速时间序列

Ⅲ级涡结构：流速时间序列为Ⅱ级涡结构流速时间序列(图 4-90)中编号为 4 的时间序列放大图，如图 4-91 所示。根据Ⅱ级涡结构内流速波动情况，划分Ⅲ级涡结构。通常是Ⅱ级涡结构包含有 8～13 个Ⅲ级涡结构。图 4-92 所示为Ⅲ级涡结构流速时间序列(图 4-90)中编号为 3、6 的时间序列放大图。仔细观察Ⅰ级涡、Ⅱ级涡、Ⅲ级涡对应的水深方向(v 方向)的涡尺度变化，发现Ⅰ级涡与 v 方向的涡为一一对应关系，Ⅱ级涡和Ⅲ级涡包含有 2～3 个 v 方向的具有对应关系的涡特征的时间序列，所以对Ⅲ级涡按照 v 方向对应的关系进一步划分成 2～3 个等动量区流速结构(流速大小与方向一致的流速区域，为流速时间序列可识别的最小尺度)。

(2)涡结构尺度大小计算。

本书选用 S115L1 测量垂线进行涡尺度大小分析，以 S115L1－H5 测点流速时间序列，计算流动方向涡结构的平均流速，采用泰勒冻结假说转换时间坐标为空间坐标，计算涡结构波长，$\Lambda=\langle U\rangle T$。

图 4-93 所示为 S115L1－H5 流速时间序列。可以看出，流速序列由 3 个Ⅰ级涡结构组成。统计Ⅰ级涡结构的周期 T 在 62～111 s 之间(表 4-13)，周期较大的对应的平均流速较小，Ⅰ级涡结构的波长相差不大，都在 20 m 左右，相当于 0.4 h。3 个时间段的Ⅰ级涡结构包含 10 个Ⅱ级涡。

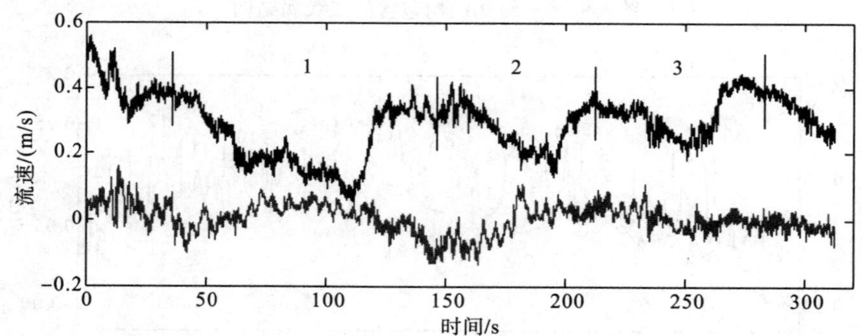

图 4-93 S115L1-H5 流速时间序列

表 4-13 Ⅰ级涡结构尺度

参数	31～142 s	142～219 s	219～281 s	平均
T/s	111	77	62	83
$\langle U\rangle/(\mathrm{m\cdot s^{-1}})$	0.2	0.28	0.30	0.26
Λ/m	22.1	21.5	18.6	20.7
含Ⅱ级涡个数	12	10	9	10
含Ⅲ级涡个数	110	105	102	106

按照前面的涡结构分类，选取 66.1～77.2 s 时间段的流速系列分析Ⅱ级涡(表 4-14)。Ⅱ级涡的周期是Ⅰ级涡的 1/10，波长为 1.88 m，约为Ⅰ级涡波长的 1/12。Ⅱ级涡包含 10 个Ⅲ级涡。Ⅲ级涡的周期和尺度约为Ⅱ级涡的 1/10。

表 4-14 Ⅱ级涡、Ⅲ级涡和等动量区

参数	Ⅱ级涡	Ⅲ级涡	等动量区
时间段/s	66.1～77.2	70.9～72.2	70.93～71.25
T/s	11.1	0.93	0.31
$\langle U \rangle/(\mathrm{m \cdot s^{-1}})$	0.17	0.16	0.05
Λ/m	1.88	0.15	0.05

选取 70.93～71.25 s 时间段为等动量区，其周期约为Ⅲ级级涡的 1/3，等动量区的波长为 0.05 m(表 4-14)。Saddoughi 和 Veeravalli 总结了多位研究者的成果，给出了湍流惯性子区和耗散区的临界尺度为 60η。等动量区的尺度相当于临界尺度的 8 倍左右。

3)涡结构尺度沿水深分布

S115L1 沿水深共测量了 7 个测点，对每个测点 4 组尺度进行计算，见表 4-15。

表 4-15 测量垂线四级尺度计算

测点	相对水深 y/H	平均涡尺度/m			
		Ⅰ级涡	Ⅱ级涡	Ⅲ级涡	等动量区
H1	0.01	25.675	0.702	0.082	0.027
H2	0.05	22.128	1.102	0.081	0.027
H3	0.11	24.275	1.406	0.152	0.051
H4	0.21	25.063	0.766	0.053	0.018
H5	0.43	20.738	2.086	0.208	0.069
H6	0.65	23.883	0.609	0.059	0.021
H7	0.95	23.719	1.176	0.104	0.035

图 4-94 所示为测量垂线 S115L1 涡结构尺度沿水深的变化关系。各级涡尺度沿水深具有统一的特征，即流动都由三级涡结构组成，并且每级涡结构沿水深变化不大。Ⅰ级涡的波长为 20～26 m。每个Ⅰ级涡包含有 10 个左右的Ⅱ级涡，其波长为 1.0～2.6 m。类似地，每个Ⅱ级涡包含有约 10 个Ⅲ级涡，每个Ⅲ级涡内包含有 2～3 个 v 方向完整的最小尺度的等动量区(图 4-94，用Ⅳ表示)。

通过对测量垂线沿水深多点流速时间序列进行四级尺度的划分，认为明渠流动由Ⅰ级涡结构组成，其波长是水深的 0.4～0.5 倍，Ⅰ级涡、Ⅱ级涡、Ⅲ级涡和等动量区存在叠加关系，Ⅱ级涡和Ⅲ级涡尺度是上一级涡尺度的 1/15～1/10，等动量区是Ⅲ级涡尺度的 1/3，等动量区的尺度接近惯性子区和耗散区的临界尺度，且等动量区尺度包含了所有含能涡旋区和大部分惯性子区的尺度。

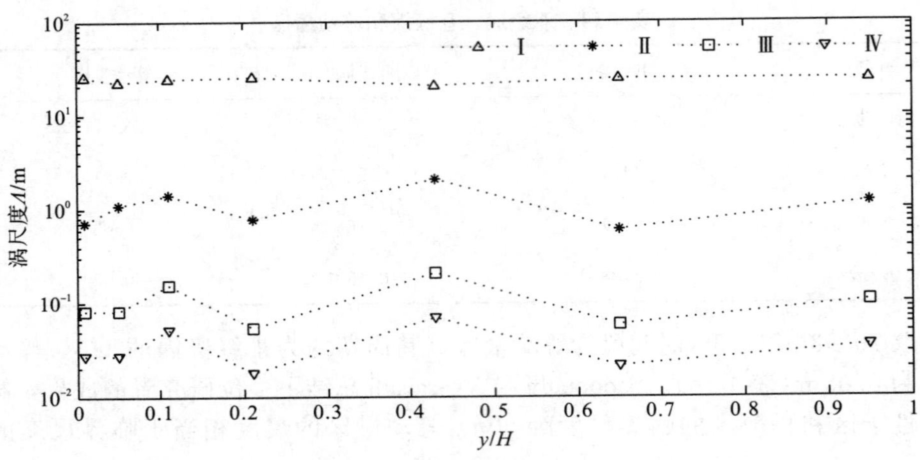

图 4-94　S115L1 涡尺度沿水深的变化关系

4)两种涡结构尺度比对分析

图 4-95 所示为测量垂线 S115L1 各点涡尺度两种计算方法得到的结果。能谱分析得到的三级涡尺度用一级、二级、三级来表示；用流速时间序列计算得到的涡尺度用Ⅰ级涡、Ⅱ级涡、Ⅲ级涡和Ⅳ级涡表示。

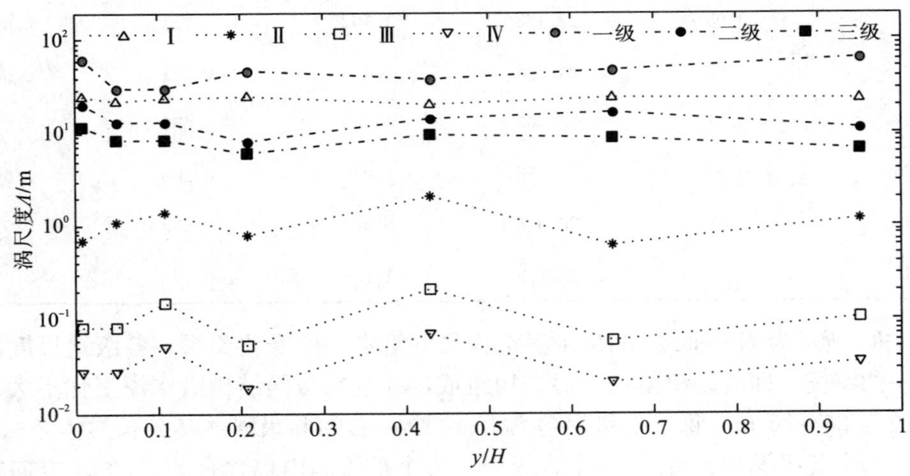

图 4-95　两种方法计算得到的涡尺度对比

可以看出，用谱分析方法计算得到的三级涡尺度与流速时间序列计算得到的涡尺度差异较大。谱分析得到的二级涡与流速时间序列计算得到的Ⅰ级涡尺度相当。但总体上两种计算方法差异较大。原因可能是，在傅里叶变换后，存在频谱泄漏、栅栏效应、频谱混叠等影响涡尺度的判断。实测采样流速时间序列较长，从时间序列直接进行涡尺度划分，更为有效。

4.3　大水深明渠泥沙输移试验

4.3.1　大水深泥沙起动试验

1. 试验平台研发

1)带有方腔的小水压槽道系统

由于大水压槽道系统开发时间较长，设备安装调试较为复杂，且运行费用较高。为节约成本，并加快项目进度，项目组开发了带有方腔的封闭槽道系统，下文简称方腔系统。该系统可模拟较小的水压条件，并具有丰富的流体物理现象，十分满足本项目前期的软件开发要求。该系统的主要优势在于：①可以精细调节形成任何雷诺数小于 5000 的流动，范围可覆盖层流至充分发展的紊流，方腔的边界条件虽然简单，但是包含极其丰富的物理现象，便于开发 PIV、PTV 及 POD 软件系统；②在水流中加入适量的悬移质泥沙，能形成复杂的水沙两相流，便于开发 PIV/PTV 软件；③将方腔中注满泥沙，可进行小水压条件下的泥沙起动实验，便于调试为大水压泥沙起动的软件系统。

带有方腔的小水压槽道测量系统由两部分组成，分别为自循环式方腔水流系统及 PIV 测量系统，如图 4-96 和图 4-97 所示。方腔水流系统由大水箱、栅格、水管、水泵、流量开关、过渡段及方腔组成，如图 4-96(a)所示。大水箱的作用类似小型水库，用以提供充足的水源，其较大的表面积能保证系统内水位的稳定性。水流的动力系统采用 LRS 25-6 型屏蔽式增压泵，其最大流量为 3 m^3/h，对应的雷诺数(以进口处水力半径及平均流速衡量)可达 5000；为精细调整系统的流量，添加流量开关，实验时可充分模拟水流从层流至紊流的变化过程。为保证水管的圆形断面($d=2.5$ cm)平稳过渡至方腔入口的矩形断面(4 cm×2 cm)，采用长为 25 cm 的过渡段连接水管及方腔。本系统的方腔尺寸为 8 cm×4 cm×6 cm，由已有文献可知，此方腔属于三维敞开式浅腔，即剪切层在方腔入口的台阶处分离，在未冲撞下游边壁前接触凹腔底面，并沿展向(z)具有一定的摆动。方腔的背面为不锈钢，上、下和前面为玻璃，以便于激光从方腔底面往上垂直照射，高速摄像机透过方腔前面拍摄激光照亮区域获取实验图片。出水口处设有栅格，用以整流及消除大尺度结构，进一步防止水面出现较大的波动。

方腔中垂面的二维瞬时流速场测量采用自主开发的二维高频 PIV 系统，由高速摄像机、连续激光器、示踪粒子和 PIV 计算软件组成，如图 4-96(b)所示。PIV 技术可以无干扰地测量平面内各点的二维流速矢量，是目前实验流体力学领域应用最广泛的流速测量技术。高速摄像机的 CCD 的分辨率为 640×480 像素，采样频率最高可达 245 Hz；为兼顾进光量和图像变形两个方面的要求，为高速相机配备了佳能 EF 85 mm f/1.2 L USM 镜头。采用功率为 2 W 的 Nd-YAG 型连续激光器，波长为 532 nm。示踪粒子为 HGS-10 型空心玻璃微珠，粒径为 10 μm。采用自主编写的 PIV 软件计算流场，算法为多级网格迭代的图像变形算法，通过不断减小诊断窗口的尺寸，并同时利用流场信息对诊断窗口进行变形来提高计算的精度。

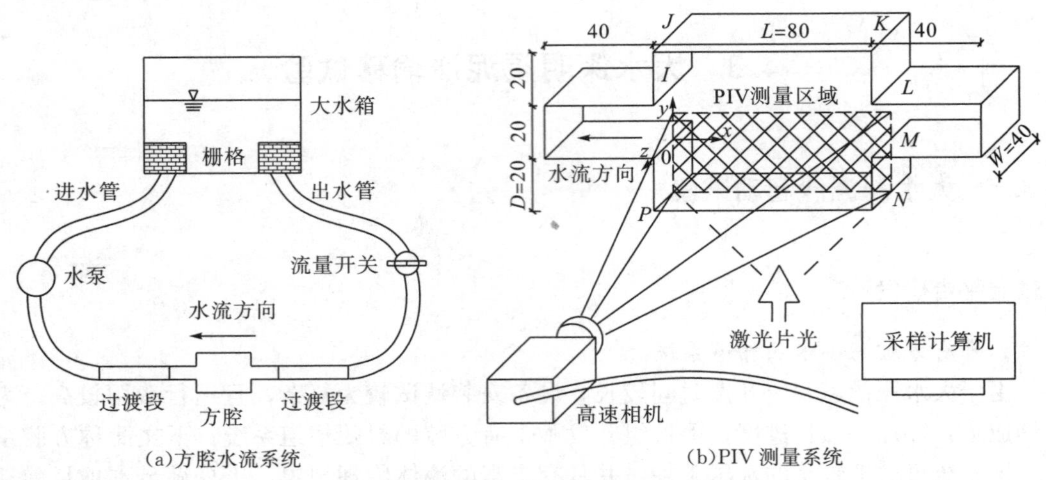

(a)方腔水流系统　　(b)PIV 测量系统

图 4-96　带有方腔的小水压槽道测量系统

图 4-97　带有方腔的小水压槽道测量系统实物图

清水实验步骤如下：①先在水箱中注入一定量的水，打开水泵使系统中形成某一较小的流量；②按照预设的雷诺数，调节水泵的功率及流量开关，使实验雷诺数接近预设值；③向水流中加入适宜浓度的示踪粒子，等待 15～20 min 至水流系统充分稳定；④调节激光使其照亮测量区域，示踪粒子在激光的照射下发生散射，形成较好的可视化图形；⑤调整镜头与激光片光间的距离、镜头与相机间的距离改变图像分辨率，调节相机至清晰成像，利用相机的高频采样能力拍摄并存储实验图片序列。当获得清水实验图片后，利用 PIV 软件计算可获得测量平面内的二维速度点阵，其后可进行各种参数的时均统计(时均流速、紊动强度、雷诺应力、偏差系数，峰凸系数、涡量、耗散率等)、谱分析(傅里叶、小波、S 变换、本征正交分解)及涡旋的提取(密度、半径、环量)。

水沙两相流的实验步骤与清水一致，当水流稳定开始正式实验时，在进口加入少量泥沙颗粒。水沙两相流图片获得后，用两相分离方法将原始图片分离成仅含液相的示踪粒子图片(用 PIV 计算)和仅含固相的沙粒图片(用 PTV 计算)。用 PIV/PTV 耦合计算获得两相的速度后，即可分析两相间的差异(如各种时均统计参数)及固相的空间分布与液相流场的关系；对比清水实验，还可以获得固相对液相的影响。

当方腔中注满泥沙后，逐渐增大增压泵功率及流量开关使得系统中的流量不断增大，同时用高速相机捕捉并存储整个泥沙起动过程，用之前开发的 PIV、PTV、POD、PIV/PTV软件系统综合分析泥沙起动过程，作为大水压槽道系统的铺垫工作。

2)大水压封闭槽道系统

大水压封闭槽道系统主要由 3 部分组成：可升降水箱、封闭水槽试验段以及蓄水池。总体布置如图 4-98 所示。其中，可升降水箱室内可达 8.5 m，屋顶最高可达 12 m，水箱采用卷扬机控制其高度。链接水箱的 3 根管依次为进水管、出水管和溢流管，水箱内设有一个 80 cm 高的薄壁堰，当溢流堰溢流时即可保证水头稳定。

封闭水槽试验段主要由 PIV/PTV 系统、测压计和电磁流量计组成。封闭水槽玻璃试验段中垂面的流速场由自主开发的二维高频 PIV 系统测量，与小水压槽道系统使用的设备构成一致，高频 CMOS 相机分辨率为 2336×1728 像素，最高频率可达 3000 Hz，为了满足拍摄需求，相机镜头为 50 mm/1.8 f，采用功率为 8 W 的 Nd-YAG 型连续激光器，波长为 532 nm。示踪粒子为 HGS-10 型空心玻璃微珠，粒径为 10 μm。试验段粗颗粒泥沙的起动采用二维高频改进的 PTV 系统进行测量，此试验采用的改进 PTV 系统由高频相机、LED 光源以及改进的互相关 PTV 算法构成。其中，相机为高频的 CCD 相机，分辨率为 640×480 像素，最大频率为 245 Hz(最大画幅下)，使用 28 mm/2.8 f 的镜头，改进的互相关 PTV 计算方法是利用两张图像，对每个颗粒进行互相关计算，并取相关系数的峰值点作为位移。试验段的设备示意图如图 4-99 所示。测压计和电磁流量计分别安装在试验段的下游和出口部分，并连接计算机自动读取和存储数据。图 4-100 所示为流量计显示软件截图。

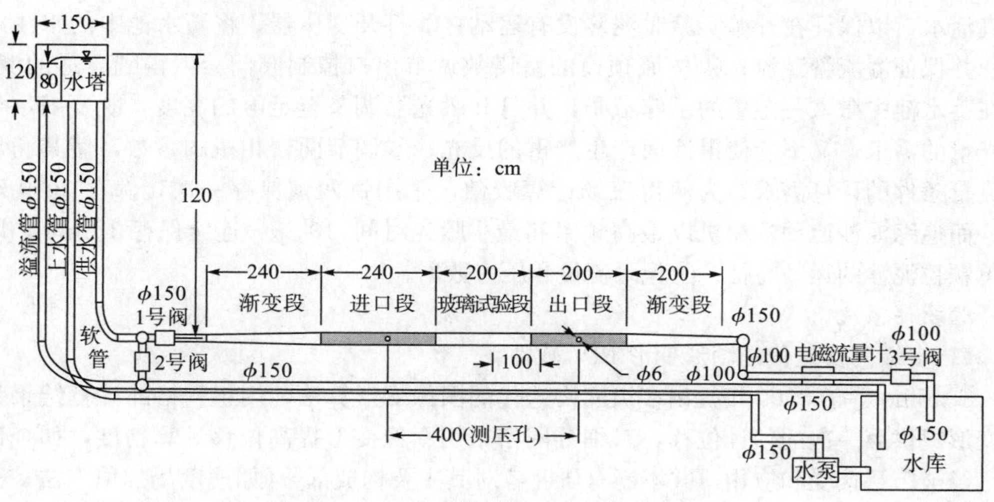

图 4-98　大水压设备总体布置图

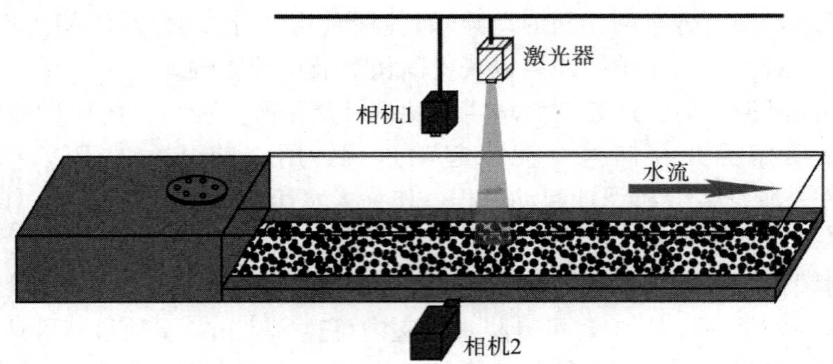

图 4-99　试验段设备示意图

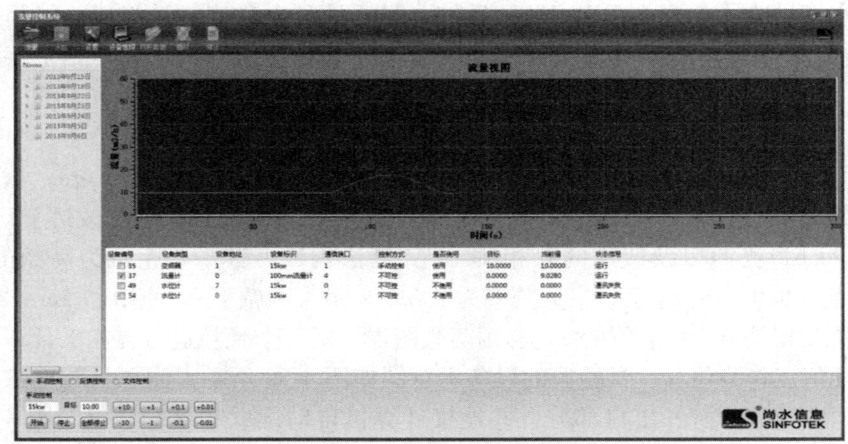

图 4-100　流量计显示软件截图

大水压封闭槽道系统实验步骤如下：①将水箱升至预设的高度；②将槽道中缓慢地注满清水，以保证在开始实验时泥沙没有运动；③打开变压器，将蓄水池中的水注入水箱，并保证溢流管溢流；④按照预设的雷诺数调节出口控制阀门，以得到合适的流量；⑤在蓄水池中撒入一定量的示踪粒子，并打开激光器调节至足够的亮度，既要满足相机进光量的需求，又不能使得沙面产生严重的反光；⑥调节两台相机的参数，使其满足当前流量条件的计算需求，为使得流场计算收敛，采用每两帧保存一次，保存 2000 对流场，而追踪泥沙运动的相机以最高频率和最小曝光时间(100 μs)连续保存 10 min，以统计单颗粒泥沙的运动特征；⑦记录流量和压力数据。

3)软件系统

(1)多级网格迭代的图形变形 PIV 软件。

Scarano 等于 2000 年提出多级网格迭代的图像变形算法，用粗网格的计算结果为图像变形提供第一次的估计位移，对细分网格采用图像变形提高位移计算精度，如今该算法已经被广泛接受和应用，并不断有研究者对其主要构成部分(如速度场插值方法、窗函数等)进行补充和发展。

多级网格迭代算法的主要贡献在于提高了空间分辨率和计算精度，增大了速度梯度的测量范围。对于无多级网格迭代的算法，其测速度范围如下：

$$\frac{U_{\max}-U_{\min}}{U_{\min}}=\frac{l_{\max}}{l_{\min}}-1=c_1\frac{W_0}{l_{\min}}-1 \tag{4-22}$$

式中，$U_{\max}$、$U_{\min}$是可测的最大、最小速度；$l_{\max}$、$l_{\min}$是可测的最大、最小位移；W_0 是诊断窗口的边长；$c_1=l_{\max}/W_0$，为保证较高的置信度，c_1 值一般为 0.2～0.3，即“1/4 准则”。

引入多级网格迭代方法后，利用大网格诊断窗口的计算位移对小网格诊断窗口进行平移，从而解耦可测最大位移与小诊断窗口边长间的联系，新的测速范围如下：

$$\frac{U_{\max}-U_{\min}}{U_{\min}}=c_1'\frac{RW_k}{l_{\min}}-1 \tag{4-23}$$

式中，W_k 是 k 级诊断窗口的尺寸，$k=1, 2, \cdots, K$；K 是多级网格的级数，网格尺寸从大到小排列；$R=W_1/W_K$，是网格细化比例因子；$c_1'=l_{\max}/W_1$，$c_1'\in[0.2, 0.3]$。

对比式(4-22)及式(4-23)可知，对于诊断窗口最终尺寸一致($W_0=W_k$)的无迭代算法与多级网格算法，多级网格算法可将速度梯度测量范围增大 R 倍。故应用多级网格迭代算法可消除 $l_{\max}$与 W_k 间的“1/4 准则”限制，极大地提高了速度测量的范围，但需指出的是，初级诊断窗口的尺寸仍受“1/4 准则”的制约。

图像变形算法按照流场运动形态对诊断窗口进行变形，从而使两幅计算图片间的配对粒子数量达到最大，提高位移计算精度。

由于诊断窗口内粒子的位移并不相等，而是存在空间分布，一般采用泰勒展开法对位移分布进行拟合，对于(x, y)点的速度 $u(x, y)$，其关于(x_0, y_0)点的二阶泰勒展开式如下：

$$\begin{aligned}u(x,y)=&u(x_0,y_0)+\frac{\partial u}{\partial x}(x-x_0)+\frac{\partial u}{\partial y}(y-y_0)+o(x-x_0)^3+o(y-y_0)^3\\&+\frac{1}{2!}\left[\frac{\partial^2 u}{\partial x^2}(x-x_0)^2+\frac{\partial^2 u}{\partial x\partial y}(x-x_0)(y-y_0)+\frac{\partial^2 u}{\partial y^2}(y-y_0)^2\right]\end{aligned} \tag{4-24}$$

式中，$x\in[x_0-0.5W, x_0+0.5W]$，$y\in[y_0-0.5W, y_0+0.5W]$，W 是诊断窗口尺寸；(x_0, y_0)为诊断窗口中心坐标；$v(x, y)$的展开同理。

由式(4-24)可知，窗口平移算法实际上是用 0 阶泰勒展开法对诊断窗口进行变形。图 4-101 比较了经典互相关、窗口平移及图像变形算法对诊断窗口进行变形的差异。

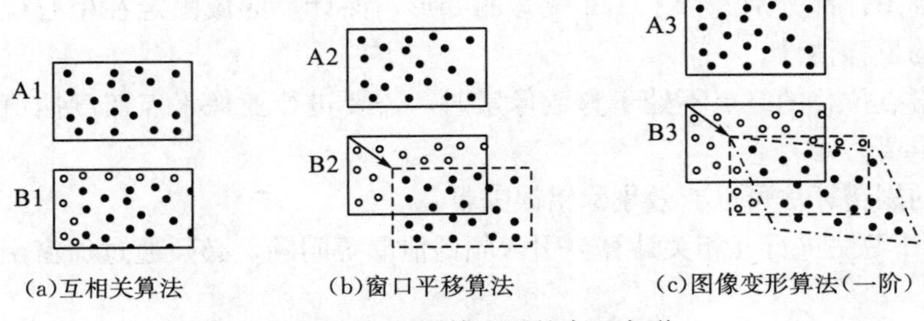

图 4-101　不同算法下的窗口变形

图 4-101 中，A、B 表示两幅图片中用来进行互相关计算的诊断窗口；实圆圈表示真正匹配的相关粒子，空圆圈代表不匹配的粒子；B 窗口中的实线框、虚线框及点画线框分别表示互相关、窗口平移及图像变形算法采用的诊断窗口。对于互相关算法，由于没

有采用窗口平移技术，B1 中含有较多的不匹配粒子干扰相关计算，所以 Keane 等提出“1/4 准则”来限制不匹配粒子所占的比重。由于窗口平移算法通过平移诊断窗口适当的像素以跟随粒子的运动，较大地减少了不匹配粒子的比重，从而弥补经典互相关算法的不足，但该算法只适用于诊断窗口内粒子位移差异较小的情况，对于存在较大流速梯度的流场[图 4-96(c)]，虚线框中仍存在较大比重的不匹配粒子，导致计算精度降低。图像变形算法利用流速梯度对诊断窗口进行变形，极大地减少了不相关粒子的比重，增大了位移计算的精度。

多级网格迭代的图像变形算法的详细计算步骤如下：

①对两帧图片进行大网格的节点流速场计算，得出大诊断窗口的平均位移，剔除不合理数据并插值，建立一帧与第一帧图片相同的临时图片。

②根据相邻区域内大网格计算的节点位移插值得到诊断窗口内每个像素点的位移，得出像素点位移场。

③在第二帧图片中定出像素点位移场的位置，插值计算该位置的灰度值并赋给临时图片中与第一帧图片对应的像素点(即图像变形)。

④细化网格尺寸，计算临时图片相对于第一帧图片的小位移。

⑤将前后两级网格的节点位移相加，得到总位移，剔错插补，得到次一级网格的节点位移。

⑥重复②～⑤步，或当达到迭代次数时结束计算，算法的计算流程如图 4-102 所示。

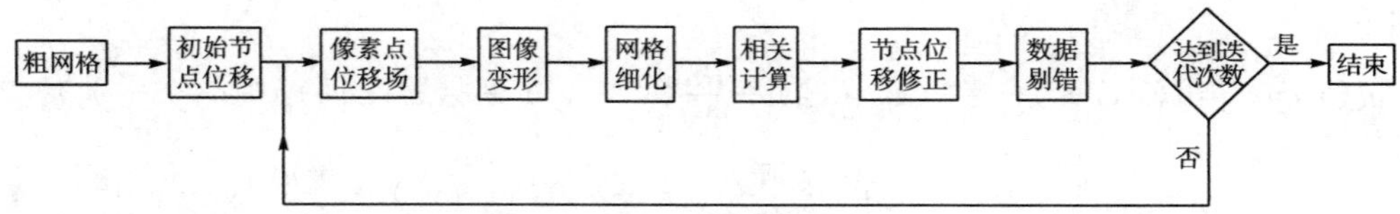

图 4-102　多级网格迭代的图像变形算法计算流程图

在以上步骤中，需要注意以下问题：

①为保证足够的计算置信度，初级诊断窗口的尺寸应该满足“1/4 准则”。

②需要利用一定的拟合方法，确定相关系数峰值的亚像素位置。

③插值算法的选择会影响图像变形的质量。

④若两幅图片都分别进行了 1/2 位移的变形，而计算区域固定在中心位置，则可得到二阶精度的位移估计。

⑤当像素点位移的终点不处于整数像素时，需要进行亚像素点灰度插值，插值方法的选择较为重要。

⑥较优的剔错算法可以有效剔除错误矢量。

⑦采用 FFT 法进行互相关计算会引入频谱泄漏等问题，必须通过加窗函数来降低此项影响。

⑧由上一级网格的像素点位移场计算次一级网格内像素点位移的平均值，加上次一级网格相关计算的位移，得出次一级网格的节点位移。

(2)带有生成 Delaunay 三角网格并剔错的 PTV 软件。

匹配几率法是一种利用粒子群体运动特征的 PTV 算法，文献中有比较详细的介绍

(Baek 和 Lee，1996；靳斌等，2000)。该方法认为，所有示踪粒子应满足 3 条基本特征：

①所有示踪粒子在两帧图像时间间隔内的位移都必须小于一个确定值 R_2。如图 4-98 所示，第一帧图像的 X_i 粒子有且只有可能运动到第二帧图像的 Y_j、Y_1、Y_2 粒子位置，位移大于 R_2 的其他粒子就可以排除。

②在第一帧图像的 X_i 粒子的邻域范围内(半径为 R_3 的圆形区域)，示踪粒子的速度矢量应该基本相同。如图 4-103 所示，第一帧图像的 X_1、X_2、X_3、X_4、X_i 粒子应该分别运动到第二帧图像的 Y_1、Y_2、Y_3、Y_4、Y_j 粒子位置，这样得到的各速度矢量才能基本相同。邻域粒子的速度矢量基本相同，其矢量之差的模应该在一个较小的误差范围内(误差圆半径为 R_4)。

③第一帧图像的 X_4 粒子只有可能运动到第二帧图像的 Y_3、Y_4 粒子位置。Y_3 粒子的位置超出了群体速度矢量 $\boldsymbol{X}_i\boldsymbol{Y}_j$ 的误差范围 R_4，也就是 $|\boldsymbol{X}_i\boldsymbol{Y}_j-\boldsymbol{X}_4\boldsymbol{Y}_3|\geqslant R_4$，所以 Y_3 粒子不是关于群体速度矢量 $\boldsymbol{X}_i\boldsymbol{Y}_j$ 的有效跟踪粒子(但是也不排除 Y_3 粒子是关于其他群体速度矢量的有效跟踪粒子)。

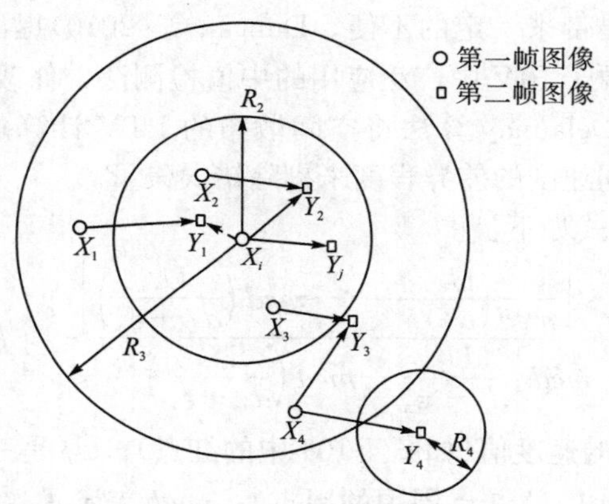

图 4-103　粒子跟踪示意图

该算法就是基于以上 3 条特征，从目标粒子 X_i 的所有可能运动轨迹中找到最有可能的，也就是匹配几率最高的一条轨迹，从而实现目标粒子的匹配。操作步骤如下：

步骤 1　按照特征①找出第一帧图像的示踪粒子 X_i 在第二帧图像中的所有可能匹配的粒子(包括 Y_1、Y_2、Y_j，共 3 个)。设定 X_i 与 Y_1、Y_2、Y_j 相匹配的几率为 P_{i1}、P_{i2}、P_{ij}，X_i 与它们全都不匹配的几率为 P_i^*。假设初始几率 P_{i1}、P_{i2}、P_{ij}、P_i^* 为均匀分布，即

$$P_{i\xi}=P_i^*=\frac{1}{3+1}\quad(\xi=1,2,j)\tag{4-25}$$

步骤 2　按照特征②找出第一帧图像的示踪粒子 X_i 在第一帧图像中的所有邻域粒子(包括 X_1、X_2、X_3、X_4，共 4 个)。对每一个邻域粒子进行步骤 1 操作，得到每一个邻域粒子在第二帧图像中的所有可能匹配粒子和每个可能匹配粒子的匹配几率。

步骤 3　对第一帧图像的示踪粒子 X_i 的每一个可能的速度矢量 $\boldsymbol{X}_i\boldsymbol{Y}_\xi$($\xi=1$，2，$j$)，按照特征③依次在其邻域粒子 X_1、X_2、X_3、X_4 的所有可能匹配粒子中寻找相似速度矢量，并把寻找到的所有相似速度矢量的匹配几率按式(4-26)求和，按式(4-27)规一化。

$$\overline{P}_{i\xi}^n=AP_{i\xi}^{n-1}+BQ_{i\xi}^{n-1}\tag{4-26}$$

$$\left.\begin{aligned} P_{i\xi}^{n} &= \frac{\overline{P}_{i\xi}^{n}}{\sum_{\xi} \overline{P_{i\xi}^{n}} + P_{i}^{*\,n-1}} \\ P_{i}^{*\,n} &= \frac{P_{i}^{*\,n-1}}{\sum_{\xi} \overline{P}_{i\xi}^{n} + P_{i}^{*\,n-1}} \end{aligned}\right\} \tag{4-27}$$

式中，$Q_{i\xi}^{n-1} = \sum_{k}\sum_{l} P_{kl}^{n-1}$，$i$ 为第一帧图像中目标粒子的下标，ξ 为第 i 个目标粒子的可能匹配粒子的下标，k 为第 i 个目标粒子的邻域粒子下标，$k=1$，2，3，4，l 为邻域粒子的可能匹配粒子的下标；A、B 为松弛系数，$A<1$，$B>1$，B/A 越大收敛速度越快；n 为迭代次数。在实际应用中需要选取最合适的一组松弛系数进行计算。

步骤 4　按式(4-26)、式(4-27)构成迭代公式，经过 4 次、5 次迭代，正确的匹配粒子的匹配几率会迅速增大，而不正确的匹配粒子的匹配几率则会迅速减小。选取目标粒子 X_i 的所有可能匹配粒子中匹配几率最大的匹配粒子作为目标粒子 X_i 的匹配粒子。

众所周知，PTV 计算出来的速度点散布于空间，其密度与位置与识别的粒子有关，不具有网格特征，给剔错带来一定的不便。Duncan 等(2010)提出了一种普适的 PTV 剔错方法，其核心思想来源于 PIV 中广泛应用的中值检测法，修改之处在于通过距离赋予不同的权重。通过应用 Delaunay 算法将空间散布的 PTV 计算点生成唯一的三角网格，通过中心点与周围的点间速度的差异程度来剔除错误矢量。

普适的 PTV 剔错公式如下：

$$r_0 = \frac{\left|\dfrac{U_0}{med(d_i)+\varepsilon_a} - med\left(\dfrac{U_i}{d_i+\varepsilon_a}\right)\right|}{med\left|\dfrac{U_i}{d_i+\varepsilon_a} - med\left(\dfrac{U_i}{d_i+\varepsilon_a}\right)\right| + \varepsilon_a} > \xi_{\text{thresh}} \tag{4-28}$$

式中，U_0 是待检测节点的速度值(如图 4-104 中的红点)；U_i 是三角网格中与其直接相连的第 i 个节点(如图 4-104 中的红点周围的黑点)；med 表示求这个序列的中值；d_i 表示第 i 个节点与中心节点间的距离；ε_a 反映了互相关算法可接受的峰值波动范围，建议取 $\varepsilon_a=0.1$；ξ_{thresh} 是剔错临界值，建议取 2，若 $r_0>\xi_{\text{thresh}}$，则认为 U_0 是不合理速度值并将其删除，一般用其周围节点速度值的均值插补。应用该公式的剔错算例如图 4-105 所示。图中数字 1、2 表示前后两张连续图片的序号。

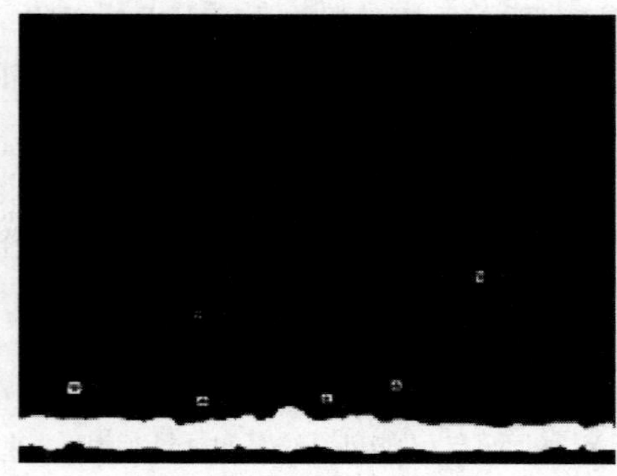

(a)空间散布的 PTV 粒子

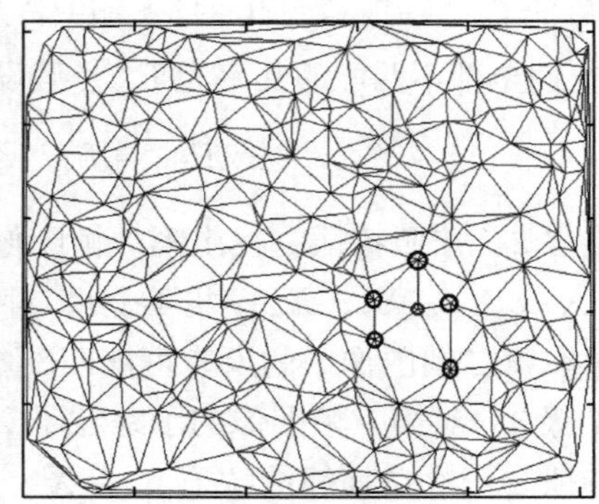

(b)Delaunay 法生成三角网格

图 4-104　用 Delaunay 法将散布的 PTV 计算点生成三角网格(见彩图)

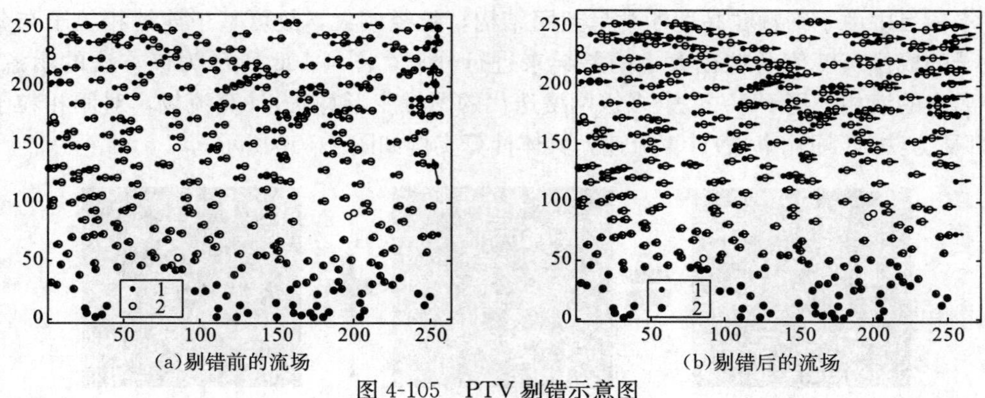

(a)剔错前的流场　(b)剔错后的流场

图 4-105 PTV 剔错示意图

(3)PIV/PTV 联合计算软件。

由于连续相(液相)及分散相(固相)间存在速度差，单纯计算两相流图片得到的速度场是两相的平均速度，所以必须用一定的方法将两相分离，分别计算各相的速度。迄今为止，前人提出的两相分离方法均是建立在两相粒子的颜色、灰度、尺寸、空间频率及相关峰值不同的基础上，下面分别对各方法进行简要介绍。

①粒子颜色区分法(Driscoll et at.，2003；Lindken 和 Merzkrich，2002)。该方法通过荧光材料标记其中一相的示踪粒子，使其颜色区别于另一相粒子；再使用添加不同颜色光学滤镜的两台相机同步拍摄同一区域获得两相的图片，或者使用一台彩色相机拍摄图片，并通过颜色识别不同相的粒子。对于使用两台相机的情况，相机拍摄的对称性不能精确保证，会给计算带来误差。另外，此方法设备安装复杂，价格也很高(Deen et al. 2002；Qu et al. 2004)。

②图像灰度及粒径区分法。该方法基于连续相粒子与分散相粒子的成像灰度值及粒径大小的差异来进行分离。Sakakibara 等(1996)通过设置相机参数使液相示踪粒子的灰度值不超过最大灰度值的 70%，并认为灰度值超过最大值 70%的粒子为分散相颗粒。由于分散相粒子尺寸一般要大于连续相粒子好几倍，利用这个简单的几何尺寸差异，很多作者进行了两相的区分(Gui 和 Merzkirch，1996；Nezu 和 Sanjou，2011)。Khalitov 和 Longmire(2002)将两相间粒子的大小及亮度不同成功地应用于含沙水流两相速度的测量。此方法对粒径处于某一范围内的固相分散相粒子的检测性很好，但对形状多变且易相互结合的气相粒子的适用性较差(Deen et al，2002)。

③系综相关法(Delnoij et al，2000)。该方法建立在流体特性(速度)在较小的时间尺度范围内不会发生改变的假设之上，通过将一系列(一般 15 张)两相流图片的位移相关函数进行叠加，进而降低噪声并增强位移峰值信号；当两相间存在较大的速度差时，位移相关函数会出现两个较大的峰值，分别对应于两相示踪粒子的速度，但当两相间位移差异较小时，两相的位移峰值会重合而不能区分，导致无法使用此方法。而且由于受到众多因素的影响，对于怎么区分两相的峰值，目前还没有统一的方法(Khalitov 和 Longmire，2002)。

④空间滤波法。该方法认为连续相的示踪粒子为高频的空间信号，故使用相应的低通滤波器便可去除连续相粒子，得到单一的分散相图片，如 Kiger 和 Pan(2000)利用中值滤波进行两相分离。与粒子大小区分法一样，该方法对于形状多变及容易散射激光的气相粒子的适用性较差(Deen et al，2002)。

本项目中由于细颗粒黏性沙常呈絮团结构，粒径较大，故可基于连续相粒子与分散相粒子的成像灰度值及粒径大小的差异来进行分离，图 4-106 所示为该方法的示意图。对分离出的液相采用 PIV 方法(多级网格迭代的图像变形算法)计算流场，对固相粒子采用 PTV 方法(匹配几率法)计算流速，具体计算实例如图 4-107 所示。

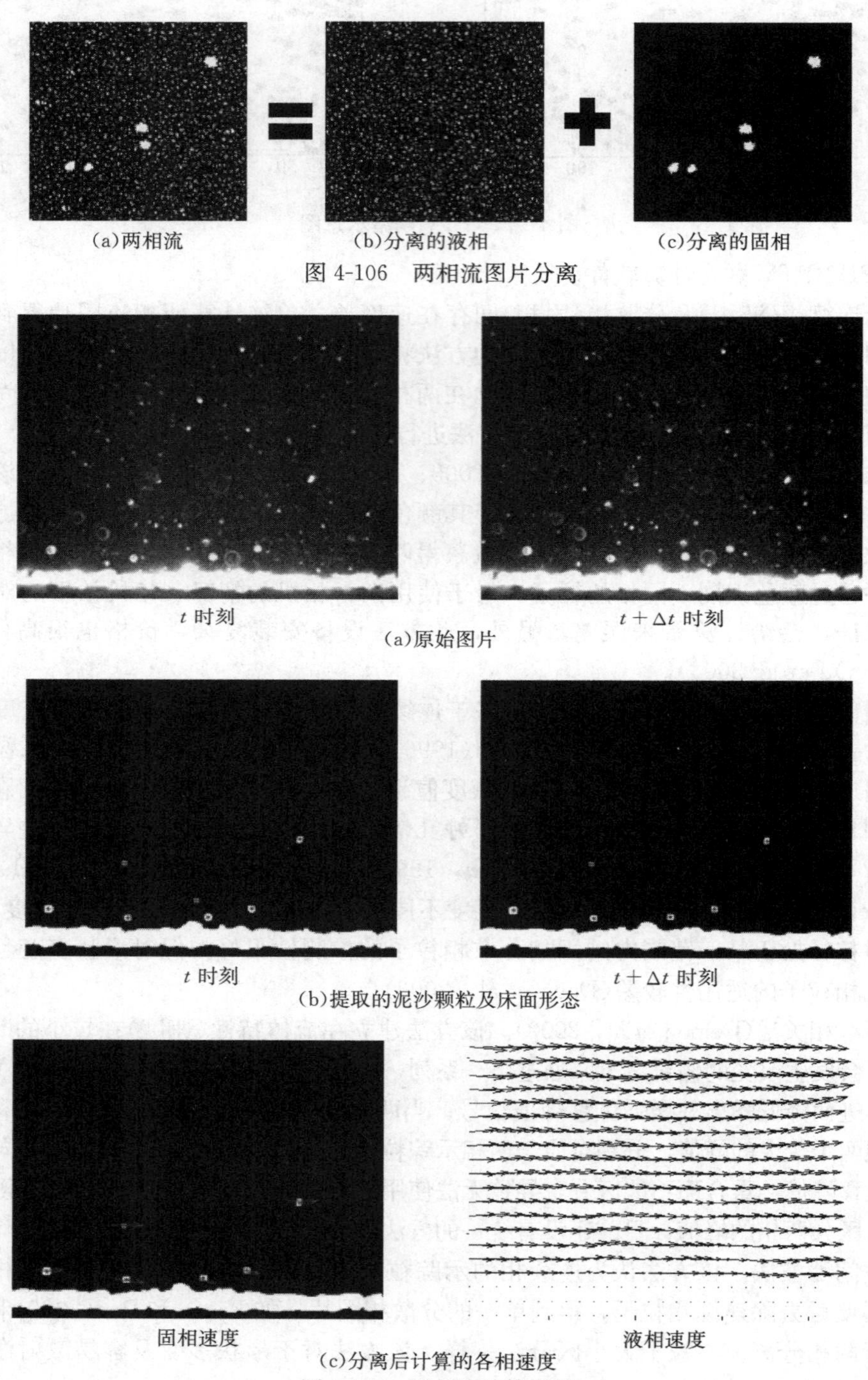

图 4-106　两相流图片分离

图 4-107　两相流计算实例

(4)由 PIV 速度场计算压力场的软件。

河床的水动力特性是由紊动流速场及压力场共同作用的结果，作用于颗粒的上举力及拖曳力由粒子周围的压力差形成。流体力学及实际工程中都十分重视对流场压力的测量。由于早期实验条件的限制，远离边界层区域(如自由剪切紊流或涡旋内部)的瞬时压力分布的测量数据很少，而且还是通过毕托管类的探针测得。一方面，毕托管类探针为接触式测量，会干扰局部流场，且测量频率较低，仅能提供单点的压力数据；另一方面，流场中一些结构比较复杂的区域，压力测量装置安装困难，也使得压力测量难以实现。随着 PIV 技术的发展，利用 PIV 速度场来推导流场压力在理论上已经被证明可行。

当利用 PIV 获得速度场后，N-S 方程中压力便是唯一的未知项，如式(4-29)，所以将速度代入 N-S 方程便可求得压力梯度的空间分布，再积分便可得压力的空间分布，这是第一种压力求解方法，称为直接积分求解法。另一种算法是将压力梯度的 N-S 方程转化为泊松方程，如式(4-30)，再推求压力场，称为泊松方程求解法。

$$\begin{cases}\dfrac{1}{\rho}\dfrac{\partial p}{\partial x}=f_x+v\left(\dfrac{\partial^2 u}{\partial x^2}+\dfrac{\partial^2 u}{\partial y^2}+\dfrac{\partial^2 u}{\partial z^2}\right)-\left(\dfrac{\partial u}{\partial t}+u\dfrac{\partial u}{\partial x}+v\dfrac{\partial u}{\partial y}+w\dfrac{\partial u}{\partial z}\right)\\[2ex]\dfrac{1}{\rho}\dfrac{\partial p}{\partial y}=f_y+v\left(\dfrac{\partial^2 v}{\partial x^2}+\dfrac{\partial^2 v}{\partial y^2}+\dfrac{\partial^2 v}{\partial z^2}\right)-\left(\dfrac{\partial v}{\partial t}+u\dfrac{\partial v}{\partial x}+v\dfrac{\partial v}{\partial y}+w\dfrac{\partial v}{\partial z}\right)\end{cases}\tag{4-29}$$

$$\begin{cases}\nabla^2 p=\dfrac{\partial^2 p}{\partial x^2}+\dfrac{\partial^2 p}{\partial y^2}=-\rho f_{xy}\\[2ex]f_{xy}=\left(\dfrac{\partial^2 u}{\partial t\partial x}+\dfrac{\partial^2 v}{\partial t\partial y}\right)+\left(\dfrac{\partial u}{\partial x}\right)^2+2\dfrac{\partial v}{\partial x}\dfrac{\partial u}{\partial y}+\left(\dfrac{\partial v}{\partial y}\right)^2\end{cases}\tag{4-30}$$

Liu 和 Katz(2006)提出的迭代的虚拟边界全方向积分平均法为直接积分法的变形，该方法可以降低积分路径对计算的影响，并减小初始边值条件的影响。图 4-108 给出了理想兰金涡及明渠清水实验的计算结果。

(5)POD 本征正交分解软件。

POD 方法将流速场序列投影到最优函数空间，使得流速场在该最优函数空间投影的平均能量比其他函数空间(如傅里叶基空间)都大，而该最优函数空间的解为流速场序列的空间相关系数矩阵的特征向量空间。Sirovich 提出等价的 Snapshot POD 方法，用时间相关系数矩阵代替空间相关系数矩阵，当时间序列个数小于空间点个数时，可大幅减小计算量。

令 $A(\boldsymbol{r}, t)$是空腔中垂面的二维流速场的时间序列，其中 $\boldsymbol{r}$ 表示二维速度点阵的集合，则平面内矢量总数 $\boldsymbol{N}(\boldsymbol{r})=2N_xN_y$，$N_x$、$N_y$ 分别表示 x、y 方向测点的个数，2 表示有两个速度分量；$t(1\leqslant t\leqslant M)$表示测量样本个数。当 $M<\boldsymbol{N}(\boldsymbol{r})$时，$A(\boldsymbol{r}, t)$在特征向量空间的 Snapshot POD 分解公式如下：

$$\begin{cases}A(\boldsymbol{r},t)=\displaystyle\sum_{n=1}^{M}a_n(t)\boldsymbol{\Psi}_n(\boldsymbol{r})\\[2ex]a_n(t)=(A(\boldsymbol{r},t),\boldsymbol{\Psi}_n(\boldsymbol{r}))\end{cases}\tag{4-31}$$

式中，$\boldsymbol{\Psi}_n(\boldsymbol{r})$为 $A(\boldsymbol{r}, t)$的时间相关系数矩阵的特征向量；$a_n(t)$为速度场序列 $A(\boldsymbol{r}, t)$在 $\boldsymbol{\Psi}_n(\boldsymbol{r})$上的投影系数，$\sum_t a_n(t)^2$ 是在 $\boldsymbol{\Psi}_n(\boldsymbol{r})$上投影能量的总和。

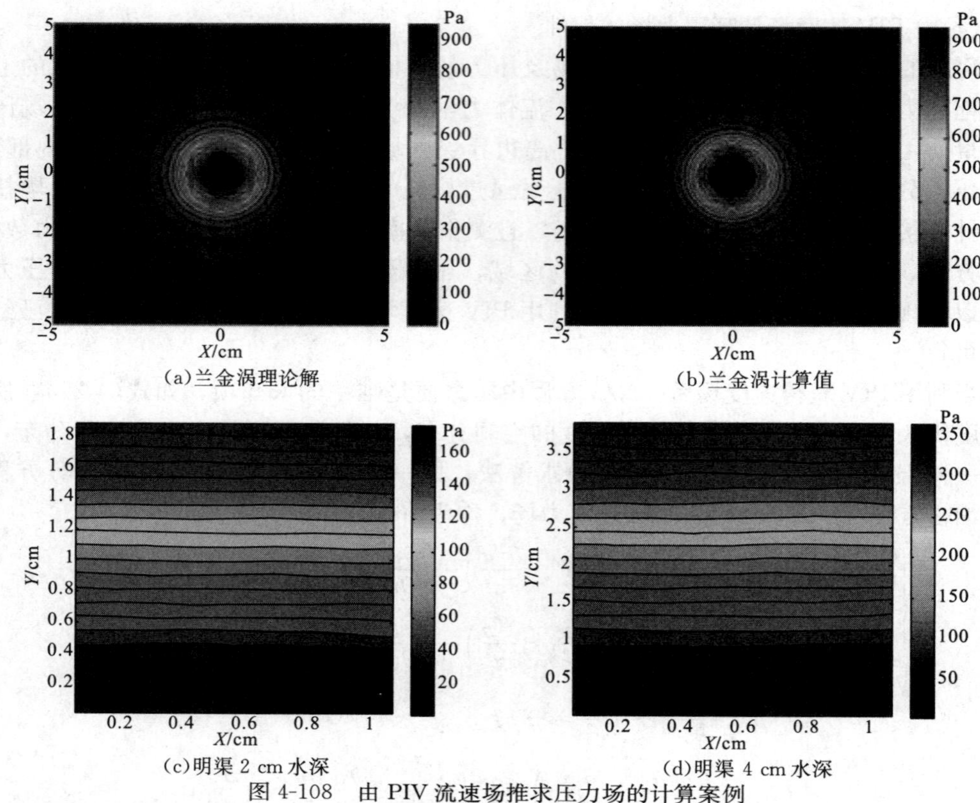

图 4-108　由 PIV 流速场推求压力场的计算案例

$\boldsymbol{\Psi}_n(\boldsymbol{r})$的计算公式如下：

$$\begin{cases} C_s(t,t') = \int_s A(\boldsymbol{r},t)A(\boldsymbol{r},t')\mathrm{d}\boldsymbol{r} \\ [\boldsymbol{\Phi},\boldsymbol{\Lambda}] = eigen(\boldsymbol{C}_s) \\ \boldsymbol{\Psi} = (A \cdot \boldsymbol{\Phi}) \cdot \boldsymbol{\Lambda}^{-1/2} \end{cases} \tag{4-32}$$

式中，$\boldsymbol{C}_s$ 表示$\boldsymbol{A}(\boldsymbol{r},\ t)$的时间相关系数矩阵；*eigen* 表示对$\boldsymbol{C}_s$ 矩阵计算特征值对角阵$\boldsymbol{\Lambda}$及特征向量矩阵$\boldsymbol{\Phi}$，对角阵$\boldsymbol{\Lambda}$ 中的特征值$\lambda_n(1 \leqslant n \leqslant M)$按从大到小排列，代表了速度场序列在对应特征向量(第 n 阶模态)上投影能量的大小。

流场总能量、投影系数及特征值的相关关系为

$$E = (A(\boldsymbol{r},t), A(\boldsymbol{r},t)) = \sum_{n=1}^{M} \sum_t a_n(t)^2 = \sum_{n=1}^{M} \lambda_n \tag{4-33}$$

2. 有压条件下的清水试验

1)方腔流

采用自主开发的二维高频 DPIV 系统对空腔中垂面的二维瞬时流速场进行测量。DPIV 系统由 NR3-S3 高速摄像机、2 W Nd-YAG 型连续激光器、佳能 EF 85 mm f/1.2 L USM 镜头、示踪粒子和 PIV 计算软件组成。其中，高速摄像机的 CMOS 大小为 1280×1024 像素，示踪粒子为 DANTEC HGS-10，10 μm 粒径的空心玻璃微珠。实验采样频率为 800 Hz，采样容量为 80000 帧，图片分辨率为 12 pixels/mm(83.3 μm/pixel)。

共对 7 组不同雷诺数的流动进行了测量，各实验组次的实验条件见表 4-16。雷诺数定义为$Re=RU_{mean}/v$，v 为运动黏滞系数，水利半径 R 由空腔进口断面(未扩大前)计算而得，平均流速 U_{mean} 为空腔进口断面(未扩大前)处速度的平均值。

表 4-16　实验条件

参数	组次						
	1	2	3	4	5	6	7
温度/℃	18	17.5	18	18	18.5	19.3	19
$v/[10^6(m^2/s)]$	1.058	1.084	1.058	1.058	1.045	1.024	1.032
$U_{mean}/(cm/s)$	3.8	9.9	17.0	30.9	42.2	54.7	64.9
Re	240	610	1070	1950	2670	3560	4190

通过 PIV 软件计算得到空腔中垂面的二维瞬时流速场，对瞬时流速场序列进行统计平均，可以得到时均纵向、垂向流速及涡量；由瞬时紊动流速序列可以计算出纵向紊动强度、垂向紊动强度及雷诺应力；通过对瞬时、紊动流速序列的傅里叶及 POD 分析，可以求得谱结构。记中垂面各计算点$(i，j)$的时均流速为$U_{i,j}$(纵向)、$V_{i,j}$(垂向)、$U^C_{i,j}$(合速度)，紊动流速为 $u^n_{i,j}$、$v^n_{i,j}$，紊动强度为 $u'_{i,j}$、$v'_{i,j}$，雷诺应力为 $\tau_{i,j}$。

(1)时均结构。

采用空腔进口断面的最大时均流速 u_{max} 无量纲化，可得无量纲时均合速度 U^C/u_{max}，无量纲紊动强度 u'/u_{max}、v'/u_{max}；涡量采用 $\omega L/u_{max}$ 形式无量纲化，其中 L 是空腔 x 方向的长度。

图 4-109 给出了不同流态下无量纲时均合速度的云图。由于主流与 O、I 角冲撞，导致主流高速内区垂向宽度沿程递减，低速外区垂向宽度沿程递增，紊流的低速外区垂向宽度稍大于其他流态。主流冲撞形成的低速回流区的范围随着雷诺数的增大而增大，且回流区上部低速云图范围大于下部。

由涡量计算公式 $\omega_z=\dfrac{\partial v}{\partial x}-\dfrac{\partial u}{\partial y}$ 可知，涡量实际是反映剪切及旋转的综合参数。不同雷诺数下无量纲时均涡量如图 4-110 所示。涡量最大值发生在进口的 L、M 角点处，此处边界层分离，剪切强度最大；进口 K、N 两角区域内的涡量较小，回流范围主要集中在出口 J、P 两角区域内。对比 3 个图可知，随着雷诺数的增大，K、N 两角区域内的小涡量区不断减小，表明主流冲撞的掺混强度及范围不断增大。

由瞬时紊动流速序列可以计算出紊动量统计参数：紊动强度及雷诺应力。图 4-111、图 4-112 及图 4-113 分别给出了无量纲紊动强度及雷诺应力分布云图，清晰地显示了紊动能量主要集中在冲撞区(I、O 角处)。

对比图 4-111 及图 4-112 可知，由于主流沿 x 方向冲撞在 I、O 角处，故纵向紊动强度大于垂向紊动强度。紊动强度(尤其是垂向紊动强度)在中垂面内的云图，很像一个横放的红酒杯，主流区及出口角区(J、P)紊动强大较大，进口角区(K、N)紊动强度较小。随着雷诺数的增大，主流与 I、O 角的冲撞强度变大，回流区影响范围增大；紊动强度高值区沿流向的范围不断变大，即红酒杯的握柄长度不断减小；进口角区(K、N)的紊动强度低值区不断减小，即红酒杯杯内底部半径不断增加。

由图 4-112 可知，雷诺应力云图上下分布基本对称，其随雷诺数的变化规律与紊动强度一致，即随着雷诺数的增大，雷诺应力高值区在流向的长度不断变大，进口角区(K、N)的低值区范围不断减小。

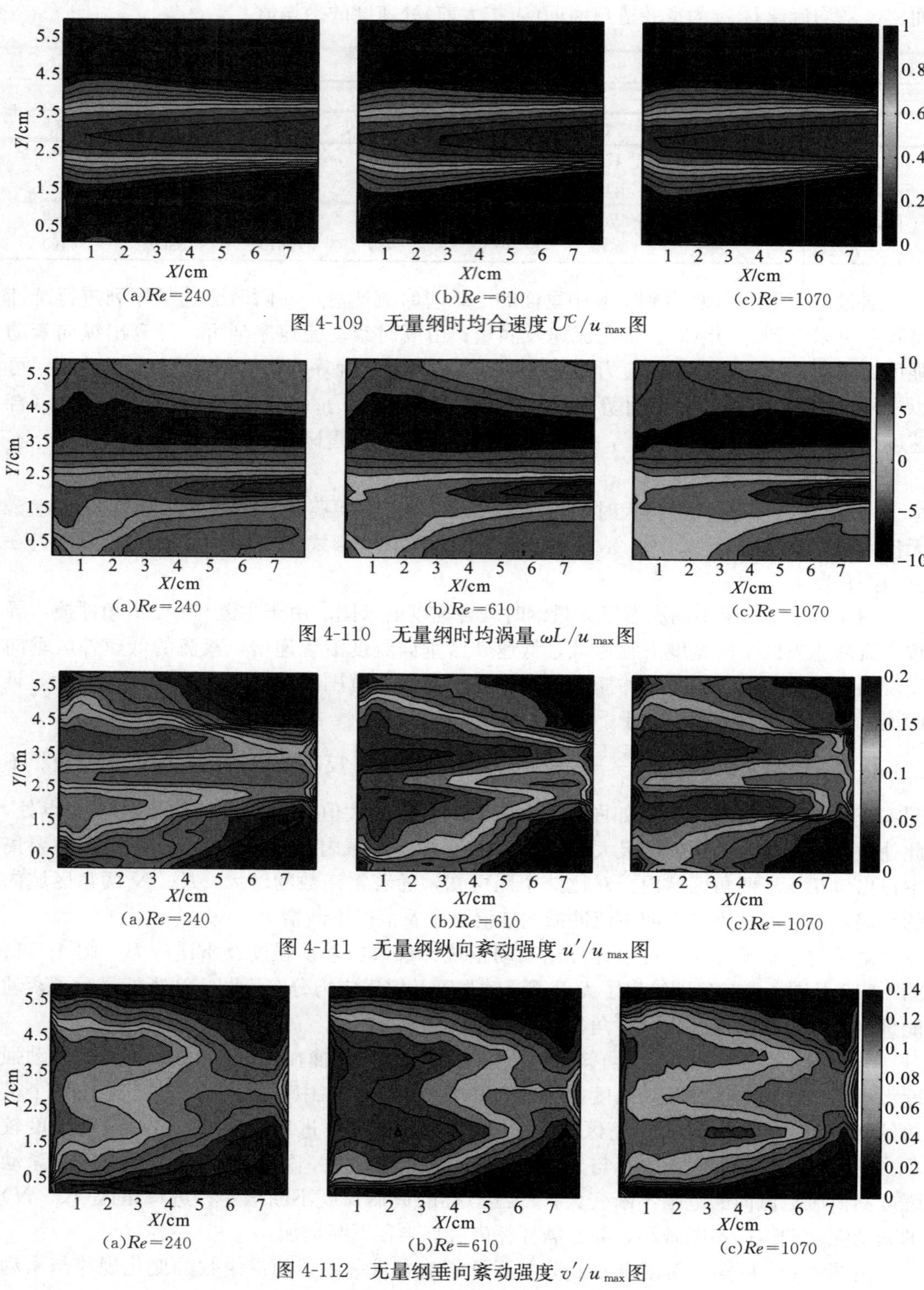

图 4-109 无量纲时均合速度 U^C/u_{max} 图

图 4-110 无量纲时均涡量 $\omega L/u_{max}$ 图

图 4-111 无量纲纵向紊动强度 u'/u_{max} 图

图 4-112 无量纲垂向紊动强度 v'/u_{max} 图

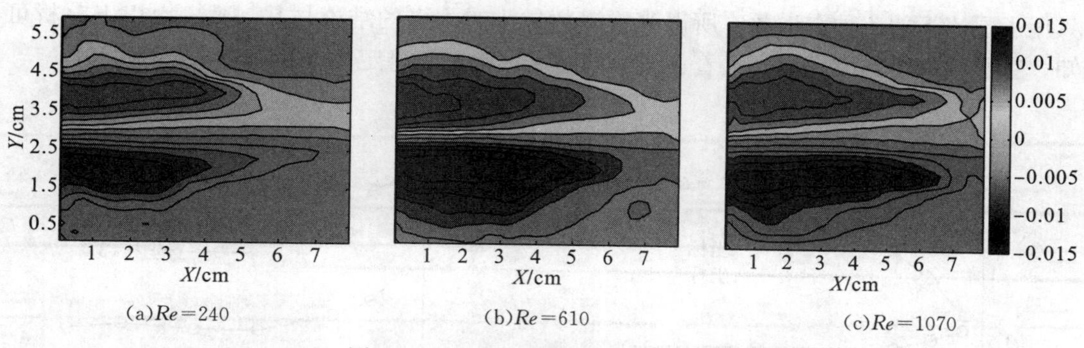

(a)$Re=240$　(b)$Re=610$　(c)$Re=1070$

图 4-113　无量纲雷诺应力 $\tau/\rho u_{\max}^2$ 图

(2)相干结构。

流场结构基本上下对称，故下文研究区域仅集中于空腔对称轴的下半部。采用 λ_{ci} 方法提取涡核位置，如图 4-114(a)所示(文中所有坐标及长度都用空腔深度 D 进行无量纲化)。近似将 $\lambda_{ci}/\lambda_{ci,\max}>0.9$ 的区域的形心坐标(x，y)作为涡核位置。可见空腔长深比 $L/D=4$ 时，时均流场中存在逆时针旋转的大涡旋及顺时针旋转的小涡旋，这种现象在所有实验雷诺数条件下均存在。由于时均流场涡旋为椭圆形状，故用椭圆近似拟合大小涡旋作用范围，如图 4-115(b)所示。水平半径为 R_x，垂直半径为 R_y，涡半径定义为 $R=\sqrt{R_xR_y}$。

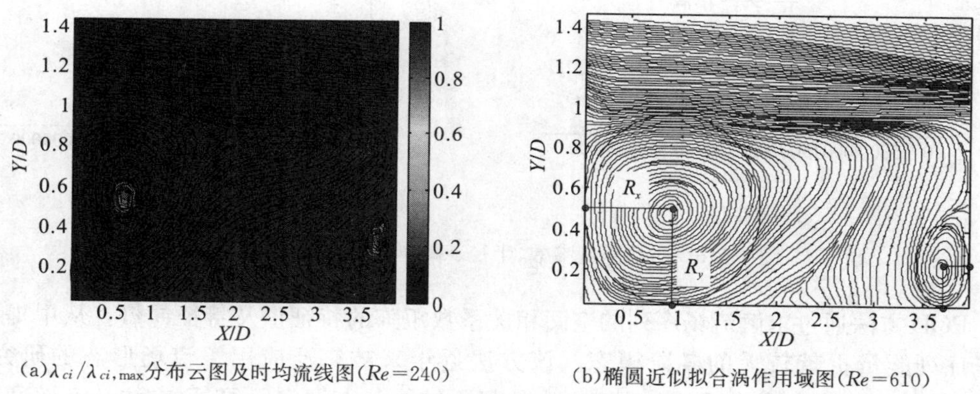

(a)$\lambda_{ci}/\lambda_{ci,\max}$分布云图及时均流线图($Re=240$)　(b)椭圆近似拟合涡作用域图($Re=610$)

图 4-114　涡提取及涡作用域拟合示意图

图 4-115 所示为时均流场中大小涡旋涡核坐标(x，y)随雷诺数的变化。为清晰显示，图 4-115(b)中小涡旋 y 坐标被向上平移了 $3D$。大小涡旋涡核位置随雷诺数变化的规律基本一致：涡核 x 坐标随着雷诺数的增大先增大，随后趋于一个稳定值，大小涡旋涡核 x 坐标都在$Re\geqslant2000$ 后分别稳定在 $1.60D$、$3.83D$ 附近；而涡核 y 坐标的规律与 x 坐标相反，显示出先递减后稳定的趋势，大小涡旋涡核 y 坐标都在$Re\geqslant2000$ 后分别稳定在 $0.43D$、$0.10D$ 附近。

大小涡旋半径随雷诺数的变化如图 4-116(a)所示大涡半径逐渐递增并稳定在 $0.83D$ 附近，小涡半径递减并趋于 $0.13D$，涡半径趋于稳定的雷诺数与涡核坐标稳定的雷诺数一致，都在$Re=2000$ 附近。大小涡旋的中心随雷诺数增大而逐渐靠近[图 4-116(b)]，最后稳定在 $2.25D$ 左右。Zdanski 等得出大小涡旋中心距离随雷诺数增大而减小，但他们只用了层流下的 4 种雷诺数，所以当雷诺数较小时本书的结论与其一致。由以上分析可知，空腔内的时均流场形态随着雷诺数的增大逐渐趋于稳定，分界点雷诺数为 2000。

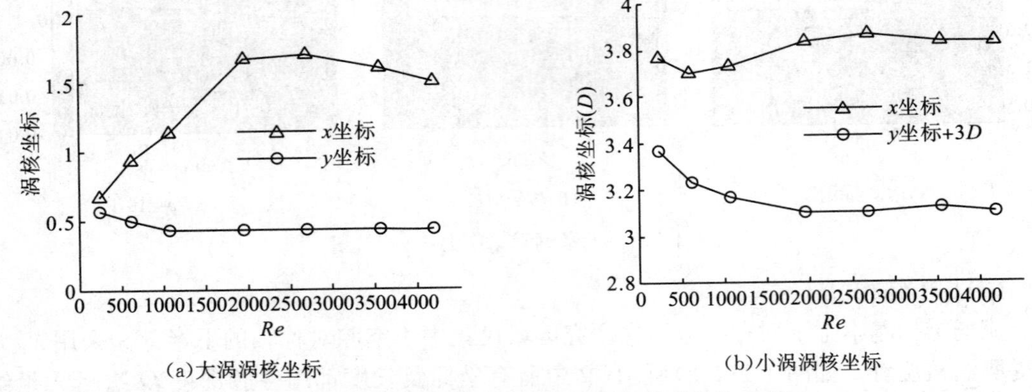

(a)大涡涡核坐标　　(b)小涡涡核坐标

图 4-115　时均涡旋参数(涡核坐标)随雷诺数的变化图

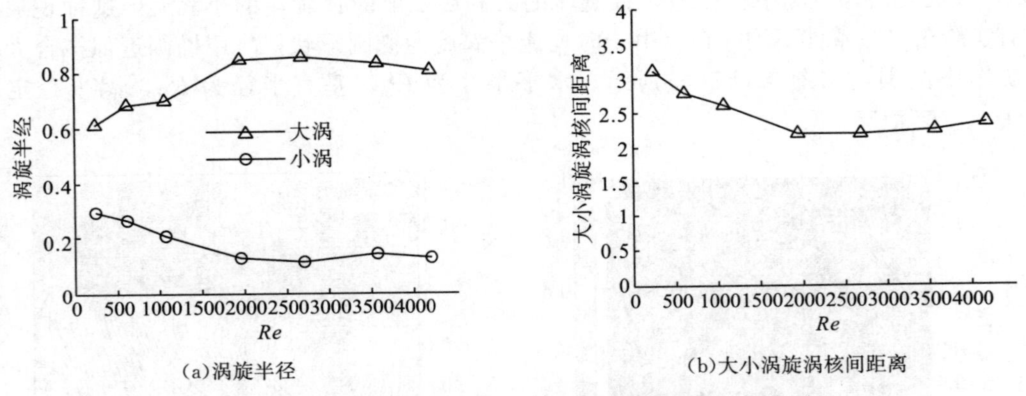

(a)涡旋半径　　(b)大小涡旋涡核间距离

图 4-116　时均涡旋参数(半径、距离)随雷诺数的变化图

POD 方法通过求解流场序列的空间相关系数矩阵的特征值及特征向量，从中提取对流场序列能量贡献较大的各阶模态。该方法近年来被广泛应用于流场形态的研究中，Pastur 等用 POD 方法分析了空腔流场内的相干结构。本书应用 POD 方法从空腔紊动流场时间序列中提取出含能最大的前三阶模态(图 4-117)，并通过它们的流场形态来分析空腔内流场的掺混特性。图 4-117 中速度矢量场是各阶模态对应的紊动流场图，等高线场是对应的时均雷诺应力场。

图 4-117 清晰地展示出能量占优模态的紊动流场与时均雷诺应力场间存在很好的相关性，紊动流场中紊动流速较大的区域对应雷诺应力场的高值区。前三阶模态表明，空腔内流体的掺混主要由以下 3 种情况造成：①剪切层向下游发展并与空腔下游边壁发生冲撞(对应第一阶模态)；②冲撞在空腔边壁后逆向反弹的剪切层又与来水流量剪切层发生冲撞(对应第二阶模态)；③剪切层在冲撞边壁后下潜进入空腔内部，并回流上升后与来水流量剪切层发生掺混(对应第三阶模态)。

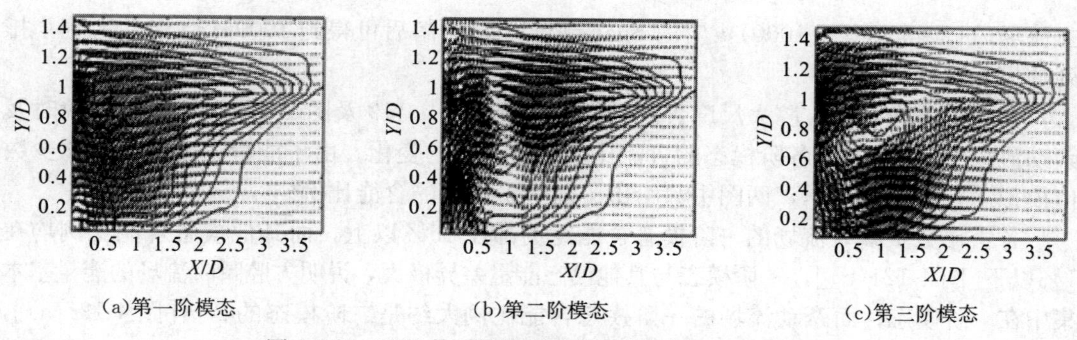

图 4-117　POD 前三阶模态的紊动流场图($Re=3560$)

下面对空腔流动的时均涡旋结构、大涡旋与掺混特性的联系进行解释。图 4-118 所示为空腔流动形态概化模型。其中，大小涡旋及雷诺应力场高值区为$Re\geqslant 2000$后趋于稳定的形态。图中 1－1 点画线为后台阶流动(如果没有空腔下游边壁)条件下剪切层发展曲线(对应第一阶模态)。当剪切层发展遇到空腔下游垂直边壁阻挡后，剪切层 1－1 线发展主要变为 3 路，分别为向上发展进入主流的 2－2 虚线，撞击在下游边壁后逆向反弹的 4－4 虚线(对应第二阶模态)，撞击后下潜、向上游发展并抬升的 3－3 虚线(对应第三阶模态)。

由于受到 3－3 曲线流体的抬升式冲撞，导致原本在后台阶下游存在的逆时针涡旋(图中虚拟涡旋)在时均流态下消失，但却诱导出空腔右下角的顺时针旋转的小涡旋。3－3 曲线内的流体向上游上升发展，与主流汇合后，被改变方向，形成大涡旋。随着雷诺数的增大，大涡旋逐渐变大，小涡旋则受压迫而变小，但大涡旋的发展最终受制于固壁边界，所以大涡旋的最终半径 $R_y\approx D/2$，$R_x\approx L/2$。

图中，竖线阴影区域 B(对应第一阶模态)内的剪切层冲撞在下游边壁，导致该区域来水流量剪切层的动量损失较大，而且 4－4 虚线逆向返回的流体又与来水流量剪切层发生冲撞，进一步增加了该区域流体的掺混程度，所以雷诺应力高值区的位置集中在此区域。由时均流态可以推知，剪切层发生冲撞的 2－2 虚线分界点 A 应该在大涡最高点附近，又因 A、B 区域在同一高程范围，所以雷诺应力高值区形心坐标 $y_p\approx 2R_y$，$x_p<R_x$，故雷诺应力高值区的位置及范围与大涡相应参数间存在较好的相关性。

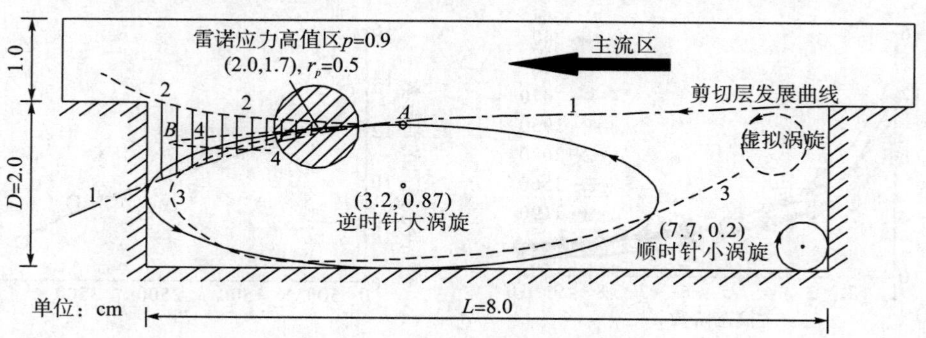

图 4-118　空腔流动的唯象模型

(3)谱结构。

为达到 POD 分解模态的收敛性，要求分析样本具有独立性且时间序列个数大于 400。对原 80000 帧流场进行 80 帧的间隔抽样，得到的新流场序列为 10 Hz 的 1000 帧独

立流场 $A(2\times60\times22, 1000)$，应用 Snapshot POD 分解后可得到 1000 个含能从大到小排列的模态及特征值。

为分析雷诺数对方腔大尺度含能结构的影响，图 4-119 及图 4-120 给出了方腔瞬时及紊动流场 POD 分解的各阶模态的含能比例随雷诺数的变化。由于能量主要集中在前少数值模拟态，为清晰显示，两图中只给出了前十阶模态的含能比例。

各雷诺数下瞬时流场的一阶模态含能比例都在 85%以上，而其他模态含能比例均在 1%以下[图 4-121(a)]，一阶模态与其他模态能量差异极大，说明方腔瞬时流场的能量基本集中在一阶模态；而紊动流场的一阶模态含能比例大约是二阶模态的 2 倍[图 4-121(a)]，各阶模态间能量的差异较小，表明紊动流场的能量分布较为均匀。图中，$Re=240$ 的模态能量递减曲线($n>4$ 后)明显区别于其他雷诺数，表明方腔来水流量层流($Re<575$)与来水流量紊流($Re>575$)的模态的能量分布具有较大的差异。

图 4-119(b)及图 4-120(b)均显示出瞬时及紊动流场的一阶模态的含能比例随Re的增大而递减，最大含能差异在 7%左右，钟强等研究明渠湍流时也发现了类似现象；Re的增大导致方腔内流场(瞬时及紊动)的杂乱性增加，流场的能量逐渐从大尺度结构(低阶模态)向小尺度结构(高阶模态)传递。

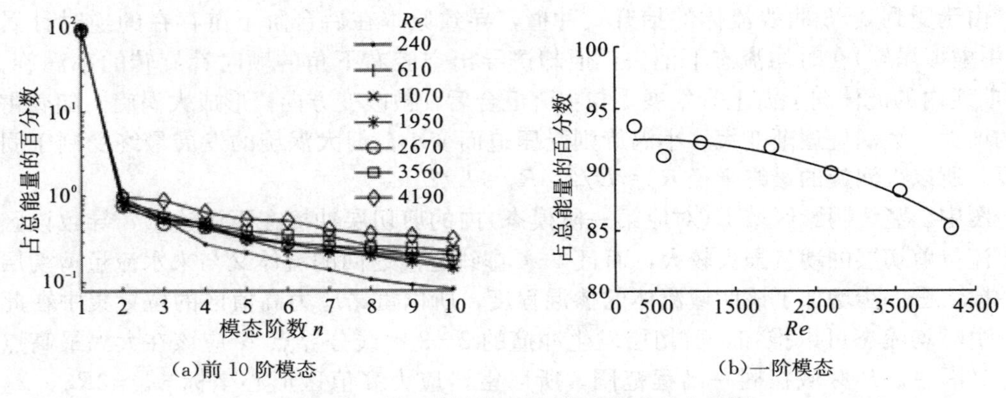

图 4-119 瞬时流场的 POD 分解模态的含能图

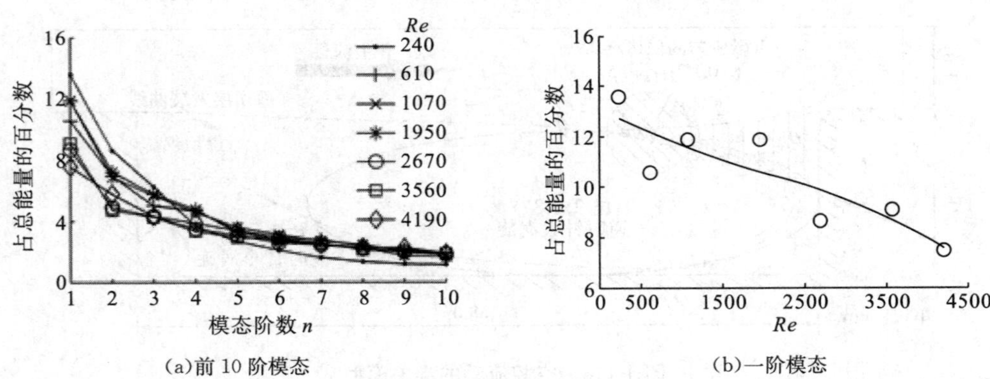

图 4-120 紊动流场的 POD 分解模态的含能图

由于 $a_n(t)$是流场序列在第 n 阶模态的投影系数的时间序列，$a_n(t)$显示了实际流场(瞬时或紊动)序列与第 n 阶模态的相似程度随时间的变化，故对 $a_n(t)$进行能谱分析可以推求方腔内流场结构(对应 POD 分解模态)在流场时间序列上出现的规律。采用 Welch 法对 $a_n(t)$进行能谱分析，样本长度为 1000，采样频率为 10 Hz，分段长度为 40，重合系数 o_l=0.9，窗函数采用 Hamming 窗，计算得到分辨率为 0.25 Hz 的归一化能谱。本书选取代表性的 $a_n(t)$(n=1，5)序列进行分析，如图 4-121 和图 4-122 所示。

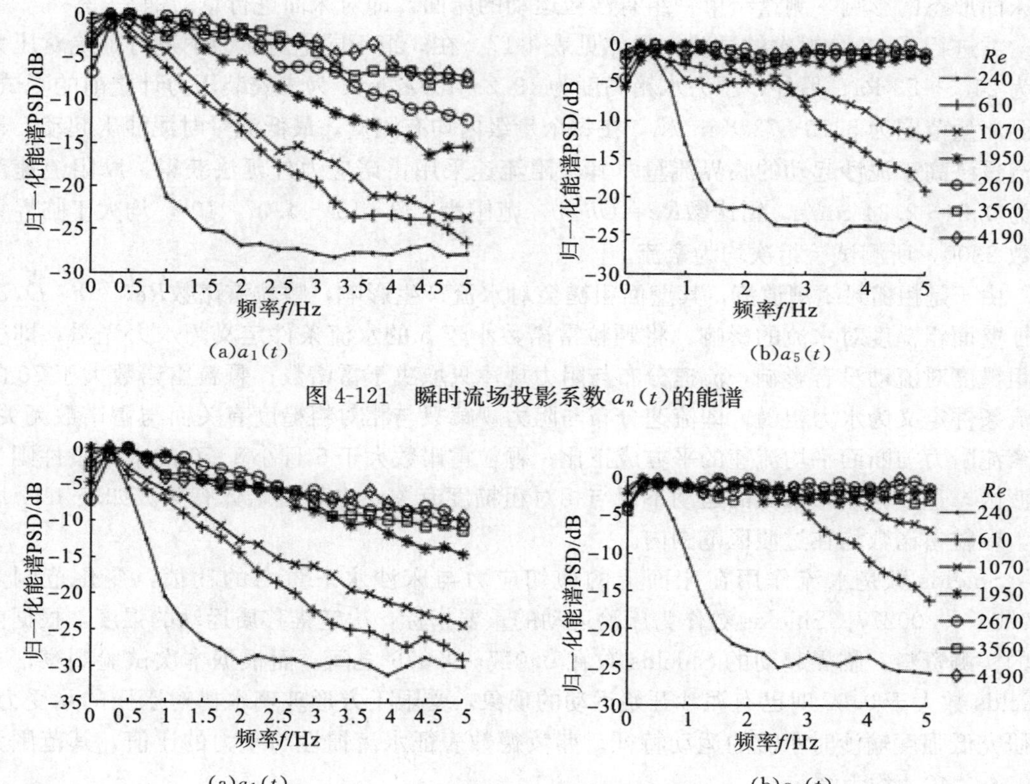

图 4-121　瞬时流场投影系数 $a_n(t)$的能谱

图 4-122　紊动流场投影系数 $a_n(t)$的能谱

由图 4-121 和图 4-122 可知，瞬时及紊动流场的投影系数 $a_n(t)$的频域特性基本一致。一阶模态投影系数的能谱优势频率在Re=240～1070 时为 0.25 Hz，在Re=1950～4190 时为 0.5 Hz[图 4-121(a)及图 4-122(a)]，区别于 Pastur 等得出的方腔气流流场一阶模态的优势频率 13.5 Hz。雷诺数的增大导致方腔流场一阶模态的优势频率略微增大，各频率间能谱值差异减小。结果表明，当Re较小时，一阶模态在流场时间序列上呈现出明显的周期特征；随着Re的增大，虽然一阶模态的能量只有小幅度减小，但其对应时间序列的规律性逐渐降低、无序性增加。

随着模态阶数的增加，优势频率逐渐消失，频域能谱值几乎全变为白噪声(如 $a_5(t)$中Re>1070 时的能谱曲线)。频域的白噪声对应于时域的无序信号，表明高阶模态(如第五阶模态)在流场时间序列中的出现规律是无序的。但Re=240 的各阶模态始终出现优势频率，表明来水流量层流的流场序列规律性较好。同一来水流量强度下，低阶模态(大尺度结构)在时间序列中出现的规律性大于高阶模态(小尺度结构)；随着来水流量强度增大，所有模态(大小尺度结构)的无序性增大，表明方腔内流场的无序性增大。

2)大水压槽道流清水运动特征

对于粗颗粒泥沙条件下的清水实验，首先在封闭方形槽底均匀地铺有 5 cm 厚的粒径为 1 mm 的天然砂，其颗粒密度 $\rho_s=2650\ kg/m^3$，并在试验段上游的不锈钢光滑床面铺有一层 1 mm 的天然砂，以保证水流发展到试验段已经完全发展。为保证泥沙的起动不受床面形态的影响，测量结束一组有沙粒运动的床面，即对床面进行重新铺平。

共进行了 47 个组次的试验，具体见表 4-17。在 3 组不同绝对压力下进行，绝对压力值为 24.5～53 Pa。另外，压力水箱高度为 19.2～464.7 m，为未安装压力计之前的测试。所测流量范围为 5.73～73.8 m^3/h，在每个量级内均有测量，最低流量时泥沙未起动，最高流量已高于泥沙起动的临界流量。其摩阻流速采用雷诺应力外延法获得，摩阻流速范围为 0.24～2.34 cm/s。雷诺数$Re=\overline{U}h/v$，范围为 $0.3\times10^5\sim4.07\times10^5$，均大于临界雷诺数 2300，所测试验组次均为紊流。

由于是粗糙封闭槽道流，其壁面粗糙会对水流产生影响，颗粒雷诺数$Re^*=u^*D/v$，表征壁面粗糙度对水流的影响，将颗粒雷诺数小于 5 的水流条件定义为水力光滑，即壁面粗糙度对流动没有影响，流速分布与阻力规律只取决于雷诺数；颗粒雷诺数大于 70 的水流条件定义为水力粗糙，即流速分布与阻力规律只与相对粗糙度有关而与雷诺数无关，且紊流阻力与断面平均流速的平方成正比；颗粒雷诺数大于 5 且小于 70 的水流条件则为过渡区，过渡区内，水流的运动不仅与相对粗糙度有关，也与雷诺数有关。如表 4-17 所示，颗粒雷诺数均在过渡区范围内。

Shields 数是水流作用在床面上的剪切应力与床沙水下重力的比值，变化范围为 0.0004～0.00277。Shields 数作为床沙运动的重要指标，决定推移质运动的强度，根据前人的实测资料，临界起动的 Shields 数在 0.017～0.076 之间，而根据本次试验观察，在 Shields 数大于 0.02 时已有泥沙开始运动的现象，受限于方形玻璃水槽对水压的承受力，只研究低强度输沙时水流的运动特征。弗汝德数表征水流惯性与重力的比值，其范围为 0.03～0.42，均为缓流。

表 4-17 大水压下清水运动试验组次

序号	绝对压强/Pa	温度/℃	流量/(m^3/h)	平均流速/(cm/s)	摩阻流速/(cm/s)	雷诺数/10^5	颗粒雷诺数	Shields 数	弗汝德数
1	24	17.5	5.73	3.18	0.29	0.30	3.15	0.0004	0.03
2	24	18	12.5	6.94	0.49	0.66	5.39	0.0013	0.07
3	24	18	16.4	9.11	0.60	0.86	6.66	0.0019	0.09
4	24	18	21.9	12.17	0.76	1.15	8.44	0.0031	0.12
5	24	18.5	26.1	14.50	0.89	1.39	9.93	0.0041	0.15
6	24	19	32	17.78	1.06	1.72	12.01	0.0059	0.18
7	24	19	40.8	22.67	1.32	2.20	14.94	0.0092	0.23
8	24	19	43.6	24.22	1.40	2.35	15.87	0.0103	0.24
9	24	19	46.3	25.72	1.48	2.49	16.77	0.0115	0.26
10	24	19	48.9	27.17	1.56	2.63	17.63	0.0128	0.27

续表

序号	绝对压强/Pa	温度/℃	流量/(m^3/h)	平均流速/(cm/s)	摩阻流速/(cm/s)	雷诺数/10^5	颗粒雷诺数	Shields 数	弗汝德数
11	24	19	56.4	31.33	1.78	3.04	20.13	0.0166	0.32
12	24	19.5	57.1	31.72	1.80	3.11	20.61	0.0170	0.32
13	24	17	61.7	34.28	1.93	3.16	20.83	0.0197	0.35
14	24	20	67.1	37.28	2.09	3.70	24.27	0.0230	0.38
15	24	20	68.6	38.11	2.13	3.78	24.78	0.0240	0.38
16	24	20	69.2	38.44	2.15	3.82	24.98	0.0244	0.39
17	24	18	69.9	38.83	2.17	3.67	24.02	0.0249	0.39
18	24	20	73.8	41.00	2.29	4.07	26.55	0.0276	0.41
19	33.7	23	14	7.78	0.53	0.83	6.63	0.0015	0.08
20	33.7	23	22.7	12.61	0.79	1.34	9.81	0.0033	0.13
21	33.7	22	29.9	16.61	1.00	1.73	12.16	0.0053	0.17
22	33.7	21	40.5	22.50	1.31	2.29	15.57	0.0090	0.23
23	33.7	23	48.5	26.94	1.54	2.87	19.25	0.0126	0.27
24	33.7	19	56.2	31.22	1.77	3.03	20.06	0.0165	0.32
25	33.7	19	63.8	35.44	1.99	3.43	22.59	0.0210	0.36
26	33.7	21	64.8	36.00	2.02	3.66	24.05	0.0216	0.36
27	33.7	20	66.2	36.78	2.06	3.65	23.96	0.0225	0.37
28	33.7	20	69.2	38.44	2.15	3.82	24.98	0.0244	0.39
29	33.7	21	74	41.11	2.29	4.18	27.26	0.0277	0.42
30	53	22	21.1	11.72	0.74	1.22	9.01	0.0029	0.12
31	53	22	33.4	18.56	1.10	1.93	13.41	0.0064	0.19
32	53	23	41.1	22.83	1.33	2.43	16.54	0.0093	0.23
33	53	22	50.4	28.00	1.60	2.92	19.48	0.0135	0.28
34	53	23	60	33.33	1.88	3.55	23.45	0.0187	0.34
35	53	23	64.2	35.67	2.00	3.80	24.99	0.0212	0.36
36	53	24	66	36.67	2.06	4.00	26.25	0.0223	0.37
37	53	22	67.8	37.67	2.11	3.92	25.70	0.0235	0.38
38	53	24	71.6	39.78	2.22	4.34	28.34	0.0260	0.40
39	53	24	75	41.67	2.32	4.54	29.62	0.0284	0.42
40	H344.3	14.5	57.6	32.00	1.81	2.77	18.32	0.0173	0.32
41	H344.3	13	60.2	33.44	1.89	2.78	18.35	0.0188	0.34
42	H344.3	15	65.6	36.44	2.04	3.19	20.96	0.0221	0.37
43	H344.3	15	69.2	38.44	2.15	3.37	22.05	0.0244	0.39

续表

序号	绝对压强/Pa	温度/℃	流量/(m^3/h)	平均流速/(cm/s)	摩阻流速/(cm/s)	雷诺数/10^5	颗粒雷诺数	Shields 数	弗汝德数
44	H193.2	15	53.9	29.94	1.70	2.62	17.45	0.0153	0.30
45	H193.2	15	67.2	37.33	2.09	3.27	21.44	0.0231	0.38
46	H464.7	14	60.8	33.78	1.90	2.88	19.02	0.0191	0.34
47	H464.7	14	69.8	38.78	2.17	3.31	21.65	0.0248	0.39

(1)数据处理。

由于沙面反光严重，采用 PIV 方法计算的结果与实际情况有出入。如图 4-123 所示，选取同一水压下两组不同流量的流速分布为例，用摩阻流速进行归一化，为了避免图像重合，Q45.4 比 Q28.2 的无量纲流速值增大 2。在内区由于沙面反光使得流速有明显的突变。为解决反光问题，对反光部分进行 PTV 计算，由于 PTV 追踪单个颗粒的特性，不受背景的影响，能够有效地消除反光的影响。PIV 与 PTV 的计算区域示意图如图 4-124 所示。对其进行 PTV 计算后的结果如图 4-125 所示。

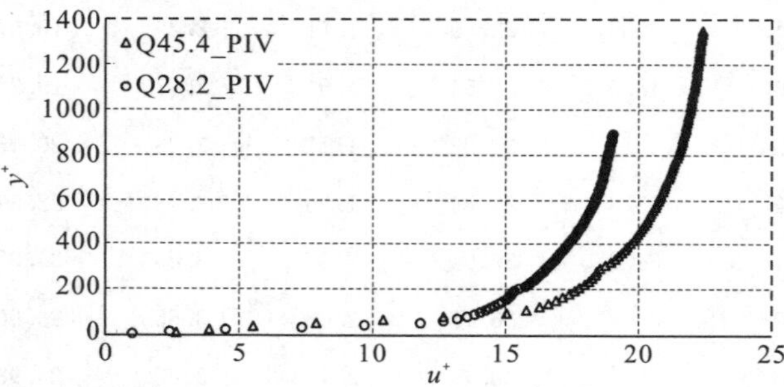

图 4-123 采用最大流速归一化后的流速分布曲线

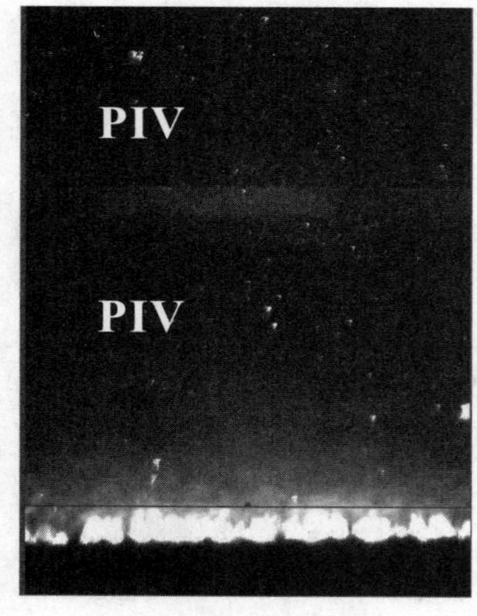

图 4-124 实际拍摄图片计算方法拼接及床面选取示意图

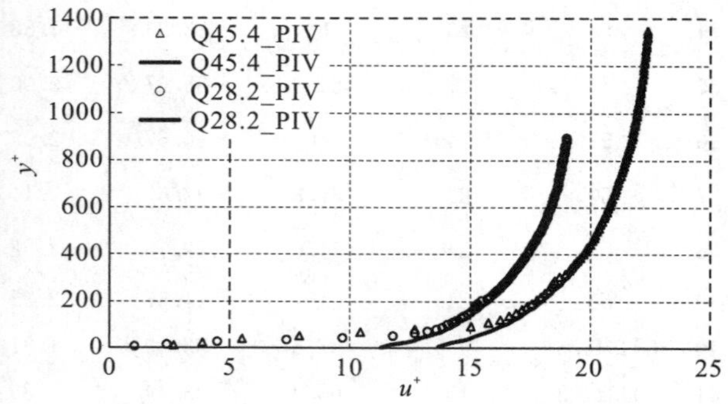

图 4-125 PTV 修正后的流速分布曲线

(2)粗糙床面的摩阻流速。

摩阻流速 u^* 对于边界层内流速分布及紊动特性有重要影响，对于封闭槽道流，理论上可以采用以下几种方法确定摩阻流速。

①根据均匀流的阻力平衡求摩阻流速。在明渠均匀流中需要得知床底与水面的坡降，而在有压槽道流中需要精确得知测量段的液面差，根据恒定流能量守恒公式可以得到水头损失。

$$z_1+\frac{p_1}{\gamma}+\frac{\alpha_1 u_1^2}{2g}=z_2+\frac{p_2}{\gamma}+\frac{\alpha_2 u_2^2}{2g}+hw \tag{4-34}$$

在槽道流测量段两侧分别有两个测压孔，用软管连接并排尽软管内的气泡后，用打气筒充入一段空气，即可得知测量段的液面差，利用 Matlab 工具对图像进行识别，得到最低水面位置，进而得到水力坡降 $J=\Delta h/l$，如图 4-16 所示。

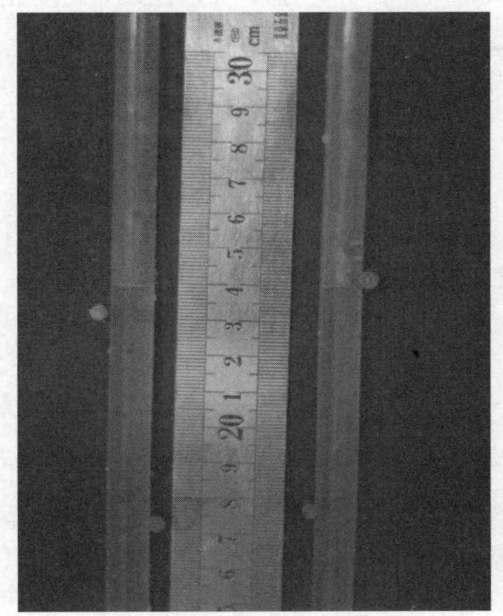

(a)实测液面差

(b)图像识别的最低水面位置

图 4-126　槽道流测量段的液面差

由于宽深比小于 5.2，摩阻流速的计算公式为

$$u^*=\sqrt{g\delta J} \tag{4-35}$$

δ 采用刘春晶等(2005)的计算式：

$$\frac{\delta}{h}=0.44+0.106\frac{R}{h}+0.05\sin\left(\frac{2\pi}{5.2}\frac{B}{h}\right) \tag{4-36}$$

②利用实测的流速分布，给定卡门常数，根据流速分布的对数率反算摩阻流速。流速分布的对数率公式为

$$\langle u\rangle=\frac{u^*}{\kappa}\ln(y^+)+A \tag{4-37}$$

在明渠均匀流中 $\kappa=0.41$，但前人各次试验结果的卡门常数并不相同，实测值在 0.35～0.42 之间都是合理的。对于粗糙床面有压槽道流，各次试验得到的卡门常数并不

是定值，因此用此种方法无法得到精确的摩阻流速。

③测量黏性底层的流速分布，利用公式 $u^+ = y^+$ 计算摩阻流速。此方法需要精确测量非常接近于床面的流速。由于此次试验是基于沙粒及细沙的床面条件，激光在床面上反光严重，难以精确地测量此量级下的流动。

④实测的雷诺应力延长至床面得到床面切应力，再求得摩阻流速。对于不可压缩的恒定均匀流，其平均动量方程(雷诺应力方程)为

$$\frac{\mathrm{d}\tau}{\mathrm{d}y} = \frac{\mathrm{d}p_w}{\mathrm{d}x} \tag{4-38}$$

则切应力为

$$\tau = \rho v \frac{\mathrm{d}\langle U\rangle}{\mathrm{d}y} - \rho\langle uv\rangle \tag{4-39}$$

由于上下壁面的粗糙度不同，假定床面($y=0$)切应力为 τ_w，在某一高度处($y=h$)切应力为 $\tau=0$ 。由式(4-39)可知，p_w 为仅为 x 的函数，因此$\frac{\mathrm{d}p_w}{\mathrm{d}x}$是常数，$\tau$ 与 y 呈线性关系。因此

$$\tau(y) = \tau_w\left(1 - \frac{y}{h}\right) \tag{4-40}$$

在近壁区以外，黏性应力与雷诺应力相比十分小(参见 Turbulent Flows)，即式(4-39)等式右边第一项可以忽略。因此，将式(4-40)带入式(4-41)可得

$$-\rho\langle uv\rangle = \tau_w\left(1 - \frac{y}{h}\right) \tag{4-41}$$

$$\tau_w = u^{*2}\rho \tag{4-42}$$

通常认为，在外区雷诺应力的分布满足式(4-41)统一取 $0.4<\frac{y}{h}<0.8$，做线性拟合延长至 $y=0$ 处，可以得到壁面摩阻流速 u^*。图 4-127 所示为不同流量条件下雷诺应力的分布。可以看出，雷诺应力的分布在壁面区以外与距离壁面的高度呈直线关系，适用于式(4-42)。

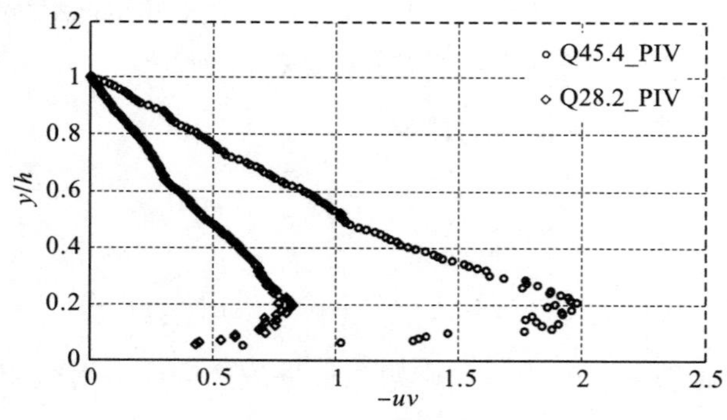

图 4-127 雷诺应力沿程分布

通常认为用方法④得到的摩阻流速是可靠的，特别是在此实验中，测量段粗糙度不一致的情况下。由于方法②、③没有实际操作性，将方法①、④的结果进行对比。由图 4-128可知，采用方法①得到的摩阻流速对流速分布进行归一化后，在内区和外区均不

重合，这是测量段内的粗糙度并不一致造成的，测量段分为入口光滑段、粗糙床面测量段及出口光滑段。因此，在此实验下采用方法①求得摩阻流速并不合适。而采用雷诺应力外延法得到的摩阻流速可使得归一化后的流速分布内外区重合，因此选用方法④。

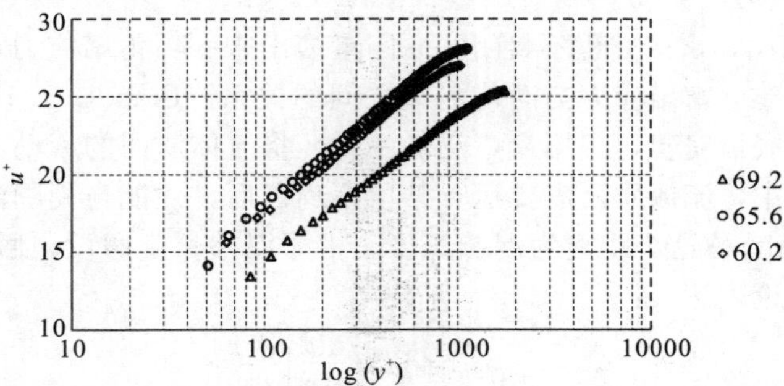

(a)采用方法①得到摩阻流速归一化后的中垂线对数流速分布

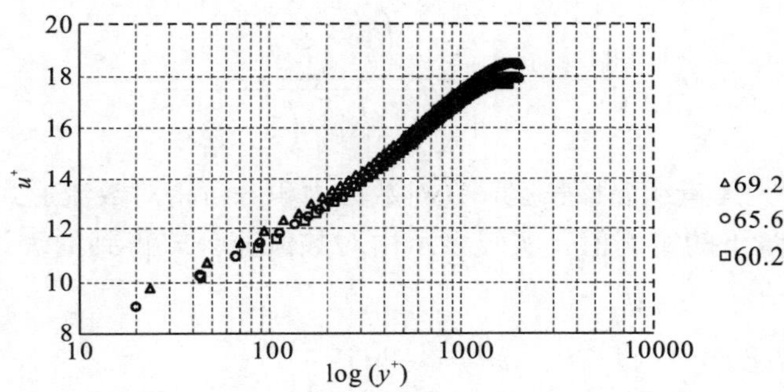

(b)采用方法④得到摩阻流速归一化后的中垂线对数流速分布

图 4-128　中垂线对数流速分布

(3)槽道流紊流分区结构及中垂线平均流速分布。

时均流速是恒定的槽道均匀紊流满足遍历定理的随机平稳过程时，对于断面中垂线上各点的平均流速，可以用较长时间内的时间平均值来代替其统计平均值，测点的时均流速为

$$U=\frac{1}{N}\sum_{i=1}^{N}U_i,\quad V=\frac{1}{N}\sum_{i=1}^{N}V_i \tag{4-43}$$

经典的边界层理论认为，紊流边界层可以分为 4 个区域：黏性底层、过渡区、紊流区(对数区)和尾流区(外区)，其中黏性底层、过渡区和紊流区合称为内区。

黏性底层为紧靠边壁的一层极薄的区域，其流动受流体黏性支配。黏性底层的范围一般处于 $0\leqslant y^+<5$ 的区域内，其中 $y^+=yu^*/v$ 在黏性底层满足公式：

$$u^+=y^+ \tag{4-44}$$

过渡区接近边壁，边壁对流动起直接作用，黏性作用和惯性作用在这一区域同时存在，过渡区的范围为 $5<y^+<30$。对数区中，惯性占重要作用，对数区在 $y^+>30$，$y/\delta<0.3$ 时，对数区内的流速分布满足对数率，如式(4-44)所示。

对于壁面湍流的流速分布在不同的区域有不同的分布形式，在相同的区域不同的研究者也给出了多种不同的分布形式，常见的分布形式包括对数分布形式、指数分布形式、抛物线分布形式、双曲正切曲线等，本实验采用常见的基于混掺长度理论的对数分布公

式，其基本理论推导如下。

二维条件下的雷诺方程为

$$U\frac{\partial U}{\partial x}+V\frac{\partial V}{\partial y}=g\sin\theta-\frac{\partial}{\partial x}\left(\frac{P}{\rho}\right)+\frac{\partial}{\partial x}(-\overline{u}^{2})+v\nabla^{2}U \tag{4-45}$$

与N-S方程相比，雷诺方程不封闭的原因是多出来一项雷诺应力，因而使雷诺方程封闭的简单方法是建立雷诺应力与时均流速之间的关系。Prandtl 于 1925 年提出的混掺长度理论是其中发展最完善，应用最广泛的一种：将流体质团的紊动与气体分子运动相类比，在紊动运动中，流体质团需要运行某段距离以后，才能与周围流体混掺，失去它原有的特性。Prandtl 称这个距离为混掺长度。根据混掺长度假设，通过泰勒级数展开，可得混掺长度的理论表达式：

$$-\rho\,\overline{uv}=\rho l^{2}\left|\frac{\mathrm{d}\overline{U}}{\mathrm{d}y}\right|\frac{\mathrm{d}\overline{U}}{\mathrm{d}y} \tag{4-46}$$

将式(4-46)代入式(4-40)整理后可得无量纲速度梯度表达式：

$$\frac{\mathrm{d}U^{+}}{\mathrm{d}y^{+}}=\frac{2\left(1-\frac{y}{h}\right)}{1+\sqrt{1+4l^{+2}\left(1-\frac{y}{h}\right)}} \tag{4-47}$$

其中，$l^{+}=lu^{*}/v$ 为无量纲混掺长度，在对数区内积分可得对数流速式(4-48)。图 4-129 中圆点表示某一流量下的实测值，实线表示由对数流速公式得到的理论解。采用如下公式进行对数拟合：

$$u^{+}=\frac{1}{\kappa}\ln\left(\frac{y}{y_{0}}\right) \tag{4-48}$$

其中，假定 $\kappa=0.41$ 为卡曼常数，在图 4-129 所示的范例中，$y_{0}\approx D/28=3.57\times10^{-2}$ mm，床面取值为如图 4-129 所示的可见沙粒的最高点。在接近于流速最大值点，由于水槽的边壁影响产生二次流，使得外区流速不在满足对数率。

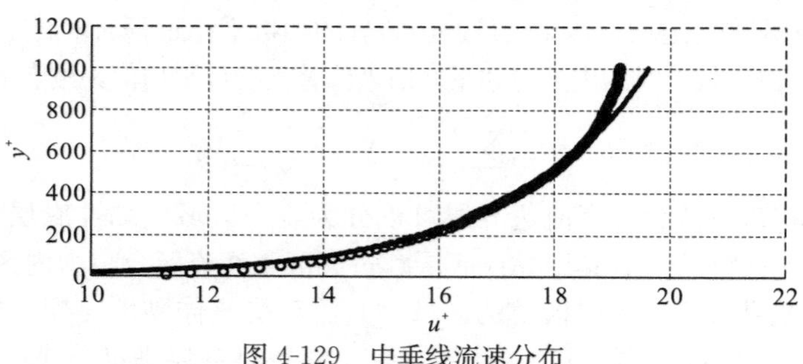

图 4-129 中垂线流速分布

如图 4-130 所示，在对数区内($y^{+}>50$，$y/h<0.3$)实测流速与对数率的理论流速有明显偏差，认为这个偏差是理论床面位置的选取导致的。Einstein(1949)在明渠水槽的床面上均匀地粘上 0.225 feet(6.85 cm)的沙粒，通过对全水深应用对数率得到 Δy 的最佳高度为 $\Delta y=0.2k_{s}$，$k_{s}=D$；董增楠(1992)在明渠的床面上粘上 8~10 mm 的卵石，同样采用式(4-48)对全水深进行回归，调整 Δy 的值，使得回归后的相关系数最大。$\Delta y=0.273k_{s}$，当 $H/k_{s}>5$ 时(小尺度粗糙)。陈兴伟等(2013)将 1 cm 的玻璃珠有规则地铺在床面上，与董增楠采用同样的方法，得到 $\Delta y=0.25k_{s}$。丁磊(2009)在博士论文中对粗糙床面进行数值模拟，同样采用上述方法，得到 $\Delta y=0.2k_s$。

本实验中的沙粒粒径为 0.1 cm，相比于前人所做的粗砂，沙粒直径很小，Δy 的变化对对数区流速的影响改变很小，因此在此实验中，更倾向于认为床面的选取是由于人工判读的误差，因此调整理论床面的取值，以期在对数区间匹配流速的理论值。

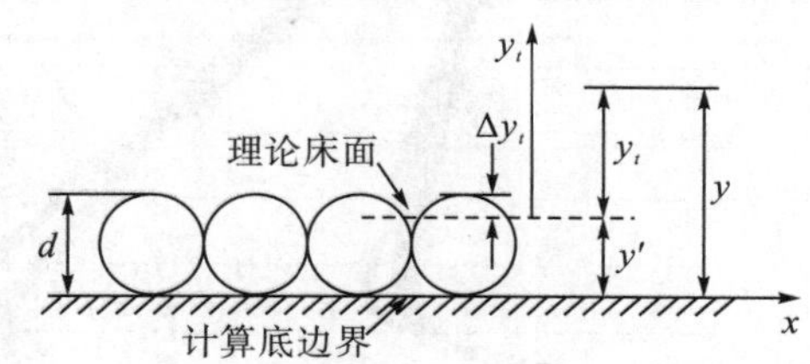

图 4-130　理论床面的位置(丁磊，2009)

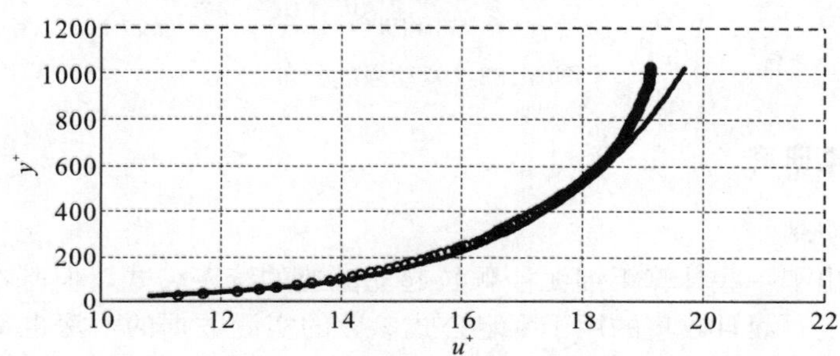

图 4-131　调整后的中垂线流速分布实测值与理论值

(4)雷诺应力与紊动强度分布。

在近壁区以外，雷诺应力近似按直线分布。由图 4-132 可知，实测雷诺应力在近壁区以外，由于黏性作用和床面影响力都很小，切应力主要为雷诺应力，沿水深呈直线分布规律，因此可以采用实测的雷诺应力来拟合摩阻流速。图 4-133 所示为紊动强度沿水深的分布，紊动强度在床面位置接近于零值，并在离开床面一定位置，迅速增大到一个最大值，这说明这一区域的紊动强度较大，随后由于黏滞作用和床面对紊动的衰减作用，紊动强度迅速减小。不同组次的数据点重合较好，说明采用雷诺应力外延法得到的摩阻流速作为归一化参数是合理的。同时也说明在沙面上采用 PIV 获取的流场数据可信度较高。

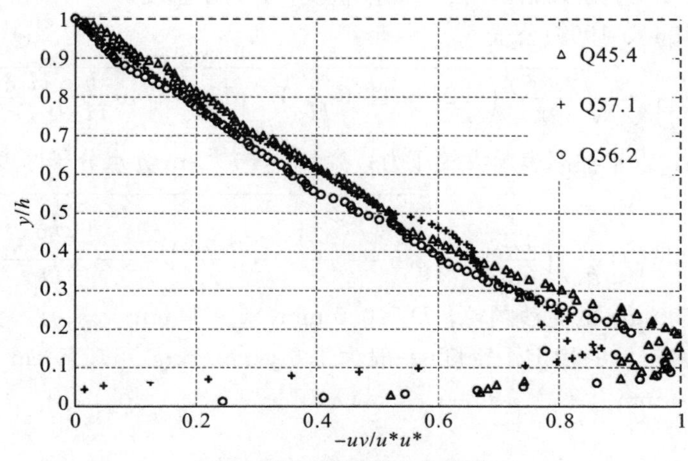

图 4-132　雷诺应力分布图

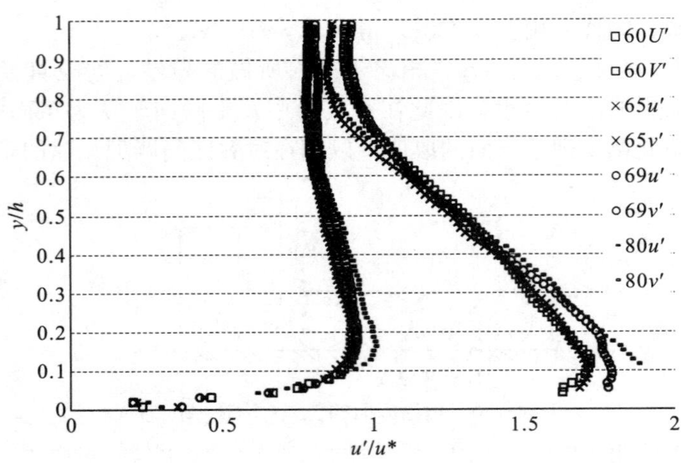

图 4-133 紊动强度分布

3. 细颗粒泥沙起动研究

1)起动流速归纳

虽然前人提出了一些计算粗细泥沙颗粒起动流速的统一公式，但基本都是建立在水深较小的假定之上，而且收集的用于率定公式参数的实测数据的水深也基本处于 1 m 以内。故前人公式在水深达数十米的天然河流、水库、湖海中应用的有效性值得怀疑；现有的起动公式十分缺乏大水深条件数据的检验，尤其是粒径小于 0.1 mm 泥沙的大水深起动资料。收集了国内外常用的细颗粒泥沙起动公式，对各实验工况的数据进行计算，以验证前人起动流速统一公式的适用性。国内常用的适用于计算细颗粒黏性沙起动流速的公式如下。

(1)张瑞瑾(1961)公式。

假定颗粒间的吸着水和薄膜水不传递静水压力导致黏结力。

$$U_c = \left(\frac{h}{D}\right)^{0.14}\sqrt{17.6D\frac{\gamma_s-\gamma}{\gamma}+0.000000605\frac{10+h}{D^{0.72}}} \tag{4-49}$$

其中，h 为水深；D 为泥沙粒径；γ_s 为泥沙重度；γ 为水重度。

(2)窦国仁(1960，1999)公式。

$$\frac{U_c}{\sqrt{gD}} = \sqrt{\frac{\gamma_s-\gamma}{\gamma}\left(6.25+41.6\frac{h}{H_a}\right)+\left(111+740\frac{h}{H_a}\right)\frac{H_a\delta_0}{D^2}} \tag{4-50}$$

其中，H_a=10 m，以水柱高表示大气压力；$\delta_0=3\times10^{-8}$ cm 为水分子厚度。

$$U_c = 0.32\ln\left(11\frac{h}{k_s}\right)\left(\frac{D_c}{D_*}\right)^{1/6}\sqrt{3.6\frac{\gamma_s-\gamma}{\gamma}gD+\left(\frac{\gamma_s'}{\gamma_{s*}'}\right)^{2.5}\frac{\varepsilon_0+gh\delta\sqrt{\frac{\delta}{D}}}{D}} \tag{4-51}$$

其中，对于 $D<500$ μm 的泥沙颗粒，$D_c=0.5$ mm，$k_s=1$ mm，γ_s'、γ_{s*}' 为泥沙的实际干密度(含孔隙)和密实后的稳定干密度(一般为 1.6 g/cm^3)，$\varepsilon_0=1.75$ cm^3/s^2，$\delta=2.31\times10^{-5}$ cm，$D_*=10$ mm。

(3)唐存本(1963)公式。

$$U_c = \left(\frac{h}{D}\right)^{1/m} \frac{m}{m+1}\sqrt{3.2\frac{\gamma_s-\gamma}{\gamma}gD+\left(\frac{\gamma'_s}{\gamma'_{s*}}\right)^{10}\frac{C}{\rho D}} \tag{4-52}$$

其中，$C=2.9\times10^{-4}$ g/cm；一般天然河道 $m=6$，水槽实验 $m=4.7(h/D)^{0.06}$，ρ 为水的密度。

(4)沙玉清(1965)公式。

$$U_c = h^{1/5}\sqrt{\frac{\gamma_s-\gamma}{\gamma}gD}\sqrt{266\left(\frac{\delta_2}{D}\right)^{1/4}+6.66\times10^9(0.7-\varepsilon_2)^4\left(\frac{\delta_2}{D}\right)^2} \tag{4-53}$$

其中，$\delta_2=0.0001$ mm 为薄膜水厚度，$\varepsilon_2=0.4$ 为孔隙率。

(5)韩其为(1982)公式。

$$U_c = 6.5K\left(\frac{h}{D}\right)^{\frac{1}{4+\lg\frac{h}{D}}}\sqrt{53.9D+\frac{2.98\times10^{-7}}{D}(1+0.85h)} \tag{4-54}$$

其中，水槽资料 $K=0.116$，长江宜昌和沙道观水文站输沙率资料 $K=0.144$～0.147。

(6)张红武(2012)公式。

$$U_c = 1.21K_s\left(\frac{h}{D}\right)^{0.2}\left[\frac{\gamma_s-\gamma}{\gamma}gD+2.88\left(\frac{\gamma_s-\gamma}{\gamma}g\right)^{0.44}\left(\frac{\gamma'_s}{\gamma'_{s*}}\right)^{6.6}\frac{v^{1.11}}{D^{0.67}}+0.000256\left(\frac{\gamma'_s}{\gamma'_{s*}}\right)^{2.5}g(H_a+h)\delta\frac{\sqrt{\frac{\delta}{D}}}{D}\right]^{0.5} \tag{4-55}$$

其中，$\delta=2.31\times10^{-5}$ cm，$K_s=(1+1000S_v^{1.667})^{1.167}$ 为含沙量影响系数，S_v 为体积计含沙量，由 $S_v=S/\gamma_s$ 计算。

在泥沙粒径 $D=1$ μm～1 mm 及水深 $h=1.5$～5.5 m 条件下，以上各家公式计算的起动流速如图 4-134 所示。由图可知，唐存本公式与其他各家公式间的差异较大；随着水深的增加，各曲线间的分散性越来越大，公式间的差异越来越大。这个现象说明获取大水压条件下起动流速数据的必要性，有了大水压起动数据，就可以验证各家公式的适用性，并回归得到普适性更好的公式。

国外常用起动切应力或摩阻流速来衡量细颗粒黏性沙的起动，收集的公式如下。

(1)Foucaut 和 Stanislas(1996)公式。

$$\tilde{u}_* = 22.71\tilde{D}_p^{0.043}+10.23\tilde{D}_p^{-0.118}-32.5 \tag{4-56}$$

其中，无量纲颗粒直径 $\tilde{D}_p=D/D_{\text{pref}}$，无量纲摩阻流速 $\tilde{u}_*=u_*/u_{*\text{ref}}$，$D_{\text{pref}}=(v^2/\gamma_p g)^{1/3}$，$u_{*\text{ref}}=(\gamma_p g v)^{1/3}$，$\gamma_p=(\rho_p-\rho)/\rho$。

(2)Lick 等(2004)公式。

$$\tau_c = \left(1+\frac{a_1 e^{b_1\rho}}{c_3 D^2}\right)cD \tag{4-57}$$

其中，$c=0.414\times10^3$ N/m³；$c_3=8.21\times10^3$ N/m³；$c_4=1.33\times10^{-4}$ N/m，$a_1=7\times10^{-8}$ N/m²；$b_1=9.07$ L/kg。

在泥沙粒径 $D=1$ μm～1 mm 条件下，式(4-56)和式(4-57)计算的起动摩阻流速如图 4-143所示。由图可知，即使纵坐标为直角坐标，两公式间的差异仍然较小，但由于未知摩阻流速与水深的关系，无法比较起动摩阻流速与时均流速间的关系。如果要应用此公式，突破口在于寻找摩阻流速、时均流速及水深三者间的关系。

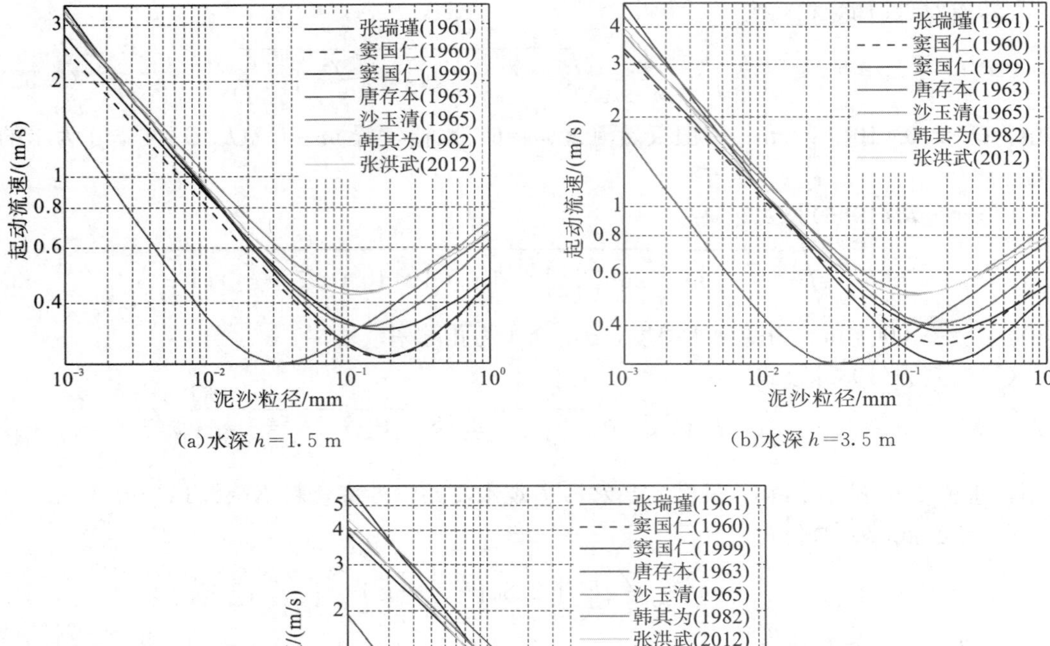

(a)水深 $h=1.5$ m

(b)水深 $h=3.5$ m

(c)水深 $h=5.5$ m

图 4-134 国内常用的细颗粒泥沙起动流速公式(见彩图)

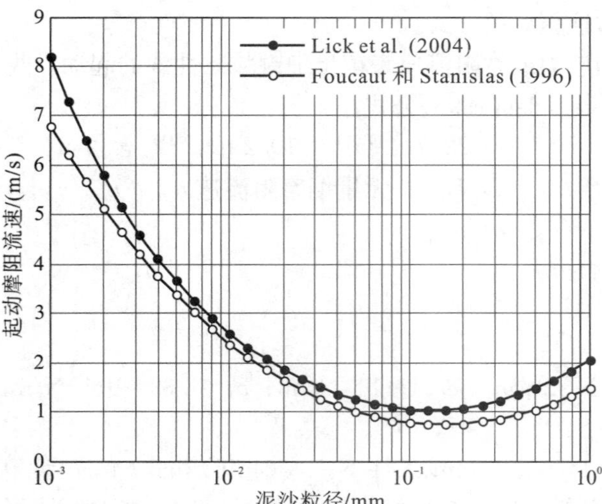

图 4-135 国外常用细颗粒泥沙起动摩阻流速公式

2)试验组次及测量方法

利用激光衍射粒度分析仪 LA-920 分析了三峡库区泥沙的粒级组成，结果如图 4-136 所示。

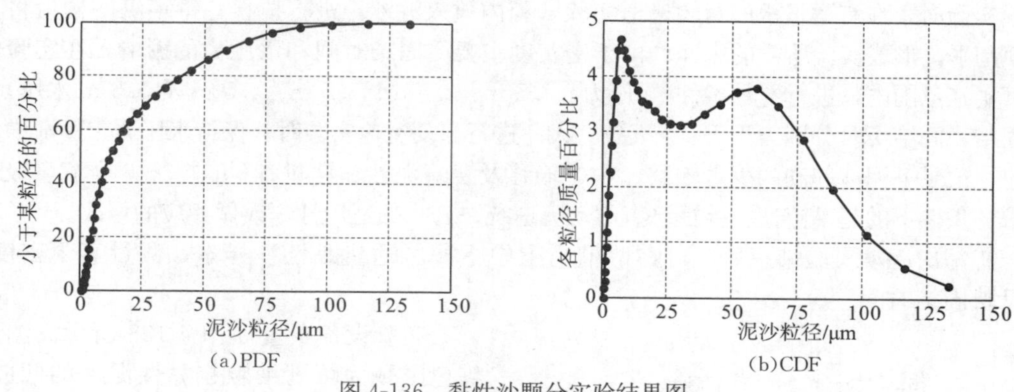

图 4-136　黏性沙颗分实验结果图

由颗分实验结果可知，实验泥沙的中值粒径为 12 μm，平均粒径为 23 μm，按《中国制土壤颗粒分级及地质分类表》属于粉砂(5～50 μm)、偏粗粉砂(10～50 μm)；按美国地球物理学会对泥沙的分类则属于细粉砂(8～32 μm)，具有弱黏性。当水深为 2.5 m 时，该实验沙按公式计算的起动流速如图 4-137 所示。图中，红框为粒径 D=10～20 μm 时对应的起动流速 U_0=0.65～1.1 m/s。

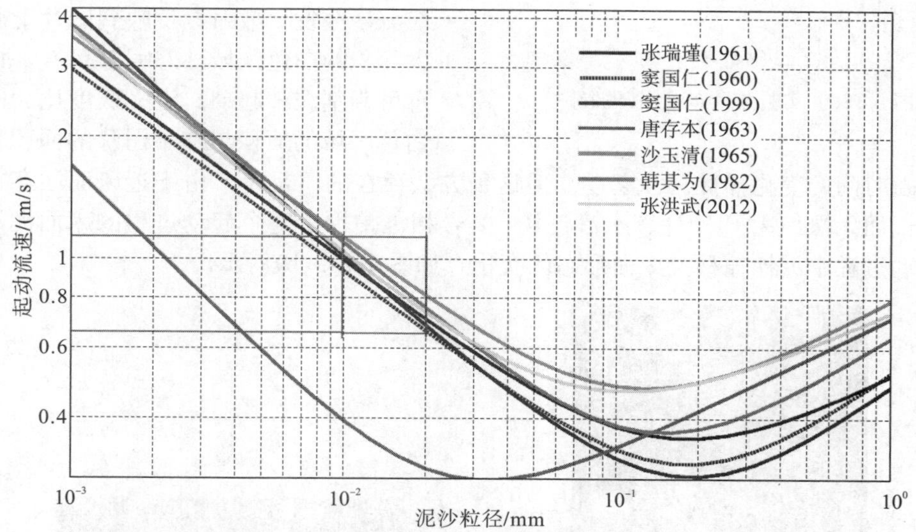

图 4-137　国内公式计算的实验沙的起动流速(水深 2.5 m)(见彩图)

研究黏性土的起动时，一般按黏性土密实度将其分成两类，即新淤黏性土和固结黏性土，不过一般很难区别两者。黏性细泥沙沉积形成流动或半流动状的、以至塑性体的淤泥，其沉积密度和物理性质随时间而变化。由已有文献可知，黏性土干密度较小时，起动仍然主要保持单颗粒特性；随着干密度逐渐增大，颗粒间黏结力也越来越大，起动逐渐向微团过渡；当干密度达到一定程度时，则完全表现出微团的起动特性。区别于粗颗粒泥沙，黏性沙起动还受水深的影响，按照前人理论，水深是通过水压力来影响起动流速的，虽然起动流速计算式中的黏结力项各家认识不统一，但黏结力都通过压力表现出来。由已有研究可知，黏性沙的密实度及水压力是影响其起动的两大主要因素。故本实验主要针对这两个因素进行实验。

实验时，在有适量水的封闭槽道实验凹腔内放入泥沙，进行搅拌，待填满凹槽后将其表面刮平，形成实验所需的床面。由于密实度主要受固结时间和水压力的影响，在实验仪器可实施范围内，进行 6 种条件(无压力、1.5 m、2.5 m、3.5 m、4.5 m 及 5.5 m 水压)下的固结，固结历时分别为 1 天、3 天及 5 天。进行起动流速实验时，保持水压力，逐渐增大流速，记录下泥沙起动的少量输移、中等输移及普遍泥沙输移过程(可能 3～6 个流量级)，推求各条件下的起动流速。验证已有起动流速统一公式的适用性，或做相应的修改。

待每次起动实验结束后，可在凹槽内上中下段区适量黏性沙样本，测量其干密度，以反映固结时间。

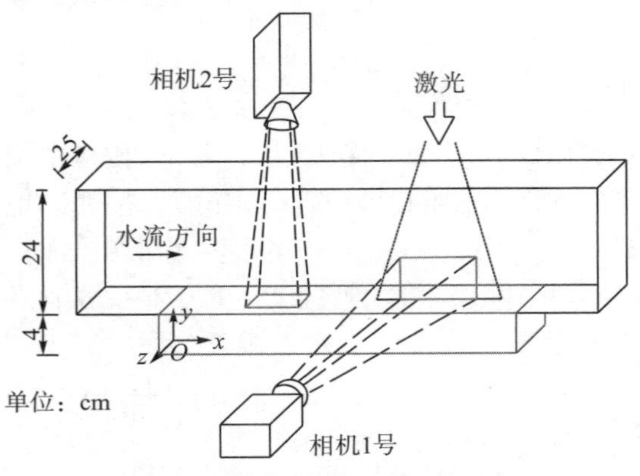

图 4-138　实验装置布置图(见彩图)

实验设备布置如图 4-138 所示。图中红色区域为填满细颗粒黏性泥沙的凹腔，绿色区域为相机测量区域。本实验采用两台相机捕捉床面的泥沙运动，1 号相机借用激光捕捉 XY 面内的泥沙运动，而 2 号相机借用自然光捕捉床面的泥沙运动。激光光片沿 XY 面进行照射，当泥沙起动后，由于大颗粒的絮团或者高密度的细颗粒泥沙会发生散射，反映到图片上就存在大面积的白色区域[图 4-139(a)]，由此信息可判别泥沙起动。定义灰度比为图片中白色区域的面积与整个图片的面积比，用此参数随时间的变化捕捉泥沙起动。但这种方法存在的不足是，由于近床面区存在高浓度的粒子而无法使用 PIV 计算水流流场。2 号相机拍摄了整个起动过程的床面泥沙，提供了起动过程中泥沙输移及床面形态的变化，如图 4-139(b)所示。

(a)1 号相机

(b)2 号相机

图 4-139　两台相机拍摄的图片

3)试验结果

(1)起动过程。

实验的细颗粒黏性沙为三峡库区的原型沙，经过从野外采集并运输到清华大学泥沙实验室时，已经固结成硬泥块。在实验前，先将泥沙样本在水中浸泡一周，使其充分吸水瓦解；检查浸泡后的沙样，对存留的小土块进行碾碎再浸泡。将泥浆进行充分搅拌，静置 2～3 天后，取上部没有小颗粒土团的泥沙作为实验样本，对底部的小土团进行再次碾碎并搅拌静置。

用量杯将实验沙样从上下游的两个加沙孔倒入实验段的凹腔内，直至泥沙从凹腔内溢出。为使沙样充分地混合均匀，用耙子在凹腔内来回搅拌。用刮板从凹腔上游侧缓慢匀速地刮至下游侧，使黏性沙床面平整并保持与槽道床面在同一高程。用小铲将凹腔下游多余的沙样回收并利用，再用抹布将黏在玻璃边壁及凹腔上下游的泥沙抹净。

由于大水压槽道的水泵流量太大，会破坏刚铺平的床面，而改用自来水管对槽道进行缓慢注水。当实验段内注满水时，根据实验设计工况进行固结。如果是无压固结，就直接让泥沙在 20 cm 水深的槽道中固结；如果是有压固结，则打开水泵，使供水塔内水位达到设计的恒定水头，维持泥沙在较高的压力下固结。

实验前设置好所有的设备参数，在某一恒定水压下，将出口阀门缓慢匀速地打开，以 5 m^3/h 为一个梯级(对应 2.3 cm/s 一个梯级)，不断增大流量直至泥沙起动。实验开始后，在流量较小时，表面上有极少的一部分颗粒在缓慢运动，随着时间的延续，当流速达到一定的程度后，泥面出现一条条很细的冲沟，同时也出现一些小的冲坑，但最终的破坏形态，按照固结的时间长短分为两种，如图 4-140 所示。当凹腔内泥沙为无压固结且固结时间较短时，泥沙间的黏性力较小，起动后床面淤泥呈高低不平的条沟形状，如 4-140(b)所示；当凹腔内的泥沙为有压固结且固结时间较长时，泥沙间的黏性力较大，水流进一步增强，床面被撕裂，淤泥被成层、成片掀起，起动后床面坑坑洼洼，如 4-140(c)所示。

(a)起动前的床面

(b)较短固结时间起动后的床面

图 4-140　细颗粒泥沙起动前后的床面形态对比

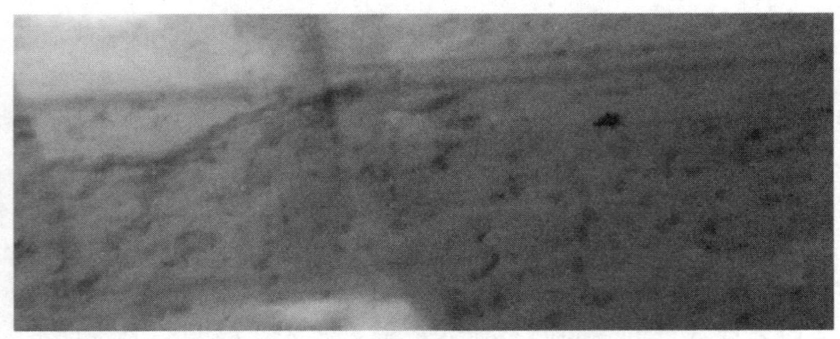

(c)较长固结时间起动后的床面

图 4-140(续)

(2)最优曝光时间。

采用灰度比随时间的变化捕捉泥沙起动。灰度比为图片中白色泥沙区域的面积与整个图片的面积比，此参数受到曝光时间的限制，一般来说，曝光时间越大，图片中白色泥沙区域越多，即灰度比越大。为消除曝光时间对灰度比绝对数值的影响，本项目用各次起动序列中最大的灰度比对序列进行归一化，求得归一化灰度比，此参数反映的只是相对数值，即灰度比从零变到最大的过程。但还存在的问题是，怎么寻找最合适的曝光时间，使得归一化灰度比能最佳地反映起动前后的差异，并保持判别的相对稳定性。

进行两组实验以寻找最优曝光时间，实验的条件为无压固结，固结时间为 1 天，实验的压力水头分别为 2.5 m 及 5.5 m，归一化灰度比如图 4-141 所示。为使水压范围也显示在[0，1]区间内，图中水压数值除以了 10。由图可知，随着流量的增大，流速逐渐增大，槽道内压力逐渐减小。虽然水塔内水位始终保持恒定，但流速增大必然导致压力减小；从流速为零增至最大流速，压力的变化小于 10%，起动过程处于压力稳定的工况下。

由图 4-141(a)可知，在流速增大阶段，归一化灰度比与流速呈正比增长；在流速稳定阶段，不同曝光时间的结果不一致，相对来说，曝光时间越长，灰度比越不稳定，100 μs 的结果是 3 组曝光时间中最稳定的，图 4-141(b)也反映出类似的规律，故本项目采用 100 μs 作为最优曝光时间来计算归一化灰度比。

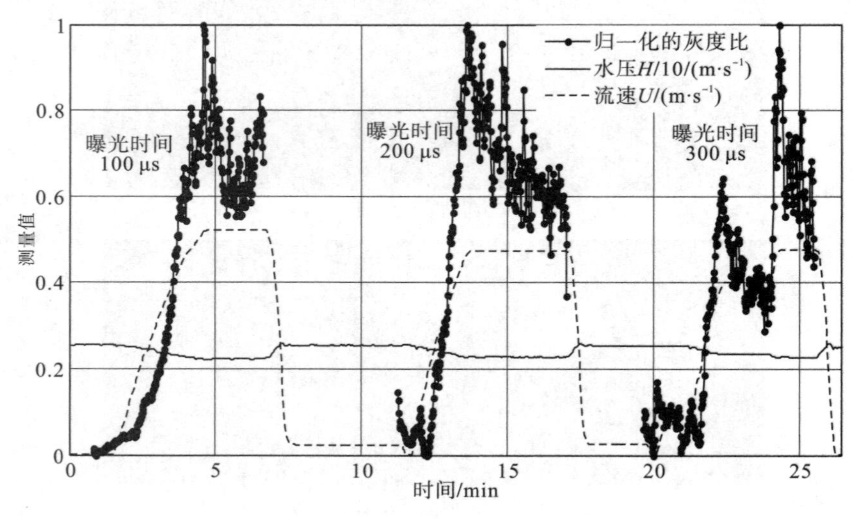

(a)水压 2.5 m 组次

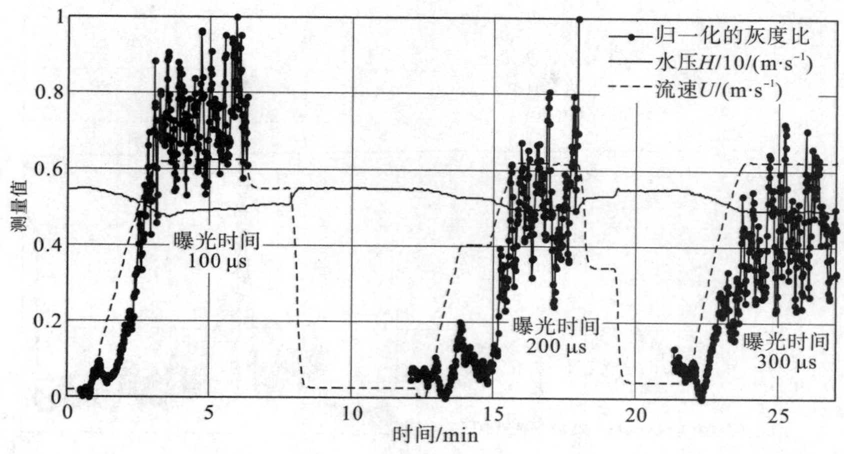

(b)水压 5.5 m 组次

图 4-141　计算灰度比所需的最优曝光时间

(3)实验结果。

泥沙铺平后，无压固结 3 天，此次实验的恒定水头为 5.5 m。流量递增过程以 5 m^3/h 为一个梯级，每个梯级下运行 5 min，总梯级个数为 18，最终流量为 150 m^3/h，对应的最大时均流速为 0.7 m/s。

1 号相机曝光时间为 100 μs，采样频率为 600 Hz，分辨率为 17.8 pixels/mm，采样窗口为 116 mm×46 mm；2 号相机采样频率为 30 Hz，分辨率为 14.6 pixels/mm，采样窗口为 43 mm×33 mm。

图 4-142 给出了泥沙起动过程中 XY 面内图片的变化过程。随着流量的增大，泥沙逐渐起动，图片内出现了大面积的白色区域，但在起动后期，白色区域的面积有所减小，对应的归一化灰度比如图 4-143 所示。图中，台阶型虚线给出了流量的递增过程，由于流量变化过程缓慢，实验中水压保持得十分稳定，下降的速率很小。在 0～0.9 h 内，流量较小，归一化灰度比始终为很小的数值，随着流量的继续增大，灰度比在 0.97 h 处出现跳跃，维持了大约 0.35 h 后出现更大跳跃，此后灰度比数值呈下降趋势，但最终稳定的数值大于最初阶段。如果把灰度比出现最大数值的时刻定义为泥沙起动，那么此 5.5 m 无压固结工况下的起动流速为 0.3 m/s，此数值小于前人公式的计算结果，应该是无压固结时黏性力较小所致，还可能与起动现象的定义不同有关。

图 4-142　1 号相机捕捉 XY 面内图片的灰度变化

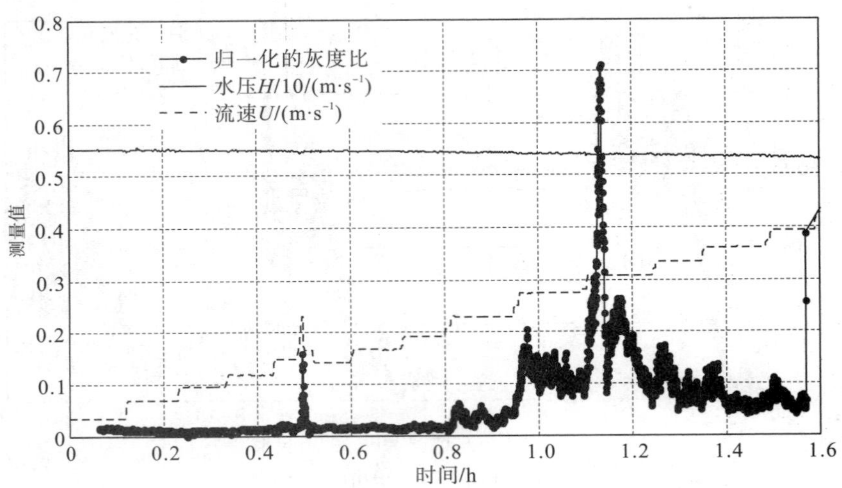

图 4-143 1 号相机捕捉的起动过程

图 4-144 给出了 2 号相机利用自然光拍摄床面泥沙的输移过程。图片下方的数字为时间(时:分:秒)，其中图 4-144(a)和图 4-144(b)为黏性泥沙微团的沙波状输移过程，此时的运动类似粗颗粒泥沙的输移，而图 4-144(c)和图图 4-144(d)为黏性沙床面冲坑的发展过程，此时床面不再有清晰可辨的微团，水流以冲坑的形式侵蚀床面。本项目提出了

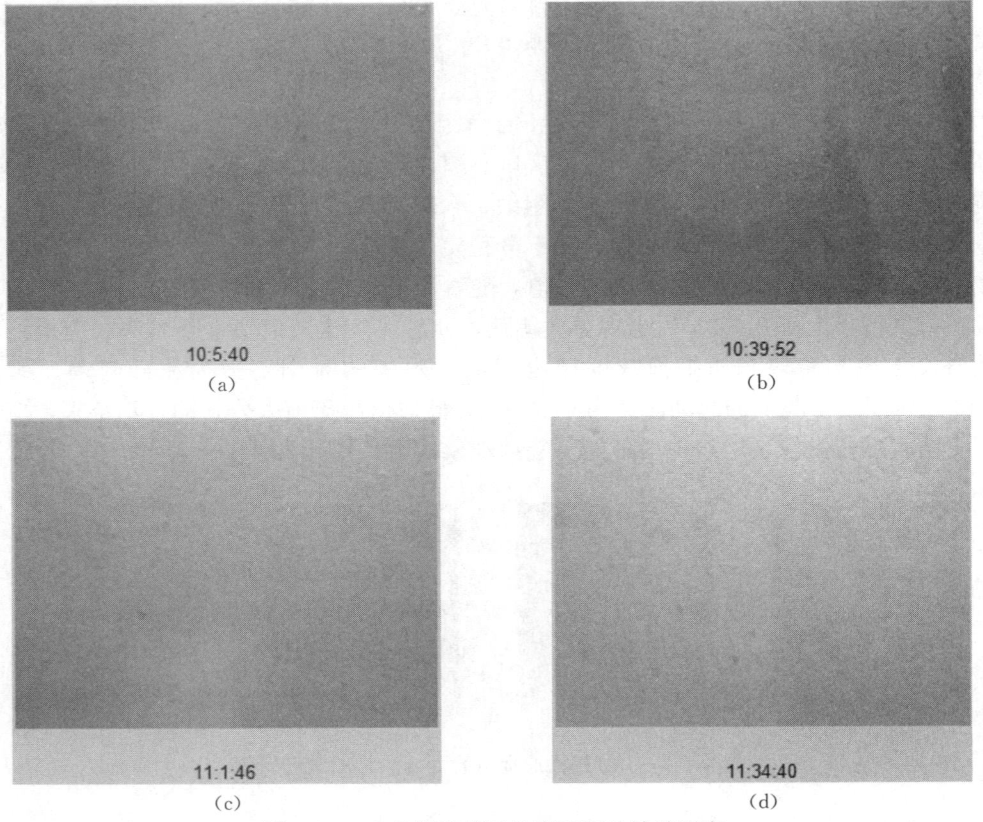

图 4-144 2 号相机捕捉的床面泥沙输移形态

细颗粒黏性泥沙的固结假设模型(图 4-145)，以便更好地解释床面泥沙的输移过程。由于固结时压力的不同，埋深较大的泥沙的固结程度要比表层的泥沙大，所以命名表层泥沙为松散堆积体，而下层泥沙为密实堆积体。针对 2 号相机捕捉的输移过程，松散及密实堆积的黏性沙的输移现象分类如图 4-146 所示。松散体的输移类似新淤黏性土，而密实体的输移类似固结黏性土。

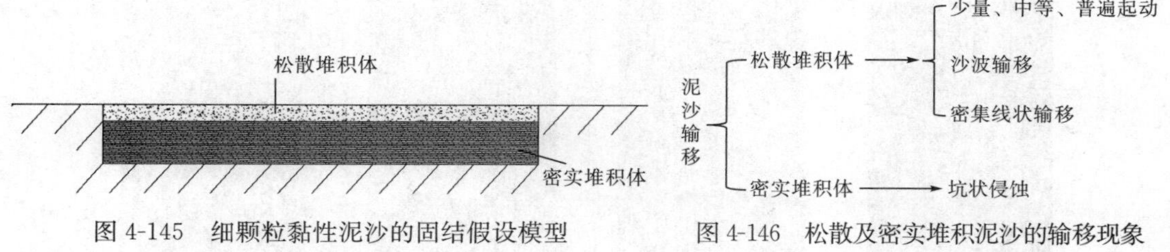

图 4-145　细颗粒黏性泥沙的固结假设模型　　图 4-146　松散及密实堆积泥沙的输移现象

4)待改进之处

用 XY 面内的灰度比参数可以较好地捕捉起动的过程，但会造成一定的不便之处。由于床面附近存在大面积的白色区域，此处的流场结构无法捕捉，虽然由流量计可以计算时均流速，但此时无法通过 PIV 或 PTV 计算床面附近的流场，故无法推求摩阻流速。

解决此问题的方法在于，将 1 号相机的曝光时间缩短为 50 μs 以下，由于进入相机的光强减弱，图片中床面附近的白色区域将减小很多，即使泥沙起动后，床面附近的示踪粒子依然可以分辨，故可以用 PIV 或 PTV 推求摩阻流速。但曝光时间缩短，将导致 XY 面便失去捕捉灰度比的功能，只能作为流场测量工具。为弥补这个缺陷，为 2 号相机添加一台激光器(图 4-147)，该激光器的光平面处于床面以上一定的高度(暂定为 1 mm)，用 2 号相机捕捉 XZ 面内的泥沙输移过程。当泥沙没有起动时，XZ 面内几乎没有较大的泥沙颗粒，全是 PIV 示踪粒子；当泥沙起动后，由于泥沙絮团的起悬，近床面的 XZ 面内将分布足够多的大颗粒泥沙，此时刻可定义为起动的发生瞬间。预期的 XZ 面内泥沙起动的过程如图 4-148 所示。此后便可用 XZ 面的灰度比或者颗粒粒径的变化过程来定量计算泥沙的起动过程。

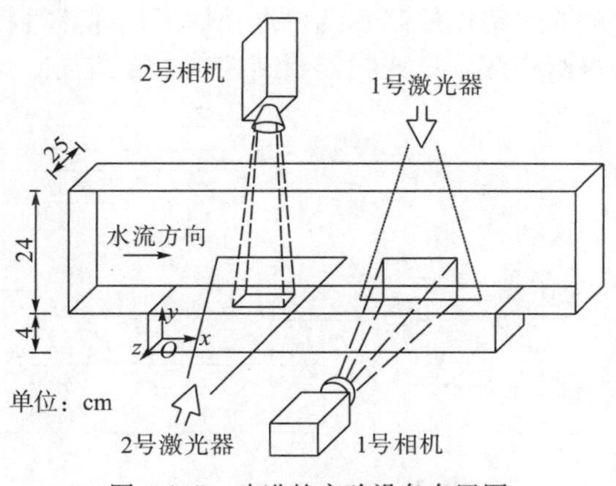

图 4-147　改进的实验设备布置图

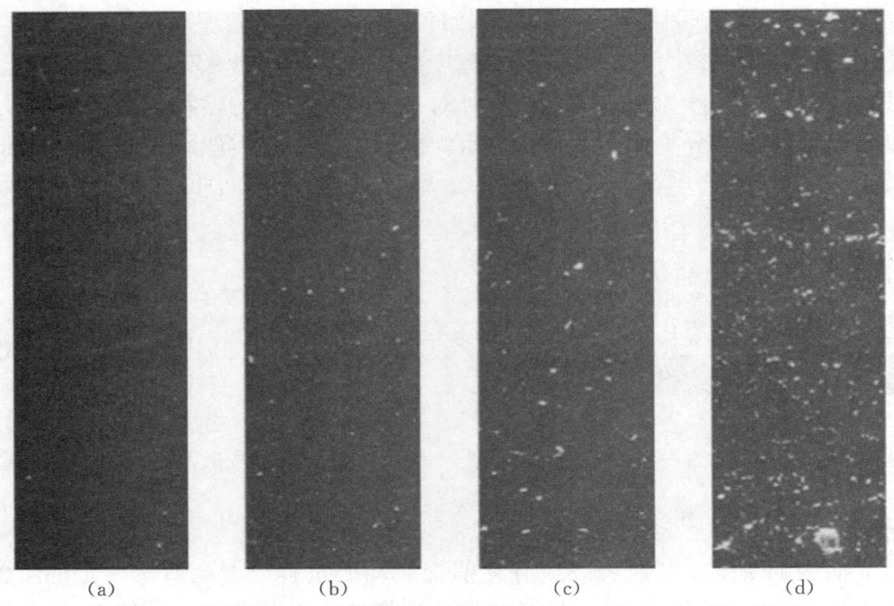

图 4-148　预期的 XZ 面内泥沙起动过程(Righetti 和 Lucarelli，2007)

4.3.2　泥沙输移水槽试验

1. 试验设备

1)试验水槽

水槽规格为 6.0 m×0.25 m×0.20 m(长×宽×高)，最大变坡范围为 1.0%～3.0%，最大供水流量为 25 L/s。槽底、槽身均由长度为 4 m 的整块玻璃构成，玻璃的安装误差控制在 0.2 mm 以内，水槽全长范围内误差控制在 0.2 mm 以内。为了使试验进口水流平顺进入试验段，在试验水槽进口设置消能措施，消能设施由玻璃珠和过流板组成。

2)供回水系统

采用基于变频技术的非恒定流控制系统，过程如下：计算机将流量控制过程转换成为频率信号控制过程发送给变频器；变频器收到控制指令后向水泵输出指定频率，并以

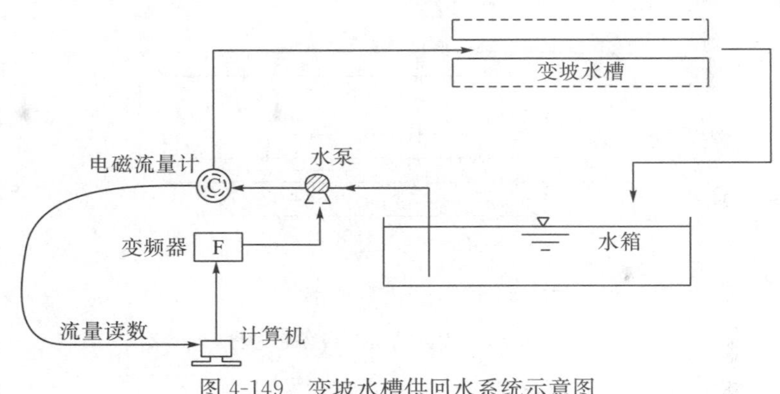

图 4-149　变坡水槽供回水系统示意图

此来调节水泵转速达到控制水泵出力的目的；电磁流量计实时监测水泵的流量过程并实时反馈回计算机；通过周期文件来控制以上过程，形成稳定的可循环的出流过程，如图 4-149所示。

3)流量测量系统

采用电磁流量计实时监测流量过程。AD 板采集流量计的实时电压值传输回计算机，并通过电压-流量关系转换为实时流量，计算机采样频率为 10 Hz。对流量计进行标定，如图 4-150 所示。

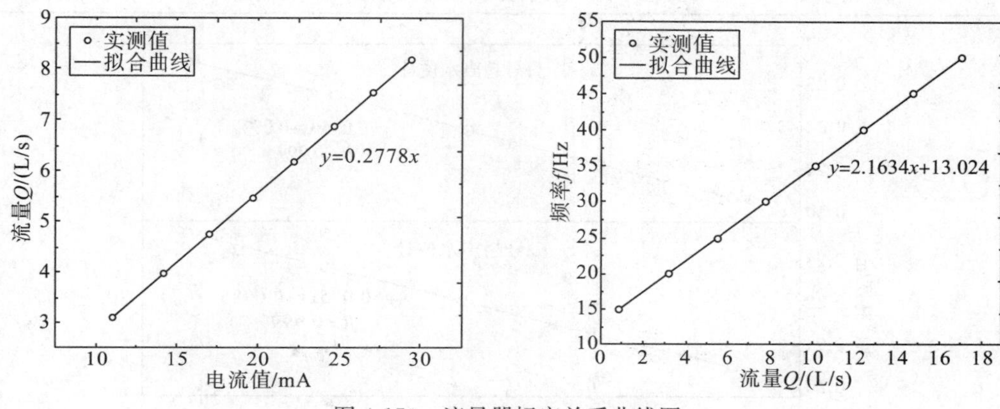

图 4-150　流量器标定关系曲线图

4)水位测量系统

采用超声水位计进行实时水位测量，沿水槽共布设了 3 个超声水位探头，分别于水槽的上部、中部和尾部，具体布置位置如图 4-151 所示。超声水位计的输出电压与测量距离之间为线性关系，计算机通过 AD 板采集超声水位计电压，并得出实时水位，计算机采样频率为 10 Hz。

图 4-151　超声水位计

为了使测量水位更加准确，实验前对超声水位计进行标定，标定数据见表 4-18。通过线性拟合得到 3 个超声水位计的率定曲线，如图 4-152 所示。

表 4-18 超声水位计率定

次数	1号		2号		3号	
	电压值/V	高度/m	电压值/V	高度/m	电压值/V	高度/m
1	1.6069	0.2328	1.619	0.2364	1.62	0.2352
2	1.5184	0.2257	1.5245	0.2284	1.5182	0.2273
3	1.4269	0.217	1.4311	0.2205	1.427	0.2192
4	1.3342	0.2094	1.3377	0.2122	1.3373	0.2112
5	1.2413	0.2013	1.2451	0.2047	1.2462	0.2035

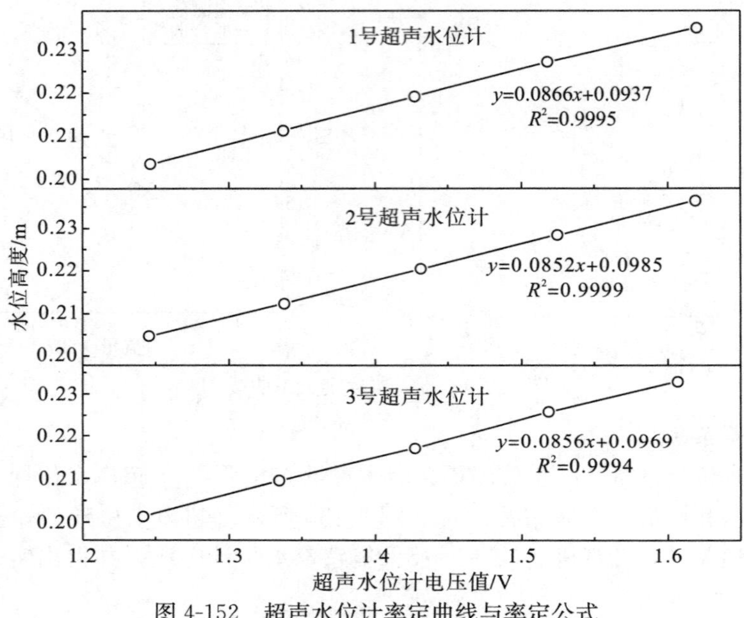

图 4-152 超声水位计率定曲线与率定公式

2. 试验设计

1)试验沙的选取

本试验用沙为长江典型淤积河段忠县皇华城河段现场测量取回的沙样。采用激光粒度分析仪对原沙样进行粒径测量分析，测定 5 组结果取其平均值，可知忠县皇华城河段沙样的平均中值粒径约为 10 μm(图 4-153)。

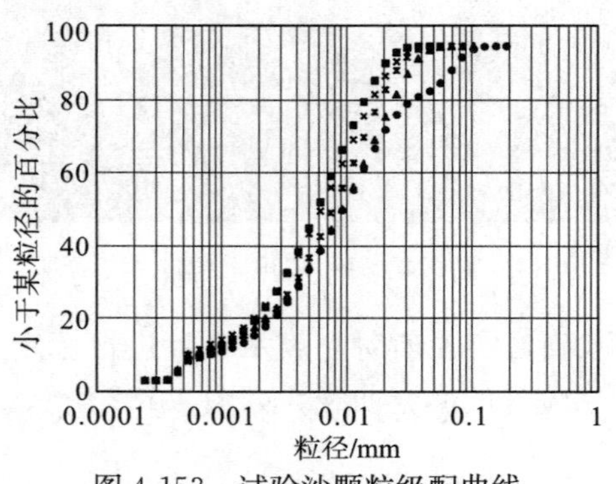

图 4-153 试验沙颗粒级配曲线

2)试验方案

进行了两种类型的试验：第一类试验在水槽底部铺沙后放清水观察冲刷情况；第二类试验直接在水槽中放浑水观察淤积情况。具体布置如下。

冲刷试验：整体布置如图 4-154 所示。水槽中间为 4 m 长的试验段，铺设厚度为 1 cm 的试验用沙，两端铺设粒径为 5 mm 的粗沙；水槽比降设为 0；流速和底泥厚度测点分别设置在 1 号、2 号、3 号断面处，如图 4-155 所示。只观测到底部泥沙有少量的起动时并不能判断为冲刷状态，只有底部呈明显冲刷状态且预铺泥沙厚度呈累积减小趋势时，才判定该流速下泥沙呈冲刷状态，记录水位值，测定流速，记录泥沙运动状态。

图 4-154　冲刷流速测定现场布置图

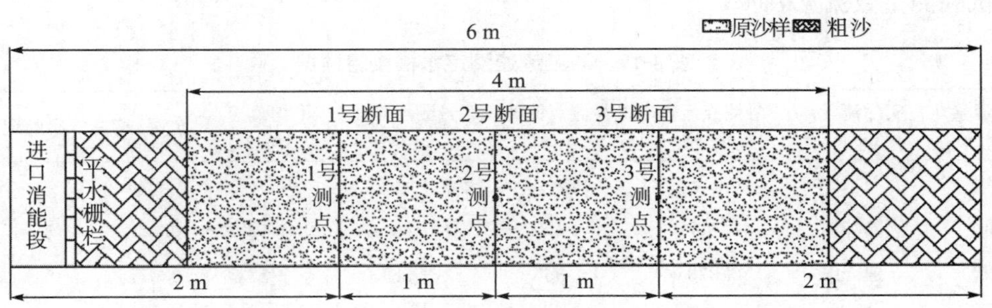

图 4-155　冲刷流速测定水槽布置示意图

淤积试验：整体布置如图 4-156 所示。由于水槽底部铺沙不易于淤积量观测，因此在进行淤积试验时，水槽内不铺设沙样，从玻璃水槽底部观测泥沙淤积情况(图 4-157)。水流含沙量为 1 kg/m^3，每组实验时间为 1 h，根据泥沙淤积量定时在水流中补充一定量原沙，使水流含沙量保持在 1 kg/m^3 左右。由于水流中粗颗粒泥沙会较早淤积到水槽底部，此时虽然在水槽底部可观察到淤积泥沙颗粒，却并不能判定为细沙的淤积流速。为准确测定该泥沙充分淤积时的流速，在实验后分别取水槽底部淤积泥沙及水流中沙样，分析泥沙粒径，当底部淤积泥沙中值粒径接近试验沙中值粒径时，可推断该流速下细颗粒泥沙已充分淤积。小于该流速时，泥沙呈淤积状态，且淤积厚度不断增加。

图 4-156 淤积流速测定现场布置图

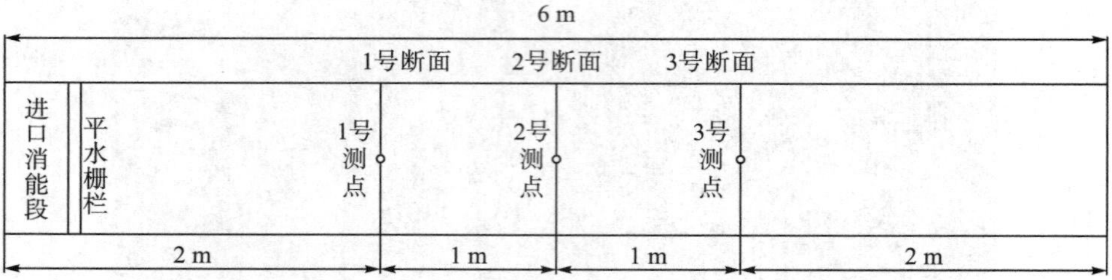

6 m

1号断面 2号断面 3号断面

进口消能段 平水栅栏 1号测点 2号测点 3号测点

2 m 1 m 1 m 2 m

图 4-157 淤积流速测定水槽布置示意图

3. 试验结果分析

试验测量数据见表 4-19。

表 4-19 冲淤流速测定水槽实验数据

目标流量/(m^3/s)	实际流量/(m^3/s)	1 号测点流速/(m/s)	2 号测点流速/(m/s)	3 号测点流速/(m/s)	平均流速/(m/s)	水深/m	实验现象
24	24.12	0.358	0.352	0.369	0.360	0.075	
30	30.35	0.417	0.430	0.418	0.422	0.083	
25	24.49	0.373	0.366	0.381	0.373	0.077	
25	25.62	0.351	0.356	0.371	0.359	0.081	
27	27.13	0.397	0.392	0.403	0.397	0.079	
36	35.83	0.411	0.431	0.421	0.421	0.096	底部冲刷厚度为 0.8～2.3 mm，出现较明显沙波
35	35.65	0.443	0.458	0.467	0.456	0.090	
38	38.75	0.417	0.428	0.435	0.427	0.104	
40	40.51	0.400	0.406	0.414	0.407	0.114	
36	35.63	0.397	0.409	0.401	0.402	0.100	
43	43.81	0.410	0.409	0.410	0.410	0.119	
43	43.58	0.470	0.484	0.484	0.479	0.103	

续表

目标流量/(m³/s)	实际流量/(m³/s)	1 号测点流速/(m/s)	2 号测点流速/(m/s)	3 号测点流速/(m/s)	平均流速/(m/s)	水深/m	实验现象
44	43.42	0.455	0.459	0.452	0.456	0.109	底部冲刷厚度为 0.8 ~ 2.3 mm，出现较明显沙波
45	44.71	0.441	0.431	0.440	0.437	0.115	
45	45.62	0.512	0.514	0.525	0.517	0.101	
41	41.56	0.476	0.496	0.492	0.488	0.096	
32	32.09	0.421	0.425	0.414	0.420	0.085	
32	28.41	0.376	0.381	0.397	0.385	0.084	
32	28.42	0.380	0.403	0.393	0.392	0.082	
37	37.1	0.380	0.385	0.397	0.387	0.108	
40	40.26	0.378	0.391	0.385	0.385	0.116	
22	22.32	0.350	0.355	0.355	0.353	0.071	
32	32.42	0.386	0.387	0.393	0.389	0.095	
26	25.95	0.309	0.325	0.325	0.320	0.091	底部泥沙层厚度无明显化，有小尺度沙波出现
27	26.95	0.305	0.322	0.322	0.316	0.099	
30	30.26	0.305	0.316	0.310	0.310	0.113	
32	31.52	0.293	0.317	0.309	0.306	0.117	
29	29.11	0.295	0.297	0.307	0.300	0.109	
25	24.62	0.270	0.272	0.272	0.271	0.099	
22	21.33	0.256	0.269	0.252	0.259	0.093	
20	20.25	0.259	0.272	0.275	0.269	0.087	
18	17.85	0.259	0.266	0.272	0.266	0.074	
27	26.57	0.293	0.292	0.305	0.297	0.104	
15	15.72	0.266	0.279	0.274	0.273	0.064	
10	10.04	0.193	0.199	0.199	0.197	0.056	
20	20.22	0.300	0.306	0.323	0.310	0.075	
25	24.38	0.312	0.328	0.340	0.327	0.086	
12	12.23	0.136	0.143	0.139	0.139	0.092	
15	15.10	0.151	0.151	0.141	0.148	0.111	
18	18.42	0.180	0.187	0.189	0.185	0.121	
18	18.42	0.199	0.193	0.192	0.195	0.108	
18	18.42	0.245	0.251	0.256	0.250	0.087	
18	18.42	0.278	0.281	0.274	0.278	0.081	
22	21.75	0.338	0.340	0.350	0.343	0.075	
22	21.41	0.304	0.299	0.301	0.301	0.081	

续表

目标流量/(m³/s)	实际流量/(m³/s)	1号测点流速/(m/s)	2号测点流速/(m/s)	3号测点流速/(m/s)	平均流速/(m/s)	水深/m	实验现象
23	23.05	0.292	0.298	0.300	0.297	0.089	
29	28.52	0.312	0.319	0.310	0.314	0.105	
24	24.18	0.291	0.292	0.282	0.288	0.095	
32	31.76	0.301	0.303	0.308	0.304	0.113	
25	25.63	0.355	0.359	0.353	0.356	0.080	
27	26.98	0.360	0.372	0.369	0.367	0.085	
30	30.06	0.364	0.368	0.369	0.367	0.091	
30	29.89	0.329	0.326	0.329	0.328	0.099	
32	31.85	0.346	0.354	0.346	0.349	0.100	
33	32.51	0.349	0.345	0.346	0.347	0.104	
35	35.46	0.354	0.351	0.353	0.353	0.109	
37	36.45	0.340	0.344	0.341	0.342	0.115	
38	37.86	0.346	0.343	0.355	0.348	0.120	
27	26.78	0.326	0.327	0.330	0.327	0.092	
30	30.44	0.330	0.332	0.331	0.331	0.100	
31	30.86	0.325	0.335	0.339	0.333	0.103	底部泥沙层厚度无明显化，有小尺度沙波出现
33	32.58	0.321	0.325	0.320	0.322	0.109	
35	34.55	0.327	0.329	0.329	0.328	0.115	
37	36.65	0.331	0.338	0.333	0.334	0.119	
28	28.61	0.340	0.349	0.350	0.346	0.094	
28	27.83	0.348	0.350	0.363	0.354	0.090	
25	25.21	0.342	0.350	0.347	0.346	0.085	
21	21.75	0.335	0.359	0.359	0.351	0.072	
24	23.68	0.338	0.339	0.348	0.342	0.079	
27	27.75	0.318	0.330	0.318	0.322	0.097	
2	2.02	0.073	0.141	0.145	0.143	0.143	
2	1.81	0.067	0.147	0.142	0.143	0.144	
2	2.03	0.069	0.145	0.148	0.156	0.150	
2	1.83	0.076	0.155	0.155	0.151	0.154	
3	3.06	0.107	0.157	0.161	0.156	0.158	
3	2.77	0.095	0.157	0.161	0.166	0.161	
4	4.02	0.114	0.165	0.169	0.175	0.170	
4	3.93	0.11	0.178	0.188	0.175	0.180	

续表

目标流量/(m^3/s)	实际流量/(m^3/s)	1 号测点流速/(m/s)	2 号测点流速/(m/s)	3 号测点流速/(m/s)	平均流速/(m/s)	水深/m	实验现象
3	3.17	0.093	0.191	0.189	0.181	0.187	底部泥沙层厚度无明显化，有小尺度沙波出现
5	4.82	0.123	0.185	0.201	0.194	0.193	
4	3.83	0.103	0.191	0.209	0.205	0.202	
3	3.08	0.098	0.194	0.206	0.206	0.202	
3	3.13	0.078	0.197	0.205	0.21	0.204	
2	2.12	0.057	0.203	0.205	0.207	0.205	
4	4.08	0.103	0.205	0.203	0.212	0.207	
2	1.98	0.054	0.2	0.208	0.214	0.207	
3	3.13	0.085	0.187	0.208	0.23	0.208	
4	3.98	0.098	0.194	0.222	0.212	0.209	
5	5.12	0.115	0.217	0.222	0.228	0.222	
2	2.21	0.055	0.214	0.229	0.235	0.226	
3	3.18	0.074	0.2	0.224	0.256	0.227	
4	3.83	0.09	0.218	0.232	0.236	0.229	
4	3.82	0.085	0.247	0.257	0.237	0.247	
1	1.04	0.078	0.078	0.071	0.075667	0.065	水槽底部有明显泥沙淤积，淤积表面较平滑，无明显沙波
2	1.96	0.076	0.084	0.086	0.082	0.123	
2	1.89	0.088	0.087	0.085	0.086667	0.112	
1	1.1	0.078	0.092	0.097	0.089	0.060	
2	1.82	0.089	0.092	0.096	0.092333	0.103	
2	2.08	0.094	0.102	0.098	0.098	0.097	
2	2.17	0.1	0.108	0.124	0.110667	0.093	
2	1.94	0.118	0.113	0.117	0.116	0.087	
3	2.89	0.126	0.124	0.129	0.126333	0.115	
2	2.12	0.126	0.127	0.134	0.129	0.085	

通过对上述试验结果进行分析，当流速大于 0.35 m/s 时，泥沙呈冲刷状态，预铺泥沙厚度逐渐减小，水槽内底部泥沙出现较明显沙波；当流速小于 0.1 m/s 时，泥沙呈淤积状态，淤积泥沙表面平顺，无明显波纹；流速介于二者之间时，水槽底部泥沙呈小尺度沙波或沙纹，厚度无明显变化，为输沙平衡区。各区泥沙冲淤形态如图 4-158 所示。

(a)冲刷

(b)冲淤平衡

(c)淤积

图 4-158　水槽底部泥沙冲淤形态

当流速小于0.1 m/s时，泥沙发生淤积；当流速大于0.35 m/s时，泥沙发生冲刷；当流速在二者之间时，则不冲不淤。不同水深和流速组合下泥沙冲淤状态如图4-159所示。

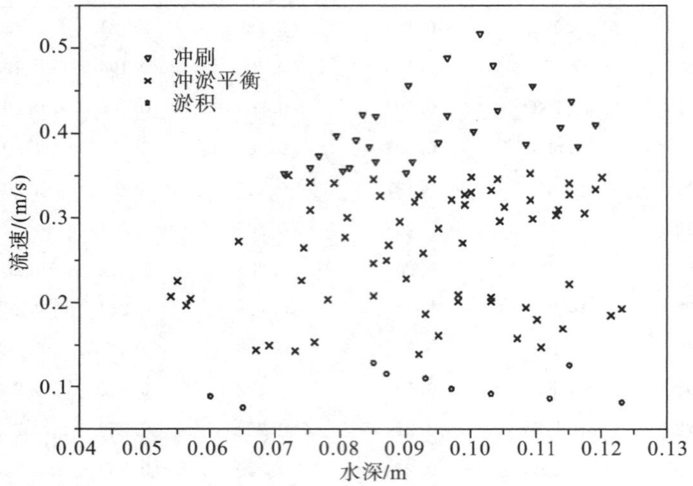

图4-159　不同水深和流速组合下泥沙冲淤状态

可以看出，随着流速变化，泥沙的冲淤情况可划分为3个区域：冲刷区、淤积区和不冲不淤的输沙区。

4.3.3　泥沙沉降试验

1.基于图像灰度的非絮凝沉降试验

1)灰度测速原理

将现场采集的沙样用蒸馏水清洗若干次，经观察不能发生絮凝后进行试验。由于泥沙粒径较小且水体较浑浊，试验中很难观察到泥沙的沉降过程。本试验提出了一种基于图像灰度的细颗粒泥沙沉降速度检测方法，图像为黑白图像，其灰度是指图像像素点黑白颜色的深浅程度，灰度值大小一般为0～255，黑色为0，白色为255。不同浓度细颗粒泥沙浑水的透光性不同，因此用相机拍摄所得图像的灰度值有差异。根据事先标定好的浓度-灰度关系，可将图片的灰度转化为泥沙浓度，根据泥沙浓度的垂向分布以及随时间的变化过程，可计算泥沙的沉降速度，原理如图4-160所示。

沉降筒内的泥沙连续方程如下：

$$\frac{\partial S}{\partial t}+\frac{\partial(\omega S)}{\partial z}=0 \tag{4-58}$$

经过离散可得

$$\frac{S_{j+1}^{n+1}-S_{j+1}^{n}}{\Delta t}+\frac{\omega_{j+1}^{n}(S_{j+1}^{n}+S_{j+1}^{n+1})-\omega_{j}^{n}(S_{j}^{n}+S_{j}^{n+1})}{2\Delta z}=0 \tag{4-59}$$

式中，n为时间节点；j为空间节点；Δt和Δz为相应的时间步长和空间步长。初始条件和边界条件($n=0$和$j=0$)取泥沙颗粒沉降速度为0，而各时间和空间节点上的含沙量

S_j^n 根据图片灰度值转换已知，则可求得泥沙沉降速度 ω_j^n。

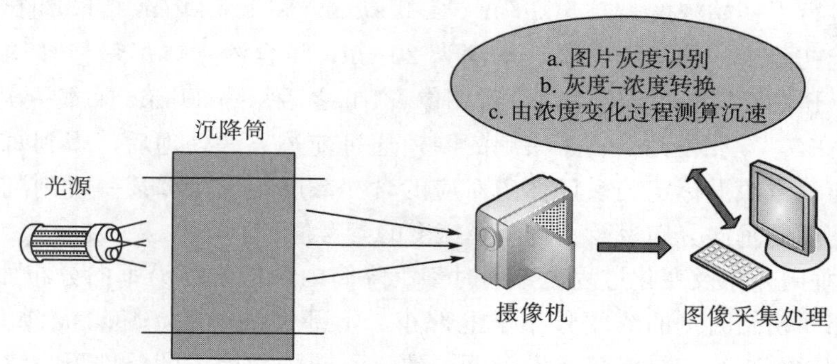

图 4-160　基于图像灰度的沉降速度测量原理示意图

2)灰度-浓度关系标定

(1)标定过程。在沉降筒内加一定量(水深 20 cm)的清水(含沙浓度为 0 kg/m³)，从含沙浓度 0 kg/m³ 开始加沙，每次增加浓度 0.1 kg/m³(根据加沙质量控制)，将其尽可能搅拌均匀后采集图像，直到浓度为 2.0 kg/m³。

(2)标定结果。通过图像采集系统采集得到一组像素大小为(高×宽)2000×500 的.bmp格式的图片，不同浓度对应的灰度图片如图 4-161 所示。采用 Matlab 程序读取图片每个像素点的灰度值，将每一含沙浓度对应的图片像素点灰度值进行平均，代表该含沙浓度对应的灰度值。在相同试验条件下，标定可进行多次以提高精度，本试验中标定两次，两次标定的含沙浓度与灰度的对应关系如图 4-162 所示。

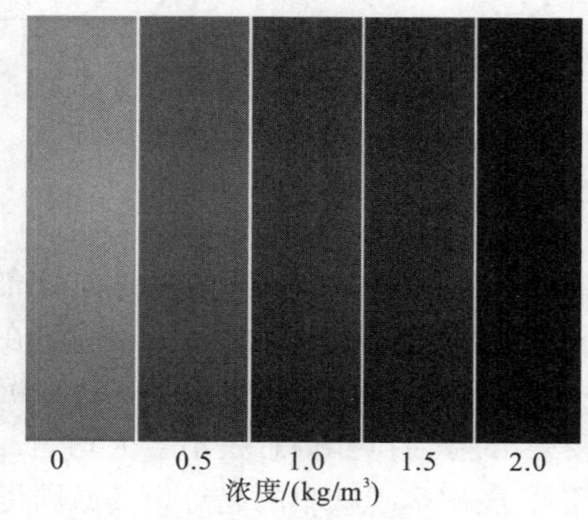

图 4-161　不同浓度下的图片灰度

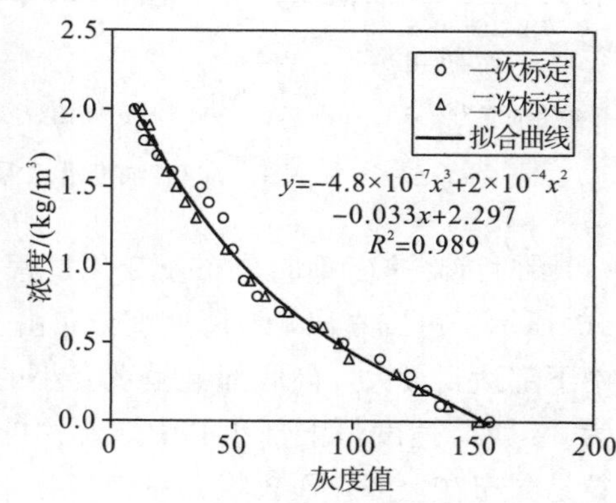

图 4-162　灰度浓度关系曲线

通过多项式拟合可得浓度-灰度关系曲线，相关性系数约为 0.99，表达式如下：

$$S = -4.8\times10^{-7}V_g^3 + 2\times10^{-4}V_g^2 - 0.033V_g + 2.297 \tag{4-60}$$

式中，S 为含沙浓度，kg/m³；V_g 为图片灰度值。当灰度值为 0 时，含沙浓度为 2.297 kg/m³，灰度值小于 0 时无意义，即该标定公式不能外延，在本试验条件下，严格适用于含沙浓度小于 2.297 kg/m³ 的情况。此外，由于粉砂颗粒的粒径较小，假定即使粉砂级配有所变化，但只要属于粉砂的范畴，则在浓度不变的情况下，其透光性不变。因此，本率定公式在整个沉降过程(颗粒分选过程)中都适用。

3)初步试验结果

本试验进行了初始浓度为 0.5 kg/m³、1.0 kg/m³ 和 1.5 kg/m³ 的 3 组试验。在沉降筒内配置一定初始含沙浓度的浑水，水深为 20 cm，将含沙水体尽量搅拌均匀后开始采集图像。第 1 h 内每间隔 1 min 采集一次图像，1 h 之后每隔 30 min 采集一次图像，试验进行 8 h，共采集 75 张图片。将采集到的图片通过前述方法处理后，得到每张图片灰度值的垂向分布，再根据标定关系计算出对应的含沙浓度，可计算某一时刻沉降筒内含沙浓度和沉降速度的垂向分布以及平均沉降速度的参考值。

(1)浓度垂向分布及变化过程。不同时刻沉降筒内含沙浓度沿垂向分布如图 4-163 所示。可以看出，初始时刻的浓度分布呈上部小、下部大的趋势，随着泥沙颗粒的沉降，总体含沙浓度逐渐减小，最终趋于沿深度一致。不同的初始浓度条件下，浓度的减小主要都在 0 时刻至 1 h 之间，说明前 1 h 内的沉降速度较大，之后逐渐变小(1~8 h 之间)。

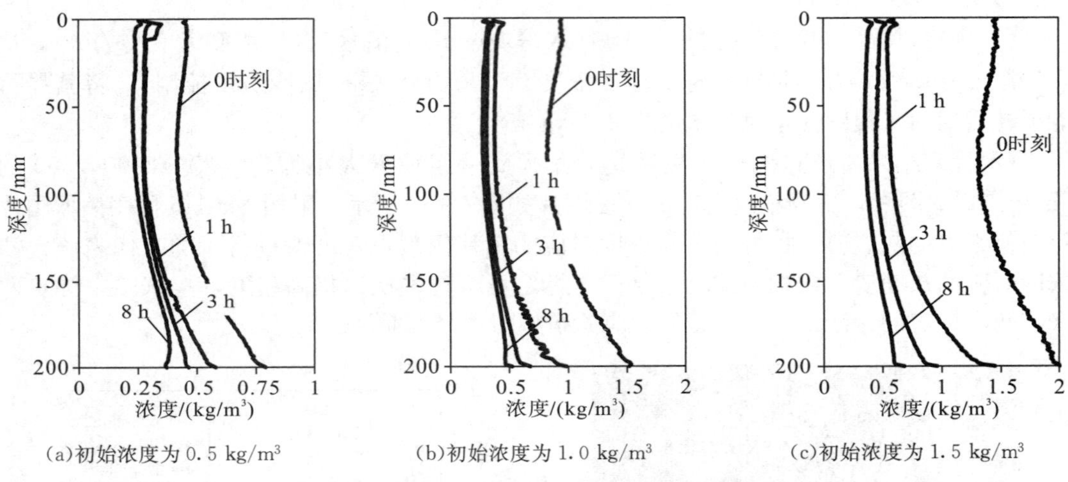

(a)初始浓度为 0.5 kg/m³　(b)初始浓度为 1.0 kg/m³　(c)初始浓度为 1.5 kg/m³

图 4-163 浓度沿水深分布及随时间变化过程

(2)瞬时沉降速度垂向分布及变化过程。不同时刻沉降筒内的沉降速度垂向分布如图 4-164所示。可以看出，沉降速度分布由上至下，从水面沉降速度为零逐渐增大，在沉降筒中下部达到最大，向底部又呈现变小的趋势。计算时认为水面不含泥沙，所以沉降速度为 0。沉降速度呈上部小、中下部大的原因是，试验前搅拌得总是不会太均匀，较细颗粒易分布在上部，而较粗颗粒则多分布于下部。底部呈现减小的趋势，其原因可能是浓度过大造成颗粒间相互阻碍。

根据 4 个时间点沉降速度的垂向分布，各断面的沉降速度均逐渐减小，开始减小的速度较快(0 时刻至 1 h 之间)，之后逐渐变小(1~8 h 之间)，原因是开始时较粗颗粒的沉降速度较大，随着较粗颗粒不断下沉，剩余的细颗粒沉降速度较小。

从 1 min 的沉降速度分布来看，初始浓度为 0.5 kg/m³ 时的沉降速度约为 0.2 mm/s，初始浓度为 1.0 kg/m³ 时沉降速度略大，当初始浓度达到 1.5 kg/m³ 时，沉降速度明显减小至 0.15 mm/s 左右，1 h 的沉降速度也符合此规律。说明浓度较低时(小于 1.0 kg/m³)粗颗粒的沉降起主要作用，浓度较高(约为 1.5 kg/m³)时颗粒间的阻碍产生作用。

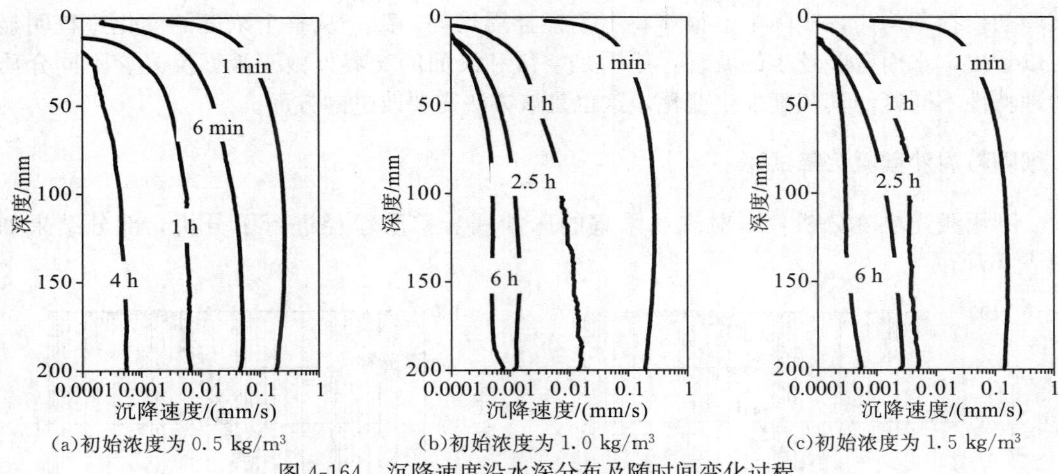

(a)初始浓度为 0.5 kg/m³　(b)初始浓度为 1.0 kg/m³　(c)初始浓度为 1.5 kg/m³

图 4-164　沉降速度沿水深分布及随时间变化过程

(3)平均沉降速度参考值确定。不同初始浓度条件下，沉降筒内平均含沙浓度随时间的变化过程如图 4-165 所示。可以看出，试验开始前 1 h，沉降速度较大，浓度迅速降低；随着泥沙不断沉积至沉降筒底部，约 2 h 后，含沙浓度降至某一值左右开始缓慢降低，基本保持不变。根据各初始浓度条件下的浓度变化过程，可假定浓度为 0.5 kg/m³ 时 1 h 沉降完毕，浓度为 1.0 kg/m³ 时 2 h 沉降完毕，浓度为 1.5 kg/m³ 时 2.5 h 沉降完毕。由前述平均沉降速度计算方法，三者的平均沉降速度分别为 3.24×10^{-5} m/s、3.41×10^{-5} m/s、3.23×10^{-5} m/s，平均值约为 0.033 mm/s。

以初始浓度为 1.5 kg/m³ 为例，不同深度处沉降速度随时间变化过程如图 4-166 所示。可以看出，不同深度处的沉降速度均呈现先增大后减小的趋势，可能的原因是沉降过程中存在絮凝或者是粗颗粒先沉降，是否存在絮凝还需进一步的粒径分析。

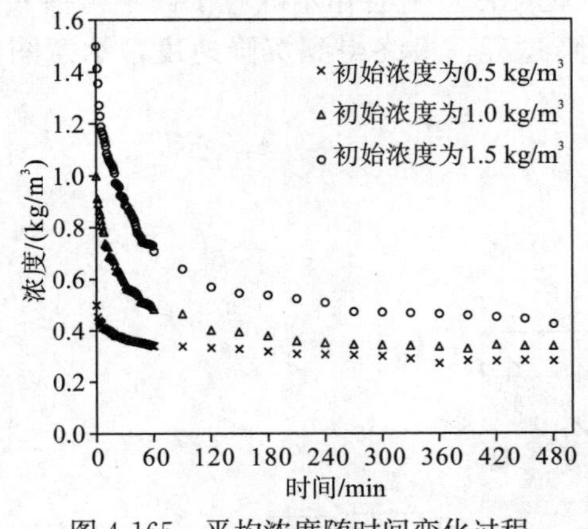

图 4-165　平均浓度随时间变化过程

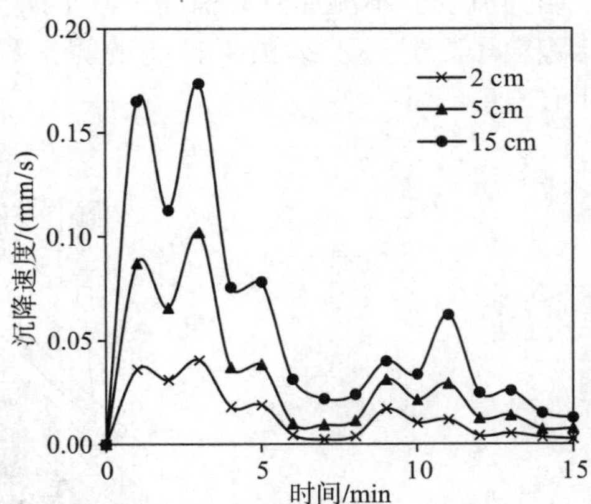

图 4-166　沉降速度随时间变化过程

对此类细颗粒泥沙，其平均沉降速度是絮凝和颗粒间相互阻碍综合作用的结果，其沉降速度计算尚无较合适的方法，本书提供的平均沉降速度可以作为参考值。

总体来看，该试验方法还有待于进一步的检验，但初步的试验结果正确展示了沉降筒内含沙浓度和沉降速度的垂向分布及变化，说明该方法具有一定的精度，是可行的。值得注意的是，从浓度沿水深的变化可以看出，0 时刻浓度呈上小下大的趋势，原因是试验初搅拌不均匀，实际中也很难将上下搅拌得均匀一致；从整个浓度的变化过程明显可以看出，水面有些较小的波动，原因是空气和液面的交界处由于液面反光、不同介质物理特性不同等使其灰度发生变化，这也是该方法需要改进的方面。

2. 细颗粒泥沙絮凝沉降试验

利用激光粒度分析仪，对现场采集的床沙和悬移质粒径进行了分析，部分结果如图 4-167所示。

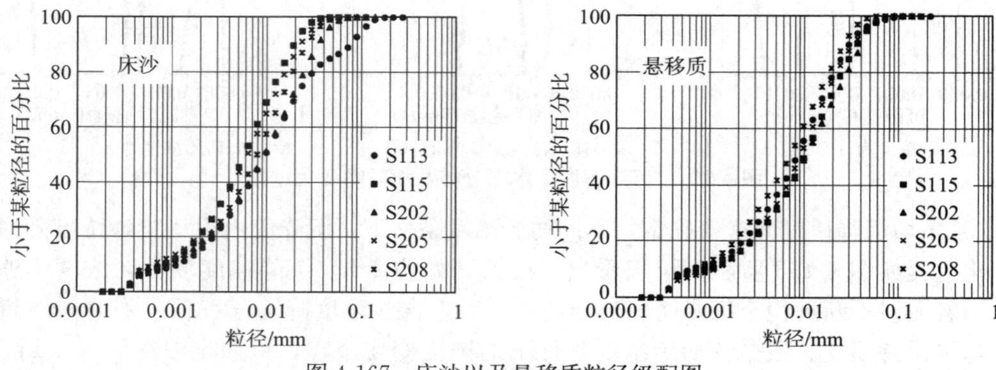

图 4-167　床沙以及悬移质粒径级配图

中值粒径均在 0.01 mm 左右，此类细沙存在絮凝的可能，因此研发了絮凝沉降速度测量系统。

1)测量原理

PIV 主要用来测水流结构，其原理是通过激光器打亮水体中的某一个剖面，在水流中掺入示踪粒子，通过高频相机连续拍摄粒子运动，最后通过图像处理得到粒子的速度场，即为流场。本测速系统引用 PIV 测量原理，把泥沙颗粒看作示踪粒子而不再掺入其他示踪粒子，通过连续拍摄打亮的泥沙颗粒沉降过程，最终得到沉降速度，示意图如图 4-168所示。

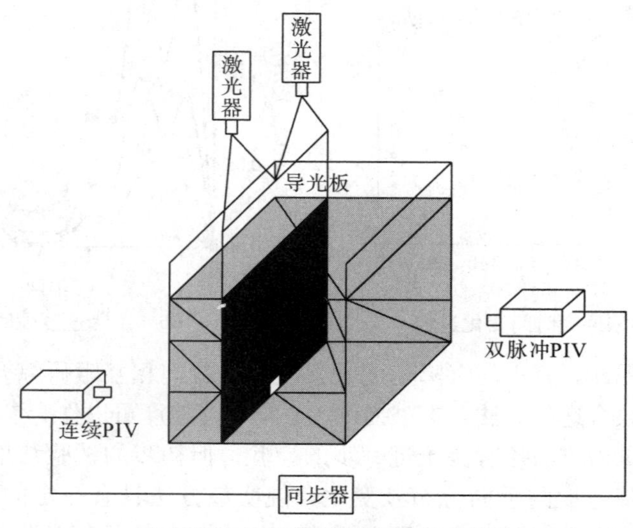

图 4-168　PIV 测量系统原理示意图

细颗粒泥沙絮凝后絮团的粒径相对原始颗粒变大，但是一般的絮团肉眼仍然难以观测，因此采用高分辨率和采样频率的相机，可直接拍摄到絮团的沉降过程，通过追踪不同时间点连续拍摄图片中的絮团，则可得到絮团沉降速度。

2)初步试验结果

本书进行了一组絮凝沉降测速试验，为了保持库区的沉降条件，直接将现场采集的沙样和水样放在沉降筒内搅拌均匀后进行试验。现场的水温为 20 ℃，因此试验时实验室的温度也保持在 20 ℃左右。图片采集频率为 1 Hz，采集至沉降完毕。试验中可明显地看到絮团的沉降，沉降筒底部也看到淤积后的絮凝结构，如图 4-169 所示。

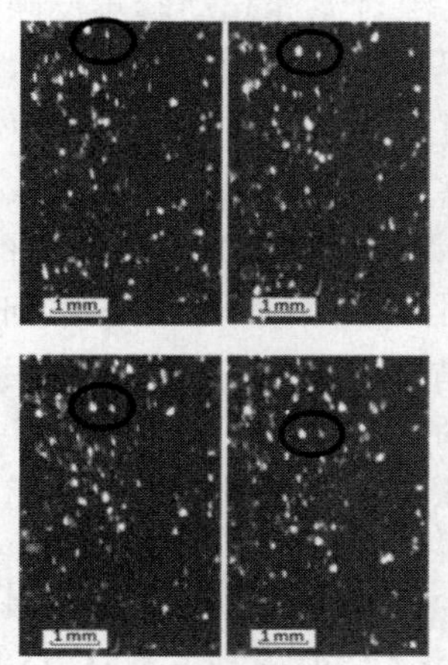

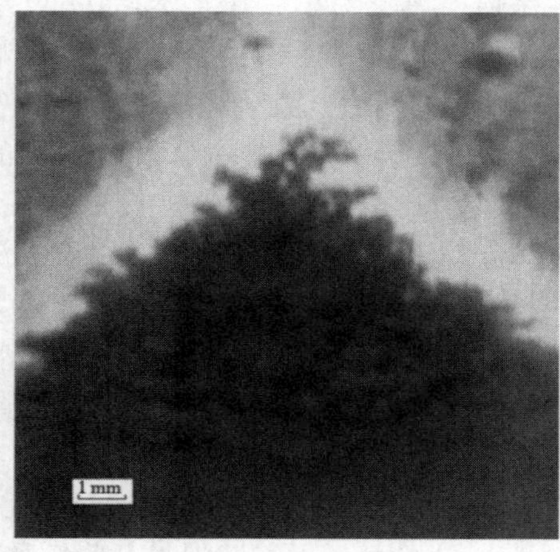

图 4-169　实验室观测到正在沉降的絮团和絮凝结构

图 4-169 为 4 张连续拍摄的絮团沉降过程图片，时间间隔为 2 s。追踪图中黑色椭圆所标记的两个絮团，可得絮团沉降速度为 0.3 mm/s，对应的絮团粒径约为 20 μm。絮凝与非絮凝沉降试验的对比表明，絮凝后的沉降速度是原始颗粒沉降速度的 9 倍左右。试验表明，此类细颗粒泥沙在三峡库区的水质情况下，存在絮凝的可能。

4.4　三峡水库泥沙输移规律研究

4.4.1　泥沙输移研究现状

静止处于床面的泥沙，当来水流量强度超过某一临界值后，便开始进入运动状态(滚动、跳跃乃至进入水流中)，此现象称为泥沙起动。泥沙起动是泥沙运动、河床演变等研究中的基本问题，关系到水库、河流、渠道、海滩等的冲淤变形和堤防、护岸、海岸、闸坝下游冲刷等工程的稳定性，也是研究这些问题的物理模型实验和数学模型计算中的必要参数(毛宁，2011)。

尽管前人关于泥沙起动做了大量实验研究，但受制于实验条件，水深都较小，关于水深对泥沙起动的影响还有待进一步研究。虽然窦国仁(1960)论文中提出的统一公式与实测资料符合较好，但是他的石英丝实验的最大水深只有 90 cm，引用的国内外实验数据的水深也一般在 15 cm 左右，而且公式中的一些系数仅在假定水深/大气水柱压力 $H/H_a \ll 1$ 时才成立，所以他的公式是否适用于大水深泥沙起动有待检验。万兆惠等(1990)对现有起动流速公式的组成结构进行了分析，指出水深是通过水压力来影响起动流速的，虽然起动流速计算式中的黏结力项各家认识不统一，但黏结力都通过压力表现出来，只要弄清水压力对起动的影响，就可知道水深对起动的影响。在一个水压力可以调节的专用设备上用 3 种泥沙进行了实验。结果表明，对较粗的散粒体泥沙，水压力对起动流速没有影响；对黏性细颗粒泥沙，随着水压力的增大，起动流速明显增大。提出应着重研究大水压力下的泥沙起动。金德春(1991)通过分析前人的起动统一公式(如窦国仁，1960；张瑞瑾 等，1961；唐存本，1963)得出，水深对泥沙起动影响反映在两个方面：一是与沙粒构成相对糙率，反映阻力的影响；二是反映在薄膜水压力上。而开展大水深起动实验研究是将公式正确应用于天然条件的关键。

张瑞瑾等(2007)认为，当前关于泥沙起动的绝大多数实测资料，都是在实验室中取得的，水深未超过 1 m，大多数在 30 cm 以内。在水深不足 1 m 的实测资料的基础上，所得到的计算起动流速的公式，是否适用于水深达到数米以致数十米的天然河流，是值得怀疑的。只有在水深较大的天然河流中取得大量的精度较高的实测资料以后，这个问题才能解决。而且粒径小于 0.1 mm 的泥沙起动流速的实测资料还远远不够。对于这类泥沙的黏结性问题、压实程度的影响问题以及与此相联系的单颗粒起动或片状起动的问题，研究得还是太少。

一些作者认为相对水深(水深与泥沙粒径比值)对泥沙起动影响很小或几乎没有影响(Gessler，1971；Yalin，1972)，但另一些作者的水槽实验发现相对水深对泥沙起动的影响很大，尤其是水深较小的急流条件(Neill，1967；Ashida Bayazit 1973；Bathurst et al.，1987；Misri et al.，1983)，见 Shvidchenko 和 Pender(2000)。Mehta 和 Lee(1994)、Buffington 和 Montgomery(1997)认为 Shields 曲线上数据点的散乱是因为没有考虑水深的影响。Mohtar 和 Munro(2013)总结认为，虽然 Shields 及一些作者用实验证实了 Shields 曲线的有效性，但都是建立在倾斜的水深较小的均匀恒定槽道流实验上，未在大水深条件下进行验证。

因此，现有研究用于解决水深较大的天然河流、水库、湖泊、海洋的泥沙问题还不成熟。

1. 粗细泥沙的起动差异及黏性粒径分界点

对于粗颗粒，泥沙体现出非黏性特性，床面泥沙很快密实并常以单颗粒形式起动；对于细颗粒泥沙，随着粒径减小，黏性逐渐起主导作用，床面泥沙缓慢密实，受到絮凝作用的影响，细颗粒易集结成不同尺寸的簇团，常成块起动。由于絮凝作用，对水体内化学物质及 pH 的改变会显著影响细颗粒起动流速的计算。另外，絮凝簇团的粒径和颗粒的分散粒径没有相关性，导致测量较为困难(Mehta 和 Lee，1994)。对于粗颗粒，泥沙密度对侵蚀率无显著影响，而对于细颗粒泥沙，侵蚀率随密度增加迅速降低(Mehta 和 Lee，1994；Roberts et al.，1998)。

粗细颗粒的粒径黏性分界点研究如下。美国地球物理学会对泥沙的分类为 0.5～2 mm 粗沙(非黏性)、0.062～0.5 mm 细沙(非黏性)、0.032～0.062 mm 粗粉沙(有时具有黏性)、0.008～0.032 mm 细粉砂(弱黏性)、小于 0.008 mm 黏土及极细粉沙(高黏性)。对于粒径小于 0.062 mm 的泥沙，临界剪切应力受到黏土包裹层、密实度、生物及有机材料的影响(van Rijn，2007)。

Roberts 等(1998)发现，当 $d>1$ mm 时，颗粒表现出非黏性特性，迅速密实并以单颗粒形式起动；当 0.4 mm$<d<$1 mm 时，对于较大的颗粒体现出非黏性；当 0.04 mm$<d<$0.4 mm 时，黏性效应变得较为重要，此时泥沙密实得较为缓慢，但仍以单颗粒起动为主，起动应力与泥沙体积密度存在相关性；当 $d<0.04$ mm 时，泥沙表现黏性特性，密实缓慢并成团起动。

Lick 等(2004)认为，当 $d<0.4$ mm 时，随着粒径减小黏性力增大，黏性力为范德瓦耳斯力及双电层斥力的综合作用；当 $d<0.2$ mm 时，黏性效应增大，虽然颗粒主要为单颗粒起动，但也存在少部分的簇团形式起动，随着粒径的进一步减小，黏性变得更重要，更强地依赖于体积密度及粒径；当 $d<0.1$ mm 时，黏性力足够大，两种起动形式强度较为一致，如果粒径进一步减小，则簇团形式起动将占主导作用。

Dade 等(1992)和 You(2006)认为，一般当 $d\leqslant 0.1$ mm 时，颗粒间的电化学作用力便不能忽视，它对泥沙起动起着很重要的影响。Bohling(2009)发现对于粒径小于 0.2 mm 的天然泥沙，起动流速受到粉砂及黏土成分的影响，而筛分泥沙在这个范围内却表现出比 Shields 曲线更小的起动速度。

综合前人的实验结果可以认为，当泥沙粒径 $d<0.2$ mm 时，黏性效应便不可忽视。

2. 泥沙起动理论

泥沙的性质(粒径、形状、排列方式等)及水流的紊动特性使泥沙起动涉及众多的因素，对该问题的研究一直是泥沙理论研究的热点。早期的研究主要从泥沙颗粒受力的角度进行分析，通过泥沙颗粒的受力平衡或力矩平衡推得泥沙的临界起动条件(主要关注起动流速)；其后不断有学者将新的数学方法(如模糊数学、尖点突变理论等)引入泥沙起动研究中，而且随着量测技术及计算机的不断发展，紊流相干结构(又叫拟序结构)及数值方法的研究不断深入，这些成果的发展也不断促进着泥沙起动研究的深入。

非黏性泥沙的起动研究先于黏性泥沙几十年。前人对于非黏性、颗粒较粗的泥沙进行了大量的实验及理论研究，取得了不少进展，机理已较为清楚，数量关系也较为可靠。黏性泥沙起动的主要难点在于，控制力不仅包括水动力学力(如拖曳力和上举力)，还有电化学力(如范德瓦耳斯力和库伦斥力)及生物力(Black et al.，2002)，受制于黏性泥沙起动影响因素的复杂性，关于细颗粒泥沙的研究结果较少(Roberts et al.，1998)，缺少统一的临界起动切应力计算理论(Lau 和 Droppo，2000)，需要加强黏性泥沙的实验测量(Bohling，2009)。

国外对黏性沙起动的研究如下。Graf(1984)对黏性颗粒应用动量平衡提出了如下修改的 Shields 参数，$\theta=\theta_0+C_0$，其中 θ_0 由 Shields 曲线计算而得，C_0 是材料黏性系数，需要由实验测定。Miller 等(1977)通过实验将 Shields 曲线适用范围由 $Re^*>1$ 扩展至 $Re^*>0.05$，发现对于黏性沙存在一个特定的趋势，即起动曲线按体积密度进行分类，其他作者也发现类似的现象(如 Lick et al.，2004)。Israelachvili(1997)通过理论及实验定量化了圆形颗粒间的黏性力(主要是范德瓦耳斯力)，发现其与颗粒直径成正比，当颗粒间有附着力时，起动问题变得更为复杂。Israelachvili(1997)定义黏性力是分子尺度的，为相同介质间颗粒的引力，而附着力是额外的胶结力，是由不同于颗粒介质的其他材料造成的。Lick 等(2004)通过在细颗粒的石英沙里添加膨润土，发现起动剪切应力增大，从而形象地说明了膨润土所起的附着力的概念，并提出黏性力与颗粒直径有关，而附着力与粒径的平方有关。为了研究泥沙的黏性特征，尤其是从非黏性向黏性的转变，Roberts等(1998)做了均匀的石英沙实验，粒径为 0.005～1.35 mm，实验发现细颗粒表现出了黏性特性，而粗颗粒表现了非黏性特性。

中国学者认为，细颗粒起动与粗颗粒差别的实质是黏着力和薄膜水附加下压力(韩其为，何明民，1999)，他们对细颗粒泥沙的受力研究如下：窦国仁(1960)通过交叉石英丝实验，证明了压力水头对细颗粒受力的影响，并称之为附加下压力或水柱压力；张瑞瑾等(1961)认为细颗粒起动时受黏结力的影响，而黏结力是由存在于颗粒之间的吸着水和薄膜水不传递静水压力而引起的；唐存本(1963)认为泥沙起动还取决于由分子压力形成的沙粒间的黏结力；沙玉清(1965)认为处于层流区的细微泥沙，颗粒周围有高滞性的分子水膜，颗粒与颗粒之间由分子水膜互相黏结，起动时必须克服分子水膜法向的黏结力；韩其为(1982)认为受颗粒外表结合水的影响，细颗粒间存在两种力，分别为黏着力(属于范德瓦耳斯力)及薄膜水附加压力。通过引入黏着力和薄膜水附加下压力，前人建立了既适用于散粒体又适用于黏性细颗粒泥沙的统一起动流速公式，此后细颗粒泥沙的淤积密度及成团起动等因素也被考虑进了泥沙起动(杨美卿，王桂玲，1995；窦国仁，1999)。张红武(2012)在分析总结前人泥沙起动流速公式的基础上，建立了既可以概括粗细沙，又反映河床摩阻、含沙量及水温对泥沙起动的影响，又适用于轻质沙的泥沙起动流速统一公式。

3. 无量纲起动参数

Shields 于 1936 年开展了早期泥沙起动实验，并用 Shields 数及颗粒雷诺数($\Theta = \tau_0/[(\rho_s-\rho)gd]$，$Re_* = u_* d/v$，其中 τ_0、ρ_s、ρ、g、d、u_*、v 分别是床面切应力、泥沙密度、流体密度、重力加速度、泥沙粒径、摩阻流速及运动黏滞系数，下文符号定义一致)衡量泥沙起动。他的工作被其后的众多研究者支持，但是大部分建立在粗颗粒泥沙的实验基础上(如 van Rijn，1993；Chien 和 Wan，1999)，也有较少的细颗粒黏性沙实验(如 Mehta 和 Lee，1994)。

但是 Shields 曲线存在缺点，图中摩阻流速同时出现在两个坐标轴中，导致很难解释横纵坐标的意义，此外临界摩阻流速还需通过迭代求解，应用不方便(Beheshti 和 Ataie-Ashtiani，2008)。为使用方便，一些新的无量纲参数被提出。Brownlie(1981)将 Re_* 用 Re_p 代替[$Re_p = \sqrt{Rgd^3}/v$，其中 $R=(\rho_s-\rho)/\rho$]，使横坐标与摩阻流速无关(Garcia，2000)；van Rijn(1993)提出了无量纲颗粒直径 $D_* = [g(\rho_s-\rho)/\rho v^2]^{1/3} d$，Foucaut 和 Stanislas(1996)提出无量纲摩阻流速 $\tilde{u}_* = u_*/(Rgv)^{1/3}$，并建立了半经验的粗细泥沙起动统一公式($\tilde{u}_* = f(D_*)$)。也许多研究者利用可动数(Movability number，$Mn = u_*/w_s$，其中 w_s 是泥沙颗粒的沉降速度)作为参数(Armitage 和 Rooseboom，2010)，该参数最早由 Liu 于 1957 年提出。Kalman 等(2005)是最先将阿基米德数(Archimedes number，$Ar = g\rho(\rho_s-\rho)d^3/\mu^2$，其中 μ 为动力黏滞系数，它表示了重力与黏滞力的比

值)应用于气流中颗粒起动速度的精确计算，其后 Rabinovich 和 Kalman(2008)证实了 Kalman 等的发现，并将其拓展到水流中颗粒起动速度的计算。

4. 泥沙起动标准的定义

确定泥沙起动现象存在困难，一些人把最初几颗泥沙开始运动认为是泥沙起动，而其他人认为只有当有一大部分泥沙开始运动才算是泥沙起动。

总的来说，前人定义泥沙起动的方法主要有以下 7 种：推移质输沙率公式外延法(外延至 0 点或较小的值)、实验观测法、建立临界起动切应力与最大可动粒径的关系(由该关系推求其他粒径的起动应力)、直接理论计算、参数阈值法、其他定义及不存在临界条件。

(1)推移质输沙率公式外延法。Shields 于 1936 年定义临界起动切应力对应于外延输沙率为零的条件(Buffington 和 Montgomery，1997)，其他一些类似定义见 Parker 和 Klingeman(1982)及 Hubert 和 Kalman(2004)等，但此方法对外延算法及参考点的选择很敏感。

(2)实验观测法。Kramer 于 1935 年定义了 4 种泥沙起动状态，即无泥沙输移、少量输移、中等输移及普遍泥沙输移，并定义泥沙起动应力对应着普遍泥沙输移状态(Buffington 和 Montgomery，1997)。Dey 和 Debnath(2000)定义少量泥沙运动为起动状态；而 Dey 和 Raju(2002)认为当床沙的所有组成颗粒都运动了一段时间才是起动状态。此方法取决于实验观测者定义多大的泥沙运动量作为起动条件。

(3)建立临界起动切应力与最大可动粒径的关系。由该关系推求其他粒径的起动应力，如 Carling(1983)、Komar(1987)，但和参考泥沙的粒径、测量及曲线拟合方法有关。

(4)直接理论计算。如 Wiberg 和 Smith(1987)、Jiang 和 Haff(1993)，但对模型参数(如颗粒突出度、密实度及摩擦角等)较为敏感。

(5)参数阈值法。USWES(美国陆军工程师水道实验站)认为泥沙起动对应于输沙率为 4.1×10^{-4} kg/(m·s)的状态(Beheshti 和 Ataie-Ashtiani，2008)，应用此方法的文献如 Dey 等(2011)。Neill 和 Yalin(1969)提出了无量纲参数 $\varepsilon=(n/At)[\rho d^5/(\rho_s-\rho)g]^{1/2}$，其中 n 是在 t 时间内在面积为 A 的区域内起动的泥沙，并将 $\varepsilon=10^{-6}$ 定义为起动条件。Parker 等(1982)定义了无量纲的推移质输移率参数 $W^*=(s-1)gq_b/[\rho_s(\tau/\rho)^{1.5}]$，其中 q_b 是泥沙单宽每秒的质量输移率，s 是泥沙相对密度，τ 是床面切应力，并把 $W^*=0.002$ 认为是泥沙的起动的阈值。Roberts 等(1998)定义侵蚀率为 10^{-4} cm/s 下的切应力为起动切应力。Dancey 等(2002)提出颗粒起动概率 $\Gamma=n\zeta/mt$，其中 n 是 t 时间内起动的泥沙颗粒个数，ζ 是两次猝发的时间间隔，m 是面积 A 内的可动泥沙颗粒总数，并认为当 $\Gamma=3.58\times10^{-5}$ 时泥沙起动。Smith 和 Cheung(2004)通过测量剪切应力及输沙率测量泥沙起动，把 $q^*=10^{-2}$ 当成泥沙起动阈值，而 Beheshti 和 Ataie-Ashtiani(2008)把 $q^*=10^{-4}$ 当成起动阈值，其中 q^* 是 Einstein 推移质输沙率参数，$q^*=q/(\rho_s g\sqrt{(s-1)gd^3})$。Shvidchenko 和 Pender(2000)定义运动强度 $I=m/Nt$，其中 m 是 t 时间内运动的泥沙个数，N 是样本区域表面泥沙的总个数，并把 $I=10^{-4}\ \mathrm{s}^{-1}$ 作为泥沙起动的定义，并认为其类似于 Kramer 于 1935 年定义的弱泥沙起动。Armitage 和 Rooseboom(2010)总结前人以

可动数衡量泥沙起动的文献发现：当 $Mn>0.12$ 时，泥沙开始起动；当 $Mn>0.5$ 时，泥沙开始跃移；当 $Mn>1.0$ 时，泥沙进入悬移状态。

(6)其他定义。Rabinovich 和 Kalman(2009)定义当一半的实验沙样离开控制区域时的流速为起动流速。

(7)不存在临界条件。Bohling(2009)认为现实中并不存在一个水流状态使大量泥沙突然起动，随着流速的增大，实际中泥沙起动是在切应力较广的范围逐渐发生。Buffington 和 Montgomery(1997)利用 20 世纪 80 年代的卵石河床泥沙起动实验数据，计算中值粒径的无量纲临界起动切应力值，发现没有很好的统一起动阈值，认为不应该致力于寻找一个统一的起动切应力，而是应该将重点放在如何在特殊条件下选择合适的阈值。

5. 泥沙起动与相干结构

动量、质量及热传输都与紊流过程有关。污染物及热量的紊动扩散已经进行了大量的研究，但是泥沙输移与紊流的关系还没有充分的研究。由于天然情况的泥沙主要处于床面，故壁面附近的紊流结构对泥沙输移起了很重要的作用。

为下文方便叙述，对象限分析进行简要介绍，设 u、v 分别是紊动流速，u、v 的正向分别沿着流向及垂直于壁面向外，当($u>0$，$v>0$)时为 Q1 事件(又叫向外作用)；当($u<0$，$v>0$)时为 Q2 事件(又叫喷射事件)；当($u<0$，$v<0$)时为 Q3 事件(又叫向内作用)；当($u>0$，$v<0$)时为 Q4 事件(又叫清扫事件)。

前人主要通过可视化技术研究紊流猝发及泥沙起动(如 Sutherland，1967；Sumer 和 Oguz，1978；Sumer 和 Deigaard，1981)，当然也有直接在物理边界层做实验的(如 Heathershaw 和 Thorne，1985；Lapointe，1992)。

Sutherland(1967)最先将泥沙的起悬机理与近壁区的喷射事件相联系，他假设涡旋扰乱了黏性底层并直接冲撞到泥沙床面，涡旋的旋转运动增加了作用在颗粒上的局部剪切力，从而使颗粒加速并离开床面。虽然黏性底层很稳定，但是不断受到猝发的干扰，Cleaver 和 Yates(1973)认为这种干扰就像小型龙卷风一样，为泥沙起动提供了足够大的瞬时上举力。Jackson(1976)通过流场显示技术分析了猝发现象与冲积河流的泥沙输移，并将此现象与挟沙水流河道自由水面的“沸腾”相联系。Sumer 和 Oguz(1978)及 Sumer 和 Deigaard(1981)认为泥沙悬浮和水流的喷射事件有关。猝发喷射使泥沙获得上举力离开壁面进入外区后，泥沙会向壁面沉降。在降落过程中，或者它被新的猝发事件上举，或者沉降到壁面后又被新的猝发事件举起。Rashidi 等(1990)研究了泥沙输移与近壁区猝发事件的关系，结果表明，在高剪切低涡量区，颗粒会聚集，而小颗粒会抑制猝发事件的产生。Wiliam 等(1994)研究了流体紊动特性对沙粒床面及起动概率的影响，发现在层流边界层中无泥沙起动，在过渡边界层中有少量泥沙起动，在紊流边界层中存在大量泥沙起动。

Kaftori 等(1995)通过流动显示技术及 LDA 研究了水槽内颗粒的起动，并提出了漏斗涡模型解释泥沙输移，当漏斗涡通过泥沙颗粒时，如果其强度足够大，就可以将泥沙举离壁面，随后粒子跟随涡输运一定距离，直至由于惯性或者涡耗散而脱离。Niro 和 Garcia(1996)通过应用流场可视化及 PTV 技术，研究了泥沙颗粒在光滑及粗糙床面的运动，发现输移的机理与床面粗糙程度无关，天然沙与轻质沙的结果存在较大差异，且即使处于黏性底层里的泥沙颗粒也会被起动。Gyr 和 Schmid(1997)认为泥沙仅被清扫事件所输运，当清扫事件发生后，外区水流撞击在床面上，其动量很快递减且产生了高浓度涡量区。涡核中心的高值负压力就是造成泥沙起动的动力，且泥沙沿着冲撞区的侧向输移，并在清扫区的两侧形成沙纹，而沉积在清扫区前方的泥沙则形成类似马蹄形的沙纹。

Sechet 和 Guennec(1999)通过 LDV 测量近壁面的瞬时流速场，同时实时耦合测量水槽底面的沙粒轨迹，分析近壁相干结构(或猝发)与床沙输移间的联系，得出泥沙颗粒两次位移的时间间隔对应两次喷射事件的间隔，并提出近壁面存在两种泥沙输移模式：①由喷射占主导地位的输移；②清扫能将与壁面摩擦系数较高的泥沙起动。Nino 等(2003)利用高速摄像机研究光滑及粗糙床面的泥沙起动，发现即使完全浸没在黏性底层中的颗粒也可以被水流起悬，这和前人的结论是相反的。通过受力平衡条件，分析黏性底层里的泥沙起动过程，发现这个现象与瞬时高雷诺应力相关。在粗糙床面，由于床面粗糙对细颗粒存在屏蔽效果，导致细颗粒难以起动。颗粒与床面粗糙度比值越小，所需的起动剪切力越大。同时发现，单一颗粒在光滑床面比同尺寸的颗粒在同粒径的泥沙床面更易起动。

很多研究者认为，清扫导致床沙的起动，而喷射导致颗粒的起悬(如 Sumer 和 Deigaard，1981；Lapointe，1992；Dwivedi et al.，2010)。然而，另一派(如 Williams et al.，1994；Nelson et al.，1995)认为清扫并不是唯一导致泥沙起动的事件，向外作用的 Q1 事件也可以导致泥沙起动。Heathershaw 和 Thorne(1985)在海床进行了泥沙输移实验，发现海床的沙砾起动主要由清扫事件导致，小部分由向外的 Q1 事件引起。Thorne 等(1989)发现 Q1 事件对泥沙起动起重要作用，清扫事件导致流向紊动速度的增大从而使剪切应力增大造成泥沙输移。Nelson 等(1995)通过 LDV 及高速摄影发现，清扫 Q4 事件移动了大量的泥沙，而 Q1 事件对泥沙起动的贡献和清扫事件一样大，但 Q2 及 Q3 事件相比前两者作用较小。Sterk 等(1998)发现沙粒跃移起动主要由 Q4 及 Q1 事件引起，而 Q2 及 Q3 事件对沙粒跃移几乎没有影响，其结论为 Schonfeldt 和 von Lowis(2003)所支持。

Hofland(2005)利用 15 Hz 的 PIV 测量了 30 mm 输移颗粒附近的流场，认为颗粒的起动由垂向流速(和喷射事件有关)诱导产生，而被流向速度输运。Cameron(2006)用 100 Hz 的 PIV 研究了 40 mm 粒径的颗粒，认为是发夹涡尾部及较大的流向速度导致泥沙的运动。

当颗粒小于黏性底层厚度后，导致拖曳力及上举力降低，床面剪切应力要极大增大后才能使泥沙起悬(如 Lick et al.，2004)。Sumer 和 Oguz(1978)、Yung 等(1989)认为喷射事件对浸没在黏性底层的的泥沙颗粒影响很小，所以当泥沙的粒径小于某一壁面单位后，就会被束缚在黏性底层中，不会再起动。Yung 等(1989)认为此临界值为 1.3^{+}；而 Brooke 等(1992)认为是 1^{+}(+表示内尺度，以 u_*、v 衡量)；Munro 等(2009)认为当 $d/\delta<15$ 时，黏滞阻尼对泥沙起动影响很大，其中 δ 是黏性底层厚度。但 Nino 和 Garcia (1996)却发现粒径小于黏性底层厚度的天然沙发生起悬。

Sumer 和 Oguz(1978)发现喷射事件对超出黏性底层的轻质沙起动影响很大，但 Nino 和 Garcia(1996)却发现超出黏性底层的天然沙在他们的实验水流范围内没有被喷射事件起动。

尽管已有许多的研究结果，但还是存在很多尚未解决的问题，如定量化猝发事件与泥沙输移的关系及近壁区紊流对泥沙起动的影响(Dey et al.，2011)。

4.4.2 库区泥沙运动规律

1. 库区泥沙起动规律

从唐存本公式推导的过程中以及公式的结构形式可以看出，唐存本在考虑黏结力的时候只考虑了范德瓦耳斯力，而没有考虑水深引起的黏结力。因此，对唐存本公式进行修正，在范德瓦耳斯力的基础上考虑一项由水深增加产生的水压力引起的黏结力，以得到适合粉沙的起动流速公式。

1)水压力产生的黏结力

清华大学和中国水利水电科学研究院的杨铁笙、黎青松和万兆惠曾给出水压力引起的黏结力的形式，具体过程如下。

水压力引起的颗粒间的黏结力 F_{h} 应与水的重力密度 γ、水深 H、两颗粒的束缚水及薄膜水的接触面积 ω 成正比，即

$$F_{\mathrm{h}} = \gamma H\omega \tag{4-61}$$

颗粒束缚水及薄膜水层的接触面积 ω 的大小与淤积物中颗粒间的平均距离 $\overline{X}$ 有关，从而与淤积物干重力密度 γ'有关，接触面积随干重力密度的变化率为$\frac{\mathrm{d}\omega}{\mathrm{d}\gamma'}\sim\frac{1}{\gamma'}$，$\frac{\mathrm{d}\omega}{\mathrm{d}\gamma'}$与接触面积$\omega$ 有关，如图 4-170 所示。新的接触面积为 $\omega_2=\omega_1+\mathrm{d}\omega$。减量 P_1P_2 可写做

$$\mathrm{d}\overline{X} = O_1P_1 - O_1P_2 = \frac{1}{\sqrt{\pi}}[\sqrt{A-\omega_1} - \sqrt{A-\omega_2}] \tag{4-62}$$

其中，面积 A 为 $A=\frac{\pi d^2}{4}$。

将式(4-62)变形为

$$\mathrm{d}\overline{X} = \frac{1}{\sqrt{\pi}}\sqrt{A}\left[\sqrt{1-\frac{\omega_1}{A}} - \sqrt{1-\frac{\omega_2}{A}}\right] \tag{4-63}$$

式中，A 为常数，且有 $0<\frac{\omega_1}{A}$，$\frac{\omega_2}{A}<1$。将式(4-63)展开，并略去高次项可得

$$\mathrm{d}\overline{X} = \frac{d}{2}\frac{1}{A^2}(\omega_2-\omega_1)\left[\frac{A}{2}+\frac{1}{8}(\omega_1+\omega_2)\right] \tag{4-64}$$

因$\frac{1}{8}(\omega_1+\omega_2)$与 ω 成正比，$\overline{X}$ 与 γ'成反比，综合可得

$$\frac{\mathrm{d}\omega}{\mathrm{d}\gamma'} = k_2\frac{\omega}{\gamma'} \tag{4-65}$$

式中，k_2 为比例系数。

对式(4-65)积分可得

$$\omega = \omega_{\mathrm{m}}\left[\frac{\gamma'}{\gamma'_{\mathrm{m}}}\right]^{k_2} \tag{4-66}$$

式中，ω_{m} 为相应于淤积物达到稳定干重力密度 γ'_{m} 时的颗粒接触面积，如图 4-171 所示。

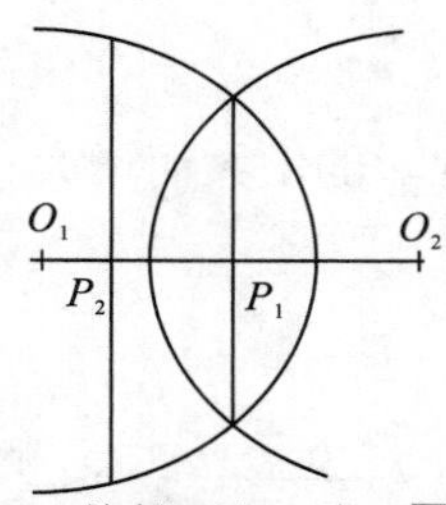

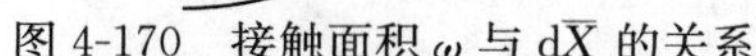
图 4-170　接触面积 ω 与 $\mathrm{d}\overline{X}$ 的关系

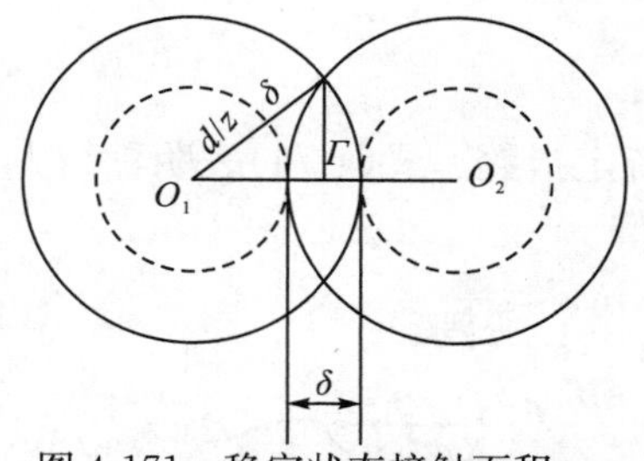

图 4-171　稳定状态接触面积 ω_{m}

假设薄膜水层厚度为 δ，球状颗粒直径为 d，接触面为圆形，其半径为 r，则接触面积 ω_{m} 为

$$\omega_{\mathrm{m}} = \pi r^2 = \pi\left[\left(\frac{d}{2}+\delta\right)^2-\left(\frac{d}{2}+\frac{\delta}{2}\right)^2\right]\approx\frac{\pi d\delta}{2} \tag{4-67}$$

将式(4-67)代入式(4-66)得

$$\omega = \frac{\pi d\delta}{2}\left[\frac{\gamma'}{\gamma'_{\mathrm{m}}}\right]^{k_2} \tag{4-68}$$

将式(4-68)代入式(4-61)，得到水压力引起的颗粒黏结力：

$$F_y = \gamma H\,\frac{\pi d\delta}{2}\left(\frac{\gamma'}{\gamma'_{\mathrm{m}}}\right)^{k_2} \tag{4-69}$$

2)考虑范德瓦耳斯力的起动流速公式推导

位于群体中的床沙，在水流作用下，将受到两类作用力：一类为促使泥沙运动的力，如水流推力 F_{D} 及上举力 F_{L}；另一类为抗拒泥沙起动的力，如泥沙的重力 W 及存在细颗粒之间的黏结力 N。F_{D}、F_{L} 的表达式如下：

$$F_{\mathrm{D}} = C_{\mathrm{D}}a_1d^2\gamma\,\frac{u_{\mathrm{b}}^2}{2g} \tag{4-70}$$

$$F_{\mathrm{L}} = C_{\mathrm{L}}a_2d^2\gamma\,\frac{u_{\mathrm{b}}^2}{2g} \tag{4-71}$$

式中，d 为颗粒 A 的粒径；γ 为水的重力密度；g 为重力加速度；C_{D}、C_{L} 为推力及上举力系数；a_1、a_2 为垂直于水流方向及铅直方向的沙粒面积系数；u_{b} 为作用于沙粒流层的有效瞬时流速。

泥沙的水下重力可写成：

$$W = a_3(\gamma_s-\gamma)d^3 \tag{4-72}$$

式中，a_3 为泥沙的体积系数，对于圆球 $a_3=\pi/6$，重力通过沙粒重心，垂直向下。

唐存本在推导公式时认为黏结力主要来自范德瓦耳斯力，而不是由薄膜水单向传压特性引起的黏结力。

杰列金用交叉石英丝做黏结力试验，得出黏结力关系式为

$$N = \sqrt{d_1d_2}\,\xi$$

式中，d_1、d_2 为两根石英丝的直径；ξ 是黏结力参数，与颗粒表面性质、液体性质及沙粒之间接触的紧密程度有关，对于泥沙来说当认为两直径相同。上式改写为

$$N = d\xi \tag{4-73}$$

在水中两颗泥沙颗粒紧密接触时，ξ 应当是一个常数 ξ_{c}，对于达不到稳定的淤泥，黏结力的表达式可以写为

$$N = d\left(\frac{\rho'}{\rho_c'}\right)^n \xi_c \tag{4-74}$$

式中，n 为待定指数。式(4-74)表明黏结力 N 随着干密度 ρ' 的增大而增大。当 $\rho' = \rho_c'$ 时 N 达到最大值。

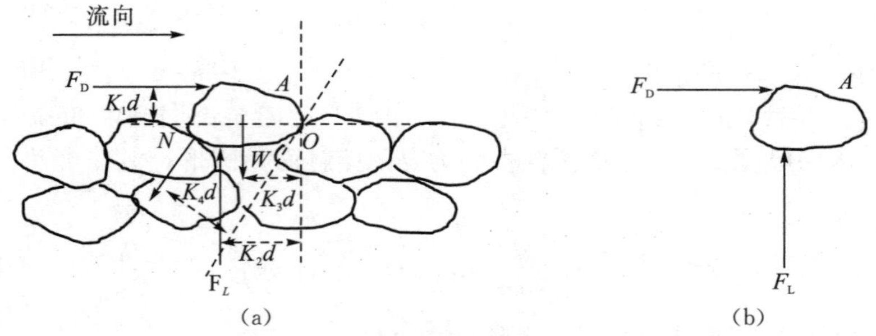

图 4-172 床面沙粒的受力情况

如图 4-172 所示，位于群体颗粒中的某一颗粒 A，在水流作用下，采取滚动的形式起动。若以 O 点为转动中心，则表达沙粒起动临界条件的动力平衡方程式为

$$K_1dF_D + K_2dF_L = K_3dW + K_4dN \tag{4-75}$$

式中，K_1d、K_2d、K_3d、K_4d 分别为 F_D、F_L、W、N 的相应力臂。

将各力代入式(4-75)经过化简后可求得

$$u_b = \left(\frac{2K_3a_3}{K_1C_Da_1 + K_2C_La_2}\right)^{1/2}\left(\frac{\rho_s - \rho}{\rho}gd + \frac{K_4\xi}{K_3a_3}\frac{1}{\rho g}\right)^{1/2} \tag{4-76}$$

由于作用泥沙的近底流速在实际工作中不易确定，为了方便起见，用垂线平均流速 U 来代替为宜，采用如下形式的指数流速分布公式：

$$u = u_m\left(\frac{y}{h}\right)^m \tag{4-77}$$

式中，u_m 为 $y=h$ 处水流表面流速；h 为水深；u 为河底距为 y 处的流速；m 为指数。

将流速 u 沿垂线积分，可求得垂线平均流速为

$$U = \frac{u_m}{h}\int_0^h\left(\frac{y}{h}\right)^m dy = \frac{u_m}{1+m} \tag{4-78}$$

得

$$u_m = (1+m)\left(\frac{y}{h}\right)^m U \tag{4-79}$$

取作用流速的特征高度 $y=\alpha d$，将临界流速转化为垂线平均临界流速，可得

$$u_b = \left(\frac{2K_3a_3}{K_1C_Da_1 + K_2C_La_2}\right)^{1/2}\left(\frac{\gamma_s - \gamma}{\gamma}gd + \frac{K_4a_4}{K_3a_3}\frac{1}{\rho g}\right)^{1/2} \tag{4-80}$$

$$U_c = C_1 + \frac{1}{m+1}\left(\frac{h}{d}\right)^m\left[\frac{\gamma_s - \gamma}{\gamma}gd + \left(\frac{\rho'}{\rho_0'}\right)^{k_1}\frac{C}{\rho d}\right]^{1/2} \tag{4-81}$$

式中，$C_1 = \frac{1}{a_m}\left(\frac{2K_3a_3}{K_1C_Da_1 + K_2C_La_2}\right)^{1/2}$，$C = \frac{K_4\xi}{K_3a_3}$。

唐存本利用实测资料修正，最终得出起动流速公式：

$$U_c = \frac{m}{m+1}\left(\frac{h}{d}\right)^{1/m}\left[3.2\frac{\gamma_s - \gamma}{\gamma}gd + \left(\frac{\gamma'}{\gamma_0'}\right)^{k_2}\frac{C}{\rho d}\right]^{1/2} \tag{4-82}$$

式中，m 为流速分布的指数，对天然河道 $m=6$，水槽实验，$m=4.7\left(\frac{h}{d}\right)^{0.06}$；$C=2.9\times 10^{-4}$ g/cm；为考虑黏着力的系数，$\rho=1.02\times10^{-3}$ g·s/cm^4；$\gamma_0'=1.6\times10^{-3}$ g/cm^3，为颗粒紧密接触时的干密度；γ'为淤泥的实际干密度；$\frac{\gamma'}{\gamma_0}$表示淤泥空隙率影响。

3)泥沙颗粒间的黏结力表达式

考虑颗粒间范德瓦耳斯力的黏结力：

$$N=d\left(\frac{\rho'}{\rho_c}\right)^n\xi_c \tag{4-83}$$

由水压力产生的黏结力可表达为

$$F_y=\gamma H\frac{\pi d\delta}{2}\left(\frac{\gamma'}{\gamma_m}\right)^{k_2} \tag{4-84}$$

因此，同时考虑范德瓦耳斯力和水压力产生的黏结力后，黏结力表达式则变为

$$N=d\left(\frac{\rho'}{\rho_c}\right)^n\xi_c+\gamma H\frac{\pi d\delta}{2}\left(\frac{\gamma'}{\gamma_m}\right)^{k_2} \tag{4-85}$$

4)泥沙起动流速表达式

将黏结力表达替换唐存本公式中的黏结力表达式，重新推导即可得到泥沙起动流速表达式。

$$U_c=\frac{m}{m+1}\left(\frac{h}{d}\right)^{1/m}\left[3.2\frac{\gamma_s-\gamma}{\gamma}gd+\left(\frac{\gamma'}{\gamma_0'}\right)^{k_1}\frac{C}{\rho d}+C_1\frac{\pi g\delta}{2}\frac{H}{d}\left(\frac{\gamma'}{\gamma_0'}\right)^{k_2}\right)\right]^{1/2} \tag{4-86}$$

即

$$U_c=\frac{m}{m+1}\left(\frac{h}{d}\right)^{1/m}\left[3.2\frac{\gamma_s-\gamma}{\gamma}gd+\left(\frac{\gamma'}{\gamma_0}\right)^{k_1}\frac{C}{\rho d}+C_1\frac{H}{d}\left(\frac{\gamma'}{\gamma_0'}\right)^{k_2}\right)\right]^{1/2} \tag{4-87}$$

式中，C、C_1、k_1、k_2 为待定系数；m 为流速分布的指数，对天然河道 $m=6$，水槽实验，$m=4.7\left(\frac{h}{d}\right)^{0.06}$；$\rho=1.02\times10^{-3}$ g·s/cm^4，γ_0' 为颗粒紧密接触时的干密度；γ'为淤泥的实际干密度；$\frac{\gamma'}{\gamma_0}$表示淤泥空隙率影响。

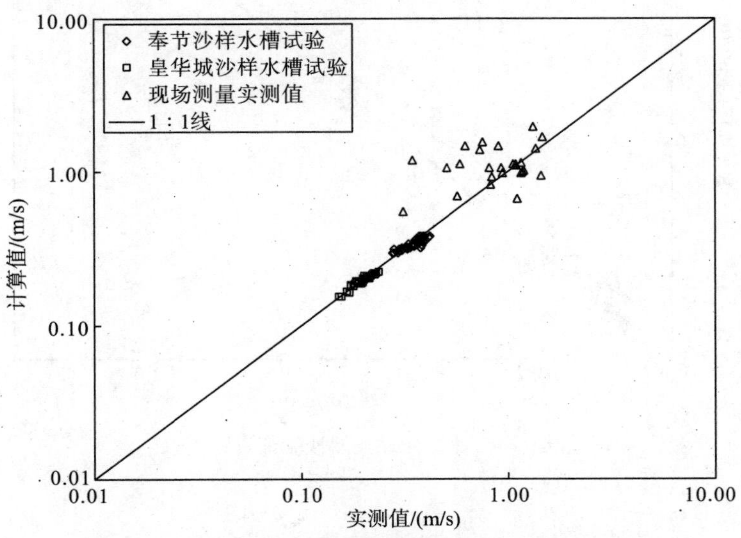

图 4-173　利用现场测量和水槽试验结果拟合本公式结果

根据前述试验数据进行拟合可得 $C=4.324\times10^{-4}$ g/cm，$C_1=2.252\times10^{-9}$ m²/s²，$k_1=5$，$k_2=5$。拟合结果如图 4-173 所示。

由此起动流速公式可写为

$$U_c=\frac{m}{m+1}\left(\frac{h}{d}\right)^{1/m}\left[3.2\frac{\gamma_s-\gamma}{\gamma}gd+\left(\frac{\gamma'}{\gamma'_0}\right)^{k_1}\frac{C}{\rho d}+C_1\frac{H}{d}\left(\frac{\gamma'}{\gamma'_0}\right)^{k_2}\right]^{1/2} \tag{4-88}$$

式中，m 为流速分布的指数，对天然河道 $m=6$，水槽实验，$m=4.7\left(\frac{h}{d}\right)^{0.06}$；$\rho=1.02\times10^{-3}$ g·s/cm⁴；$C=4.324\times10^{-4}$ g/cm；$C_1=2.252\times10^{-9}$ m²/s²；γ'_0 为颗粒紧密接触时的干密度；γ'为淤泥的实际干密度；$\frac{\gamma'}{\gamma'_0}$表示淤泥空隙率影响。

5)公式验证

天然沙数据验证(图 4-174、表 4-20)：

(1)清华大学、中国水利水电科学研究院的杨铁笙、黎青松、万兆惠利用压力管道模拟大水深试验数据。

(2)浙江大学孙志林等对黏性非均匀沙起动试验资料。

(3)天津大学崔贺、白玉川等海河淤泥水槽进行起动流速试验资料。

(4)天津大学田琦、白玉川等河口淤泥水槽试验资料。

(5)韩其为、何明民泥沙起动规律与起动流速中的试验数据。

(6)李华国、袁美琦等淤泥临界起动条件及冲刷率试验研究数据。

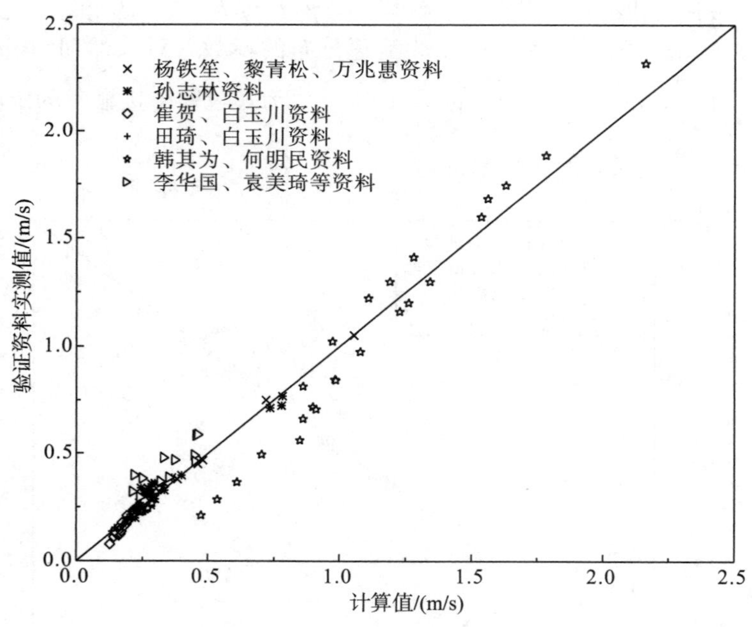

图 4-174　计算公式天然沙验证资料汇总

表 4-20　天然沙各验证资料相关系数统计

序号	验证资料	相关系数
1	清华大学、中国水利水电科学研究院的杨铁笙、黎青松、万兆惠利用压力管道模拟大水深试验数据	0.997
2	浙江大学孙志林等对黏性非均匀沙起动试验资料	0.978
3	天津大学崔贺、白玉川等海河淤泥进行起动流速试验资料	0.973
4	天津大学田琦、白玉川等河口淤泥试验资料	0.968
5	韩其为、何明民泥沙起动规律与起动流速中的试验数据	0.980
6	李华国、袁美琦等淤泥临界起动条件及冲刷率试验研究数据	0.841

轻质沙数据验证(图 4-175、表 4-21)：

(1)清华大学陈稚聪、王光谦等对细颗粒塑料沙进行起动流速试验资料。

(2)陈俊杰、任艳粉、郭慧敏等常用模型沙基本特性研究资料。

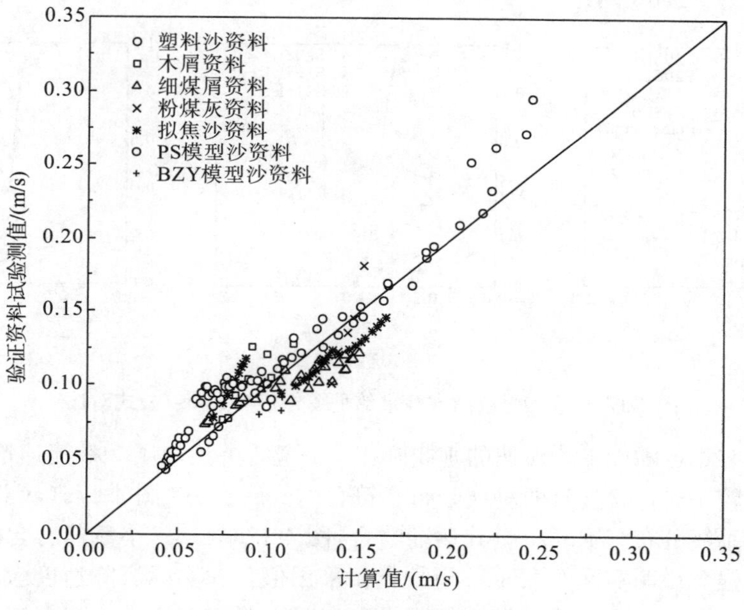

图 4-175　公式与轻质沙验证结果对比

表 4-21　轻质沙各验证资料相关系数统计

<table>
<tr><th>序号</th><th colspan="2">验证资料</th><th>相关系数</th></tr>
<tr><td>1</td><td colspan="2">清华大学陈稚聪、王光谦等细颗粒塑料沙起动流速试验资料</td><td>0.754</td></tr>
<tr><td>2</td><td rowspan="6">陈俊杰、任艳粉、郭慧敏等常用模型沙基本特性研究资料</td><td>木屑起动流速资料</td><td>0.841</td></tr>
<tr><td>3</td><td>细煤屑起动流速资料</td><td>0.922</td></tr>
<tr><td>4</td><td>粉煤灰起动流速资料</td><td>0.976</td></tr>
<tr><td>5</td><td>拟焦沙起动流速资料</td><td>0.856</td></tr>
<tr><td>6</td><td>PS 模型沙起动流速资料</td><td>0.964</td></tr>
<tr><td>7</td><td>BZY 模型沙起动流速资料</td><td>0.922</td></tr>
</table>

2. 库区泥沙的絮凝沉降

将现场测量取样的悬移质泥沙和床沙取样，在室内进行粒径分析，中值粒径在 0.01 mm 左右，属于淤泥质粉砂。此类泥沙在河流动力学中一般被认为是冲泄质，基本不会发生淤积。故在三峡水库的论证阶段未考虑此类泥沙的淤积，认为会充分补给至下游。然而库区内此类粉砂发生了淤积，说明库区泥沙有可能存在絮凝，导致其沉降特性与传统研究有所出入。分以下几个方面说明：

(1)粒径沿水深分布。由以下四点证实，现场测量的悬移质粒径沿水深保持一致且与淤积物粒径相同，表明泥沙沉降过程中不存在粒径大小的分选，而可能是发生絮凝导致的统一沉降。

(2)含沙量沿水深分布。根据实测泥沙粒径，用相应的 Stokes 沉降速度计算 Rouse 指数，得到含沙量的 Rouse 分布。将实测的含沙量沿水深方向无量纲化后与 Rouse 公式进行对比，如图 4-176 所示。

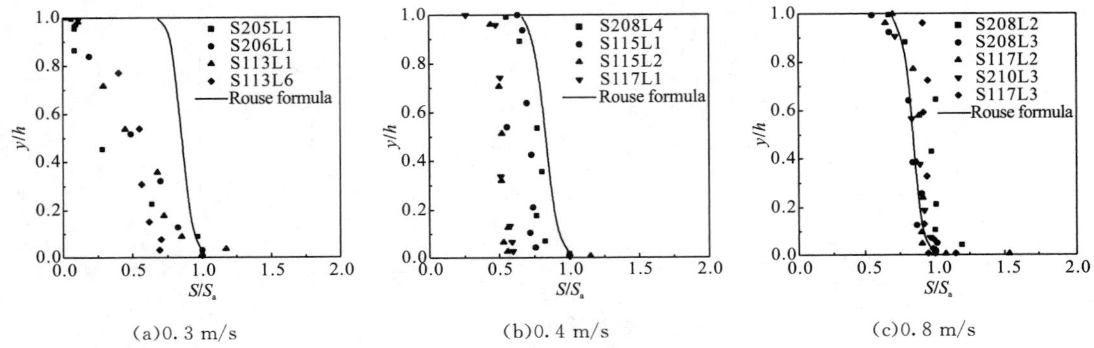

图 4-176 实测悬移质含沙量的垂线分布与 Rouse 公式对比

此处将具有相近断面平均流速的垂线画在了一起，并给出了 3 种流速情况下的对比。可以看出流速较小时，含沙量的垂线分布不符合 Rouse 公式[图 4-176(a)]，随着流速增大，含沙量的垂线分布与 Rouse 公式逐渐吻合[图 4-176(c)]。小流速时含沙量的垂线分布不均匀性更强，说明实际的 Rouse 指数大于采用值，即实际沉降速度应较大。可能的原因就是絮凝的影响，小流速时发生絮凝导致实际沉降速度变大，随着流速的增大，絮凝结构被破坏，颗粒的 Stokes 沉降速度即为实际沉降速度，含沙量垂线分布也与 Rouse 公式吻合较好。

(3)泥沙沉降速度。水流中的泥沙，一方面因各层水团交换而引起泥沙的交换，另一方面因重力作用而发生沉降，当二者达到平衡状态时，可用扩散方程描述：

$$\omega S = \frac{-\varepsilon_y \mathrm{d}S}{\mathrm{d}y} \tag{4-89}$$

式中，ε_y 是沿水深方向的泥沙扩散系数。泥沙扩散理论认为

$$\frac{-\varepsilon_y \mathrm{d}S}{\mathrm{d}y} = \overline{v'S'} \tag{4-90}$$

式中，v 是垂向流速，上标“′”和“—”分别代表含沙量或者流速的紊动值和平均值。如果同步的瞬时垂向流速和含沙量由 ADV 测得，则沉降速度可由 ADV 通过下式来

确定：

$$\omega S = \overline{v'S'} \tag{4-91}$$

利用 ADV 测得瞬时流速和含沙量后，即可计算实际的颗粒沉降速度，图 4-177 给出了奉节和忠县河段实测的泥沙颗粒沉降速度。

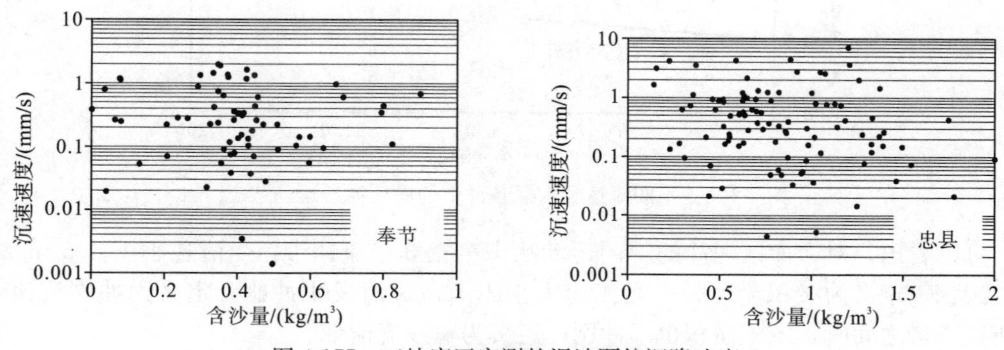

图 4-177　三峡库区实测的泥沙颗粒沉降速度

前文表明，泥沙颗粒的中值粒径均在 4～10 μm 之间，其相应的 Stokes 沉降速度在 0.01～0.09 mm/s 之间。而实测的沉降速度多在 0.1～1 mm/s 之间，少数超过了 2～5 mm/s，是相应颗粒 Stokes 沉降速度的 10 倍左右。Berlamont 等(1993)曾指出，黏性沙絮凝沉降速度的量级在 0.01～10 mm/s 之间，与本次测量结果相符，由此可以推断三峡库区存在絮凝沉降，根据 Stokes 公式推算絮团粒径最大约为 80 μm。

(4)床面淤积物形态。根据图 4-16，发现库区淤积物类似浮泥，也可看到类似絮凝的结构，如 S208-L1、S210-L2、S115-L3、S117-L1。这些类似浮泥或絮凝的结构有可能是絮凝的结果，但受大水深压力作用、测量仪器干扰以及摄像系统的分辨率等的影响，絮凝不是很明显。但将现场淤积物取样至实验室，进行絮凝沉降试验时发现，此类泥沙存在明显的絮凝结构。

综上所述，库区的淤泥质粉砂存在絮凝沉降。

3. 淤泥质粉沙输移流速带

传统的泥沙研究中虽然提及泥沙的起动流速，但在实际应用时多采用挟沙力，认为当前的含沙量小于挟沙力时，则从河床补充泥沙至水流，反之，水流中的泥沙则淤积至河床。库区泥沙属于淤泥质粉砂，前文已说明此类泥沙存在絮凝，导致沉降速度增大，故挟沙力未饱和时也可能存在淤积。此外，淤积后的泥沙黏性较强，挟沙力未饱和时也可能不足以使泥沙起动，床面泥沙不会补充至水流中。

根据现场测量，利用水下摄像系统观测床面泥沙运动，发现了 3 种运动状态：对于某一测点，若发现新淤泥(浮泥或絮凝)，则认为是淤积状态；若发现稳定的固结淤泥，则认为是输沙状态，既无淤积也无冲刷；若发现较老淤泥运动，则认为是冲刷状态。对应每个测点的运动状态，利用 ADCP 测得垂线平均流速。现场各测点水深的变化范围是 10～140 m，以水深为横坐标，垂线平均流速为纵坐标，可得各测点在不同流速和水深下发生冲淤的情况，如图 4-178 所示。

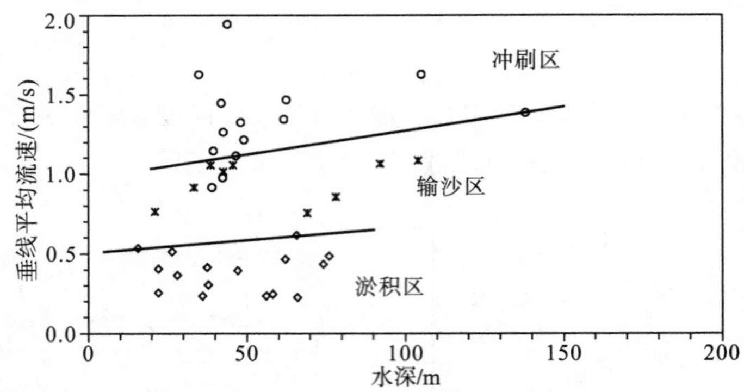

图 4-178　不同流速和水深条件下的库区泥沙运动状态

可以看出，对应库区泥沙的不同运动状态存在 3 个流速带：当流速小于 0.5 m/s 时发生淤积，定义为淤积流速带；当流速大于 1.1 m/s 时发生冲刷，定义为冲刷流速带；流速在二者之间时，既不淤积也不冲刷，定义为输沙流速带。

传统的模型以挟沙力为判别标准，挟沙力小于含沙量时淤积，否则冲刷。库区实测的含沙量如图 4-15 所示。根据张瑞瑾挟沙力公式，各实测流速和水深条件下的挟沙力如图 4-179 所示。图中也给出了各冲淤状态下实测含沙量与挟沙力的对比。

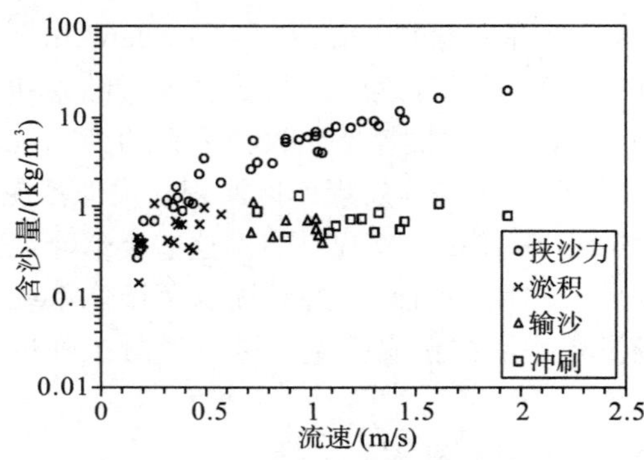

图 4-179　实测含沙量与不同流速条件下挟沙力的对比

可以看出，各冲淤状态下的实测含沙量多在 1 kg/m^3 以下，均低于相应水流条件下的挟沙力。若根据挟沙力来判断冲淤情况，则全部发生冲刷。但实际的情况是，不论含沙量高低，小流速发生淤积，大流速发生冲刷，二者之间则不冲不淤。若根据挟沙力来判断，将不会出现不冲不淤的输沙流速带，与实际情况不符。

对库区泥沙淤积流速带可用絮凝解释，由于水流弱紊动会促进絮凝的发展，而较强紊动则破坏絮凝，因此流速较小时絮凝发生、沉降速度增大，导致淤积，而流速较大时絮凝破坏，由于含沙量较低，水流可以挟带并输移。为证实此现象，分析了库区水流条件对泥沙沉降的影响，通过现场测量得到了不同断面平均流速下的平均泥沙沉降速度，如图 4-180 所示。

可以看出，存在一个临界流速，小于该流速时存在细颗粒泥沙的絮凝，水流的弱紊动促进絮凝，导致沉降速度随流速的增大而增大。超过该流速后，絮团被破坏，沉降速度随流速的增大而减小。

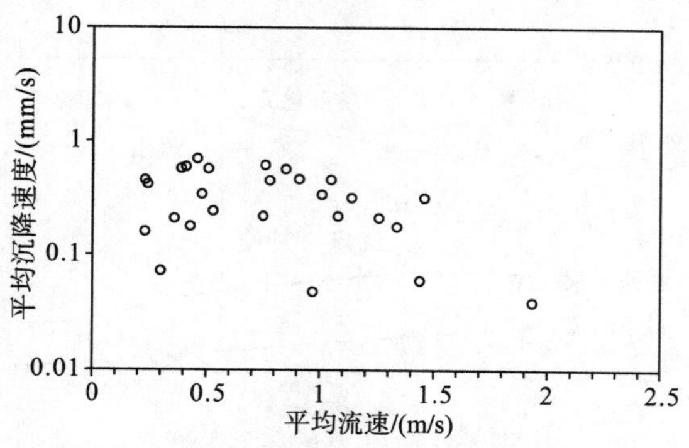

图 4-180　不同流速下的泥沙沉降速度

因此，对于库区的水沙运动关系，由于库区自身含沙量较低，且泥沙较细存在絮凝，用水流挟沙力来判别泥沙冲淤的运动状态不再适用于库区的粉砂。不必考虑挟沙力是否饱和，直接用淤泥质粉砂输移流速带来确定泥沙运动状态更符合实际。

4.4.3　库区航道泥沙运动方程

根据前述航道粉砂运动物理过程的分析，航道内的泥沙运动根据流速可分为 3 个阶段。第一阶段，水流流速较低，泥沙跟随水流输移的同时，发生絮凝沉降导致淤积，此时淤泥层不冲刷，即不会产生河床对水流的泥沙补给；第二阶段，随着流速的增大，水流紊动作用开始破坏絮凝，由于泥沙颗粒较细，不会发生淤积，此时的流速仍然不能冲刷淤泥层，河床依旧不存在对水流的泥沙补给；第三阶段，流速增大到一定程度后，淤泥层被冲刷，此时河床开始对水流补给泥沙，而无泥沙的淤积。

1. 泥沙运动方程

取如图 4-181 所示的 $a-b$ 断面内的水体为控制体，河宽为 B，横断面面积为 A，流量为 Q，含沙量为 S。

在 Δt 时间内，控制体内的泥沙质量变化为$\frac{\partial(AS\Delta x)}{\partial t}\Delta t$，泥沙质量变化的来源包括以下几个方面：

(1)左侧泥沙流入引起的质量变化 $QS\Delta t$。

(2)右侧泥沙流出引起的质量变化 $-\left(QS+\frac{\partial(QS)}{\partial x}\Delta x\right)\Delta t$。

(3)泥沙沉降至淤泥层引起的质量变化为 $-\alpha_1\omega SB\Delta x\Delta t$，泥沙的沉降只在第一阶段存在，此时沉降系数 α_1 取 1，ω 为絮团沉降速度，在第二和第三阶段，α_1 取 0。

(4)淤泥层泥沙冲刷引起的质量变化为 $\alpha_2 EB\Delta x\Delta t$，淤泥层的冲刷只在第三阶段存在，此时冲刷系数 α_2 取 1，E 为河床的侵蚀率，定义为单位时间内单位面积上泥沙侵蚀量，在第一和第二阶段 α_2 取 0。

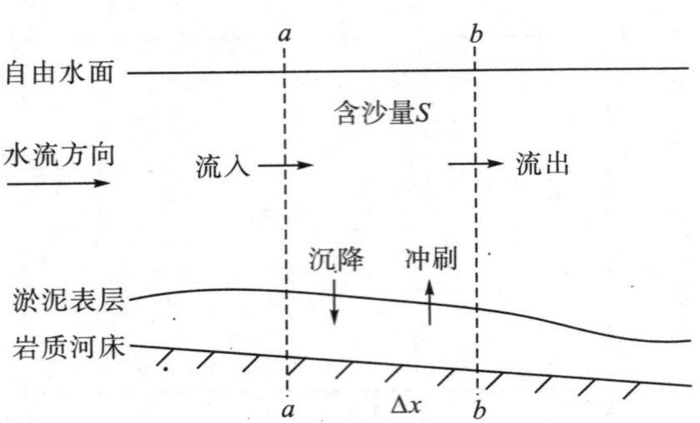

图 4-181　泥沙输移示意图

根据泥沙质量守恒有

$$\frac{\partial(AS\Delta x)}{\partial t}\Delta t = QS\Delta t - \left(QS + \frac{\partial(QS)}{\partial x}\Delta x\right)\Delta t - \alpha_1\omega SB\Delta x\Delta t + \alpha_2 EB\Delta x\Delta t$$

化简可得航道泥沙运动方程如下：

$$\frac{\partial(AS)}{\partial t} + \frac{\partial(QS)}{\partial x} + \alpha_1\omega SB - \alpha_2 EB = 0 \tag{4-92}$$

同理可得，二维的泥沙运动方程为

$$\frac{\partial(hS)}{\partial t} + \frac{\partial(huS)}{\partial x} + \frac{\partial(hvS)}{\partial y} + \alpha_1\omega S - \alpha_2 E = 0$$

$$\begin{aligned} \frac{\partial(hS)}{\partial t} &= h\frac{\partial S}{\partial t} + S\frac{\partial h}{\partial t} \\ \frac{\partial(huS)}{\partial x} &= S\frac{\partial(hu)}{\partial x} + (hu)\frac{\partial S}{\partial x} \\ \frac{\partial(hvS)}{\partial y} &= S\frac{\partial(hv)}{\partial y} + (hv)\frac{\partial S}{\partial y} \end{aligned} \tag{4-93}$$

故上述二维泥沙运动方程前三项之和可写为

$$I_1 = h\left(\frac{\partial S}{\partial t} + u\frac{\partial S}{\partial x} + v\frac{\partial S}{\partial y}\right) + S\left[\frac{\partial h}{\partial t} + \frac{\partial(hu)}{\partial x} + \frac{\partial(hv)}{\partial y}\right]$$

而根据水流连续方程有

$$\frac{\partial h}{\partial t} + \frac{\partial(hu)}{\partial x} + \frac{\partial(hv)}{\partial y} = 0$$

故二维泥沙运动方程可简化为

$$\frac{\partial S}{\partial t} + u\frac{\partial S}{\partial x} + v\frac{\partial S}{\partial y} + \frac{1}{h}(\alpha_1\omega S - \alpha_2 E) = 0 \tag{4-94}$$

2. 河床变形方程

河床变形方程也通过泥沙质量守恒来确定，取 $a-b$ 断面内的淤泥层为控制体，淤泥表层高程为 z，淤积物密度为 ρ_s。

在 Δt 时间内，控制体内淤泥质量的变化为 $\frac{\partial(\rho_s zB\Delta x)}{\partial t}\Delta t$，其质量变化来源包括：

(1)泥沙沉降至控制体引起的质量变化 $\alpha_1\omega SB\Delta x\Delta t$，第一阶段存在泥沙的沉降，沉降系数 α_1 取 1，ω 为絮团沉降速度，在第二和第三阶段，α_1 取 0。

(2)控制体泥沙冲刷引起的质量变化 $-\alpha_2 EB\Delta x\Delta t$，第三阶段存在淤泥的冲刷，冲刷系数 α_2 取 1，在第一和第二阶段 α_2 取 0。

根据泥沙质量守恒有

$$\frac{\partial(\rho_s zB\Delta x)}{\partial t}\Delta t=\alpha_1\omega SB\Delta x\Delta t-\alpha_2 EB\Delta x\Delta t$$

化简可得河床变形方程如下：

$$\frac{\partial(\rho_s z)}{\partial t}=\alpha_1\omega S-\alpha_2 E \tag{4-95}$$

由于淤泥随着淤积年份的增加产生密实固结，此过程中干密度逐渐增大，导致河床高程下降。因此，式(4-95)中淤泥固结的过程体现为淤积物密度 ρ_s 是一个变量，其值随 z、t 而变化。

3. 方程参数

三峡库区航道的泥沙运动及河床变形方程中需要确定的参数包括沉降系数、絮团沉降速度、冲刷系数和侵蚀率。此外，淤积物密度 ρ_s 随 z、t 的变化关系也需确定。

1)沉降系数

沉降系数取值的关键在于淤积流速 v_d 的确定，即泥沙运动第一和第二阶段的分界点流速，也即絮团被破坏时的流速。絮团的破坏是由于水流的紊动剪切作用，应与紊流结构有关。为方便应用，应建立絮团破坏与水流平均流速的关系，但絮团的破坏流速目前研究较少，廖仁强等(1997)曾在实验室发现流速小于 0.3 m/s 时絮凝随流速变大而增强，流速超过 0.4 m/s 后基本无絮凝。根据现场测量结果，初步得到 v_d 在 0.5 m/s 左右，且随着水深的变大有所增大。此淤积流速与以往研究不同且随水深变化，其原因可能是库尾水深增大引起水流的非均匀性，进而导致水流结构的变化。

综上，沉降系数的取值为 $\alpha_1=\begin{cases}1, & v\leqslant v_d\\0, & v>v_d\end{cases}$，且 $v_d=0.4\sim0.5$ m/s。

2)絮团沉降速度

由于三峡库区航道内的泥沙发生絮凝，所以不考虑粒径的分组，为方便应用而直接采用一个统一的絮团沉降速度值。本书利用 ADV 现场实测的泥沙沉降速度，由于絮凝程度的不同，其沉降速度也存在差异，初步可取实测值的平均值为 1.09 mm/s。

3)冲刷系数

冲刷系数取值的关键在于冲刷流速 v_e 的确定，即泥沙第二和第三阶段的分界点流速，也即淤泥的起动流速。淤泥的起动是由于底部水流的切应力作用，为方便应用，国内一般采用起动流速，根据前述推导 v_e 用式(4-88)计算。

综上所述，冲刷系数的取值为 $\alpha_2=\begin{cases}0, & v<v_e\\1, & v\geqslant v_e\end{cases}$。

4)侵蚀率

淤泥的侵蚀率 E 与水流切应力和淤泥性质有关，目前多采用经验公式，主要考虑实际切应力与临界切应力的大小关系

$$E=\begin{cases}M(\tau_b-\tau_c)n\\M\exp[(\tau_b-\tau_c)^{\beta}]\end{cases} \tag{4-96}$$

式中，M 为经验侵蚀率常数；τ_b 为实际切应力；τ_c 为临界切应力；n、α、β 均为经验值。

切应力在实际应用中较为困难，但侵蚀率与流速的关系尚无定论，故本书建议采用一个侵蚀率经验值，根据以往的研究，该值量级在$(1\sim19)\times10^{-4}$ kg/(m^2 · s^{-1})之间，具体值可通过模型率定。

5)淤积物干密度

淤积物密度随着历时的增加会趋于一个极限值，Lane 和 Koelzer(1943)建议采用如下的经验公式计算干密度：

$$\rho_b = \rho_i + K\log T \tag{4-97}$$

式中，ρ_b 为淤积物干密度，kg/m^3；ρ_i 为第一年固结后的干密度，kg/m^3；K 为常数；T 为时间，年。

对于三峡库区航道的粉砂，ρ_i 可取为 1040 kg/m^3，K 取为 90。

注意式(4-97)中的初始干密度为第一年固结后的干密度，若模拟固结时间小于 1 年的情况，则公式的适用性未知。本书利用现场取得的沙样，进行了干密度随固结时间变化的试验，测量时间为 92 天，结果如图 4-182 所示。

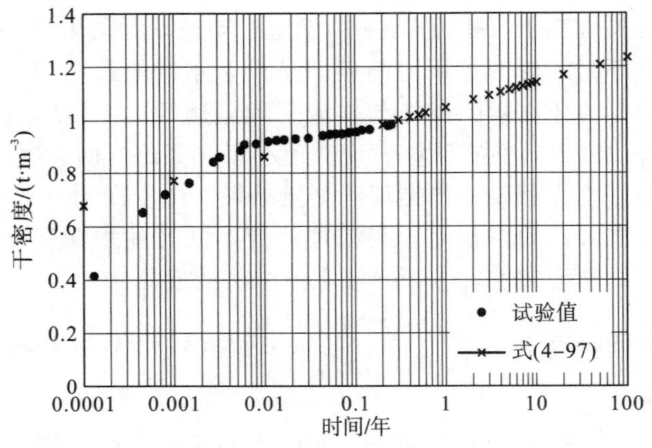

图 4-182 库区淤积物干密度变化

可以看出，淤积物先迅速固结，然后其干密度趋于一个相对稳定值后开始缓慢增加。虽然试验值与公式有所差异，但是为了模拟方便，淤积物第一年之内的干密度变化仍用上述公式描述。

综上，本书给出了新的三峡库区粉砂质淤泥航道内的泥沙运动方程和河床变形方程，并给出了新方程中各参数的参考值。与传统方程相比，其特点在于放弃了利用挟沙力作为判别冲淤的条件而使用流速判别，沉降过程考虑了絮凝沉降，同时也反映了河床淤泥固结后密度变化引起的床面下降以及抗冲性的变化。

4.5 三峡库区泥沙输移规律的认识

根据大规模的现场测量及室内试验研究，三峡水库常年回水区泥沙属于淤泥质粉砂，在传统研究中属于冲泄质。研究结果表明，此类泥沙存在絮凝沉降，且起动受水深的影响，用原有的挟沙力来进行泥沙的输移判别不再适用。研究提出了淤泥质粉砂的输移流速带，依此判别泥沙冲淤规律，虽然机理上尚缺乏更深层次的研究，但是更适用于实际情况，据此推导了三峡库区航道的泥沙运动和河床变形方程，为后续的数值模拟和物理模型模拟奠定了基础。

第 5 章　三峡水库长河段航道演变数值模拟技术

本书采用贴体正交曲线坐标系二维水流数学模型进行水流计算，泥沙冲淤计算采用第 4 章推导的泥沙运动方程和河床变形方程。

5.1　三峡水库水沙运动数学模型

5.1.1　二维水流模型的建立

1. 控制方程

天然河道常蜿蜒曲折，为克服计算域边界起伏变化较大的问题，目前通常使用计算网格与河道边界贴合的方法，即利用贴体正交曲线坐标系进行计算。采用 Willemse 导出的正交曲线坐标方程作为转换方程：

$$\begin{cases} \alpha \dfrac{\partial^2 x}{\partial \xi^2} + \gamma \dfrac{\partial^2 x}{\partial \eta^2} + J^2 \left(P \dfrac{\partial x}{\partial \xi} + Q \dfrac{\partial x}{\partial \eta} \right) = 0 \\ \alpha \dfrac{\partial^2 y}{\partial \xi^2} + \gamma \dfrac{\partial^2 y}{\partial \eta^2} + J^2 \left(P \dfrac{\partial y}{\partial \xi} + Q \dfrac{\partial y}{\partial \eta} \right) = 0 \end{cases} \tag{5-1}$$

式中，$\alpha = x_\eta^2 + y_\eta^2$；$\gamma = x_\xi^2 + y_\xi^2$；$J = x_\xi y_\eta - x_\eta y_\xi$；$P$、$Q$ 为调节因子。

假定水域中的水体做有势运动，其流线簇与势线簇必然正交，可导出以网格间距变化为调节因子的贴体正交曲线坐标方程。

(1)水流连续方程：

$$\frac{\partial H}{\partial t} + \frac{1}{C_\xi C_\eta} \frac{\partial}{\partial \xi}(huC_\eta) + \frac{1}{C_\xi C_\eta} \frac{\partial}{\partial \eta}(huC_\xi) = 0 \tag{5-2}$$

(2)ξ 方向动量方程：

$$\begin{aligned} &\frac{\partial u}{\partial t} + \frac{1}{C_\xi C_\eta}\left[\frac{\partial}{\partial \xi}(C_\eta u^2) + \frac{\partial}{\partial \eta}(C_\xi vu) + vu \frac{\partial C_\eta}{\partial \eta} - v^2 \frac{\partial C_\eta}{\partial \xi}\right] \\ = &-g \frac{1}{C_\xi} \frac{\partial H}{\partial \xi} - \frac{u\sqrt{u^2+v^2}\,n^2 g}{h^{4/3}} + \frac{1}{C_\xi C_\eta}\left[\frac{\partial}{\partial \xi}(C_\eta \sigma_{\xi\xi}) + \frac{\partial}{\partial \eta}(C_\xi \sigma_{\eta\xi}) \right. \\ &\left. + \sigma_{\xi\eta} \frac{\partial C_\xi}{\partial \eta} - \sigma_{\eta\eta} \frac{\partial C_\eta}{\partial \xi}\right] \end{aligned} \tag{5-3}$$

(3)η 方向动量方程：

$$\frac{\partial v}{\partial t} + \frac{1}{C_\xi C_\eta}\left[\frac{\partial}{\partial \xi}(C_\eta vu) + \frac{\partial}{\partial \eta}(C_\xi v^2) + uv \frac{\partial C_\eta}{\partial \xi} - u^2 \frac{\partial C_\xi}{\partial \xi}\right]$$

$$= -g\frac{1}{C_\eta}\frac{\partial H}{\partial \eta} - \frac{v\sqrt{u^2+v^2}n^2 g}{h^{4/3}} + \frac{1}{C_\xi C_\eta}\left[\frac{\partial}{\partial \xi}(C_\eta \sigma_{\xi\eta}) + \frac{\partial}{\partial \eta}(C_\xi \sigma_{\eta\eta}) + \sigma_{\eta\xi}\frac{\partial C_\eta}{\partial \xi} - \sigma_{\xi\xi}\frac{\partial C_\xi}{\partial \eta}\right] \tag{5-4}$$

式中，ξ、η 分别表示正交曲线坐标系中的两个正交曲线坐标；u、v 分别表示沿 ξ、η 方向的流速；h 表示水深；H 表示水位；C_ξ、C_η 表示正交曲线坐标系中的拉梅系数，$C_\xi = \sqrt{x_\xi^2 + y_\xi^2}$，$C_\eta = \sqrt{x_\eta^2 + y_\eta^2}$；$\sigma_{\xi\xi}$、$\sigma_{\xi\eta}$、$\sigma_{\eta\xi}$、$\sigma_{\eta\eta}$ 表示紊动切应力。

$$\sigma_{\xi\xi} = 2\upsilon_t\left[\frac{1}{C_\xi}\frac{\partial u}{\partial \xi} + \frac{v}{C_\xi C_\eta}\frac{\partial C_\xi}{\partial \eta}\right]$$

$$\sigma_{\eta\eta} = 2\upsilon_t\left[\frac{1}{C_\eta}\frac{\partial v}{\partial \eta} + \frac{u}{C_\xi C_\eta}\frac{\partial C_\eta}{\partial \xi}\right]$$

$$\sigma_{\xi\eta} = \sigma_{\eta\xi} = \upsilon_t\left[\frac{C_\eta}{C_\xi}\frac{\partial}{\partial \xi}\left(\frac{v}{C_\eta}\right) + \frac{C_\xi}{C_\eta}\frac{\partial}{\partial \eta}\left(\frac{u}{C_\xi}\right)\right]$$

式中，υ_t 表示紊动黏性系数，即 $\upsilon_t = C_\mu K^2/\varepsilon$；$k$ 及 ε 分别为紊动动能及紊动耗散系数，由 k 及 ε 的输运方程确定。

(4)k 输运方程：

$$\frac{\partial hk}{\partial t} + \frac{1}{C_\xi C_\eta}\left[\frac{\partial}{\partial \xi}(uhkC_\eta) + \frac{\partial}{\partial \eta}(vhkC_\xi)\right] = \frac{1}{C_\xi C_\eta}\left[\frac{\partial}{\partial \xi}\left(\frac{\upsilon_t}{\sigma_k}\frac{C_\eta}{C_\xi}\frac{\partial hk}{\partial \xi}\right) + \frac{\partial}{\partial \eta}\left(\frac{\upsilon_t}{\sigma_k}\frac{C_\xi}{C_\eta}\frac{\partial hk}{\partial \eta}\right)\right] + h(G + P_{kv} - \varepsilon) \tag{5-5}$$

(5)ε 输运方程：

$$\frac{\partial h\varepsilon}{\partial t} + \frac{1}{C_\xi C_\eta}\left[\frac{\partial}{\partial \xi}(uh\varepsilon C_\eta) + \frac{\partial}{\partial \eta}(vh\varepsilon C_\xi)\right] = \frac{1}{C_\xi C_\eta}\left[\frac{\partial}{\partial \xi}\left(\frac{\upsilon_t}{\sigma_\varepsilon}\frac{C_\eta}{C_\xi}\frac{\partial h\varepsilon}{\partial \xi}\right) + \frac{\partial}{\partial \eta}\left(\frac{\upsilon_t}{\sigma_\varepsilon}\frac{C_\xi}{C_\eta}\frac{\partial h\varepsilon}{\partial \eta}\right)\right] + h\left(C_{1\varepsilon}\frac{\varepsilon}{k}G - C_{2\varepsilon}\frac{\varepsilon^2}{k} + P_{\varepsilon v}\right) \tag{5-6}$$

其中，

$$G = \sigma_{\varepsilon\varepsilon}\left(\frac{1}{C_\varepsilon}\frac{\partial u}{\partial \xi} + \frac{v}{C_\xi C_\eta}\frac{\partial C_\xi}{\partial \eta}\right) + \sigma_{\xi\eta}\left[\left(\frac{1}{C_\eta}\frac{\partial u}{\partial \eta} + \frac{1}{C_\xi}\frac{\partial v}{\partial \xi}\right) - \left(\frac{u}{C_\xi C_\eta}\frac{\partial C_\xi}{\partial \eta} + \frac{v}{C_\xi C_\eta}\frac{\partial C_\eta}{\partial \xi}\right)\right] + \sigma_{\eta\eta}\left(\frac{1}{C_\varepsilon}\frac{\partial v}{\partial \eta} + \frac{u}{C_\xi C_\eta}\frac{\partial C_\eta}{\partial \xi}\right)$$

式中，P_{kv}、$P_{\varepsilon v}$ 表示因床底切应力所引起的紊动效应，与摩阻流速 u_* 之间的关系为

$P_{kv} = C_k u_*^3/h$，$P_{\varepsilon v} = C_\varepsilon u_*^4/h^2$；$C_k = h^{1/6}/(n\sqrt{g})$；$C_\varepsilon = 3.6C_{2\varepsilon}\sqrt{C_\mu}/C_f^{1/4}$；$C_f = 1/C_k^2$；$C_\mu$、$\sigma_k$、$\sigma_\varepsilon$、$C_{1\varepsilon}$、$C_{2\varepsilon}$ 为经验系数，取 $C_\mu = 0.09$，$\sigma_k = 1.0$，$\sigma_\varepsilon = 1.3$，$C_{1\varepsilon} = 1.44$，$C_{2\varepsilon} = 1.92$；n 为糙率。

2. 求解方法

对比式(5-1)至式(5-6)可知，各方程的形式是相似的，可表达为如下的通用格式：

$$C_\xi C_\eta\frac{\partial \psi}{\partial t} + \frac{\partial(C_\eta u\psi)}{\partial \xi} + \frac{\partial(C_\xi v\psi)}{\partial \eta} = \frac{\partial}{\partial \xi}\left(\Gamma\frac{C_\eta}{C_\xi}\frac{\partial \psi}{\partial \xi}\right) + \frac{\partial}{\partial \eta}\left(\Gamma\frac{C_\xi}{C_\eta}\frac{\partial \psi}{\partial \eta}\right) + C \tag{5-7}$$

式中，Γ 为扩散系数；C 为源项。

在数值计算时，只需对式(5-7)编制一个通用程序，所有控制方程均可用此程序求解。在对控制方程进行差分离散和求解的过程中，本模型采用了如下几项技术和方法：

(1)在利用控制体积法(或称有限体积法)离散通用方程时，为解决压力梯度项和连续方程离散的困难，采用交错网格的方法。

(2)离散中对流-扩散项采用幂函数格式。

(3)由通用方程及各控制方程可见，各方程的主要差别在源项上。源项通常是因变量的函数，为加快计算收敛，对各方程源项进行负坡线性化处理。

(4)差分方程的求解采用三对角矩阵算法(TDMA)逐行求解。

(5)数值计算采用SIMPLEC法，为避免由计算机截断误差引起的发散，在数值计算中采用了欠松弛技术。其收敛标准是，连续方程的剩余质量源与入口质量流之比小于0.5%。

3. 边界条件及动边界处理

边界条件给法：进口边界给定流量，出口边界给定水位。对于岸边界采用无滑移条件，即岸边流速为零。

动边界处理方法：对于边滩及心滩随着水位的升降边界发生变化时，采用动边界技术，即根据水深(水位)结点处河底高程，可以判断该网格单元是否露出水面，若不露出，则糙率 n 取正常值；反之，n 取一个接近于无穷大(如 10^{30})的正数。在用动量方程计算出露单元四边流速时，其糙率采用相邻结点糙率的平均值。无论相邻单元是否出露，平均阻力仍然是一个极大值。这样动量方程式中其他各项与阻力项相比仍然为无穷小，计算出露单元四周流速一定是趋于零的无穷小量。为使计算能正常进行，在出露单元水深点给定微小水深(0.005 m)。

5.1.2 三峡库区泥沙运动方程及河床变形方程的求解

1. 泥沙运动方程的离散求解

由于研究的问题是长时段的河床冲淤变化情况，因此在泥沙运动方程求解时略去了非恒定项 $\partial S/\partial t$ 的影响，泥沙运动方程简化为

$$u\frac{\partial S}{\partial x}+v\frac{\partial S}{\partial y}+\frac{1}{h}(\alpha_1\omega S-\alpha_2 E)=0 \tag{5-8}$$

由前述分析可知，本书提出的泥沙冲淤不同于传统按照挟沙力进行判断，主要取决于水流流速的大小，而水流的流动具有明显的对流特征。因此，泥沙运动方程采取了显式迎风格式进行了离散求解，离散方程为

$$u_i\frac{S_i-S_{i-1}}{\Delta x}+v_i\frac{S_i-S_{i-1}}{\Delta y}+\frac{1}{h_i}\left[\alpha_1\omega\frac{(S_i+S_{i-1})}{2}-\alpha_2 E\right]=0 \tag{5-9}$$

整理可得

$$S_i=\frac{C_2}{C_1}S_{i-1}+\frac{\alpha_2 E}{h_i C_1} \tag{5-10}$$

其中，$C_1=\frac{u_i}{\Delta x}+\frac{v_i}{\Delta y}+\frac{\alpha_1\omega}{2h_i}$，$C_2=\frac{u_i}{\Delta x}+\frac{v_i}{\Delta y}-\frac{\alpha_1\omega}{2h_i}$。

2. 河床变形方程的离散求解

河床变形方程的离散比较简单，当假定泥沙干密度为常数时，可直接离散为

$$\rho_s\frac{\Delta z}{\Delta t}=\alpha_1\omega\frac{S_i+S_{i-1}}{2}-\alpha_2 E \tag{5-11}$$

有

$$\Delta z=\frac{\Delta t}{\rho_s}\left[\frac{1}{2}\alpha_1\omega(S_i+S_{i-1})-\alpha_2 E\right] \tag{5-12}$$

3. 三峡库区泥沙冲淤计算模式

由于计算是针对每天时长进行，计算步长较短，泥沙冲淤引起的河床变形不致太大，地形的变化对水流的反馈影响较小，因此仍采用了传统的非耦合解法进行计算。

5.2　三峡水库二维水沙数学模型验证

5.2.1　验证采用的基本资料

1. 地形资料

本二维水沙计算是基于三峡水库库区从坝前到江津共长约 700 km 的实测地形数据进行的。由于三峡水库是一个回水范围较长的水库，根据分期蓄水的安排，为了尽可能真实反映分期蓄水与回水影响的关系，基于天然情况下库区各河段冲淤基本平衡的特点，对受分期蓄水影响不同的河段分别采用了不同的初始计算地形。具体采用的初始地形方式如下：

(1)2003—2006 年坝前水位在 135～139 m 之间变化，回水末端在涪陵(航道里程约为 536 km)－长寿(航道里程约为 590 km)附近。因此，坝前(航道里程约为 46 km)－木洞河段(航道里程约为 620 km)计算初始地形为 2003 年实测，测图比例为 1∶5000。

(2)2006—2008 年坝前水位按 144～156 m 运行，回水末端在铜锣峡附近(航道里程约为 644 km)；在 2008 年 9 月后三峡水库按 145～175 m 试验性蓄水方式运行，回水末端位于江津附近(航道里程约为 730 km)。因此，木洞(航道里程约为 620 km)－江津河段(航道里程约为 730 km)计算初始地形为 2006 年实测，测图比例为 1∶5000。

需要说明的是，本次计算主要针对三峡库区长江干流进行研究，而长江支流如嘉陵江、乌江等地形并未考虑。不过，为了保证水沙条件的连续性和封闭性，分别选取了朱沱站、寸滩站和清溪场站进行了水沙条件控制。

2. 水文泥沙资料

在三峡水库泥沙研究的一维数值模拟计算中，各家通常采用了所谓的 60 系列(1961—1970 年)和 90 系列(1993—2002 年)进行计算(表 5-1)，以考虑不同典型水沙系列

条件下三峡水库的淤积情况。

进入 20 世纪 90 年代以来，长江上游径流量变化不大，而受水利工程拦沙、降雨时空分布变化、水土保持、河道采砂等因素的综合影响，输沙量明显减少，年径流量-输沙量关系也发生了明显变化(表 5-2)。

表 5-1 三峡水库入库 60、90 水沙代表系列表

时段	长江朱沱		嘉陵江北碚		乌江武隆	
	沙量/10^8 t	水量/10^8 m^3	沙量/10^8 t	水量/10^8 m^3	沙量/10^8 t	水量/10^8 m^3
1961—1970 年	3.35	2860	1.793	749	0.291	510
1993—2002 年	2.93	2568	0.32	536	0.203	575
多年平均	3.05	2700	1.201	655	0.280	497

注：多年平均是指 1950—2002 年资料。

表 5-2 三峡上游主要水文站径流量和输沙量与多年均值比较

项目		金沙江	岷江	沱江	长江	嘉陵江	长江	乌江	三峡入库
		向家坝	高场	富顺	朱沱	北碚	寸滩	武隆	朱沱+北碚+武隆
集水面积/km^2		488800	135378	23283	694725	156736	866559	83035	934496
径流量/10^8 m^3	1990 年前	1440	882	129	2659	704	3520	495	3858
	1991—2002 年	1506	815	108	2672	529	3339	532	3733
	变化率/%	5	−8	−16	1	−25	−5	7	−3
	2003—2012 年	1391	789	103	2524	660	3279	422	3606
	变化率/%	−3	−11	−21	−5	−6	−7	−15	−7
	2013 年	1106	783.3	165.7	2296	718.1	3137	330.7	3345
	变化率/%	−23	−11	28	−14	2	−11	−33	−13
	多年平均	1424	843	119	2631	658	3440	482	3770
输沙量/10^4 t	1990 年前	24600	5260	1170	31600	13400	46100	3040	48000
	1991—2002 年	28100	3450	372	29300	3720	33700	2040	35100
	变化率/%	14	−34	−68	−7	−72	−27	−33	−27
	2003—2012 年	14200	2930	210	16800	2920	18700	570	20300
	变化率/%	−42	−44	−82	−47	−78	−59	−81	−58
	2013 年	203	2110	3600	6830	5760	12100	94.3	12700
	变化率/%	−99	−60	208	−78	−57	−74	−96	−74
	多年平均	23000	4400	864	27800	10000	38500	2310	40100
含沙量/(kg/m^3)	1990 年前	1.71	0.596	0.907	1.19	1.9	1.31	0.614	1.25
	1991—2002 年	1.87	0.423	0.345	1.1	0.703	1.01	0.384	0.939
	变化率/%	9	−29	−62	−8	−63	−23	−37	−25
	2003—2012 年	1.02	0.371	0.205	0.666	0.443	0.57	0.135	0.563
	变化率/%	−40	−38	−77	−44	−77	−56	−78	−55

续表

项目		金沙江	岷江	沱江	长江	嘉陵江	长江	乌江	三峡入库
		向家坝	高场	富顺	朱沱	北碚	寸滩	武隆	朱沱+北碚+武隆
含沙量/(kg/m³)	2013 年	0.018	0.269	2.17	0.297	0.802	0.386	0.029	0.379
	变化率/%	−99	−55	140	−75	−58	−71	−95	−70
	多年平均	1.62	0.522	0.729	1.06	1.52	1.12	0.479	1.06

注：1. 变化率为各时段均值与 1990 年前均值的相对变化；2. 1990 年前均值中，除朱沱站 1990 年前水沙统计年份为 1956—1990 年(缺 1967—1970 年)外，其余统计值为三峡初步设计值；3. 北碚站于 2007 年下迁 7 km，集水面积增加 594 km^2；4. 屏山站于 2012 年下迁 24 km 至向家坝站；5. 经重新核算，自 2006 年起，向家坝站(屏山站)集水面积由原来的 485099 km^2 更改为 458592 km^2；6. 李家湾站于 2001 年上迁约 7.5 km 至富顺；7. 多年均值统计年份：向家坝站(屏山站)为 1956—2013 年，高场站为 1956—2013 年，富顺站(李家湾站)为 1957—2013 年，朱沱站为 1954—2013 年(缺 1967—1970 年)，北碚站为 1956—2013 年，寸滩站为 1950—2013 年，武隆站为 1956—2013 年。

与 1990 年前均值相比，2003—2013 年长江上游水、沙量均有不同程度的减小，且以输沙量减小更为明显，其中尤以沱江、嘉陵江和乌江最为显著。近年来，嘉陵江干流来沙量有所增大，支流渠江、涪江出现大洪水，对嘉陵江沙量和三峡入库泥沙产生较大影响，特别是在 2003 年、2004 年、2011 年 9 月渠江出现较大洪水，导致输沙量集中。

与 1990 年前均值相比，1991—2002 年长江上游水量除嘉陵江北碚站减少 25%和沱江富顺站减少 16%外，其余各站变化不大；输沙量则除金沙江屏山站增大 14%外，其他各站均明显减小，其中尤以嘉陵江和沱江最为明显。与 1990 年前均值相比，1991—2002 年寸滩站和武隆站输沙量分别减小约 27%和 33%。各站含沙量的变化情况与输沙量的变化基本一致。

进入 21 世纪以后，三峡上游来沙减小趋势仍然持续。与 1990 年前均值相比，2003—2012 年长江上游水、沙量均有不同程度的减小，且以输沙量减小更为明显，其中尤以沱江、嘉陵江和乌江最为显著。近年来嘉陵江干流和支流涪江来沙则相对变化不大，但支流渠江出现大洪水对嘉陵江沙量和三峡入库泥沙产生较大影响，特别是在 2003 年、2004 年、2011 年 9 月渠江出现较大洪水，导致输沙量高度集中。

本书验证水沙系列采用三峡 2003—2012 年蓄水以来共 10 年日均入库实测资料，主要采用朱沱站、寸滩站及清溪场 3 站资料分别进行控制，同时体现了嘉陵江、乌江入汇的影响。3 站来水来沙情况如表 5-3 及图 5-1～图 5-3 所示。

表 5-3　三峡蓄水以来朱沱站、寸滩站及清溪场站水沙情况表

时间	朱沱站		寸滩站		清溪场站	
	水量/10^8 m^3	沙量/10^4 t	水量/10^8 m^3	沙量/10^4 t	水量/10^8 m^3	沙量/10^4 t
2003	2592	19100	3361	20600	3918	21100
2004	2676	16400	3315	17300	3897	16600
2005	2994	23100	3887	27000	4297	25400
2006	2009	11300	2479	10900	2781	9620
2007	2384	20200	3124	21000	3795	21700
2008	2751	24000	3425	21300	4070	18900
2009	2431	15200	3229	17300	3665	18200

续表

时间	朱沱站		寸滩站		清溪场站	
	水量/10^8 m^3	沙量/10^4 t	水量/10^8 m^3	沙量/10^4 t	水量/10^8 m^3	沙量/10^4 t
2010	2544	16100	3400	21100	3780	19400
2011	1934	6450	2808	9160	3059	8830
2012	2920	18900	3763	21000	4260	19000
平均值	2524	17075	3279	18666	3752	17875

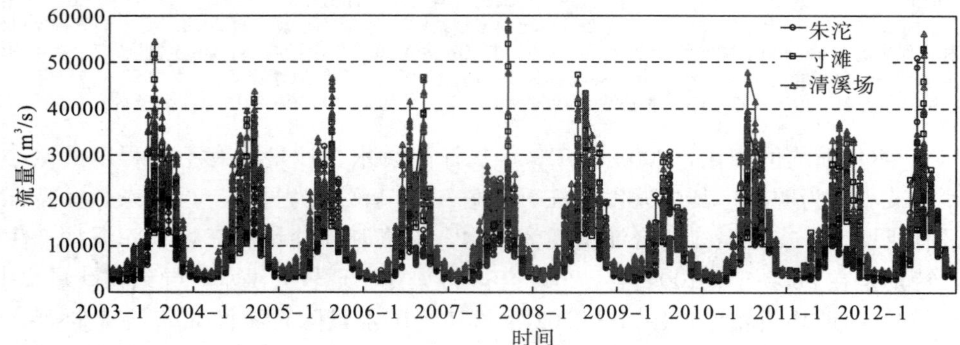

图 5-1　三峡蓄水以来朱沱站、寸滩站及清溪场站的流量过程(见彩图)

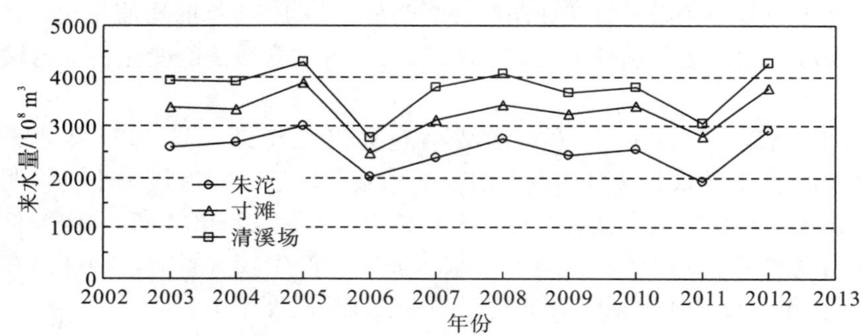

图 5-2　三峡蓄水以来朱沱站、寸滩站及清溪场站来水量过程

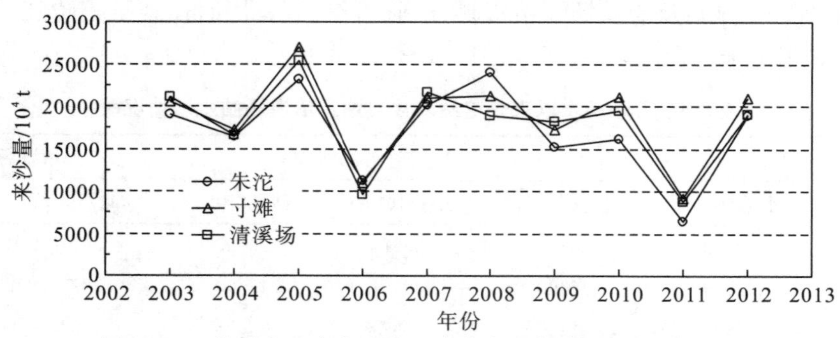

图 5-3　三峡蓄水以来朱沱站、寸滩站及清溪场站来沙量过程

3. 坝前水位运用过程

三峡水库于 2003 年 6 月开始下闸蓄水，至 2014 年 6 月历时已有 11 年。根据三峡水库的运行调度方式，蓄水过程可分为 3 个阶段。

(1)135～139 m 蓄水阶段：在 2003 年 6 月至 2006 年 9 月期间，水库按 135～139 m 调度方式运行(汛后枯水期坝前水位为 139 m，汛期坝前水位为 135 m)。

(2)144～156 m 蓄水阶段：在 2006 年 9 月至 2008 年 9 月期间，三峡水库按 144～156 m 方式蓄水运行(汛后枯水期坝前水位为 156 m，汛期坝前水位为 144 m)。

(3)175～145～155 m 试验性蓄水阶段：2008 年 9 月至今，三峡水库按 175 m 方案蓄水试运行(汛后枯水期坝前水位为 175 m，汛期坝前水位为 145 m)。其中，2008 年蓄水位最高达 172.80 m；2009 年最高蓄至 171.43 m；2010 年首次蓄水至 175 m，最高达到 175.05 m；2011 年至今持续进行 175 m 试验性蓄水。

本书验证计算坝前水位过程采用三峡 2003—2012 年的日实际坝前水位调度过程，如图 5-4 所示。

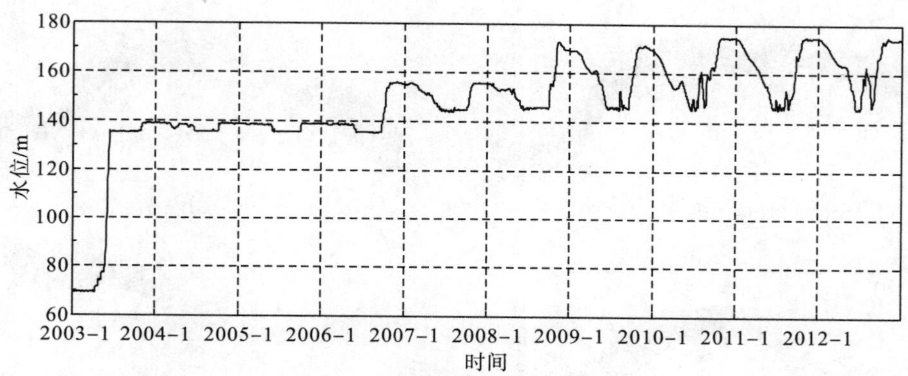

图 5-4　三峡水库蓄水以来坝前水位调度过程

5.2.2　计算网格剖分

本书选取的计算区域为从三峡坝前至江津全长约 670 km 的河段。二维数值模拟在计算区域内共布置了 6001×21 个网格点，经正交计算后得到正交网格，如图 5-5 所示。

正交曲线网格沿河流方向间距一般为 80～150 m，平均约为 110.0 m，沿河宽方向间距一般为 40～100 m，平均约为 70.0 m。

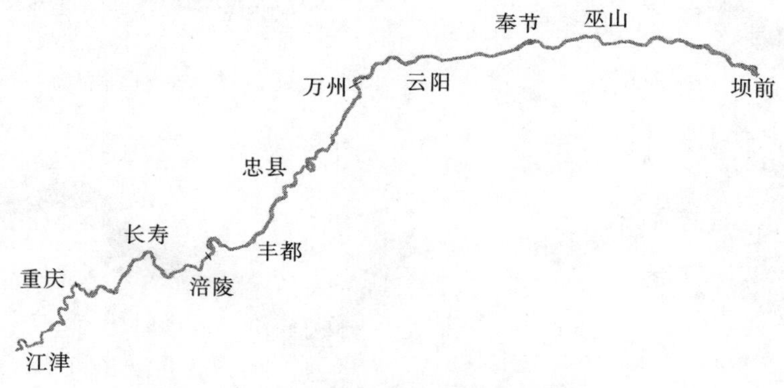

图 5-5　二维数值模拟计算网格布置图

由于计算河段很长，为清晰表现各段网格剖分情况，分别给出了各典型河段的局部网格剖分情况，如图 5-6 所示。

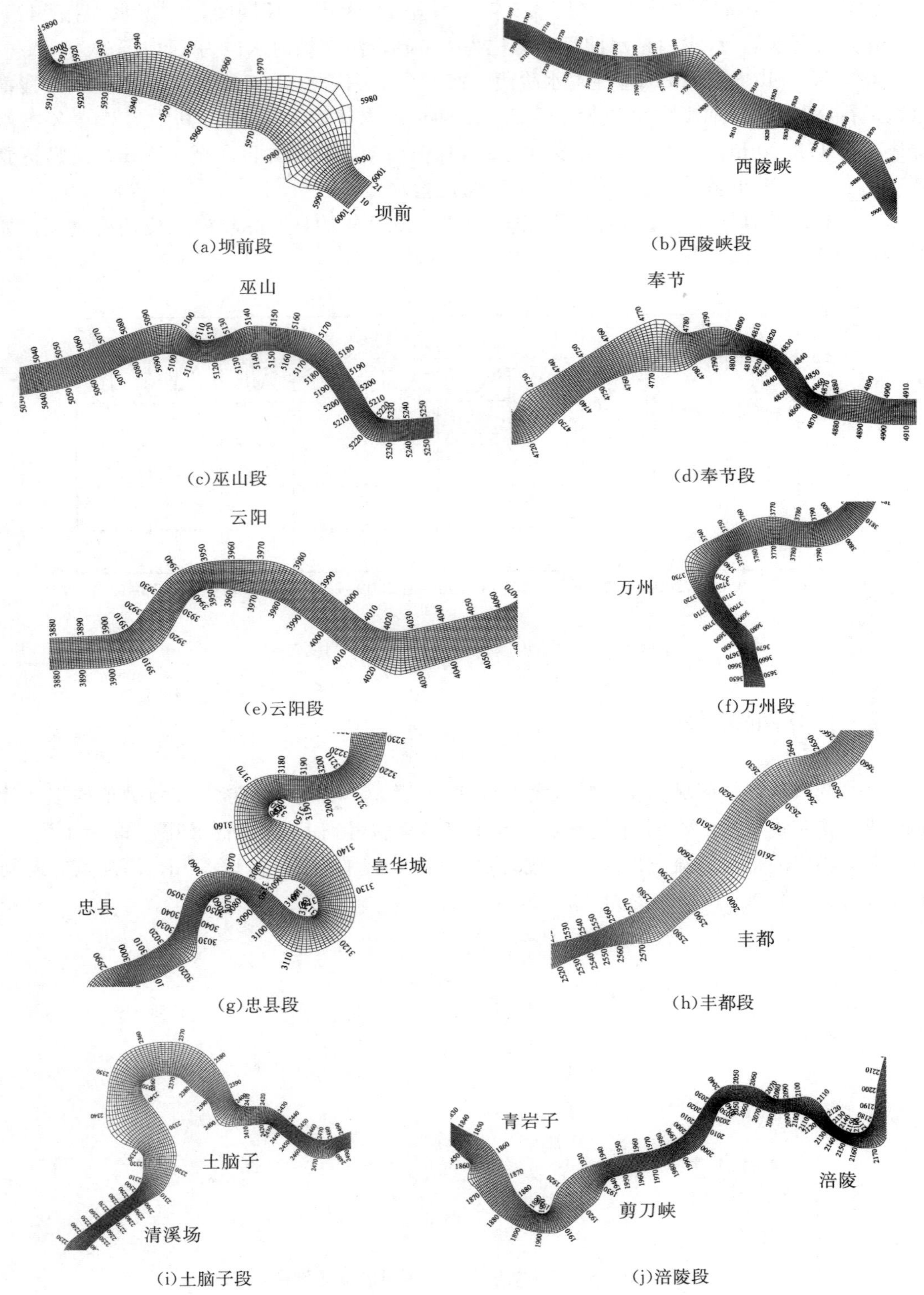

(a)坝前段 (b)西陵峡段 (c)巫山段 (d)奉节段 (e)云阳段 (f)万州段 (g)忠县段 (h)丰都段 (i)土脑子段 (j)涪陵段

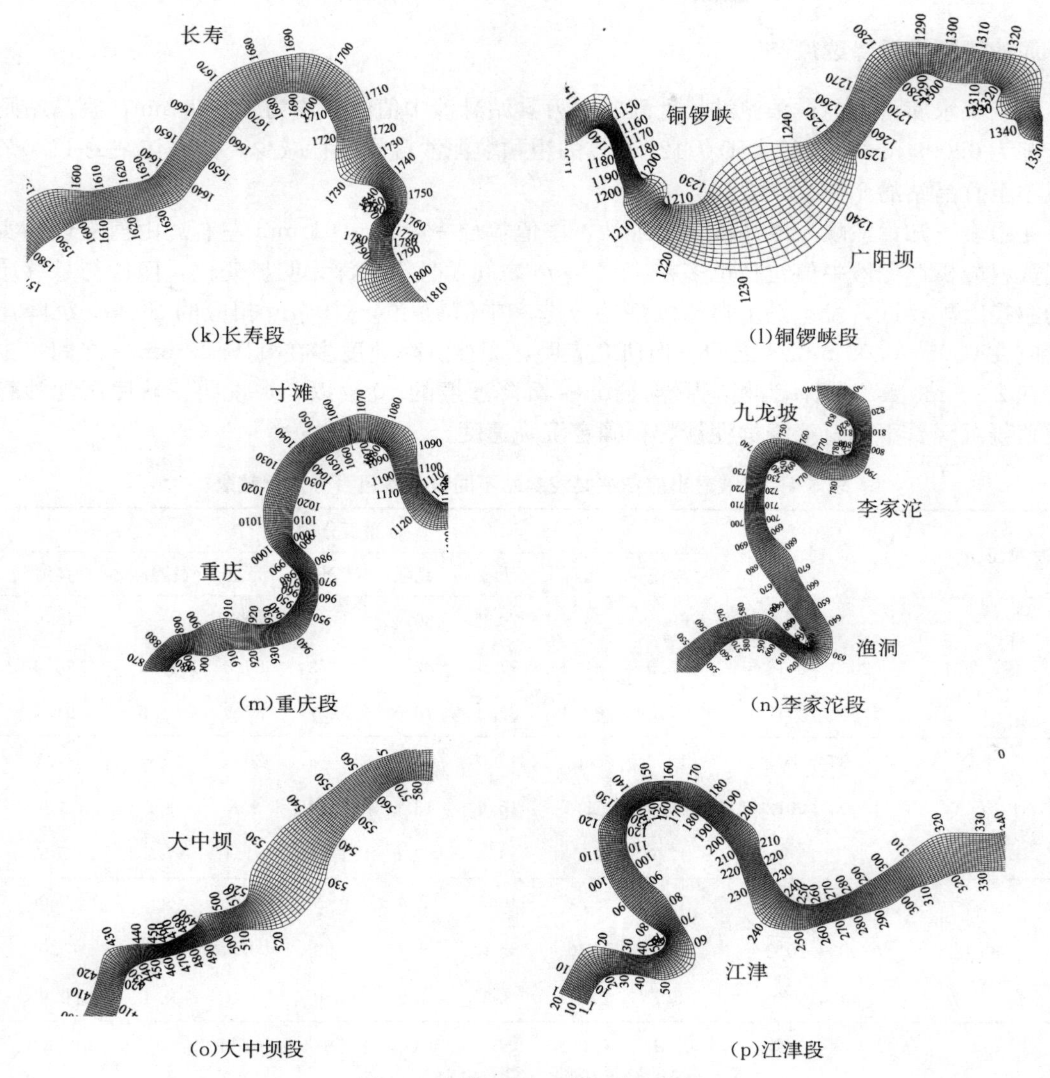

(k)长寿段　(l)铜锣峡段

(m)重庆段　(n)李家沱段

(o)大中坝段　(p)江津段

图 5-6　局部河段二维网格布置图

5.2.3　有关计算参数的选取及确定

1. 糙率的选取

计算过程中，各网格节点的糙率计算在理论上仍不成熟，目前多仍采用一维糙率的方式进行考虑。

过渡期的糙率计算参照下式进行：

$$n^{3/2}=n_{\mathrm{k}}^{3/2}+(n_{0}^{3/2}-n_{\mathrm{k}}^{3/2})\left(\frac{a_{\mathrm{k}}-a}{a_{\mathrm{k}}}\right)^{1/4} \tag{5-13}$$

式中，n 为过渡期糙率；n_0 为天然糙率；n_{k} 为淤积平衡糙率，初步取 0.025；a_{k} 为与 n_{k} 相应的淤积面积；a 为过渡期淤积面积。

2. 泥沙级配及沉降速度

三峡水库蓄水前，朱沱站、寸滩站、万县站悬沙中值粒径均为0.011 mm，宜昌站则变细为0.009 mm；粒径大于0.125 mm的粗颗粒泥沙含量沿程减少，由朱沱站的11.0%减小至宜昌站的9.0%，见表5-4。

由表可知，三峡入库泥沙多为细沙，中值粒径一般在0.01 mm左右。由前文现场实测资料分析，泥沙中值粒径也多在4～10 μm之间，且沿水深无明显变化，床沙与悬移质的粒径级配相近，没有发生自然沉降的分选。中值粒径4～10 μm相应的Stokes沉降速度应在0.01～0.09 mm/s之间。但研究表明，泥沙沉降速度多在0.1～2 mm/s之间，少许在2～5 mm/s之间，为相应颗粒Stokes沉降速度的10倍以上，说明三峡库区泥沙存在絮凝沉降，不能直接根据泥沙粒径确定沉降速度。

表 5-4　三峡进出库各主要控制站不同粒径沙重百分数比较表

粒径/mm	时段	沙重百分数							
		朱沱	北碚	寸滩	武隆	清溪场	万县	黄陵庙	宜昌
$d \leqslant 0.031$	多年平均	69.8	79.8	70.7	80.4	—	70.3	—	73.9
	2003—2012年	72.9	81.9	77.3	82.9	81.3	89.6	88.3	86.0
	2013年	77.3	82.3	82.3	78.5	82.1	87.9	91.9	91.6
$0.031 < d \leqslant 0.125$	多年平均	19.2	14.0	19.0	13.7	—	20.3	—	17.1
	2003—2012年	18.5	13.1	16.6	13.4	14.8	9.8	8.5	8.0
	2013年	17.0	15.1	14.4	19.6	14.9	11.1	7.7	7.5
$d > 0.125$	多年平均	11.0	6.2	10.3	5.9	—	9.4	—	9.0
	2003—2012年	8.6	5.0	6.1	3.7	3.9	0.6	3.2	6.0
	2013年	5.7	2.6	3.3	1.9	3.0	1.0	0.4	0.9
中值粒径	多年平均	0.011	0.008	0.011	0.007	—	0.011	—	0.009
	2003—2012年	0.011	0.008	0.010	0.007	0.008	0.006	0.005	0.005
	2013年	0.011	0.012	0.011	0.013	0.011	0.010	0.009	0.009

注：1. 朱沱站、北碚站、寸滩站、武隆站、万县站多年均值资料统计年份为1987—2002年，宜昌站资料统计年份为1986—2002年；2. 清溪场站无2003年前悬沙级配资料，黄陵庙站无2002年前悬沙级配资料；3. 2010—2013年长江干流各主要测站的悬移质泥沙颗粒分析均采用激光粒度仪。

通过泥沙数学模型验证，初步可取三峡来沙的沉降速度为0.14 mm/s。选取的合理性需由三峡蓄水运行以来的泥沙冲淤数学模型验证结果来证实。

3. 冲淤判断模式

由前文现场实测资料分析可知，本书摒弃了传统通过以含沙量与挟沙力的大小关系判断冲淤的模式，而是直接通过流速大小进行冲淤判断，即当流速 $v<0.5$ m/s时发生淤积；当 $v>1.1$ m/s时发生冲刷；当 $0.5 \leqslant v \leqslant 1.10$ m/s时，既不淤积也不冲刷。

4. 沉降系数

由前文分析可知，沉降系数的取值为 $\alpha_1=\begin{cases}1, & v\leqslant v_d\\0, & v>v_d\end{cases}$，$v_d\approx0.5$ m/s。

5. 冲刷系数

由前文分析可知，冲刷系数的取值为 $\alpha_2=\begin{cases}0, & v<v_e\\1, & v\geqslant v_e\end{cases}$，$v_e\approx1.1$ m/s。

6. 侵蚀率

目前泥沙的侵蚀率 E 没有较为成熟的计算公式，通过数学模型率定，可初步取三峡水库的泥沙侵蚀率 $E=1.0\times10^{-3}$ kg/(m^2 · s)。

7. 淤积物干密度

鉴于在水库淤积一定时期内干密度变化范围不大，通过数学模型率定初步可取 $\rho_s=1040$ kg/m^3。

5.2.4　流速分布及流场验证

由于计算河段很长，不可能获取全河段的流场参数。本验证针对部分重点河段的实测流场资料进行。

1. 胡家滩河段流场验证

胡家滩航道里程为 678～681 km。验证采用的资料为 2011 年 3 月地形，比例为 1∶5000。验证流量采用 2011 年 3 月 21 日朱沱水文站数据，$Q=3500$ m^3/s，相应三峡坝前水位为 164.11 m。数值模拟计算的流速分布验证如图 5-7 所示；计算的流场分布与实测表面流速流向的比较如图 5-8 所示。

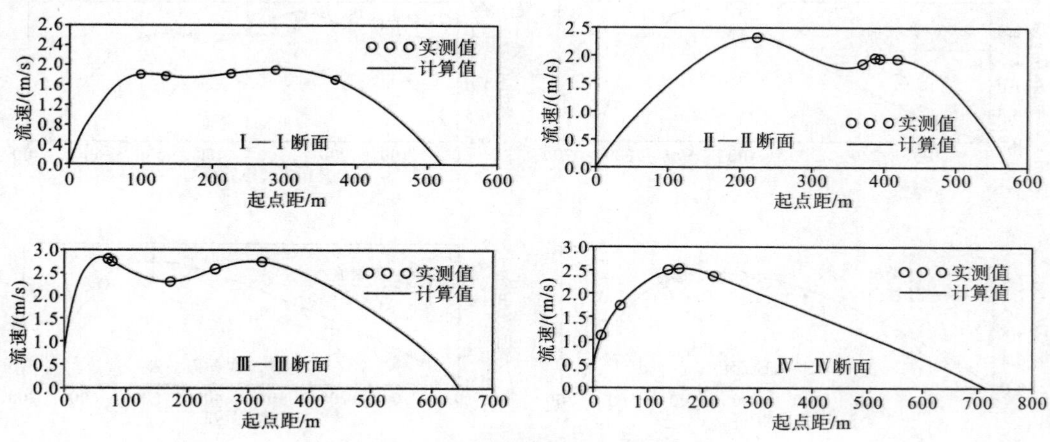

图 5-7　胡家滩河段流速分布验证图

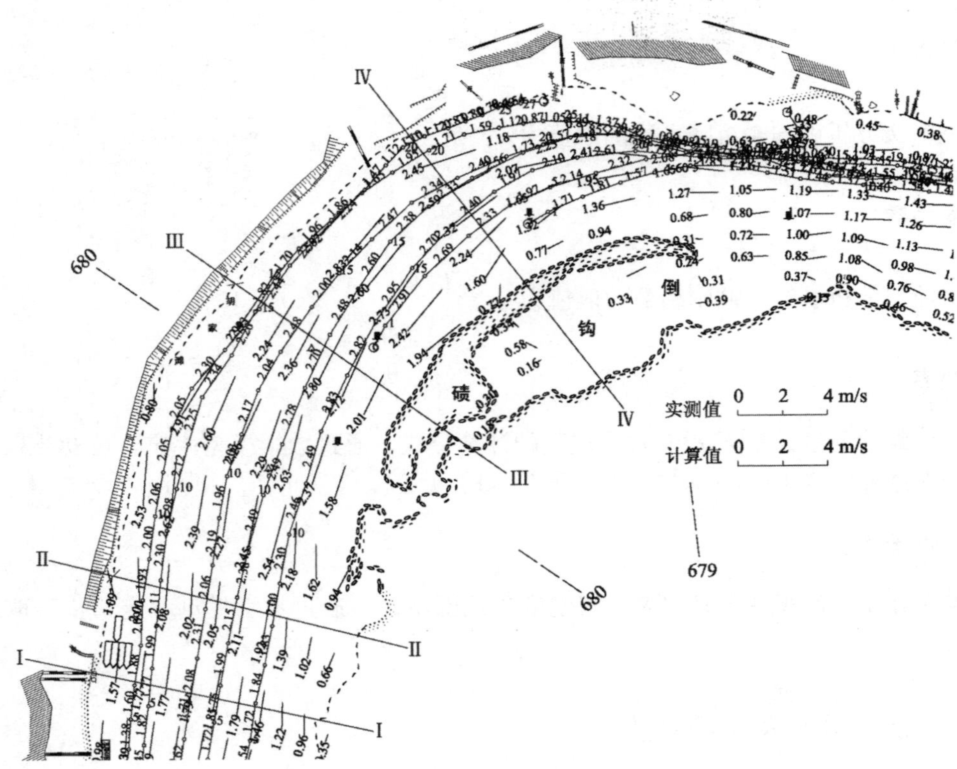

图 5-8　胡家滩河段流场分布验证图

2. 九龙滩河段流场验证

九龙滩航道里程为 669～673 km。验证采用的资料为 2011 年 3 月地形，比例为 1：5000。验证流量采用 2011 年 3 月 23 日朱沱水文站数据，Q=3730 m^3/s，相应三峡坝前水位为 163.91 m。数值模拟计算的流速分布验证如图 5-9 所示；计算的流场分布与实测表面流速流向的比较如图 5-10 所示。

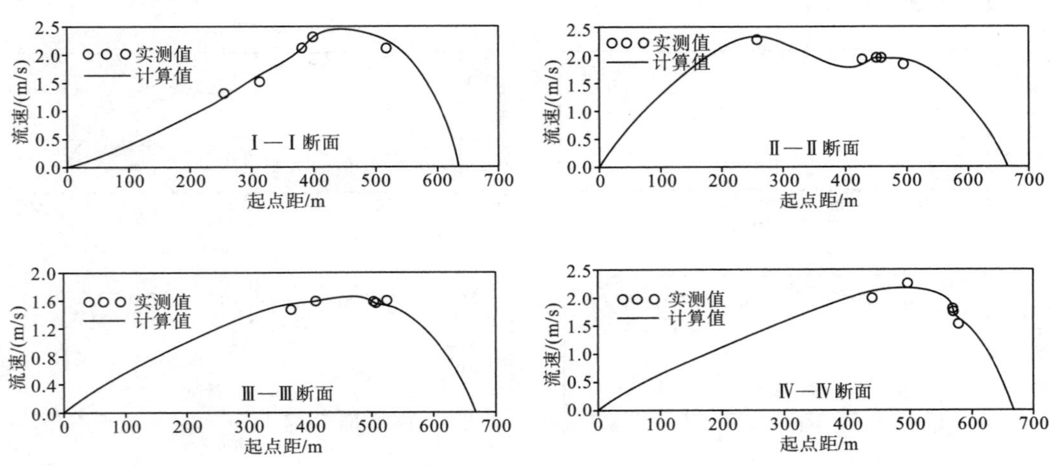

图 5-9　九龙滩河段流速分布验证图

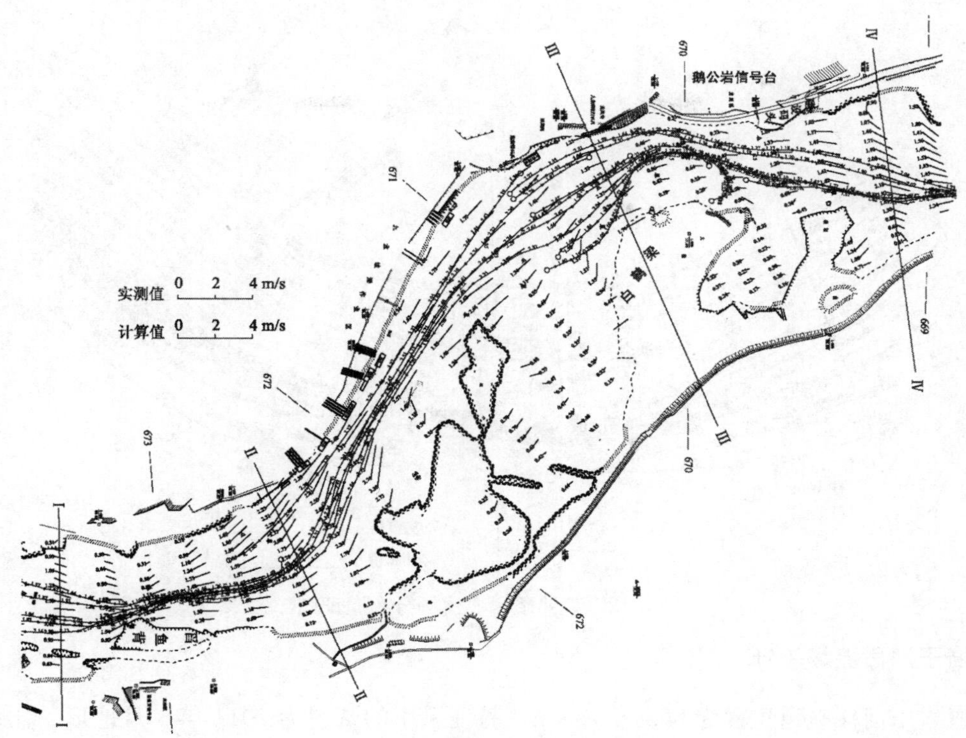

图 5-10　九龙滩河段流场分布验证图

3. 猪儿碛河段流场验证

猪儿碛河段航道里程为 659～661 km。验证采用的资料为 2011 年 3 月地形，比例为 1∶5000。验证流量采用 2011 年 3 月 24 日朱沱水文站数据，$Q=3760\ m^3/s$，相应三峡坝前水位为 163.83 m。数值模拟计算的流速分布验证如图 5-11 所示；计算的流场分布与实测表面流速流向的比较如图 5-12 所示。

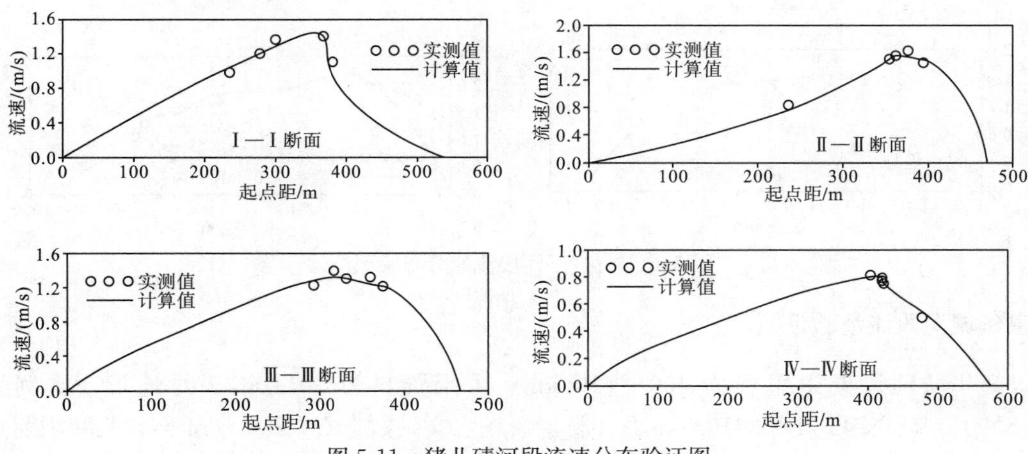

图 5-11　猪儿碛河段流速分布验证图

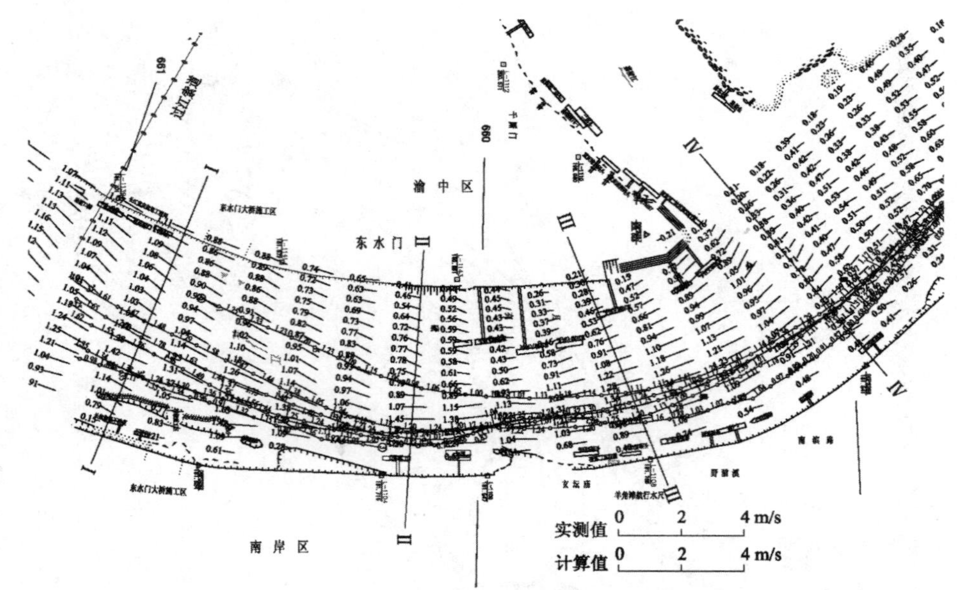

图 5-12　猪儿碛河段流场分布验证图

4. 青岩子河段流场验证

青岩子河段航道里程为 562～566 km。验证采用的资料为 2011 年 3 月地形，比例为 1∶5000。验证流量采用 2010 年 9 月 8 日寸滩水文站数据，$Q=29300\ \mathrm{m^3/s}$，相应三峡坝前水位为 158.45 m。数值模拟计算的流速分布验证如图 5-13 所示；计算流场分布与实测表面流速流向的比较如图 5-14 所示。

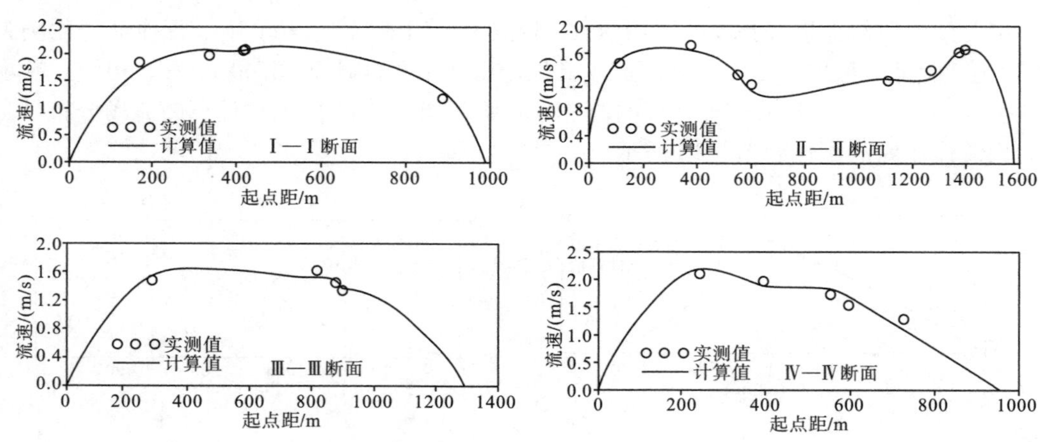

图 5-13　青岩子河段流速分布验证图

5. 皇华城河段流场验证

皇华城河段航道里程为 400～410 km。采用资料为 2011 年 3 月地形，比例为 1∶5000。验证流量采用 2010 年 9 月 4 日清溪场水文站数据 $Q=20000\ \mathrm{m^3/s}$，三峡坝前水位为 158.36 m。数值模拟计算流速分布验证如图 5-15 所示；计算的流场分布与实测表面流速流向的比较如图 5-16 所示。

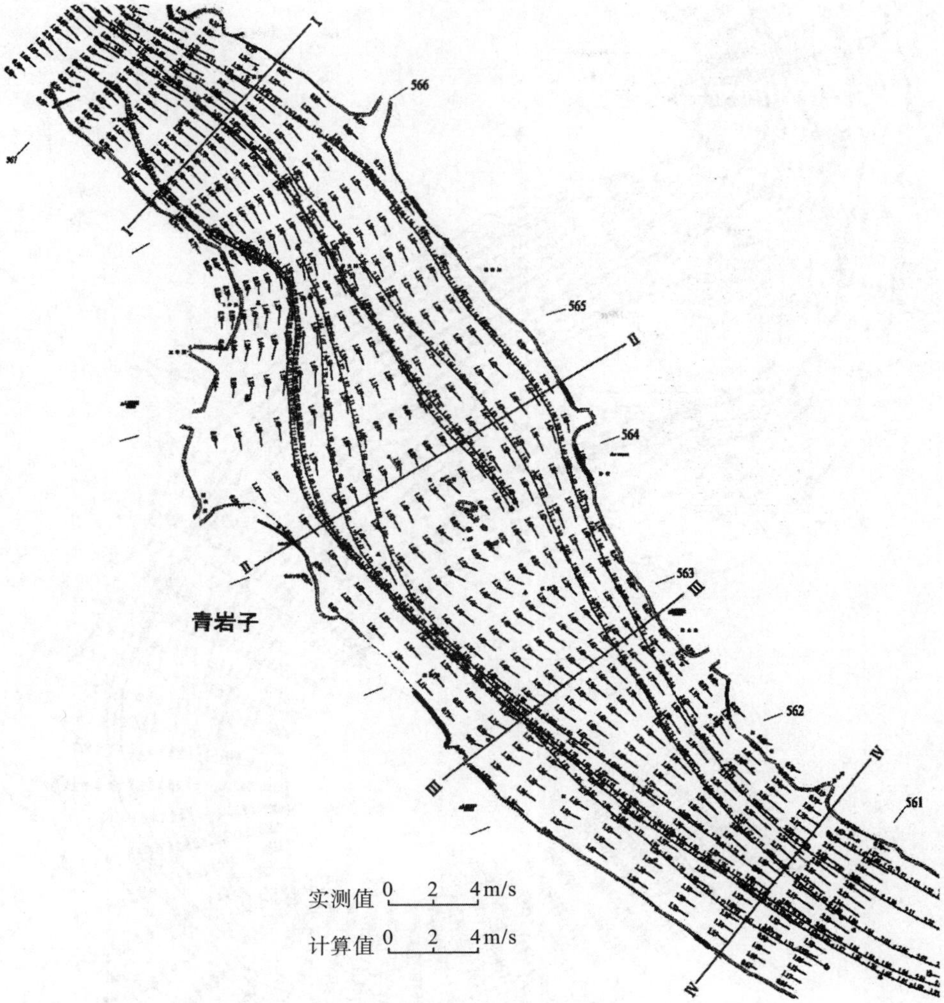

青岩子

实测值 0 2 4m/s

计算值 0 2 4m/s

图 5-14　青岩子河段流场分布验证图

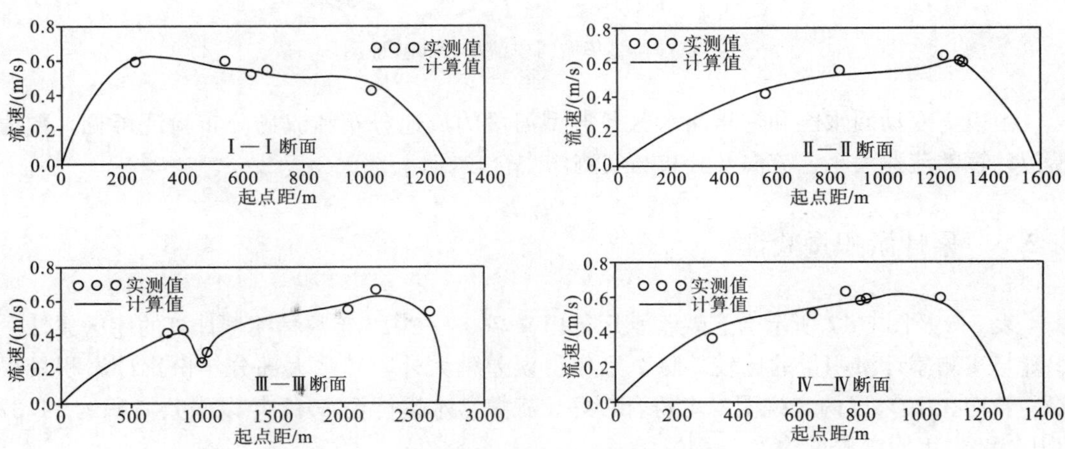

图 5-15　皇华城河段流速分布验证图

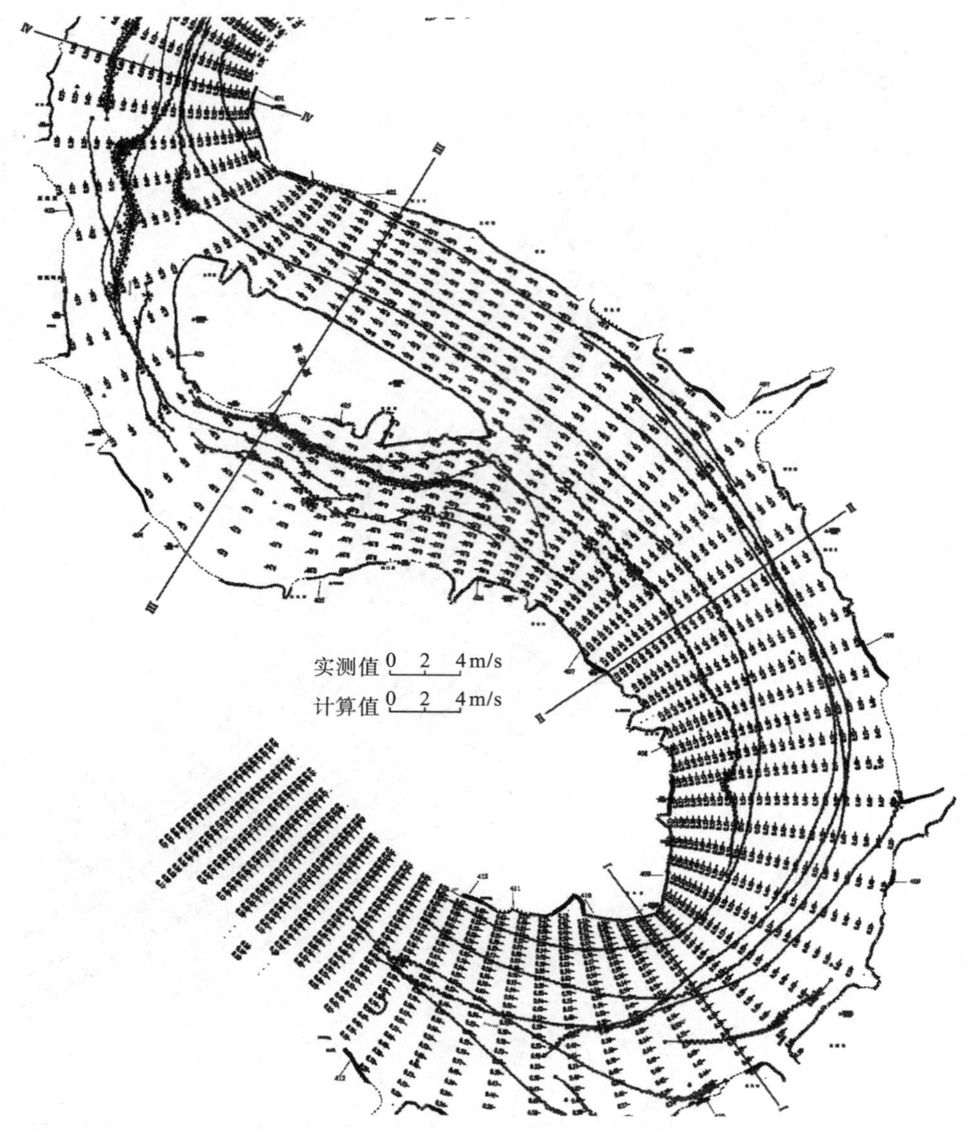

图 5-16 皇华城河段流场分布验证图

由以上变动回水区和常年回水区各典型河段的流速分布和流场分布验证可见，数值模拟计算的流速大小、流向及分布与实测均吻合较好。

5.2.5 累计淤积量验证

表 5-5 及图 5-17 所示为三峡蓄水运行以来 2003—2012 年数学模型计算的库区累计淤积量与实测累计淤积量的比较。除个别年份误差稍大外，其余大部分年份累计淤积量误差一般均在 10%以内，说明二者符合较好。三峡蓄水运行至 2012 年以来共淤积约 14.37 $\times10^8$ m^3，年均淤积量约为 1.44$\times10^8$ m^3。

表 5-5　三峡水库 2003—2012 年实测与计算累计淤积量比较　单位：10^8 m^3

项目	2003 年	2004 年	2005 年	2006 年	2007 年	2008 年	2009 年	2010 年	2011 年	2012 年
实测	1.24	2.26	3.77	4.71	6.40	8.26	9.73	11.69	12.63	14.37
计算	1.25	2.47	3.75	5.60	6.97	9.04	10.52	12.07	13.53	14.82
误差/%	0.68	9.20	−0.56	18.89	8.94	9.46	8.10	3.32	7.08	3.12

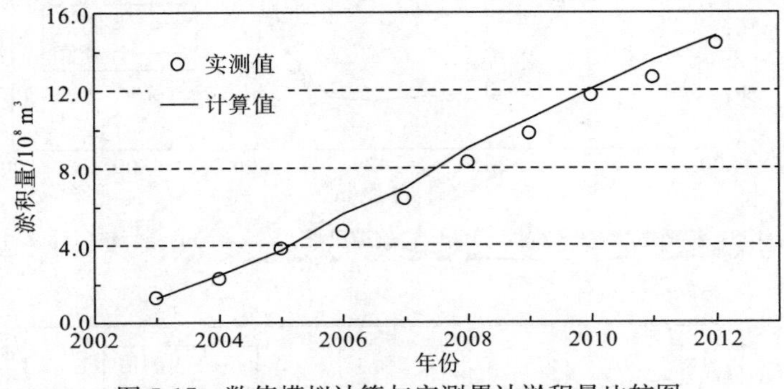

图 5-17　数值模拟计算与实测累计淤积量比较图

5.2.6　横断面冲淤分布验证

二维泥沙冲淤计算能给出冲淤的横向分布。图 5-18 给出了三峡水库蓄水运行以来不同特征部位数值模拟计算与实测的断面淤积过程比较。

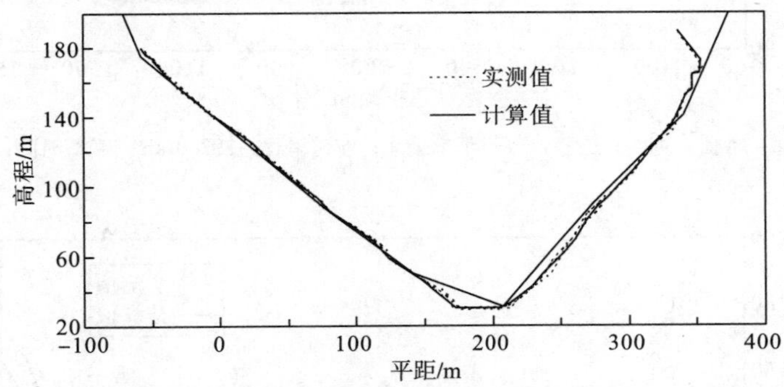

注：断面号：119；特征：峡谷；位置：奉节至云阳间；航道里程：219.5 km；淤积时间：2008—2012 年

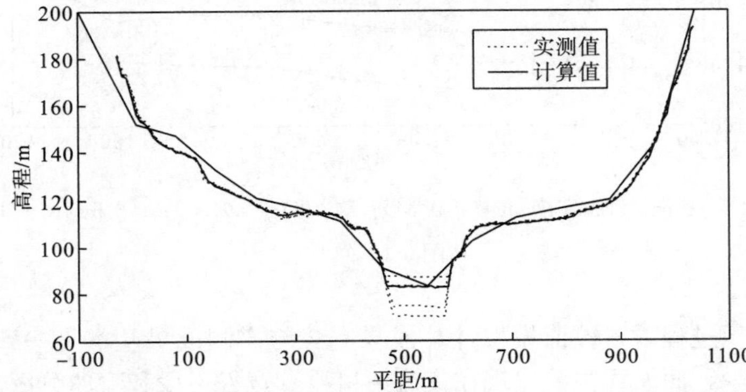

注：断面号：158；特征：宽谷；位置：云阳段；航道里程：307.5 km；淤积时间：2008—2012 年

图 5-18　数值模拟计算与实测断面淤积过程比较图

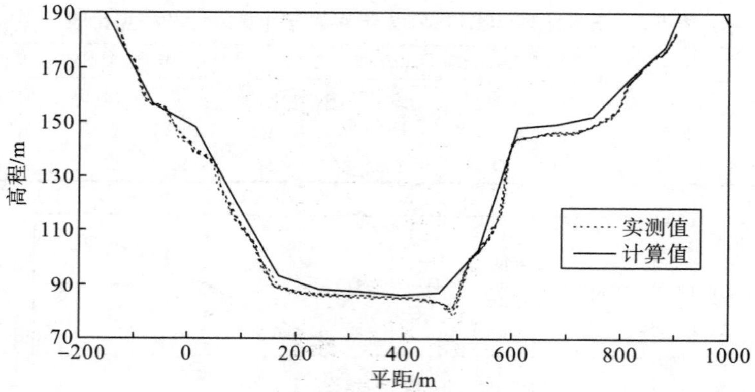

注：断面号：168；特征：峡谷；位置：万州段；航道里程：328.8 km；淤积时间：2008—2012 年

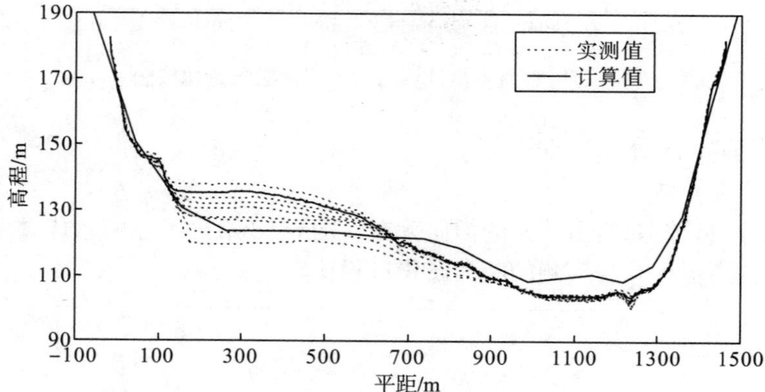

注：断面号：198；特征：宽谷；位置：万州至忠县间；航道里程：392.0 km；淤积时间：2003—2012 年

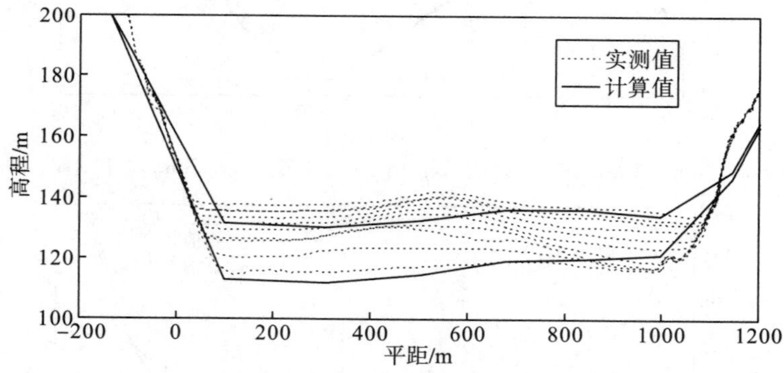

注：断面号：205；特征：弯曲汊道；位置：皇华城；航道里程：404.5 km；淤积时间：2003—2012 年

图 5-18(续)

从各断面淤积过程看，数值模拟计算成果趋势与实测成果基本是一致的，特点是在峡谷河段淤积较少，而淤积主要出现在支流河口段、宽谷河段和弯曲分汊河段。

5.2.7　沿程淤积强度验证

为比较沿程淤积分布，图 5-19 给出了数值模拟计算与实测沿程淤积强度的比较。沿程淤积强度是指单位距离的淤积体积，相当于断面的平均淤积面积。

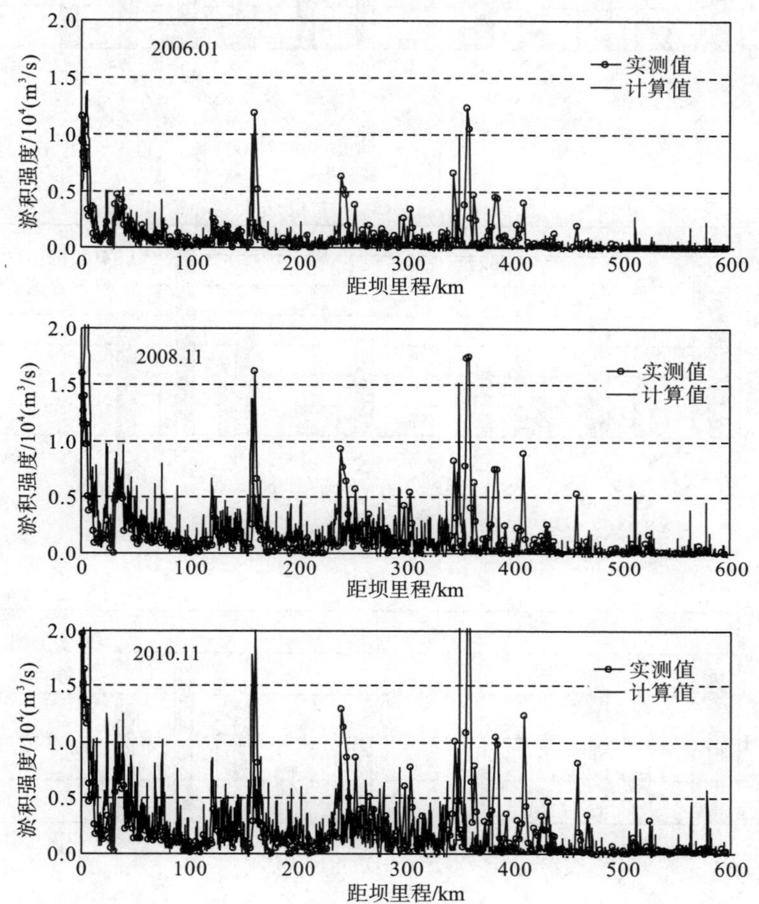

图 5-19　数值模拟计算与实测沿程淤积强度比较图

由淤积强度分布可知，三峡水库蓄水后，淤积主要集中在坝前段(0～25 km)、西陵峡上段(30～80 km)、大宁河口及梅西河口段(120～170 km)、云阳－万州段(250～300 km)以及忠县段(350～400 km)。由图可知，各年数学模型计算的沿程淤积强度与实测分布趋势基本是一致的。

5.2.8　分段累计淤积量验证

图 5-20 给出了实测和数值模拟计算的分段累计淤积量比较。可见，在各典型河段实测与计算累计淤积量趋势是基本一致的。总体看，数值模拟结果在近坝段较实测值为大，而在库尾段淤积则偏少。

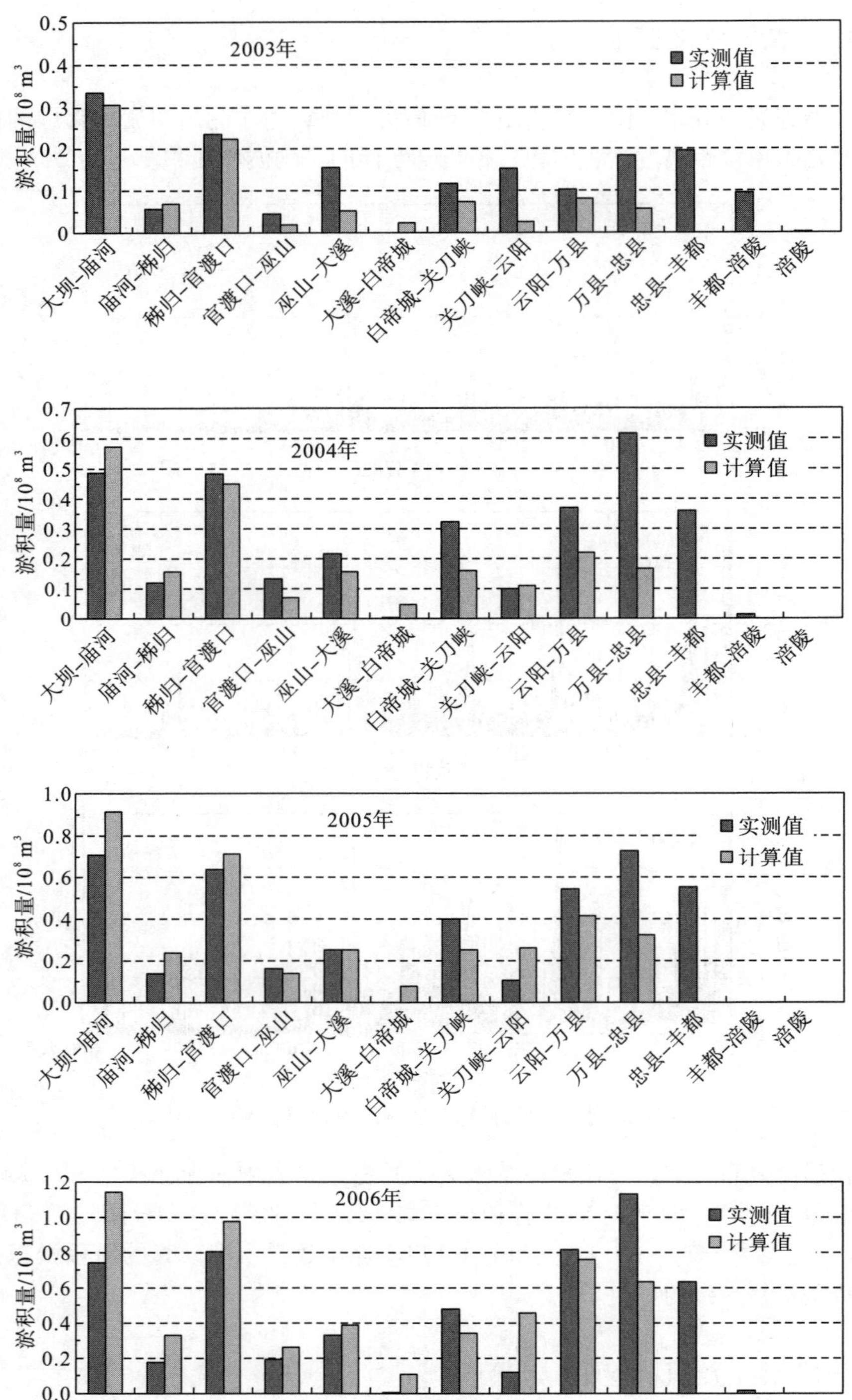
2003年
2004年
2005年
2006年
实测值
计算值
淤积量/10^8 m^3
大坝-庙河
庙河-秭归
秭归-官渡口
官渡口-巫山
巫山-大溪
大溪-白帝城
白帝城-关刀峡
关刀峡-云阳
云阳-万县
万县-忠县
忠县-丰都
丰都-涪陵
涪陵

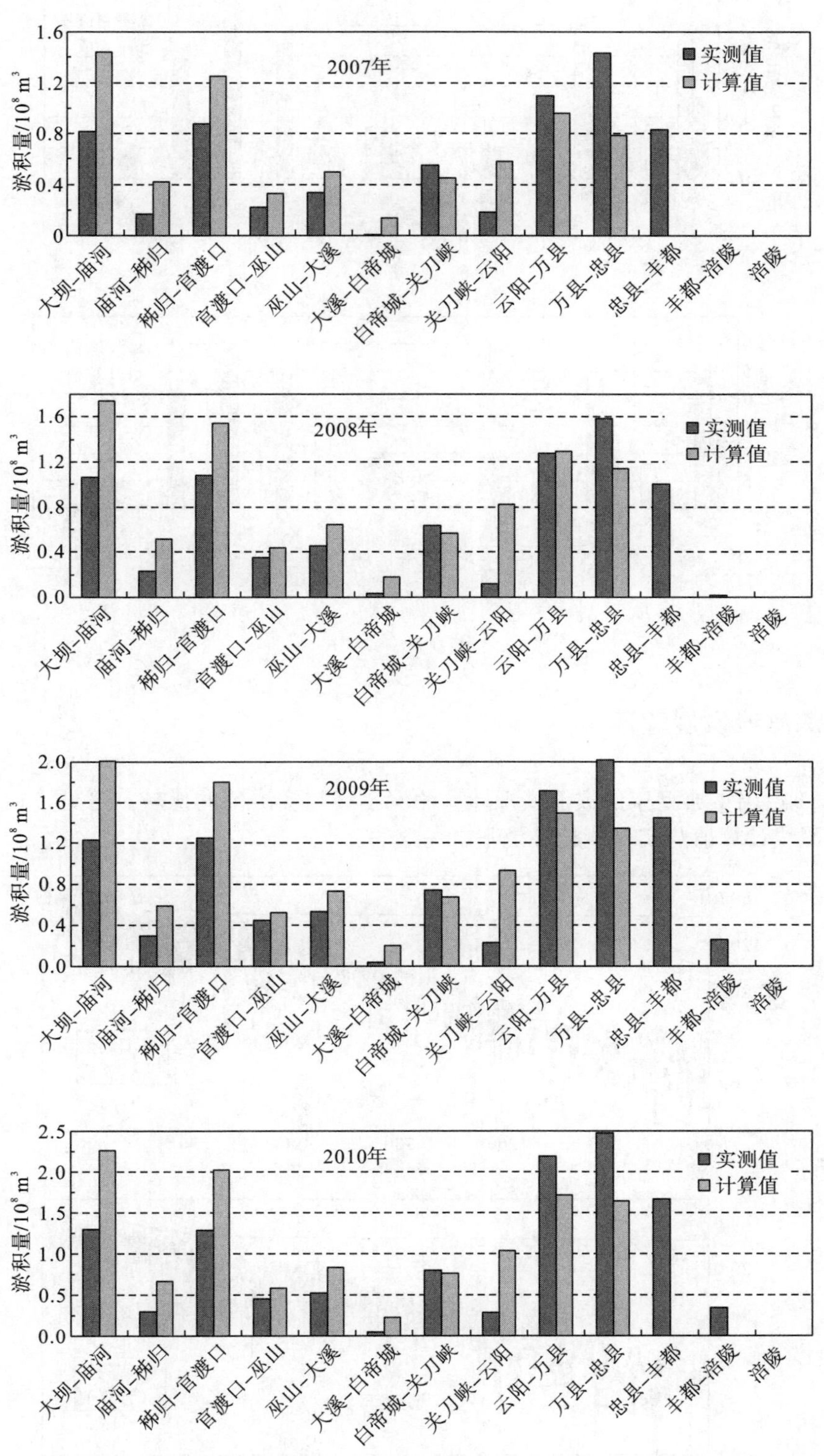

图 5-20　数值模拟计算与实测各河段累计淤积量比较图

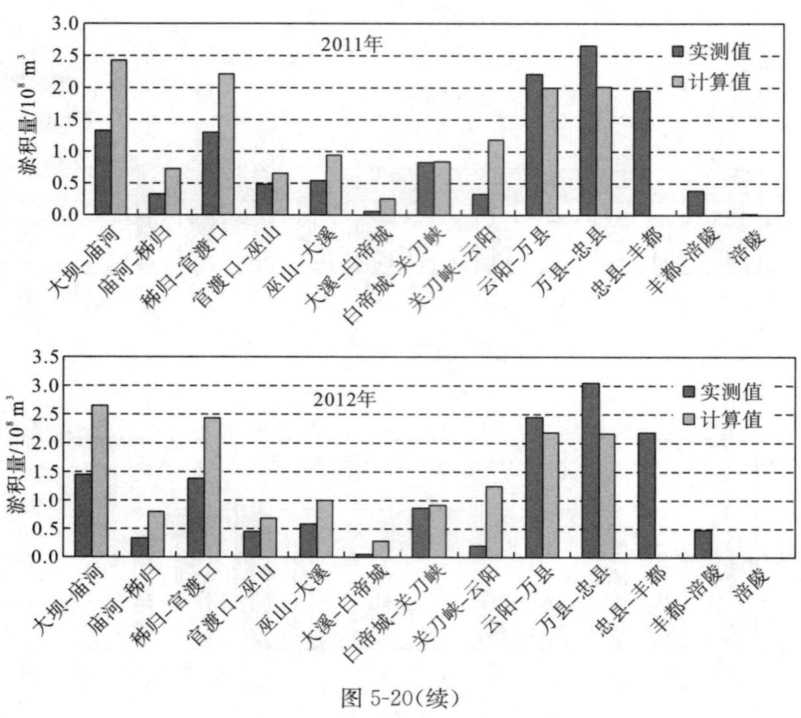

图 5-20(续)

5.2.9　深泓线发展验证

图 5-21 给出了典型年份数值模拟计算的深泓线与实测值的比较。可见，在各典型年情况下深泓线计算值与实测值趋势是基本一致的。

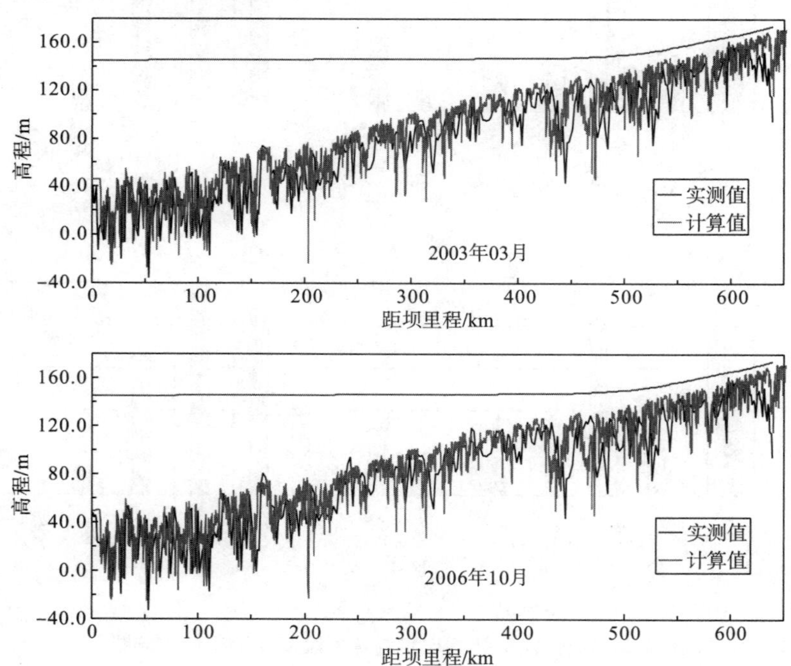

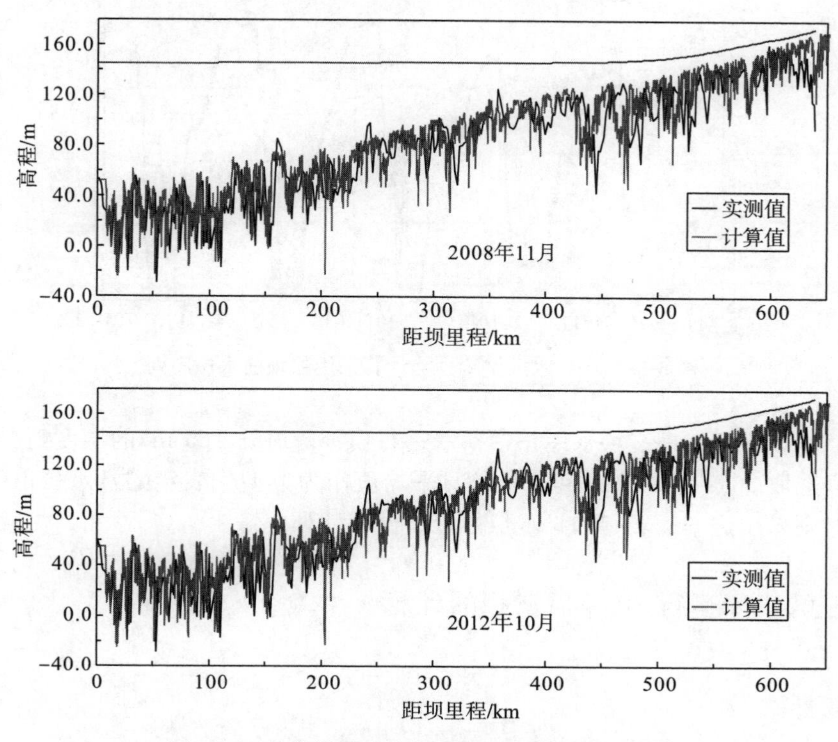

图 5-21　数值模拟计算与实测深泓线变化比较图

5.3　三峡水库淤积的预测计算

为预测三峡水库运行若干年后的淤积情况，在前文验证的基础上对水库再运行 20 年(2013—2032 年)的泥沙淤积进行计算。

5.3.1　计算采用的水沙资料

如前文所述，考虑到目前上游的实际来水来沙情况较之于 60 系列、90 系列均发生了很大变化，为较好地预测目前的淤积发展情况，淤积预报计算仍基于验证中的上游朱沱站、寸滩站及清溪场站实际 10 年(2003—2012 年)水沙资料系列。20 年淤积预测采用该 10 年水沙资料进行循环计算的方式进行。

5.3.2　计算采用的坝前水位过程

三峡水库正常蓄水试运行(175～145～155 m)始于 2008 年，在 2008 年、2009 年最高蓄水位分别为 172.8 m 和 171.43 m，并未完全蓄至 175 m。在 2010 年汛末，三峡水库首次成功蓄水至 175 m，其后 2011 年、2012 年均成功蓄水至 175 m 左右，如图 5-22 所示。

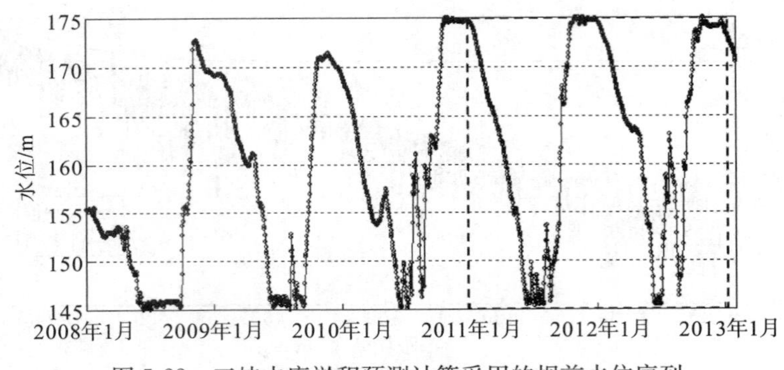

图 5-22　三峡水库淤积预测计算采用的坝前水位序列

因此，为较好地体现三峡水库正常蓄水运行(175～145～155 m)的调度情况，坝前水位运行过程选取 2011 年、2012 年水位的日平均值作为典型代表年的日水位值。在 20 年淤积预测时则采用这一代表年的日水位值进行循环计算。

5.3.3　三峡水库运行 30 年后淤积的计算

1. 累计淤积量

图 5-23 所示为数值模拟计算的三峡水库从蓄水运行至 2032 年共计 30 年(含 2003—2012 年)的累计淤积量过程图。

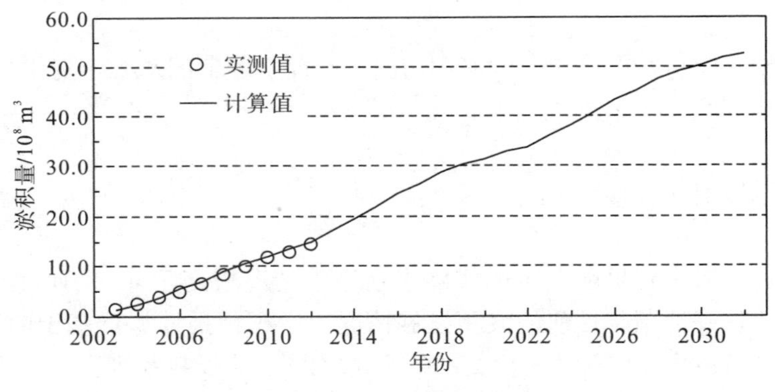

图 5-23　三峡水库累计淤积量

由图可知，三峡水库在蓄水运行 30 年后累计淤积量约为 52.6×10^8 m^3。在 30 年间，淤积量的发展变化趋势基本一致，并未出现拐点，说明淤积还未发展到初步平衡阶段。30 年间年均淤积量约为 1.75×10^8 m^3。

2. 典型横断面的淤积分布

图 5-24 给出了计算的三峡蓄水运行初期至 30 年不同年份的典型横断面淤积过程图。

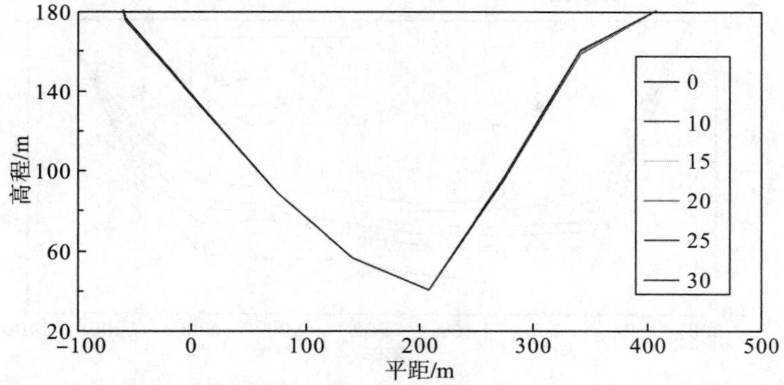

注：断面号：119；特征：峡谷；位置：奉节至云阳间；航道里程：219.5 km；淤积时间：2003—2032 年

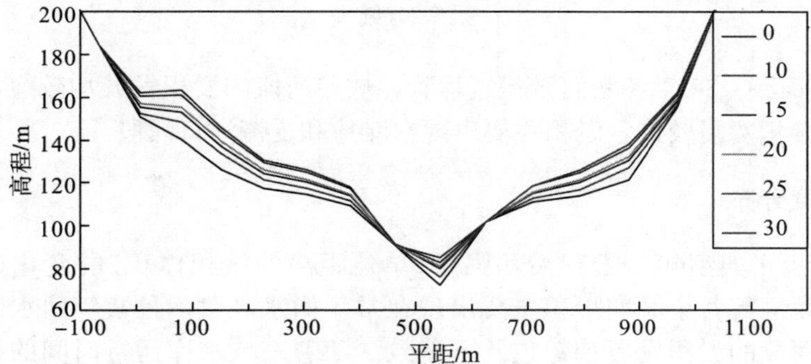

注：断面号：158；特征：宽谷；位置：云阳段；航道里程：307.5 km；淤积时间：2003—2032 年

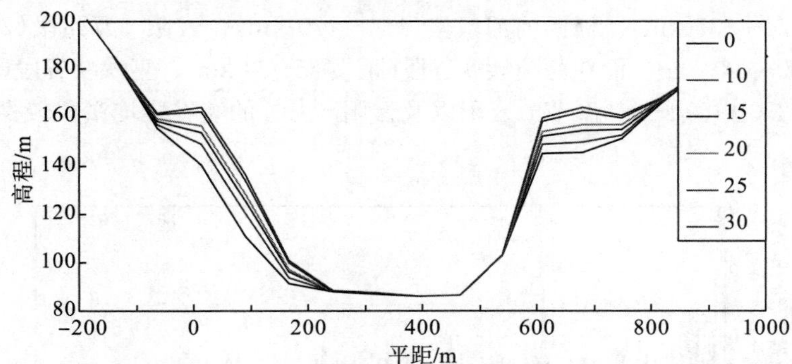

注：断面号：168；特征：峡谷；位置：万州段；航道里程：328.8 km；淤积时间：2003—2032 年

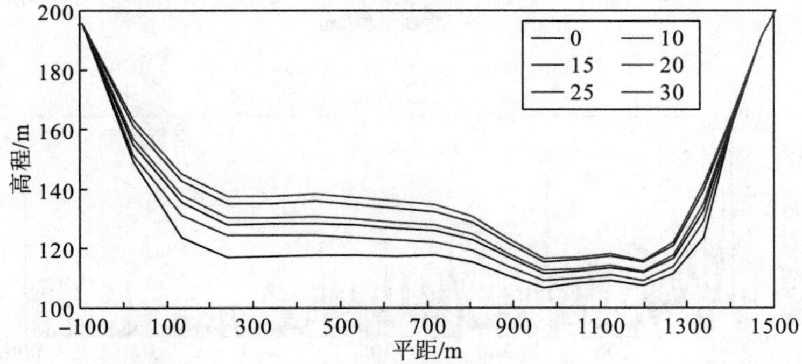

注：断面号：198；特征：宽谷；位置：万州至忠县间；航道里程：392.0 km；淤积时间：2003—2032 年

图 5-24　数值模拟与实测断面淤积过程比较图(见彩图)

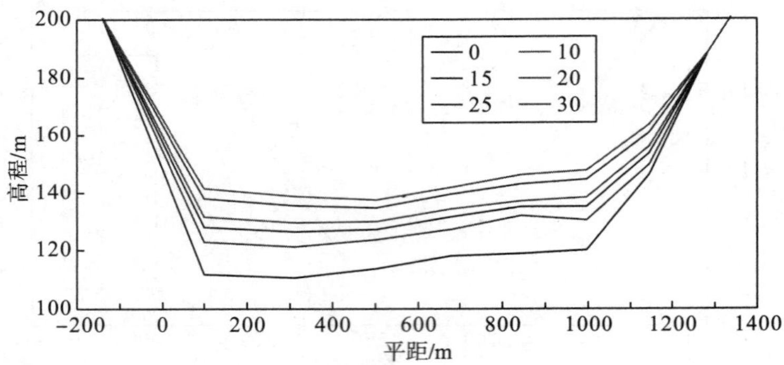

注：断面号：205；特征：弯曲汊道；位置：皇华城；航道里程：404.5 km；淤积时间：2003—2032 年。

图 5-24(续)

从三峡水库运行 30 年各断面淤积过程看，峡谷河段的淤积发展均较缓，在宽谷和弯曲分汊河段的淤积发展较快，淤积主要出现在滩地和支流河口河段。

3. 沿程淤积强度分布

图 5-25 给出了典型年份沿程淤积强度(单位距离的淤积体积)的变化过程。由图可知，在三峡水库运行各个时期淤积主要出现在常年回水区段，且常年回水区内的淤积强度不等，不同河段的淤积发展趋势也并不一致。随着三峡水库运行时间的推移，断面的淤积量逐渐增加，淤积主要仍发生在坝前段(距坝 0～25 km)、西陵峡上段(30～80 km)、大宁河河口(120～135 km)、梅西河河口段(160～170 km)、云阳—万州段(250～300 km)以及忠县段(350～400 km)。而在西陵峡峡谷段(距坝 25～30 km)、巫峡峡谷段(90～120 km)、瞿塘峡峡谷段(150～160 km)、奉节—云阳以及云阳—忠县的峡谷段均淤积较少。

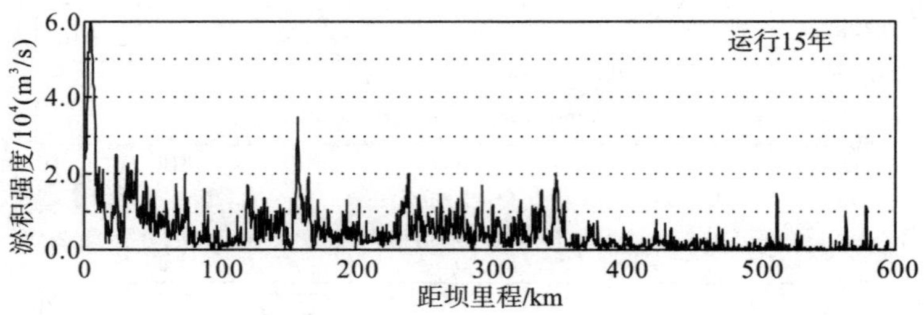

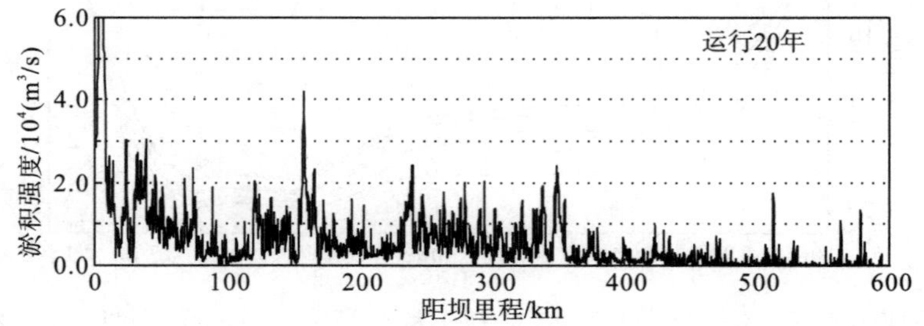

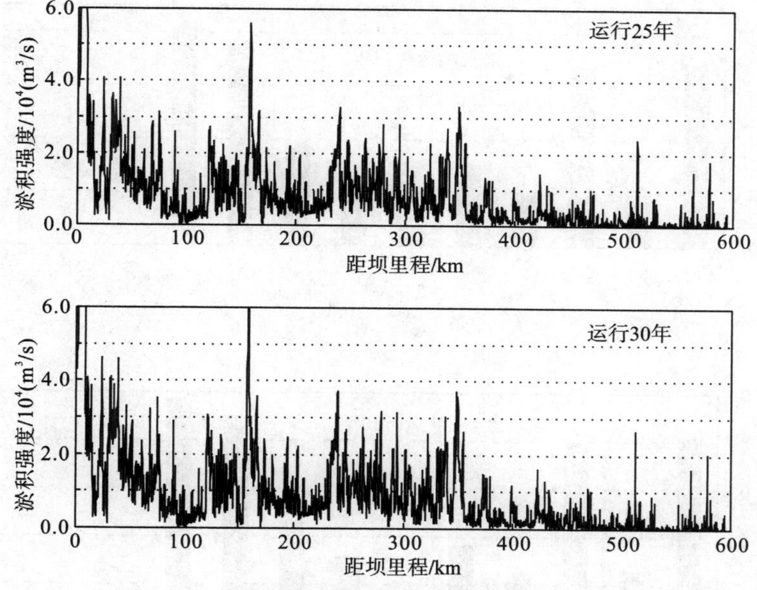

图 5-25　三峡水库运行不同时期沿程淤积强度过程

4. 分段累计淤积量计算

图 5-26 给出了典型年份分段累计淤积量的变化过程。由图可知，三峡运行 30 年间淤积分布趋势基本一致。淤积主要发生在近坝段、西陵峡上游宽谷段、云阳－忠县段，而在西陵峡、巫峡、瞿塘峡等峡谷河段淤积量均较小。

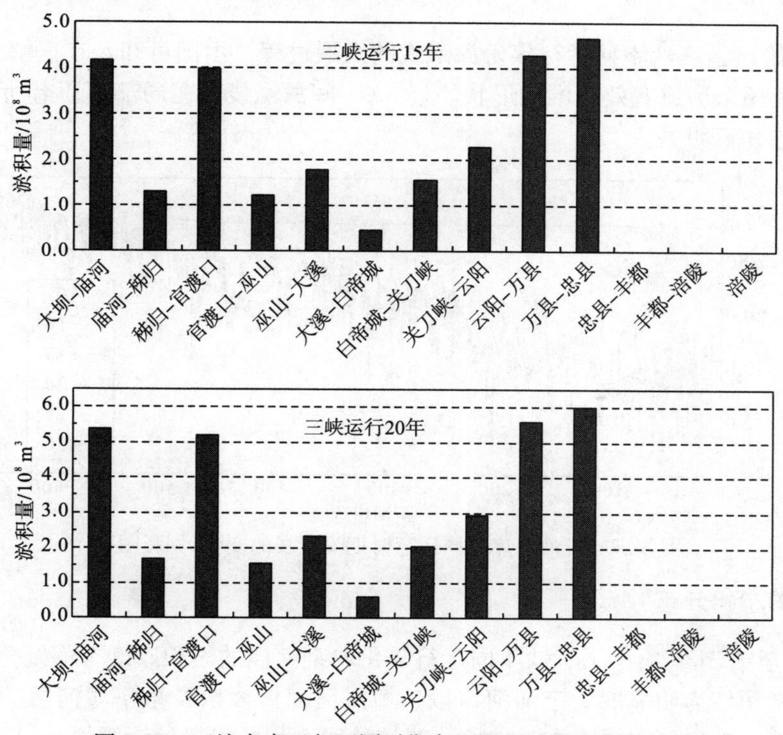

图 5-26　三峡水库运行不同时期各河段累计淤积量比较图

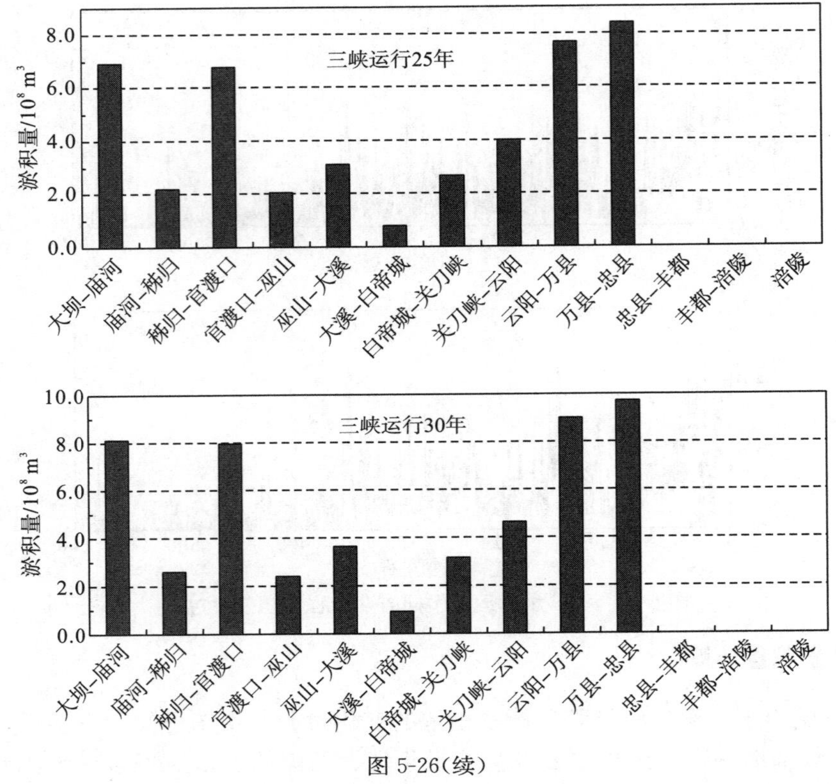

图 5-26(续)

5. 深泓线的变化

图 5-27 给出了三峡不同运行年份深泓线的发展过程。由图可知，在三峡水库运行 30 年间，深泓线还未形成有效的堆积形状，且 30 年间深泓线除在局部河段有所抬高外，整体的变化趋势并不明显。

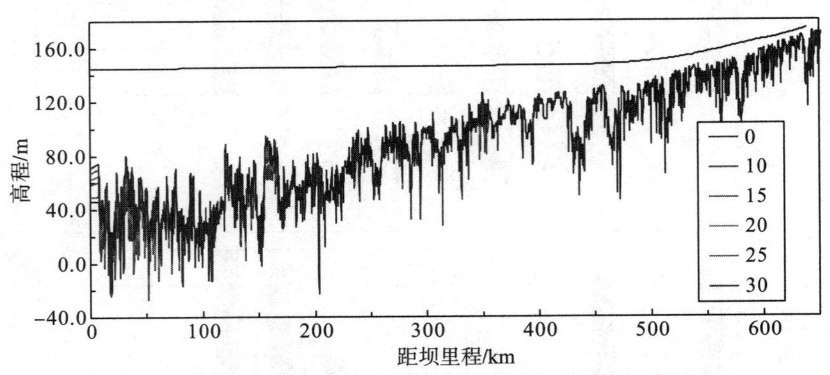

图 5-27 三峡水库不同运行时期深泓线的变化(见彩图)

6. 典型河段的淤积分布

图 5-28 至图 5-30 给出了三峡不同运行年份典型河段的淤积厚度等值线分布图。图中主要给出了淤积较为明显的大宁河河口段、梅溪河河口段以及皇华城河段的淤积发展过程。同时，从图中也可以看出在巫峡段、瞿塘峡段淤积的发展较为缓慢。

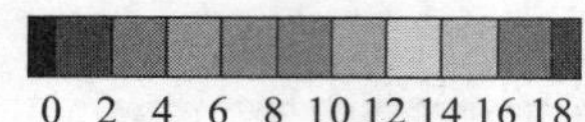

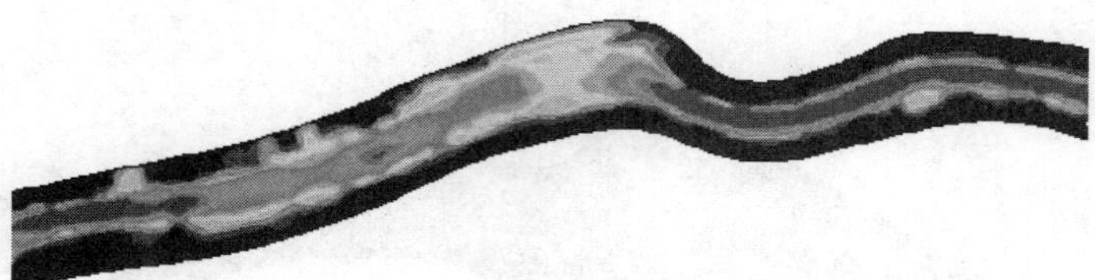

(a)三峡运行 15 年大宁河口段淤积厚度分布图

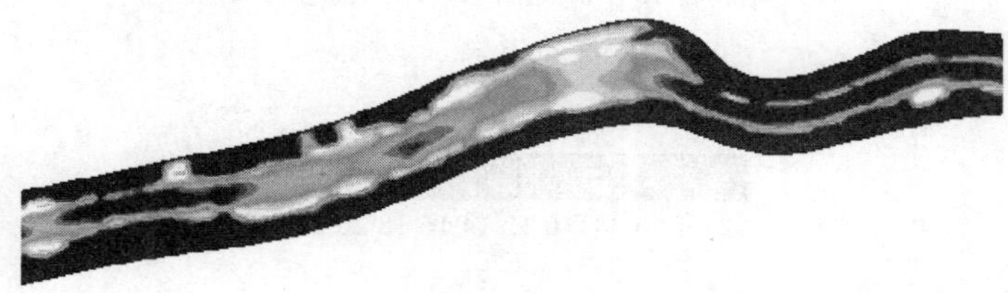

(b)三峡运行 20 年大宁河口段淤积厚度分布图

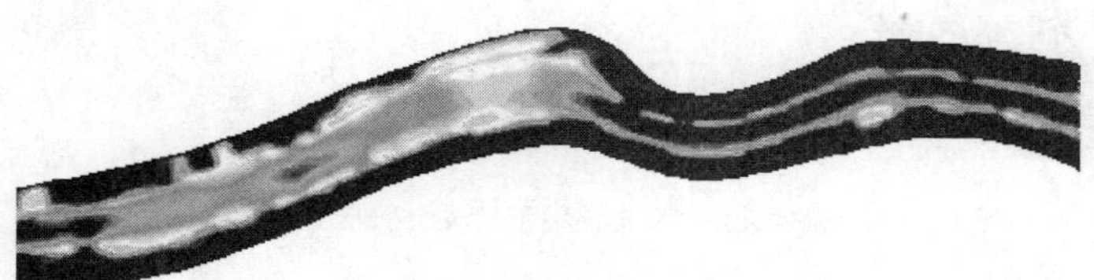

(c)三峡运行 25 年大宁河口段淤积厚度分布图

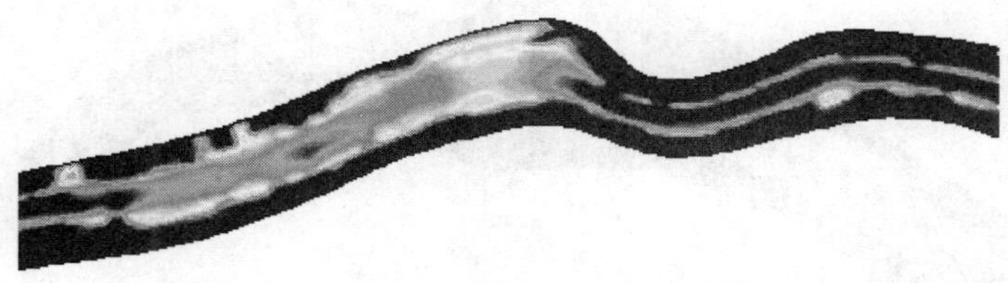

(d)三峡运行 30 年大宁河口段淤积厚度分布图

图 5-28　大宁河口段淤积厚度预测

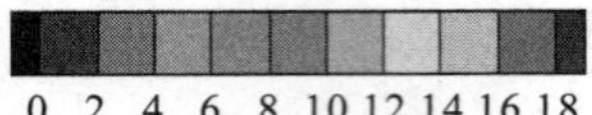

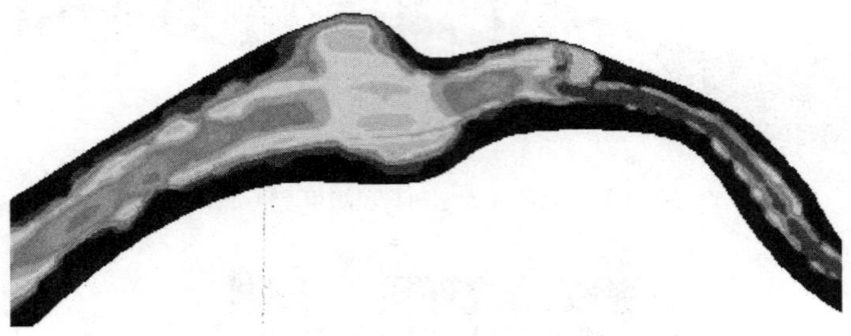

(a)三峡运行 15 年梅溪河河口段淤积厚度分布图

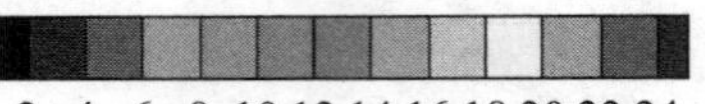

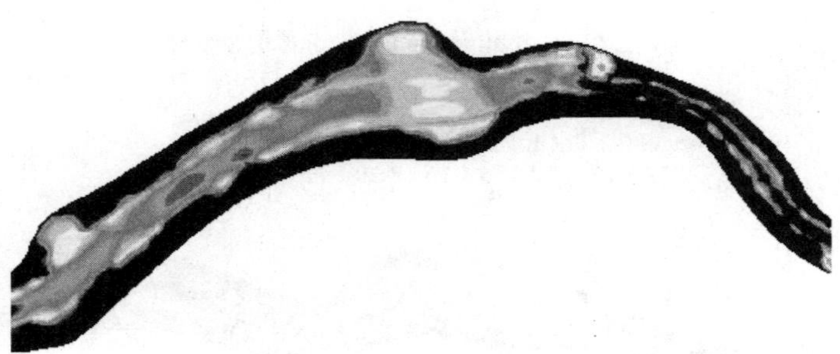

(b)三峡运行 20 年梅溪河河口段淤积厚度分布图

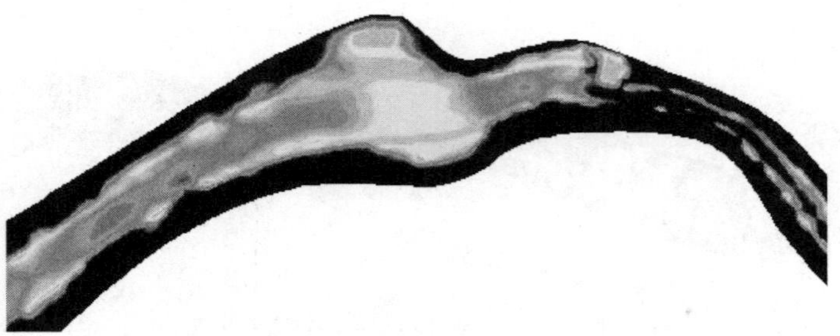

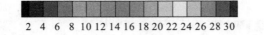

(c)三峡运行 25 年梅溪河河口段淤积厚度分布图

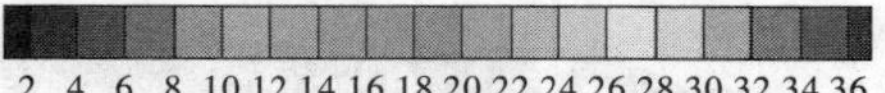

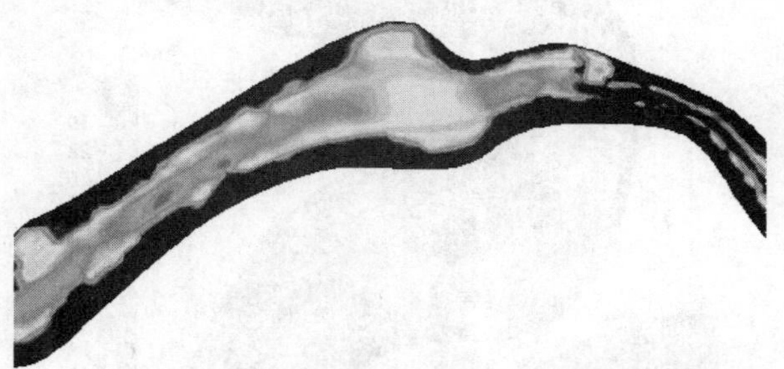

(d)三峡运行 30 年梅溪河河口段淤积厚度分布图

图 5-29　梅溪河河口段淤积厚度预测

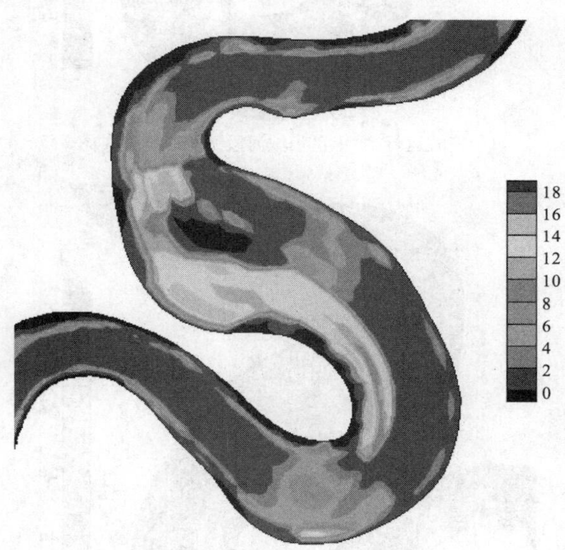

(a)三峡运行 15 年皇华城河段淤积厚度分布图

(b)三峡运行 20 年皇华城河段淤积厚度分布图

图 5-30　皇华城河段淤积厚度预测

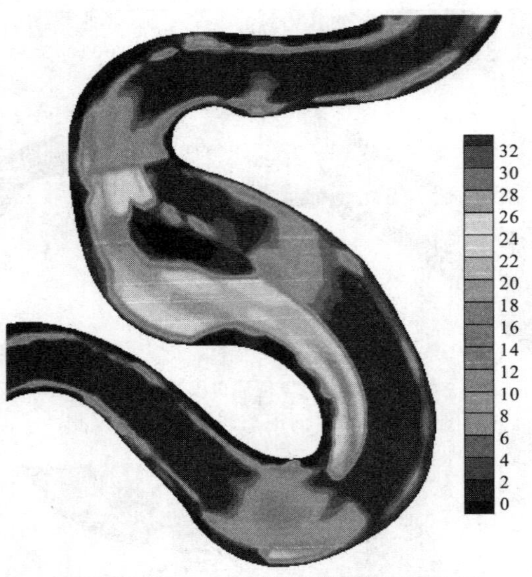

(c)三峡运行 25 年皇华城河段淤积厚度分布图

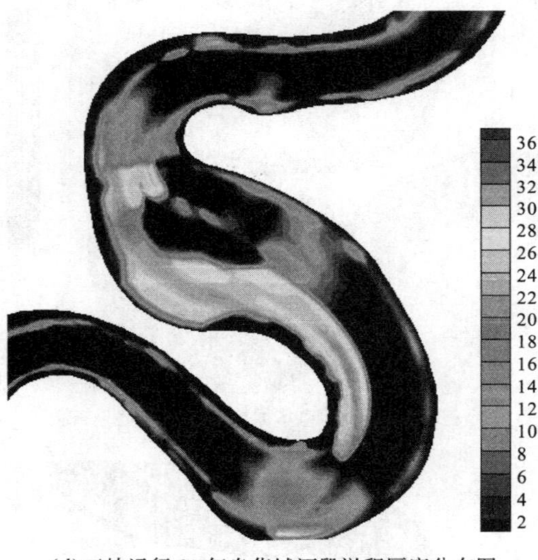

(d)三峡运行 30 年皇华城河段淤积厚度分布图

图 5-30(续)

5.3.4 三峡水库运行 30 年淤积计算小结

前文对三峡水库运行 30 年的泥沙淤积进行了计算，通过初步分析可知，三峡运行 30 年累计淤积量约为 $52.6\times10^8\ m^3$，淤积还远未达到初步平衡，年均淤积量约为 $1.75\times10^8\ m^3$。从历年断面淤积发展过程、沿程淤积强度、分段累计淤积分布等结果看，三峡水库库区的宽谷和弯曲分汊河段淤积发展较快，在峡谷河段淤积发展均缓，淤积主要出现在滩地和支流河口河段。具体而言，淤积主要发生在坝前段、西陵峡上段、大宁河河口段、梅西河河口段、云阳－万州段以及忠县段。而在西陵峡峡谷段、巫峡峡谷段、瞿塘峡峡谷段(150～160 km)、奉节－云阳以及云阳－忠县峡谷段均淤积较少。

5.4 展　望

通过对三峡水库运行 10 年来(2003—2013 年)实测淤积的验证，初步揭示出三峡库区泥沙淤积的自身特点和现象。在此基础上对三峡运行 30 年的泥沙淤积进行了数值模拟计算，给出了三峡水库的累计淤积量、典型横断面的淤积过程、沿程淤积强度、分段累计淤积量、深泓线的发展过程及典型河段的淤积厚度等值线图，初步给出了三峡水库淤积发展的可能趋势和变化。但是，鉴于这是针对三峡水库全库区进行二维泥沙冲淤计算的首次尝试，很多方面还有待进一步补充和完善。

(1)受目前计算机能力限制，本书对全库区的网格划分还较为稀疏(一般间距 50～100 m)，局部地形的影响可能难以有效体现，下一步可结合本书中的试验针对重点河段进行加密计算。

(2)本书中泥沙按照均匀沙进行考虑，泥沙沉降速度按照絮凝方式采用数值模拟反算，缺乏实测资料支持，下一步应开展三峡库区泥沙的采样和絮凝、沉降速度等专题研究，为数值模拟计算提供更科学的依据。

(3)书中采用了泥沙侵蚀率的概念和参数，但目前没有较成熟的计算公式，也需要开展进一步的研究探讨。

(4)书中泥沙淤积物干密度假定为常数，这与实际情况有一定出入。今后应进一步开展三峡库区泥沙淤积物的采样及其分析，获取淤积物干密度的更多资料，为数值模拟计算提供基础参数。

第 6 章　基于原型沙的水库物理模型冲淤模拟技术

6.1　模型设计理论

6.1.1　模型沙选取

悬移质动床模型试验的最终目的是对河床泥沙冲淤变化进行验证和预测，因此所选的模型沙是否能够模拟出天然情况下的悬移质泥沙冲淤变化显得非常重要，模型沙的选取是能否模拟出原型河床冲淤变化的关键之一。要使得模型的河床冲淤变化与原型相似，必须要求模型沙运动与原型相似，包括悬沙的冲刷相似、淤积相似等。在悬移质模型设计过程中，常需要进行选沙试验，测定模型沙的性能，以便确定使用何种模型沙进行试验。

由于以往的研究均未考虑冲泄质的冲淤过程，故模型设计时未考虑 0.01 mm 以下的泥沙，表 6-1 为各研究单位开展三峡库区物理模型试验时考虑的泥沙粒径以及所选的模型沙。可以看出，模型沙类型较多，这也使得模型沙模拟原型沙效果各异。

表 6-1　各研究单位采用的模型沙类型

研究单位	研究项目	原型沙 D_{50}/mm	模型沙	
			D_{50}/mm	材料
重庆交通大学	重庆朝九河段动床试验研究	30～40	0.25～1	核桃粉
西科所	重庆主城区河段泥沙冲淤变化对港口、航道的影响及治理措施研究	0.028	0.0187	精煤
长科院	长江上游建库对重庆主城区河段泥沙淤积影响河工模型试验	0.032	0.083	塑料沙
长科院	三峡工程运行初期重庆主城区河段泥沙模型试验	0.05	0.130	塑料沙
南京水科院	三峡水库变动回水区重庆主城区河段泥沙冲淤变化对防洪航运影响及对策研究	0.028	0.013	电木粉
清华大学	三峡水库变动回水区重庆主城区河段泥沙模型	0.0376	0.177	塑料沙
清华大学	三峡水利枢纽坝区泥沙模型试验	0.044	0.033	精煤

模型沙粒径比尺选择不当会使选取的模型沙的物理化学性质发生改变。张红武在《河工动床模型存在问题及其解决途径》一文中提到，由于现有描述泥沙运动基本规律的方程尚不完善，泥沙模型试验最终需经过原型冲淤实测资料的验证。

三峡库区淤积泥沙均为中值粒径约为 0.01 mm 的细颗粒泥沙，自身可能发生絮凝沉降(前文已经证实)，存在冲刷、输沙和淤积流速带，因此模型设计时需要满足冲刷相似和淤积相似。模型设计时如果选择粒径更小的模型沙，絮凝现象将更加严重，很难满足沉降相似，且沉积后固结现象更为严重，也难以满足冲刷相似。此外，粒径更小的模型沙也难以加工，市面上较难购买。为了选取适合的模型沙，利用核桃粉、精煤和天然沙分别进行了冲淤模拟试验测试，各模型沙试验后的淤积形态如图 6-1 至图 6-3 所示。

图 6-1　核桃粉模型试验淤积形态

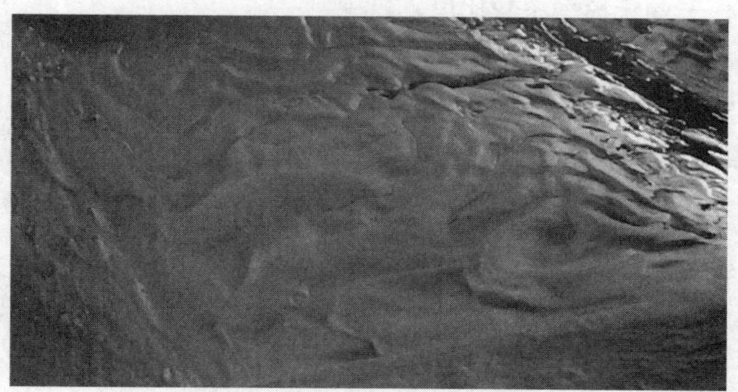

图 6-2　精煤模型试验淤积形态

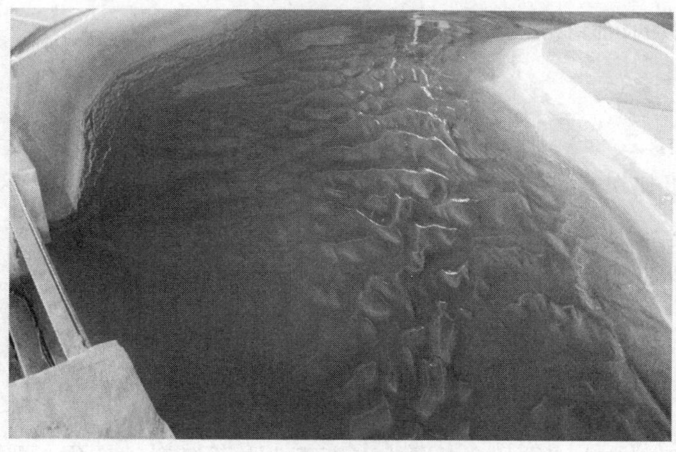

图 6-3　天然沙模型试验淤积形态

通过对比，发现核桃粉不易淤积，一旦淤积则为连续的片状或带状，且相比原型更易冲刷。此外，核桃粉容易腐烂，不利于长时间模拟。精煤的淤积效果较为理想，但是淤积后固结严重，很难冲刷。选用天然沙作为模型沙模拟出的泥沙运动效果较好，天然沙模拟河床冲淤运动形成的淤积形态及淤积部位与原型十分相似，而轻质砂模拟时与天然情况完全不符。因此，在进行较细悬移质动床模型模拟冲淤时选择天然沙作为模型沙更具有相似性。

6.1.2 模型比尺

根据场地布置，水平比尺为 $l_L=400$，垂直比尺为 l_H，变态率 $e=l_L/l_H$。

1. 水流运动相似准则

(1)重力相似——流速比尺。

$$\lambda_V = \lambda_H^{1/2} \tag{6-1}$$

(2)水流连续原理——流量比尺。

$$\lambda_Q = \lambda_A \lambda_V = \lambda_H^{7/6} \lambda_L \tag{6-2}$$

式中，λ_A 为面积比尺。

(3)阻力相似——曼宁糙率系数比尺。

$$\lambda_n = \frac{1}{\lambda_V} \lambda_H^{2/3} \lambda_J^{1/2} = \lambda_H^{-1/6} \lambda_H^{2/3} \frac{\lambda_H^{1/2}}{\lambda_L^{1/2}} = \lambda_H \lambda_L^{-1/2} = \lambda_H^{1/2} e^{-1/2} \tag{6-3}$$

2. 泥沙运动相似准则

(1)冲刷相似——起动流速比尺。根据现场测量和水槽试验的结果，淤积物现场起动流速约为 1.1 m/s，而试验结果为 0.35～0.4 m/s，淤积物现场淤积流速为 0.5～0.6 m/s，而试验结果为 0.1～0.15 m/s，因此冲刷相似的流速比尺为 2.3～3，淤积相似的流速比尺为 4～5。

(2)沉降速度比尺。沙粒在二维流场中沉降 H 高度运动的水平距离 L 为 $L=H\dfrac{V}{\omega}$，可以得出沉降相似的沉降速度比尺为

$$\lambda_\omega = \lambda_V \frac{\lambda_H}{\lambda_L} \tag{6-4}$$

如取 $\lambda_L=400$，$\lambda_V=5$，则 $\lambda_H=80$，如取 $\lambda_L=400$，$\lambda_V=2.3$，则 $\lambda_H=170$，均满足采用原型沙沉降速度比尺为 1。

(3)含沙量比尺和泥沙冲淤时间比尺。目前的物理模型设计中普遍采用泥沙悬浮功率确定含沙量比尺，冲淤时间比尺采用如下的泥沙连续方程：

$$\frac{\partial(qS)}{\partial x} + \gamma' \frac{\partial Z}{\partial t} = 0 \tag{6-5}$$

式中，γ'为淤积物的干密度；q 为单宽流量；S 为含沙量；Z 为河床底面高程；x 为流程；t 为时间。

然而这一方程假定水流中的含沙量在各断面上并不随时间变化，即当地的河床变形

完全由输沙率的沿程变化引起。根据前述泥沙运动和河床变形方程的推导，该假设是存在局限的，只能满足挟沙力饱和的情况，但实际情况中河床上泥沙的增加和输沙率的沿程增值应等于同一时刻当地断面水流中的含沙量减小，即更为普适的泥沙连续方程如下：

$$\frac{\partial(qS)}{\partial x}+\gamma'\frac{\partial Z}{\partial t}+\frac{\partial(Sh)}{\partial t}=0 \tag{6-6}$$

这一方程可由第 4 章推导的泥沙运动方程和河床变形方程相加得到。

将 $q=Vh$，$V=\mathrm{d}x/\mathrm{d}t$ 带入式(6-6)可得

$$Vh\frac{\partial S}{\partial x}+S\frac{\partial q}{\partial x}+\gamma'\frac{\partial Z}{\partial t}+S\frac{\partial h}{\partial t}+h\frac{\partial S}{\partial t}=0 \tag{6-7}$$

其中，$S\dfrac{\partial q}{\partial x}+S\dfrac{\partial h}{\partial t}=0$ 为水流的连续方程，则

$$h\left(\frac{\partial S}{\partial t}+\frac{\partial S}{\partial x}\frac{\mathrm{d}x}{\mathrm{d}t}\right)=h\frac{\mathrm{d}S}{\mathrm{d}t}=-\gamma'\frac{\partial Z}{\partial t} \tag{6-8}$$

式(6-8)表明，河床上某处的泥沙冲淤变化等于该处水体中含沙量的变化，包括当地变化和牵移变化(输沙率变化)。

利用式(6-5)可以确定泥沙冲淤时间比尺为

$$\lambda_t=\lambda_{\gamma'}\frac{\lambda_L}{\lambda_V\lambda_S} \tag{6-9}$$

这一比尺也在物理模型中广泛应用，而式(6-8)表明，泥沙连续方程不能确定时间比尺，只能得到下述比尺关系：

$$\lambda_Z\lambda_{\gamma'}=\lambda_S\lambda_{\mathrm{H}} \tag{6-10}$$

可以看出，泥沙连续方程并不能确定泥沙冲淤时间比尺，时间比尺应由水流的时间比尺确定。式(6-10)给出了一个河床变形的自由度，即允许河床变形的比尺与模型的垂直比尺不同，只需要调整含沙量比尺即可。此外，该推导过程说明在模拟河床变形时，含沙量比尺不能根据以往的悬浮功率公式确定，若河床变形比尺与模型垂直比尺取同值，则含沙量比尺应与密度比尺一致。

3. 模型比尺确定

泥沙冲淤模型设计需要在满足水力学模型的基础上，保证泥沙的冲刷和淤积同时相似，所以在确定模型的比尺时，选择几何比尺和选沙同时进行，相互调整以满足泥沙冲淤相似的要求，然后再校核是否满足水力学模型试验的条件。

根据场地布置要求，选择水平比尺为 $\lambda_{\mathrm{L}}=400$。根据前述分析，采用原型沙，沉降速度比尺为 1，为了满足泥沙冲刷和淤积相似，起动流速比尺为 2.3～3，淤积流速比尺为 4～5，由此确定垂直比尺 $\lambda_{\mathrm{H}}=170$，变态率 $e=\lambda_{\mathrm{L}}/\lambda_{\mathrm{H}}=2.35$。此时不再满足水流的重力相似。进行淤积模拟时，采用流速比尺为 5，由此确定水流运动时间比尺为 80，流量比尺为 340000。根据式(6-10)，模型垂直比尺与冲淤厚度比尺相同，采用原型沙认为密度比尺为 1，则含沙量比尺为 1。模型比尺汇总见表 6-2。

表 6-2 模型比尺汇总

水流比尺		泥沙比尺	
平面比尺	400	淤积流速比尺	5
垂直比尺	170	沉降速度比尺	1
流速比尺	5	含沙量比尺	1
流量比尺	340000	冲淤时间比尺	80
糙率比尺	8.5		
水流运动时间比尺	80		

6.2 皇华城物理模型冲淤模拟

6.2.1 模型制作

模型制作依据的主要地形资料是长江重庆航运工程勘察设计院 2003 年 8 月施测的 1∶5000河道地形图，同时参考了 2012 年 10 月 1∶5000 河道地形图的岸上高程，这两年的地形图均采用吴淞高程及北京坐标系。

1. 模型范围

模型上游起点为观音梁(航道里程为 425 km，天然航行基面为 139.7 m)，下游终点为石宝寨下(航道里程为 387 km)，模型直线长度为 20 km，宽度 8.5 km，如图 6-4 所示。研究段主要是皇华城汊道及汊道进出口段，水道范围是独珠滩(航道里程为 412 km)至横梁子(航道里程为 401 km)，河段长 11 km。按照前述比尺，皇华城模型范围为 50 m×22 m，进口段模型长 32.5 m，出口段模型长 35 m，具有足够的进出口调节段长度。

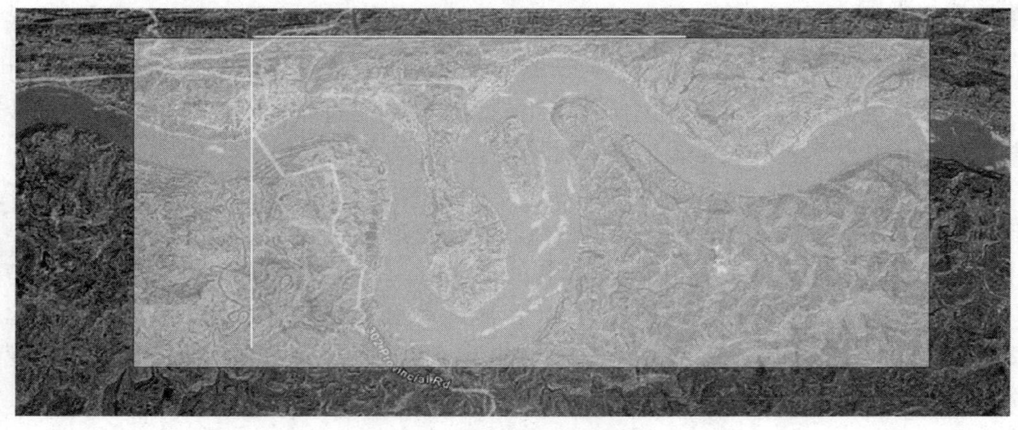

图 6-4 模型范围示意图

模型在试验场的布置如图 6-5 所示。

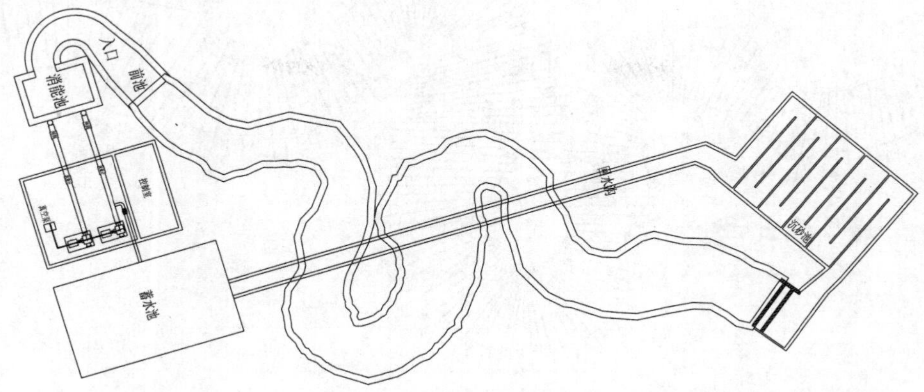

图 6-5　皇华城模型布置图

2. 模型制作

模型采用断面板法用水泥沙浆刮制而成。其制作过程如下：

(1)导线布置。在地形图中沿河道走向布置模型平面控制导线，主导线居河槽中部，并设置左右控制导线，河宽较大处加设副导线，如图 6-6 所示。

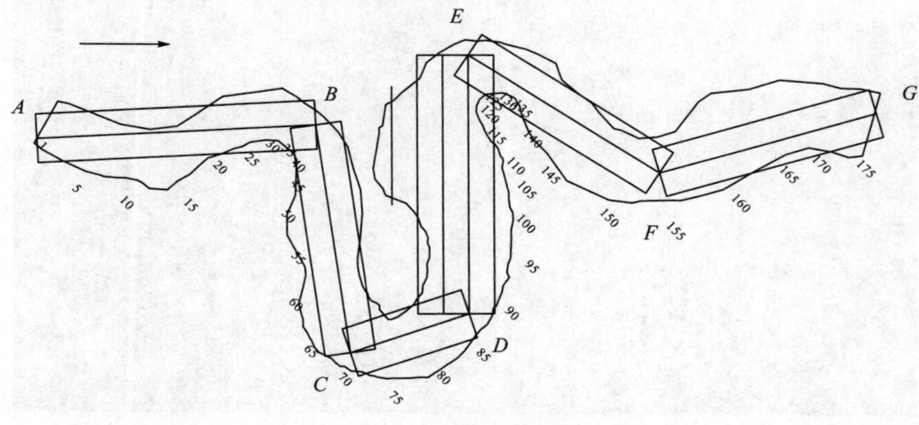

图 6-6　模型导线布置

(2)断面布置。断面线基本垂直于河道主流线，一般河段断面基本均匀布置，地形复杂河段加密断面以更好地模拟原始地形。模型共布置 175 个断面，平均断面间距约为 45 cm，如图 6-7 所示。其中，模型进口段布置断面 61 个，平均间距为 50 cm；研究段布置断面 75 个，平均间距为 40 cm；模型出口段布置断面 39 个断面，平均间距为 60 cm。

(3)断面地形读取。断面地形采用平距、高程控制，地形高程量读采用实测点和等深线、等高线结合。

(4)断面绘制。经对读取的断面地形数据反复校对无误后，在西科所采用 ZYZMJ-A 制模机进行模型断面绘制，其平距和高程绘制误差均小于 0.5 mm。

(5)模型导线施放。采用经纬仪和钢尺进行模型导线施放，导线控制点由钢筋埋设而成，导线平面控制三角闭合差小于±5″。

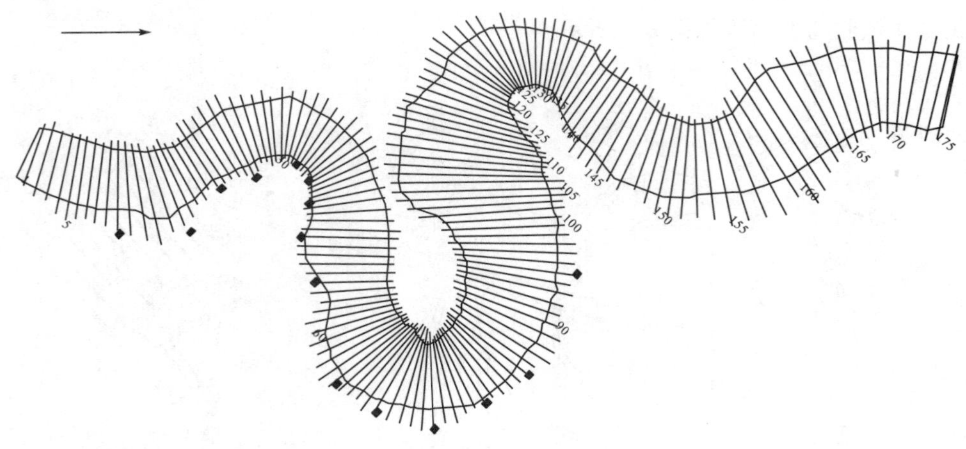

图 6-7 模型断面布置

(6)断面安装。断面平面位置和走向由导线控制，精度控制在±1.0 cm 内；高程由高精度水准仪控制，精度控制在±0.5 mm 内，如图 6-8 所示。

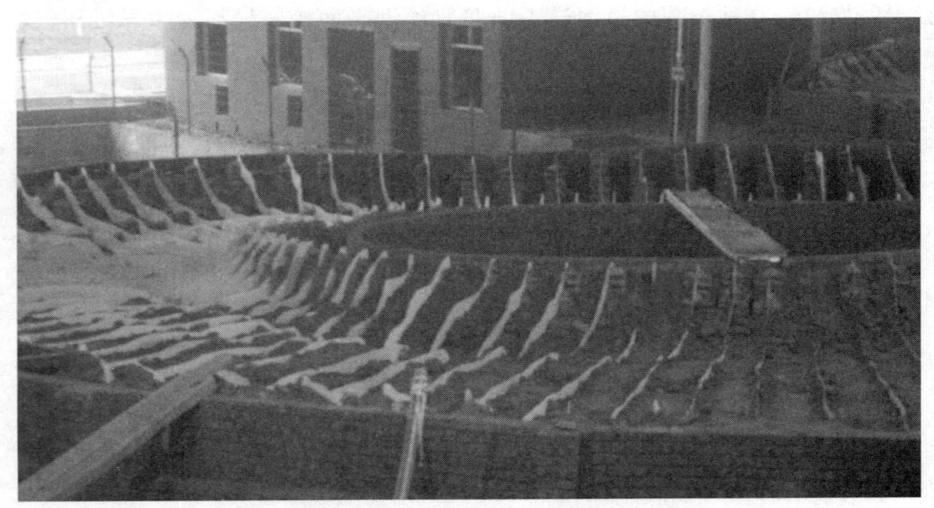

图 6-8 断面安装图

(7)模型填筑和刮制。断面安装并校核完毕后，用细沙进行填筑并预留 3～5 cm，然后用水泥沙浆依据断面形状刮制成模型河床，表面打毛以初步加糙。

(8)局部地形塑造。对凸嘴、乱石、礁石、石梁、深潭等局部复杂地形进行精心塑造，以确保模型的几何相似。

(9)测控系统安装。

3. 模型及附属设施仪器

皇华城物理模型系统主要由流量水位自动控制系统、加沙搅拌系统、沉砂池、回水渠和河道主体、流场测量系统、泥沙浊度仪和取样器等组成，如图 6-9 所示。

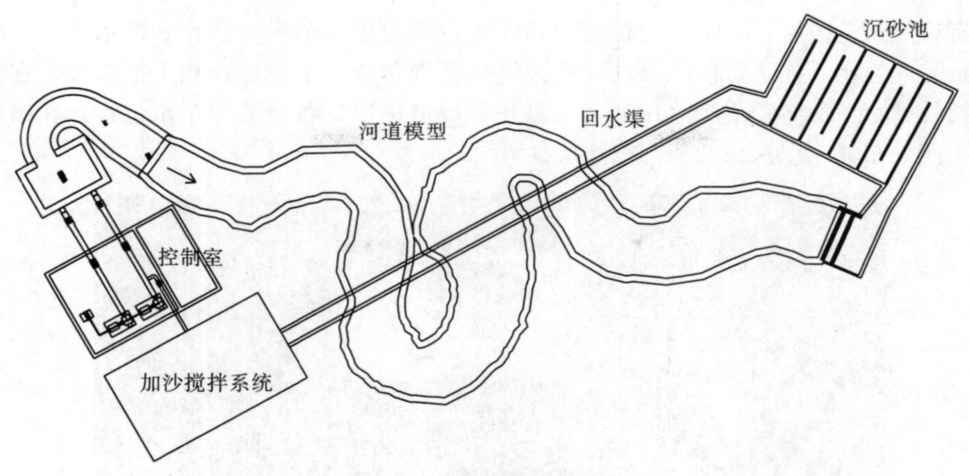

图 6-9　模型系统整体布置

1)流量－水位自动控制系统

流量－水位自动控制系统(JFC2014a)是由北京江宜科技有限公司最新开发的河工模型实验水流测控系统，如图 6-10 所示。该系统的主要功能包括：自动生成恒定流、天然洪水过程及标准正弦形非恒定流，自动测量、显示并存储水位及流量过程，自动控制模型尾水位。JFC2014a 系统的主要组成部分是计算机、控制程序、尾门处的水位计、变频器(3 个)、水泵(2 个)及计算机信号转换盒子。

流量自动控制的原理如下：程序采集水泵出水管上的电磁流量计的流量值 Q_1，紧接着程序判断 Q_1 与目标流量值 Q 是否一致，根据 Q_1 与 Q 的大小及差值计算机控制变频器的频率，进而控制水泵的转速，直到 Q_1 与 Q 差值的绝对值不大于 ΔQ。水位自动控制的原理如下：程序采集尾门处水位计的水位值 H_1，紧接着程序判断 H_1 与目标水位值 H 是否一致，根据 H_1 与 H 的大小及差值计算机控制变频器的频率，进而控制尾门的转动方向和转动时间，直到 H_1 与 H 差值的绝对值不大于 ΔH。

2)进口加沙搅拌系统

加沙搅拌系统由两台三相电机(kW)、两台连接电机的扇叶(d=3 m)和开关组成，如图 6-11 所示。主要用于搅拌浑水池里的泥沙，使水池里水中的含沙量均匀分布，并且有效地防止泥沙在浑水池里沉积。

此外，针对不同的试验方案，试验中在进口段均匀地补沙。

3)沉砂池

沉砂池的主要作用是使模型流出的水流变平缓，使水流中的泥沙在沉砂池加速沉积，从而达到降低回水中含沙量的目的，具体结构型式如图 6-12 所示。

4)回水渠及主体河道

回水渠的主要作用是将河道模型、抽水系统及浑水池连接成一个闭合的系统，形成一套水可流循环利用的系统；主体河道则主要用于试验研究，如图 6-13 所示。

5)水位计及水尺

模型上量测水位的设备主要是水位计(UNAR 18U6903/S14G)和水尺，如图 6-14 所示。水位测量主要采用两种方式：测针测量和水位计测量，测量精度为 0.1 mm。水位计的布置按照试验段密、进出口段稀的原则布置，共布置 5 个水位计和 2 把水尺，可对试验进行全面控制。在进口段陈家河和菜园沱处分别布置 1 个水位计和 1 把水尺，在试验段起始处(鳅鱼背)布置 1 个水位计，在皇华城汊道进出口各布置 1 个水位计，在出口段接近尾门处布置 1 个水位计和 1 把水尺。

图 6-10　流量水位控制系统

图 6-11　浑水搅拌系统

图 6-12　沉砂池

图 6-13　主体河道

图 6-14　水位计及水尺

6）VDMS 流场测量系统

模型试验时，需要测量试验段的表面流场，主要用到的仪器系统是北京尚水公司提供的表面流场测量系统（VDMS），由 1 台计算机、8 个摄像头、若干白色塑料粒子和连接线组成，如图 6-15 所示。测量试验段的表面流场时，需事先设置好 VDMS 程序内各个摄像头的阈值，使白色粒子在计算机上清晰地显示出来。在试验段进口均匀抛洒粒子，使粒子均匀地漂浮在水面，若局部位置没有粒子漂浮则需在此补抛，使得试验段的水面均匀飘满粒子。上述步骤做好后，控制计算机进行多路多次采样，测量数据再进行后处理即得到该工况下的试验段流场。

图 6-15 表面流场测量系统

7)浊度仪及取样仪器

皇华城模型试验过程中需实时监测模型进口水流的含沙量，主要采用的仪器是ASM-IV型浊度仪，如图6-16所示。该仪器是由德国研制的，它主要是使用后向散射红外传感器(D=850 nm)进行浊度测量。红外线传感器嵌入到不锈钢(钛)杆中，传感器以每相隔1 cm的形式固定在测杆上(测杆上的蓝色塑料下)，沿测杆方向的分布范围为95 cm；每个传感器包含1个红外发射机及1个探测器；测量距离的范围是在每个单独的传感器前面0～100 mm。此外，浊度仪附带倾斜度传感器、压力传感器和温度传感器各1个，分别测量测杆的倾斜度、水压力和水温。

图 6-16 浊度仪及红外线传感器

与传统的取样测量含沙量方法比较，具有测定方法简便、迅速、灵敏以及便于实行测量半自动化等优点，特别适合需长时段连续监测的情况。由于浑水中固体粒子的类型及粒子的大小和形状都会对浊度测量值产生影响，所以在使用浊度仪之前，必须对在被测浑水中对浊度仪进行率定，并始终用于含有同类颗粒的浑水测量。

在用浊度仪监测含沙量的同时，采用在模型上直接取样的方法测定模型水流的含沙量，主要步骤是在浊度仪下游一般水深处，用量筒取 1 L 浑水，并在室内过滤烘干，用天平称重计算后即得含沙量，如图 6-17 所示。

图 6-17　过滤及烘干

6.2.2　模型验证

模型清水验证主要内容如下：特定流量水位组合下的水面线、试验段流速分布等。模型冲淤相似性验证的过程主要分两部分，分别是进行三峡工程运行初期的实测泥沙冲淤过程模拟及典型流量下冲淤过程模拟。

1. 水流条件验证

1)采用的水文资料

由于原型上实测的流速水位资料比较少，仅有组合(Q=36760 m^3/s，H=150.94 m，Q=19400 m^3/s，H=149.1 m)和 Q=25100 m^3/s，H=149.61 m 时的水位资料，以及 Q=36760 m^3/s，H=159.94 m 时的流速资料。因此，验证这三组流量水位组合下对应的流速和水位。

2)水面线验证

在 Q=36760 m^3/s，H=159.94 m 的控制条件下，在模型上量测与原型相对应的水位，详见表 6-2。由表可以看出，模型水位与原型对应的水位偏差普遍小于 0.1 m，可以认为模型与原型的水面线相似。

表 6-3　原型与模型水位对比　　单位：m

日期	流量	尾水	断面号	模型(M)	原型(P)	偏差
2012—7—22	36760	159.94	S202	160.023	160.005	0.018
			S204	160.073	160.035	0.038
			S205	160.148	160.090	0.058
			S206	160.179	160.165	0.014

续表

日期	流量	尾水	断面号	模型(M)	原型(P)	偏差
2013-8-13	19400	149.1	S202	149.365	149.418	0.053
			S205	149.646	149.591	0.055
2013-8-11	25100	149.61	206	150.365	150.428	0.063
			208	150.435	150.520	0.085

此外，根据上表绘制了沿程水位图，如图 6-18 至图 6-20 所示。从图中可以看出，虽然模型水位和原型的有些差别，但沿程比降是很相近的。同时也可以看出，模型水位普遍比原型略高，主要原因是量测水位时河床已经普遍铺满原型沙，原型与模型的糙率比尺接近 1∶1，而模型设计的糙率比尺是 1∶8，造成模型水位比原型略高，但偏差不大。

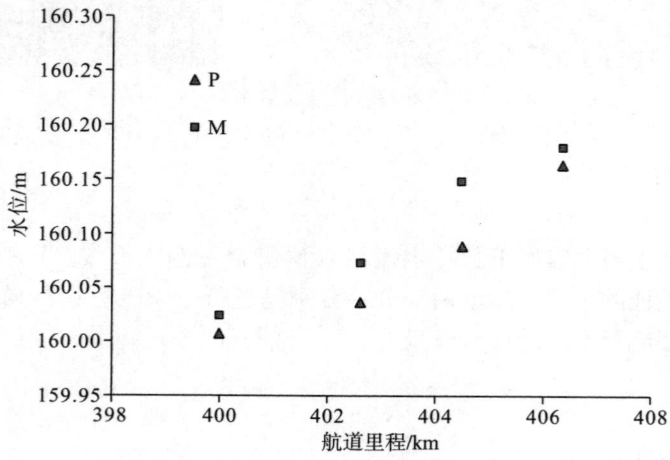

图 6-18 水面线(Q=36760 m^3/s，H=159.94 m)

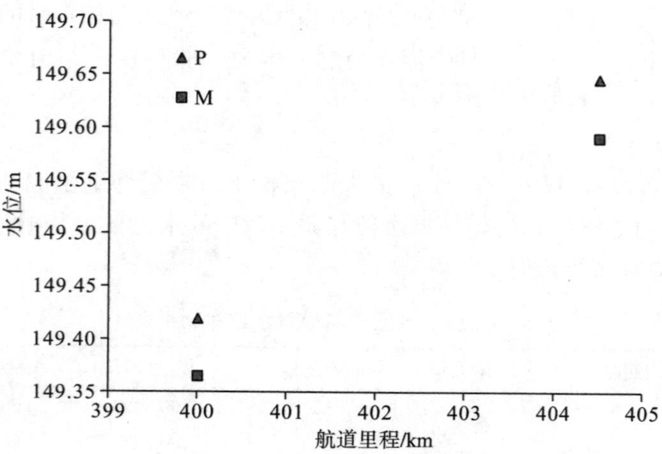

图 6-19 水面线(Q=19400 m^3/s，H=149.1 m)

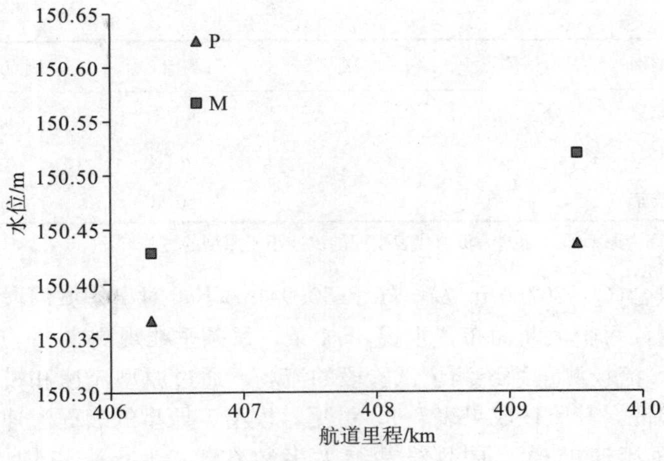

图 6-20　水面线(Q=25100 m^3/s，H=149.61 m)

整体上来说，原型、模型水面线吻合较好，水面比降较一致。从数值对比看出，绝大多数位置的偏差均在 0.06 m 范围内，极个位置出现原型、模型水位偏差超过±0.1 m 的情况，但是距研究段有一定距离，水位验证满足《内河航道与港口水流泥沙模拟技术规程》规定的误差要求。

3)流速分布及流态验证

验证流速分布采用的流速、含沙量、水位及流量资料均来自重庆交通大学国家内河航道整治工程中心 2012 年 7 月实测资料(Q=36760 m^3/s，H=159.94 m)，此次原型观测量测的流速资料较完整，验证资料具体见表 6-4。

表 6-4　流速验证　　　　单位：m/s

断面号	类别	测点 1	测点 2	测点 3	测点 4	测点 5
S203	原型	0.49	2.14	2.17		
	模型	0.45	2.00	2.15		
	偏差	−0.04	−0.14	−0.02		
S204	原型	0.39				
	模型	0.40				
	偏差	0.01				
S205	原型	0.27	0.28	2.00	2.38	1.88
	模型	0.23	0.30	1.87	2.41	1.95
	偏差	−0.04	0.02	−0.13	0.03	0.07
S206	原型	0.23	0.58			
	模型	0.20	0.65			
	偏差	−0.03	0.07			

续表

断面号	类别	测点 1	测点 2	测点 3	测点 4	测点 5
S210	原型			0.77		
	模型			0.75		
	偏差			−0.02		

注：模型流速已换算为原型的，偏差为负值代表模型的流速小于原型的。

在流量水位组合(Q=36760 m³/s，H=150.94 m)下，对皇华城河段 9 个大断面进行垂线流速进行观测，每个大断面布置垂线 3～4 条，每条垂线观测 3～5 点。试验中使用标定校核后的 VDMS 流场测量系统测量试验段的流场，通过原型流速和模型流速的对比进行流速的相似性验证，其验证成果表 6-4。可见，模型、原型的表面流速的数值大小基本一致。各点的表面流速的模、原型偏差绝大多数在±0.1 m/s 以内，占测点总数的 83.3%；偏差超过±0.1 m/s 的测点仅占测点总数的 16.7%。可认为，模型、原型的流速相似性达到要求。

鉴于原型采用 ADV 进行观测，对仪器的稳定性要求较高，水流紊动会对仪器产生较大影响，易造成测量误差，原型测量数据与真实值间可能存在略微的偏差。加之受 VDMS 流场测量系统及 16 线流速仪的限制，测量流速时受风吹和人为操作的因素影响较大，流速测量值和测点位置难以与原型达到完全一致，但流速分布趋势与原型较为一致。另外，靠近河道边界处，原型流速很小(绝大多测点小于 0.5 m/s，最小可低于 0.25 m/s)，所以相对误差稍偏大。

模型验证时，对试验段的表面流场进行多次测量。在模型上观测到回流、泡水、横斜流等特殊流态，其位置、范围等与现场观察结果基本一致。

2. 2003—2012 年长系列河床冲淤验证

河工模型的河床冲淤相似性验证的主要原则如下：验证时段选取原型河床变形最显著的水文时段；验证河段宜选在汛期输沙量最大、河床变形最显著的汛期；在模型河床验证冲淤的地形上，应对试验河段的冲淤量和淤积分布等进行验证；模型和原型各相应部位，应达到定性相似。

冲淤验证试验的主要测量内容如下：

(1)断面地形冲淤测量。主要用到的仪器是尚水研发的地形测量系统 TTMS。

(2)表面流场测量。采用尚水研制的表面流场测量系统 VDMS 测量。

(3)进口以及沿程的含沙量测量。采用德国产的浊度仪 ASM-IV 监测，同时结合人工采样测量。

(4)主流位置及试验段流态的观测。

1)采用的水文资料

采用流速、含沙量、水位及流量资料均来至重庆交通大学国家内河航道整治工程中心实测资料以及万县水文站、忠县水文站和清溪场水文站，验证资料具体见如 6-21 和图 6-22所示。

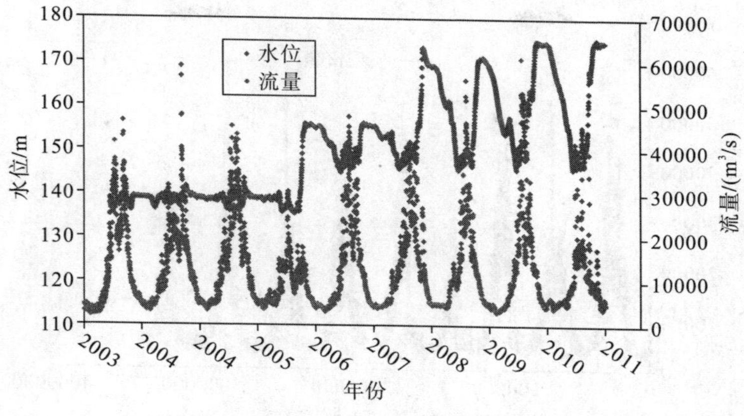

图 6-21　清溪场水文站流量及尾水位过程

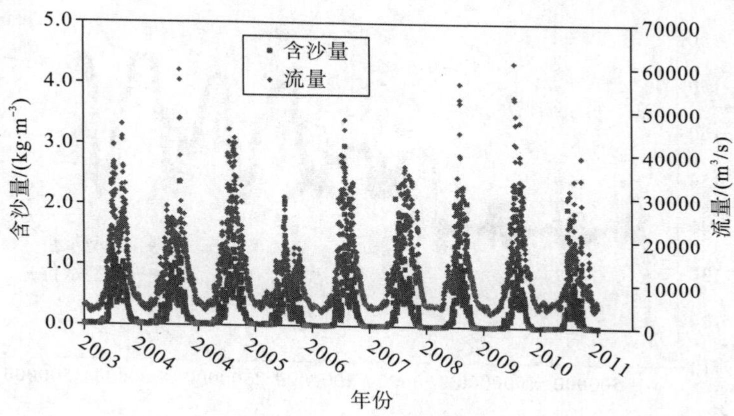

图 6-22　清溪场水文站含沙量及流量过程

2）冲淤相似性验证

(1)水沙条件控制。非恒定流条件下的河工试验，要着重注意流量水位变化的时间过程，将模拟时段内流量水位变化过程呈现到模型上并注意含沙量的控制。模型采用的时间比尺为 80，流速比尺为 5，流量比尺为 340000，含沙量比尺为 1，模型水沙控制条件按照上述比尺换算及控制。试验中，采用流量水位控制系统控制模型进口流量和尾门水位，每隔一段时间观察计算机模拟的流量大小和对应时间序列是否与原型一致，若不一致则需改正。同时每 20 min 左右观察一次尾水位，确保尾水位与原型对应的水位一致。模型进口的含沙量控制是一个重点，因此每隔 6 h 进行一次进口取样，每隔 3 h 左右运用浊度仪测量一次含沙量，保证进口含沙量与对应的原型含沙量基本一致。

由图 6-23 至图 6-25 可知，模型的流量水位变化过程与原型达到较高的相似性。由于模型及蓄水池的含沙量控制存在较大难度，模型进口含沙量可以人为地增大，但是很难人为降低含沙量，因此造成原型含沙量与模型相似性存在一些偏差。原则上，因为淤积主要发生在含沙量较大的汛期，故将含沙量峰值误差控制在较小范围内，可认为模型的水沙条件与原型达到较高的相似性。

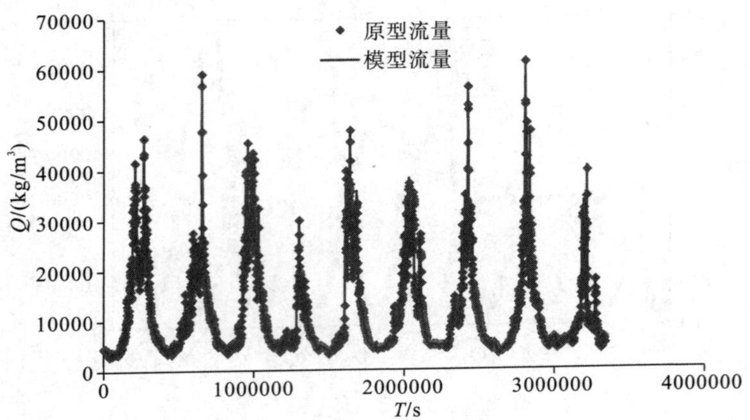

图 6-23 原型和模型流量过程对比

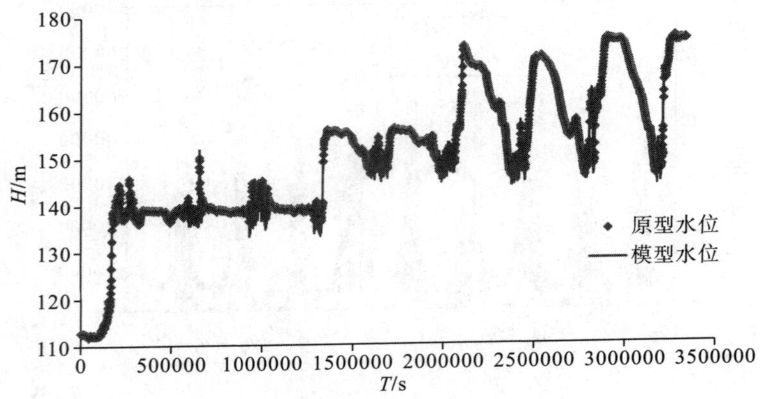

图 6-24 原型和模型水位过程对比

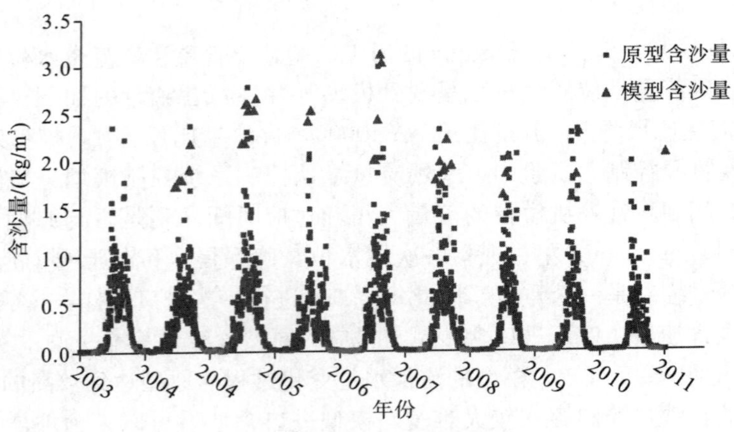

图 6-25 含沙量控制过程

(2)横断面冲淤形态分析。从 2003 年开始，三峡水库经历了 139 m、156 m 及 175 m 试验性蓄水，从该河段各个横断面对比图来看，三峡蓄水后，左槽明显出现累积性淤积，断面间的淤积情况各异。皇华城试验段布置了 6 个测量横断面，S209 断面位于模型第二个弯道的进口处，S206 断面位于第二个弯道的出口处，S208 断面和 S207 断面位于第二个弯道内，S205 断面和 S204 断面位于皇华城河道左汊，如图 6-26 所示。三峡运行以来，每年的 10 月份左右进行原型断面观测，模型冲淤相似性即采用这 6 组断面地形验证。

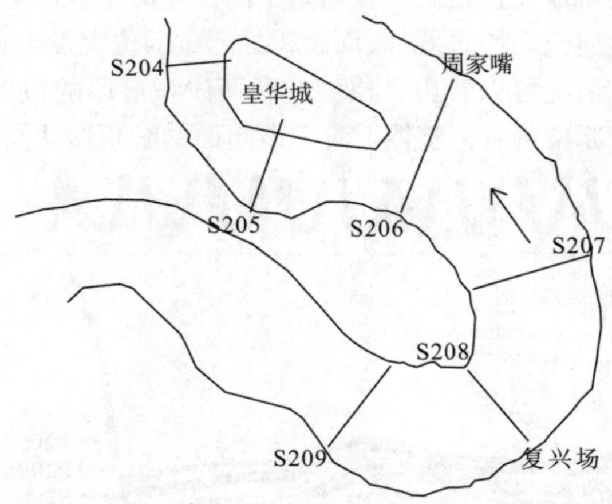

图 6-26　原型大断面布置图

从 2003—2011 年的原型观测资料可以看出，S204 断面 2005 年 10 月至 2006 年 10 月及 2006 年至 2007 年的淤积厚度分别达到 10 m 以上，其他年份间也存在不同程度的淤积，可见年际间的淤积较为严重。由于逐年的淤积，2008 年 10 月实测地形显示该处的泥沙已经淤平此处深潭，直至 2011 年 S204 断面处的淤积高于左侧边滩 7 m 左右。

S204 断面位于皇华城河道左汊出口处，左右汊的水流在附近发生对冲。由于右汊是全河段洪水期动力轴线所在，水流动能较大，左汊水流受到阻碍，使得 S204 断面附近的水流流速更缓。此外，S204 断面附近是一个大深潭，过水面积较大，流速本来就很小。两个因素综合作用，使泥沙在该断面处大量落淤。从模型上实测的流速资料及地形资料看，S204 断面处的流速较缓，河道中心的表面流速基本在 0.13 m/s 左右，该处泥沙淤积的厚度也较严重，淤积情况基本与原型达到相似，如图 6-27 所示。

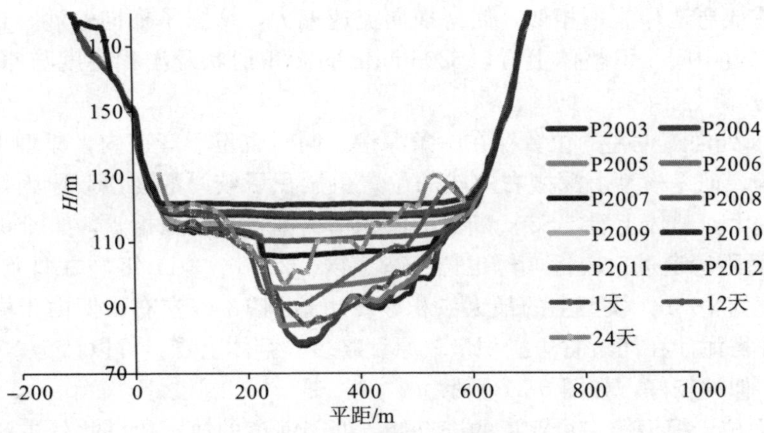

图 6-27　S204 断面冲淤对比图(见彩图)

S205 断面整体上的淤积厚度较厚，2003—2011 年的淤积最大厚度达到 24 m，2003 年以来河床上平均淤积约 20 m 高。模型上，S205 断面位于左汊进口放宽段，此处的水流主流紧贴左汊右岸，使得 S205 断面偏右位置的泥沙淤积厚度比其他位置小。由于位于放宽段，且河道偏右的水流流速较大，在河道中间偏左的位置产生流速分离，在 S205 断面中间偏左的位置产生回流，使 S205 断面淤积最严重的位置发生在断面中间的位置。从原型和模型的断面淤积情况可以看出，模型的断面淤积最厚的位置较原型偏右，主要是由于该处的主流位置较原型偏右。整体上看，该断面的淤积形状及厚度达到与原型相似，如图 6-28 所示。

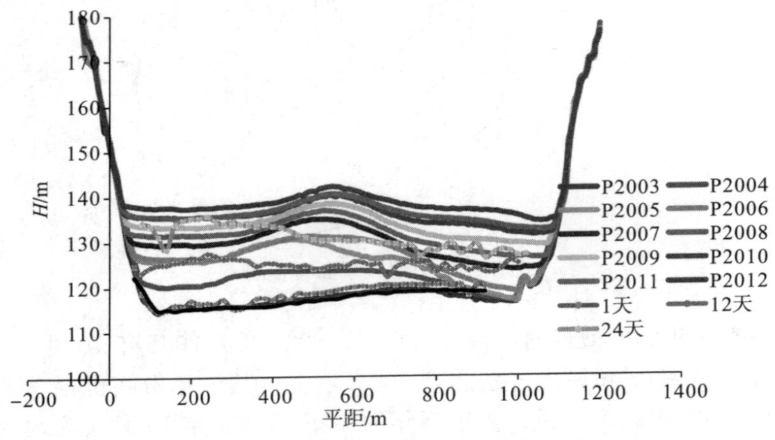

图 6-28 S205 断面冲淤对比图(见彩图)

S206 断面位于汊道进口上游 800 m 处，从测图上可以看出断面偏左的位置淤积非常严重，原型上淤积最严重的位置淤积厚度达到 30 m。断面偏右的位置基本没有泥沙淤积，主要原因是左岸为凹岸，右岸为凸岸，由于惯性力的作用，水流经过弯道后主流偏向右，因此 S206 断面处的泥沙淤积主要集中在断面偏左的位置。根据原型与模型的横断面淤积分布图可以看出，S206 断面的淤积最厚的位置分布在河道中间和河道偏左的位置，在河道左边形成一条深槽，河道右边基本没有淤积。泥沙在河道中间淤积主要是由于模型变态造成弯道环流不相似，使得横向流速偏大，增强了横向输沙，最终结果是使泥沙淤积在河道中间。但整体上看，S206 断面的淤积形状及淤积厚度与原型基本相似，如图 6-29 所示。

S207 断面处河道偏左的位置存在一条深槽，同时也位于弯道内，原型上该断面的淤积仅淤满深槽，但是模型上深槽右边滩的位置也淤积了较厚的泥沙，原因是该断面处横向输沙能力偏大。整体上看，S207 断面的淤积情况基本与原型相似，如图 6-30 所示。

S208 断面距弯道进口较近，但也位于弯道内。2003—2011 年，原型上 S208 断面的最大淤积厚度为 18 m，模型上的最大淤积厚度也达到 18 m 左右。但由于横断面的横向流速偏大，使得泥沙在河道右边淤积量较原型略多。整体上看，可以认为 S208 断面模型冲淤与原型相似性较好，如图 6-31 所示。

S209 断面位于模型第二个弯道的进口处，处于河道的放宽段，此处主流的位置位于河道偏左的位置，河道右边的水流较缓，泥沙主要在靠近右岸处落淤。S209 断面模型淤积厚度较原型略微偏低，淤积范围较原型宽。此处位于试验段边缘，虽然其冲淤情况与原型有所差别，但可以认为基本与原型相似，如图 6-32 所示。

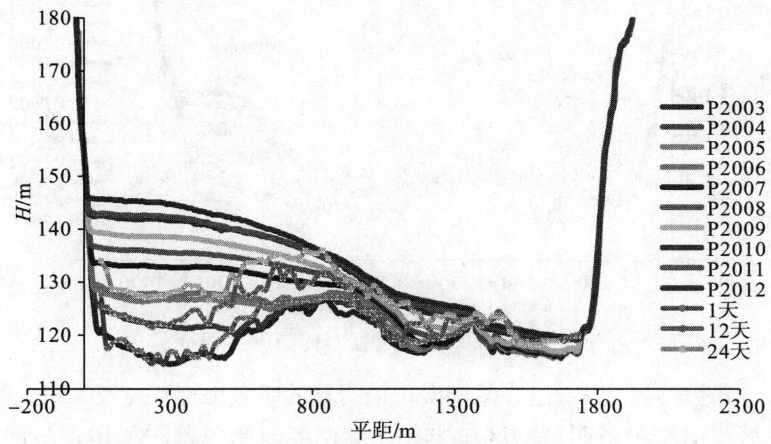

图 6-29　S206 断面冲淤对比图(见彩图)

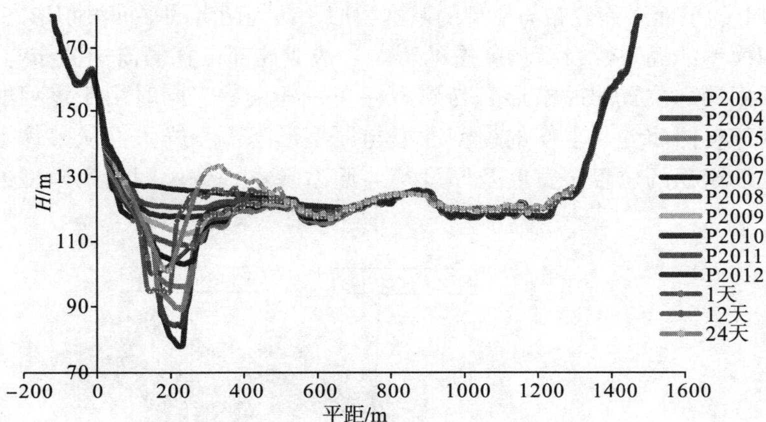

图 6-30　S207 断面冲淤对比图(见彩图)

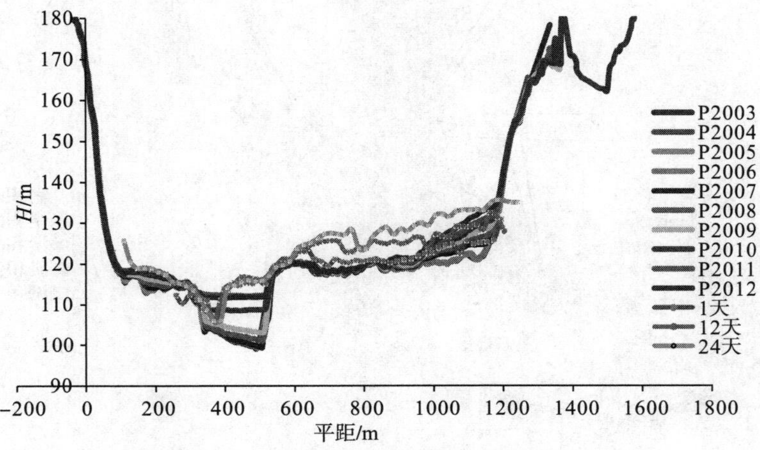

图 6-31　S208 断面冲淤对比图(见彩图)

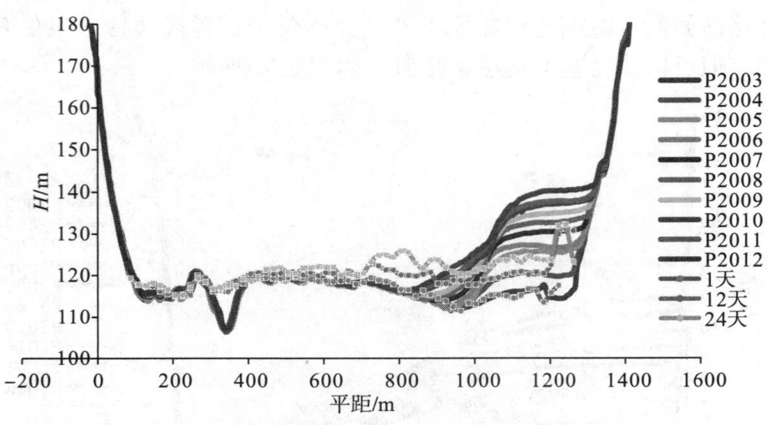

图 6-32 S209 断面冲淤对比图(见彩图)

从图 6-33 和图 6-34 可以看出，原型淤积最明显的区域出现在左汊入口上游麻柳嘴，这个区域是皇华城水道淤积最明显的区域之一，麻柳嘴与倒脱靴淤积体逐步向主航道延伸，有连成一片的趋势。出口折桅子弯道由于河道相对窄深，水流集中，流速较大，泥沙淤积不明显。模型上的平面淤积分布与原型的基本类似，认为两者的平面淤积形态相似。

由于物理模型的局限性及模型变态的影响，造成局部位置的流速分布与原型不相似，因此导致横断面局部位置的冲淤形态与原型存在一些偏差。同时由于该河段存在采砂等现象，影响河床自然演变，也使的模型冲淤与原型形态不一样。但从整体上看，模型实测横断面上泥沙淤积的位置、宽度及厚度等与原型基本一致，即达到模型冲淤与原型相似的效果。

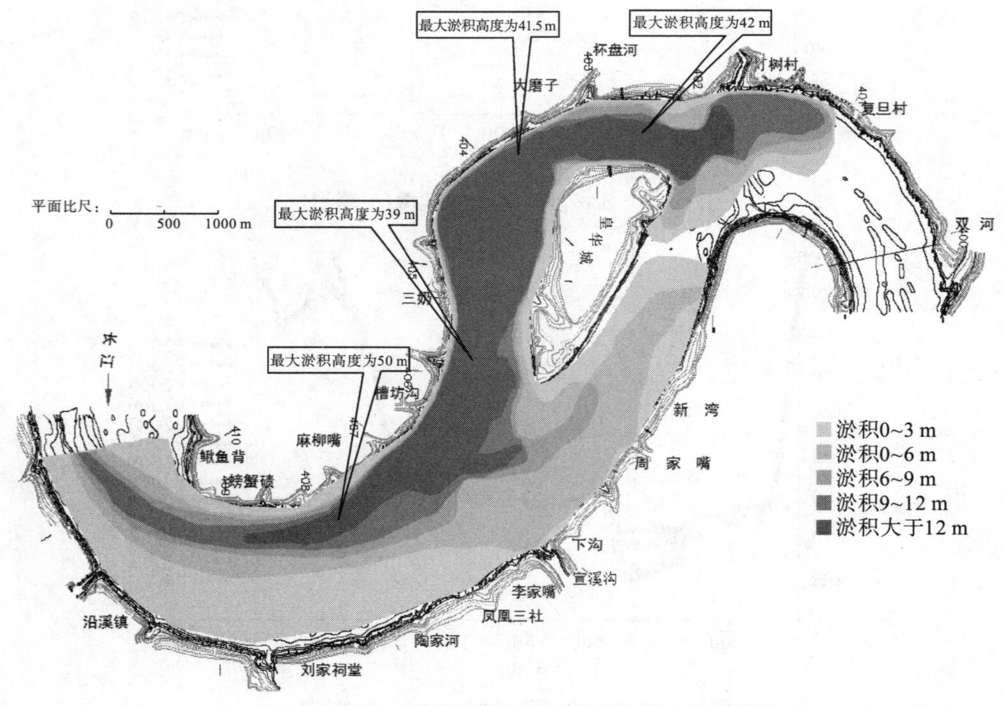

图 6-33 2003—2011 年原型上的平面淤积分布图

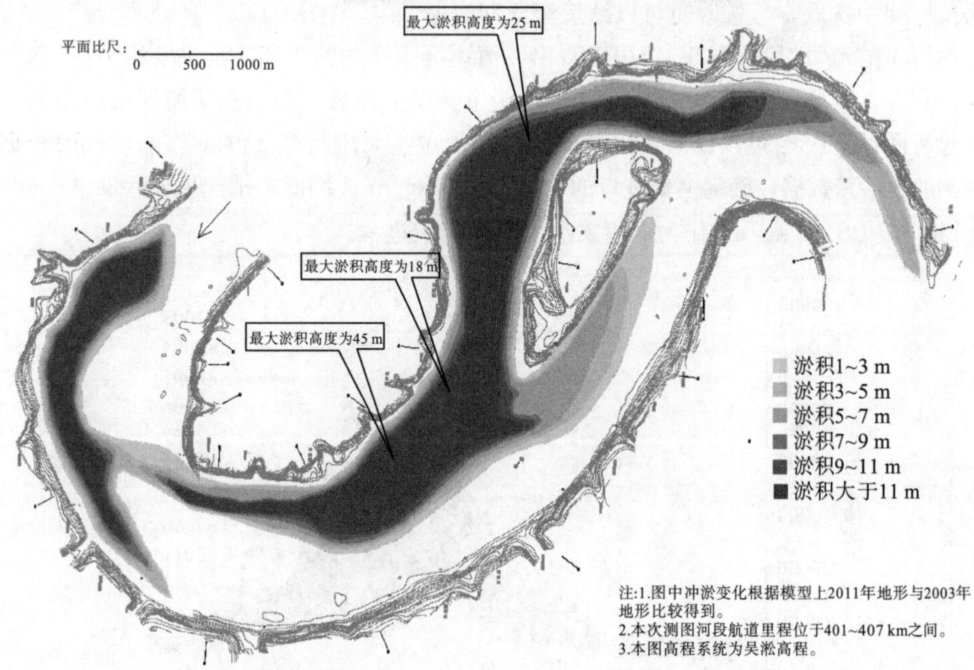

图 6-34　2003—2011 模型平面淤积图

3)河床冲淤相似性分析

经过对模型与原型的冲淤变化图的对比分析，可以得到以下认识：

(1)模型与原型冲淤的整体形态是一致的。对比同一时段内模型和原型的冲淤变化图可知，主流所在位置对应的河床均未出现较大淤积，回水及流速较缓的位置淤积泥沙较多，与原型一致。通过实地原型观测发现，当水流流速大于 0.5 m/s 时泥沙不会落淤；模型上主流流速一般都超过 0.1 m/s(原型为 0.5 m/s)，而回水及缓流处流速均小于 0.1 m/s(原型为 0.5 m/s)。

(2)模型与原型的冲淤部位基本一致。对比 2003—2011 年的模型和原型的冲淤变化图可以看出，模型与原型的冲淤部位(试验段)整体上是一致的，局部位置的淤积厚度处在较小的差别。

由此可知，模型和原型的河床变形基本上是相似的，其淤积相似性较好，整体上表现为试验段上游凹岸处泥沙淤积偏大，麻柳嘴至皇华城左汊淤积最为严重，最大淤积厚度达到 31 m 以上。

3. 典型流量水位下河床冲淤验证

1)水沙控制条件分析

天然情况下皇华城河道汛前汛后的冲刷带走大量泥沙，年际间河床冲淤基本平衡，但蓄水后库区水流条件有较大改变，加上特殊河道地形条件，造成泥沙在皇华城弯道凸岸下首麻柳嘴、左汊缓流区大量落淤。同时，由于汛期来水来沙较多，皇华城河道的河床冲淤变化较剧烈的情况主要出现在汛期，非汛期时段横断面基本没有冲淤变化，汛期时段横断面冲淤变化较剧烈。因此，模拟典型流量水位过程的控制条件应在蓄水后的流量水位序列中选取，且选取时可以缩短至汛期时段。

由历年的流量过程(图 6-35)可以看出，清溪场水文站的汛期流量主要集中在 20000～40000 m^3/s，因此可以选 30000 m^3/s 作为一个典型的流量。根据皇华城河道历年的流量水位过程图(图 6-36)可以看出，汛期该河段的水位主要维持在 150 m 左右。同时根据原型观测的含沙量数据，确定模型进口的含沙量为 1 kg/m^3。因此，拟选取 $Q=30000\ m^3/s$，$H=150$ m 和 $S=1\ kg/m^3$ 作为一组典型的流量水位过程。

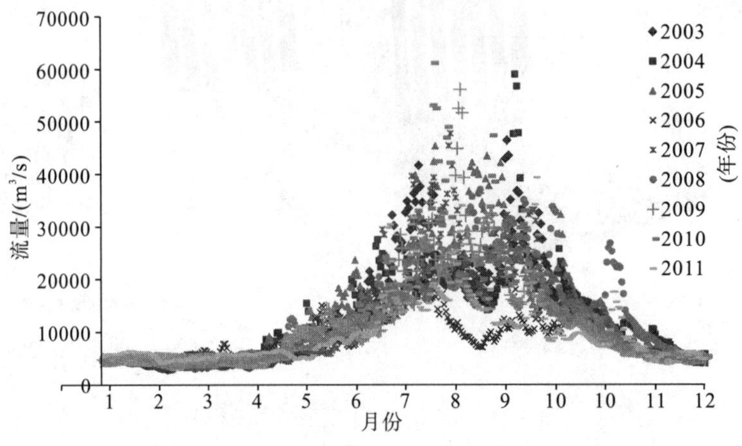

图 6-35　历年流量过程(见彩图)

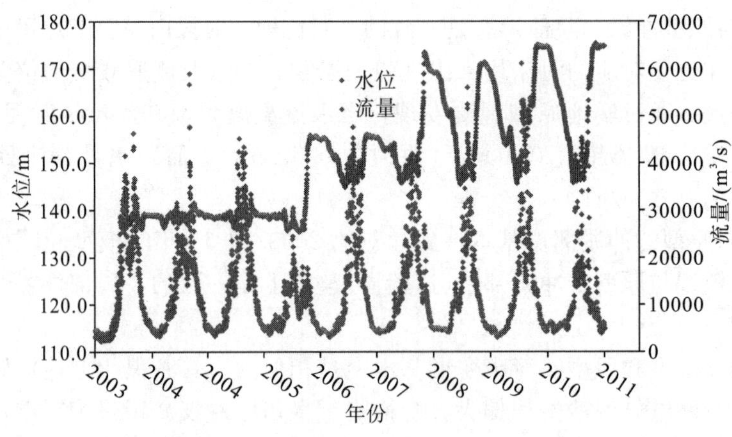

图 6-36　皇华城河道历年流量水位过程

2)横断面冲淤相似性分析

典型流量下总共放水 24 天，期间每天测量各横断面的地形，经过分析整理得到的数据与原型对比，发现模型上的横断面冲淤形态与原型较相似。

S204 断面深槽部位淤积较严重(图 6-37)，放水 12 天时最大淤积最大淤高度为 8 m 左右，放水 24 天时达到 29 m。由于放水时间不足，深槽处淤积体高程没有达到原型上 2012 年的高程，但整体上讲该断面淤积形态的发展与原型一致，都是先填平深槽再平淤。

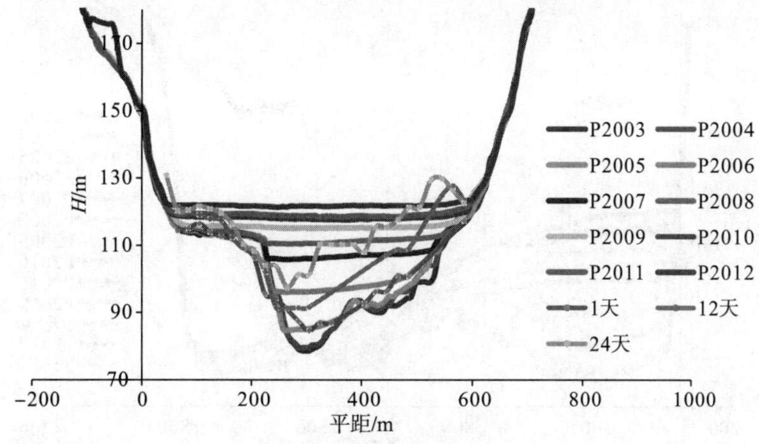

图 6-37　S204 断面冲淤形态(见彩图)

S205 断面的河床横断面地形形态总体上与原型的基本相似(图 6-38)，放水 24 天的平均淤积高度为放水 12 天的 2 倍。由于施放的典型流量略微偏大，导致整体流速偏大，同时该河段主流位置偏右，导致该断面右侧河床淤积比左侧略少。从淤积形态发展方面讲，该断面体现出与原型相似的水沙运动特征，后续的试验可以将流量适当减小。

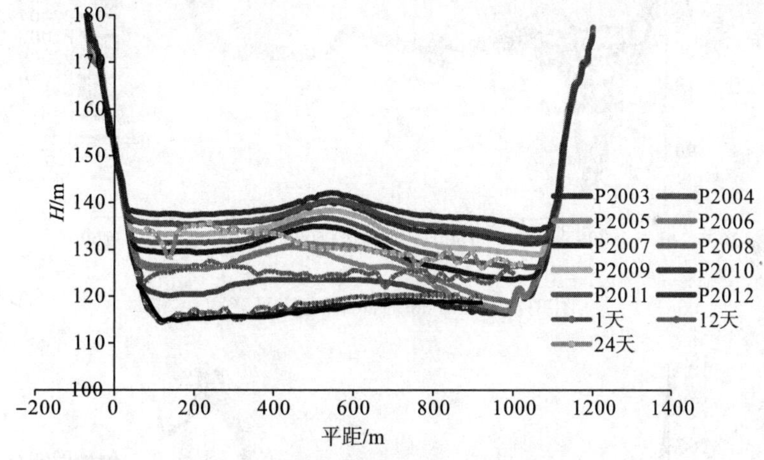

图 6-38　S205 断面冲淤形态(见彩图)

S206 断面原型上是河床偏左的部位淤积比较严重(图 6-39)，2012 年时最大淤积高度达到 28 m，而模型上放水结束时最大淤积高度达到 16 m。放水结束时模型上河床靠近左岸处的淤积厚度约为 2012 年的一半多，河床偏左的位置由于是主流通过的位置，水流流速较大，基本没有泥沙在此处落淤。整体上看，该断面的淤积体淤积趋势基本与原型相似。

S207 断面和 S208 断面的整体流速较大，原型和模型的河床地形都没有太大的冲淤变化。由于 S207 断面的主流位置略微偏右，导致该断面偏左的河床产生轻微的淤积，如图 6-40 所示。S208 断面流速较大的位置处于深槽处，该处的河床基本没有泥沙落淤，但河床偏右的位置流速较缓，造成部分泥沙在此处落淤，如图 6-41 所示。总体上讲，该断面的冲淤形态与原型非常相似。

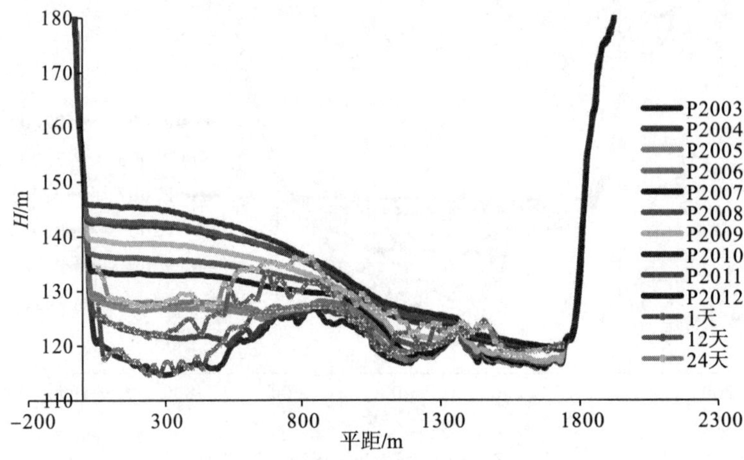

图 6-39　S206 断面冲淤形态(见彩图)

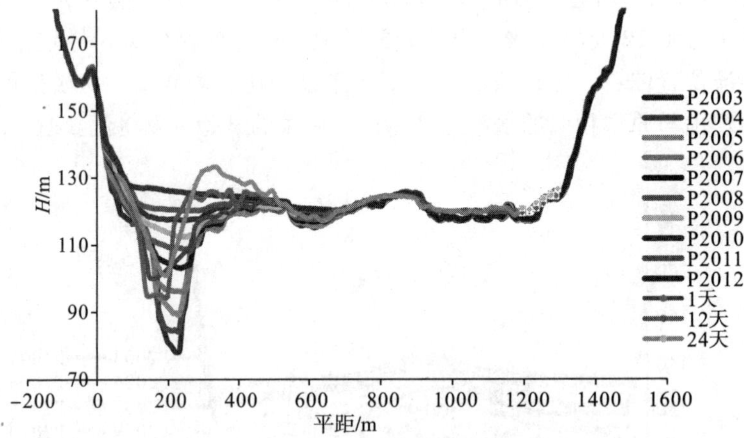

图 6-40　S207 断面冲淤形态(见彩图)

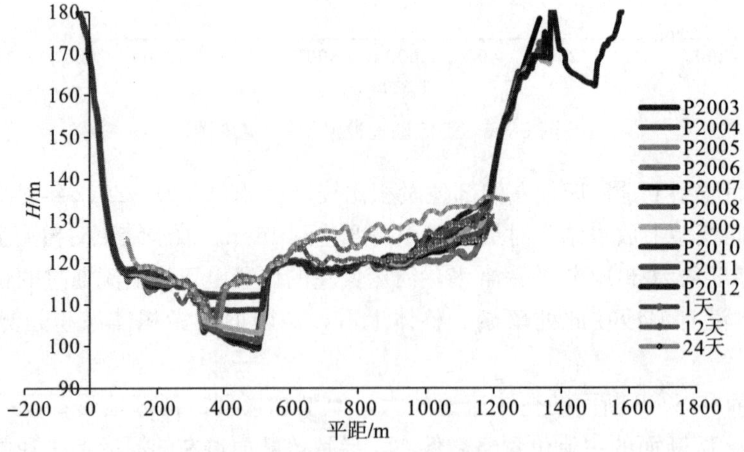

图 6-41　S208 断面冲淤形态(见彩图)

S209 断面位于弯道进口处，原型上该断面上游的右岸存在一个乱石堆，遮挡了部分水流，使 S209 断面右岸附近水流流速大幅减小，造成大量泥沙在此落淤，如图 6-42 所示。模型上也是由于地形原因造成断面偏右位置的流速减缓，造成泥沙落淤。模型上泥沙在该断面淤积的部位与原型一致，尽管淤积没有达到原型上 2012 年的高度，但淤积发展形势是一样的，若模型放水时间足够，该处的河床的最终冲淤形态将与原型一致。

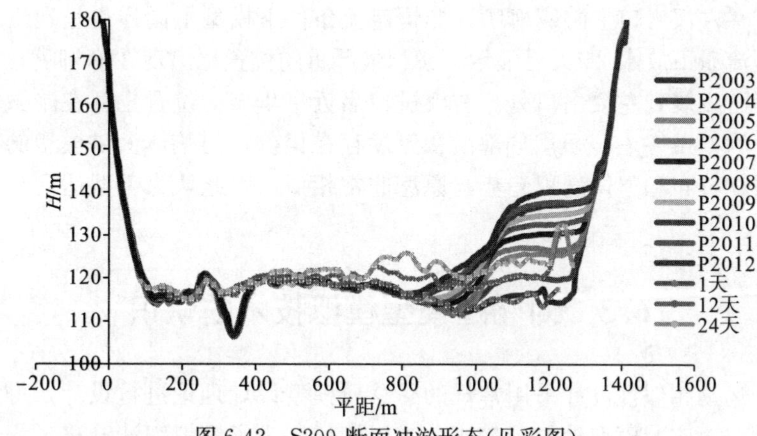

图 6-42　S209 断面冲淤形态(见彩图)

3)平面冲淤相似性分析

原型淤积最明显的区域出现在左汊入口上游麻柳嘴，这个区域是皇华城水道淤积最明显的区域之一，麻柳嘴与倒脱靴淤积体逐步向主航道延伸，有连成一片的趋势。出口折桅子弯道由于河道相对窄深，水流集中，流速较大，泥沙淤积不明显。典型流量下放水 25 天后模型的平面淤积分布图(图 6-43)显示，淤积最严重的位置也出现在麻柳嘴位置，淤积部位由麻柳嘴处往下游发展到左汊出口处。右汊进口靠近皇华城的位置也存在略微的淤积，平均淤积高度仅 6 m 左右。虽然局部淤积厚度存在偏差，但整体上讲模型的平面淤积分布和整体淤积趋势与原型的是非常相似的，因此认为模型达到与原型河床冲淤相似的要求。

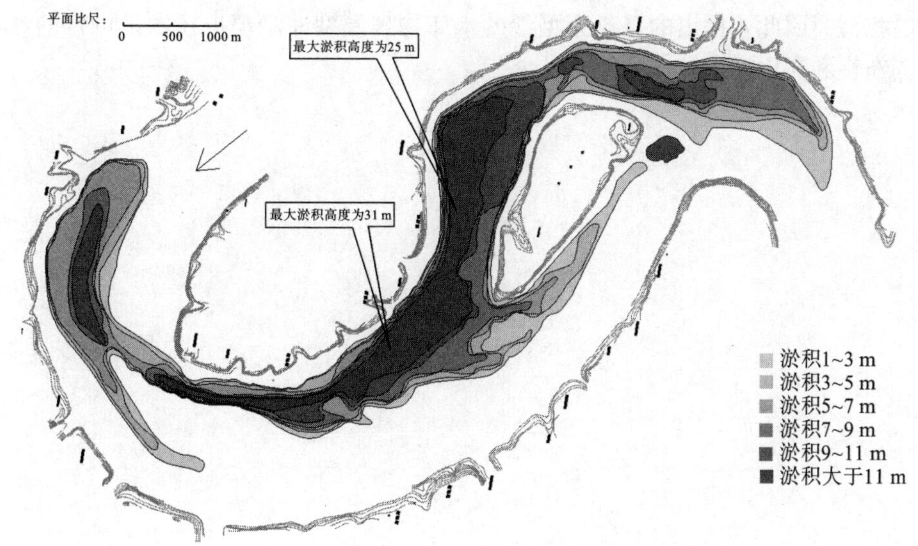

图 6-43　典型流量下放水 25 天后平面淤积分布图

4)冲淤相似性分析

模型横断面的冲淤形态与历年的冲淤形态基本相似，虽然局部位置与原型存在出入，但整体淤积趋势与原型一致。从模型与原型的平面淤积分布图可以看出，原型淤积最明显的区域出现在左汊入口上游麻柳嘴，非恒定流条件下模型上同样也呈现出此平面为淤积形态。典型流量下放水 25 天后显示，淤积最严重的位置也出现在麻柳嘴，淤积部位由麻柳嘴处往下游发展到左汊出口处。右汊进口靠近皇华城的位置也存在略微的淤积，平均淤积高度仅为 6 m 左右。虽然局部淤积厚度存在偏差，但整体上讲模型的横断面淤积形态、平面淤积分布和整体淤积趋势与原型非常相似，因此认为模型达到与原型河床冲淤相似的要求。

6.3 对物理模型模拟技术的认识

模型水沙运动相似性设计采用常规的悬移质模型设计理论进行设计，得到的模型沙粒径比尺较大，对应的模型沙粒径较小，难以制作。为了模拟细沙输移过程，根据常年库区研究成果进行模型相似性创新设计，实现细沙冲淤相似。通过对以往物理模型试验所采用模型沙的类型以及试验效果的统计分析，为了使模型沙的颗粒外形、粒径、泥沙级配、黏性和冲淤流速与原型相似，最终选取试验段对应的原型沙作为模型沙。

模型验证试验成果显示，由于上下游弯道作用，水流趋直，在凸岸下首形成缓流区，造成泥沙淤积，主要淤积位置为弯道凸岸下首麻柳嘴、左汊缓流区。非恒定流过程和典型流量下的验证试验成果表明，流速分布、流态特征、淤积部位、淤积厚度和淤积量与原型观测的都达到较大程度的相似。整体上看，根据库区最新研究成果进行创新性相似率设计的试验成果与原型实测成果基本一致。整体上，恒定流和非恒定流验证试验过程都呈现出流速分布、流态特征、淤积部位、淤积厚度和淤积量与原型观测的结果都达到较大程度的相似。因此，提出的基于原型沙的水库物理模型冲淤模拟技术是可行的，具有一定的创新性和实用性。

第 7 章　三峡库区急弯分汊河段航道治理技术及应用

7.1　典型急弯分汊水道碍航特性分析

7.1.1　蓄水后航道条件变化

皇华城水道位于常年回水区上段，三峡水库蓄水后，由于水位大幅抬升，产生泥沙累积性淤积。皇华城水道属于典型的急弯分汊河段，左汊为传统主航道，右汊在蓄水前并未开辟为航道，水库蓄水后改变了左右两汊的分流比，造成左汊流速大幅减小，泥沙大量淤积。2010 年长江三峡库区实施航路改革，船舶定线制上延至李渡，根据交通运输部《关于发布长江安徽段船舶定线制规定(2010)和长江三峡库区船舶定线制规定(2010)的通知》文件，皇华城左汊定为船舶上行航线主航道，右汊为下行主航道。

鉴于左汊泥沙淤积发展迅速威胁到低水位期航道维护，当地航道维护部门在充分研究的基础上，开通右汊航道。2011 年由于淤积泥沙完全封堵了整个皇华城水道左侧航槽，长江重庆航道局于 2011 年 6 月 4 日 15：00 时临时关闭了滥泥湾左汊航道，让上行船舶改行皇华城水道右汊。这是三峡成库以来因泥沙淤积造成航道维护尺度不能满足标准的首个水道。

7.1.2　水道碍航特征及成因分析

皇华城水道水位降至 150 m 以下时，左汊由于泥沙淤积造成航道水深不满足维护尺度，右汊由于出口弯曲半径不足及通视性不佳，存在严重通航隐患。

(1)皇华城水道位于常年回水区，弯曲、分汊、宽阔的河道特性，造成泥沙累积性淤积，汛期左汊航道水深不足。皇华城水道位于常年回水区上段，三峡蓄水后，水位有较大抬升，造成泥沙累积性淤积。由于处于典型的弯曲分汊河段，水位抬高后，水流趋直，造成弯道凸岸汊道分流比急剧减小，在弯道凸岸汊道形成缓流区，而泥沙由于弯道环流的作用带到弯道凸岸，进入左汊，导致泥沙大量淤积。

根据交通运输部《关于发布长江安徽段船舶定线制规定(2010)和长江三峡库区船舶定线制规定(2010)的通知》文件，皇华城左汊是船舶上行航线主航道，因此左汊航道水深、宽度、弯曲半径满足维护尺度条件，应该立即予以开通，2011 年 9 月，当皇华城右汊航道条件满足维护标准后，长江重庆航道局又重新开通了左汊航道，作为船舶上行主航道。

(2)右汊河道弯曲，上下行船舶不能通视，存在安全隐患。汛期船舶上下行航道均布置在右汊后，存在严重的安全隐患。皇华城右汊出口弯曲半径小，仅 800 m 左右，不满足航道维护尺度 1000 m 的标准。在皇华城出口弯道处有高大的桃花山，山体高程均在 210 m 以上，山体前后不能通视，上下行船舶通视性较差，存在较大安全隐患。汛期在右汊出口，由于航道弯曲半径不足，下行船舶难以操控沿右侧航行，易冲向左岸一侧，加上皇华城水道弯道出口处有山体阻挡，通视性不好，避让不及，易发生上下行船舶交会碰撞的危险，目前航行库区船舶尺度大、马力小，机动性稍差，存在极大的安全隐患。

7.2　导流坝分流航道整治技术

7.2.1　初步整治思路

皇华城河道左汊淤积体高程逐年增加，淤积位置则由左汊入口逐渐向左汊内部伸入，右汊河床高程也逐年抬升。试验段的设计最低通航水位为 145.42 m，航道维护水深为 4.5 m，因此地形高程为 140.92 m 以上的位置在最低通航水位时是不能通航的。从 2012 年的地形图上可以看到，左汊入口接近洲头的位置淤高至 140.92 m 以上，该处水位为设计最低通航水位时，航道宽度小于 150 m，如图 7-1 所示。因此，可以得出总体的整治思路如下：①布置方案时，需将右汊流量合理分配到左汊，尽可能地使水流集中于图中的重点整治部位，利用水流将左汊洲头附近的碍航淤积体(红色区域)冲开；②若第一步整治效果不理想，则采用疏浚的方法将红色区域的淤积体清除，并采用上一步的方法将流量分配到左汊，使左汊河床达到不冲不淤的效果，航线初步规划如图 7-1 所示。

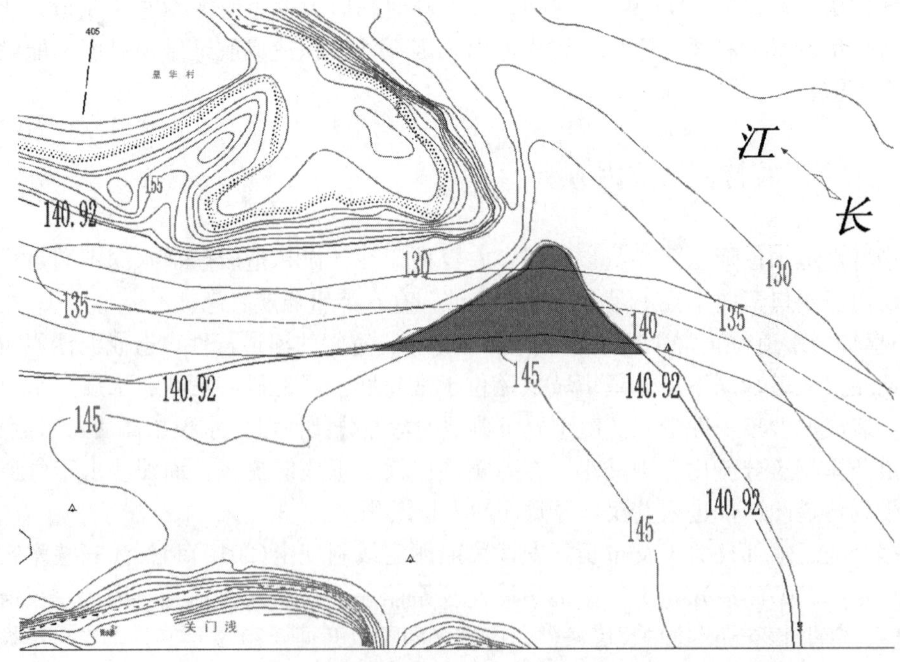

图 7-1　整治部位示意图(见彩图)

7.2.2　不同整治方案二维数值模拟计算

1. 方案布置

根据上述整治思路，为了比较不同迎水面长度下及与主流方向不同夹角下的左右汊分流比和流速分布，采用单因素分析法设计了两组试验。初步拟定在洲头位置向右岸布设一条导流坝，为了达到理想的试验效果共布置 5 个方案。

为了对比不同迎水面长度下坝体对分流比的影响，使坝体的一端固定于皇华城江心洲洲头的一点，并设置坝体长度为 553 m，布设 3 个方案，如图 7-2 所示。方案具体布置内容如下：方案 3 与主流方向夹角为 30°，方案 2 的夹角为 45°，方案 1 的夹角为 60°。同时为了对比同一迎水面长度条件下，坝体与主流夹角对分流比的影响程度，增加了方案 4 和方案 5，如图 7-3 所示。方案 4 中，使坝体固定于上述同一点，长度为 964 m，与主流夹角为 30°；方案 5 中，使坝体固定于同一点，长度为 684 m，与主流夹角为 45°。

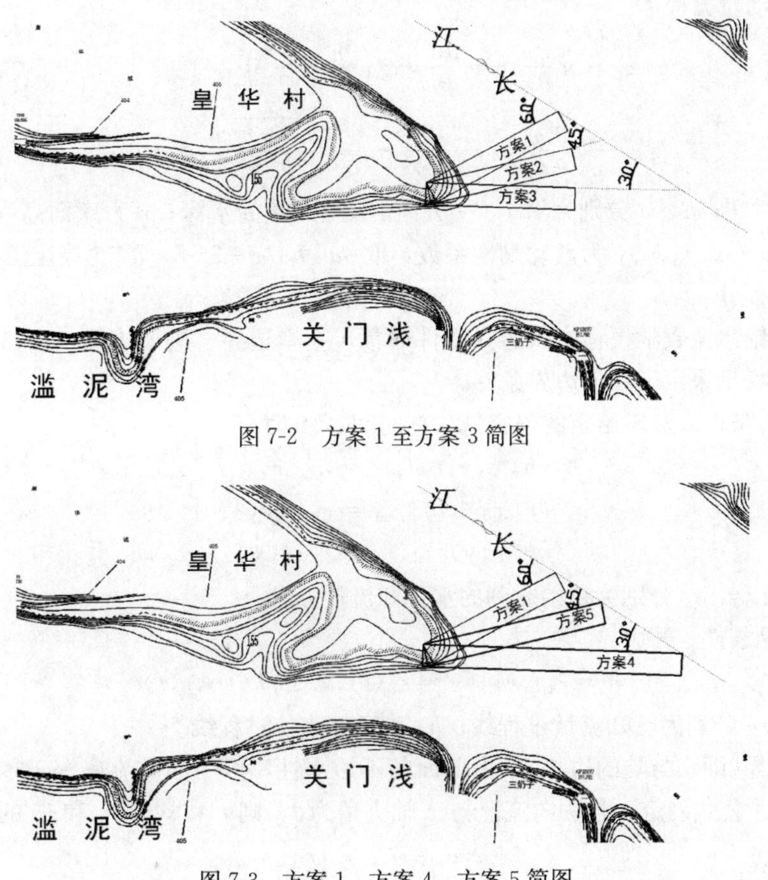

图 7-2　方案 1 至方案 3 简图

图 7-3　方案 1、方案 4、方案 5 简图

根据这 5 个方案的具体布置进行数值模拟计算，并增加了一组布置方案前的数值模拟计算。通过各方案计算结果的对比，将获得一个分流效果最佳的迎水面长度和夹角，方案布置即参考该计算结果选取。

2. 平面水流二维数学模型的建立

采用能较好地模拟复杂河道边界条件的平均水深有限元法二维水流数学模型进行分析计算。

1)控制方程

采用沿水深平均的封闭浅水方程组描述二维水流运动，基本控制方程如下。

水流连续方程：

$$\frac{\partial h}{\partial t}+\frac{\partial}{\partial x}(hu)+\frac{\partial}{\partial y}(hv)=0 \tag{7-1}$$

x 方向动量方程：

$$\begin{aligned}&\frac{\partial u}{\partial t}+u\frac{\partial u}{\partial x}+v\frac{\partial u}{\partial y}+g\left(\frac{\partial h}{\partial x}+\frac{\partial \eta}{\partial x}\right)-fv\\&-\frac{\varepsilon_{xx}}{\rho}\frac{\partial^2 u}{\partial x^2}-\frac{\varepsilon_{xy}}{\rho}\frac{\partial^2 u}{\partial y^2}+\frac{u\sqrt{u^2+v^2}n^2 g}{h^{4/3}}=2\end{aligned} \tag{7-2}$$

y 方向动量方程：

$$\begin{aligned}&\frac{\partial v}{\partial t}+u\frac{\partial v}{\partial x}+v\frac{\partial v}{\partial y}+g\left(\frac{\partial h}{\partial y}+\frac{\partial \eta}{\partial y}\right)\\&-\frac{\varepsilon_{xy}}{\rho}\frac{\partial^2 v}{\partial x^2}-\frac{\varepsilon_{yy}}{\rho}\frac{\partial^2 v}{\partial y^2}+\frac{v\sqrt{u^2+v^2}n^2 g}{h^{4/3}}=2\end{aligned} \tag{7-3}$$

式中，t 为时间；u、v 分别为沿 x、y 方向的流速；h 为水深；η 为床面高程；g 为重力加速度；$\varepsilon_x x$、$\varepsilon_y y$、$\varepsilon_x y$ 为紊动黏性系数，取 $\alpha u_* h$，$\alpha=3\sim5$，u^* 为摩阻流速。

2)边界条件

平面二维水流数学模型中，边界条件通常包括岸边界、进口边界、出口边界以及动边界等，本模型采用了如下边界条件。

(1)初始条件。对于给定的研究域，在时间 $t=0$ 时有

$$h(x,y,t)\big|_{t=0}=h_0(x,y) \tag{7-4}$$

$$r(x,y,t)\big|_{t=0}=r_0(x,y) \tag{7-5}$$

$$s(x,y,t)\big|_{t=0}=s_0(x,y) \tag{7-6}$$

式中，h_0 和 r_0、s_0 分别为初始时刻的水位和流量分量。

(2)边界条件。开边界

$$r=r_{\mathrm{B}}(t),\quad s=s_{\mathrm{B}}(t),\quad 或 h=h_{\mathrm{B}}(t) \tag{7-7}$$

其中，r_{B}、s_{B} 分别为已知流量过程线；h_{B} 为已知水位过程线。

固壁边界(即水与陆的边界)，由壁面的不透水性，可令法向流速等于零，切向流速由曼宁-谢才公式确定。若法向流速与 x 轴夹角为 θ，则 r 和 s 与 v_n 和 v_t 的转换关系为

$$\begin{Bmatrix}v_n\\v_t\end{Bmatrix}=[T]\begin{Bmatrix}r\\s\end{Bmatrix} \tag{7-8}$$

其中

$$[T]=\begin{bmatrix}\cos\theta & \sin\theta\\-\sin\theta & \cos\theta\end{bmatrix} \tag{7-9}$$

3)基本方程的数值离散与求解

浅水方程的离散包括时间离散和空间离散，时间的离散采用差分法，空间的离散采用有限单元法：运用伽辽金加权余量法把浅水方程离散成非线性代数方程，然后采用 Newton-Raphson 方法求解；离散区域内采用三角形六节点等参单元和四边形八节点等参单元相耦合；单元插值采用混合插值方法。

经运算可得任意单元内的有限元控制方程：

$$\boldsymbol{A}r_1+\boldsymbol{B}r_1+\boldsymbol{C}_1(h_1+a_{01})+\boldsymbol{D}_1r_1+\boldsymbol{E}r_1-\boldsymbol{F}s_1-\boldsymbol{W}_1=0 \tag{7-10}$$

$$\boldsymbol{A}s_1+\boldsymbol{B}s_1+\boldsymbol{C}_2(h_1+a_{01})+\boldsymbol{D}_2s_1+\boldsymbol{E}s_1-\boldsymbol{F}r_1-\boldsymbol{W}_2=0 \tag{7-11}$$

$$\boldsymbol{K}_3h_1+\boldsymbol{M}_3r_1+\boldsymbol{N}_3s_1=0 \tag{7-12}$$

式中，r_1、s_1 和 h_1 分别表示该单元第Ⅰ节点上的未知函数的时间导数。

其中，质量矩阵为

$$\boldsymbol{A}=\int_e \boldsymbol{\phi\phi}^{\mathrm{T}}\mathrm{d}\boldsymbol{A} \tag{7-13}$$

对流矩阵为

$$\boldsymbol{B}=\int_e \boldsymbol{\phi}\left(\frac{\boldsymbol{\phi}_{,1}^{\mathrm{T}}r_1\boldsymbol{\phi}^{T}+\boldsymbol{\phi}^{\mathrm{T}}r_1\boldsymbol{\phi}_{,1}^{T}+\boldsymbol{\phi}_{,2}^{\mathrm{T}}r_1\boldsymbol{\phi}^{T}+\boldsymbol{\phi}^{\mathrm{T}}r_1\boldsymbol{\phi}_{,2}^{T}}{\boldsymbol{\Psi}^{\mathrm{T}}h_1}-\frac{\boldsymbol{\phi}^{\mathrm{T}}r_1\boldsymbol{\phi}_{,1}^{T}h_1\boldsymbol{\phi}^{\mathrm{T}}+\boldsymbol{\phi}^{\mathrm{T}}r_1\boldsymbol{\phi}_{,2}^{T}h_1\boldsymbol{\phi}^{\mathrm{T}}}{\boldsymbol{\Psi}^{\mathrm{T}}h_1\boldsymbol{\Psi}^{\mathrm{T}}h_1}\right)\mathrm{d}\boldsymbol{A} \tag{7-14}$$

压力矩阵为

$$\boldsymbol{C}_1=\int g\boldsymbol{\phi\Psi}^{\mathrm{T}}h_1\boldsymbol{\Psi}_{,1}^{\mathrm{T}}\mathrm{d}\boldsymbol{A} \tag{7-15}$$

$$\boldsymbol{C}_2=\int g\boldsymbol{\phi\Psi}^{\mathrm{T}}h_1\boldsymbol{\Psi}_{,2}^{\mathrm{T}}\mathrm{d}\boldsymbol{A} \tag{7-16}$$

耗散矩阵为

$$\boldsymbol{D}_1=\int_e\left[\frac{\varepsilon_{xx}}{\rho}\boldsymbol{\phi}_{,1}\boldsymbol{\phi}_{,1}^{\mathrm{T}}+\frac{\varepsilon_{xx}}{\rho}\boldsymbol{\phi}_{,2}\boldsymbol{\phi}_{,2}^{\mathrm{T}}\right]\mathrm{d}\boldsymbol{A} \tag{7-17}$$

$$\boldsymbol{D}_2=\int_e\left[\frac{\varepsilon_{xy}}{\rho}\boldsymbol{\phi}_{,1}\boldsymbol{\phi}_{,1}^{\mathrm{T}}+\frac{\varepsilon_{yy}}{\rho}\boldsymbol{\phi}_{,2}\boldsymbol{\phi}_{,2}^{\mathrm{T}}\right]\mathrm{d}\boldsymbol{A} \tag{7-18}$$

摩阻流速矩阵为

$$\boldsymbol{E}=\int_e\boldsymbol{\phi}\,\frac{g\boldsymbol{\phi}^{\mathrm{T}}}{C^2\boldsymbol{\Psi}^{\mathrm{T}}h_1\boldsymbol{\Psi}^{\mathrm{T}}h_1}\sqrt{\boldsymbol{\phi}^{\mathrm{T}}r_1\boldsymbol{\phi}^{\mathrm{T}}r_1+\boldsymbol{\phi}^{\mathrm{T}}s_1\boldsymbol{\phi}^{\mathrm{T}}s_1}\,\mathrm{d}\boldsymbol{A} \tag{7-19}$$

连续矩阵为

$$\boldsymbol{K}_3=\int_e\boldsymbol{\Psi\Psi}^{\mathrm{T}}\mathrm{d}\boldsymbol{A} \tag{7-20}$$

$$\boldsymbol{M}_3=\int_e\boldsymbol{\Psi\phi}_{,1}^{\mathrm{T}}\mathrm{d}\boldsymbol{A} \tag{7-21}$$

$$\boldsymbol{N}_3=\int_e\boldsymbol{\Psi\phi}_{,2}^{\mathrm{T}}\mathrm{d}\boldsymbol{A} \tag{7-22}$$

式中，$\boldsymbol{\phi}_{,1}^{\mathrm{T}}$为 $\boldsymbol{\phi}^{\mathrm{T}}$ 关于 x 的导数；$\boldsymbol{\phi}_{,2}^{\mathrm{T}}$为 $\boldsymbol{\phi}^{\mathrm{T}}$ 关于 y 的导数。

根据 King 等提出的某一函数随时间变化的关系式：

$$y=y_0+at+bt^a \tag{7-23}$$

取时间步长为 Δt，得函数关于时间 t 的导数关系式

$$\frac{\partial y}{\partial t}=\frac{a(y-y_0)}{\Delta t}-(a-1)\left(\frac{\partial y}{\partial t}\right)_0 \tag{7-24}$$

4)总体有限元方程的求解

数学模型用 Newton-Raphson 迭代法来求方程组的数值解，递推公式如下：

$$\frac{1.5A}{\Delta t}r_I^k+Br_I^k+C_1(h_I^k+z_{bI}^k)+D_1r_I^k+Er_I^k$$
$$-Fs_I^k-\frac{1.5A}{\Delta t}r_I^{k-1}-0.5Ar_I^{k-1}-w_1^k=0 \tag{7-25}$$

$$\frac{1.5A}{\Delta t}s_I^k+Bs_I^k+C_2(h_I^k+z_{bI}^k)+D_2s_I^k+Es_I^k$$
$$-Fr_I^k-\frac{1.5A}{\Delta t}s_I^{k-1}-0.5As_I^{k-1}-w_2^k=0 \tag{7-26}$$

$$\frac{1.5A}{\Delta t}K_3h_I^k+M_3r_I^k+N_2s_I^k-\frac{1.5A}{\Delta t}K_3h_I^{k-1}-0.5K_3h_I^{k-1}=0 \tag{7-27}$$

$$F_1=L_1h_I^k+M_1r_I^k-N_1s_I^k+T_1=0 \tag{7-28}$$

$$F_2=L_2h_I^k+M_2r_I^k-N_2s_I^k+T_2=0 \tag{7-30}$$

$$F_3=L_3h_I^k+M_3r_I^k-N_3s_I^k+T_3=0 \tag{7-30}$$

其中

$$L_1=C_1,\quad M_1=\frac{1.5A}{\Delta t}+B+D_1+E$$

$$N_1=F,\quad T_1=C_1z_{bI}^k-\frac{1.5A}{\Delta t}r_I^{k-1}-0.5Ar_I^{k-1}-w_1^k$$

$$L_2=C_2,\quad N_2=\frac{1.5A}{\Delta t}+B+D_2+E$$

$$M_2=F,\quad T_2=C_1z_{bI}^k-\frac{1.5A}{\Delta t}r_I^{k-1}-0.5Ar_I^{k-1}-w_1^k$$

$$L_3=\frac{1.5}{\Delta t}K_3,\quad T_3=-\frac{1.5K_3}{\Delta t}h_I^{k-1}-0.5K_3h_I^{k-1}$$

应用 Newton-Raphson 方法时，先解线性方程组：

$$\begin{bmatrix}\frac{\partial F_1}{\partial r_I} & \frac{\partial F_1}{\partial s_I} & \frac{\partial F_1}{\partial h_I}\\ \frac{\partial F_2}{\partial r_I} & \frac{\partial F_2}{\partial s_I} & \frac{\partial F_2}{\partial h_I}\\ \frac{\partial F_3}{\partial r_I} & \frac{\partial F_3}{\partial s_I} & \frac{\partial F_3}{\partial h_I}\end{bmatrix}\begin{bmatrix}\Delta r_I^k\\ \Delta s_I^k\\ \Delta h_I^k\end{bmatrix}=\begin{bmatrix}-F_1(r_I^k,s_I^k,h_I^k)\\ -F_2(r_I^k,s_I^k,h_I^k)\\ -F_3(r_I^k,s_I^k,h_I^k)\end{bmatrix} \tag{7-31}$$

其中：

$$\frac{\partial F_1}{\partial r_I}=\begin{bmatrix}\frac{\partial f_{11}}{\partial r_1} & \frac{\partial f_{11}}{\partial r_2} & \cdots & \frac{\partial f_{11}}{\partial r_I}\\ \frac{\partial f_{12}}{\partial r_1} & \frac{\partial f_{12}}{\partial r_2} & \cdots & \frac{\partial f_{12}}{\partial r_I}\\ \vdots & \vdots & \ddots & \vdots\\ \frac{\partial f_{1I}}{\partial r_1} & \frac{\partial f_{1I}}{\partial r_2} & \cdots & \frac{\partial f_{1I}}{\partial r_I}\end{bmatrix}_{I\times I} \tag{7-32}$$

其余元素类同。

为求解 Δr_I^K、Δs_I^K、Δh_I^K，令

$$\Delta X_n = (r_{In}^k, s_{In}^k, h_{In}^k) \tag{7-33}$$

$$J(X_n) = \begin{bmatrix} \dfrac{\partial F_1}{r_I} & \dfrac{\partial F_1}{s_I} & \dfrac{\partial F_1}{h_I} \\ \dfrac{\partial F_2}{r_I} & \dfrac{\partial F_2}{r_I} & \dfrac{\partial F_2}{r_I} \\ \dfrac{\partial F_3}{r_I} & \dfrac{\partial F_3}{r_I} & \dfrac{\partial F_3}{r_I} \end{bmatrix}_{3I\times 3I} \tag{7-34}$$

则其解记为 $\Delta X_n = -[J(x_n)]^{-}1F(x_n)$，得到下一步迭代的初值 X_{n+1}：

$$X_{n+1} = X_n + \Delta X_n \tag{7-35}$$

在每一次时间步长的计算中，当满足收敛性要求时停止迭代，进入下一时间步长，直至得到所要求的结果。

5)模型计算区域

本书的研究区域为忠县皇华城河道，在保证涵盖试验研究区域的前提下，为减小模型范围、提高计算精度，将数学模型的进口选在倒脱靴上游 2 km 处(距三峡大坝里程 413.5 km)，将模型出口选在复旦村下游 1 km 处(距三峡大坝里程 400 km)，如图 7-4 所示。

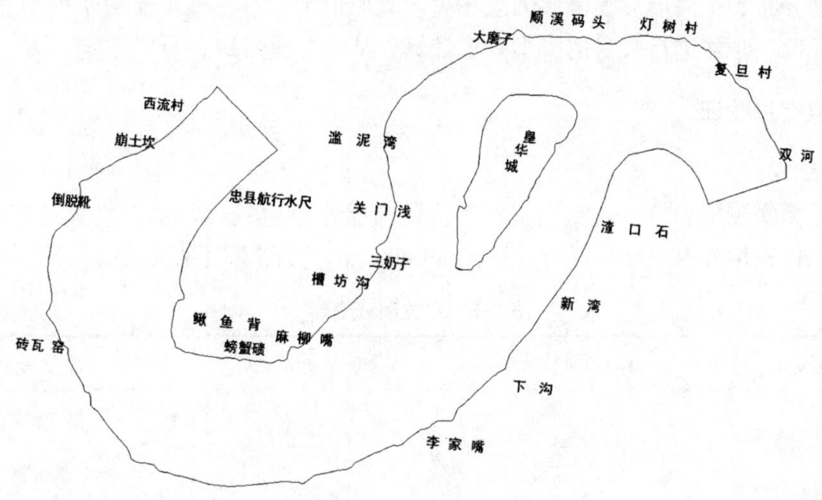

图 7-4　模型计算区域示意图

6)边界、地形条件及网格划分

模型拥有一个进口和一个出口，因此对于进出口边界的设置较简单。在进出口边界都垂直于其断面主流流向线的前提下，在上游根据时间流量关系代入相应的流量，下游则代入相应的水位。

模型地形数据主要来自长江重庆航道工程局 2011 年 3 月初测绘的 1∶5000 河道地形图。由于研究区域内河段边界曲折复杂，因此采用三角网格进行计算。河段内整治工程区域的节点间距设为 10 m，其余的节点间距设置为 20 m，整个模型网格数因方案的不同而不同。由于研究河段较长，所以只给出了局部的网格图，如图 7-5 所示。

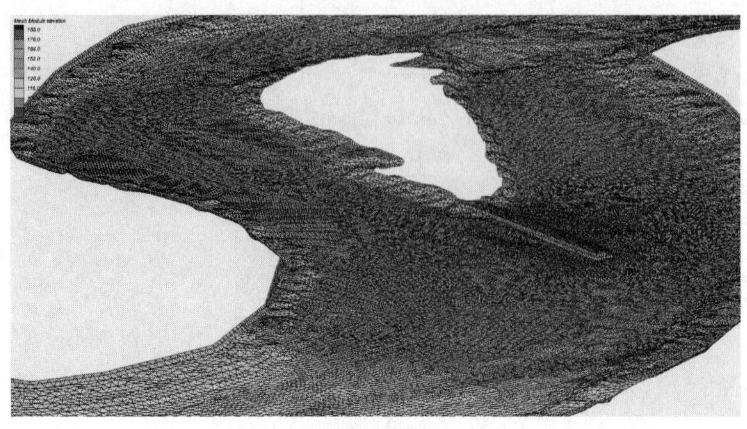

图 7-5 皇华城河道局部网格图

7）参数的选取

由于平面二维问题涉及各个细部水流结构计算问题，而各个细部因河床粗糙度不同，阻力有较大的差异，特别是需要解决二维模型里糙率沿河宽方向的分布问题。因此在模型计算前，需进行模型验证计算，通过将实测和计算的水位、流速值进行对比，调整参数，从而率定出各级流量范围内，模型各分段的糙率取值。

水平黏滞系数反应了水流由于流速梯度产生动量传递的强度，其取值与网格间距、河段内流速分布、平面形态等诸多因素相关，其取值大小对二维水流数学模型非常敏感，在进行计算前，也需进行大量的模型验证计算，从而分流量级、分段率定。

3. 数值模拟结果验证

1）水位验证

由于原型实测资料较少，实测资料对应的流量水位也较少，本次模拟计算选用的进出口控制条件选取 $Q=36760\ m^3/s$，$H=159.940\ m$，实测资料见表 7-1。

表 7-1 水位验证资料

时间	断面号	实测流量/(m^3/s)	水位/m
2012－7－22	S204		160.040
	S205		160.035
	S206	36809	160.090
	S208	36712	160.165

从计算结果来看，计算水位与实测水位基本一致，大多数断面验证的水位误差都小于 0.1 m，个别断面的实测资料由于施测、读数或者模型计算等误差综合影响偏差稍大，从沿程水位线的坡降分布来看，计算值也与实测值较为吻合，达到相似要求。模型水位验证计算结果如图 7-6 所示。

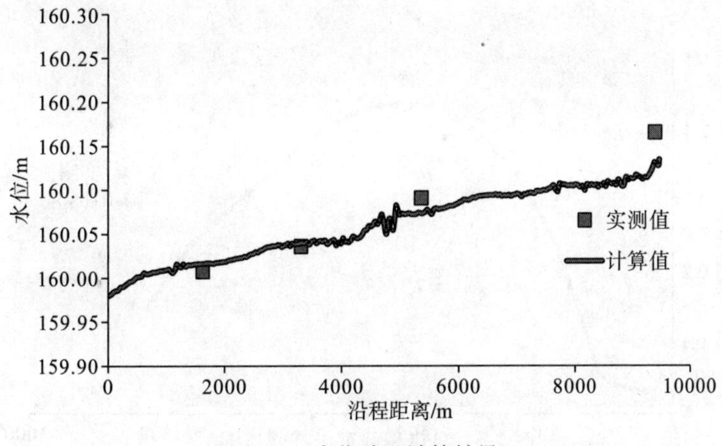

图 7-6　水位验证计算结果

2)流速验证

由于皇华城河道实测流速资料较少，所收集的资料只有 $Q=36760\ \mathrm{m^3/s}$ 和 $H=159.940\ \mathrm{m}$ 情况下的，因此流速验证采用的控制条件与水位验证的相同。

在对已搜集的 2012 年 7 月皇华城河道实测流速资料的基础上，对该级流量进行模拟计算，并取流速的计算值与实测值进行对比。从验证结果来看，各断面计算流速与实测值变化趋势基本一致如(图 7-7 至图 7-11)，且各实测点的流速差值基本都小于 0.1 m/s，相对误差小于 10%。S204 断面和 S206 断面的验证效果相对较差，主要是由于原型测量时采用 ADV 流速仪在船上测量，即使有较小的晃动，也会造成测量偏差。此外，流速计算值是断面平均流速，实测的是垂线上一点的流速，实测流速换算为断面平均流速时也会产生偏差。但是，整体上来看，计算所得的流速分布基本合理。

3)分流比验证

数学模型中在皇华城左右汊与主流垂直的方向分别布置了一条跨越河流的断面线，读取两条断面的水深和流速，计算得到各汊道的流量后，即可得出左右汊分流比，如图 7-12和图 7-13 所示。

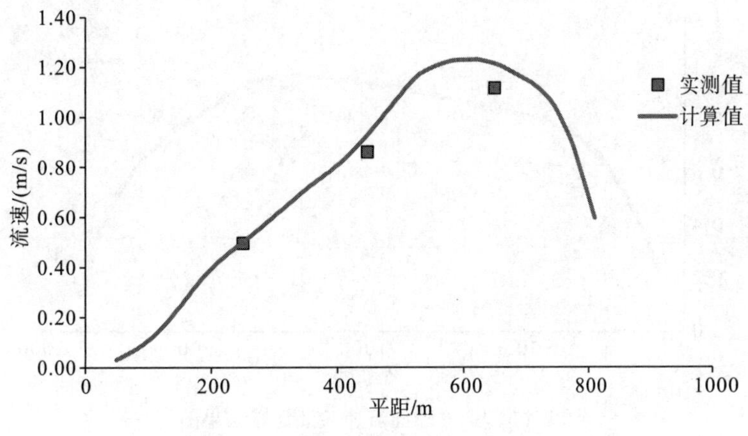

图 7-7　S203 断面流速验证计算结果图

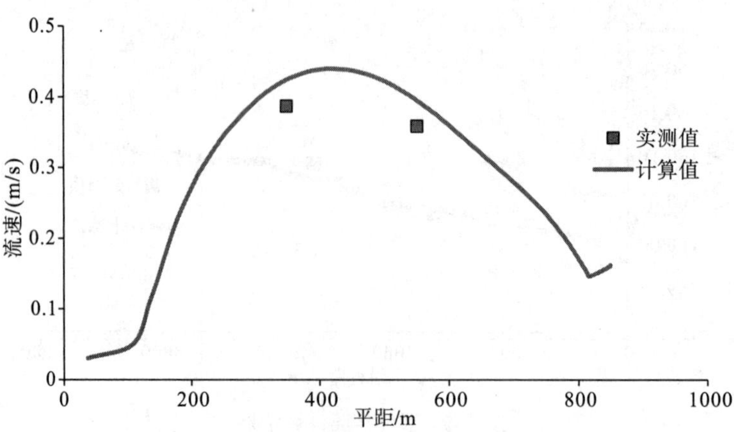

图 7-8　S204 断面流速验证计算结果图

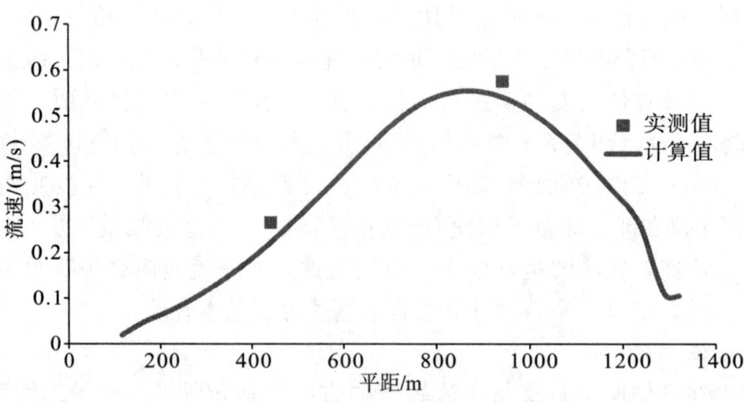

图 7-9　S205 断面流速验证计算结果图

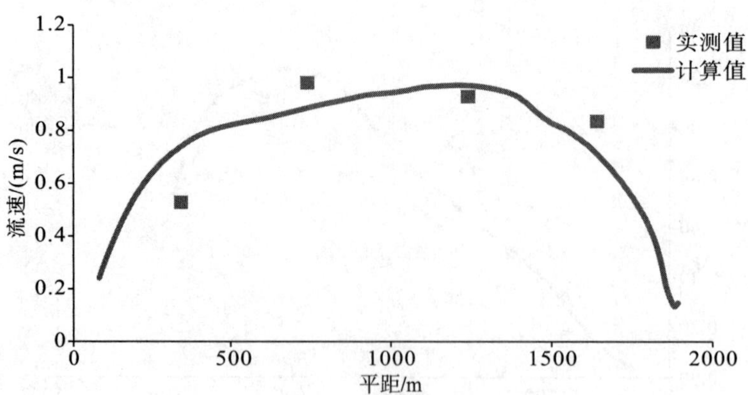

图 7-10　S206 断面流速验证计算结果图

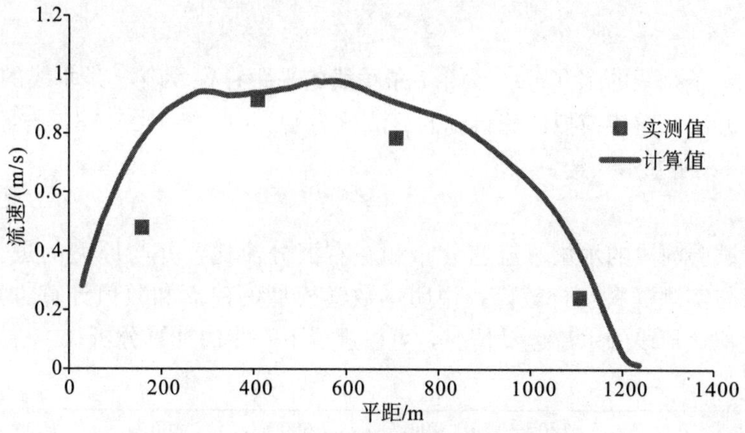

图 7-11　S208 断面流速验证计算结果图

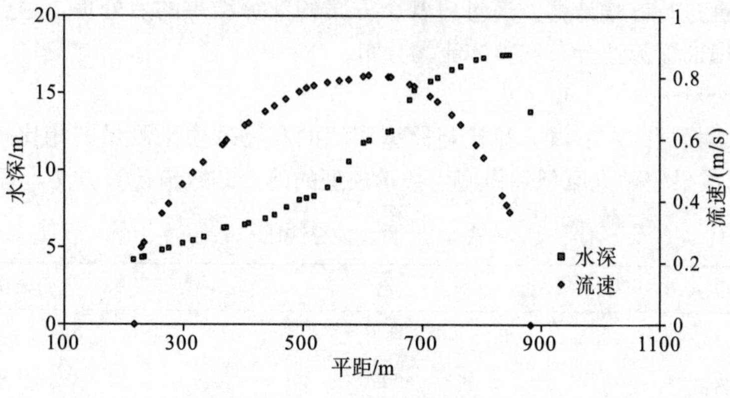

图 7-12　左汊水深流速图

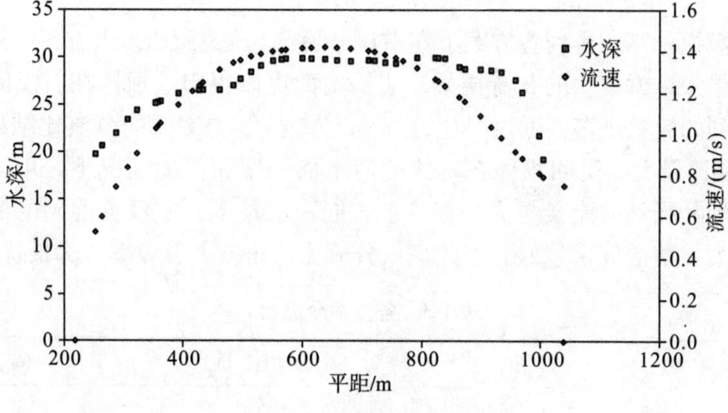

图 7-13　右汊水深流速图

通过上述平距、水深和流速资料可计算出两个汊道的流量，计算步骤如下：

(1)两条垂线之间的流量：

$$q_i = \frac{(h_i + h_{i+1})}{2}(L_{i+1} - L_i)\frac{(V_i + V_{i+1})}{2}$$

(2)汊道流量：

$$Q = \sum q_i$$

式中，h_i 为第 i 条垂线的水深；L_i 为第 i 条垂线的平距；V_i 为第 i 条垂线的平均流速。

运用上述方法，数值模拟计算得到的分流比为 $Q_{左}:Q_{右}=1:5.88$，与原型实测得到 $Q_{左}:Q_{右}=1:5.14$ 基本一致。

4)小结

通过计算试验河段的水位、流速分布和左右汊分流比，并与原型的进行对比分析，发现计算结果与实测资料吻合较好，说明本数学模型的建立和数值计算方法合理可信，模型基本能模拟该河段的水流运动情况，可以进行下一步的计算分析。

4. 方案优选

方案试验工况选取 $Q=30000\ m^3/s$，$H=150\ m$，采用上节已验证的糙率、紊动系数和坐标高程数据进行方案计算。通过对各个方案的计算结果的后处理，主要得到各方案下的分流比、横断面流速分布和整体流场分布。

1)分流比分析

方案前数学模型的左右汊分流比与原型实测的和物理模型测量的相比很接近，见表7-2。说明计算成果较贴近原型和模型，数学模型的建立和数值计算方法合理可信。

表 7-2 方案前分流比

工况	备注	分流比
方案前	长航 ADCP 实测数据	1∶5.14
	物理模型	1∶4.96
	数学模型	1∶5.88

通过数值模拟计算，得到各方案下左右汊分流比，见表7-3。由方案1至方案3的左右汊分流比结果知，方案1的分流比最理想。由此可以得出，坝体在右汊的迎水面长度越长左汊分配到的流量越多。通过对比方案1、方案4、方案5的分流比结果，发现方案4的左右汊分流比最大，说明坝体在右汊的迎水面长度相等的情况下，坝体中轴线与主流夹角越小左汊分配到的流量越大。理论上，同一流量下，左汊分配到的流量越多左汊的整体流速越大，整治效果越好。因此，从分流比的角度上看方案4为最优方案。

表 7-3 各方案分流比

方案编号	夹角/(°)	坝长/m	$Q_{左}:Q_{右}$
方案1	60	553	1∶3.85
方案2	45	553	1∶4.34
方案3	30	553	1∶4.72
方案4	30	964	1∶3.12
方案5	45	680	1∶3.59

注：夹角为坝与主流之间的夹角。

2)横断面流速分布

根据 6 组数学模型的计算成果，后处理得到左右汊的横断面垂线平均流速及横断面分布，如图 7-14 所示。通过分析方案前后的流速分布变化，可以预测方案下河床冲淤变化。

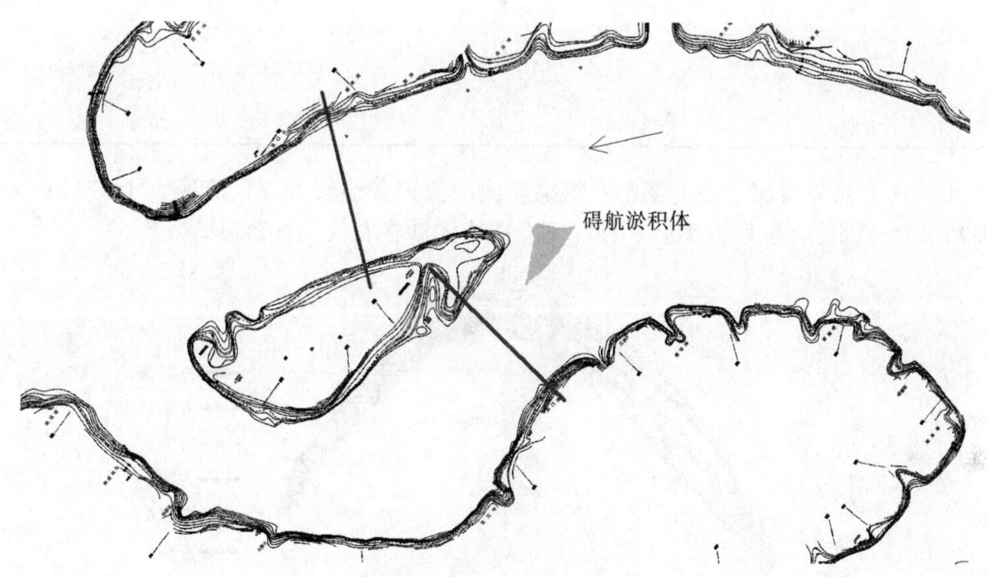

图 7-14　左右汊分流测量断面

由图 7-15 和表 7-4 可以看出，方案前左汊断面的流速较小，最大的垂线平均流速仅为 0.8 m/s；加设导流坝后，该断面的整体流速普遍增大，断面整体流速大小排序为，方案 4>方案 5>方案 1>方案 2>方案 3；主流的位置偏向中间，恰好使水流冲刷碍航的淤积体。原型观测发现，皇华城河道的淤泥冲刷流速约为 1.1 m/s，由此知方案 1、方案 4 和方案 5 冲刷淤积体的效果较好，其中方案 4 流速大于 1.1 m/s 的范围最大。同时，通过分析左右汊横断面的断面平均流速统计表，也能明显地发现方案 4 和方案 5 的断面平均流速比方案前增大了接近 1 倍。因此，将方案 4 和方案 5 设为优选方案。

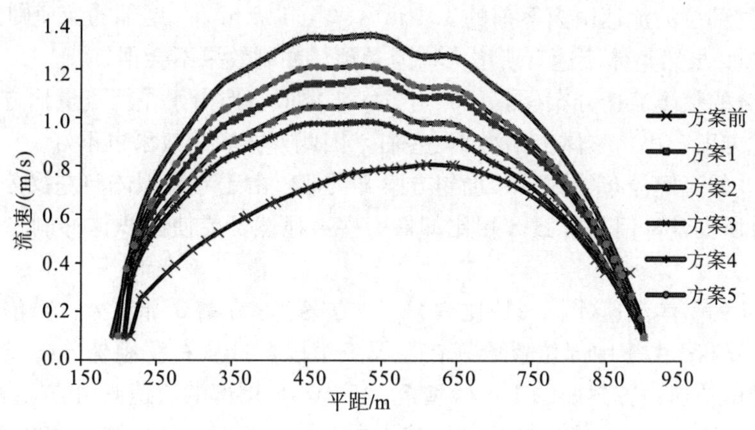

图 7-15　左汊流速分布(见彩图)

表 7-4 左右汊断面平均流速

工况	$V_{左}$/(m/s)	$V_{右}$/(m/s)
方案前	0.596	1.156
方案 1	0.860	1.091
方案 2	0.775	1.109
方案 3	0.712	1.123
方案 4	1.005	1.035
方案 5	0.906	1.074

由图 7-16 可以看出，各方案下右汊横断面的流速普遍较大，且流速大于 1.1 m/s 的范围都很大。因此，加设方案后，预计不会造成泥沙在右汊大量落淤。

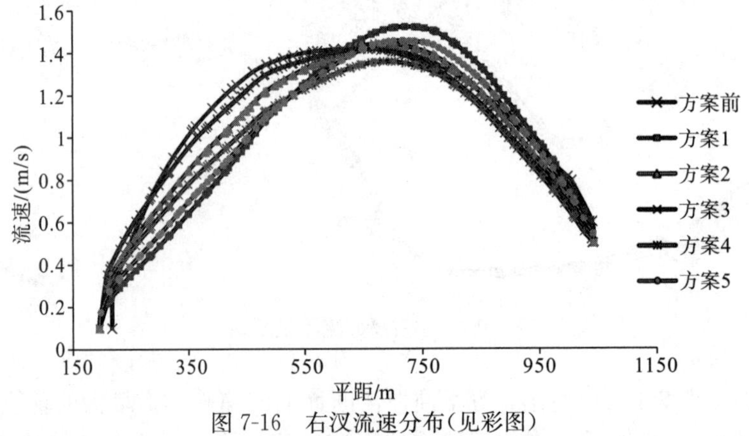

图 7-16 右汊流速分布(见彩图)

3)拟整治位置的流场

(1)由方案前整治部位的流场图(图 7-17)可以看出，拟整治位置的水流流速范围为 0.72～1.04 m/s，越靠近左岸的淤积体对应的水流流速越小，最小达到 0.7 m/s。靠近两岸 100 m 左右的流速较小，约为 0.3 m/s。

(2)方案 1 中，拟整治部位淤积体的流速比方案前有明显的增大，流速范围为 0.82～1.3 m/s，如图 7-18 所示。整治位置头部(迎水处)的流速由方案前的 1.04 m/s 降至 0.8 m/s，中间部位的流速由方案前的 1.1 m/s 增至 1.3 m/s，尾部的流速则由 0.72 m/s 增至 1.12 m/s。虽然整体流速有所增大，但是预计冲刷效果不会很好。

(3)方案 2 的整体流速分布(图 7-19)与方案 1 类似，但由于左汊流量比方案 1 小，使整体流速都比方案 1 小，整体上偏小 9%左右，因此方案 2 的效果也不好。

(4)方案 3 的流速分布(图 7-20)也与方案 1 类似，由于导流坝体向左汊分流，整体流速比方案前有所提升，但与方案 2 相比却低一些。显然，要使淤积体冲刷方案 3 下的流速远远不够。

(5)方案 4 的整体流速(图 7-21)比方案 1、方案 2、方案 3 都要大，整治位置头部的流速约为 0.9 m/s；由于中部位置恰好在左汊束窄段，且从右汊额外分配过来的流量也较大，使中部的流速由方案前的 1 m/s 增至 1.5 m/s；尾部的流速则由方案前的 0.8 m/s 增至 1.3 m/s。整体上看，方案 4 后的流速为方案前的 2 倍，且总体流速也都在 1.1 m/s 以上。因此，方案 4 的冲刷效果将会非常好。

(6)方案 5 中，流速分布(图 7-22)也与其他 4 个方案的一样，在该方案下，整治位置中部的流速最大，尾部次之，头部最小。对比方案 5 和方案 4 的流场图可以发现，整体上方案 5 的流速比方案 4 的流速偏小 0.13 m/s 左右。从水流冲刷淤积体的角度看，方案 5 预计可以达到预期的效果。

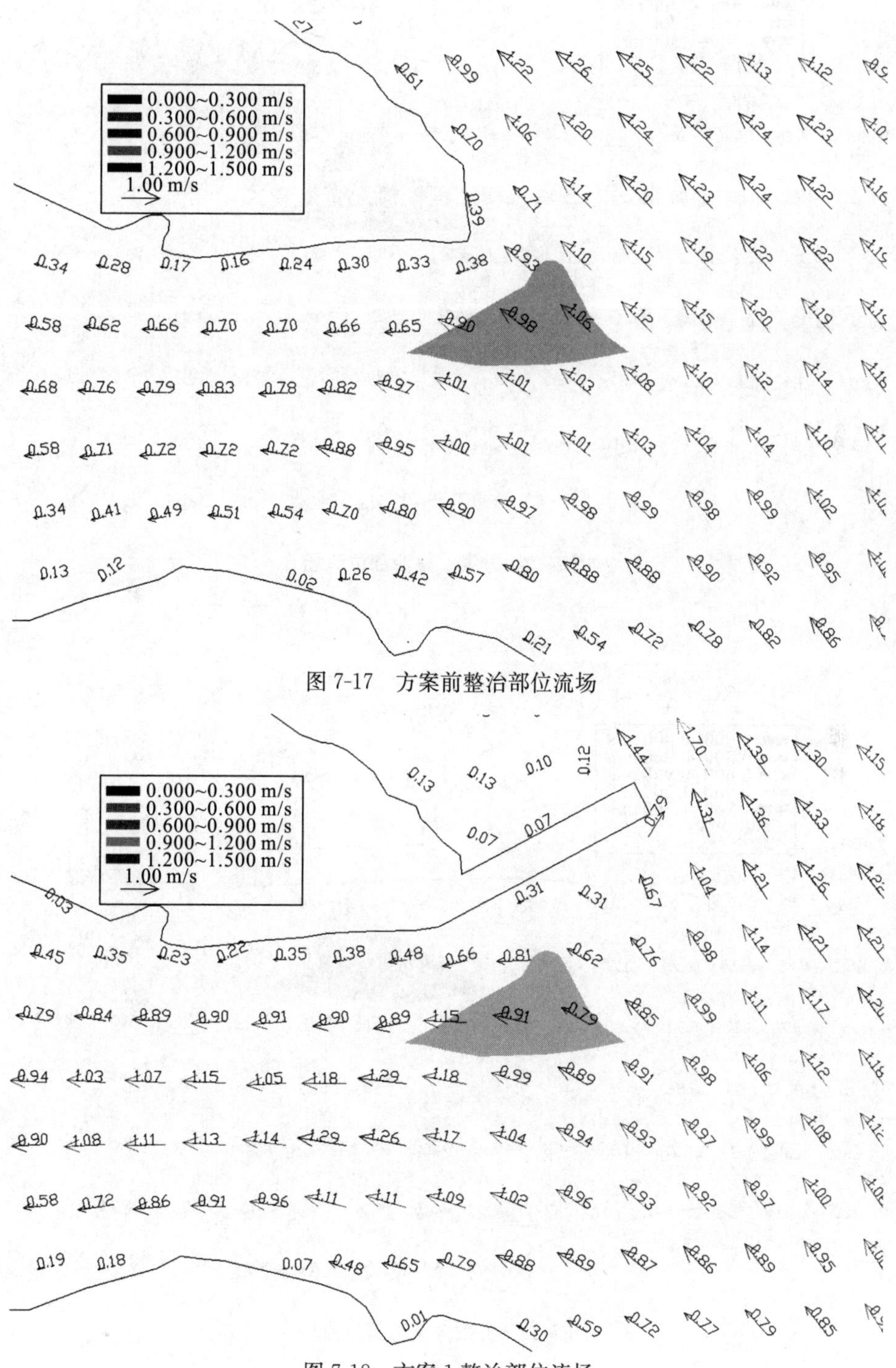

图 7-17　方案前整治部位流场

图 7-18　方案 1 整治部位流场

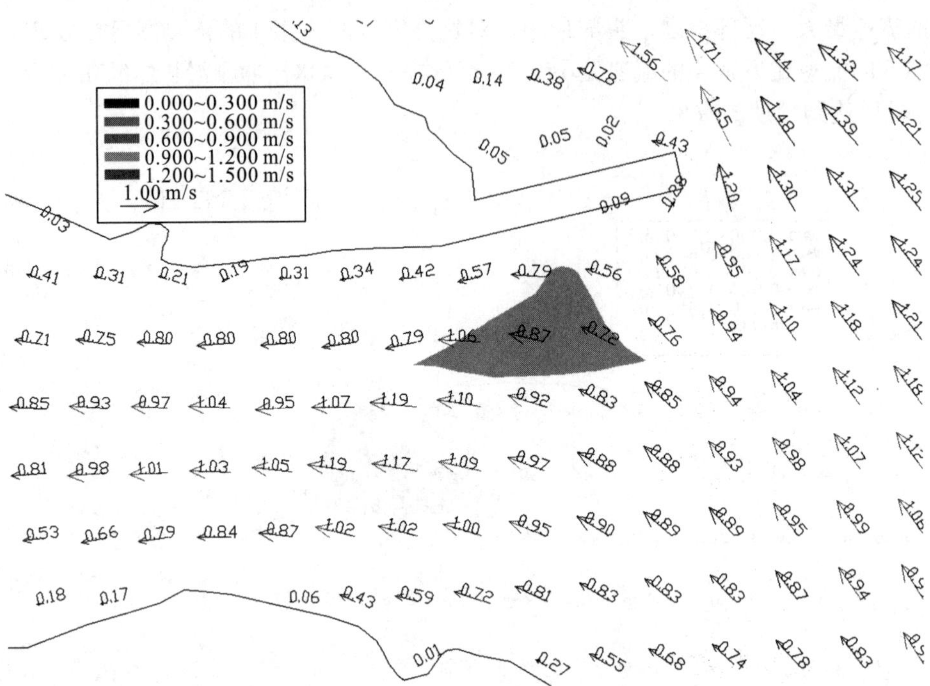

图 7-19　方案 2 整治部位流场

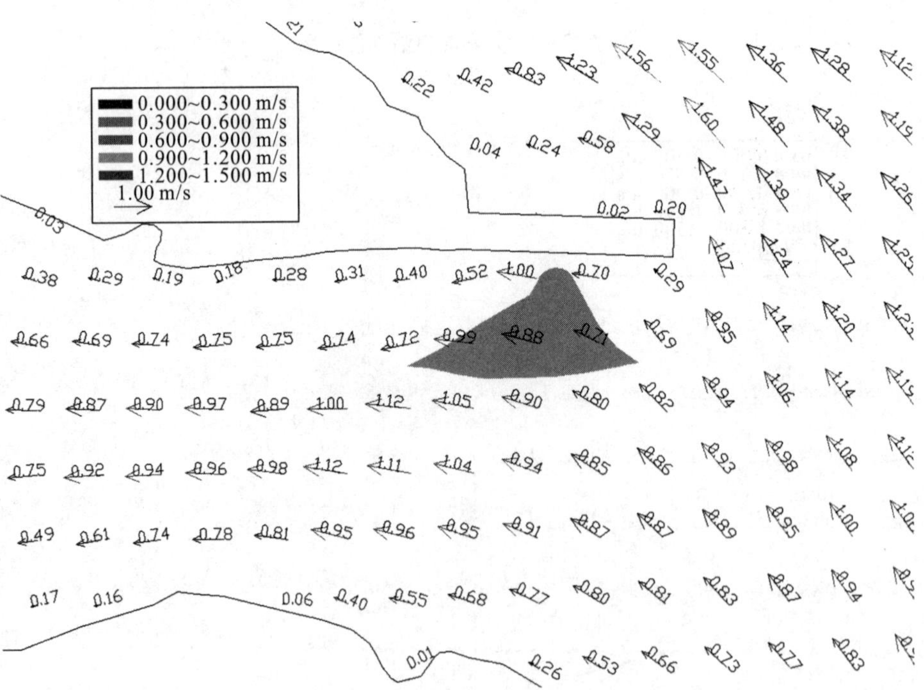

图 7-20　方案 3 整治部位流场

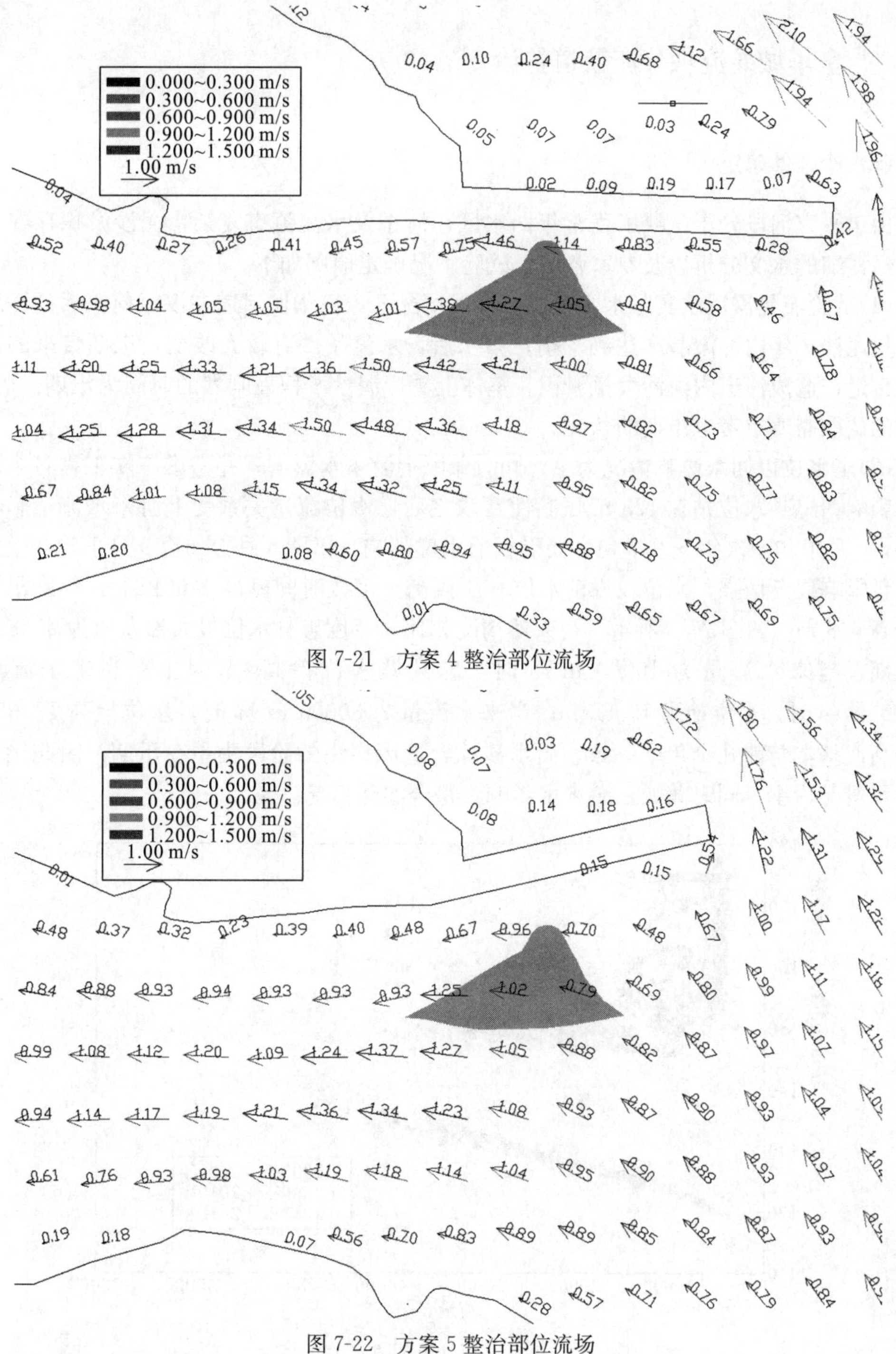

图 7-21　方案 4 整治部位流场

图 7-22　方案 5 整治部位流场

4)方案的确定

经过对试验段在各方案下的数值模拟计算，计算分析了左右汊的分流比、横断面流速分布和整治段的流场，最终发现方案 4 和方案 5 下水流对淤积体的冲刷较大，能够达到消淤的效果。综合考虑后，选取方案 5 为最优方案，下一步采用此方案的思路进行皇华城物理模型的方案布置。

7.2.3 皇华城导流坝分流航道整治

1. 试验水沙条件确定

由于研究河段处于三峡工程常年回水区，河型及水流流态复杂，泥沙淤积存在新规律。经详细的水文分析以及专家咨询，试验工况确定原则如下。

(1)试验流量需反映实际水文条件。天然情况下，皇华城河道左汊汛前汛后的冲刷带走大量泥沙，年内冲淤基本达到平衡；蓄水后，水流条件有较大改变，汛期带来的泥沙未能带走，造成河道内泥沙大量淤积。整体上看，泥沙淤积最剧烈的时间为汛期。因此，流量的选取需着重考虑汛期的状况。

(2)尾水位以回水影响情况为主，同时兼顾上游来水影响，并考虑三峡工程各个阶段蓄水影响。忠县水位站在 175 m 试验性蓄水之后，水位流量关系受上游来水流量影响而减小，9 月中旬至次年 5 月下旬主要受坝前水位影响，汛期 6 月上旬至 9 月下旬受上游来水流量影响逐渐增强，水位较坝前水位有所壅高，多数时间壅高 1 m 以上，年度汛期最大抬高 6.3 m，如图 7-23 所示。与天然情况相比，年度忠县水位最大抬高值为 55.86 m。在汛期，当来水流量为 10000 m^3/s 时，忠县站水位抬高 21.04 m；当来水流量为 20000 m^3/s 时，水位抬高 19.85 m；当来水流量为 30000 m^3/s 时，水位抬高 17.63 m。其抬高值基本与前几个年度一致。而水沙综合造床作用的阶段集中在汛期，因此尾水位以回水情况为主，同时兼顾上游来水影响，符合实际情况。

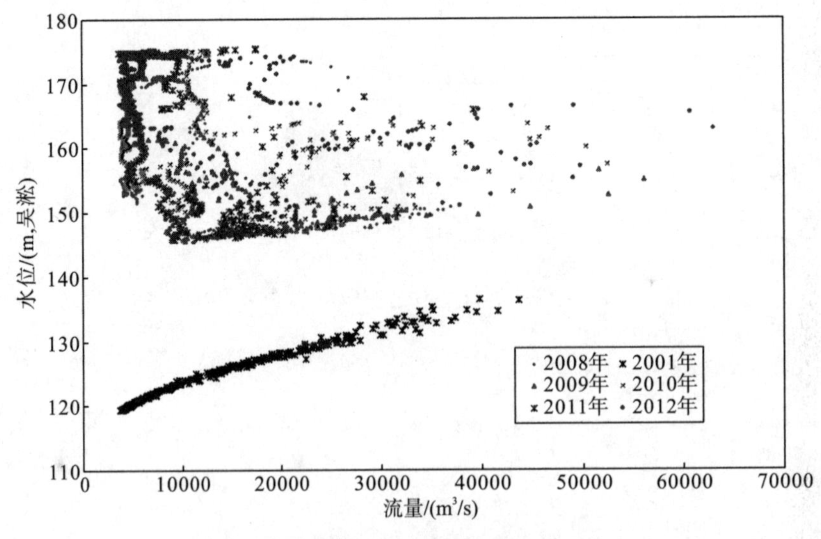

图 7-23 忠县水位站水位流量关系曲线

(3)试验流量充分考虑消落期的冲刷作用。

(4)适当考虑防洪评价等其他专题论证需要资料。

按照上述原则，从 2003—2011 年汛期阶段选取两组水位流量组合作为试验工况，见表 7-5。

表 7-5　试验工况

组号	流量/(m³/s)	尾水位/m
1	30000	150
2	50000	150

注：采用的是吴淞高程。

2. 方案试验基本参数的确定

1)整治原则

河段航道等级为内河Ⅰ级，通航保证率为 99%，长航航道道规划尺度为 4.5 m×150 m×1000 m。

汊道整治常遵循“区分对待，因地制宜；因势利导，慎重选汊”的原则。整治汊道应从实际出发，对于不同的汊道采取不同的整治方法。首先应进行通航汊道的选择。当通航汊道来沙较多，流量不足时，应调节汊道之间的分沙比和分流比，使通航汊道向好的方向发展；当通航汊道流量足够时，应稳定各汊的分流比，保持流量分配，保证通航水深的需要。

同时，整治工程应符合河流的特性，能有效地利用河床演变和水流运动的规律达到整治目的，使其平面尺度符合航运要求，充分利用现有河槽的有利形态和顺应河床的良性发展趋势。

2)方案布置

皇华城左汊淤积河道整治的主要工程措施是在皇华城江心洲洲头开始建造一条向右汊延伸的导流坝，使分配到左汊的流量变大，在 CAD 地形图里坝头与坝尾的具体 XY(NE)坐标分别为(509807.5257，3357087.1906)和(510770.9021，3357049.0903)，如图 7-24 所示。坝体长度为 964 m，与主流方向夹角约为 30°，坝顶与整治水位齐平，坝顶高程为 147.42 m。

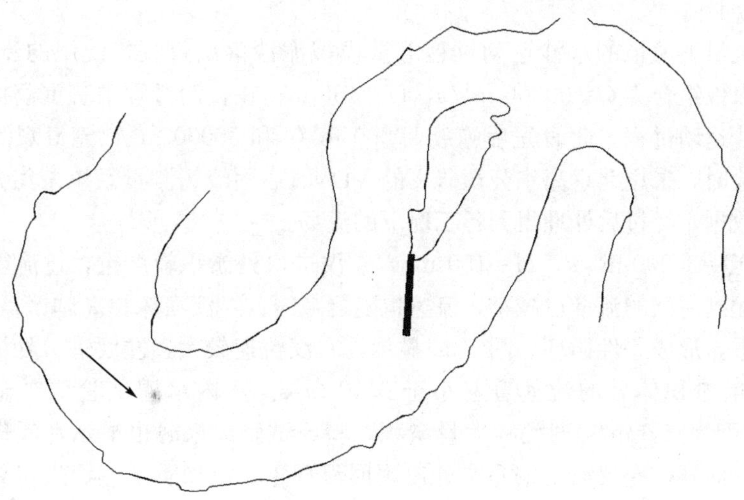

图 7-24　整治方案布置图

3)测量内容

(1)断面地形冲淤测量。主要布置在拟整治河段及适当的进、出口范围，使用北京尚水公司的地形测量系统 TTMS 测量。为监测模型河床的变化沿水流方向布置 45 条横断面，方案试验中主要监测左汊进口碍航淤积体的冲淤变化，碍航淤积体处布设 3 条横断面，如图 7-25 所示。方案试验结束后则测量全河段的横断面地形。

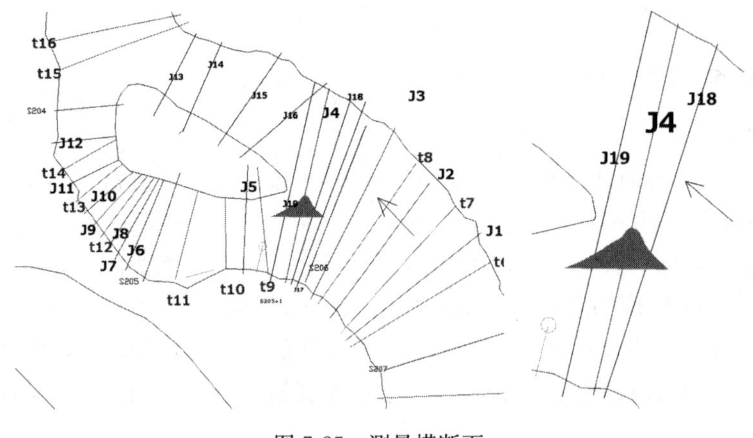

图 7-25 测量横断面

(2)表面流场测试。采用北京尚水公司的表面流场测量系统 VDMS 测量试验段内的表面流场。

(3)主流位置观测。主要以观察为主，判断是否与原型达到相似，着重观察左汊的主流位置。

(4)流态观测。主要以观察为主，重点位置在皇华城左汊及汊道进口段，着重观察回流、泡漩水、横流等流态。

3. 方案成果分析

1)流场分析

在典型流量下模拟的水沙运动过程着重模拟泥沙落淤过程，使用的流速比尺为 5，施放的流量水位组合为 $Q=30000\ \mathrm{m^3/s}$，$H=150\ \mathrm{m}$；在整治过程中着重模拟水流冲刷碍航浅滩的水沙运动过程，此时先后施放 30000 $\mathrm{m^3/s}$ 和 50000 $\mathrm{m^3/s}$ 流量观测试验段流场的变化。试验时，采用北京尚水公司研发的 VDMS 表面流场测量系统采集方案前后的试验段的流场数据，经过后处理得到各工况下的流场。

方案前($Q=30000\ \mathrm{m^3/s}$，$H=150\ \mathrm{m}$)，左汊进口处淤积较严重，过流能力也随之减小，导致分配到左汊的流量也减小，流速也随之减缓。左汊河床抬高越严重，流速越缓，淤积也越严重，形成恶性循环。图 7-26 显示，右汊流速较大，左汊进口处流速较小，左汊进口处碍航淤积体处的流速普遍小于 0.12 m/s。室内水槽试验结果显示流速小于 0.12 m/s(原型为 0.6 m/s)时泥沙大量淤积，验证试验成果时也显示左汊进口左岸处泥沙大量淤积。此外，左汊河道偏左岸处出现回流现象，也加重了左汊进口处的淤积。从流场图上看，拟整治部位的原型上的流速范围为 0.5～0.7 m/s，此处的河床会逐渐抬升，实测的横断面淤积分布图也显示此处泥沙落淤较严重。

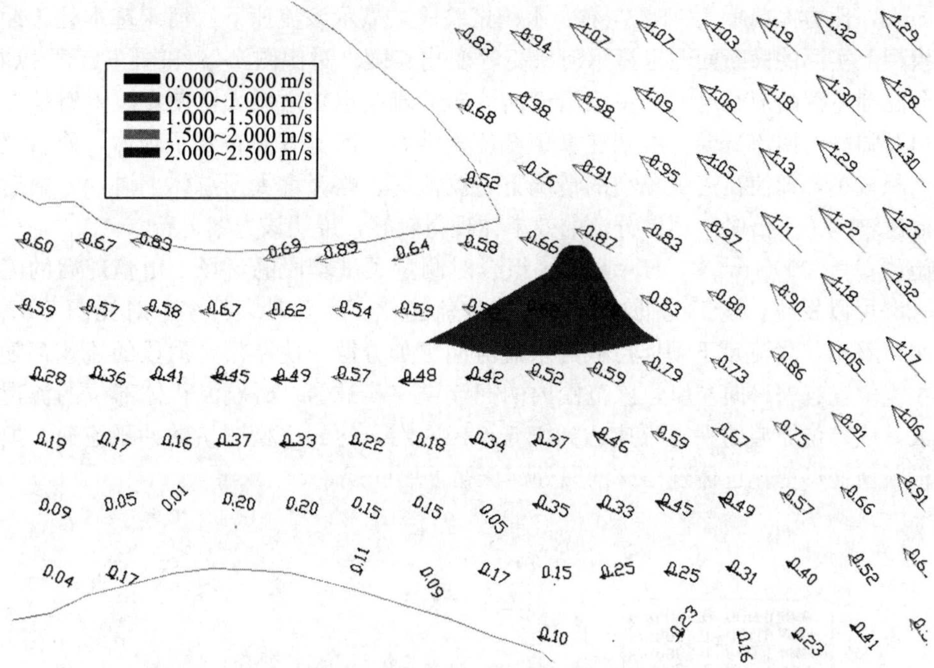

图 7-26　方案前整治部位流场(Q=30000 m^3/s，H=150 m)

方案后(Q=30000 m^3/s，H=150 m)，由于左汊分配到的流量增大，流速增大幅度较大，增大了接近 1 倍。布置坝体后，左汊进口处的流速分布比方案前的改变较大，方案前流向右汊的一股水流被坝体拦向左汊，紧贴左汊皇华城流向下游。此外，拟冲刷部位的流速也随方案的布置而增大，该部位原型上的平均流速由方案前的 0.55 m/s 增至

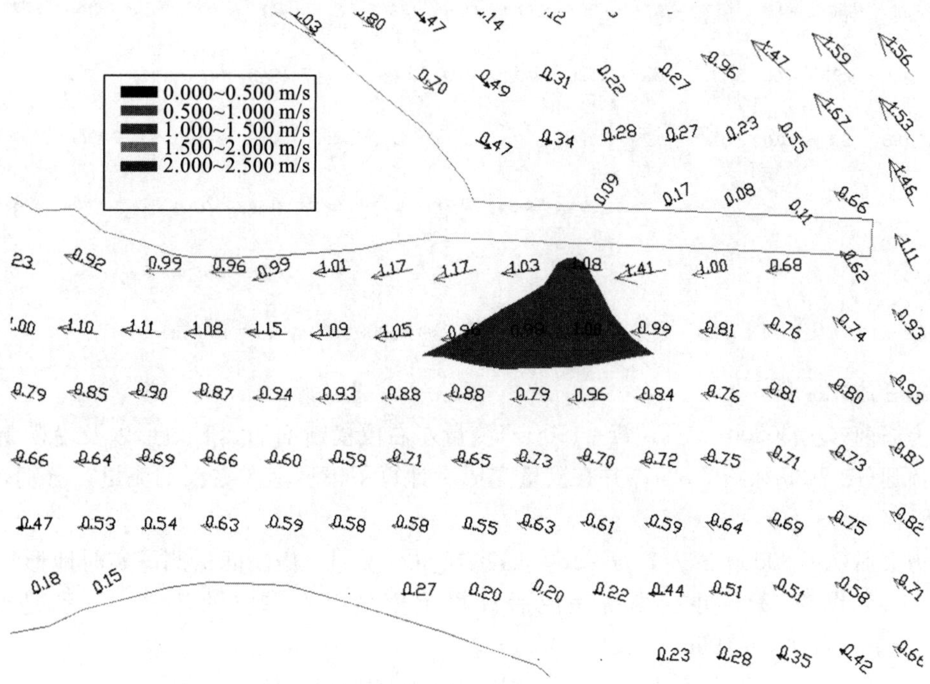

图 7-27　方案后整治部位流场(Q=30000 m^3/s，H=150 m)

1.05 m/s，比方案前增大 91%左右。水槽试验成果显示该流速下，河床基本处于冲淤平衡，模型上实测的横断面图也显示河床高程变化甚微。对比图 7-26 和图 7-27 可以看出，由于分配到左汊的流量增大，左汊沿横向分布的流速也随之增大，使左汊上游偏左岸处和进口开阔段的回流减弱。由于在皇华城位置沿右汊河宽方向布置了坝体，使右汊河道过水面积减小，即使在流量减小的情况下右汊流速也略微增大。总体上讲，方案后左汊整体流速增大了 1 倍多，坝体分流的效果体现得较好，说明该方案可行。

施放 $Q=50000\ \mathrm{m^3/s}$，$H=150$ m 组合时测量了试验段的流场，由整理后的流场图(图 7-28)可以发现，该工况下试验段整体的流速比 $\lambda_v=5$ 时大得多。对比图 7-27 和图 7-28 可以看出，大流量下坝体拦截的水流流向更加分散，使左汊全河段的流速都随之提升，主流位置越偏移向左岸，该范围内的回流进一步减弱。碍航淤积体部位的流速进一步增大，该部位原型的平均流速达到 1.5 m/s 左右，达到水槽测量的冲刷流速，模型实测的横断面地形变化也体现出该河段处河床被冲刷的现象。

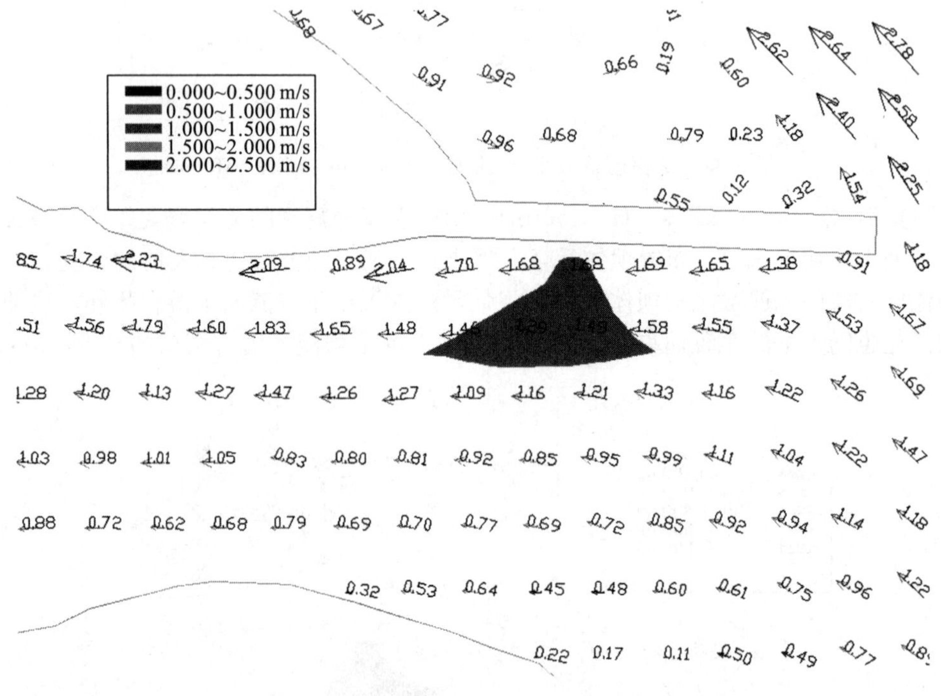

图 7-28　方案后整治部位流场($Q=50000\ \mathrm{m^3/s}$，$H=150$ m)

2)分流比分析

方案前($Q=30000\ \mathrm{m^3/s}$，$H=150$ m)测量左右汊横断面的实时地形以及沿横断面的实时流速(图 7-29 和图 7-30)，并在测量完成后计算了模型上左右汊的流量，分别是 $Q_{左}=5084.7\ \mathrm{m^3/s}$，$Q_{右}=24915.3\ \mathrm{m^3/s}$。

方案后($Q=30000\ \mathrm{m^3/s}$，$H=150$ m)也在左右汊同一横断面量测了实时地形和流速(图 7-31 和图 7-32)，并在测量完成后计算了模型上左右汊的流量，分别是 $Q_{左}=10344.8\ \mathrm{m^3/s}$，$Q_{右}=19655.2\ \mathrm{m^3/s}$。

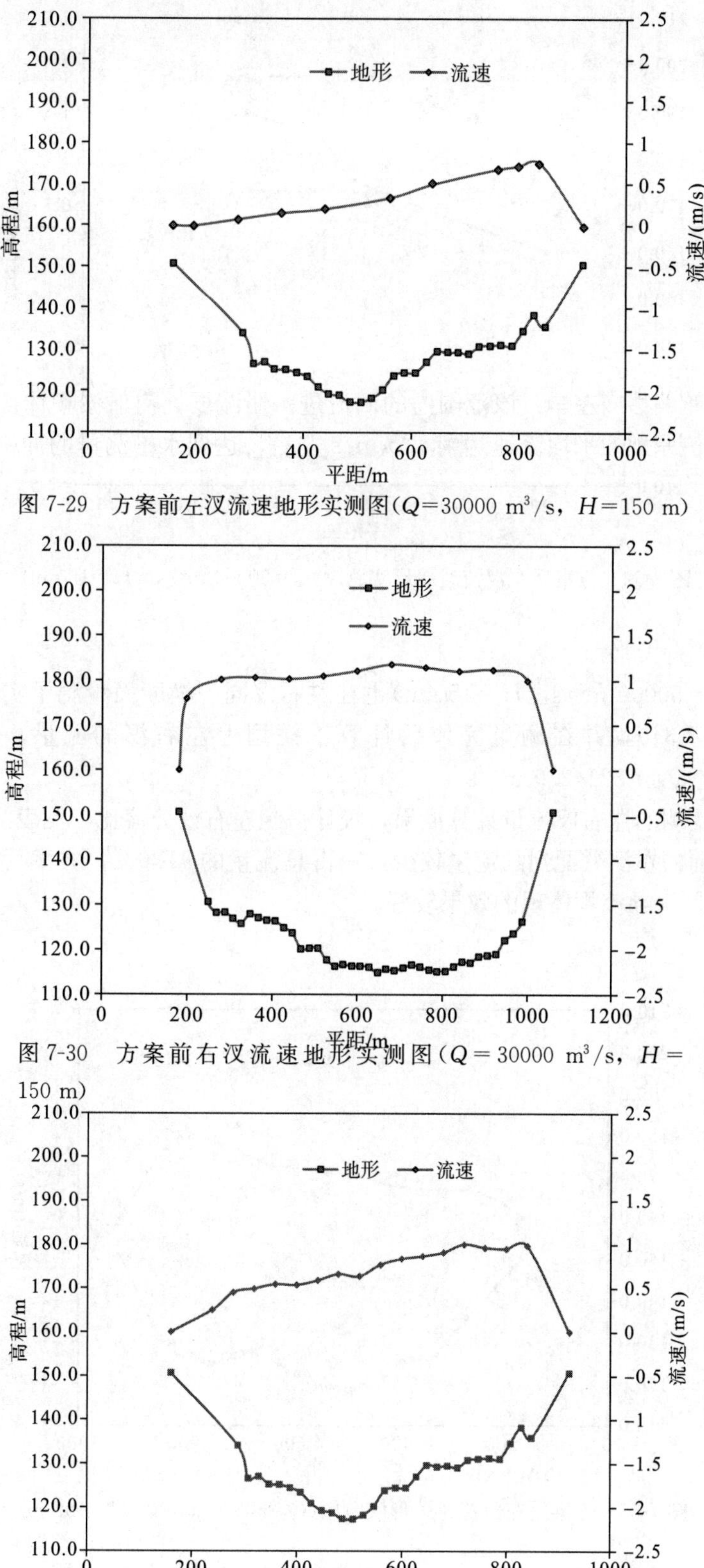

图 7-29　方案前左汊流速地形实测图(Q=30000 m^3/s，H=150 m)

图 7-30　方案前右汊流速地形实测图(Q=30000 m^3/s，H=150 m)

图 7-31　方案后左汊流速地形实测图(Q=30000 m^3/s，H=150 m)

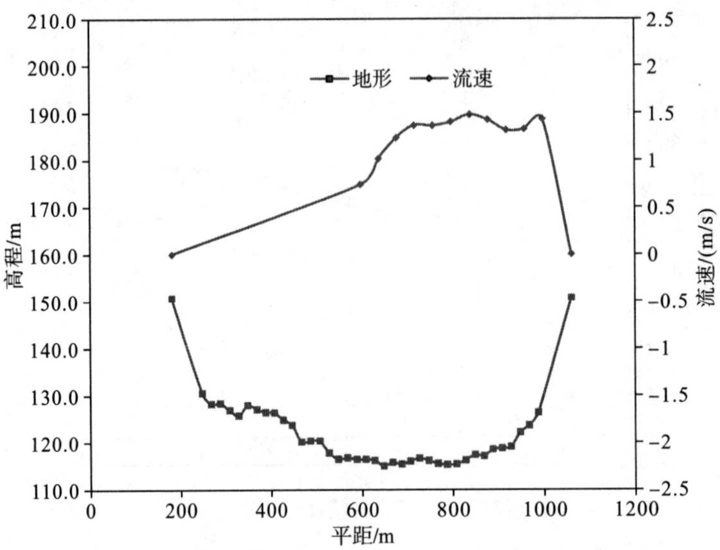

图 7-32 方案后左汊流速地形实测图(Q=50000 m^3/s，H=150 m)

方案后(Q=50000 m^3/s，H=150 m)也在左右汊同一横断面量测了实时地形和流速(图 7-33 和图 7-34)，并在测量完成后计算了模型上左右汊的流量，分别是 $Q_{左}$ = 17857.1 m^3/s，$Q_{右}$=32142.9 m^3/s。

根据多次实测的左右汊流量计算成果，统计得到左右汊分流比，见表 7-6。从表中可以看出，方案前的左汊分配到的流量较少，只占总流量的 17.0%，方案后左汊分配到左汊的流量占 35%，导流坝体现的效果较好。

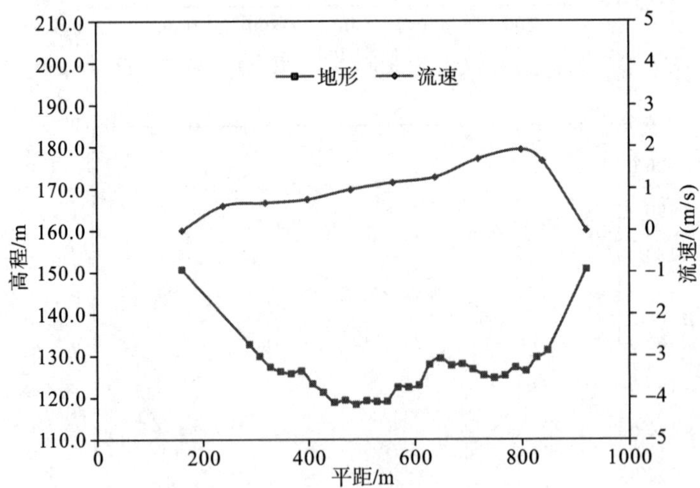

图 7-33 方案后左汊流速地形实测图(Q=50000 m^3/s，H=150 m)

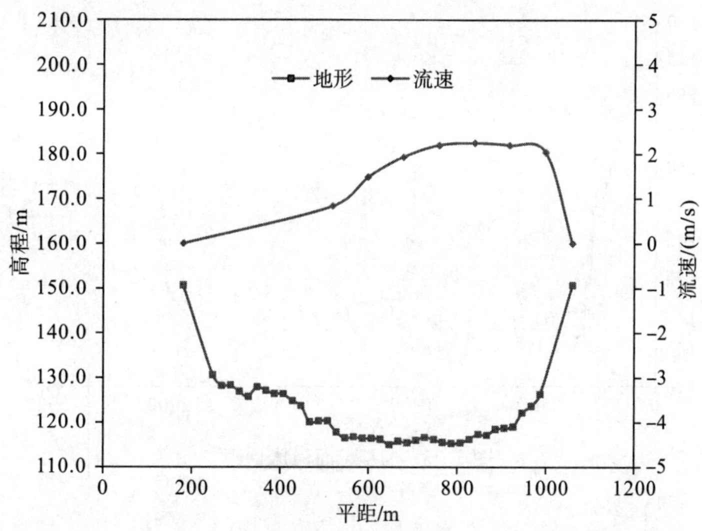

图 7-36　方案后右汊流速地形实测图(Q=50000 m^3/s，H=150 m)

表 7-6　分流比统计

方案概况	流量/(m^3·s^{-1})	$Q_{左}$: $Q_{右}$	$Q_{左}$/$Q_{总}$/%
方案前	30000	1 : 4.9	17.0
方案后	30000	1 : 1.9	34.5
	50000	1 : 1.8	35.7

3)冲淤形态分析

(1)横断面冲淤变化。根据实测的横断面地形数据，整理分析碍航淤积体处的横断面河床地形变化情况。布设整治方案后，第 1～5 天施放 Q=30000 m^3/s，H=150 m 的组合，从横断面地形看河床基本没有冲淤变化。第 6 天开始施放 Q=50000 m^3/s，H=150 m 的组合，直到第 11 天方案结束，测量全河段断面，此时横断面地形变化较剧烈。

由 J18 断面、J4 断面和 J19 断面可以看出，在施放 Q=30000 m^3/s，H=150 m 的组合时，分流效果较好，左汊流速增大到方案前的 2 倍，但碍航淤积体部位仍然未产生较大冲刷，基本上处于不冲不淤的状态。在施放 Q=50000 m^3/s，H=150 m 的组合时，碍航淤积体被冲刷的效果非常好。J18 断面处的地形变化较剧烈，河床偏右处最大冲刷深度为 15 m，平均冲刷深度达到 10 m 以上，河床偏左处则发生淤积，平均淤积高度为 6 m，如图 7-35 所示。J4 断面的冲淤情况与 J18 断面的类似，也是河床左边淤积，右边被冲刷，如图 7-36 所示。J4 断面冲刷最严重的位置的冲刷深度达到 14 m，右边淤积部位最大淤积高度达到 10 m。J19 断面的冲刷效果非常好，河床右边碍航淤积体的位置基本被冲刷至模型混凝土底板，河床左边则均匀淤积了 7 m 左右，如图 7-37 所示。图中的断面平距 800～900 m 的位置为淤积体所处位置，从模型现场的河床情况看，此处位置基本被冲刷至模型混凝土底板处。总体上可以认为添加方案后，在 Q=30000 m^3/s 时左汊不冲不淤；在 Q=50000 m^3/s 时左汊冲刷效果较好。

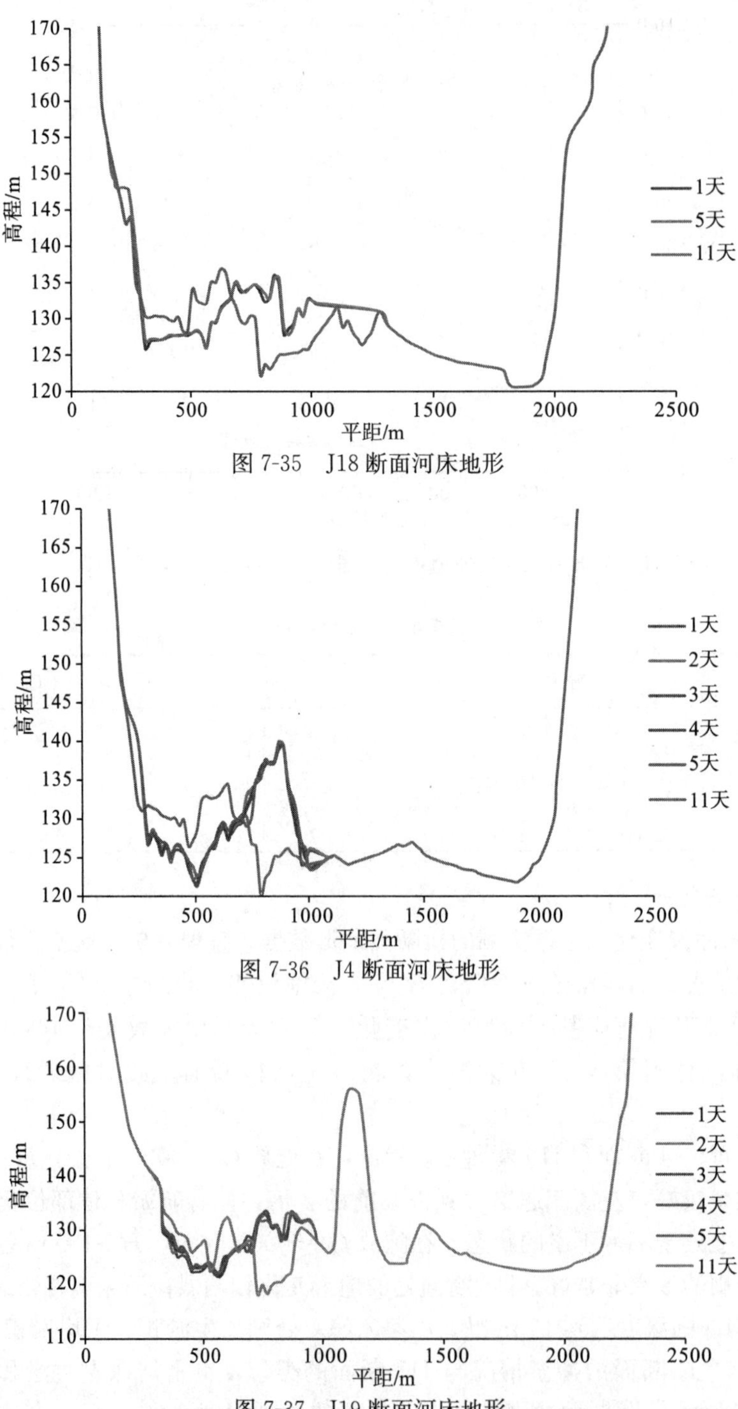

图 7-35　J18 断面河床地形

图 7-36　J4 断面河床地形

图 7-37　J19 断面河床地形

(2)平面冲淤变化。根据方案前后实测的 45 个断面的地形数据，绘制了方案前后($Q=30000\ \mathrm{m^3/s}$，$H=150\ \mathrm{m}$)模型平面地形变化图。从流场分布图(图 7-27)可以看出，设置导流坝后该组合下左汊整体流速得到增大，但是增大后的流速仍不足以使河床冲刷。由图 7-38 可知，方案后第 1～5 天的地形基本没变化，只有局部流速较缓的地方产生淤积，极少部位产生冲刷。

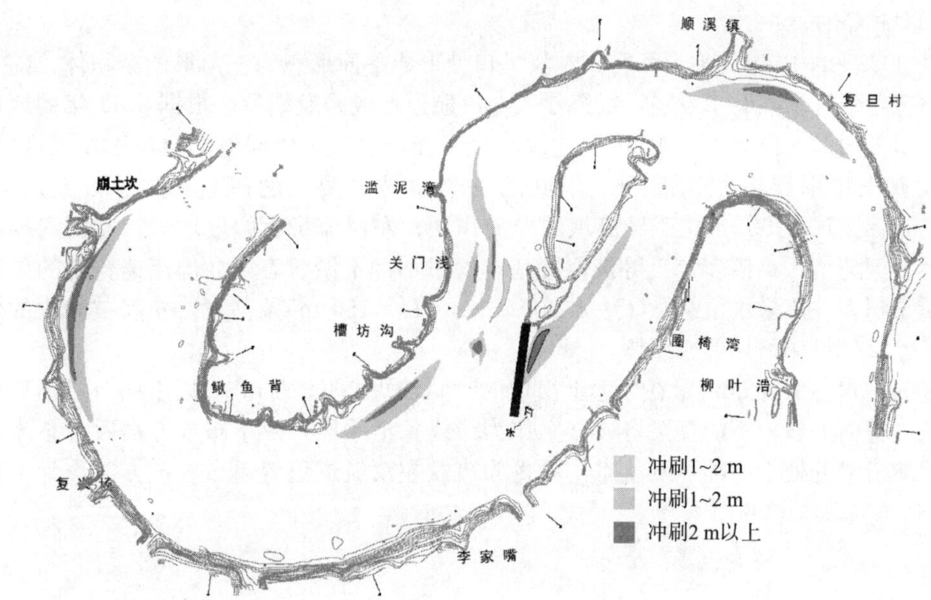

图 7-38　方案前后冲淤对比图(Q=30000 m³/s，H=150 m)

从流场分布图(图 7-28)可以看出，设置导流坝后(Q=50000 m³/s，H=150 m)，左汊主流部位流速大幅度增大，对应的河床位置被强烈冲刷，方案结束后在左汊靠近皇华城的河床处冲刷出一个稳定深槽；左汊靠近左岸的水流相对较缓，且左汊流量增大后上游来沙也大幅度增大，导致此处泥沙大量落淤，如图 7-39 所示。整体上看，碍航淤积体(阴影部分)被严重冲刷，冲刷最大深度为 15 m。

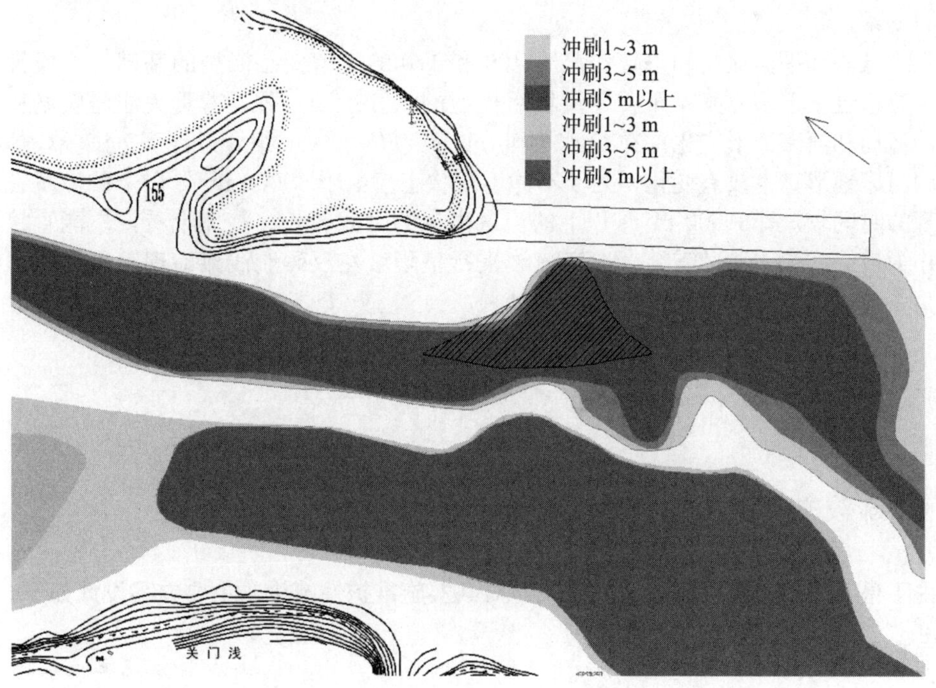

图 7-39　方案前后碍航处冲淤对比图(Q=50000 m³/s，H=150 m)

4)航道条件

从2003—2013年的地形图看，左汊进口处形成平面形态为三角形的淤积体，随着时间推移三角形逐渐往右岸发展，最终侵入左汊航道形成碍航淤积。根据2011年的地形图分析，最低通航水位为145.42 m时左汊完全不能通航，主要碍航部位位于左汊进口处，分析发现三角形碍淤积体靠近皇华城的一个角是最明显的碍航部位。方案后($Q=30000\ m^3/s$，$H=150\ m$)由于导流坝的导流作用，左汊流量大幅度增大，左汊河床碍航淤积体处流速增大1倍多，使得该位置基本处于不冲不淤状态，局部流速较缓的位置产生少量淤积。在流量水位组合($Q=50000\ m^3/s$，$H=150\ m$)条件下，左汊被冲刷的效果较好，使该处河床下切形成深槽。

50000 m^3/s以上的流量在原型上出现的时间较短，30000 m^3/s以上的流量出现的时间较长。整体上看，不能直接将该方案作为最终整治手段，由于布置方案后常态流量下左汊碍航浅滩处处于不冲不淤状态，可将先疏浚左汊航道位置再布置该方案作为工程整治思路。

4. 小结

1)方案优选

为了比较不同迎水面长度下及与主流方向不同夹角下的左右汊分流比和流速分布，采用单因素分析法设计了两组对比试验。方案1至方案3着重比较迎水面长度对分流比和试验段流场分布的影响，方案1、方案4、方案5用于对比与主流夹角的影响。方案优选主要运用能较好地模拟复杂河道边界条件的平均水深有限元法二维水流数学模型进行布置方案后的水流计算。通过对计算成果的整理分析，发现方案4下的分流比最优，该方案下水流对左汊碍航浅滩的冲刷效果最好，拟采用方案4。

2)方案试验

整治试验在平面比尺和垂直比尺为400和170的定床变态模型的基础上，模拟两个流量水位组合下采用方案4布置导流坝后模型的水沙运动过程，着重关注碍航淤积体处的水沙运动和河床地形变化。在$Q=30000\ m^3/s$，$H=150\ m$组合条件下，试验段拟整治部位的河床地形基本没有变化，处于不冲不淤状态。由于50000 m^3/s以上的流量在原型上出现的时间较短，30000 m^3/s以上的流量出现的时间较长。整体上看，不能直接将该方案作为最终整治手段，需结合航道疏浚进行皇华城左汊碍航浅滩治理，最终工程整治思路是先疏浚左汊航道位置再布置该方案。

7.3　疏浚技术及应用

7.3.1　疏浚方案设计

由于皇华城水道泥沙淤积造成碍航，对其实施维护性疏浚，主要方案设计如下。

1. 平面布置

根据设计航道定线原则，疏浚挖槽顺应上下游河势，与上下游深水区航道平顺衔接，既有利于航道维护，又便于船舶航行。

通过研究，皇华城左汊虽然发生了泥沙淤积，水道分流比发生了一定变化，但是汛期仍有水流通过左汊，水流在皇华城洲头处分流，分流区水流仍有一定流速，能够带走当年汛期淤积泥沙，航道地形基本保持稳定，这在近几年冲淤分析中也得到验证。考虑到上述有利条件，主航道布置在靠近皇华城江心洲一侧，切除淤积体突嘴部分，既减小了工程量，又可利用皇华城江心洲汛期流速相对偏大的特点，有利于疏浚后航道保持稳定，疏浚平面布置如图 7-40 所示。

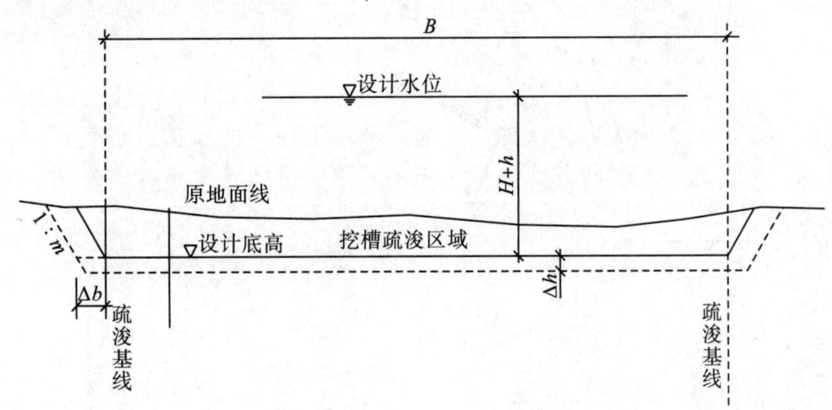

图 7-40　设计挖槽断面示意图

2. 断面设计

B——设计宽度，B=80 m。

H——设计水深，H=4.5 m。

h——备淤深度，h=1.0 m。

Δb——施工计算超宽值，Δb=3.0 m。

Δh——施工设计超深值，Δh=0.4 m。

m——航槽边坡系数，m=20。

弯道加宽取 18 m。

挖槽断面示意图如图 7-41 所示。

3. 边坡设计

根据皇华城水道现场取样结果，皇华城水道淤积体主要是流动的淤泥，根据规范，边坡设计应取 1∶20～1∶50，设计取低值 1∶20。

4. 弃渣区

根据皇华城水道的具体情况将抛卸区选在下游的滥泥湾回水沱，抛泥应均匀散抛，弃渣区顶高程应控制在不高于设计低水位下 4 m。

5. 疏浚设备选取

由于皇华城淤积物主要是颗粒较细的泥沙，因此疏浚船舶选用绞吸式挖泥船。

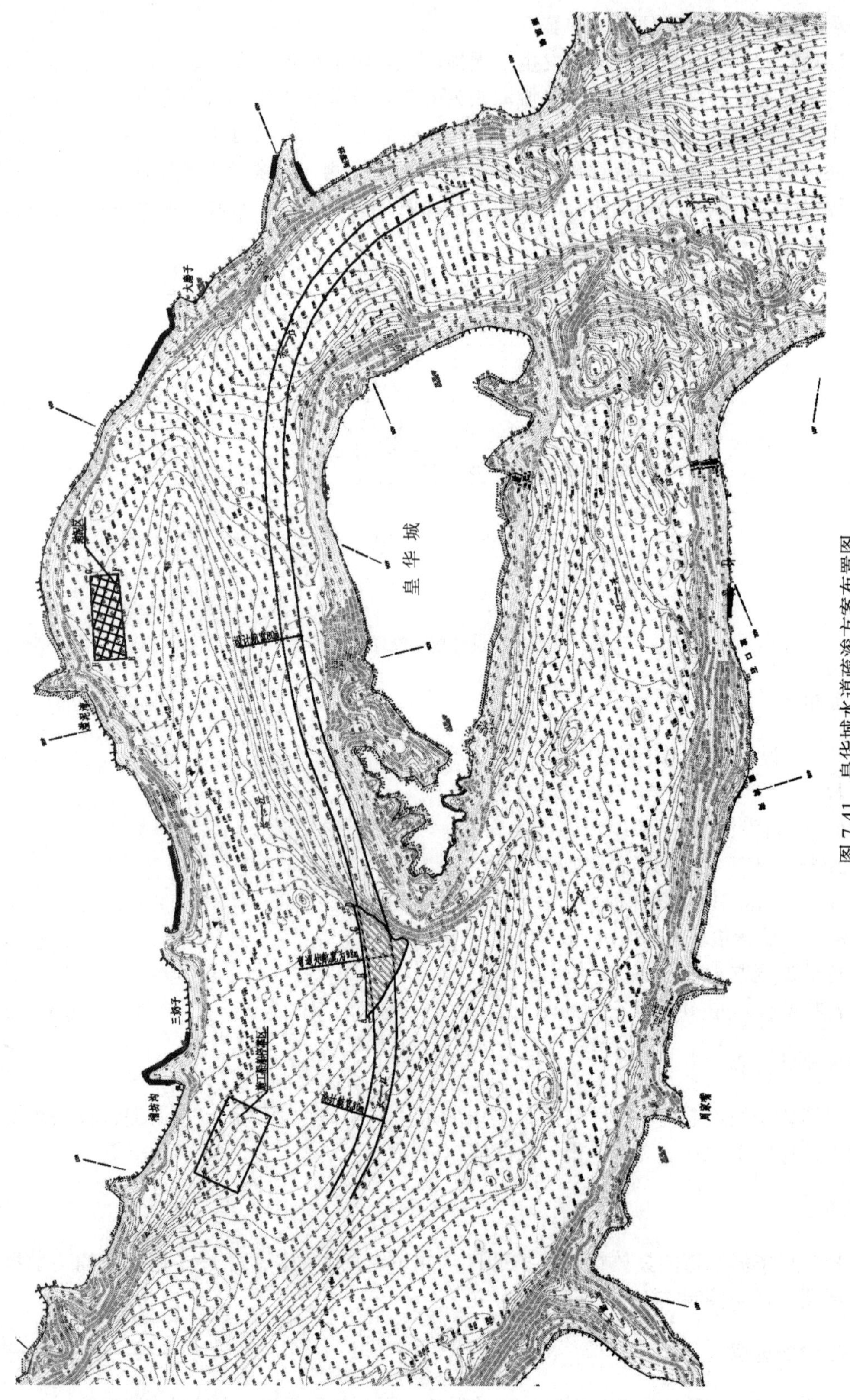

图 7-41 皇华城水道疏浚方案布置图

7.3.2　维护性疏浚实施情况

皇华城水道疏浚施工分为两部分进行，第一次施工为汛前施工，按设计方案开挖左汊淤积体突嘴，施工时间为 2012 年 6 月 7 日至 2012 年 7 月 1 日；第二部分为守槽施工，考虑到工程区汛期可能产生回淤，因此安排施工船舶在工程区守槽，2012 年 8 月底守槽队伍施工，清除部分汛期淤积泥沙。

主要施工方法如下：

(1)绞吸式挖泥船施工采取钢桩定位，步履横挖法施工工艺和边线切入操作法作业。

(2)绞吸挖泥船施工时在船艏左右各抛设一只锚作为横移锚，抛出方向略向船艉，挖泥船依靠船艉部的两根钢桩固定船位，挖泥时采用扇形施工方法，依靠横移锚的左右收放进行左右移动挖泥，当一关施工结束时，升起船艉的一根钢桩，同时将另一根钢桩插入水下，使挖泥船前移，依靠横移锚继续进行挖泥，如此循环施工。边锚与挖槽中心线的后夹角以 40°为限。

(3)施工控制通过 GPS 提供的平面位置与高程确定。施工时，船载计算机提供实时的挖泥船船位及高程数据，挖泥船作业人员根据事先确定的设计范围与船位对应确定其开挖位置，根据绞刀头高程数据与设计挖深高程对应确定其开挖深度，能准确形象地进行疏浚作业。

(4)疏浚弃土通过排泥管道输送至设计抛泥区，排泥管线密闭良好，施工过程中未发生泄漏情况。吹泥口架设在可调节位置的趸船上，吹泥过程中通过不断调节趸船位置均匀抛泥。经测图分析，施工单位抛泥做到了弃土不成堆、不成片，低于设计要求的抛泥顶高程。

(5)挖泥船施工采用分槽分层施工。分槽每槽宽度为 33 m，为防止漏挖出现浅梗，每槽搭接 3 m，挖槽沿施工区平面顺水流方向布设；低于 3.5 m 的泥层一次疏浚到位，高于 3.5 m 泥层分层开挖，分层厚度为 3 m，最后一层根据水位定深开挖。

(6)由于施工区域范围较小，未做分区疏浚。施工超宽按 3 m，超挖按 0.4 m 控制。边坡按设计坡比采用台阶式开挖方法。

7.3.3　疏浚跟踪观测情况

皇华城水道疏浚后共进行了 3 个方面的观测：水深观测、流速流向观测及悬移质运动观测，观测实施情况统计见表 7-7。

表 7-7　效果观测实施情况统计表

序号	项目名称	图比(单位)	备注
一	水深观测		
1			7 月 15 日
2			7 月 25 日
3	挖槽区局部水深测量	1∶2000	8 月 10 日
4			8 月 28 日
5			9 月 25 日

续表

序号	项目名称	图比(单位)	备注
6	全河段水深观测	1∶5000	8月10日
二	流速、流向观测		
1			7月16日
2	全河段流速流向观测	1∶5000	7月24日
3			8月11日
三	悬移质落淤及运动观测		7月18至26日

1. 冲淤变化

1)整体冲淤变化

8月底与汛前3月地形观测成果对比(图7-42)，皇华城水道淤积变化整体呈现以下几个特点：

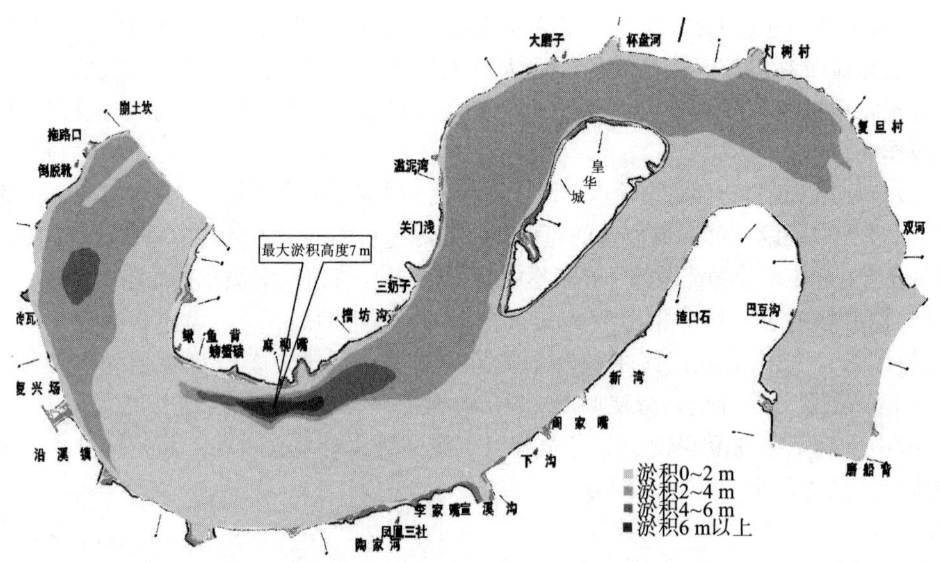

图7-42　2012年3月至8月皇华城水道汛期冲淤变化图

(1)2012年汛期发生普遍淤积。通过对比分析，皇华城水道发生了整体淤积，淤积厚度均在1 m以上，最大淤积厚度达到7 m左右，淤积仍然主要发生在回水沱、弯道凸岸下首，淤积趋势和规律与往年基本保持一致。

(2)重点淤积区淤积量仍然较大。皇华城水道淤积主要发生在倒脱靴弯道、麻柳嘴突嘴以及滥泥湾弯道，其中麻柳嘴突嘴淤积最为明显。皇华城水道汛期主流在麻柳嘴处由上游弯道过渡到下游弯道，造成麻柳嘴突嘴左右两侧皆为缓流区，淤积发展迅速，根据近几年观测结果，发现两侧淤积体有相互衔接的趋势。出口折桅子弯道由于河道相对窄深，水流集中，流速较大，泥沙淤积不明显。

(3)左汊淤积体汛后较汛前有较大变化。顶点高程变化如图7-43所示。汛前左汊淤积体顶部高程保持在144～145 m之间，最高点高程为144.4 m[图7-43-4(a)]；汛后左汊淤积体顶部高程最高点达到 148.1 m[图 7-43-4(b)]，较汛前淤长 3.7 m。145 m 等高线变化如图 7-44 所示。经过一个汛期，皇华城左汊入口关门浅一带 145 m 等高线向河道中心延伸近 700 m，向下游延伸近 900 m。

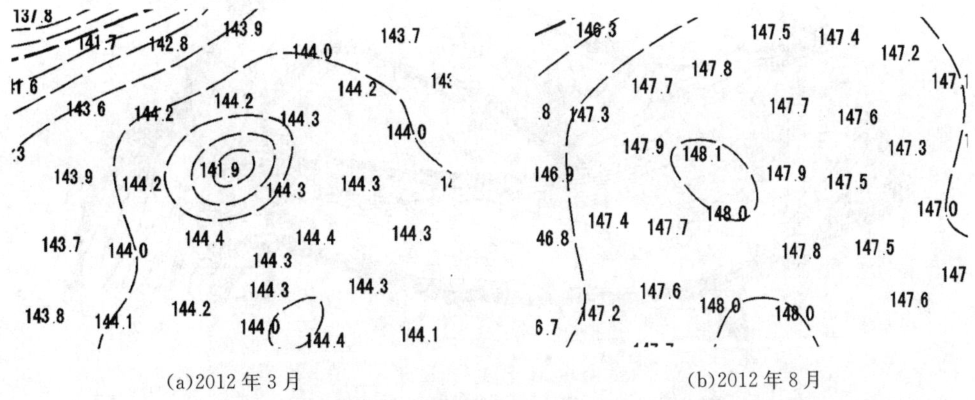

(a)2012 年 3 月　　(b)2012 年 8 月

图 7-43　2012 年皇华城水道左汊淤积体顶部高程图

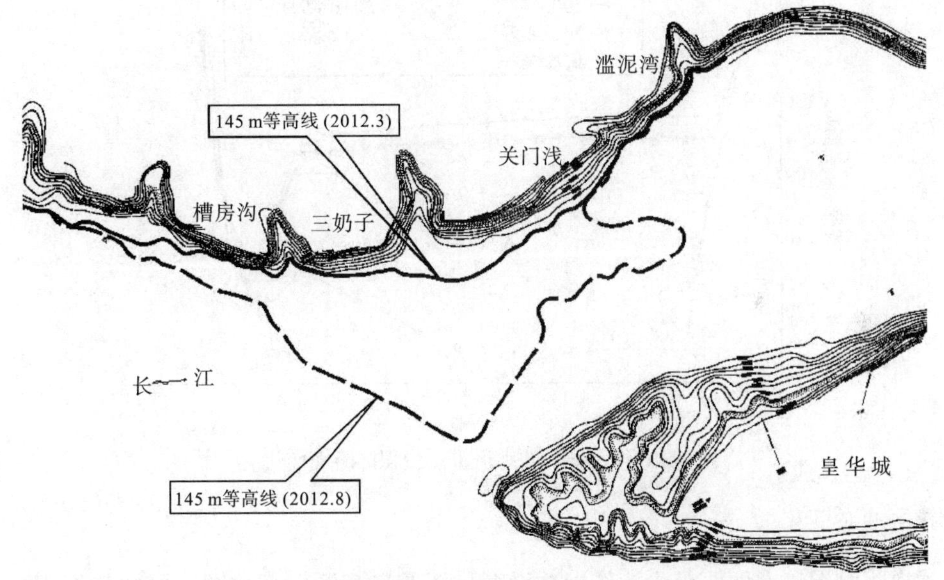

图 7-44　皇华城水道左汊 145 m 等高线变化图

疏浚当年汛期长江上游发生特大洪水过程，大量泥沙进入三峡库区，三峡水库实施防洪调度，坝前长时间维持高水位运行，泥沙大量落淤在重点淤积区，这是造成皇华城左汊淤积体汛后较汛前产生较大变化的主要原因。

(4)皇华城洲头深槽区淤积依然不明显。如图 7-45 和图 7-46 所示，三峡蓄水以来，皇华城左汊发生大量泥沙淤积，但是皇华城洲头深槽区淤积不明显，至 2012 年 9 月始终保持相对稳定的态势。这在以往的观测分析中已经发现。究其原因，主要是受地形条件以及水流条件影响。上游水流在皇华城洲头处发生分离，左汊主流靠近皇华城江心洲一侧，所以该侧地形变化相较远离江心洲一侧要小。

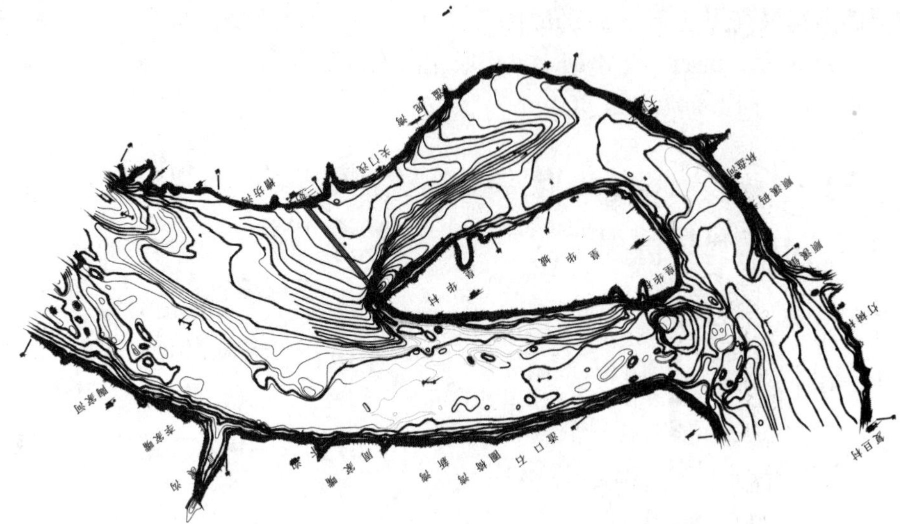

图 7-45 皇华城水道重点淤积区分析断面布置

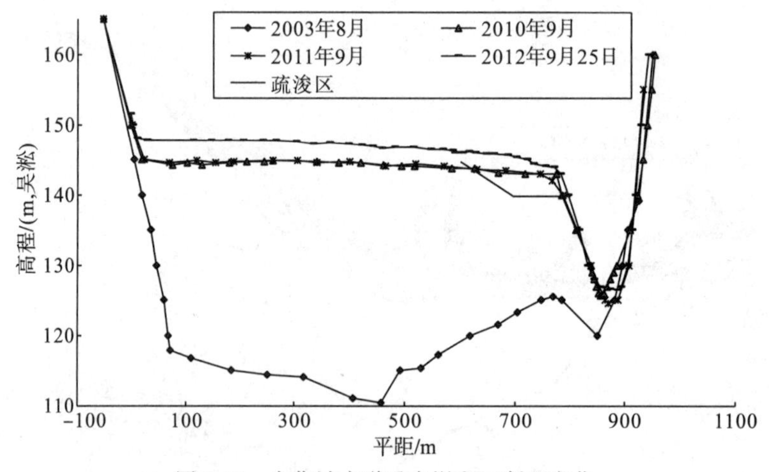

图 7-46 皇华城水道重点淤积区断面变化

2. 挖槽区冲淤变化

本次将测图依次两两对比，作出冲淤变化图及典型断面变化图，以此来说明皇华城挖槽区回淤过程。皇华城挖槽区如图 7-47 所示。布置 5 个典型断面进行分析。

经过分析，皇华城挖槽区回淤过程大致可以分为以下 4 个阶段。

(1)涨水快速淤积阶段：7 月 2 日至 7 月 15 日。皇华城水道施工结束后，至 7 月 15 日共经历了两次较大的洪峰，第一次洪峰出现在 7 月 6 日，峰值为 51300 m^3/s(寸滩流量)，为汛期的第一次洪峰；第二次洪峰出现在 7 月 12 日，峰值为 45400 m^3/s(寸滩流量)。

前几年度《三峡工程航道泥沙原型观测分析报告》指出，当流量大于 30000 m^3/s 时，水流挟带的泥沙会大幅增加，特别是汛期第一次洪水，挟带的泥沙会更多，也是库区淤积的主要时段。7 月 2 日至 7 月 15 日，12 天时间寸滩流量超过 30000 m^3/s，且经历了汛期的第一、二次洪峰，泥沙大幅淤积不可避免。

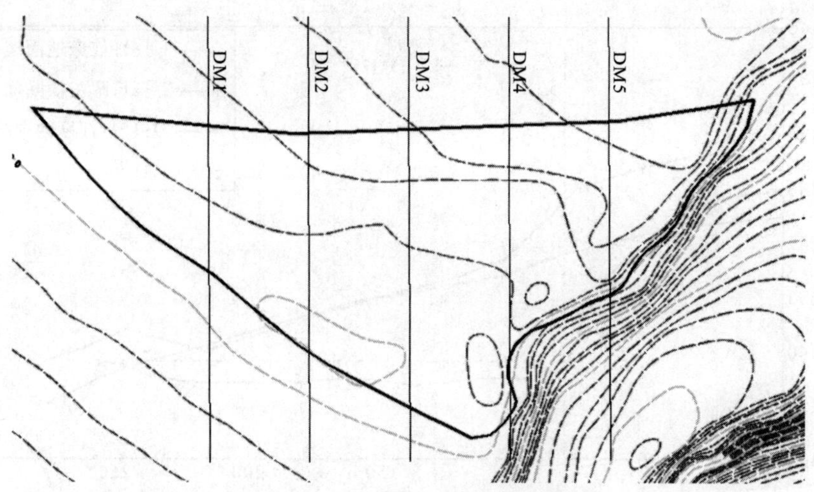

图 7-47　疏浚区典型断面布置图

图 7-48 和图 7-49 所示为皇华城水道疏浚区典型断面变化及淤积图(7 月 15 日与 7 月 2 日对比)。从图中可以看出，皇华城水道疏浚后挖槽内大面积、大幅度的回淤，最大淤积高度为 4.2 m，开挖边坡变缓明显；背水坡较迎水坡淤积的幅度更大，靠近深槽位置淤积较近岸处淤积少，这主要是受水流的流速、流向影响所致。

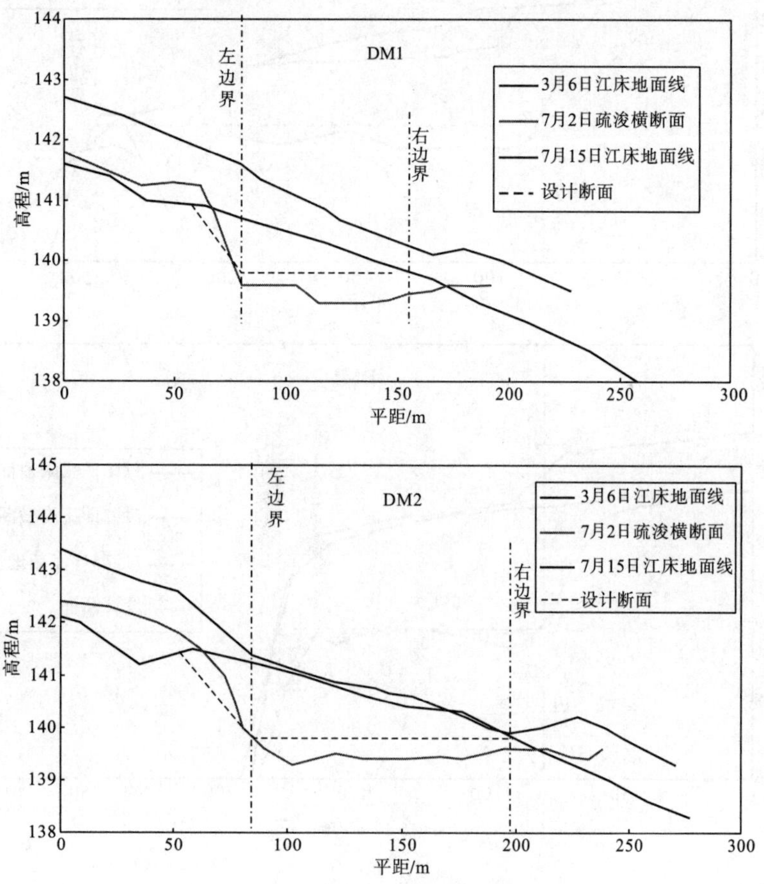

图 7-48　疏浚区典型断面变化图(见彩图)

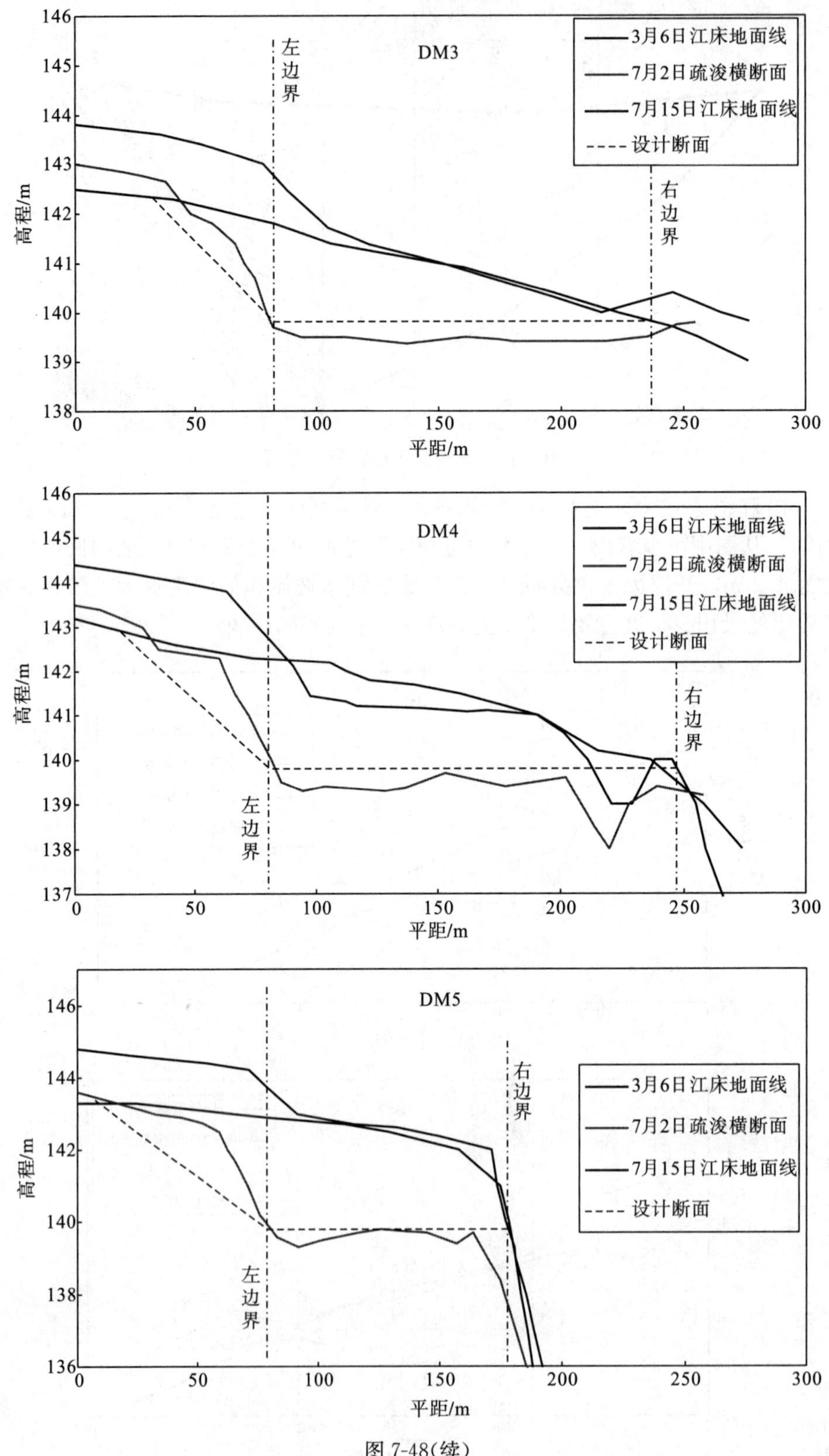
DM3
左边界
右边界
3月6日江床地面线
7月2日疏浚横断面
7月15日江床地面线
设计断面
高程/m
平距/m
DM4
左边界
右边界
3月6日江床地面线
7月2日疏浚横断面
7月15日江床地面线
设计断面
高程/m
平距/m
DM5
左边界
右边界
3月6日江床地面线
7月2日疏浚横断面
7月15日江床地面线
设计断面
高程/m
平距/m

图 7-48(续)

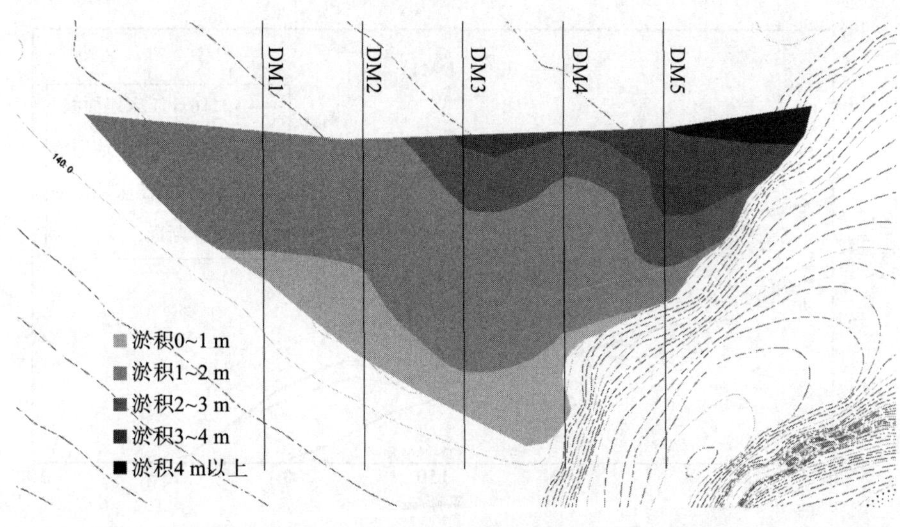

图 7-49　疏浚区淤积图

(2)微淤阶段：7月16日至8月10日。7月16日至8月10日期间，长江朝天门以上河段发生了20年一遇的大洪水，7月24日流量达到最大，寸滩流量为67300 m^3/s。为减小中下游防洪压力，三峡工程实施了调洪措施，坝前水位逐渐抬高，于7月27日达到最大，为163.09 m。

此期间共进行了两次测量，第一次安排在大洪水期间，7月25日寸滩流量为57100 m^3/s；第二次安排在退水后，8月10日寸滩流量为23400 m^3/s。

图7-50和图7-51所示为7月25日与7月16日皇华城水道疏浚区典型断面变化及淤积图。此期间，上游来水流量较大，最大流量接近70000 m^3/s，坝前水位虽然较之前有所抬高，但皇华城水道流速仍然较大，而皇华城水道的淤积物泥沙较细，泥沙在大流速下淤积，靠近深槽位置淤积较近岸处淤积少，挖槽边坡变化不明显。在此期间，疏浚区最大淤积厚度为1 m。

图7-52和图7-53所示为8月10日与7月25日皇华城疏浚区两次测图的典型断面变化及淤积图。在此期间，疏浚区呈普遍淤积，最大淤积厚度约为1.2 m；淤积厚度为0.5~1 m的面积较之前大幅扩大；挖槽边坡变化普遍不明显，只有局部位置如DM4变化较明显。产生此种现象的原因主要有两个：一是水流运动速度一般大于泥沙运动速度，据统计，川江含沙量最大的时期比洪峰达到时间晚3~5天，而此时流量不大，泥沙易于淤积；二是坝前水位大幅高于汛限水位，为158 m以上，库区流速、比降较缓，泥沙易于淤积。

(3)退水冲刷阶段：8月10日至8月28日。8月10日至8月28日期间，长江上游来水流量平稳，寸滩流量一般在15000~20000 m^3/s之间，而坝前水位消落较快，平均每天的消落速度约为1 m，8月21日坝前水位消落至146.3 m，仅比汛限水位高1.3 m，此后坝前水位略有上涨(图7-54)。

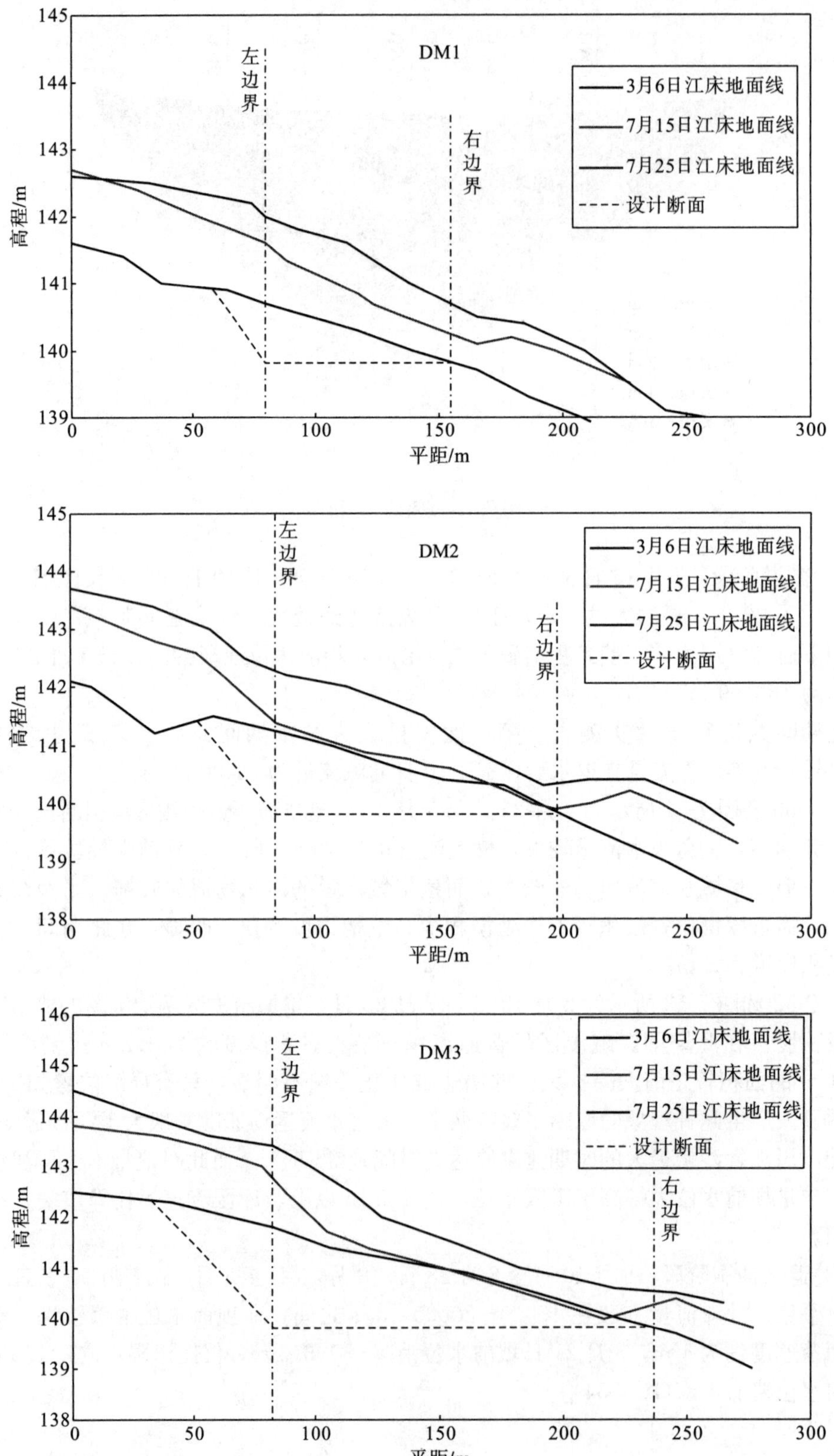
DM1
左边界
右边界
3月6日江床地面线
7月15日江床地面线
7月25日江床地面线
设计断面
高程/m
平距/m
DM2
左边界
右边界
3月6日江床地面线
7月15日江床地面线
7月25日江床地面线
设计断面
高程/m
平距/m
DM3
左边界
右边界
3月6日江床地面线
7月15日江床地面线
7月25日江床地面线
设计断面
高程/m
平距/m

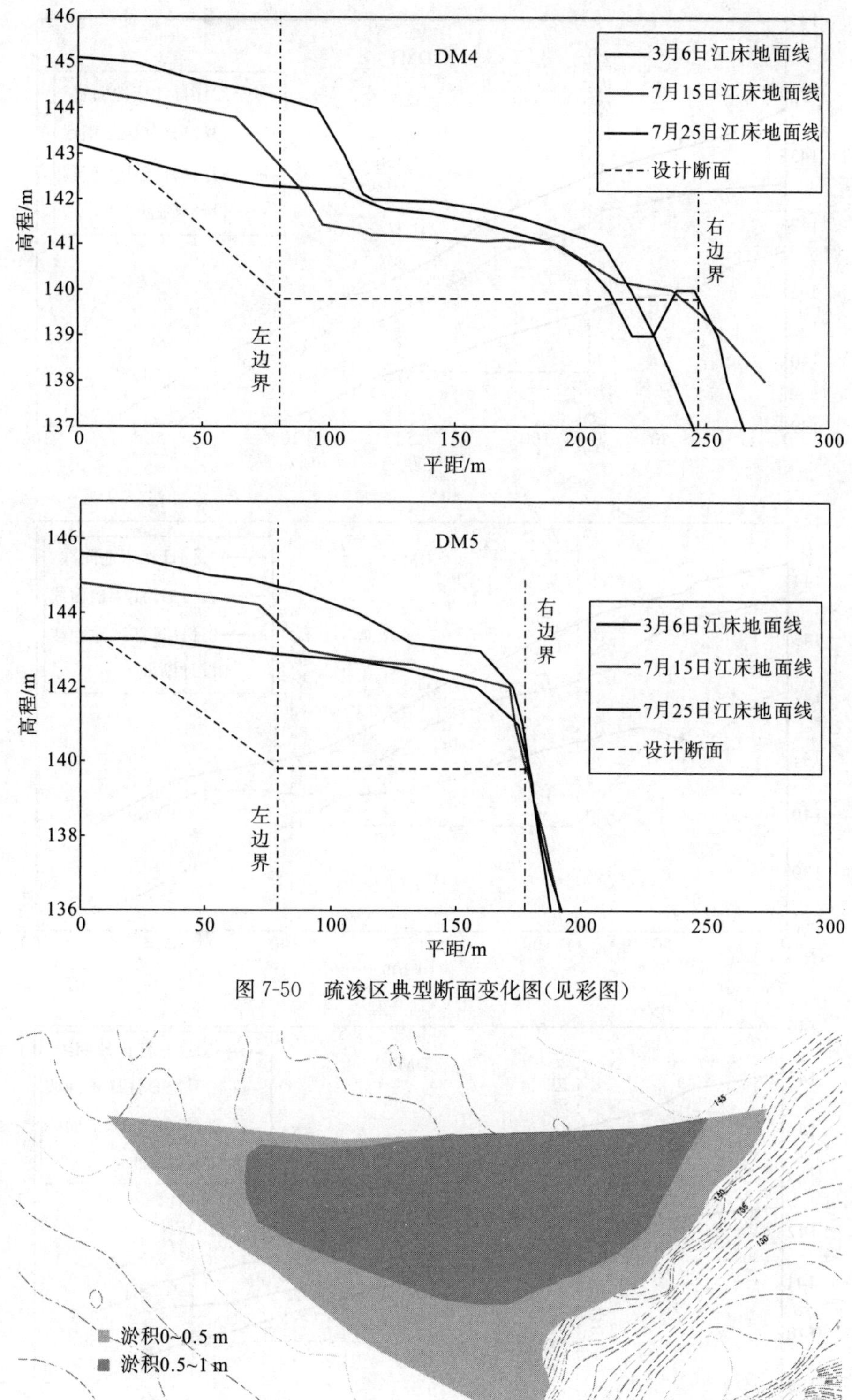

图 7-50　疏浚区典型断面变化图(见彩图)

图 7-51　皇华城水道疏浚区淤积图

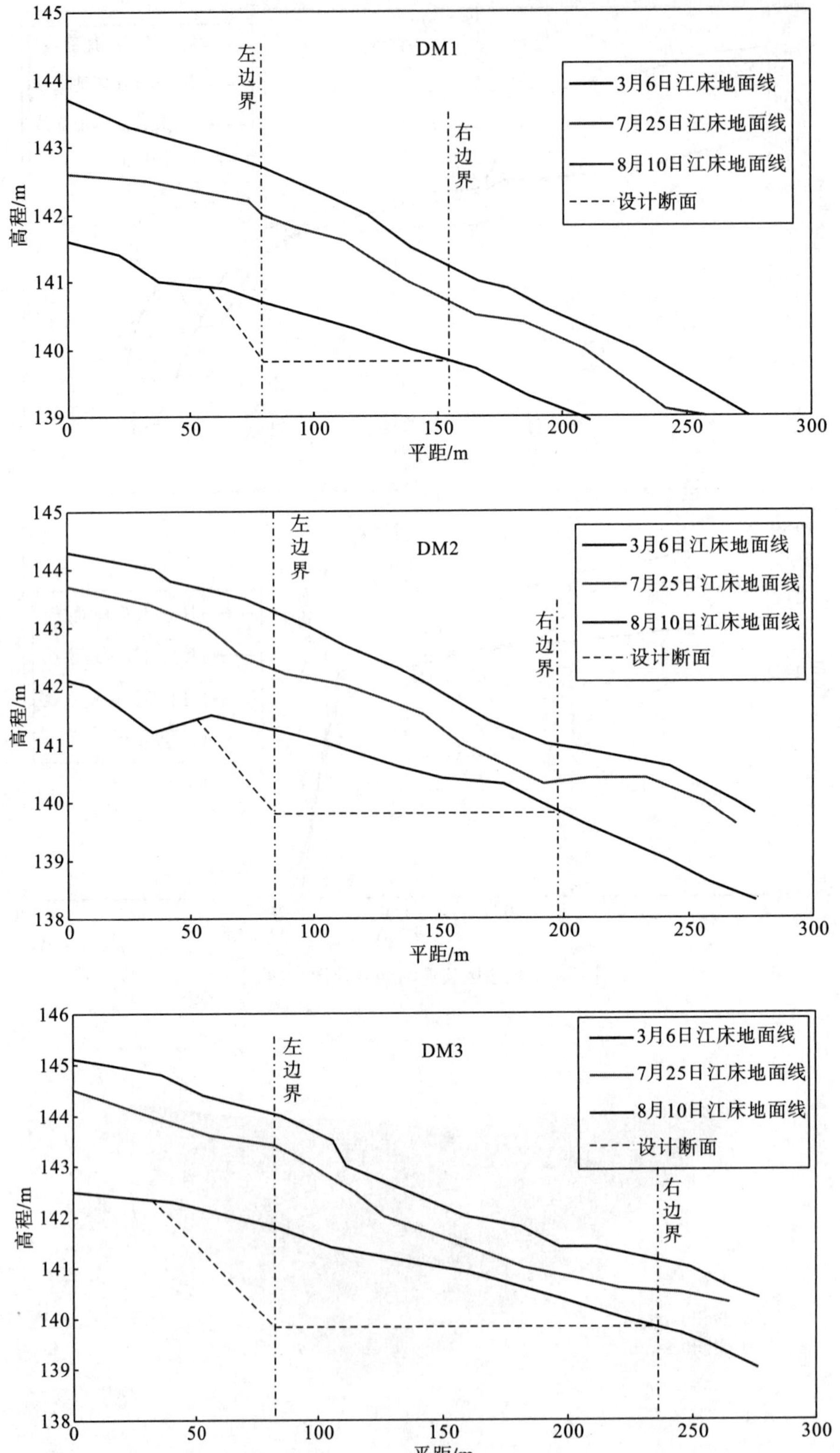
DM1
左边界
右边界
3月6日江床地面线
7月25日江床地面线
8月10日江床地面线
设计断面
高程/m
平距/m
DM2
左边界
右边界
3月6日江床地面线
7月25日江床地面线
8月10日江床地面线
设计断面
高程/m
平距/m
DM3
左边界
右边界
3月6日江床地面线
7月25日江床地面线
8月10日江床地面线
设计断面
高程/m
平距/m

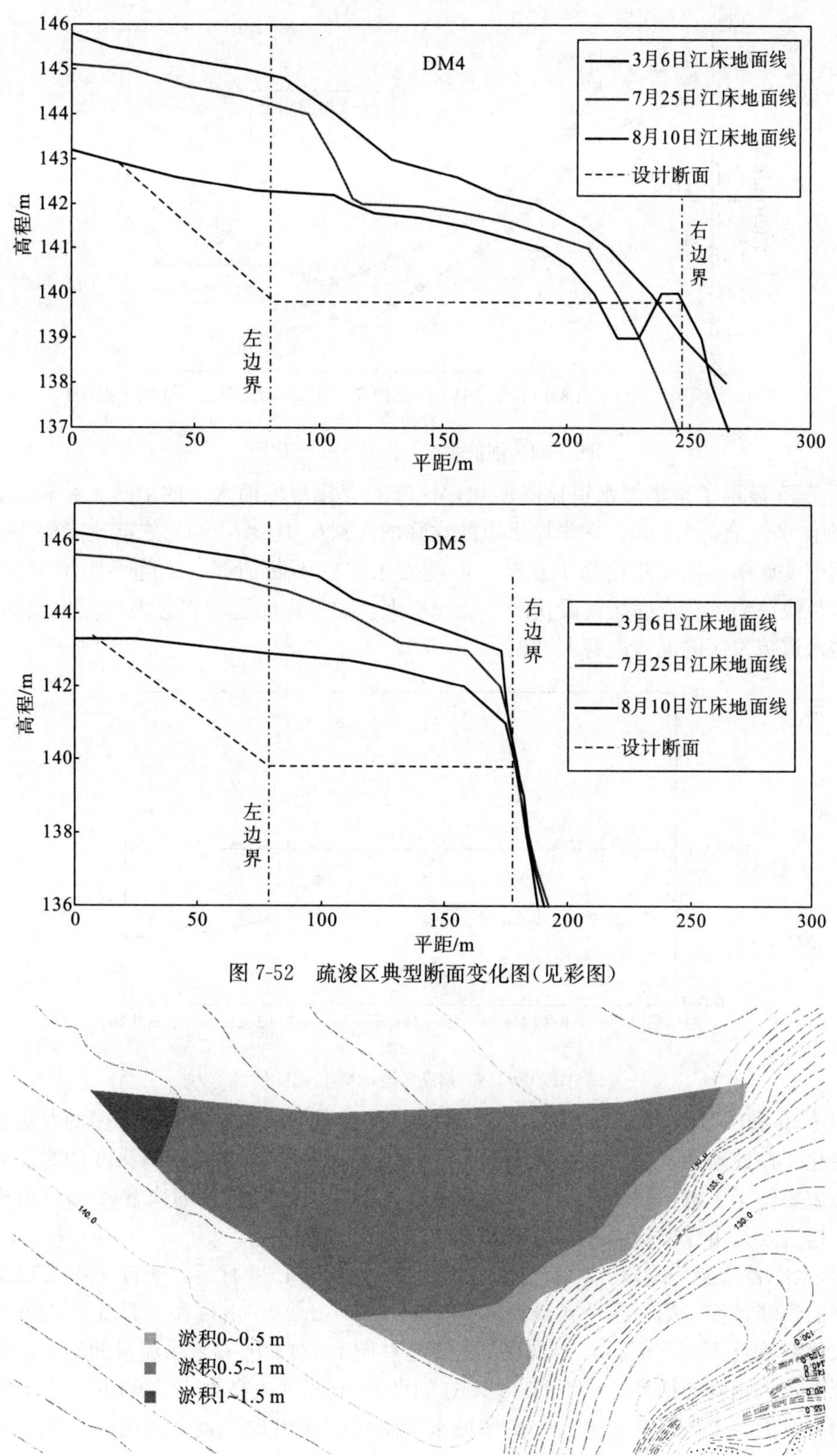

图 7-52　疏浚区典型断面变化图(见彩图)

图 7-53　皇华城水道疏浚区淤积图

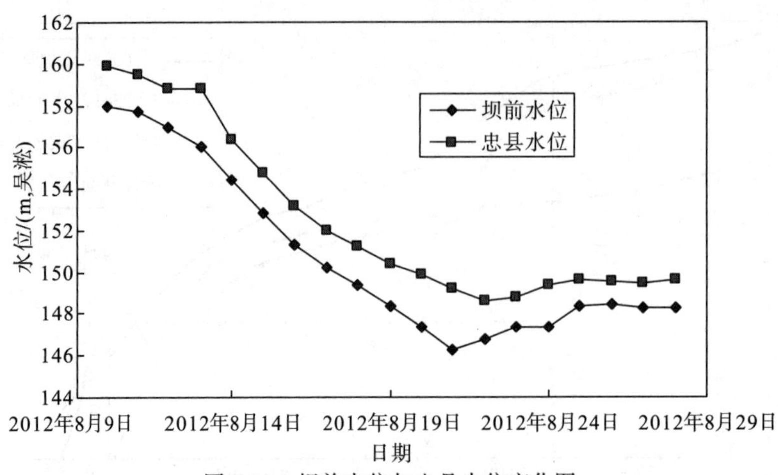

图 7-54 坝前水位与忠县水位变化图

图 7-55 显示了皇华城水道比降变化，比降的变化与坝前水位的消落关系较大，8 月 13 日坝前水位消落 1.6 m，皇华城水道的比降增大到 0.016‰，约为之前比降的 5 倍；然后消落速度放缓，比降变化趋于正常，但随着水位的不断消落，比降不断增大。可见，坝前水位快速消落造成库区河段比降、流速增大，泥沙运动运动切应力相应也大幅增加，皇华城水道疏浚区的泥沙应有所冲刷。

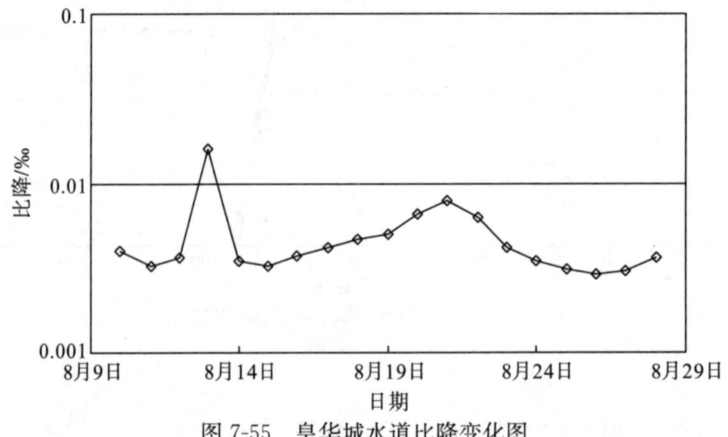

图 7-55 皇华城水道比降变化图

图 7-56 和图 7-57 所示为 8 月 28 日与 8 月 10 日皇华城疏浚区两次测图的典型断面及冲淤变化。在此期间，皇华城水道疏浚区背水坡有所冲刷，最大冲刷深度约为 1 m，冲刷部位主要位于下游一侧。挖槽边坡变化不大，仅在上游一侧局部位置(DM3)出现较大变化，这主要是由守槽疏浚施工引起的。

(4)水库蓄水淤积阶段：8 月 28 日至 9 月 25 日。8 月 28 日后，长江上游又出现了两次大型的洪峰过程，第一次寸滩最大流量接近 50000 m^3/s，出现在 9 月 3 日；第二次寸滩最大流量接近 35000 m^3/s，出现在 9 月 13 日(图 7-58)。随着来水流量的增大，坝前水位出现了较大幅度的抬高，从 8 月 28 日的 148.25 m 逐渐抬高至 167.05 m。由于坝前水位的抬高及上游来水流量的增大，皇华城水道疏浚区又出现了较大范围的淤积，淤积厚度基本在 1 m 以下，守槽期间挖槽亦被淤平(DM3)，疏浚区边坡变化不大，如图 7-59 和图 7-60 所示。

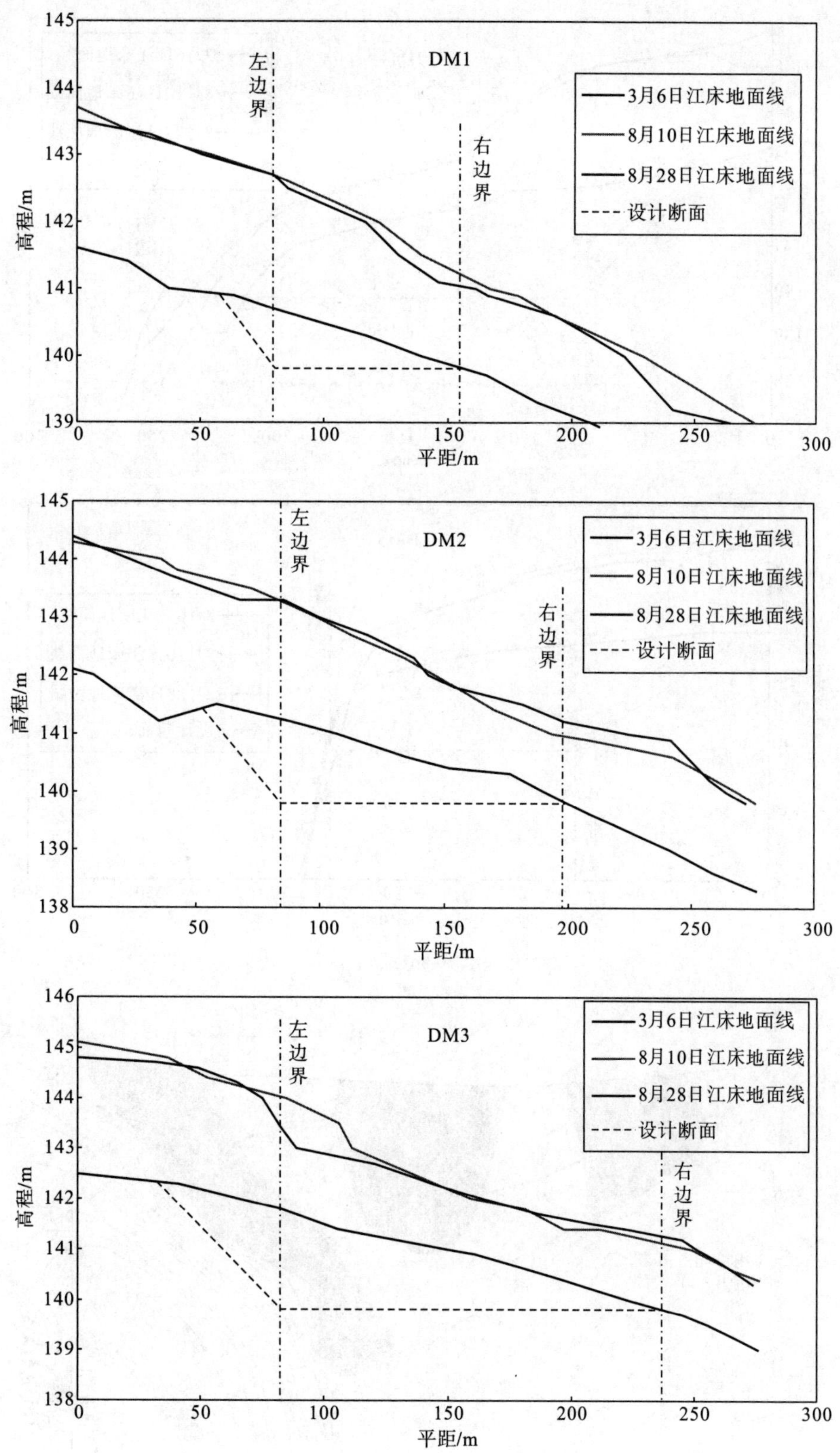

图 7-56　疏浚区典型断面变化图(见彩图)

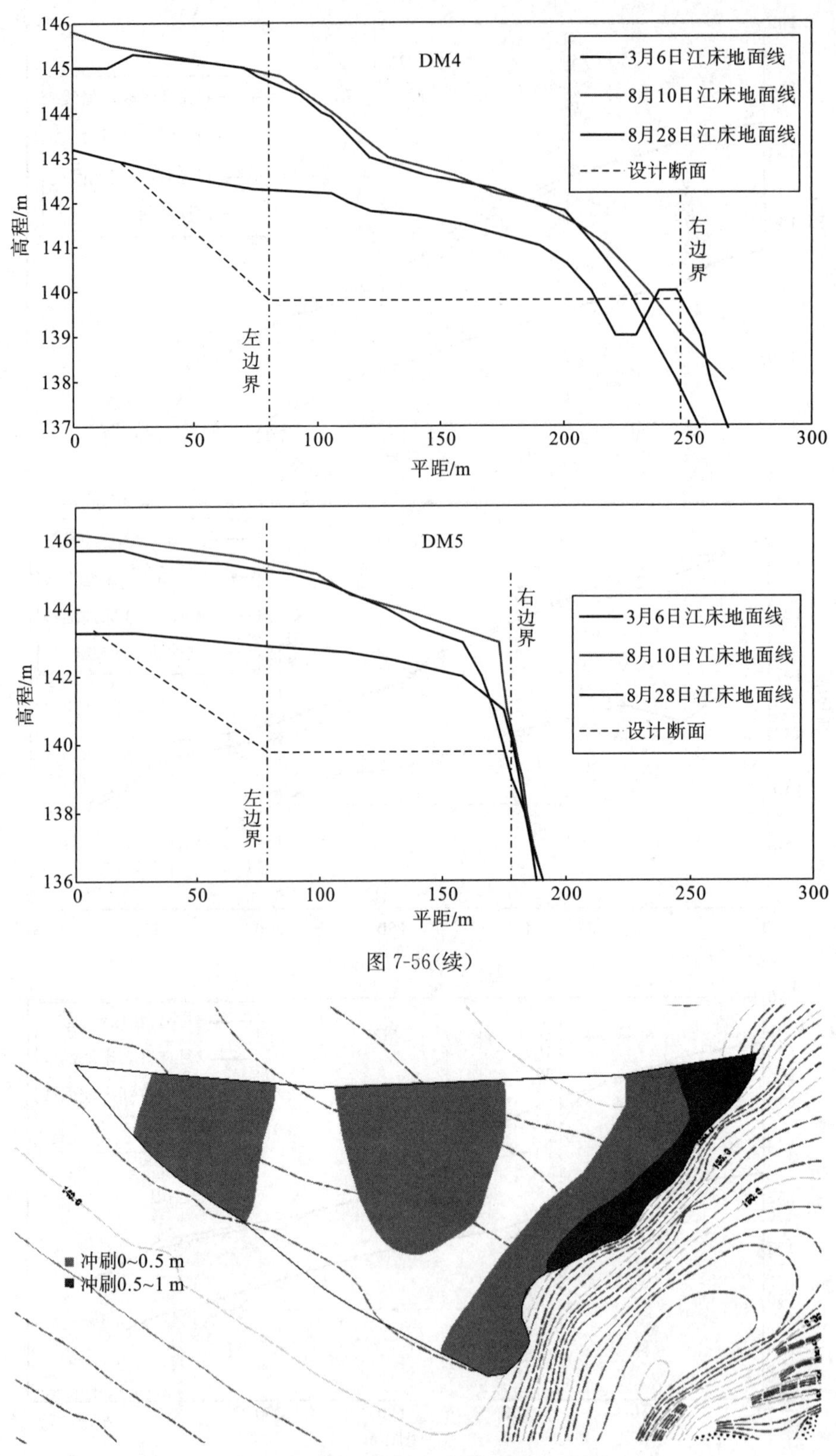

图 7-56(续)

图 7-57　皇华城水道疏浚区冲淤变化图

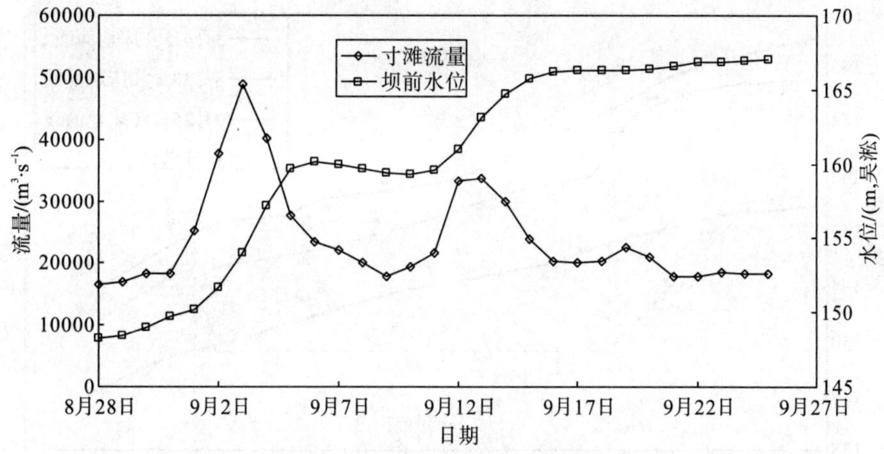

图 7-58　坝前水位及寸滩流量变化图

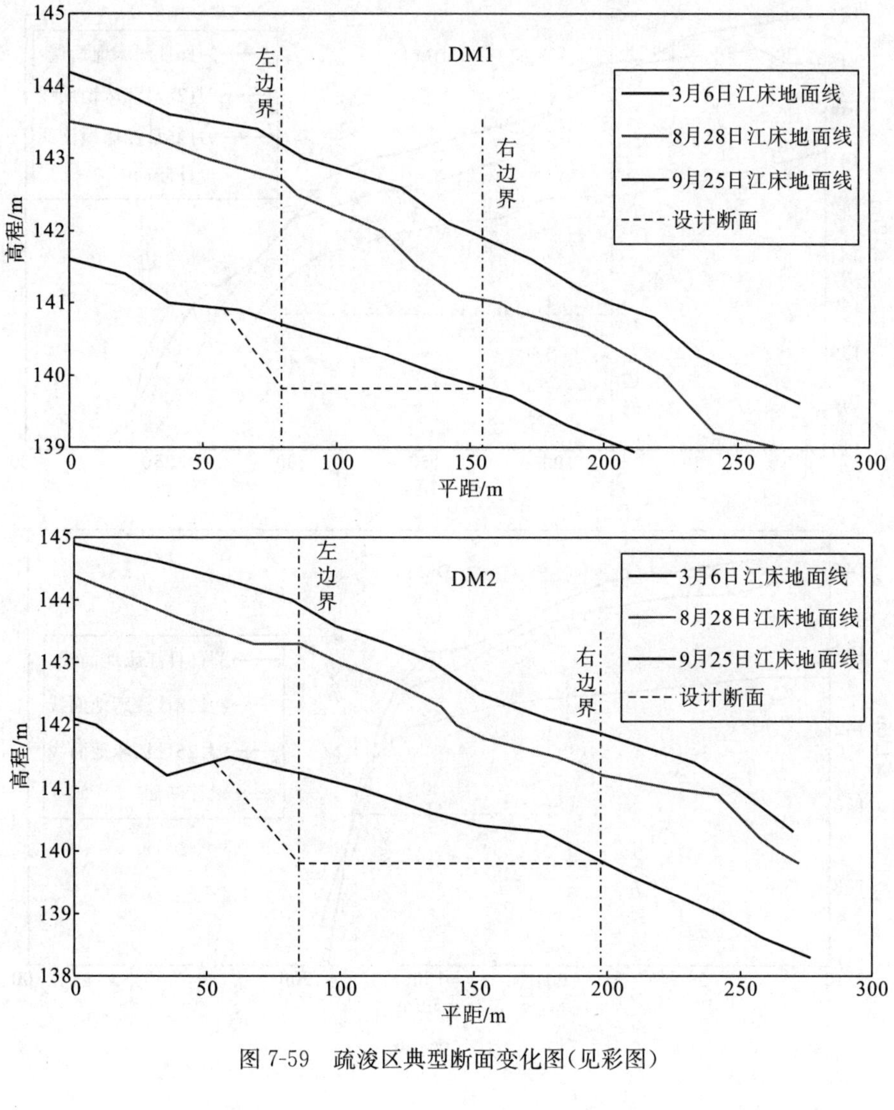

图 7-59　疏浚区典型断面变化图(见彩图)

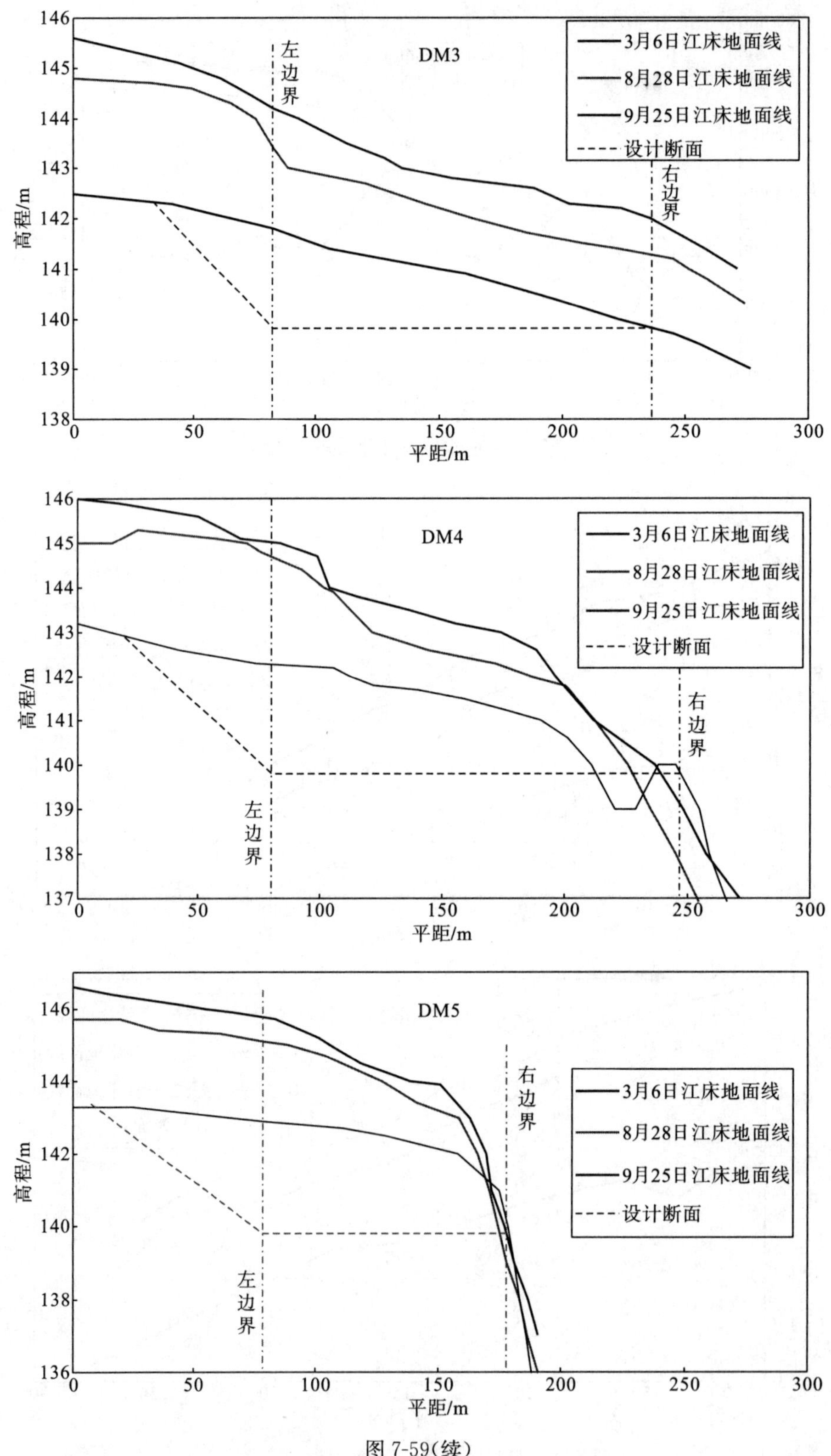
DM3
3月6日江床地面线
8月28日江床地面线
9月25日江床地面线
设计断面
左边界
右边界
高程/m
平距/m
DM4
3月6日江床地面线
8月28日江床地面线
9月25日江床地面线
设计断面
左边界
右边界
高程/m
平距/m
DM5
3月6日江床地面线
8月28日江床地面线
9月25日江床地面线
设计断面
左边界
右边界
高程/m
平距/m

图 7-59(续)

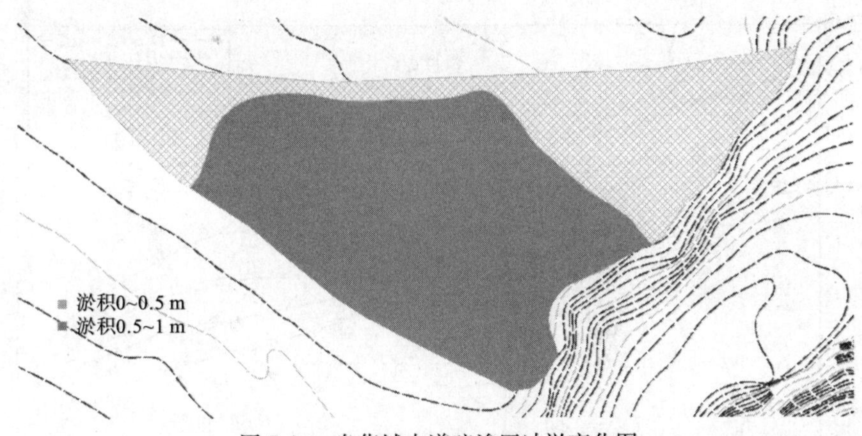

图 7-60　皇华城水道疏浚区冲淤变化图

(5)整个汛期冲淤变化情况。通过以上分析可知，皇华城水道在试验性挖槽结束后挖槽区共经历了 4 个阶段：涨水快速淤积阶段、微淤阶段、退水冲刷阶段和汛后涨水淤积阶段。受上游来水流量及坝前水位变化双重影响，当来水流量大时，坝前水位抬高，产生淤积；当坝前水位消落时，产生冲刷，如图 7-61 所示。

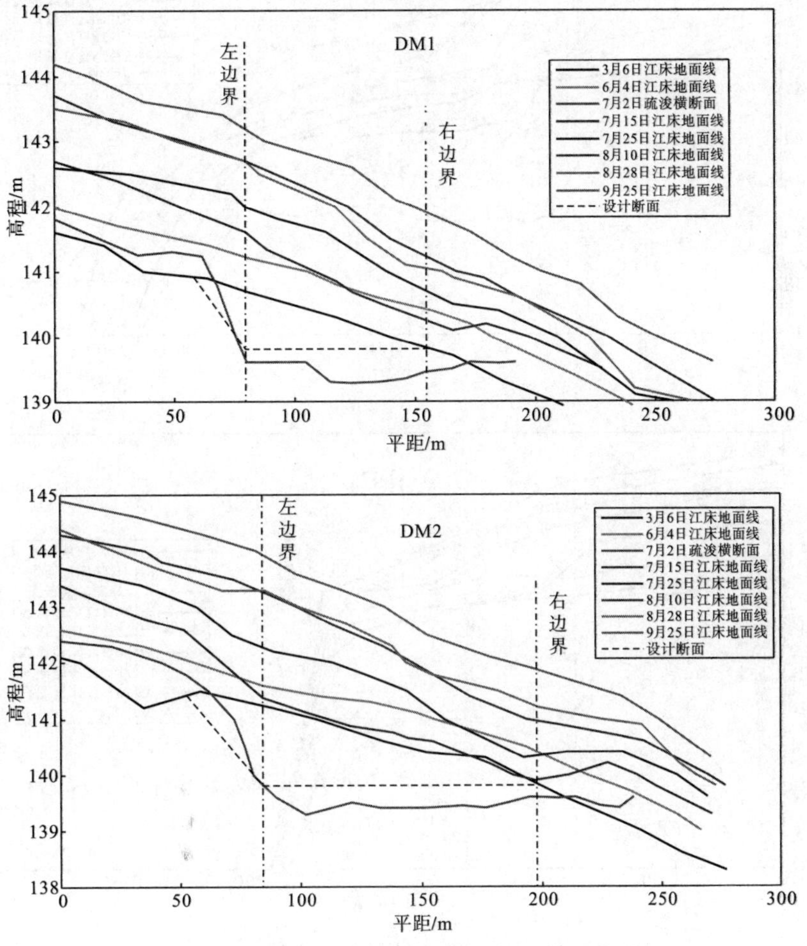

图 7-61　皇华城水道疏浚区冲淤变化图(见彩图)

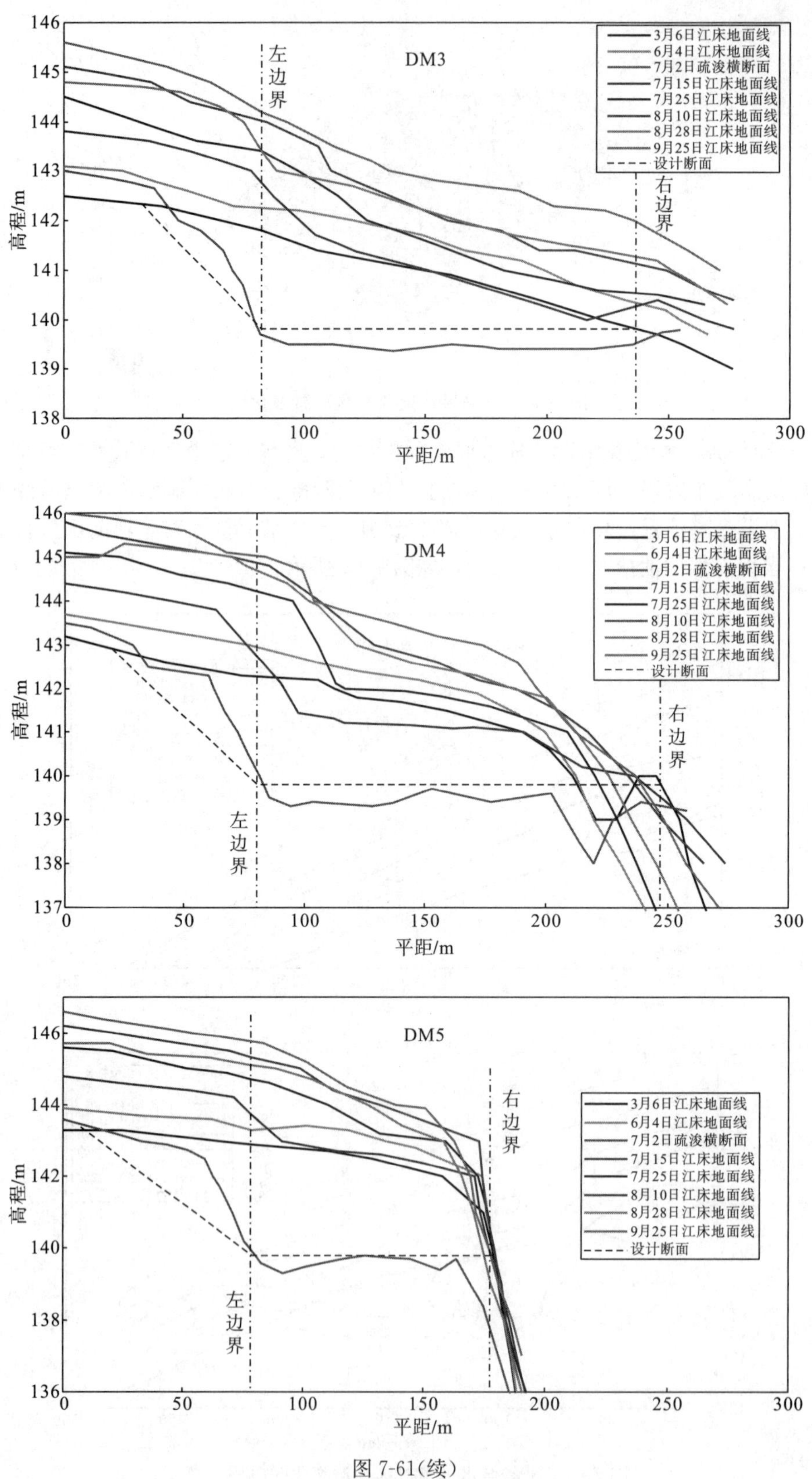
DM3
左边界
右边界
3月6日江床地面线
6月4日江床地面线
7月2日疏浚横断面
7月15日江床地面线
7月25日江床地面线
8月10日江床地面线
8月28日江床地面线
9月25日江床地面线
设计断面
高程/m
平距/m
DM4
左边界
右边界
DM5
左边界
右边界

图 7-61(续)

根据观察和分析，水库退水冲刷阶段与汛后涨水淤积阶段的冲刷量基本可以抵消，故以时间为界，淤积主要在 8 月 10 日以前，将 8 月 10 日测图与 7 月 2 日测图比较，作冲淤变化图，如图 7-62 所示。从图中可以看出，挖槽结束后至 8 月 10 日期间，皇华城水道整个挖槽区都发生了泥沙回淤，淤积分布与图 7-60 的分布类似，即挖槽区上游侧淤积厚度小，下游侧淤积厚度较大。

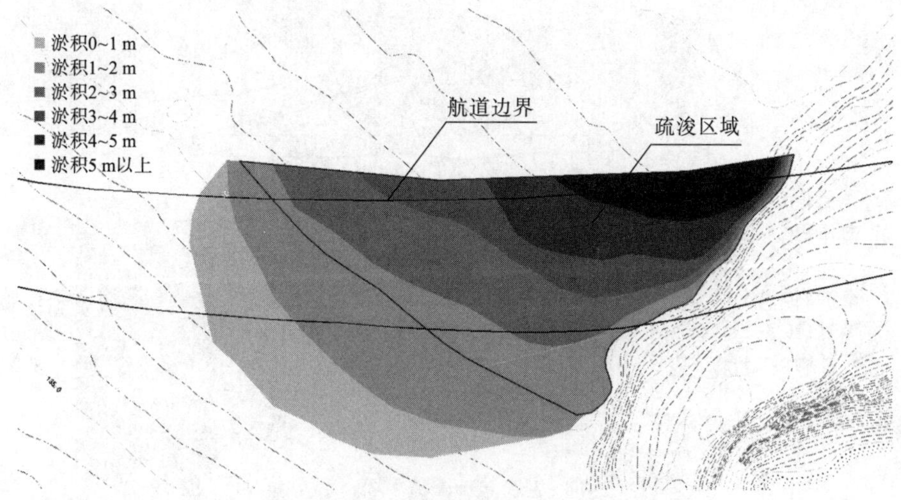

图 7-62　皇华城水道疏浚区冲淤变化图

图 7-63 所示为皇华城水道疏浚区回淤的过程。回淤主要发生在疏浚后第一次或第二次洪水中。汛期第一、二次洪峰过程流量一般不大（30000～50000 m^3/s），但含沙量大，且受坝前水位抬高影响，流速一般不大，导致泥沙大量淤积在开挖区。

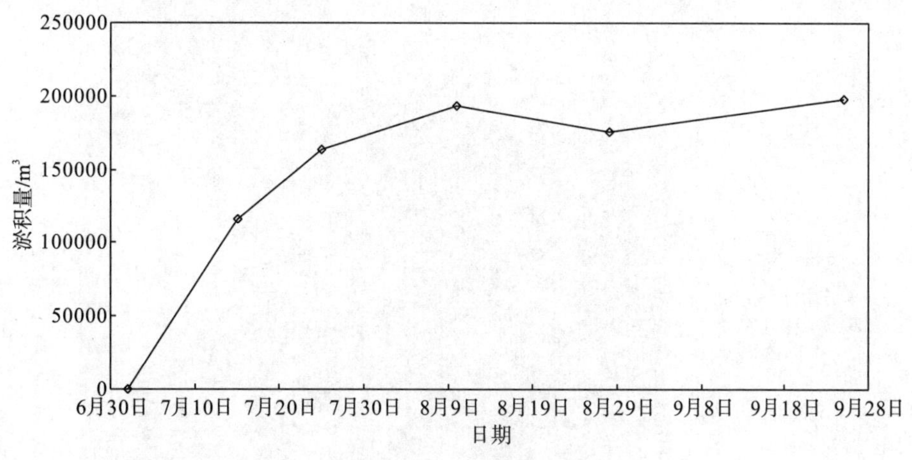

图 7-63　皇华城水道回淤图

3. 挖槽区周围冲淤变化

在挖槽观测的同时，对挖槽区周围地形也进行了观测，为了分析挖槽区周围地形变化情况，将测图依次两两对比，作出冲淤变化图（图 7-64 至图 7-67），以此来说明皇华城水道疏浚区周围冲淤过程。

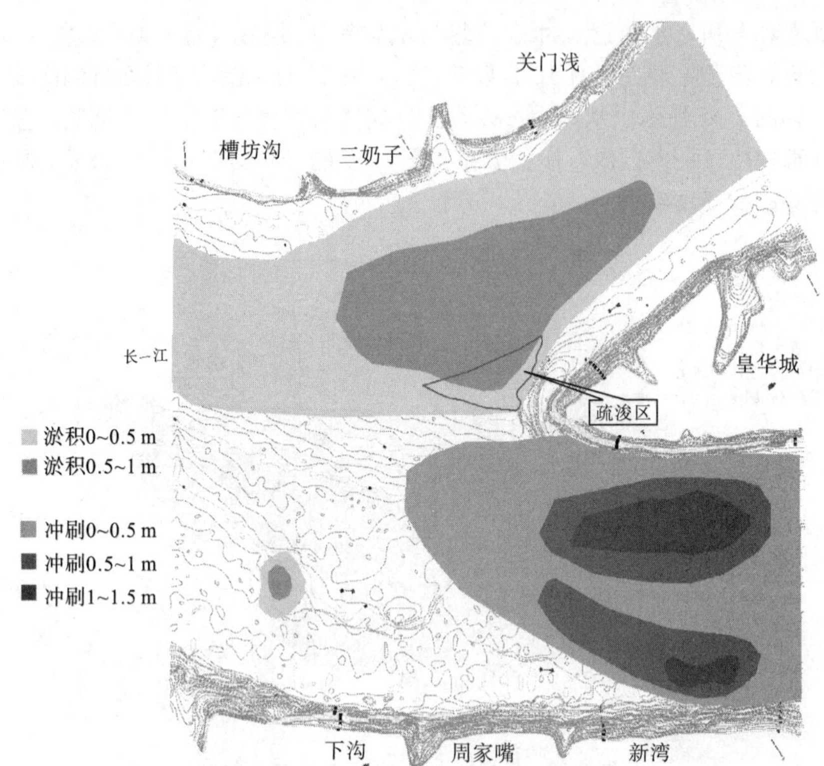

图 7-64 7 月 15 日至 25 日皇华城水道疏浚区周围冲淤变化图

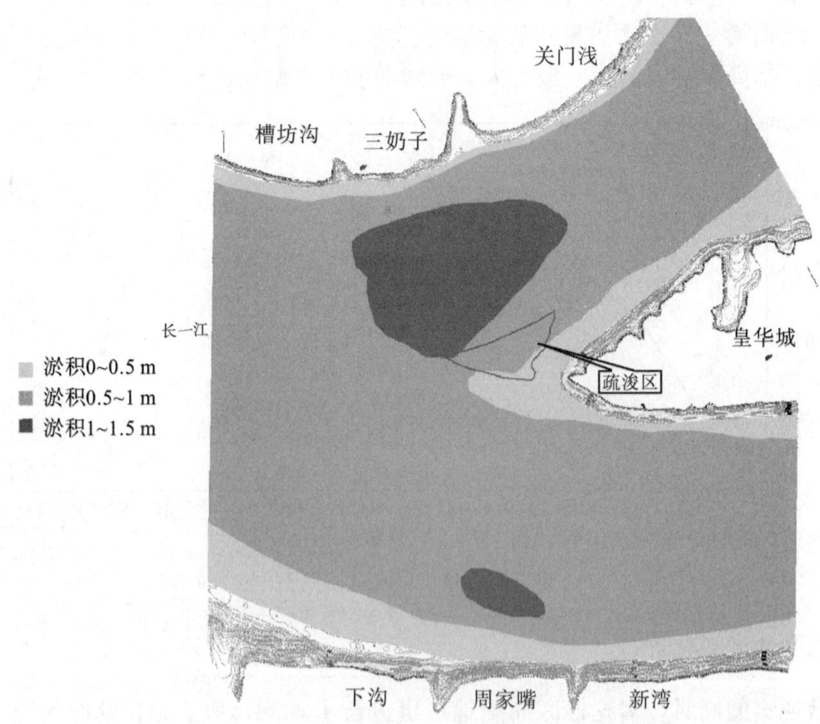

图 7-65 7 月 25 日至 8 月 10 日皇华城水道疏浚区周围冲淤变化图

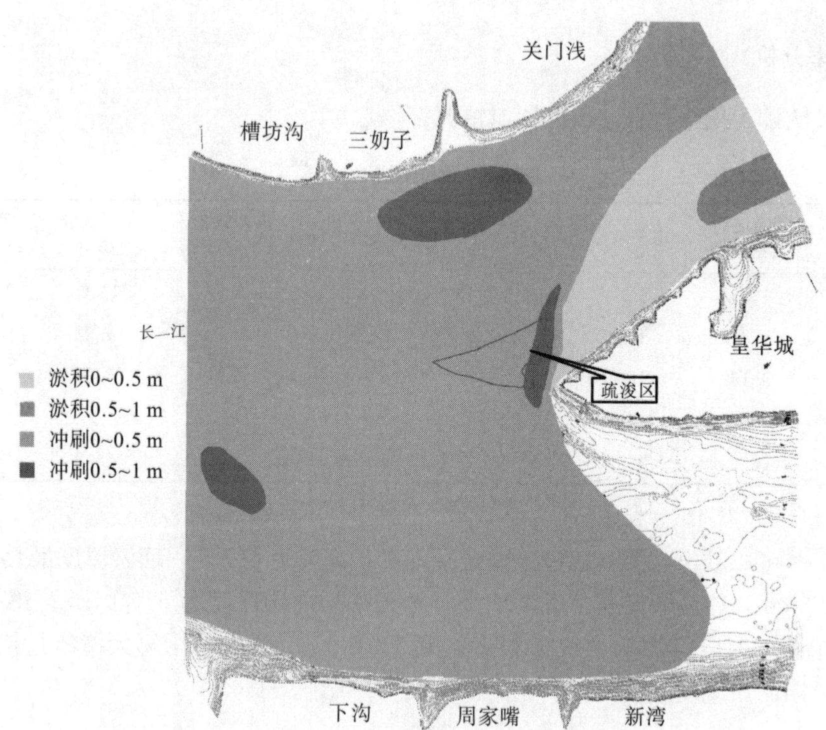

图 7-66　8 月 10 日至 28 日皇华城水道疏浚区周围冲淤变化图

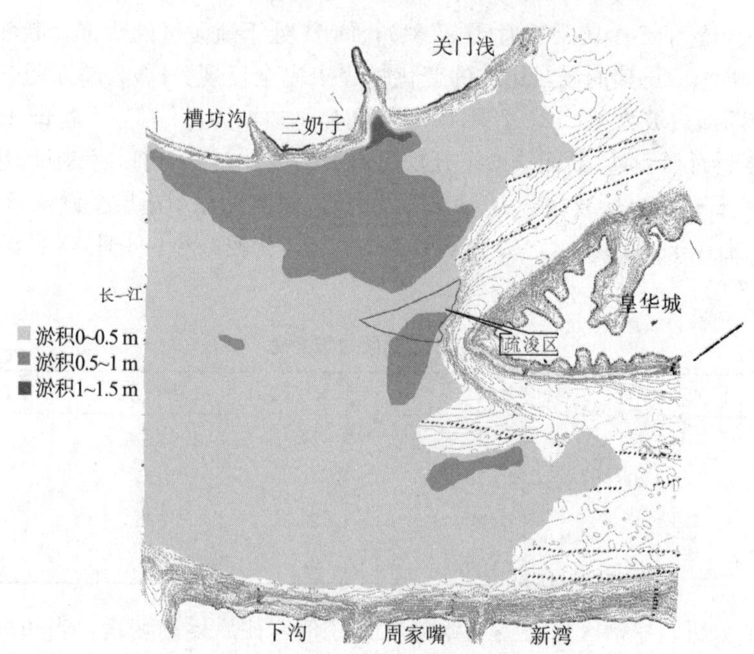

图 7-67　8 月 28 日至 9 月 25 日皇华城水道疏浚区周围冲淤变化图

根据图 7-64 至图 7-67，皇华城水道挖槽区周围冲淤变化过程与挖槽区分析基本一致，观测范围内冲淤变化是连续的，挖槽区周围并未出现冲淤突变，因此对比图不能明确挖槽区回淤是否是由于周围边坡垮塌造成的。

4. 回淤速率分析

表 7-8 统计了挖槽后各时段的回淤情况。

表 7-8 回淤情况统计表

时段	入库流量/(m^3/s)	坝前水位/m	忠县水位/m	最大淤高/m	回淤厚度/(cm/d)	淤积量/(10^4 m^3)	回淤速度/(10^4 m^3/d)
7.2～7.15	43952	151.69	155.99	4.2	32.3	11.60	0.89
7.16～7.25	42318	157.22	161.03	1	10	4.72	0.47
7.26～8.10	33169	159.88	162.82	1.2	7.5	3.01	0.20
8.11～8.28	20256	150.36	152.33	−1	−5.5	−1.72	−0.10
8.29～9.25	26307	160.65	161.6	0.8	4.7	2.19	0.08

注："−"表示冲刷；入库流量、坝前水位及忠县水位是该时段内的平均值。

由表 7-8 可以看出，第一阶段疏浚区最大淤积高度为 4.2 m，回淤厚度最大，平均每天回淤 32.3 cm，往后回淤速率逐渐减小，每天平均冲淤厚度为 5～10 cm；第一阶段也是回淤量最大的时段，13 天时间淤积量达到 11.6×10^4 m^3，平均每天淤积量接近 0.9×10^4 m^3，后期回淤速度减缓。

5. 边坡变化

在疏浚区布置了 5 个典型断面(图 7-61)，DM1 处于疏浚区的头部，断面开挖边坡约为 1∶12，但开挖后迅速回淤，边坡的变化过程未完全显现。DM2 断面距疏浚区上游约 130 m，开挖断面边坡为 1∶12，7 月 15 日测图显示边坡为 1∶18，7 月 25 日边坡变缓为 1∶23。DM3 断面和 DM4 断面描绘了开挖后边坡的变化过程，施工完成后边坡在 1∶12 左右；7 月 15 日边坡有所放缓，为 1∶20；7 月 25 日测图显示边坡受淤积影响继续放缓，为 1∶23；8 月 10 日测图显示，边坡发展至 1∶25，变幅减小；8 月 28 日测图显示边坡为 1∶25(表 7-9)。

表 7-9 断面边坡变化

断面编号	7 月 2 日	7 月 15 日	7 月 25 日	8 月 10 日	8 月 28 日
DM2	1∶12	1∶18	1∶23	—	—
DM3	1∶10	1∶19	1∶23	1∶25	1∶25
DM4	1∶10	1∶20	1∶23	1∶25	1∶25
DM5	1∶12	1∶18	1∶22	—	—

通过以上分析，挖槽区边坡不能维持在开挖值，往后逐渐变缓，当边坡达到 1∶25 时变化不再明显。

6. 航槽水深变化

图 7-68 显示了皇华城水道挖槽区水深变化情况。从图中可以看出，疏浚后挖槽区顶点高程变化明显，其中挖槽结束后至 7 月 15 日之间的变化尤为显著，这和前面的冲淤变

化分析结果一致；8 月 21 日至 8 月底，上游来水流量减小，坝前水位消落，出现了水深不满足最小维护尺度的局面。

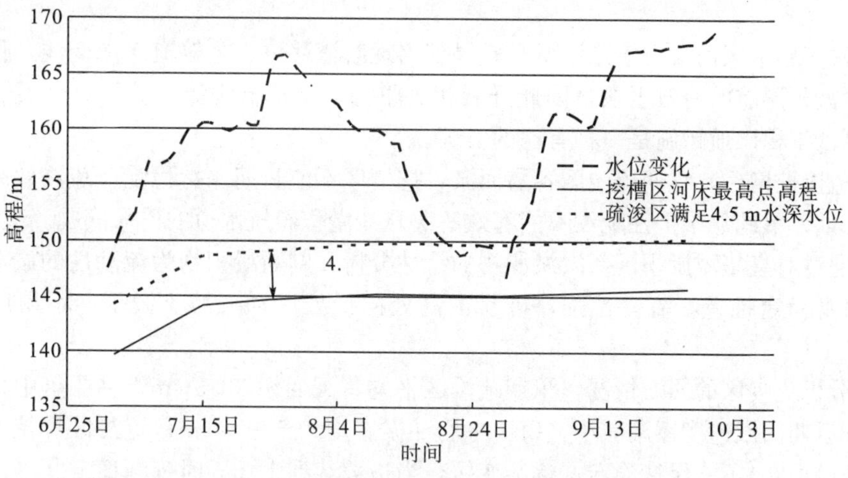

图 7-68　皇华城水道疏浚区河床最高点变化图

7. 施工成槽情况介绍

1)维护性疏浚施工成槽情况

维护性疏浚施工期是在消落期末及汛初，此时上游来水来沙相对较少，疏浚淤积物主要为往年淤积泥沙，经过一段时间的压实和充分密实之后，泥沙具有一定的黏附性，疏浚后底部泥沙能够形成较稳定的航槽，因为首次施工末期，由于上游来水影响施工进度，未对边坡进行充分平整，首次施工边坡最大为 1∶12，其他位置边坡在 1∶20 左右。

2)守槽期间疏浚施工成槽情况

守槽期间主要是对原挖槽区的局部部位进行疏浚施工，由于疏浚淤积物为当年新淤泥沙，组成结构比较松散(图 7-69)，疏浚期间周围松软泥砂向挖槽内大量滑动。由于疏浚引起周围泥沙移动的情况，疏浚成槽情况不佳。

图 7-69　淤积物形态

7.4 小 结

(1)常年回水区河段由于悬沙淤积，局部出现航槽移位、主航道水深变浅，目前并无应对悬沙淤积碍航的有效手段，因此开展相关整治、维护疏浚等实验，对今后制定常年回水区悬沙淤积碍航措施是一种有益的尝试。

(2)疏浚挖槽后，汛期疏浚区容易回淤，挖槽区不能长期保持稳定，疏浚效果不能贯穿整个汛期，单纯靠维护性疏浚不能有效解决悬沙淤积碍航水道的碍航问题。

(3)通过对皇华城淤积区新淤淤积物的特性分析，判断淤积物为流动性的淤泥。这种淤积物自身稳定性差，流动性强，极易由高处向低处滑动，易于淤平，不易形成稳定航槽。

(4)分析疏浚区的回淤情况，汛期疏浚区平均每天回淤 32.3 cm，主要集中在首次洪水期间，后期回淤速度逐渐减小，每天平均冲淤厚度为 5～10 cm；疏浚区开挖后，设计挖槽边坡(1∶20)不能保持稳定，逐渐变缓，当边坡达到 1∶25 时逐渐稳定。

第8章 结　　论

8.1 三峡成库初期水沙变化及水库调度特征认识

三峡水库175 m试验性蓄水期(2008—2013年)，入库径流量与多年平均值相当，悬移质输沙量比1990年前多年平均减少60%左右，悬移质泥沙粒径变细。年内径流量分配具有枯期增加、汛期减少的特点；悬移质输沙量年内具有枯水期变化不大，汛期明显减小的特点。

三峡水库蓄水以来，入库推移质泥沙数量总体呈下降趋势。

8.2 三峡库区航道泥沙冲淤特征认识

8.2.1 三峡水库淤积特点

(1)入库粗颗粒泥沙含量有所降低，粒径明显偏细。淤积泥沙粒径沿程至万县细化。

(2)三峡水库从库尾到大坝皆有峡谷与宽谷相间、深槽与浅滩相隔的河道形态特点，三峡水库运行10年后具有"宽谷淤积、峡谷不淤"的不连续带状淤积形态。

8.2.2 变动回水区泥沙冲淤变化

(1)三峡水库变动回水区长寿－江津河段航道条件主要影响因素为卵石推移质运动。

(2)三峡水库变动回水区上段是卵砾石不完全冲刷及消落初期卵砾石集中输移引起的微小淤积，中段是卵石累积性微淤，下段是细沙累积性淤积。

(3)变动回水区上段浅滩的位置较为固定、碍航机理认识清楚。

(4)三峡水库变动回水区中段的航道泥沙问题则较为复杂，主要体现在两个方面：一是三峡水库优化调度方案减弱了重庆－长寿汛期卵石输移的水动力条件；二是三峡水库运行10年来，长寿以下河段泥沙淤积14×10^8 t左右。

8.2.3 常年回水区航道泥沙冲淤变化

由于三峡水库进库沙量大幅减少，粒径变细，常年回水区的总体趋势是"宽谷淤积、峡谷不淤"的不连续淤积态势。在水库调度方式不变的情况下，这种沿程淤积分布的特点基本不会改变。臭盐碛、巫山河段的淤积量尽管比较大，但由于航深较大，短时间航道不会有淤浅的问题。下一步关注的重点主要为皇华城水道、兰竹坝水道和平绥坝－丝瓜碛水道。

8.3 三峡库区泥沙输移规律的认识

研究结果表明，此类泥沙存在絮凝沉降，且起动受水深的影响，用原有的挟沙力来进行泥沙的输移判别不再适用。研究提出淤泥质粉砂的输移流速带，依此判别泥沙冲淤规律，虽然机理上尚缺乏更深层次的研究，但是更适用于实际情况，据此推导了三峡库区航道的泥沙运动和河床变形方程，为后续的数值模拟和物理模型模拟奠定了基础。

8.4 对物理模型模拟技术的认识

根据库区最新研究成果进行创新性相似率设计的试验成果与原型实测成果基本一致。整体上，恒定流和非恒定流验证试验过程都呈现出流速分布、流态特征、淤积部位、淤积厚度和淤积量与原型观测的结果都达到较大程度的相似。因此，提出的基于原型沙的水库物理模型冲淤模拟技术是可行的，具有一定的创新性和实用性。

主要参考文献

陈俊杰，任艳粉，郭慧敏. 2009. 常用模型沙基本特性研究. 郑州：黄河水利出版社.

陈稚聪，王光谦，詹秀玲. 1996. 细颗粒塑料沙的群体沉降及起动流速试验研究[J]. 水利学报，(2)：24−28.

崔贺. 2007. 河口粘性泥沙基本特性的研究. 天津：天津大学硕士学位论文.

窦国仁. 1960. 论泥沙起动流速. 水利学报，(4)：44−60.

窦国仁. 1999. 再论泥沙起动流速. 泥沙研究，(6)：1−9.

韩其为. 1982. 泥沙起动规律及起动流速. 泥沙研究，(2)：11−26.

韩其为，何明民. 1999. 泥沙起动规律及起动流速. 北京：科学出版社.

金德春. 1991. 关于泥沙的起动问题. 泥沙研究，(2)：79−83.

靳斌，杨冠玲. 2000. 一种利用示踪粒子群体运动特征的PTV方法. 光学技术，26(1)：16−18.

李华国，袁美琦. 1995. 淤泥临界起动条件及冲刷率试验研究. 水道港口，(3)：20−26.

毛宁. 2011. 论泥沙砾石的起动流速. 长江科学院院报，(1)：6−11.

三峡工程泥沙专家组. 2002. 长江三峡工程泥沙问题研究. 北京：知识产权出版社.

沙玉清. 1965. 泥沙运动学引论. 北京：中国工业出版社.

宋志宏，田淳. 1997. 声学多普勒流速剖面仪在长江口的应用. 水文，(06)：31−34.

孙志林，张翀超，黄赛花，等. 2011. 粘性非均匀沙的冲刷. 泥沙研究，(3)：45−47.

唐存本. 1963. 泥沙起动规律. 水利学报，(2)：1−12

田琦. 2010. 河口淤泥特性及其运动规律的研究. 天津：天津大学博士学位论文.

万兆惠，宋天成，何青. 1990. 水压力对细颗粒泥沙起动流速影响的试验研究. 泥沙研究，(4)：62−69.

温和，滕召胜，郭斯羽，等. 2009. Hanning自卷积窗函数及其谐波分析应用. 中国科学，39(6)：1190−1198.

武汉大学，长江航道规划设计研究院. 2005. 长江三峡工程航道泥沙原型观测2004−2005年度分析报告.

杨美卿，王桂玲. 1995. 粘性细泥沙的临界起动公式. 应用基础与工程科学学报，(1)：99−109.

杨铁笙，黎青松，万兆惠. 2000. 大水深下粘性细颗粒泥沙的起动. 面向二十一世纪的泥沙研究——第四届全国泥沙基本理论研究学术讨论会论文集. 成都：四川大学出版社，41−52.

张红武. 2012. 泥沙起动流速的统一公式. 水利学报，(12)：1387−1396.

张瑞瑾，谢鉴衡，陈文彪. 1961. 河流动力学. 北京：中国工业出版社.

张瑞瑾，谢鉴衡，陈文彪. 2007. 河流动力学. 武汉：武汉大学出版社.

Adrian R J，Meinhart C D，Tomkins C D. 2000. Vortex organization in the outer region of the turbulent boundary layer. J Fluid Mech，422：1−54.

Anderson R. S. 1986. Sediment transport by wind：saltation，suspension，erosion and ripples：University of Washington.

Armitage N，Rooseboom A. 2010. The link between Movability Number and Incipient Motion in river sediments. Water Sa，36(1)：89−96.

Baek S J，Lee S J. 1996. A new two-frame particle tracking algorithm using match probability. Exp Fluids，22(1)：23−32.

Beheshti A A，Ataie-Ashtiani B. 2008. Analysis of threshold and incipient conditions for sediment movement. Coast Eng，55(5)：423−430.

Berlamont J，Ockenden M，Toorman E，Winterwerp J C. 1993. The characterisation of cohesive sediment properties. Coastal Engineering，21：105−128.

Black K S，Tolhurst T J，Paterson D M，Hagerthey S E. 2002. Working with natural cohesive sediments. J Hydraul Eng-Asce，128(1)：2−8.

Blackwelder，R F Kovasznay，L S G. 1972. Time scales and correlations in a turbulen tboundary layer. Phys. Fluids，(15)：1545.

Bohling B. 2009. Measurements of threshold values for incipient motion of sediment particles with two different erosion devices. J Marine Syst, 75(3-4): 330-335.

Brooke J W, Kontomaris K, Hanratty T J, McLaughlin J B. 1992. Turbulent deposition and trapping of aerosols at a wall. Physics of Fluids A: Fluid Dynamics, 4: 825.

Buffington J M, Montgomery D R. 1997. A systematic analysis of eight decades of incipient motion studies, with special reference to gravel-bedded rivers. Water Resour Res, 33(8): 1993-2029.

Cameron S M. 2006. Near boundary flow structure and particle entrainment, Auckland, New Zealand: Univ. of Auckland

Carling P A. 1983. Threshold of coarse sediment transport in broad and narrow natural streams. Earth Surf Proc Land 8(1): 1-18.

Chanson H, Takeuchi M. 2008. Using turbidity and acoustic backscatter intensity as surrogate measures of suspended sediment concentration in a small subtropical estuary. Journal of Environmental Management, 88: 1406-1416.

Chien N, Wan Z. 1999. Mechanics of sediment transport.

Cleaver J W, Yates B. 1973. Mechanism of detachment of colloidal particles from a flat substrate in a turbulent flow. J Colloid Interf Sci, 44(3): 464-474.

Dade W B, Nowell A, Jumars P A. 1992. Predicting erosion resistance of muds. Mar Geol, 105(1): 285-97.

Dancey C L, Diplas P, Papanicolaou A, Bala M. 2002. Probability of individual grain movement and threshold condition. Journal of Hydraulic Engineering, 128(12): 1069-1075.

Deen N G, Westerweel J, Delnoij E. 2002. Two-phase PIV in bubbly flows: Status and trends. Chem Eng Technol, 25(1): 97-101.

Delnoij E, Kuipers J, Van Swaaij W, Westerweel J. 2000. Measurement of gas-liquid two-phase flow in bubble columns using ensemble correlation PIV. Chem Eng Sci, 55(17): 3385-3395.

Dennis D J C, Nickels T B. 2008. On the limitations of Taylor's hypothesis in constructing long structures in a turbulent boundary layer. Journal of Fluid Mechanics, 614: 197-206.

Dennis D J C, Nickels T B. 2011. Experimental measurement of large-scale three-dimensional structures in a turbulent boundary layer: Part 2: Long structures. Journal of Fluid Mechanics, 73: 218-44.

Dey S, Debnath K. 2000. Influence of streamwise bed slope on sediment threshold under stream flow. Journal of Irrigation and Drainage Engineering, 126(4): 255-263.

Dey S, Raju U V. 2002. Incipient motion of gravel and coal beds. Sadhana, 27(5): 559-568.

Dey S, Sarkar S, Solari L. 2011. Near-bed turbulence characteristics at the entrainment threshold of sediment beds. Journal of Hydraulic Engineering, 137(9): 945-958.

Driscoll K D, Sick V, Gray C. 2003. Simultaneous air/fuel-phase PIV measurements in a dense fuel spray. Exp Fluids, 35(1): 112-115.

Duncan J, Dabiri D, Hove J, Gharib M. 2010. Universal outlier detection for particle image velocimetry(PIV) and particle tracking velocimetry(PTV) data. Measurement Science and Technology, 21(5): 7002.

Dwivedi A, Melville B, Shamseldin A Y. 2010. Hydrodynamic forces generated on a spherical sediment particle during entrainment. Journal of Hydraulic Engineering, 136(10): 756-69.

Foucaut J, Tanislas M. 1996. Take-off threshold velocity of solid particles lying under a turbulent boundary layer. Exp Fluids, 20(5)L: 77-382.

García M H. 2000. Discussion of "The Legend of AF Shields". Journal of Hydraulic Engineering, 126(9): 718-720.

Garcia M, Lopez F, Nino Y. 1995. Characterization of near-bed coherent structures in turbulent open channel flow using synchronized high-speed video and hot-film measurements. Exp Fluids, 19(1): 16-28.

Garcia M, Niño Y, López F. 1996. Laboratory observations of particle entrainment into suspension by turbulent bursting. Coherent Flow Structures in Open Channels: 63-86.

Goring D, Nikora V. 2002. Despiking Acoustic Doppler Velocimeter Data. J. Hydraul. Eng, 128(1): 117-126.

Graf W H. 1984. Hydraulics of sediment transport. : Water Resources Publication.

Grass A J. 1971. Structural features of turbulent flow over smooth and rough boundaries. J Fluid Mech, 50(02): 233−255.

Gui L, Merzkirch W. 1996. Phase-separation of PIV measurements in two-phase flow by applying a digital mask technique. ERCOFTAC Bull, 30: 45−48.

Gyr A, Schmid A. 1997. Turbulent flows over smooth erodible sand beds in flumes. J Hydraul Res, 35(4): 525−544.

Ha H K, Hsu W Y, Maa J P Y. et al. 2009. Using ADV backscatter strength for measuring suspended cohesive sediment concentration. Continental Shelf Research, 29: 1310−1316.

Heathershaw A D, Thorne P D. 1985. Sea-bed noises reveal role of turbulent bursting phenomenon in sediment transport by tidal currents. Nature, 316: 339−342.

Hofland B. 2005. Rock and roll: Turbulence-induced damage to granular bed protections, The Netherlands: Delft University of Technology.

Hosseini S A, Shamsai A, Ataie-Ashtiani B. 2006. Synchronous measurements of the velocity and concentration in low density turbidity currents using an acoustic Doppler velocimeter. Flow Measurement and Instrumentation, 17: 59−68.

Hubert M, Kalman H. 2004. Measurements and comparison of saltation and pickup velocities in wind tunnel. Granular Matter, 6(2−3): 159−165.

Israelachvili J N. 1997. Intermolecular and surface forces, 2nd ed. New York: Elsevier.

Jackson R G. 1976. Sedimentological and fluid-dynamic implications of the turbulent bursting phenomenon in geophysical flows. J. Fluid Mech, 77(3): 531−560.

Jiang Z, Haff P K. 1993. Multiparticle simulation methods applied to the micromechanics of bed load transport. Water Resour Res, 29(2): 399−412.

Kaftori D, Hetsroni G, Banerjee S. 1995. Particle behavior in the turbulent boundary-layer. 1. motion, deposition, and entrainment. Phys Fluids, 7(5): 1095−1106.

Kalman H, Satran A, Meir D, Rabinovich E. 2005. Pickup(critical)velocity of particles. Powder Technol, 160(2): 103−113.

Keane R D, Adrian R J. 1990. Optimization of particle image velocimeters. I. Double pulsed systems. Measurement Science and Technology, (1): 1202.

Khalitov D A, Longmire E K. 2002. Simultaneous two-phase PIV by two-parameter phase discrimination. Exp Fluids, 32(2): 252−268.

Kiger K T, Pan C. 2000. PIV technique for the simultaneous measurement of dilute two-phase flows. Journal of Fluids Engineering, 122(4): 811−818.

Kim K C, Adrian R J. 1999. Very large-scale motion in the outer layer . Physics of Fluids, 11(2): 417−422.

Kim Y H, Voulgaris G. 2003. Estimation of suspended sediment concentration in estuarine environments using acoustic backscatter from an ADCP. Clearwater Beach, FL, in Proceedings of Coastal Sediments: 1−10.

Komar P D. 1987. Selective grain entrainment by a current from a bed of mixed sizes: A reanalysis. J Sediment Res, 57(2).

Lapointe M. 1992. Burst-like sediment suspension events in a sand bed river. Earth Surf Proc Land, 17(3): 253−270.

Lau Y L, Droppo I G. 2000. Influence of antecedent conditions on critical shear stress of bed sediments. Water Res, 34(2): 663−667.

Leenders J K, van Boxel J H, Sterk G. 2005. Wind forces and related saltation transport. Geomorphology, 71(3−4): 357−372.

Lick W, Jin L J, Gailani J. 2004. Initiation of movement of quartz particles. J Hydraul Eng-Asce, 130(8): 755−761.

Lindken R, Merzkirch W. 2002. A novel PIV technique for measurements in multiphase flows and its application to two-phase bubbly flows. Exp Fluids, 33(6): 814−825.

Liu X, Katz J. 2006. Instantaneous pressure and material acceleration measurements using a four-exposure PIV system. Exp Fluids，41(2)：227－240.

M Guala，S E Hommema，R J Adrian. 2006. Large-scale and very-large-scale motions in turbulent pipe flow. J Fluid Mech，54：521－542.

Mehta A J，Lee S C. 1994. Problems in linking the threshold condition for the transport of cohesionless and cohesive sediment grain. J Coastal Res，10(1)：170－177.

Merckelbach L M，Ridderinkhof H. 2006. stimating suspended sediment concentration using backscatterance from an acoustic Doppler profiling current meter at a site with strong tidal currents. Ocean Dynamics，56(3－4)：153－168.

Merzkirch W，Gui L，Hilgers S，Lindken R，Wagner T. 1997. PIV in multiphase flow. In：The second international workshop on PIV.

Miller M C，McCave I N，Komar P D. 1977. Threshold of sediment motion under unidirectional currents. Sedimentology，24(4)：507－517.

Mohtar W，Munro R J. 2013. Threshold criteria for incipient sediment motion on an inclined bedform in the presence of oscillating-grid turbulence. Phys Fluids，25(0151031).

Moura M G，Quaresma V S，Bastos A C，Veronez P. 2011. ield observations of SPM using ADV，ADP，and OBS in a shallow estuarine system with low SPM concentration-Vitória Bay，SE Brazil. Ocean Dynamics，61：273－283.

Munro R J，Bethke N，Dalziel S B. 2009. Sediment resuspension and erosion by vortex rings. Phys Fluids，21 (0466014).

Neill C R，Yalin M S. 1969. Quantitative definition of beginning of bed movement. J. Hydraul. Div. Am. Soc. Civ. Eng，95：585－588.

Nelson J M，Shreve R L，McLean S R，Drake T. G. 1995. Role of near-bed turbulence structure in bed load transport and bed form mechanics. Water Resour Res，31(8)：2071－2086.

Nezu I，Sanjou M. 2011. PIV and PTV measurements in hydro-sciences with focus on turbulent open-channel flows. Journal of Hydro-environment Research，5(4)：215－230.

Nikora V，Goring. 1998. DV Measurements of Turbulence：Can We Improve Their Interpretation. J. Hydraul. Eng，124(6)：630－634.

Nikora V，et al. 2002. on bed particle diffusion in gravel bed flows under weak bed load transport. water resources research，38(6)：17-1－17-9.

Nino Y，Garcia M H. 1996. Experiment on particle-turbulence interactions in the near-wall region of an open channel flow. J. Fluid Mech.

Niño Y，Lopez F，Garcia M. 2003. Threshold for particle entrainment into suspension. Sedimentology，50(2)：247－263.

Thorne P D，Hanes D M. 2002. A review of acoustic measurement of small-scale sediment processes. Continental Shelf Research，22：603－632.

Parker G，Klingeman P C. 1982. On why gravel bed streams are paved. Water Resour Res，18(5)：1409－1423.

Pastur L R，Lusseyran F，Fraigneau Y，Podvin B. 2005. Determining the spectral signature of spatial coherent structures in an open cavity flow. Phys Rev E，72(6)：65301.

Qu J，Murai Y，Yamamoto F. 2004. Simultaneous PIV/PTV measurements of bubble and particle phases in gas-liquid two-phase flow based on image separation and reconstruction. Journal of Hydrodynamics，Ser. B，16(006)：756－766.

Rabinovich E，Kalman H. 2007. Pickup，critical and wind threshold velocities of particles. Powder Technol，176 (1)：9－17.

Rabinovich E，Kalman H. 2008. Boundary saltation and minimum pressure velocities in particle-gas systems. Powder Technol，185(1)：67－79.

Rabinovich E，Kalman H. 2009. Incipient motion of individual particles in horizontal particle-fluid systems：A. Experimental analysis. Powder Technol，192(3)：318－325.

Rashidi M，Hetsroni G，Banerjee S. 1990. Particle-turbulence interaction in a boundary layer. Int J Multiphas Flow，

16(6)：935－949.

Roberts J，Jepsen R，Gotthard D，Lick W. 1998. Effects of particle size and bulk density on erosion of quartz particles. J Hydraul Eng-Asce，124(12)：1261－1267.

Roseberry J C，Schmeeckle M W，Furbish D J. 2012. A probabilistic description of the bed load sediment flux：2. Particle activity and motions. Journal of Geophysical Research：Earth Surface(2003－2012)：117.

Sakakibara J，Wicker R B，Eaton J K. 1996. Measurements of the particle-fluid velocity correlation and the extra dissipation in a round jet. Int J Multiphas Flow，22(5)：863－881.

Scarano F，Riethmuller M L. 2000. Advances in iterative multigrid PIV image processing. Exp Fluids，29S：S51－S60.

Schonfeldt H.，von Lowis S. 2003. Turbulence-driven saltation in the atmospheric surface layer. Meteorol Z，12(5)：257－268.

Sechet P，Le Guennec B. 1999. The role of near wall turbulent structures on sediment transport. Water Res，33(17)：3646－3656.

Shvidchenko A B，Pender G. 2000. Flume study of the effect of relative depth on the incipient motion of coarse uniform sediments. Water Resour Res，36(2)：619－628.

Sirovich L. 1987. Turbulence and the dynamics of coherent structures. I-Coherent structures. II-Symmetries and transformations. III-Dynamics and scaling. Q Appl Math，45：561－571.

Smith D A，Cheung K F. 2004. Initiation of motion of calcareous sand. Journal of Hydraulic Engineering，130(5)：467－472.

Sterk G，Jacobs A，Van Boxel J. H. 1998. The effect of turbulent flow structures on saltation sand transport in the atmospheric boundary layer. Wind Erosion in the Sahelian Zone of Niger：Processes，Models，and Control Techniques：11.

Sumer B M，Deigaard R. 1981. Particle motions near the bottom in turbulent flow in an open channel. Part 2. J Fluid Mech，109：311－337.

Sumer B M，Oguz B. 1978. Particle motions near the bottom in turbulent flow in an open channel. J Fluid Mech，86(1)：109－127.

Sutherland A J. 1967. Proposed mechanism for sediment entrainment by turbulent flows. Journal of Geophysical Research，72(24)：6183－6194.

Thorne P D，Williams J J，Heathershaw A D. 1989. In situ acoustic measurements of marine gravel threshold and transport. Sedimentology，36(1)：61－74.

Van Rijn L C. 1993. Principles of sediment transport in rivers，estuaries and coastal seas. Vol. 1006：Aqua publications Amsterdam.

Van Rijn L C. 2007. Unified view of sediment transport by currents and waves. I：Initiation of motion，bed roughness，and bed-load transport. J Hydraul Eng-Asce，133(6)：649－667.

Wiberg P L，Smith J D. 1987. Calculations of the critical shear stress for motion of uniform and heterogeneous sediments. Water Resour Res，23(8)：1471－1480.

Williams J J. 1986. Aeolian entrainment thresholds in a developing boundary layer. Queen Mary University of London.

Williams J J，Butterfield G R，Clark D G. 1994. Aerodynamic entrainment threshold：effects of boundary layer flow conditions. Sedimentology，41(2)：309－328.

Williams J J，Thorne P D，Heathershaw A D. 1989. Measurements of turbulence in the benthic boundary layer over a gravel bed. Sedimentology，36(6)：959－971.

You Z. 2006. Discussion of "Initiation of movement of quartz particles" by Wilbert Lick，Lijun Jin，and Joe Gailani. Journal of Hydraulic Engineering，132(1)：111－112.

Yung B，Merry H，Bott T R. 1989. The role of turbulent bursts in particle re-entrainment in aqueous systems. Chem Eng Sci，44(4)：873－882.

Zdanski P，Ortega M A，Fico Jr N G C R. 2003. Numerical study of the flow over shallow cavities. Comput Fluids，32(7)：953－974.

Zhou J, Adrian R J, Balachandar S, Kendall T M. 1999. Mechanisms for generating coherent packets of hairpin vortices in channel flow. J Fluid Mech, 387(1): 353－396.

彩 色 图 版

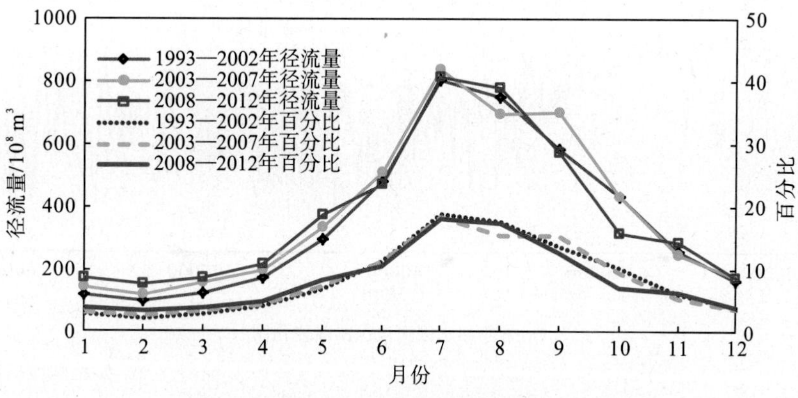

图 2-13 宜昌站径流量过程

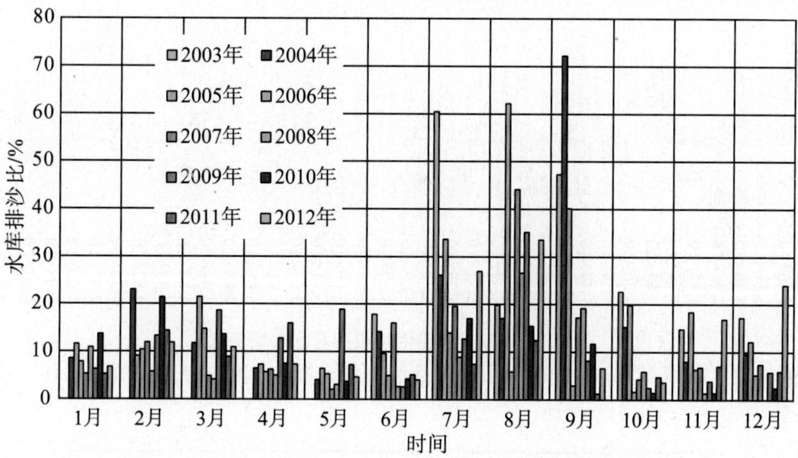

图 3-5 2003 年 6 月至 2011 年 12 月三峡水库排沙比变化

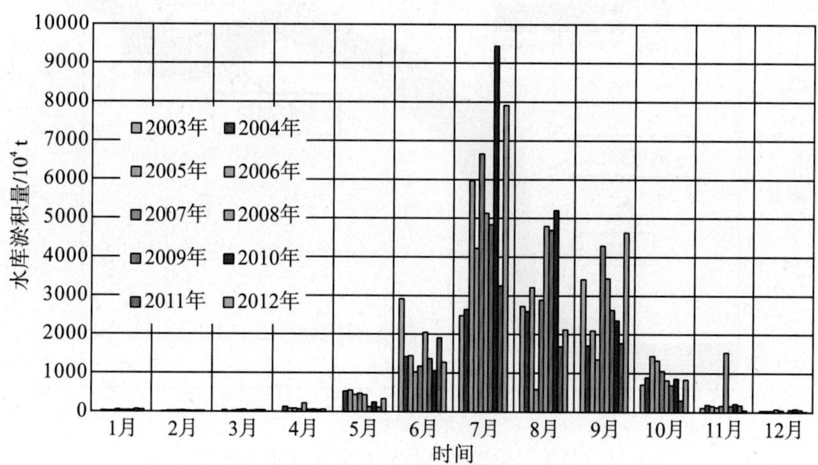

图 3-6 三峡水年内库淤积量变化

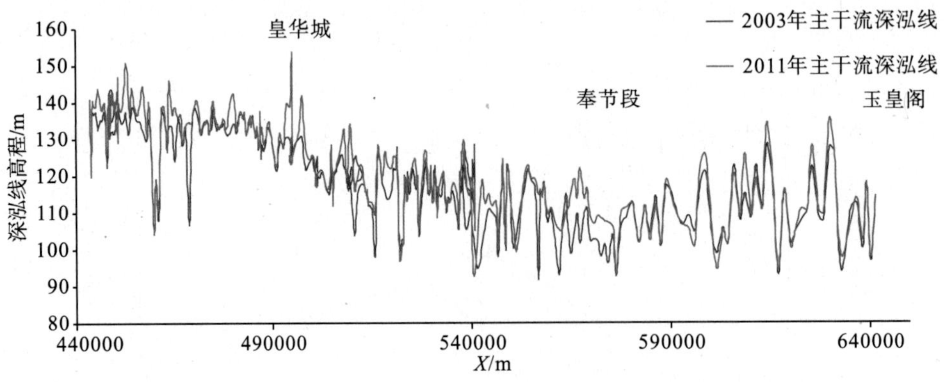

(a)常年回水区河段深泓线变化图

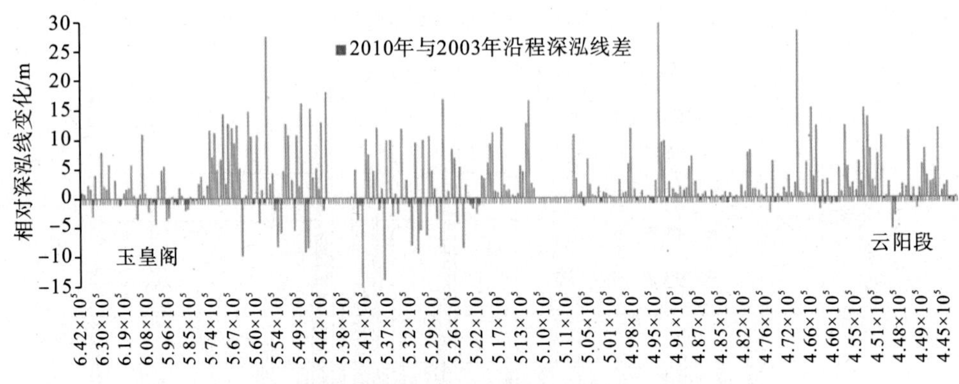

(b)云阳奉节至玉皇阁河段相对深泓线变化

图 3-11　2003 年与 2013 年 3 月常年回水区及云阳奉节至玉皇阁河段深泓线变化

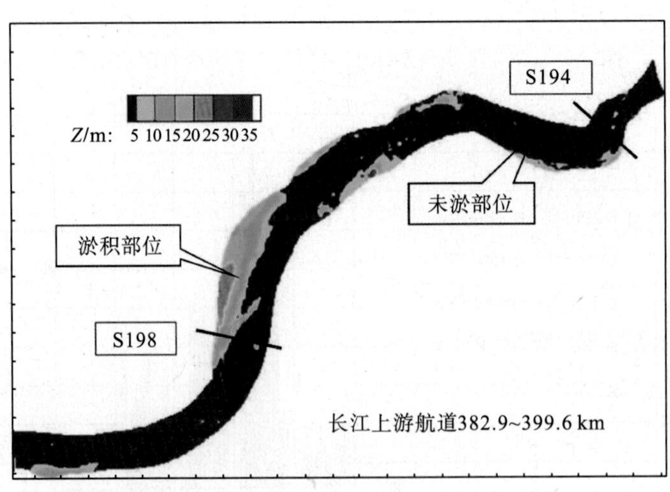

(a)地形冲淤变化

图 3-13　西沱—折桅子河段地形及典型断面冲淤变化

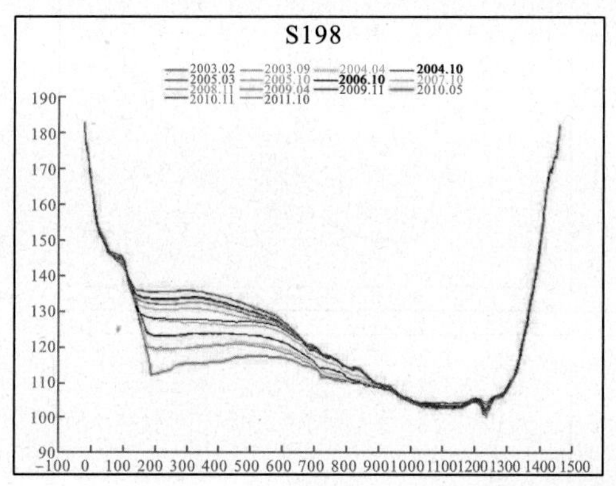

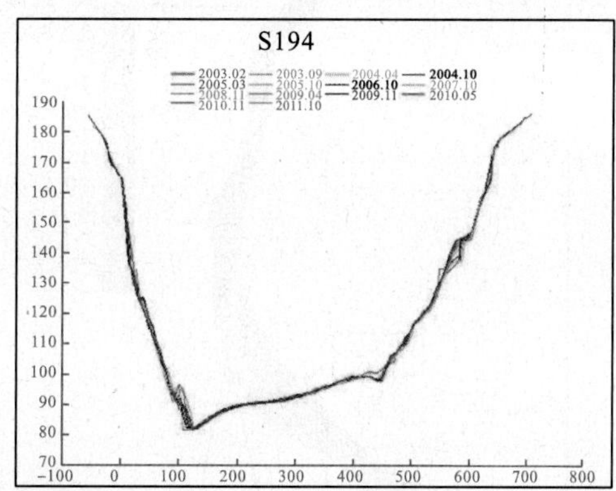

(b)典型断面冲淤变化

图 3-13(续)

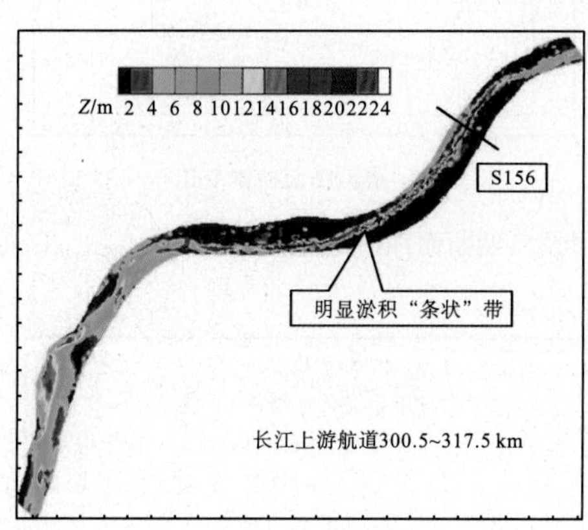

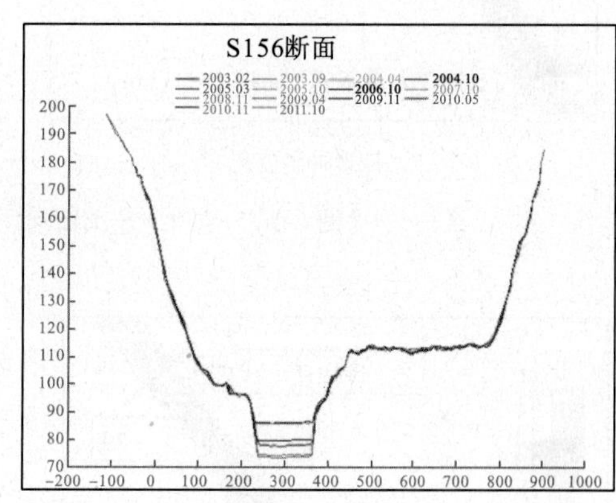

(a)地形冲淤变化　　(b)典型断面冲淤变化

图 3-14　白笑滩－土地盘河段地形及典型断面冲淤变化

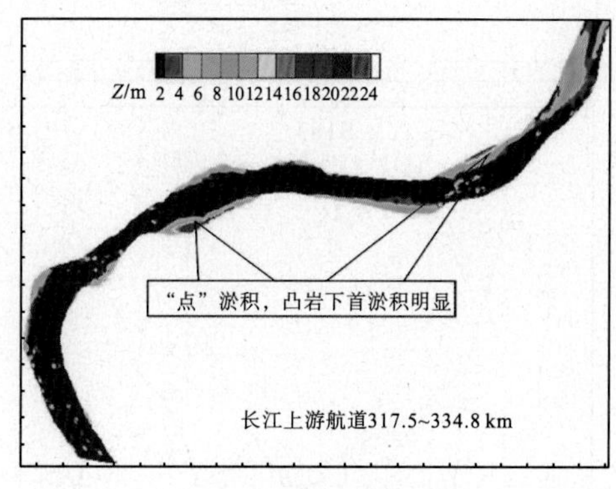

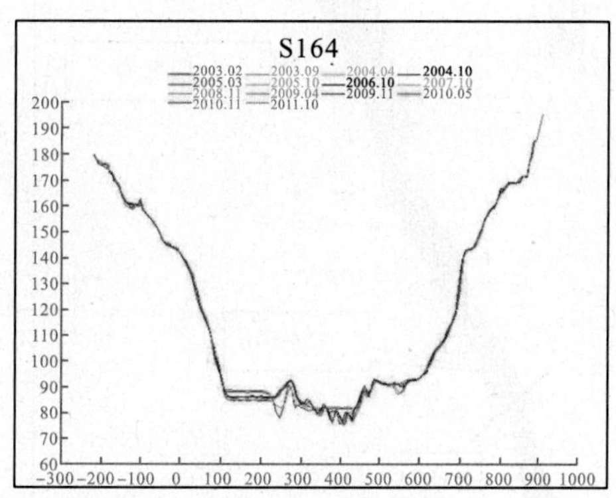

(a)地形冲淤变化　　(b)典型断面冲淤变化

图 3-15　鸭儿碛－万州区河段地形及典型断面冲淤变化

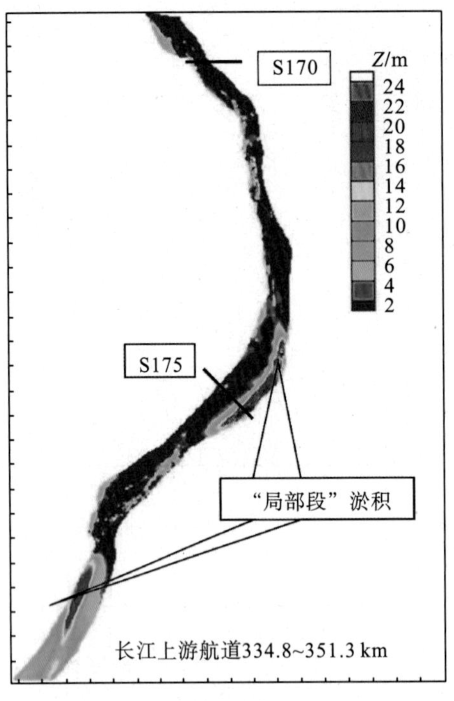

(a)地形冲淤变化

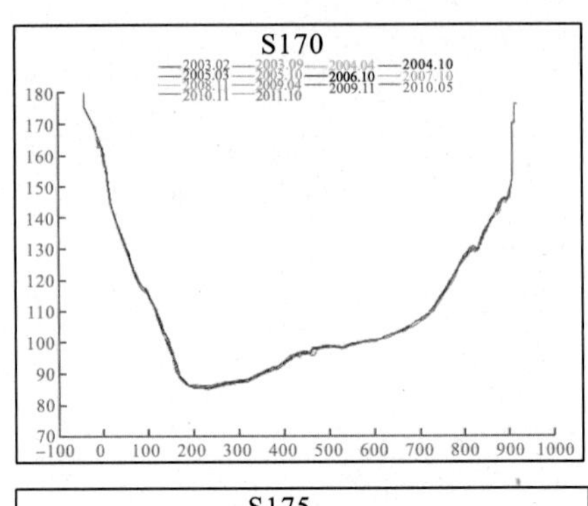

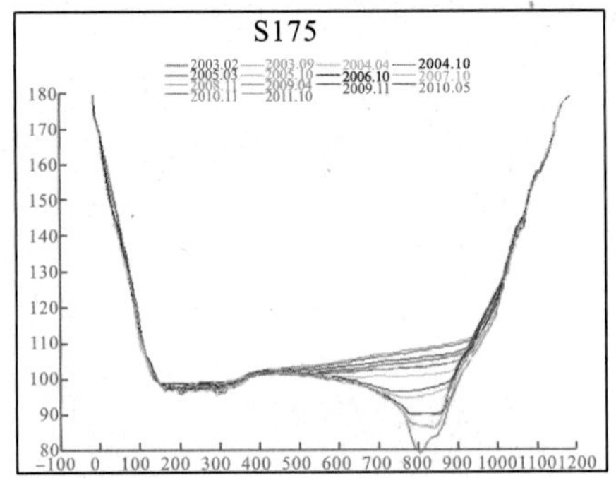

(b)典型断面冲淤变化

图 3-16　沱口－老鸦镇河段地形及典型断面冲淤变化

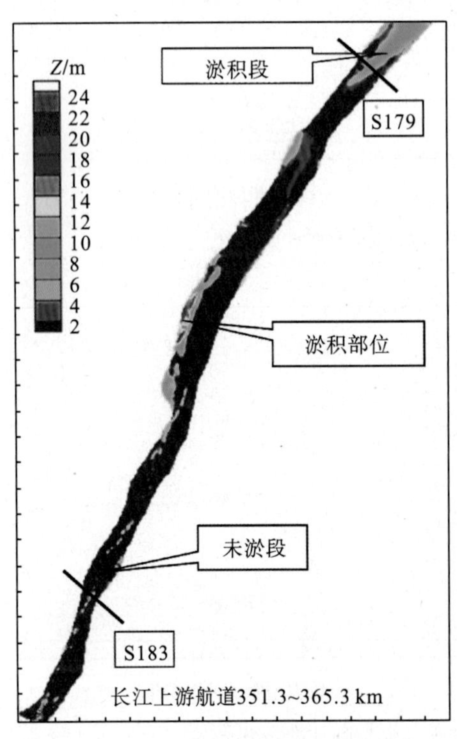

(a)地形冲淤变化

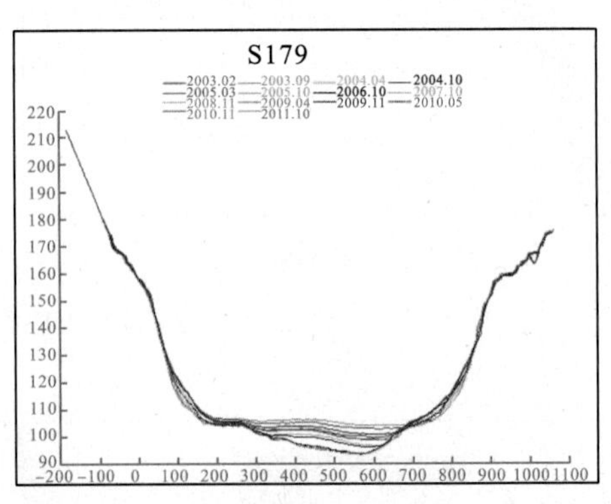

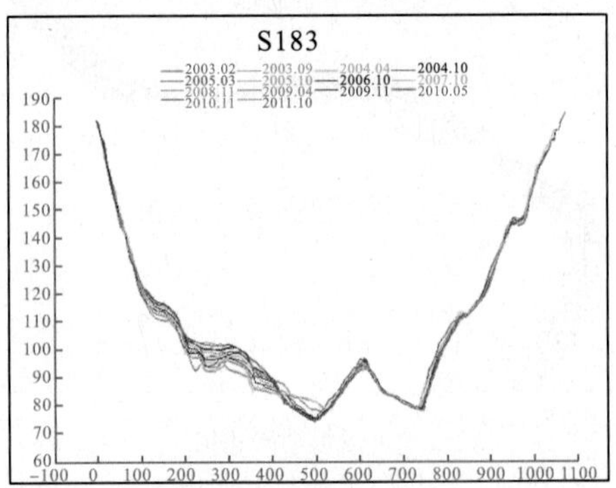

(b)典型断面冲淤变化

图 3-17　杨河溪－黑石溪河段地形及典型断面冲淤变化

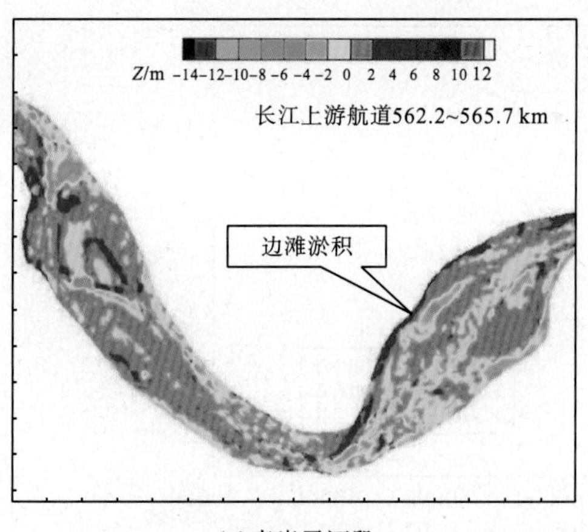

(a)青岩子河段

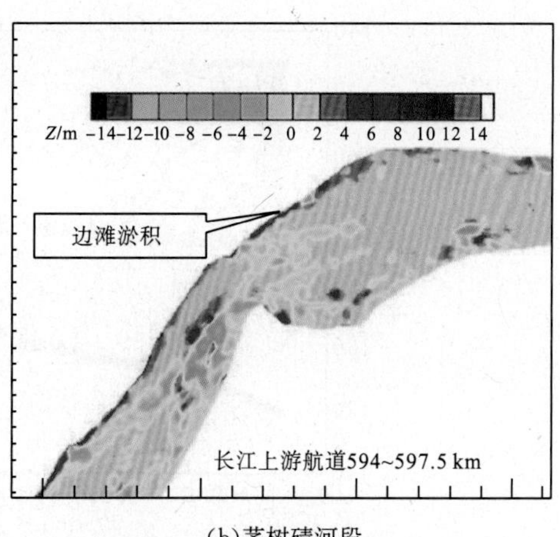

(b)茅树碛河段

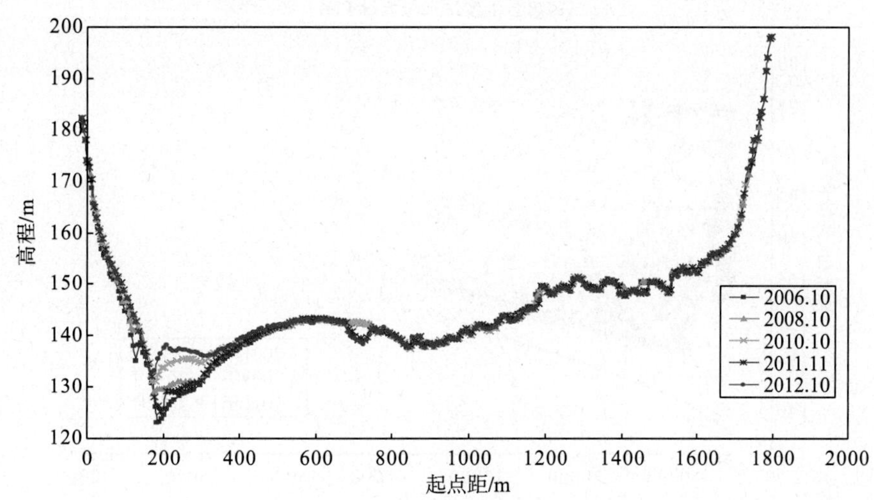

(c)青岩子一牛屎碛河段 S277+1 断面

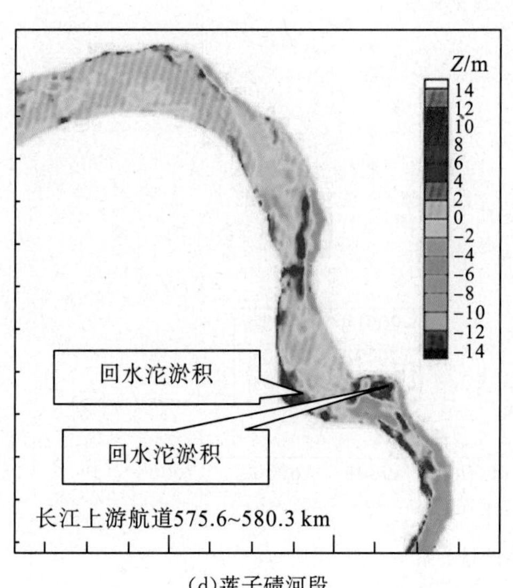

(d)莲子碛河段

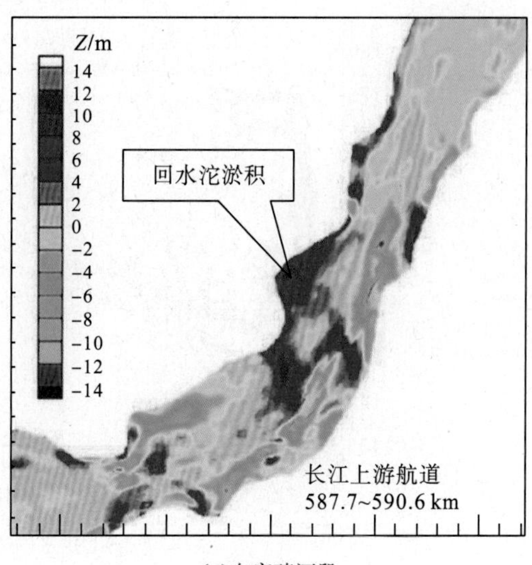

(e)向家碛河段

图 3-21 变动回水区典型淤积部位平面的冲淤地形变化图与横断面变化图

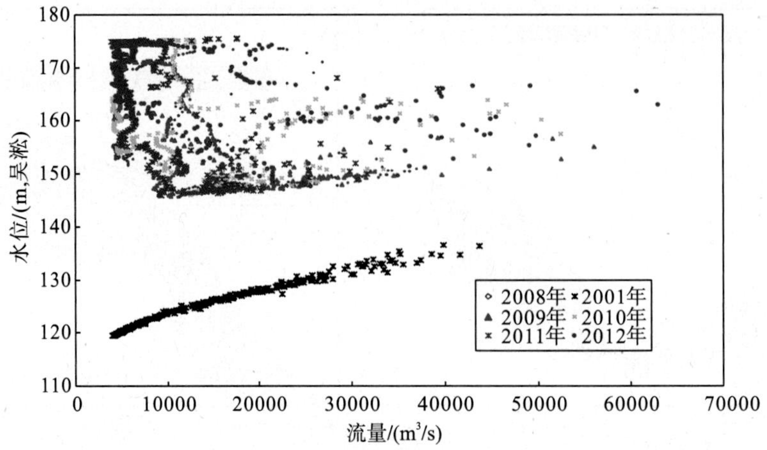

(a)忠县水位站水位流量关系

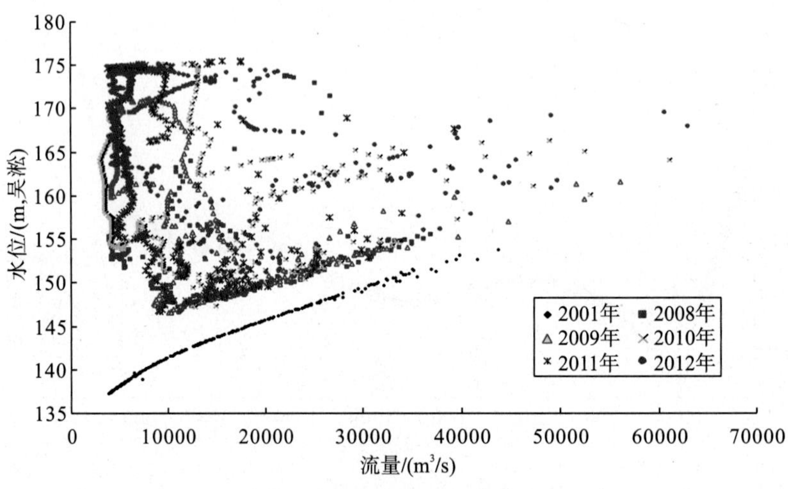

(b)清溪场水位站水位流量关系

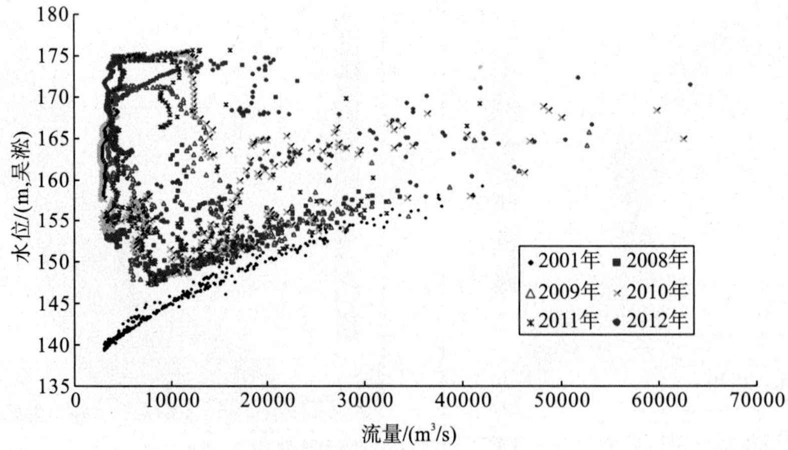

(c)北拱水位站水位流量关系

图 3-28　主要控制水位站水位流量关系

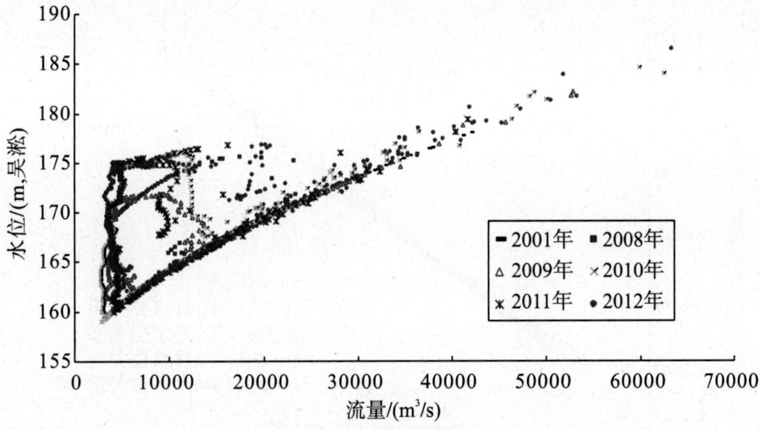

(d)长寿水位站水位流量关系

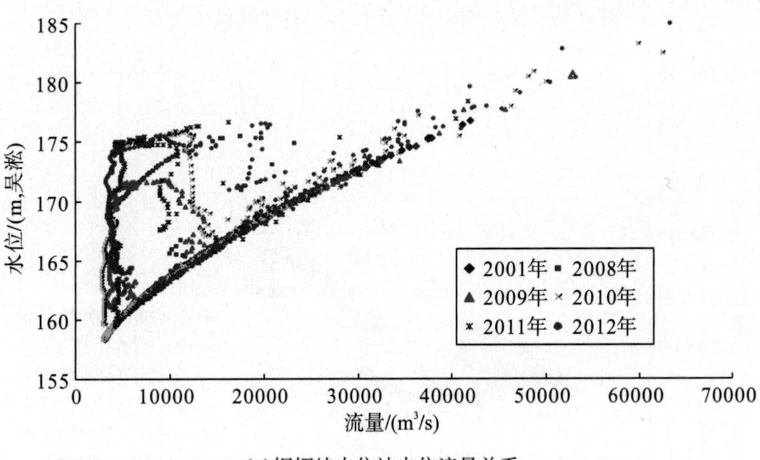

(e)铜锣峡水位站水位流量关系

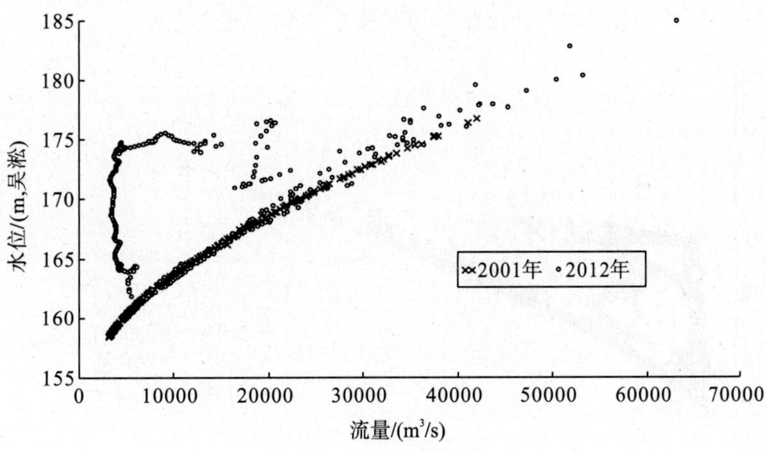

(f)铜锣峡水位站水位流量关系

图 3-28(续)

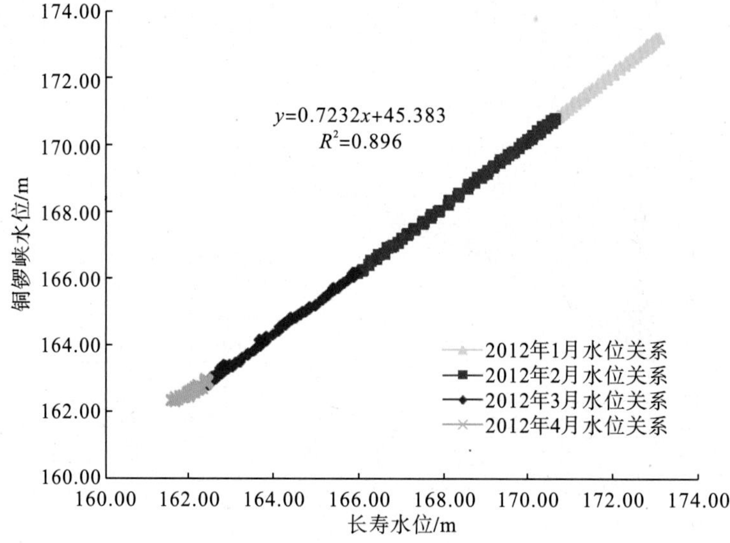

图 3-30　2012 年 1～4 月长寿－铜锣峡水位关系

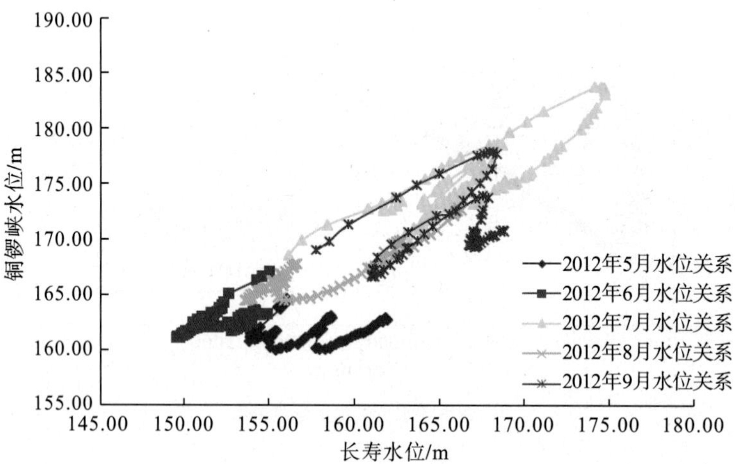

图 3-31　2012 年 5～9 月长寿－铜锣峡水位关系

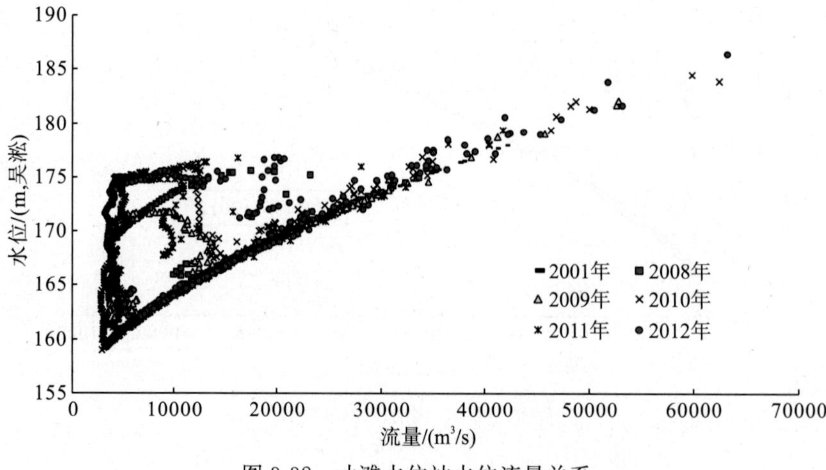

图 3-32　寸滩水位站水位流量关系

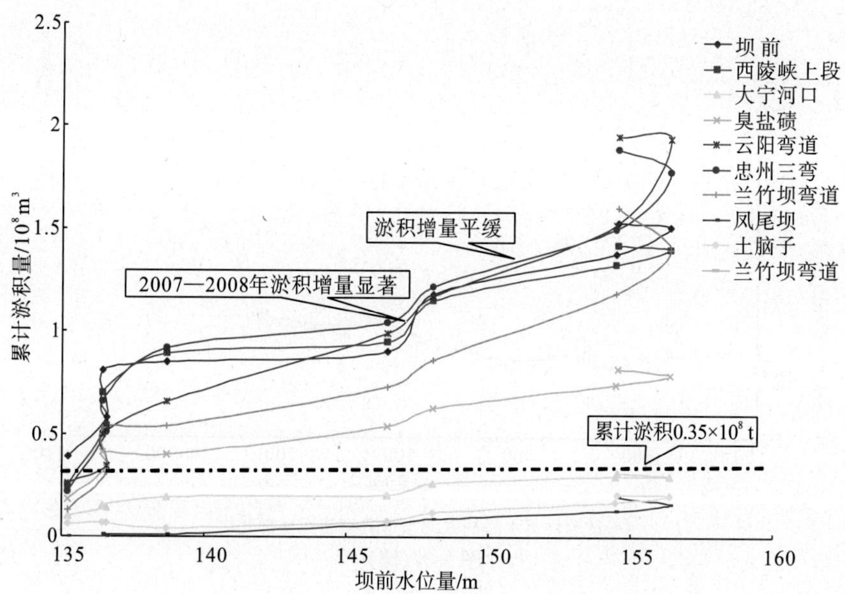

图 3-35　常年回水区重点河段累计淤积量与坝前水位变化关系

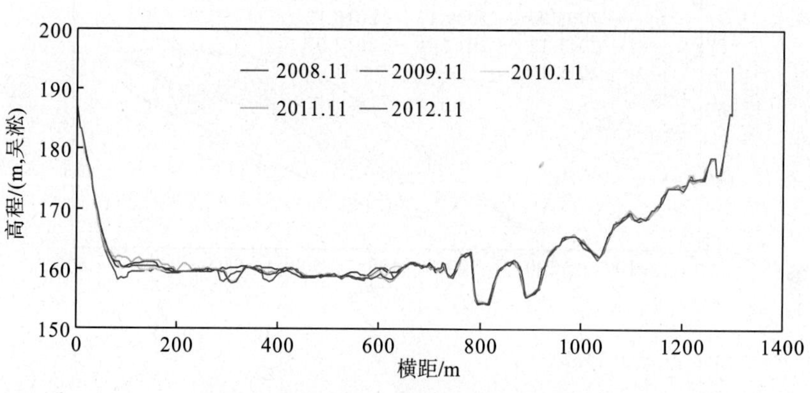

(a)试验性蓄水后猪儿碛水道典型断面冲淤变化

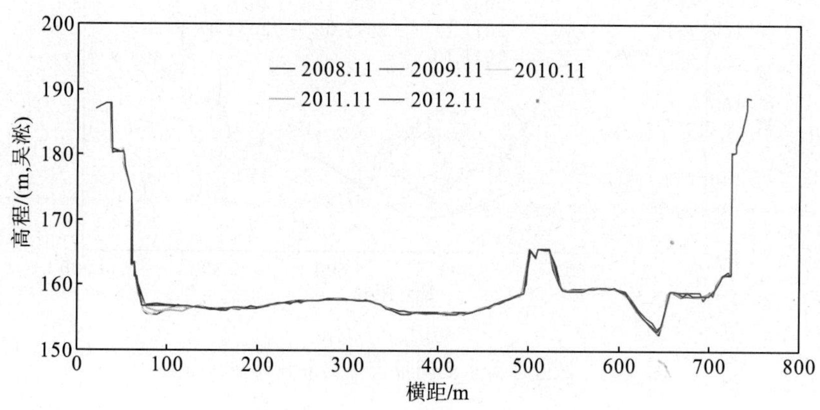

(b)试验性蓄水后三角碛水道典型断面冲淤变化

图 3-37　重庆主城区典型河段断面冲淤变化

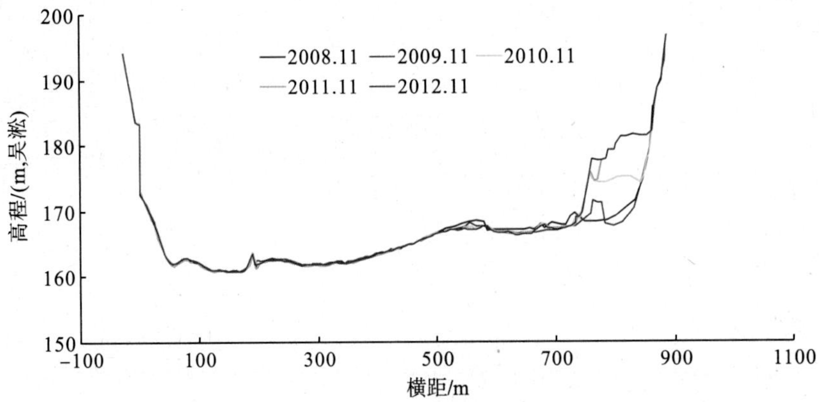

(c)试验性蓄水后胡家滩水道典型断面冲淤变化

图 3-37(续)

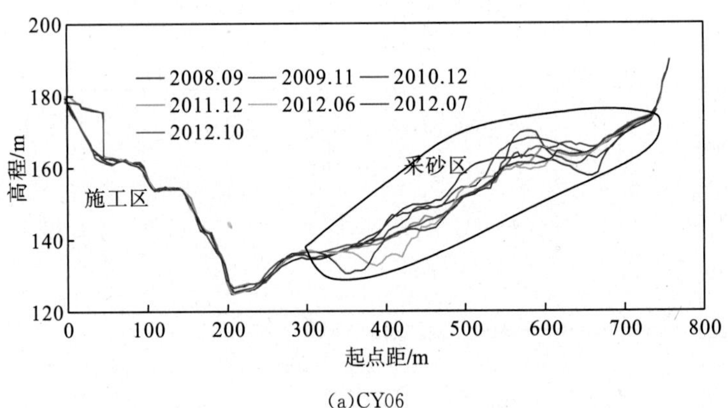

(a)CY06

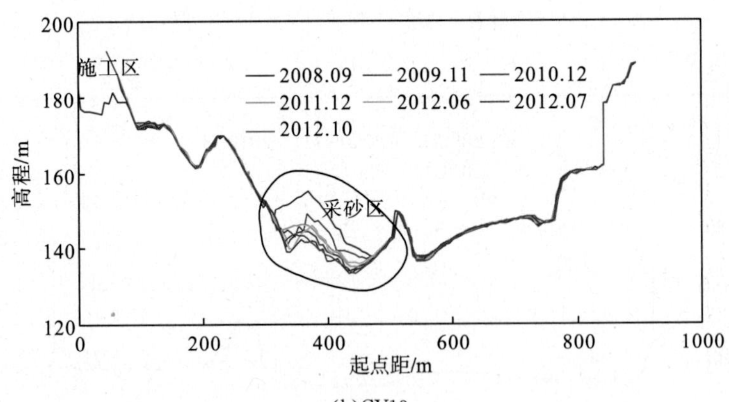

(b)CY13

图 3-39　试验性蓄水期间重庆主要采砂典型断面图

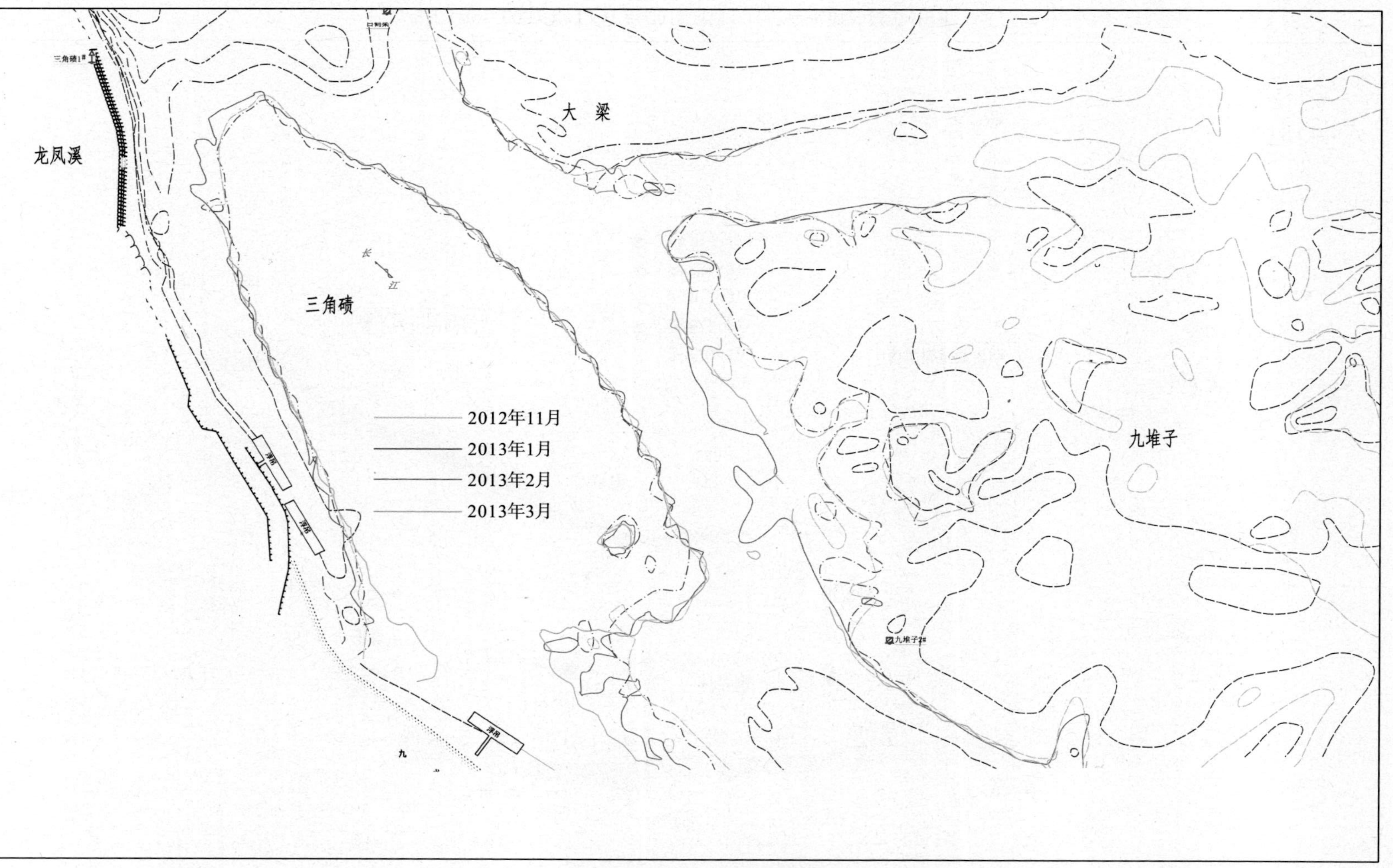

图 3-44 三角碛水道 3 m 等深线变化图

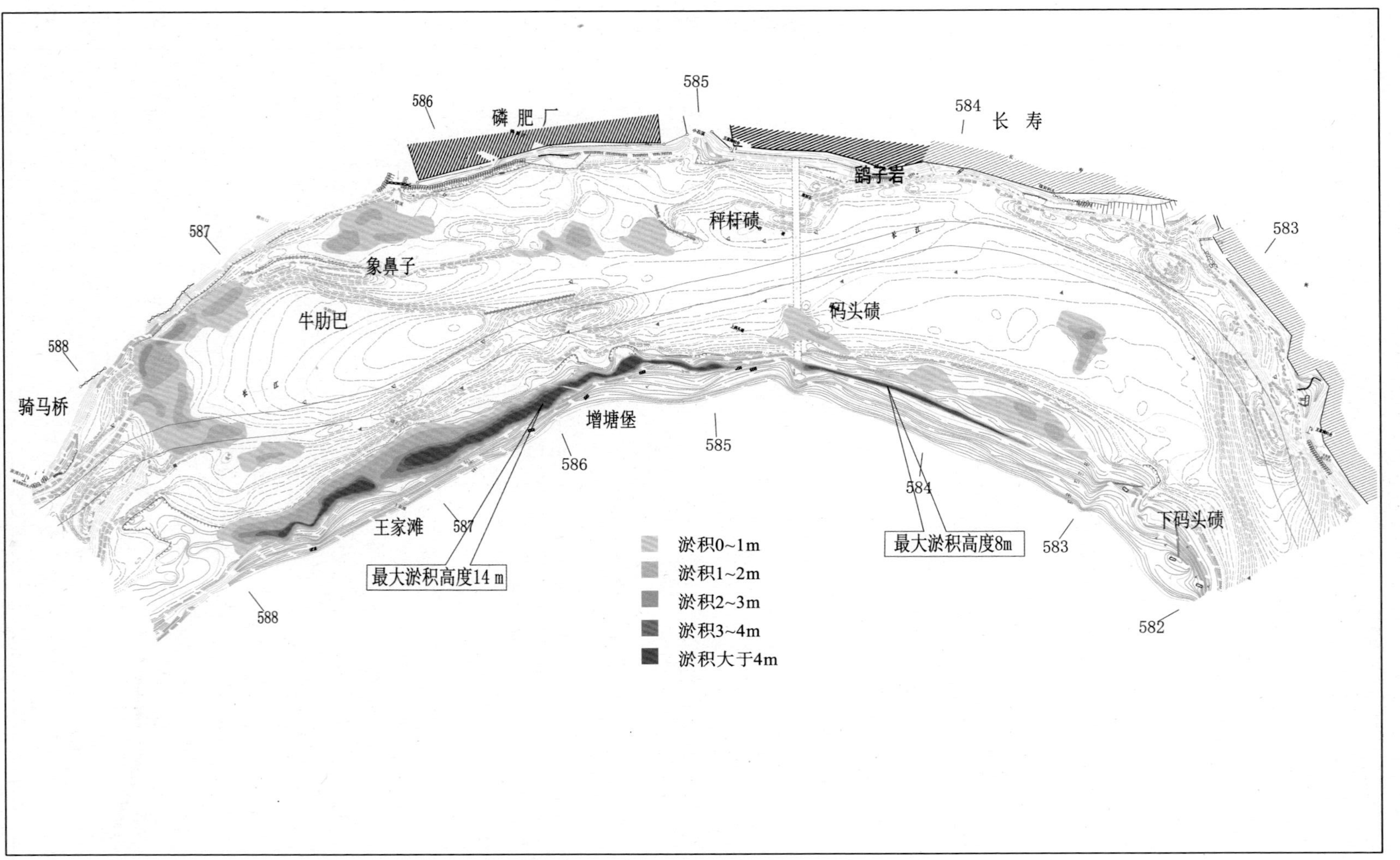

图 3-49　2007 年 12 月至 2012 年 11 月长寿水道冲淤变化图

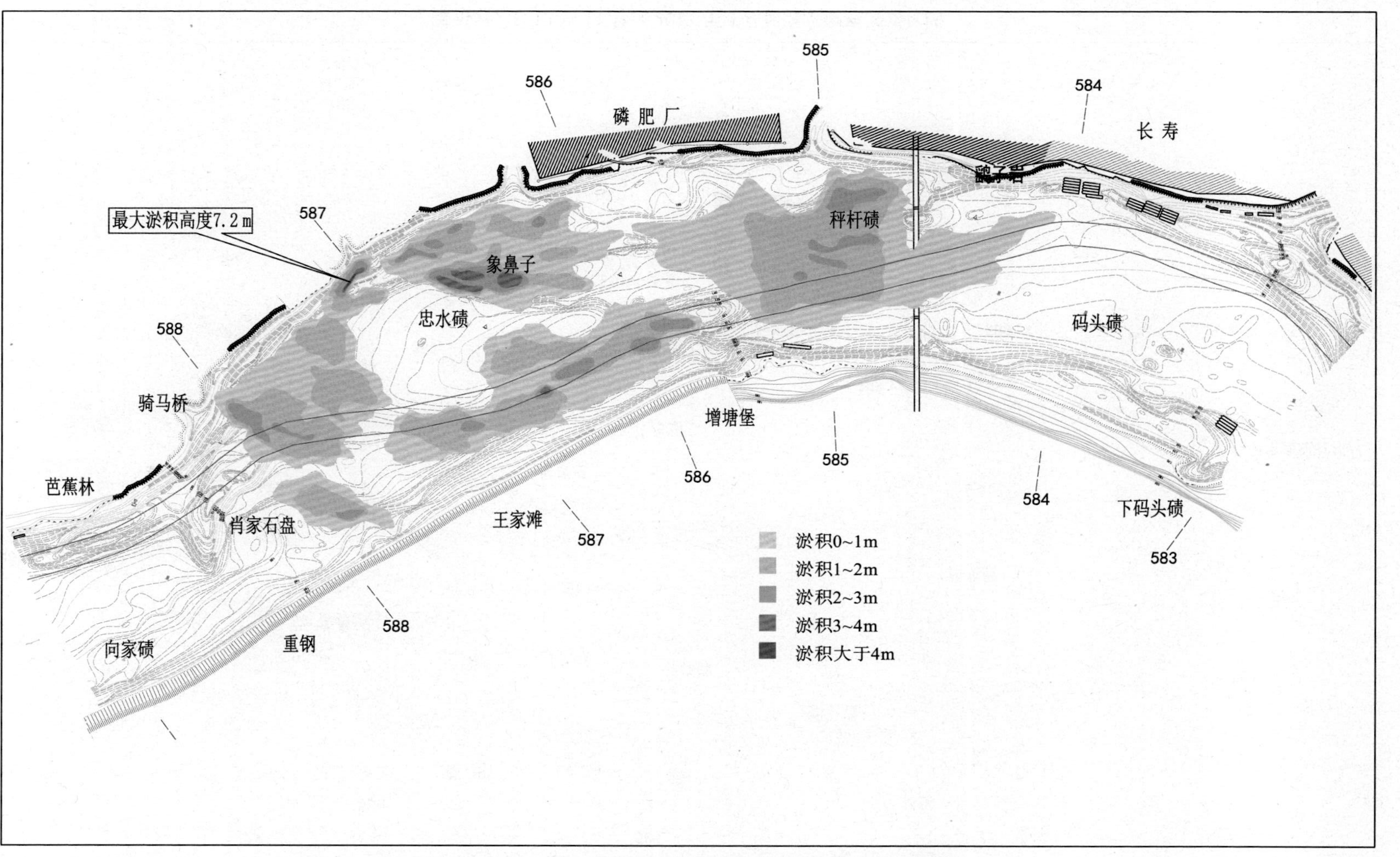

图 3-50 2011 年 11 月至 2012 年 11 月长寿水道冲淤变化图

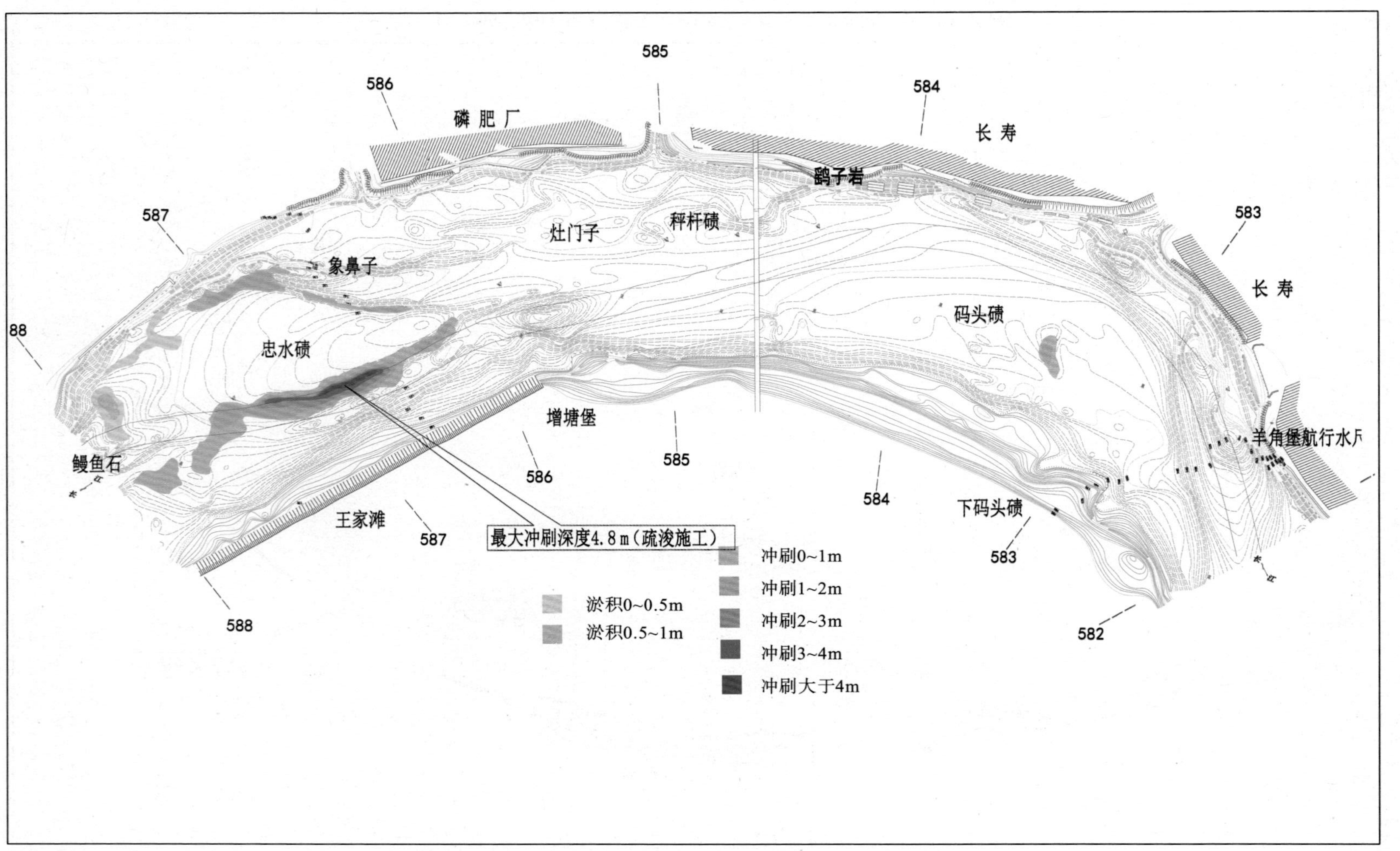

图 3-51　2012 年 11 月至 2013 年 5 月长寿水道冲淤变化图

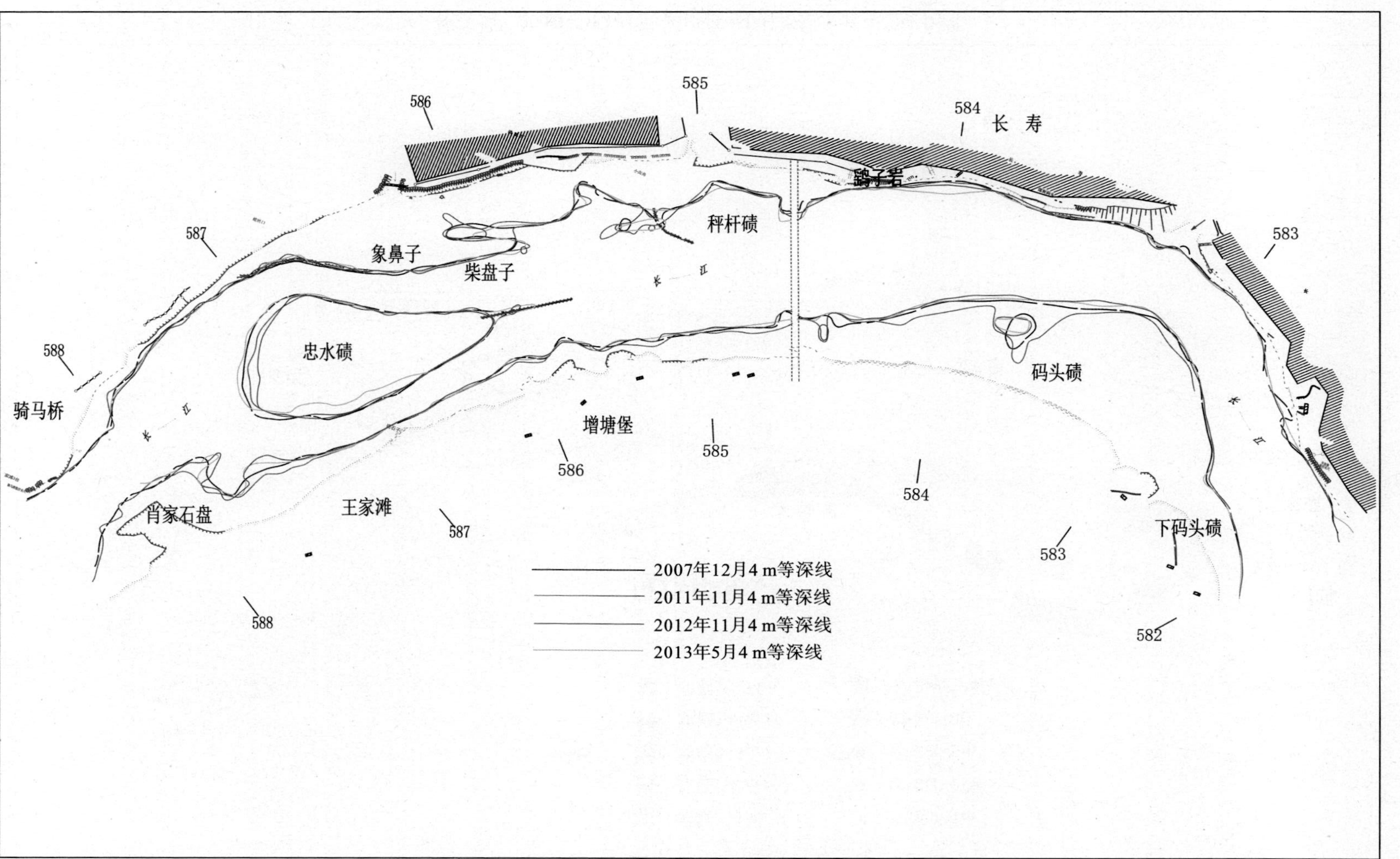

图 3-52 长寿水道 4 m 等深线变化图

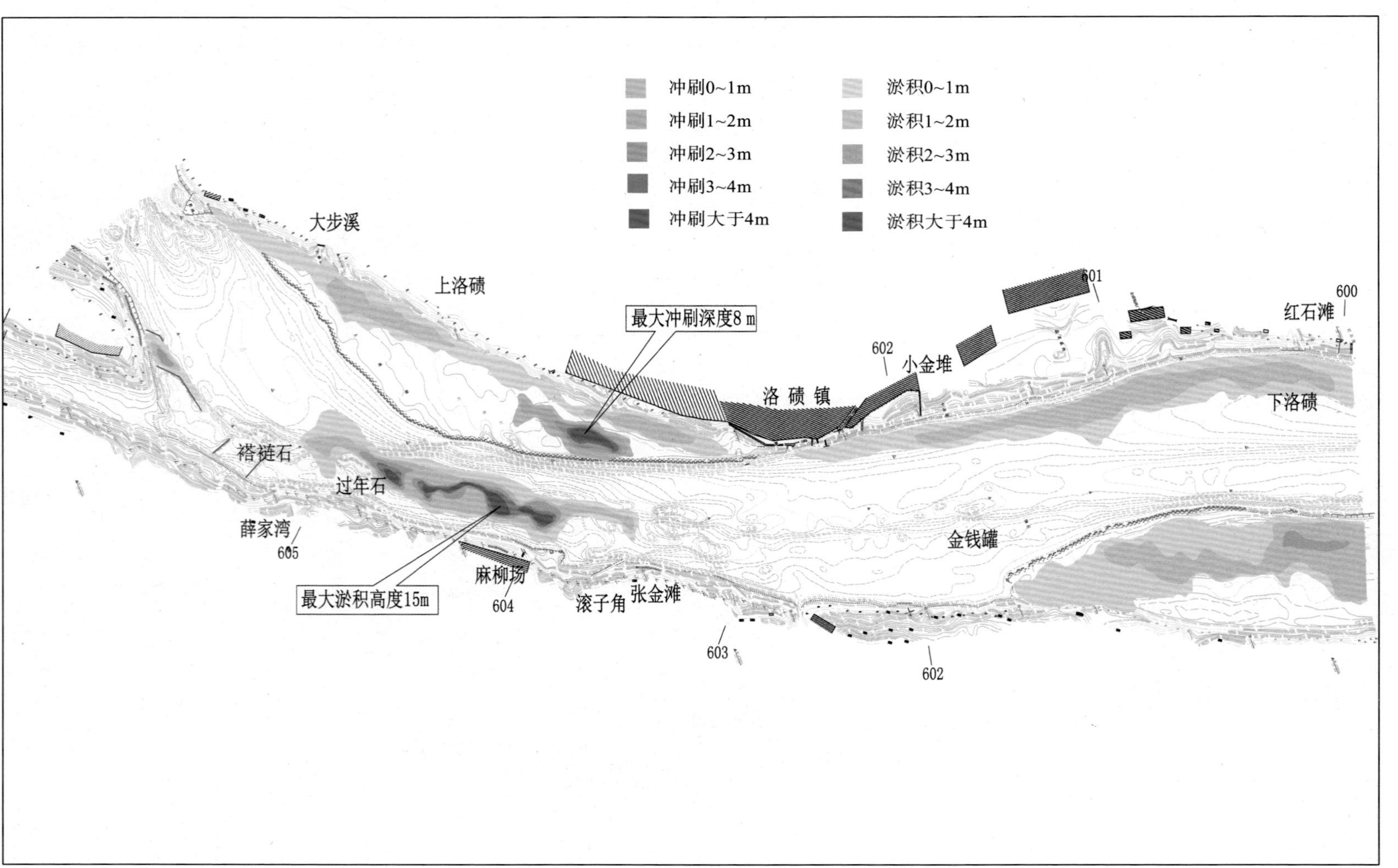

图 3-54　2007 年 12 月至 2012 年 11 月洛碛水道冲淤变化图

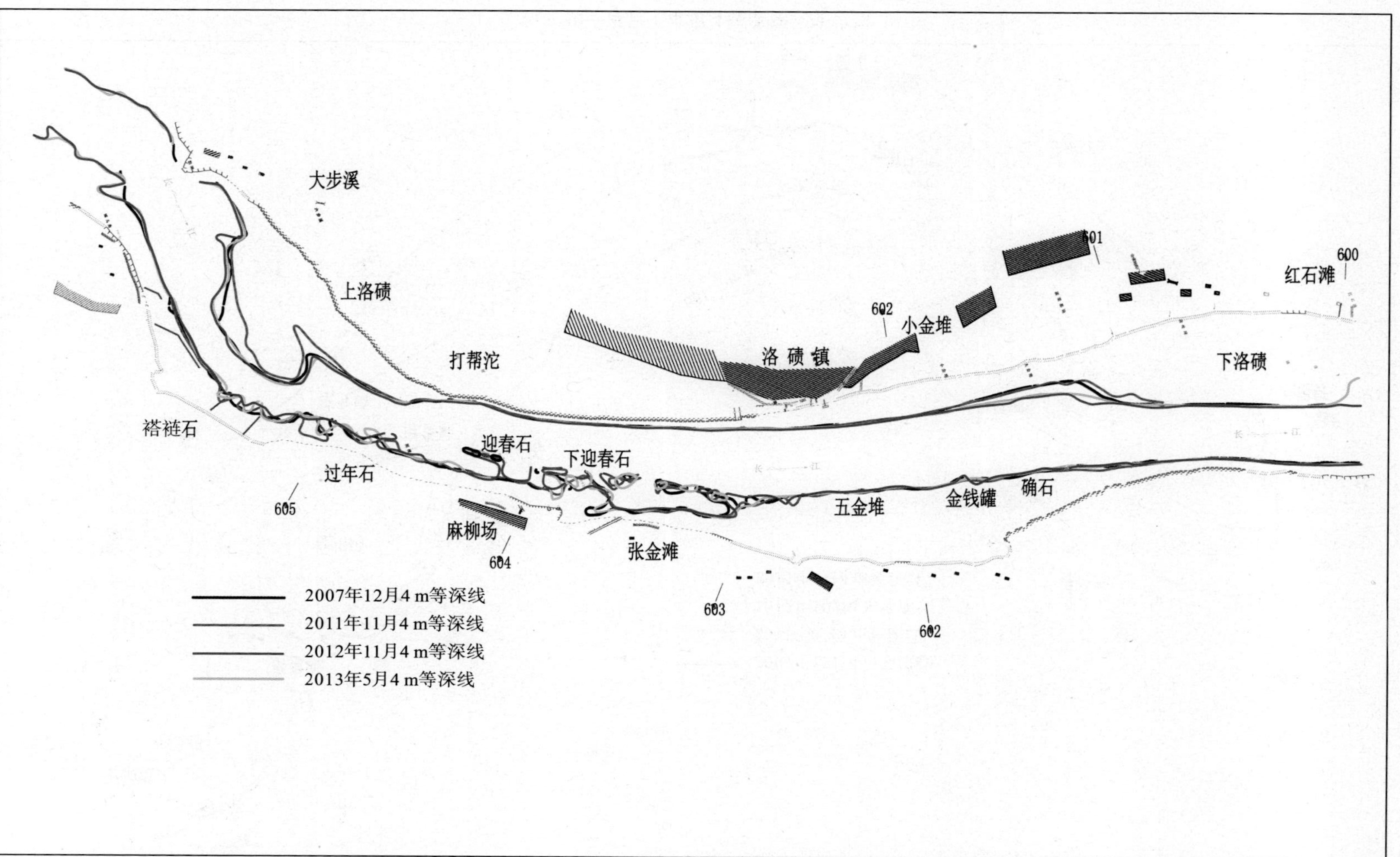

图 3-57　洛碛水道 4 m 等深线变化图

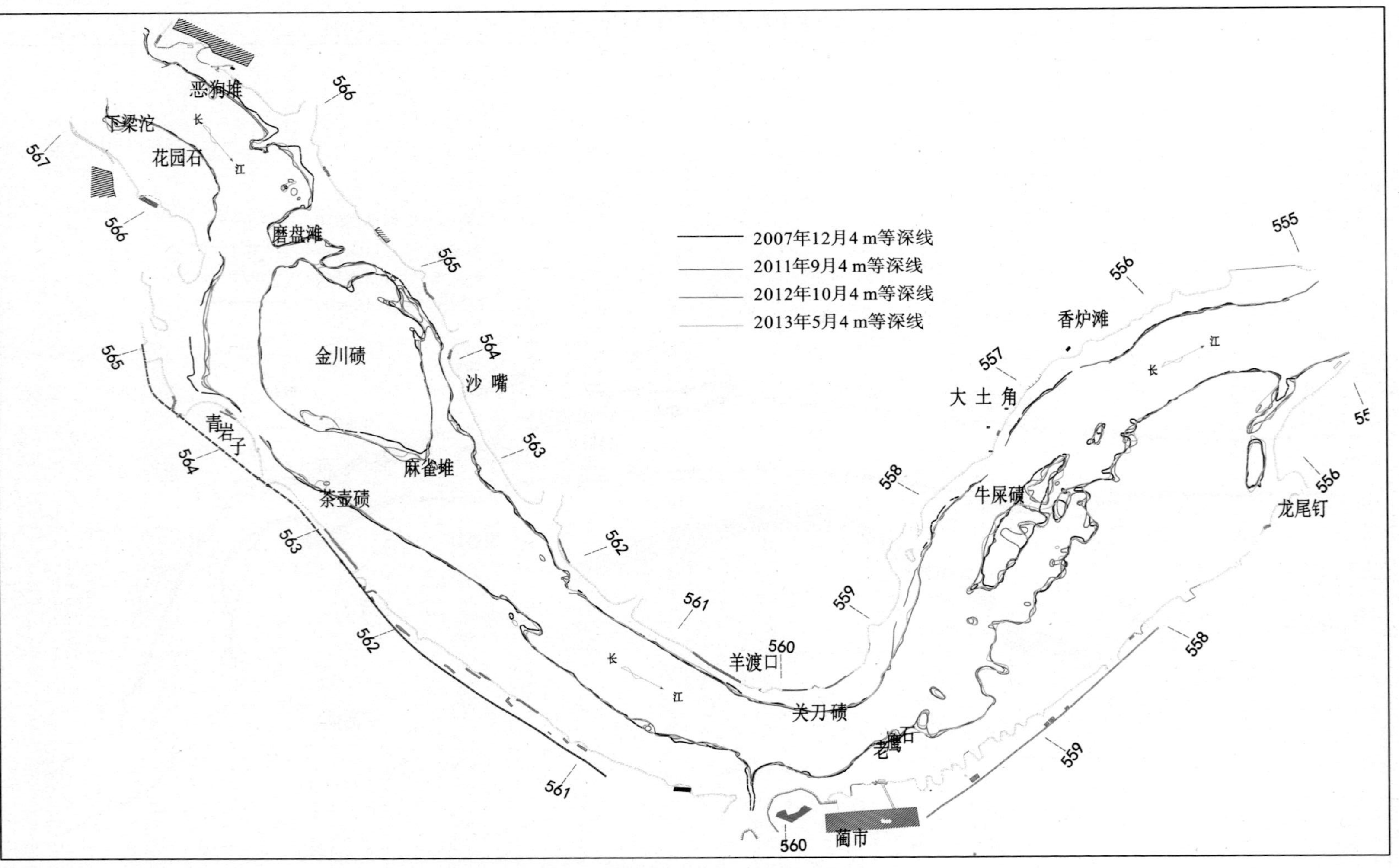

图 3-59　青岩子水道 4 m 等深线变化图

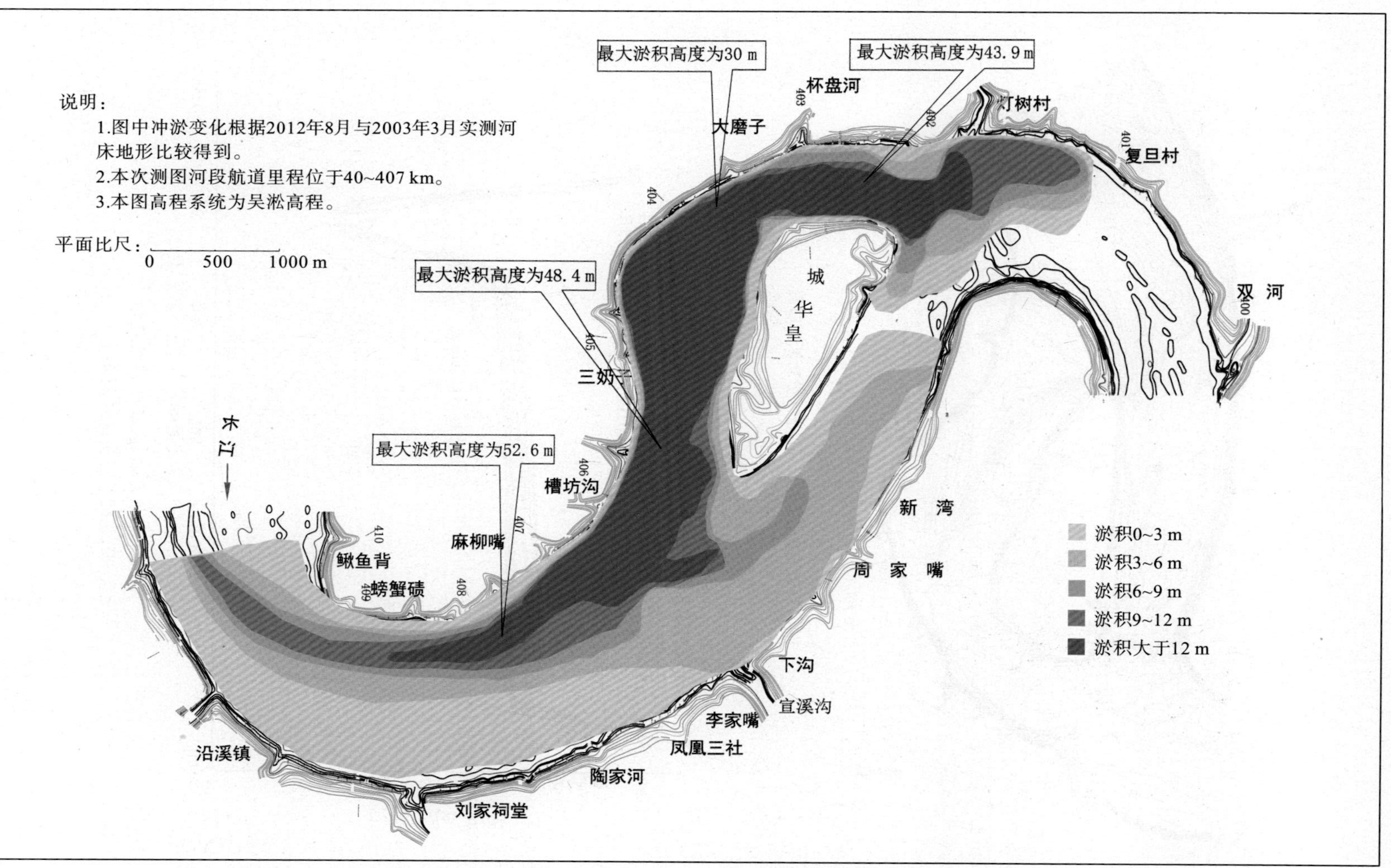
说明：
1.图中冲淤变化根据2012年8月与2003年3月实测河床地形比较得到。
2.本次测图河段航道里程位于40~407 km。
3.本图高程系统为吴淞高程。
平面比尺：
0
500
1000 m
最大淤积高度为30 m
最大淤积高度为43.9 m
最大淤积高度为48.4 m
最大淤积高度为52.6 m
杯盘河
灯树村
复旦村
大磨子
双 河
城
华
皇
三奶子
长江
槽坊沟
麻柳嘴
鳅鱼背
螃蟹碛
新 湾
周 家 嘴
下沟
宣溪沟
李家嘴
凤凰三社
陶家河
沿溪镇
刘家祠堂
400
401
402
403
404
405
406
407
408
409
410
淤积0~3 m
淤积3~6 m
淤积6~9 m
淤积9~12 m
淤积大于12 m

图 3-61　2003 年 3 月至 2012 年 3 月皇华城水道淤积图

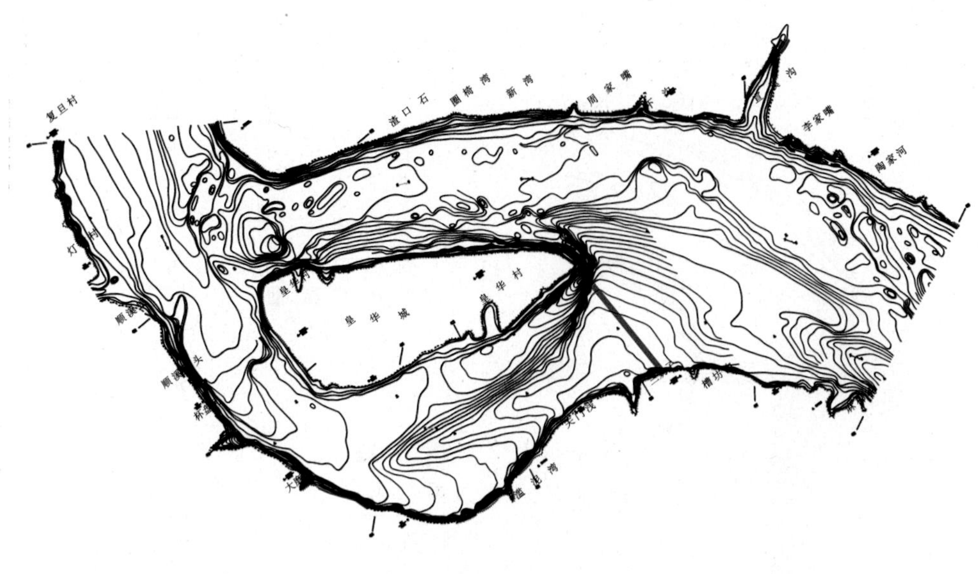

(a)皇华城水道左汊入口洲头分析断面布置

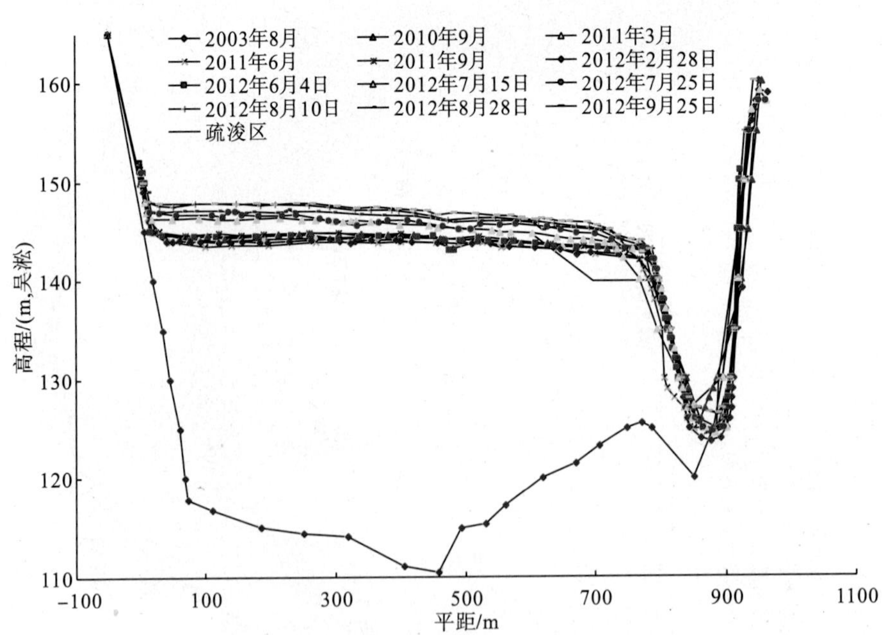

(b)皇华城水道左汊入口洲头断面变化

图 3-62　洲头区断面变化

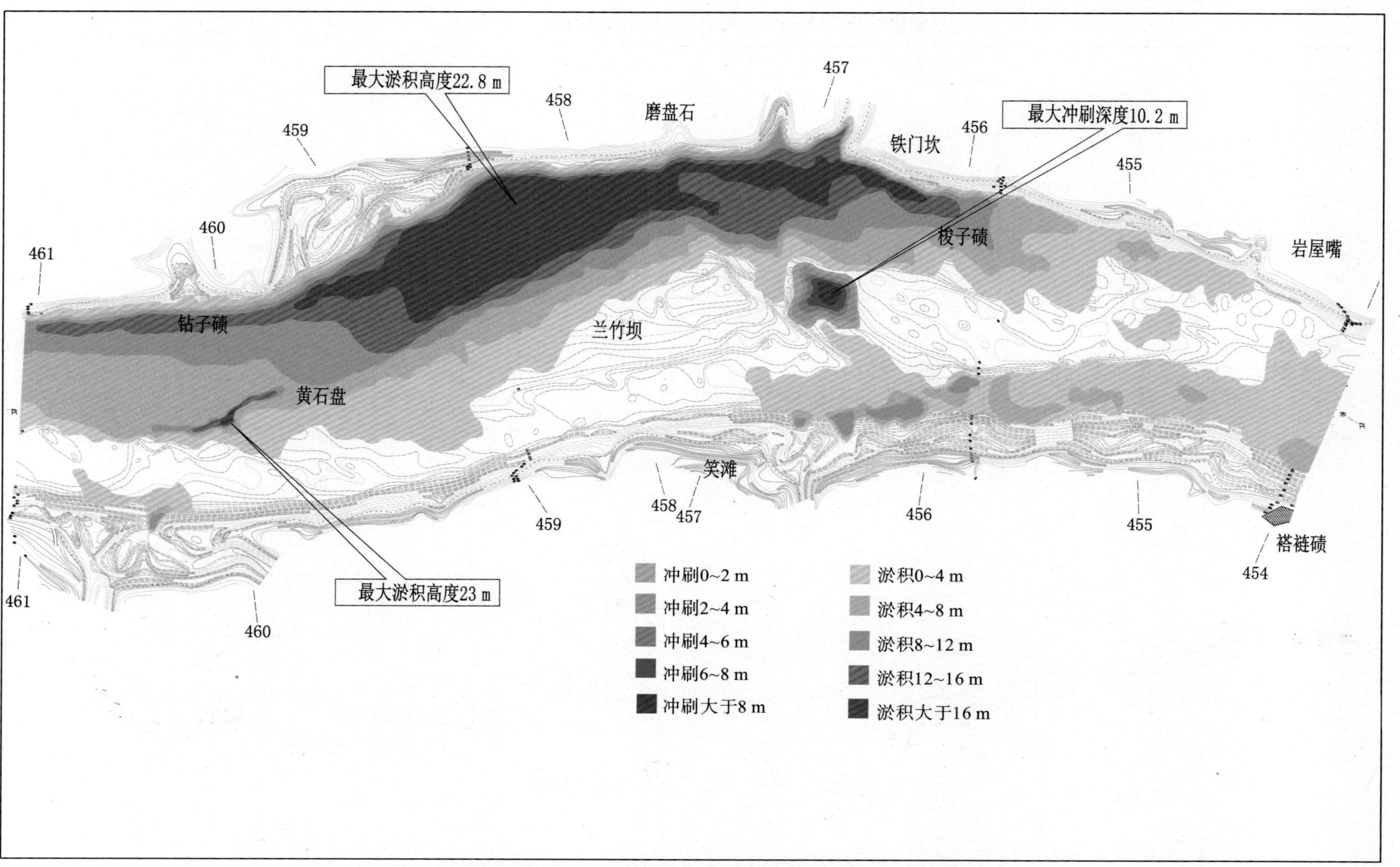

图 3-64　2003 年 10 月至 2012 年 10 月兰竹坝水道冲淤变化图(见彩图)

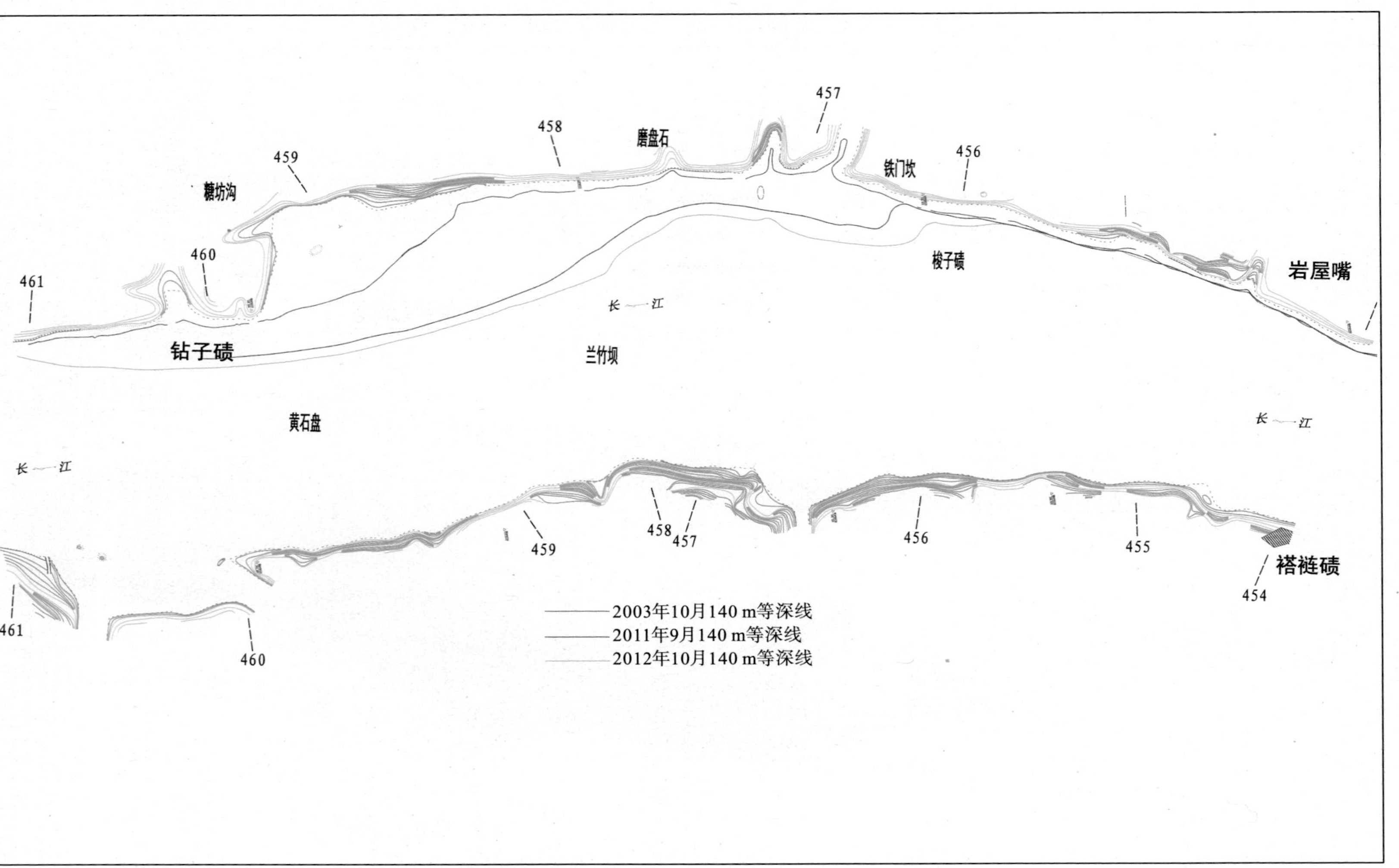

图 3-65　兰竹坝水道 140 m 等深线平面变化图(见彩图)

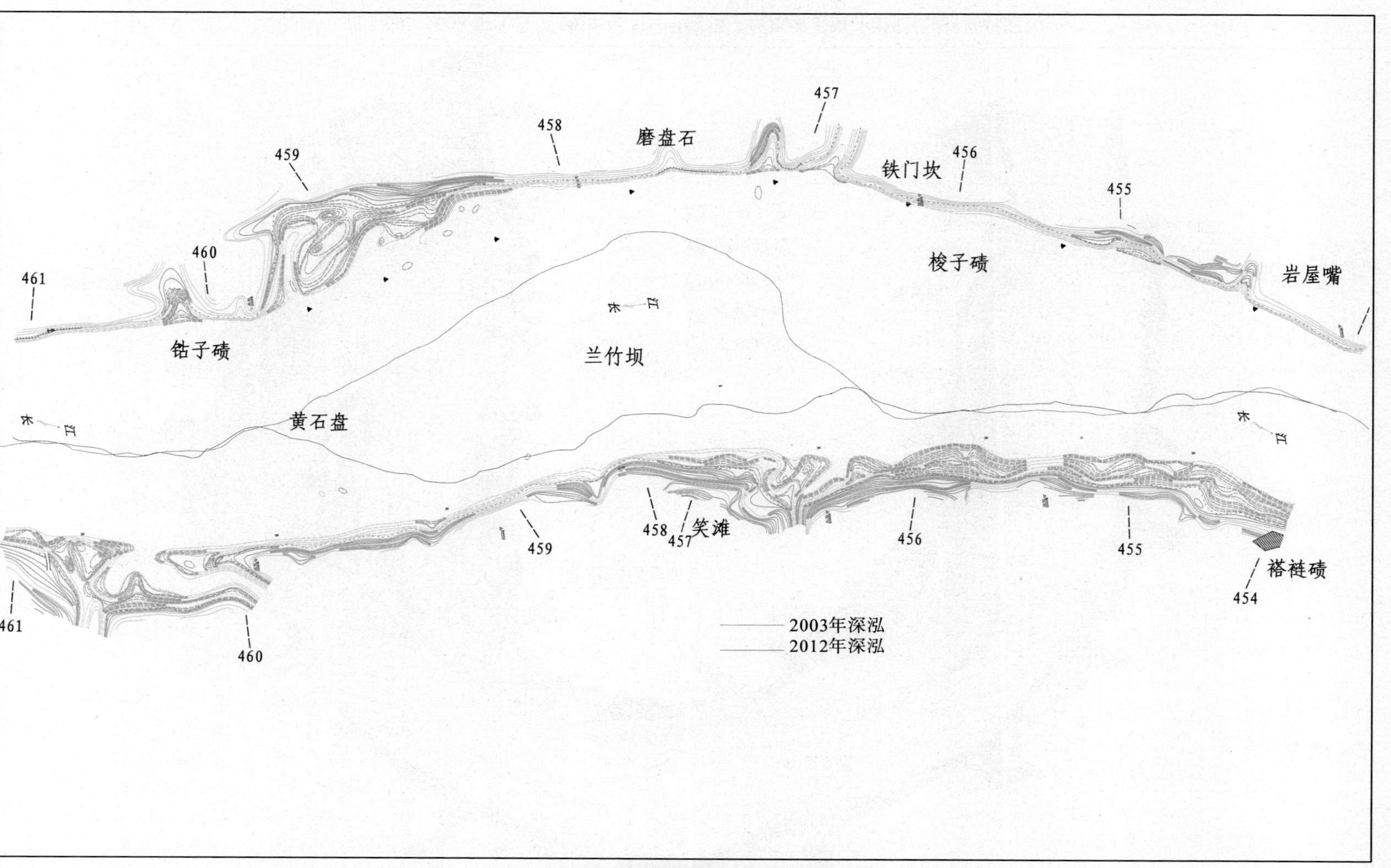

图 3-66　兰竹坝深泓线平面变化图(见彩图)

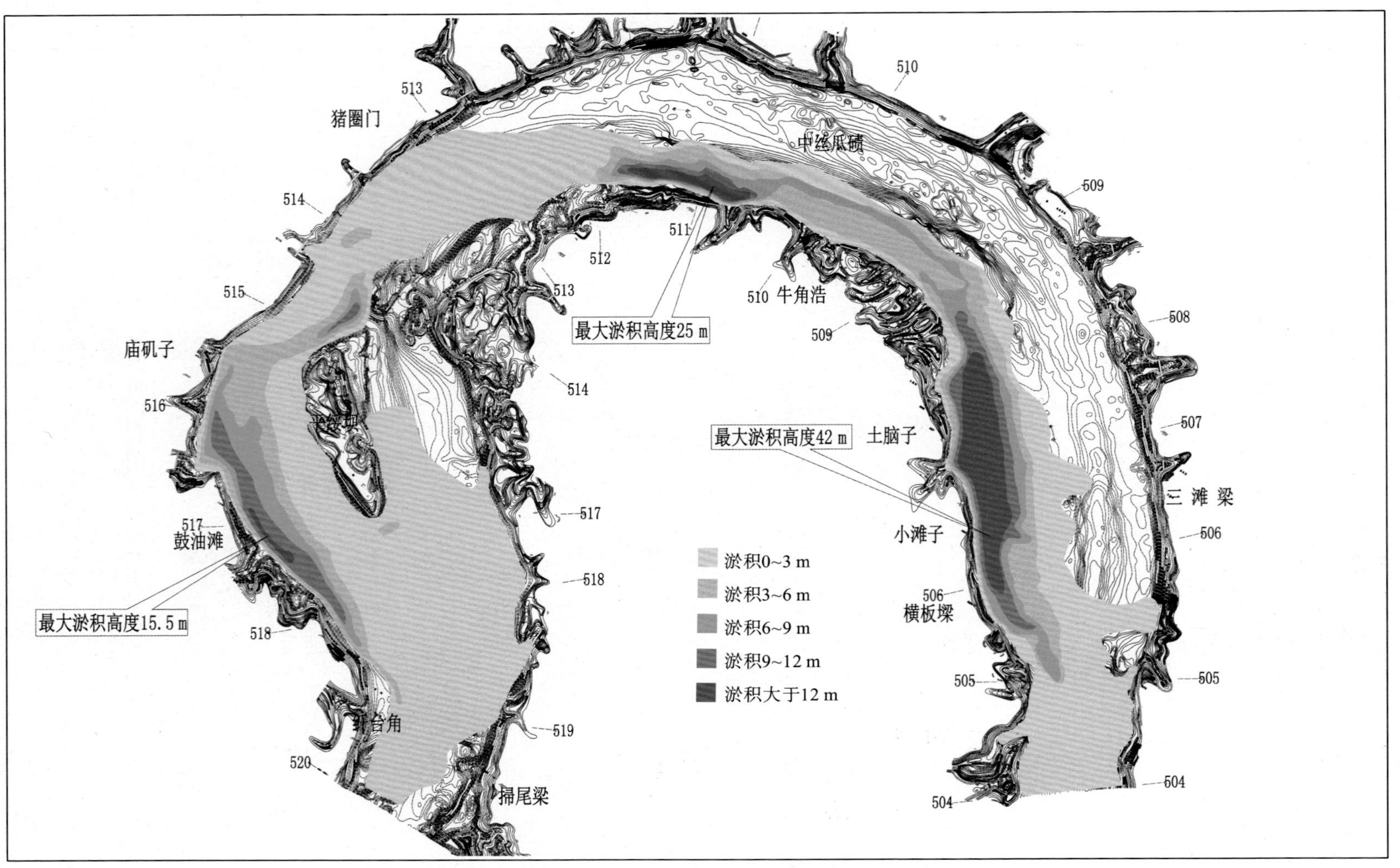

图 3-69　2003 年 3 月至 2013 年 5 月平绥坝－丝瓜碛水道冲淤变化图(见彩图)

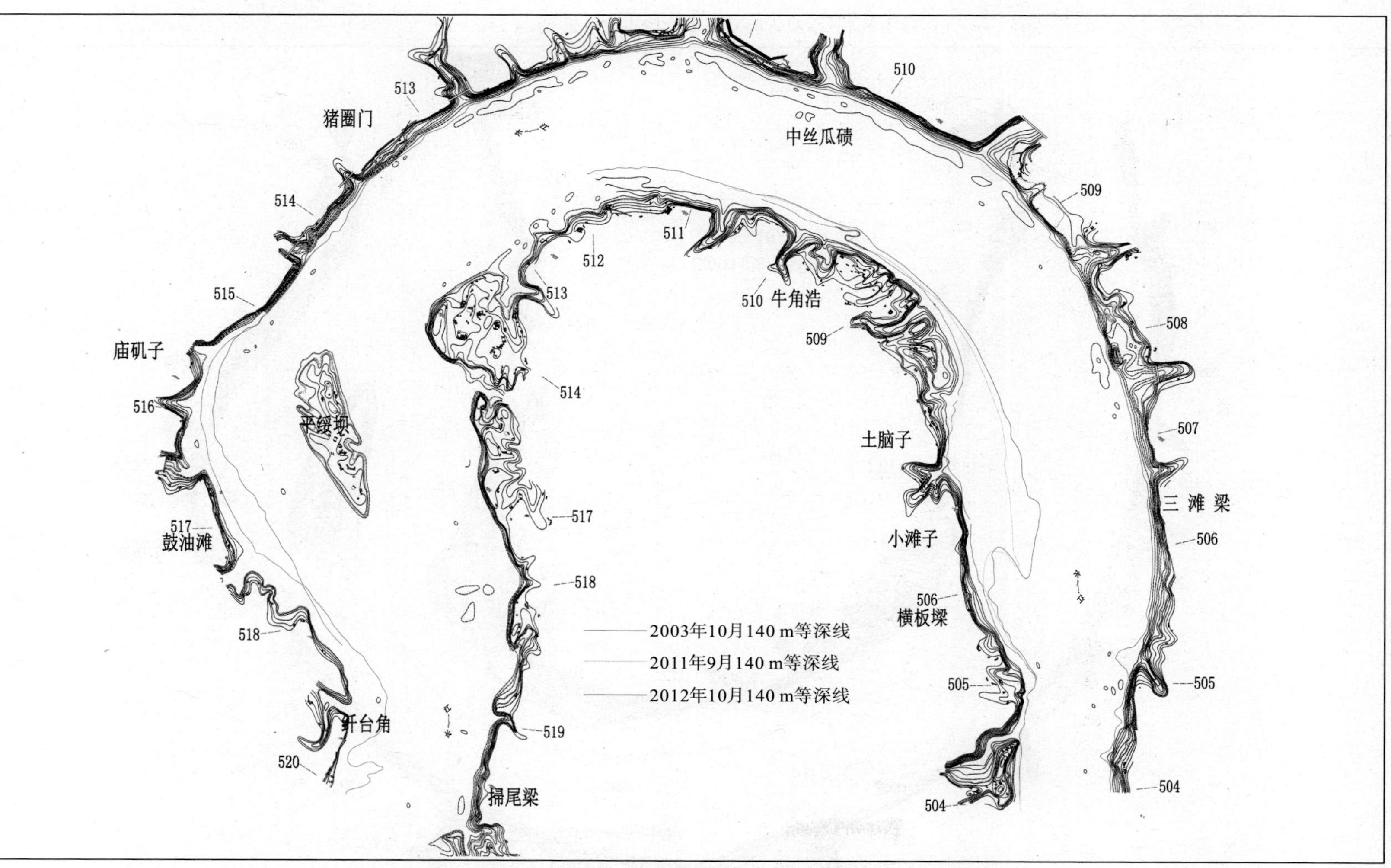

图 3-70　平绥坝－丝瓜碛水道 140 m 等深线平面变化图(见彩图)

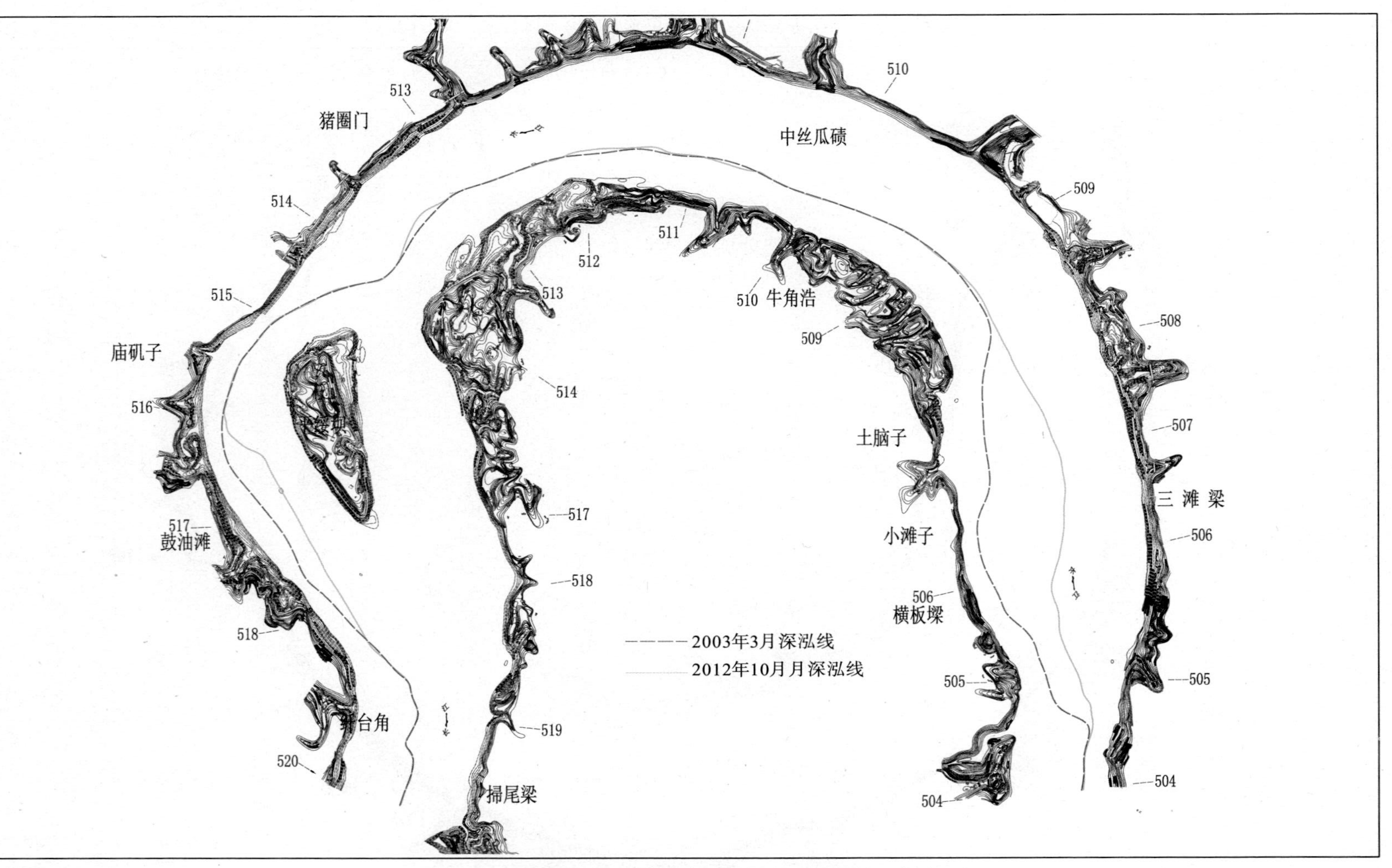

图 3-71　平绥坝－丝瓜碛水道深泓线平面变化图(见彩图)

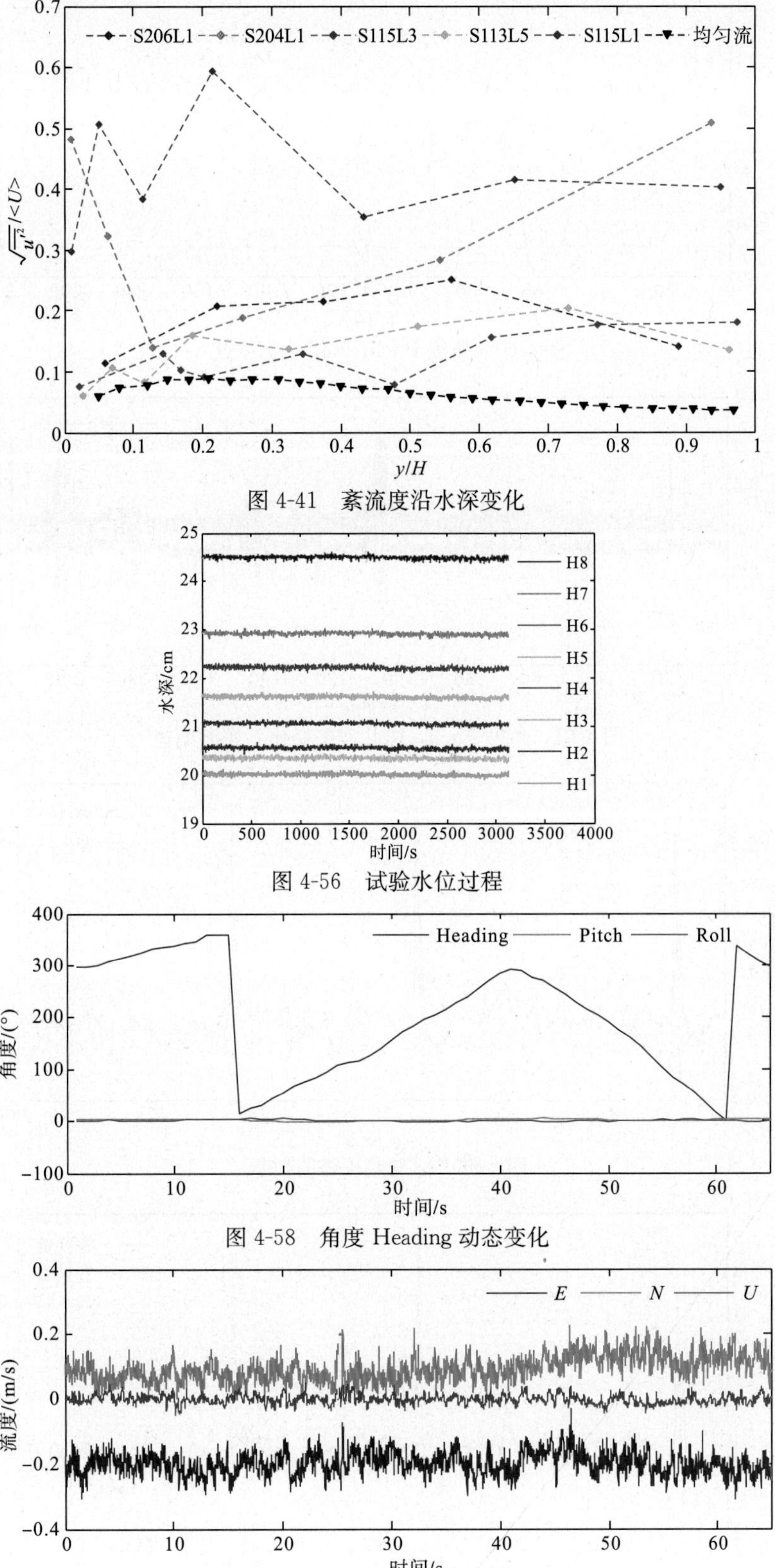

图 4-41　紊流度沿水深变化

图 4-56　试验水位过程

图 4-58　角度 Heading 动态变化

图 4-59　角度 Heading 动态变化下实测流速

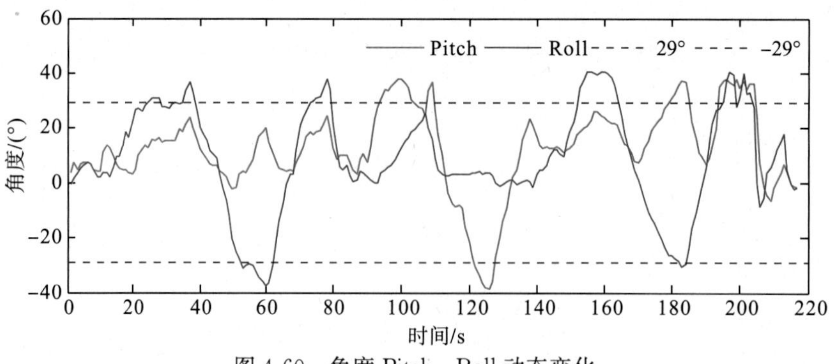

图 4-60　角度 Pitch，Roll 动态变化

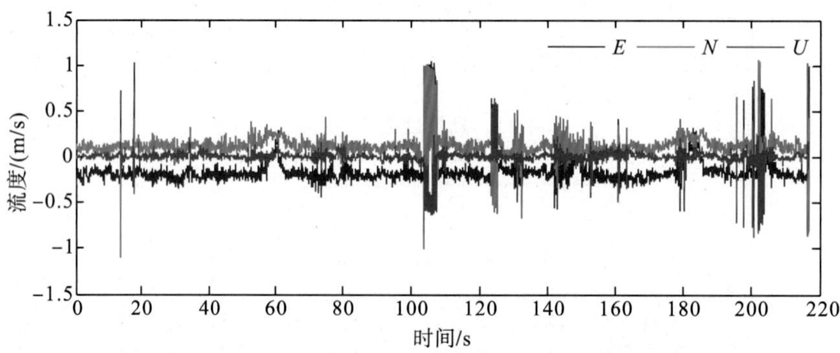

图 4-61　角度 Pitch，Roll 动态变化下实测流速

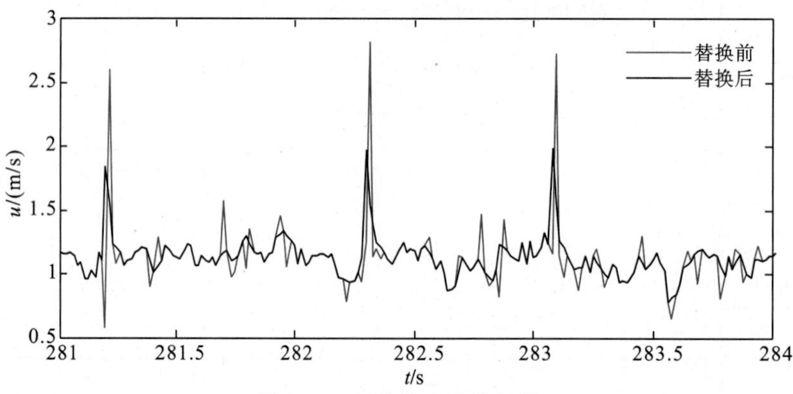

图 4-68　标准差法峰值判断

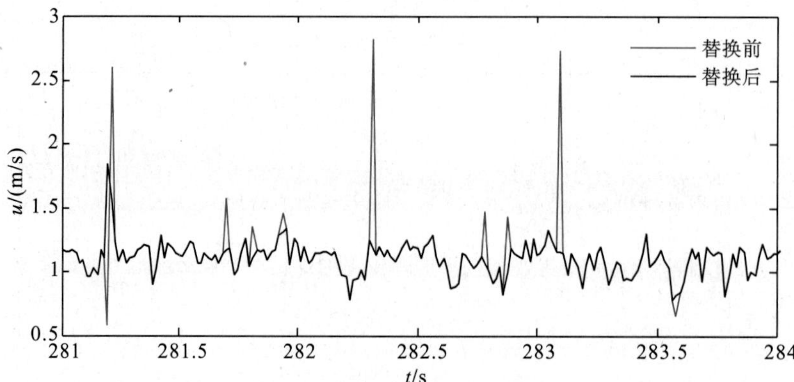

图 4-69　五三均值峰值判断

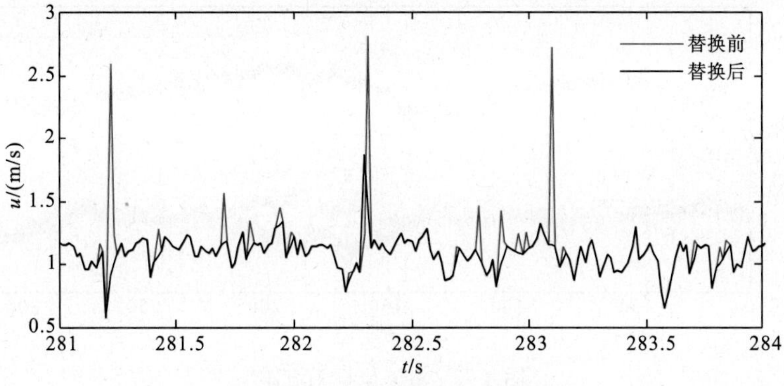

图 4-70　加速度阈值法峰值判断

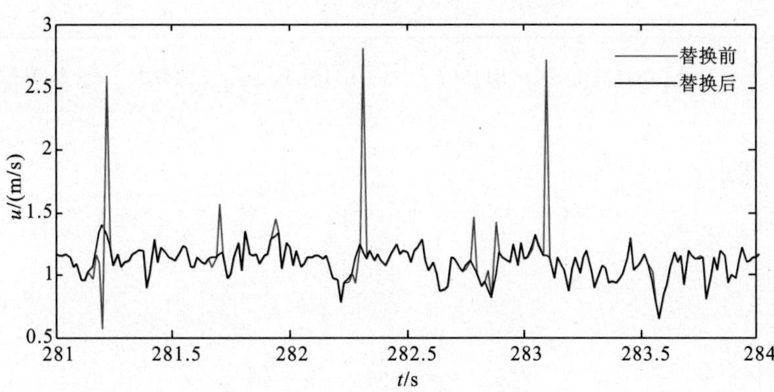

图 4-71　中点过滤峰值判断

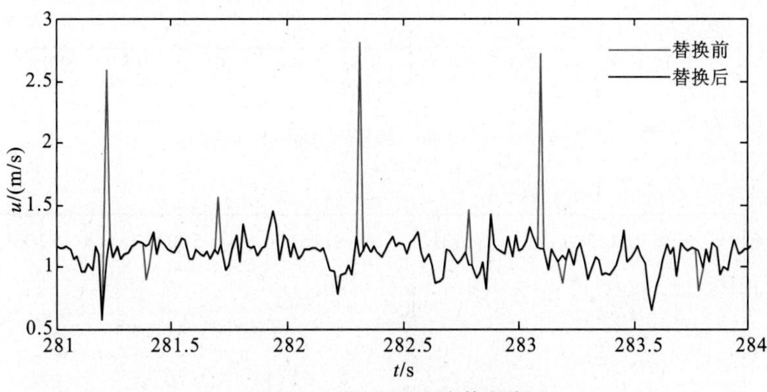

图 4-72　向空间法峰值判断

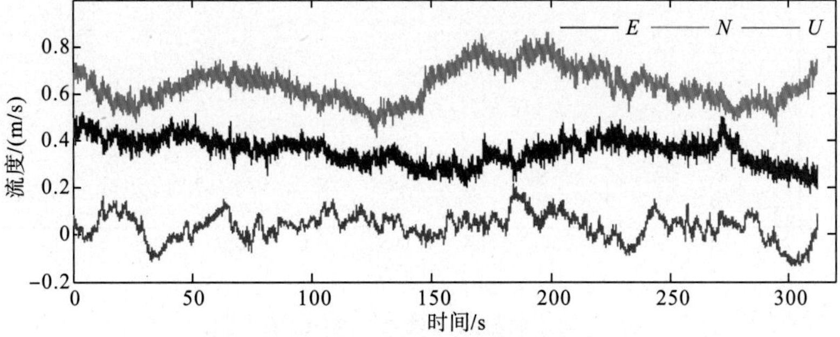

图 4-74　*ENU* 坐标系流速

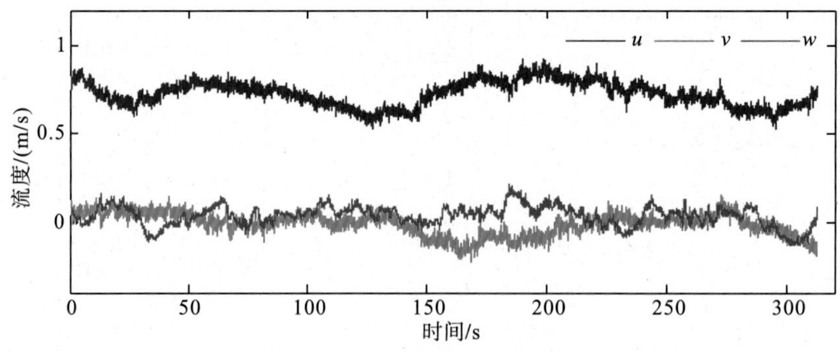

图 4-75　*uvw* 坐标系流速

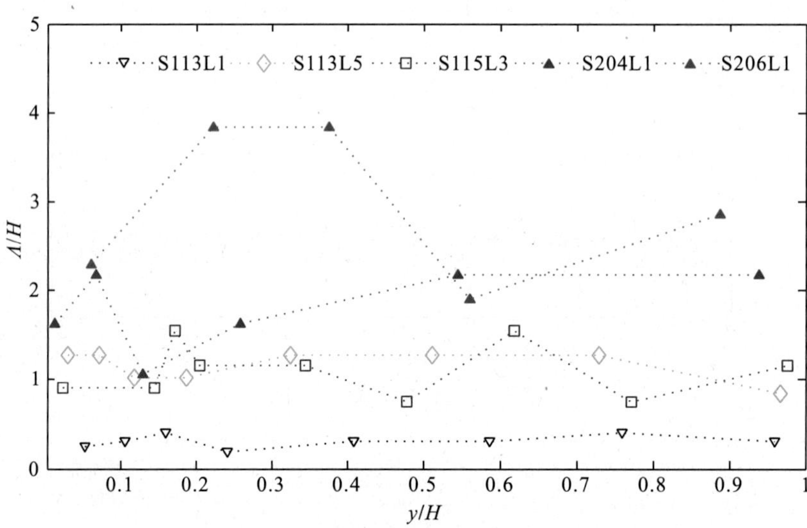

图 4-78　径流向一级涡尺度沿水深变化

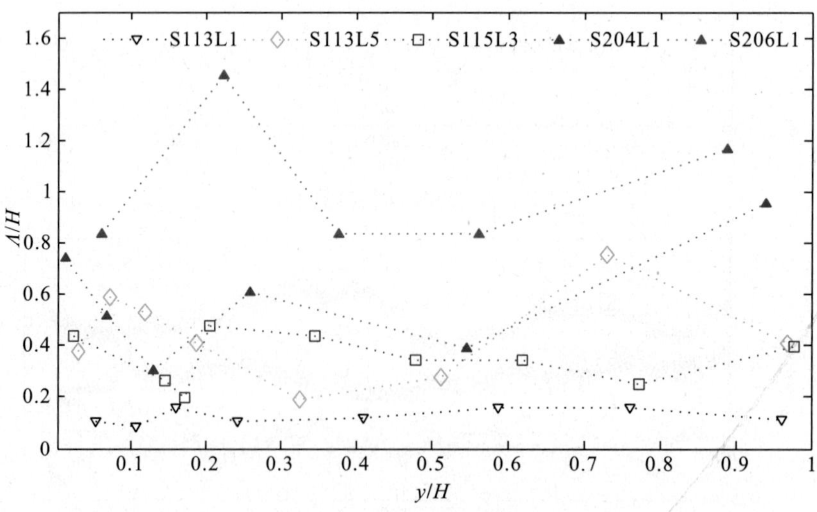

图 4-79　径流向二级涡尺度沿水深变化

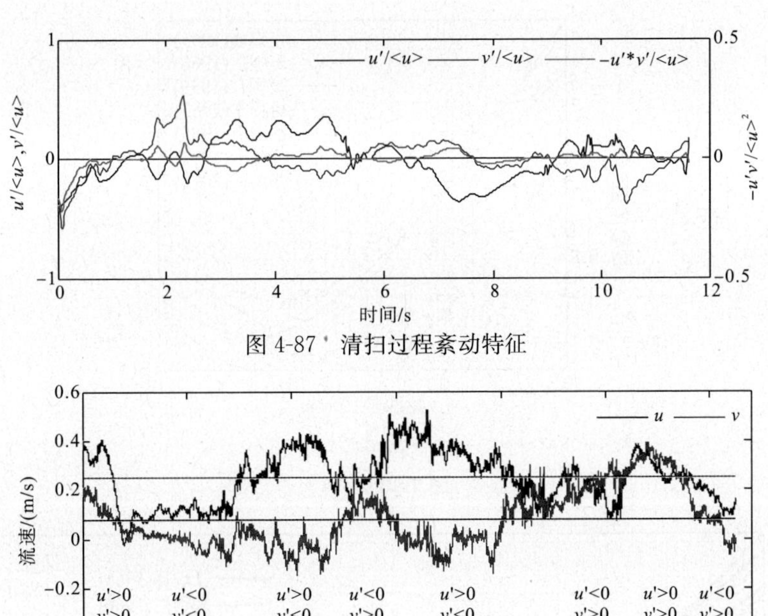

图 4-87 清扫过程紊动特征

图 4-88 涡结构与紊动速度四象限的关系

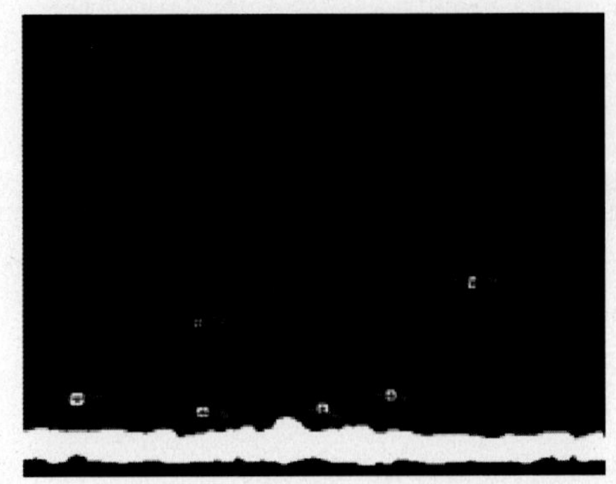

(a) 空间散布的 PTV 粒子

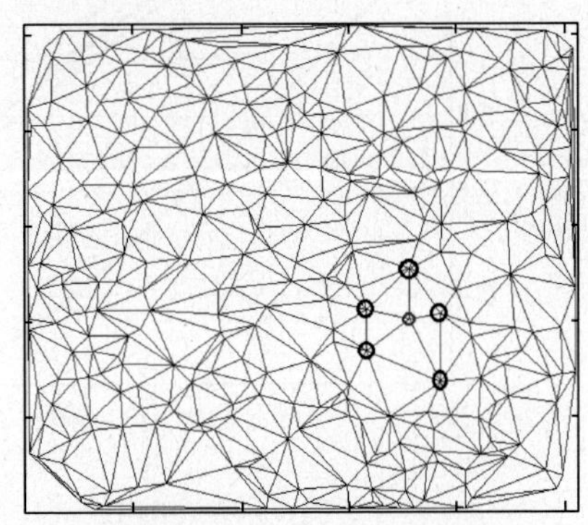

(b) Delaunay 法生成三角网格

图 4-104 用 Delaunay 法将散布的 PTV 计算点生成三角网格

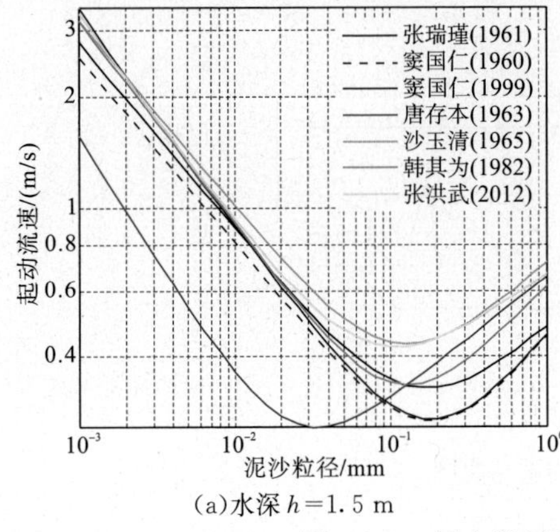

(a)水深 h=1.5 m

(b)水深 h=3.5 m

图 4-134 国内常用的细颗粒泥沙起动流速公式

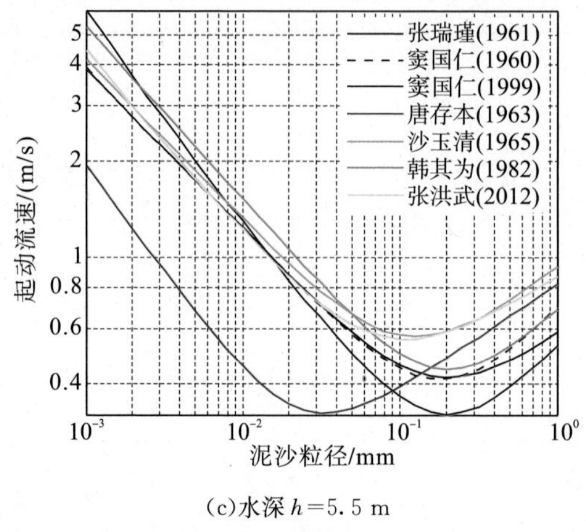

(c)水深 h=5.5 m

图 4-134(续)

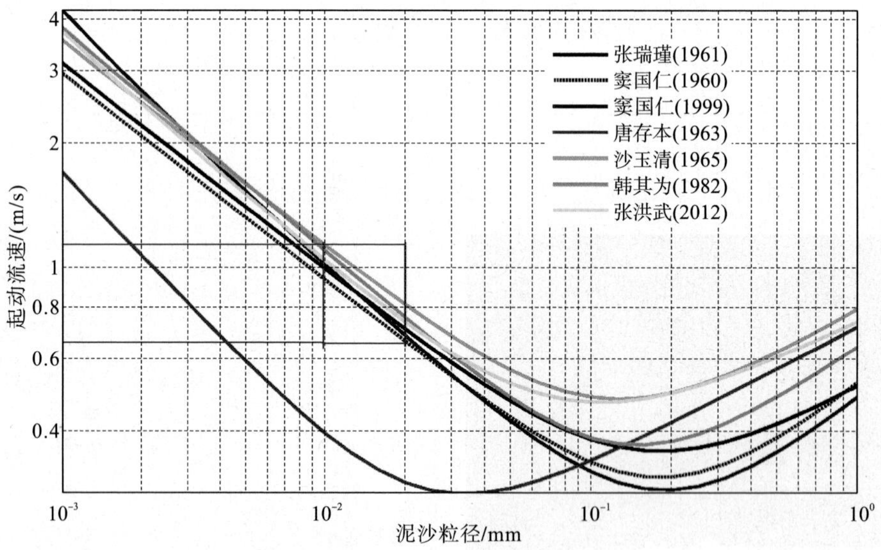

图 4-137　国内公式计算的实验沙的起动流速(水深 2.5 m)

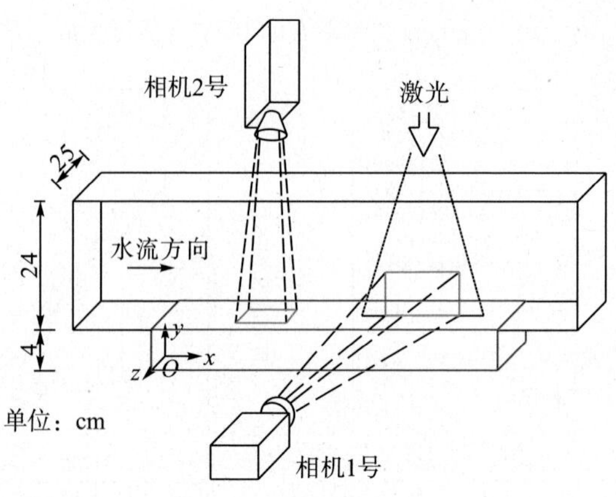

图 4-138　实验装置布置图

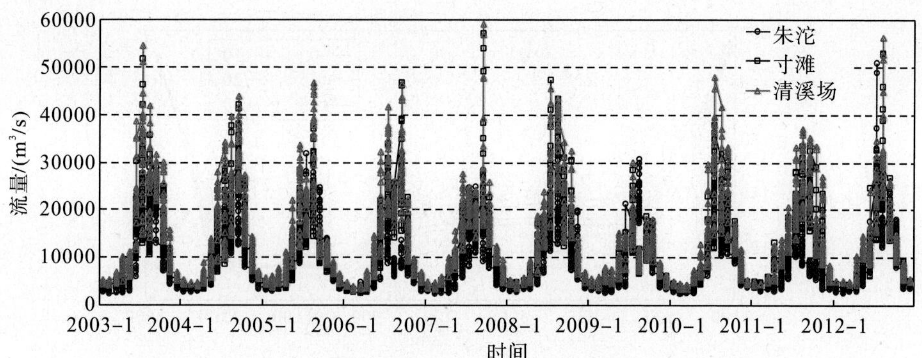

图 5-1　三峡蓄水以来朱沱站、寸滩站及清溪场站的流量过程

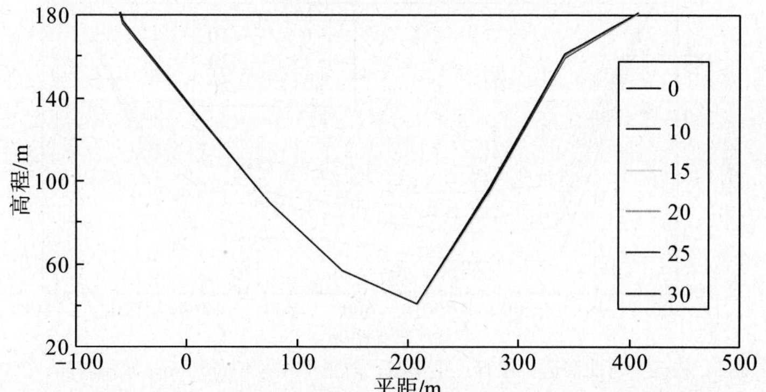

注：断面号：119；特征：峡谷；位置：奉节至云阳间；航道里程：219.5 km；淤积时间：2003—2032 年

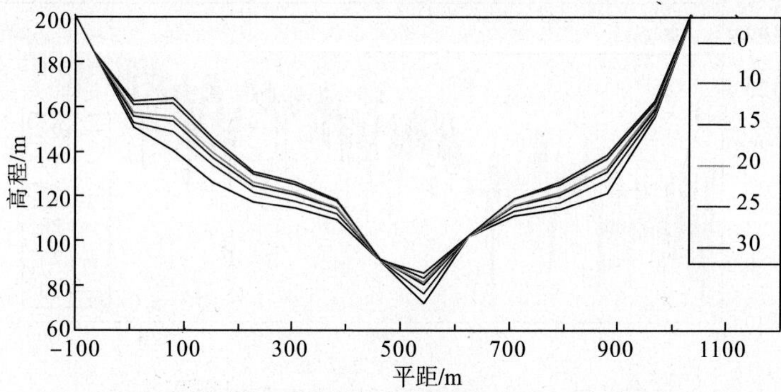

注：断面号：158；特征：宽谷；位置：云阳段；航道里程：307.5 km；淤积时间：2003—2032 年

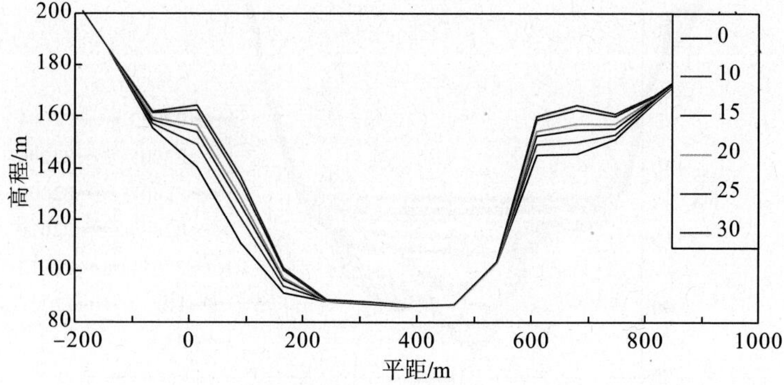

注：断面号：168；特征：峡谷；位置：万州段；航道里程：328.8 km；淤积时间：2003—2032 年

图 5-24　数值模拟与实测断面淤积过程比较图

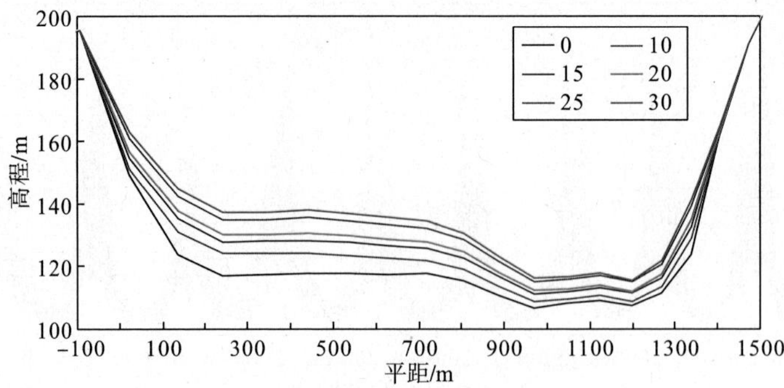

注：断面号：198；特征：宽谷；位置：万州至忠县间；航道里程：392.0 km；淤积时间：2003—2032 年

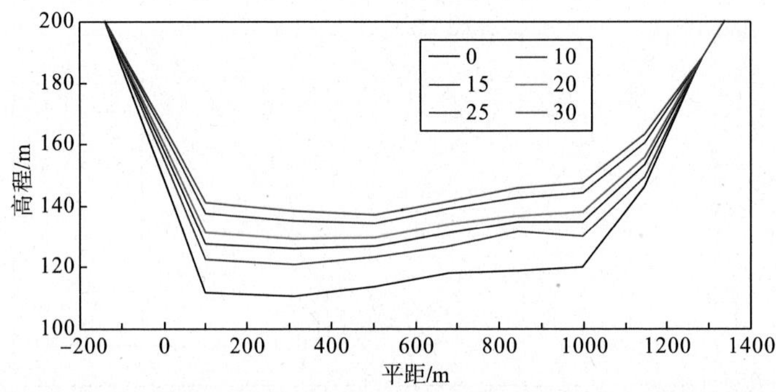

注：断面号：205；特征：弯曲汊道；位置：皇华城；航道里程：404.5 km；淤积时间：2003—2032 年。

图 5-24(续)

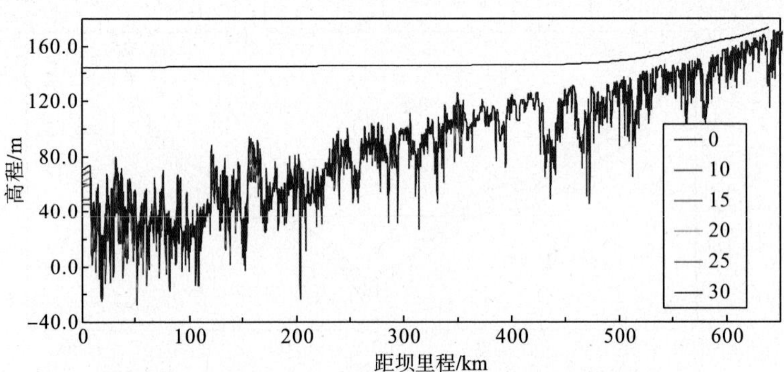

图 5-27　三峡水库不同运行时期深泓线的变化

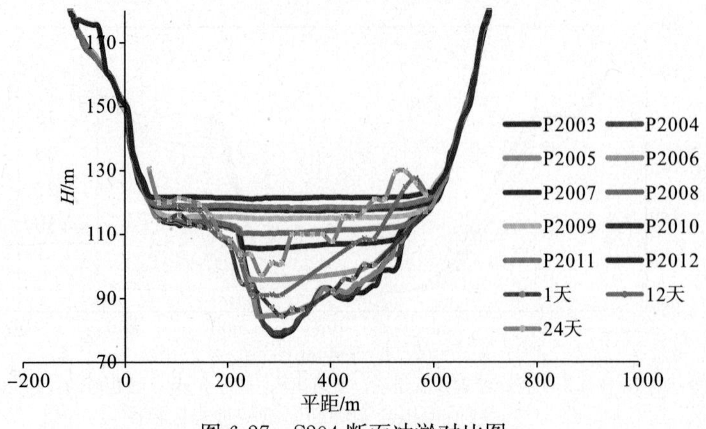

图 6-27　S204 断面冲淤对比图

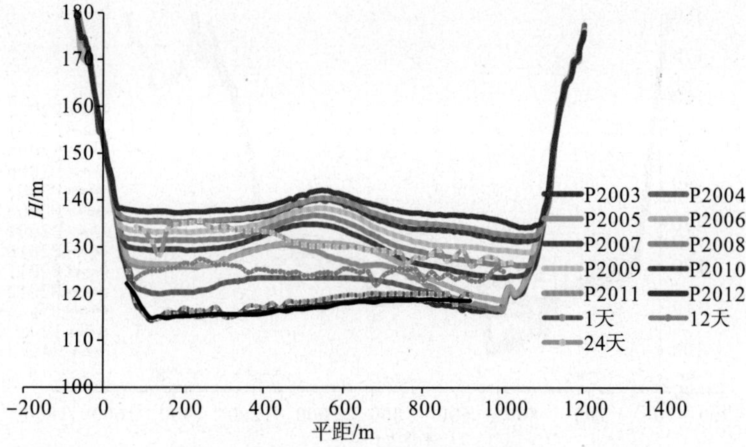

图 6-28　S205 断面冲淤对比图

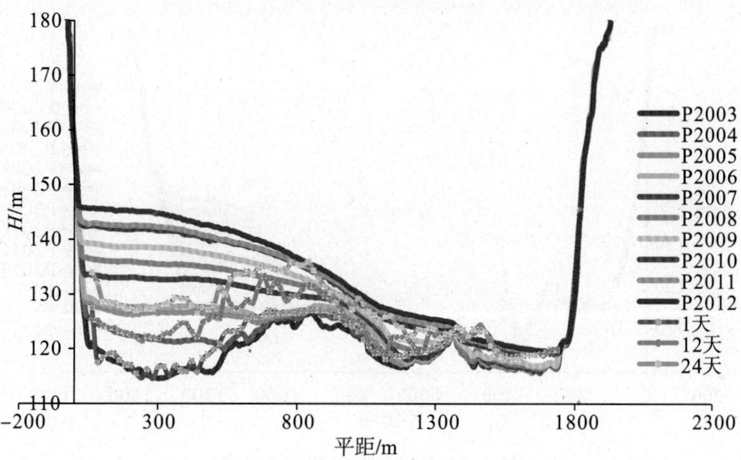

图 6-29　S206 断面冲淤对比图

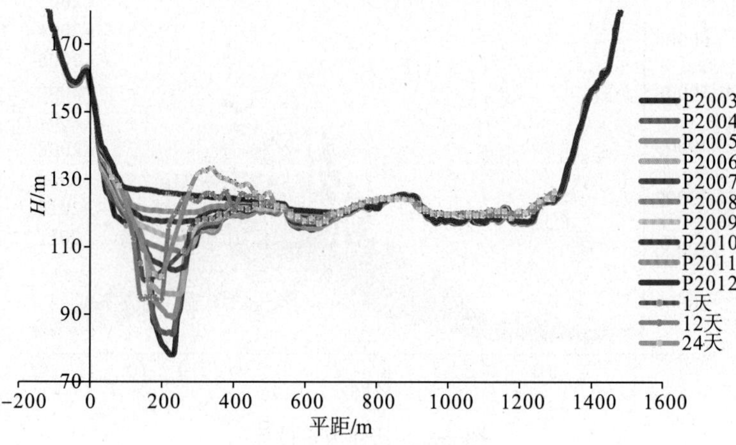

图 6-30　S207 断面冲淤对比图

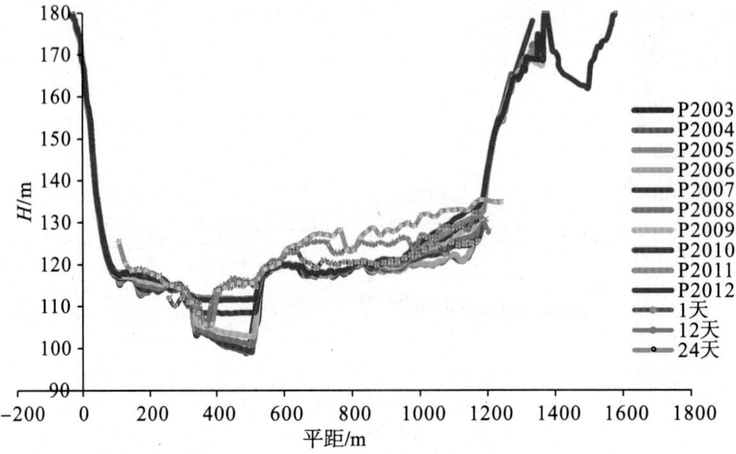

图 6-31　S208 断面冲淤对比图

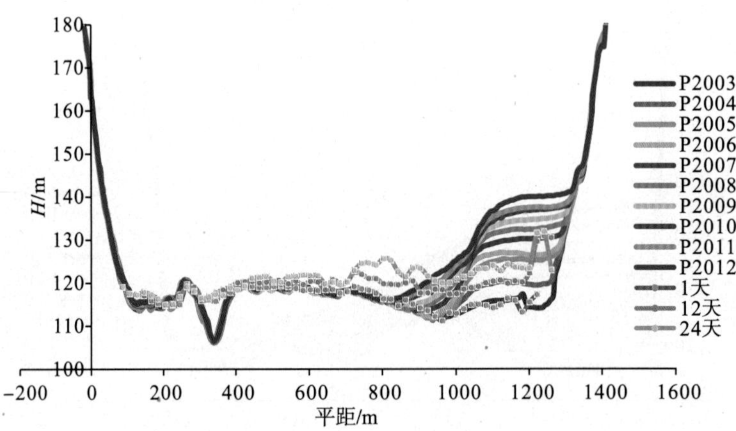

图 6-32　S209 断面冲淤对比图

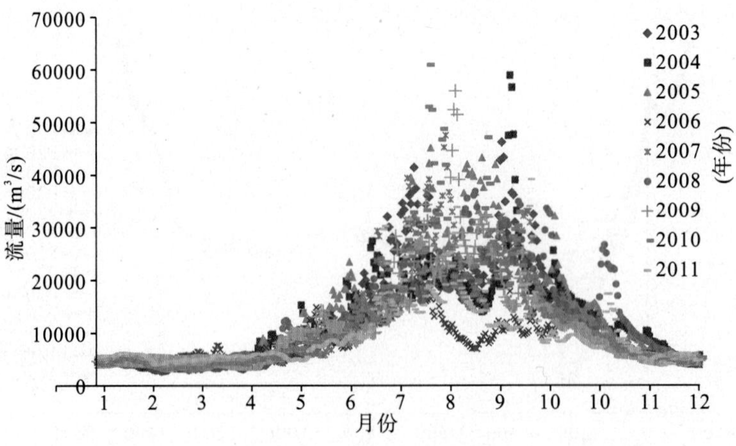

图 6-35　历年流量过程

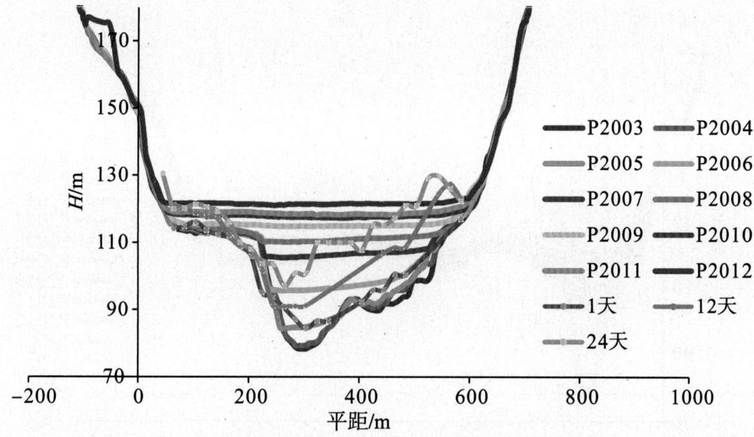

图 6-37 S204 断面冲淤形态

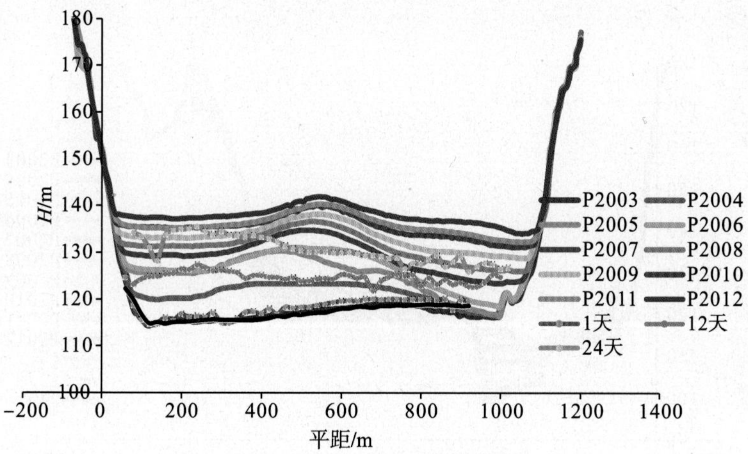

图 6-38 S205 断面冲淤形态

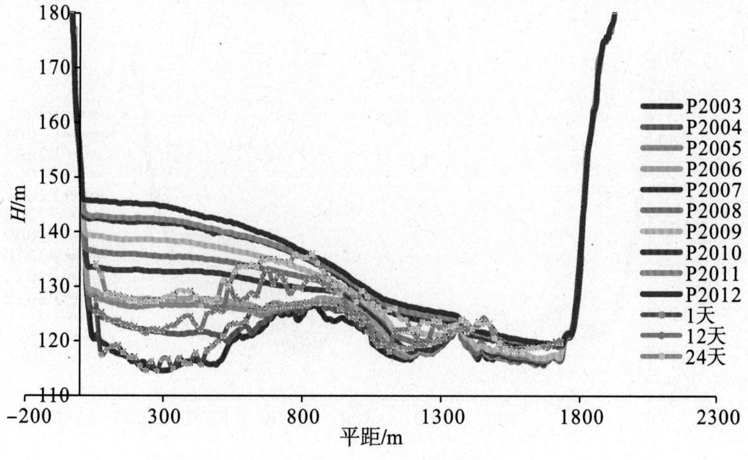

图 6-39 S206 断面冲淤形态

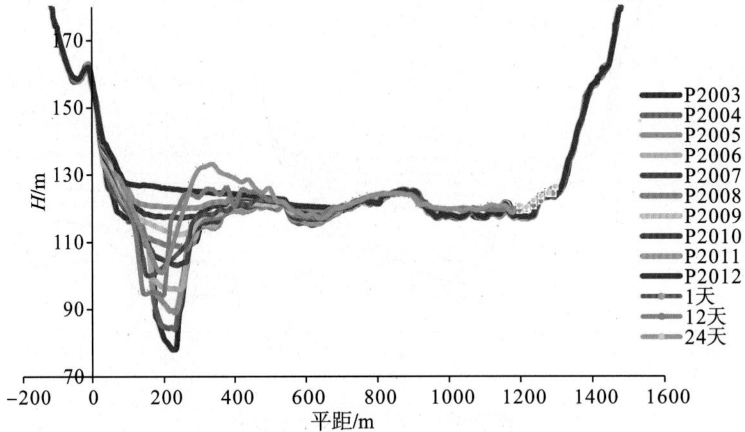

图 6-40　S207 断面冲淤形态

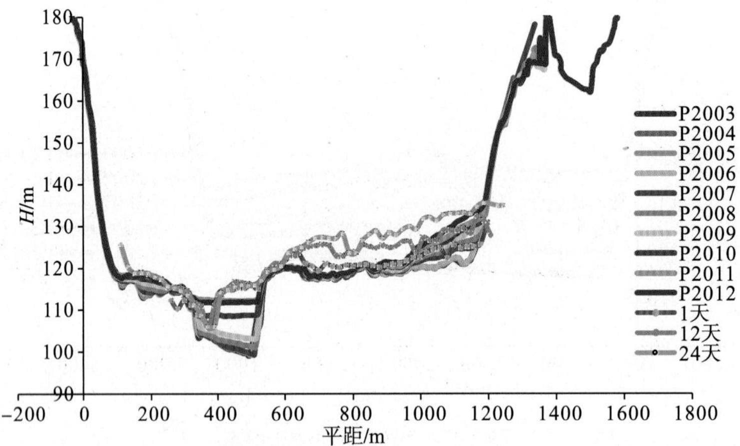

图 6-41　S208 断面冲淤形态

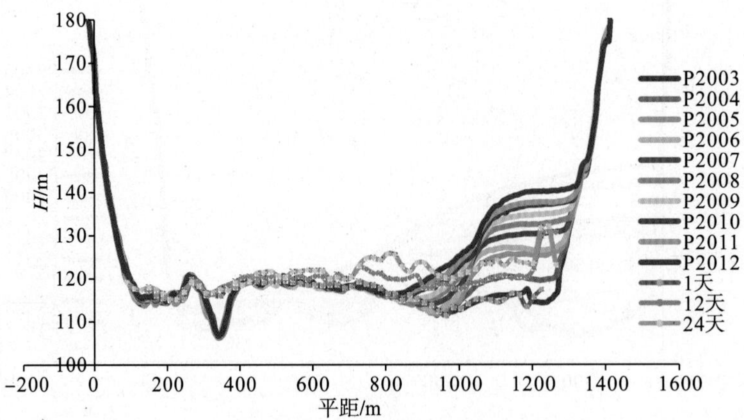

图 6-42　S209 断面冲淤形态

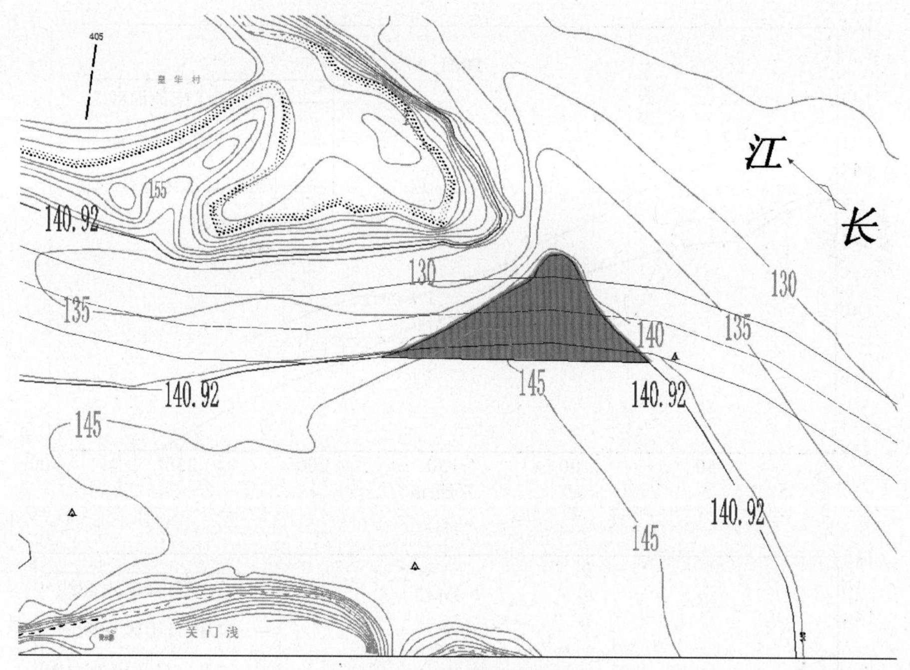

图 7-1　整治部位示意图

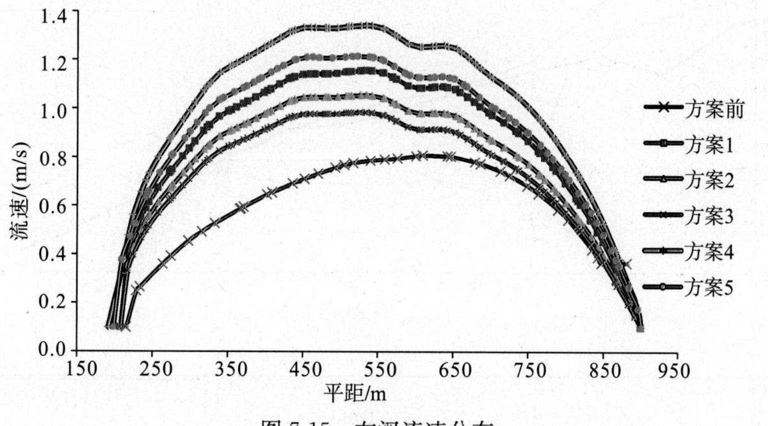

图 7-15　左汊流速分布

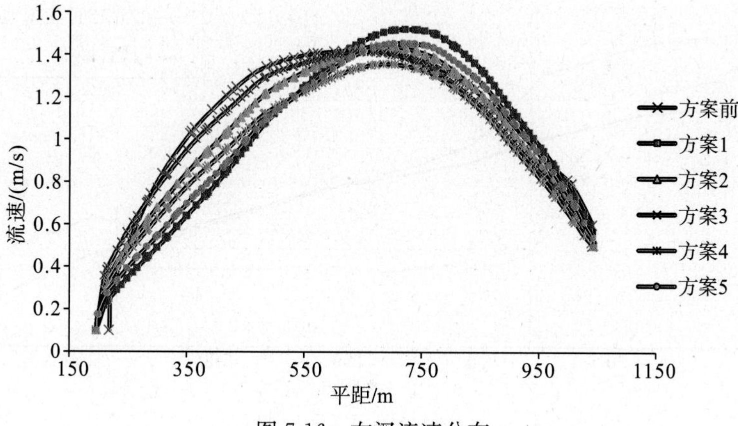

图 7-16　右汊流速分布

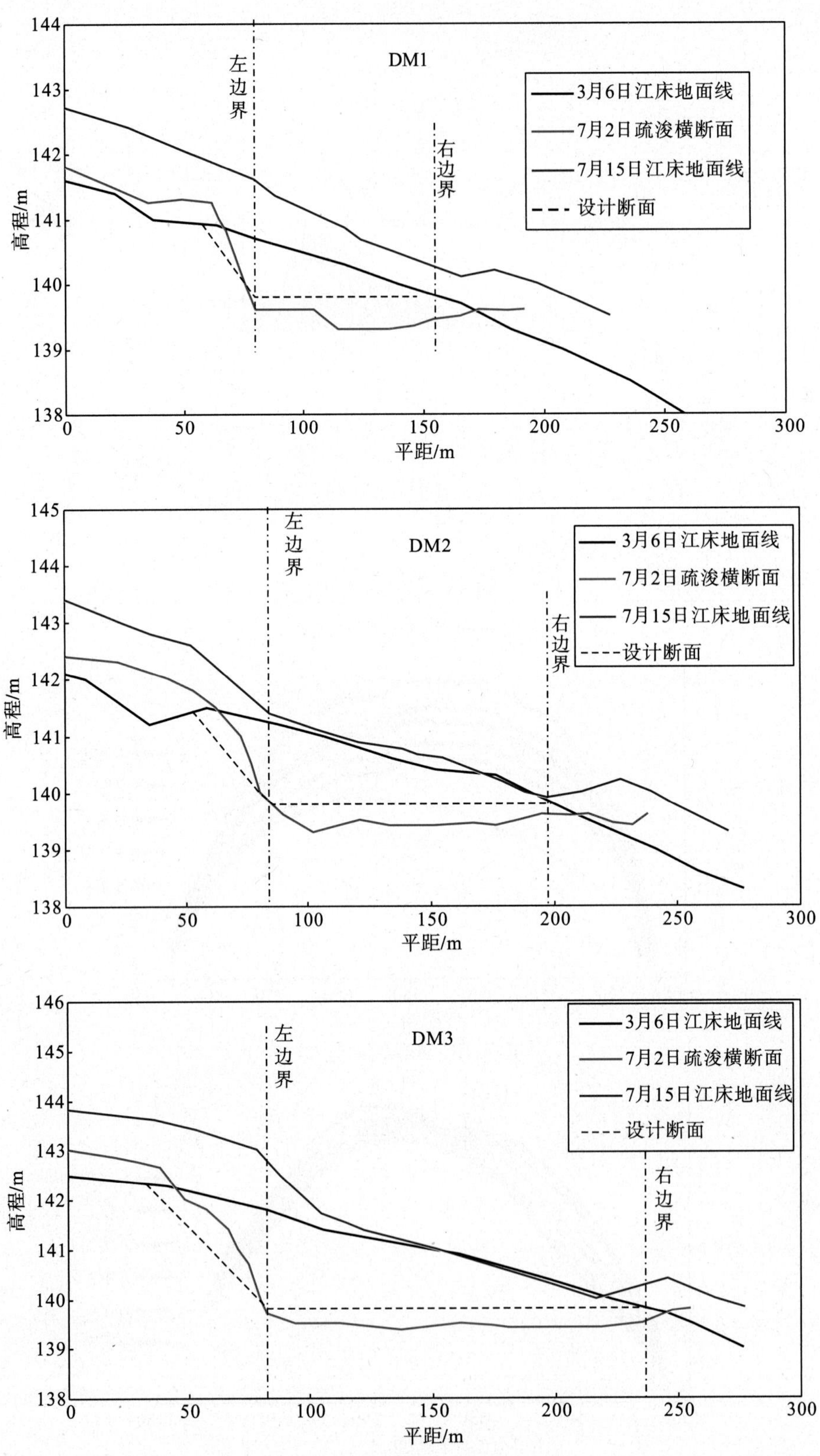

图 7-48　疏浚区典型断面变化图

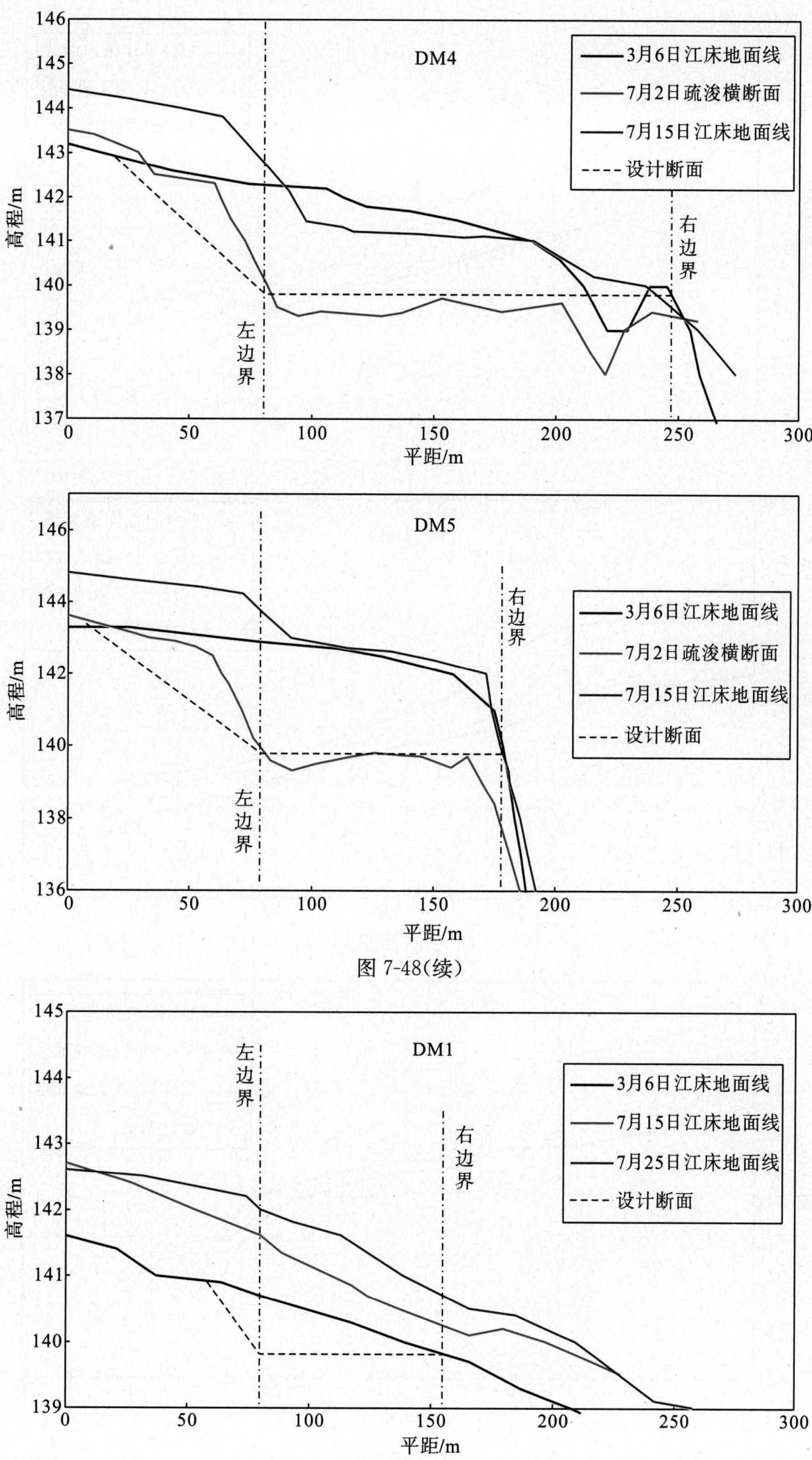

图 7-48(续)

图 7-50　疏浚区典型断面变化图

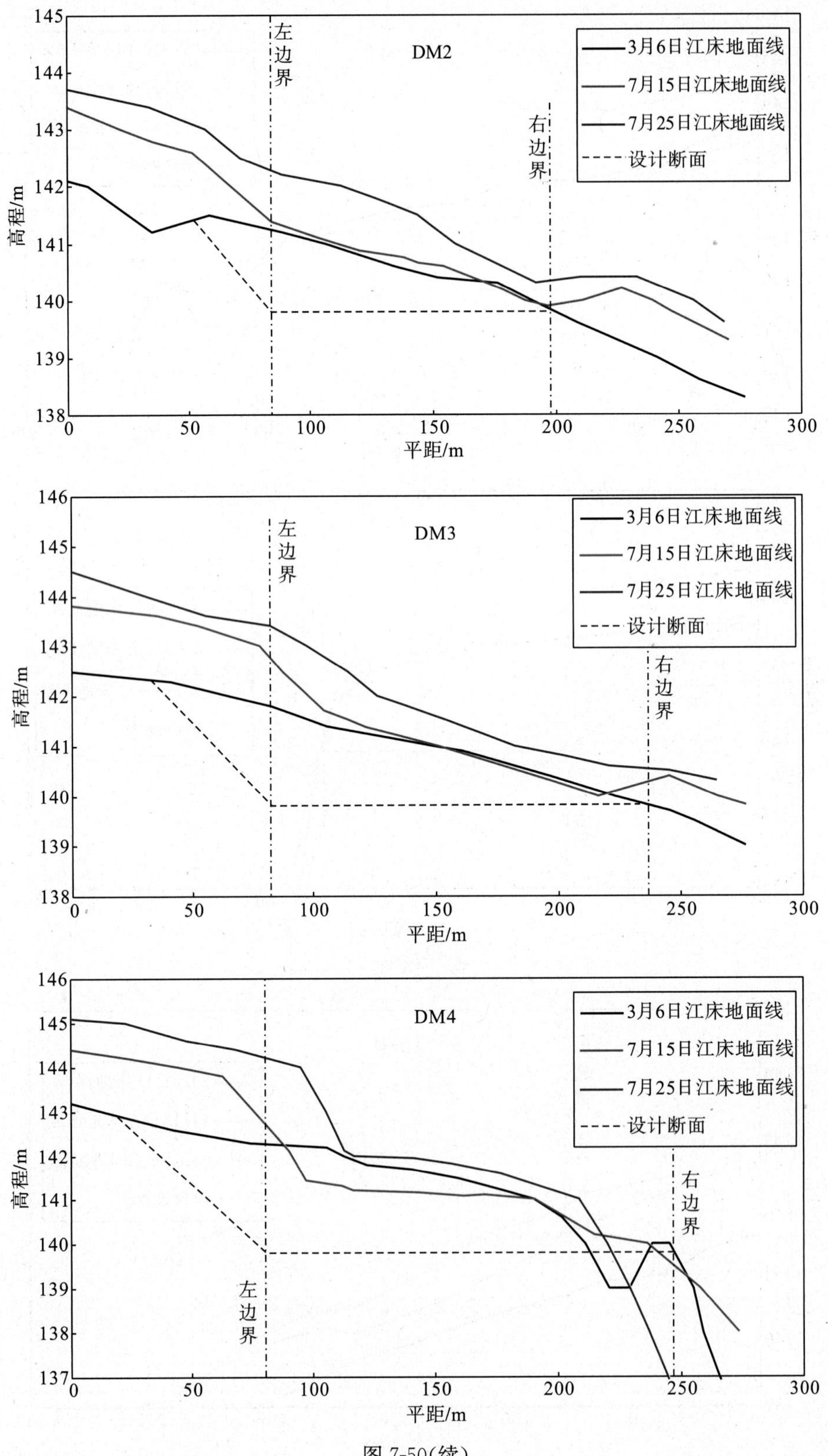

DM2
3月6日江床地面线
7月15日江床地面线
7月25日江床地面线
设计断面
左边界
右边界
高程/m
平距/m
145
144
143
142
141
140
139
138
0
50
100
150
200
250
300
DM3
3月6日江床地面线
7月15日江床地面线
7月25日江床地面线
设计断面
左边界
右边界
高程/m
平距/m
146
145
144
143
142
141
140
139
138
0
50
100
150
200
250
300
DM4
3月6日江床地面线
7月15日江床地面线
7月25日江床地面线
设计断面
左边界
右边界
高程/m
平距/m
146
145
144
143
142
141
140
139
138
137
0
50
100
150
200
250
300

图 7-50(续)

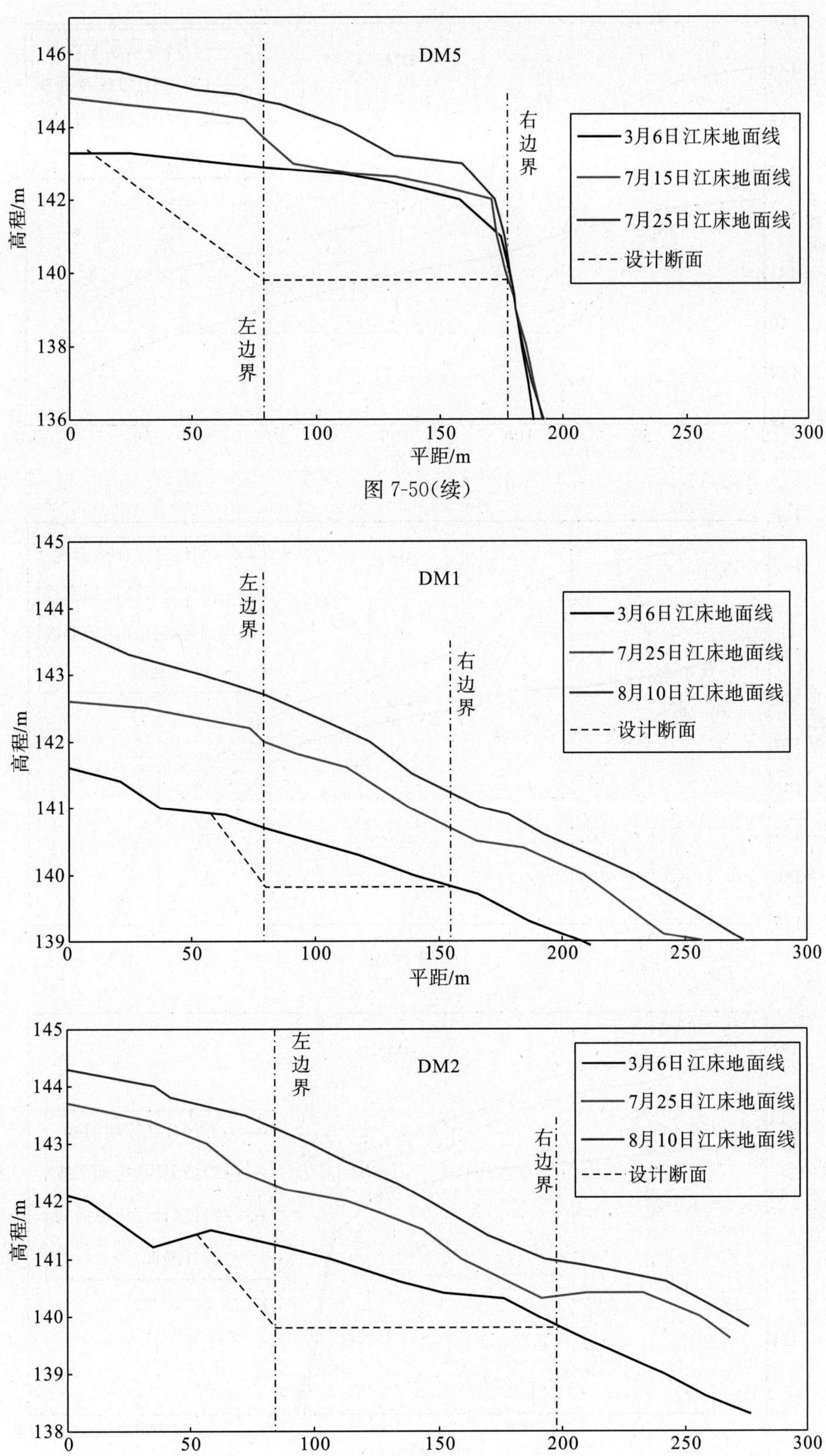

图 7-50(续)

图 7-52　疏浚区典型断面变化图

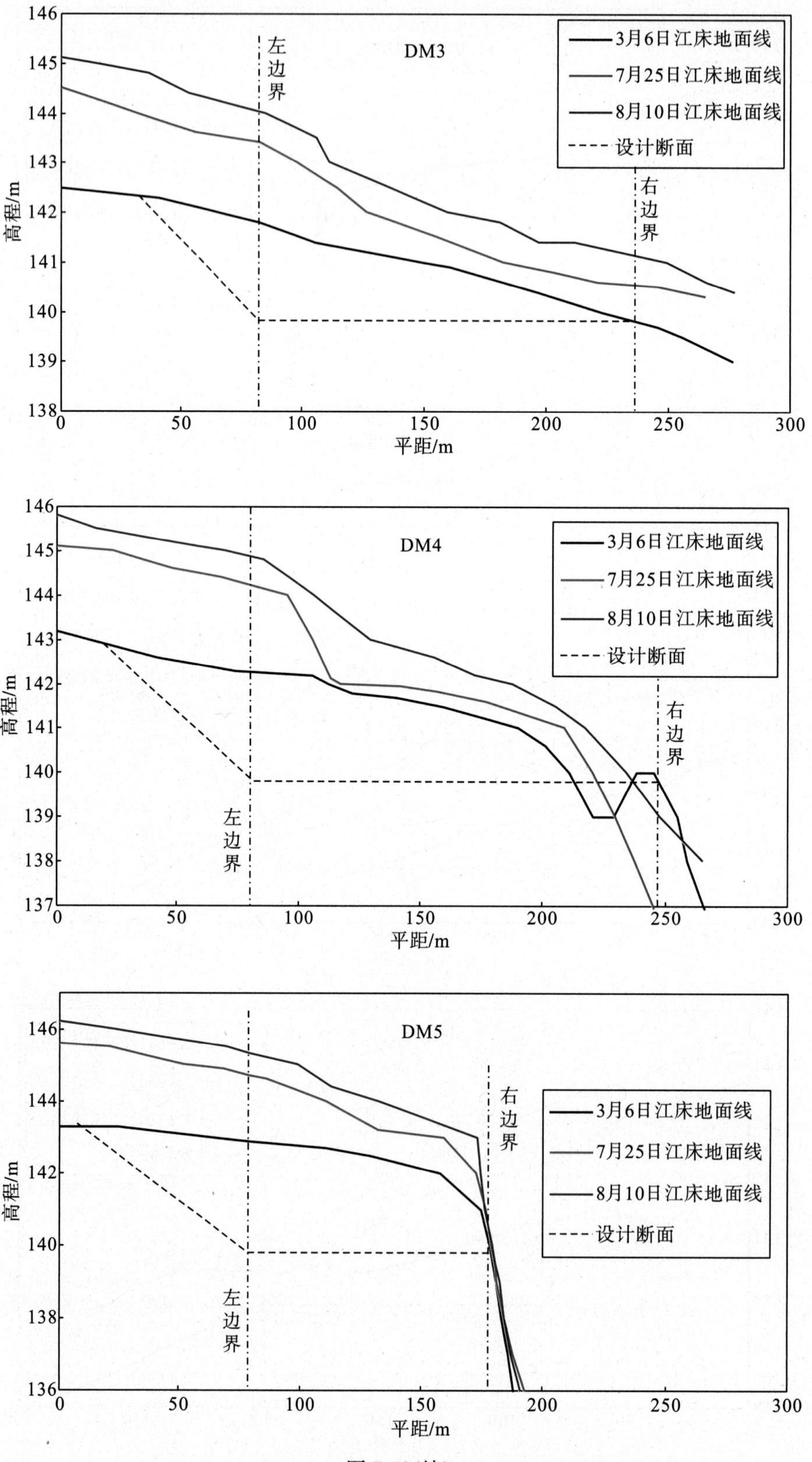

DM3
3月6日江床地面线
7月25日江床地面线
8月10日江床地面线
设计断面
左边界
右边界
高程/m
平距/m
146
145
144
143
142
141
140
139
138
0
50
100
150
200
250
300
DM4
3月6日江床地面线
7月25日江床地面线
8月10日江床地面线
设计断面
左边界
右边界
高程/m
平距/m
137
DM5
3月6日江床地面线
7月25日江床地面线
8月10日江床地面线
设计断面
左边界
右边界
高程/m
平距/m
136

图 7-52(续)

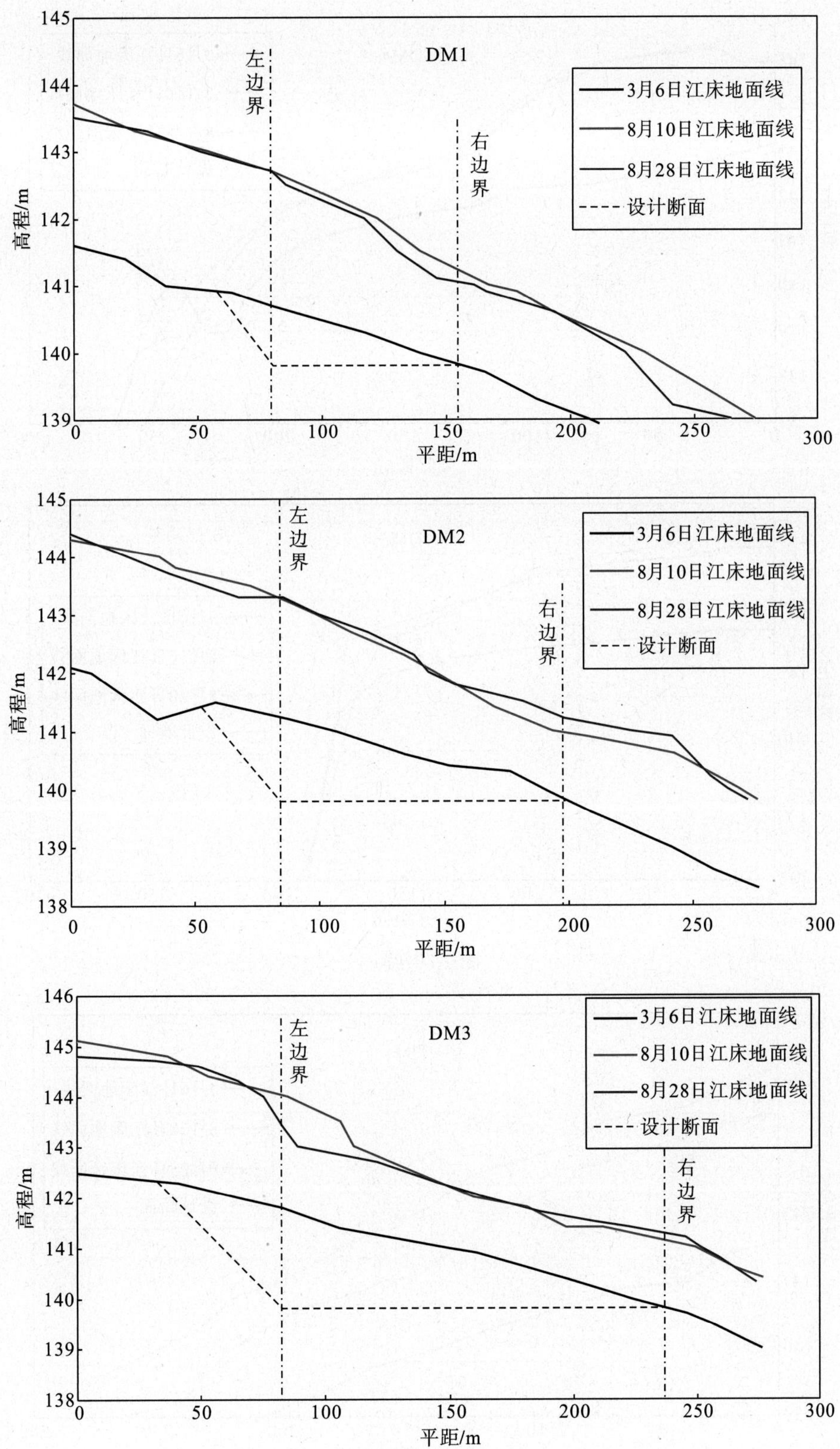

图 7-56　疏浚区典型断面变化图

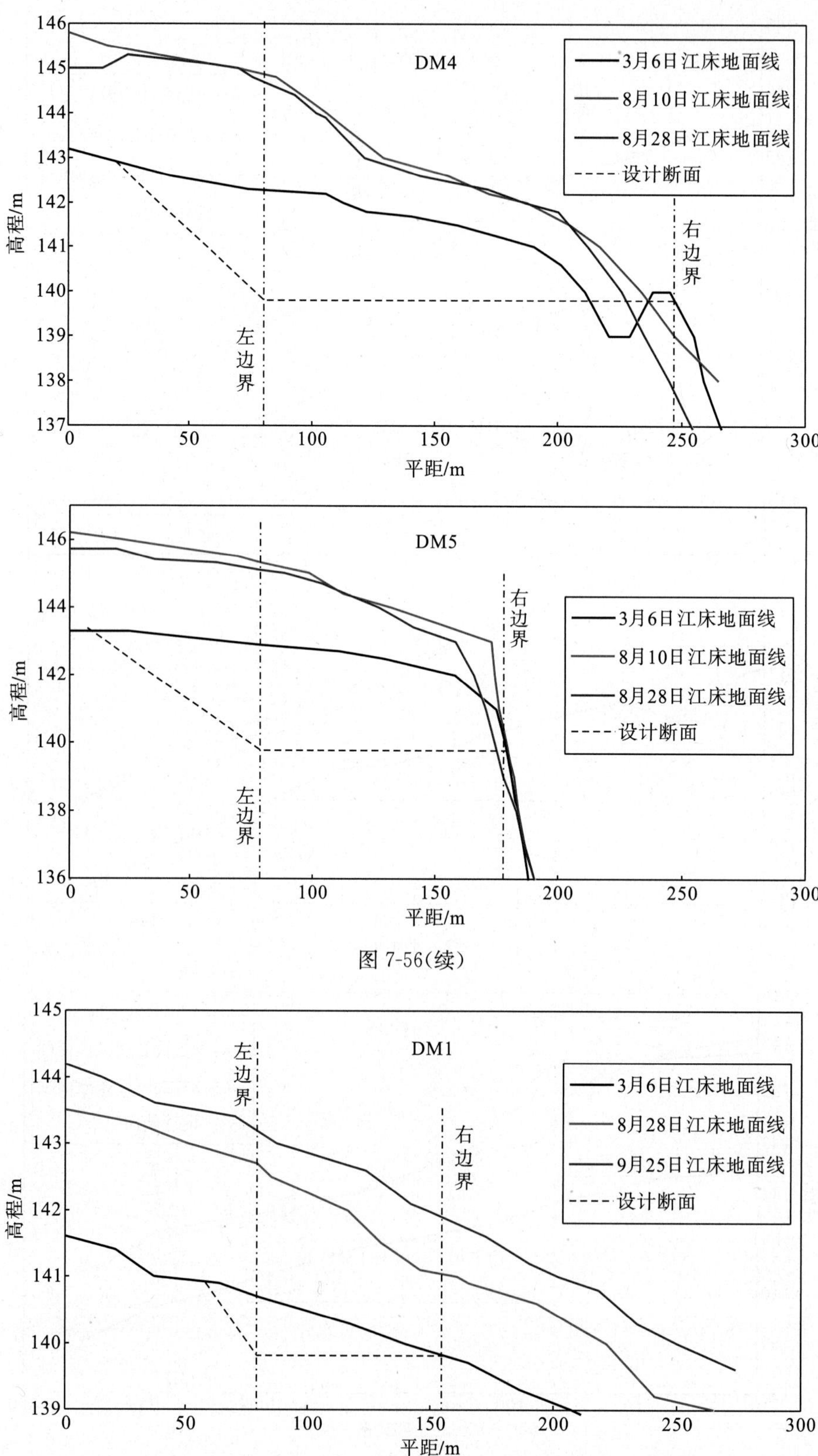

图 7-56(续)

图 7-59　疏浚区典型断面变化图

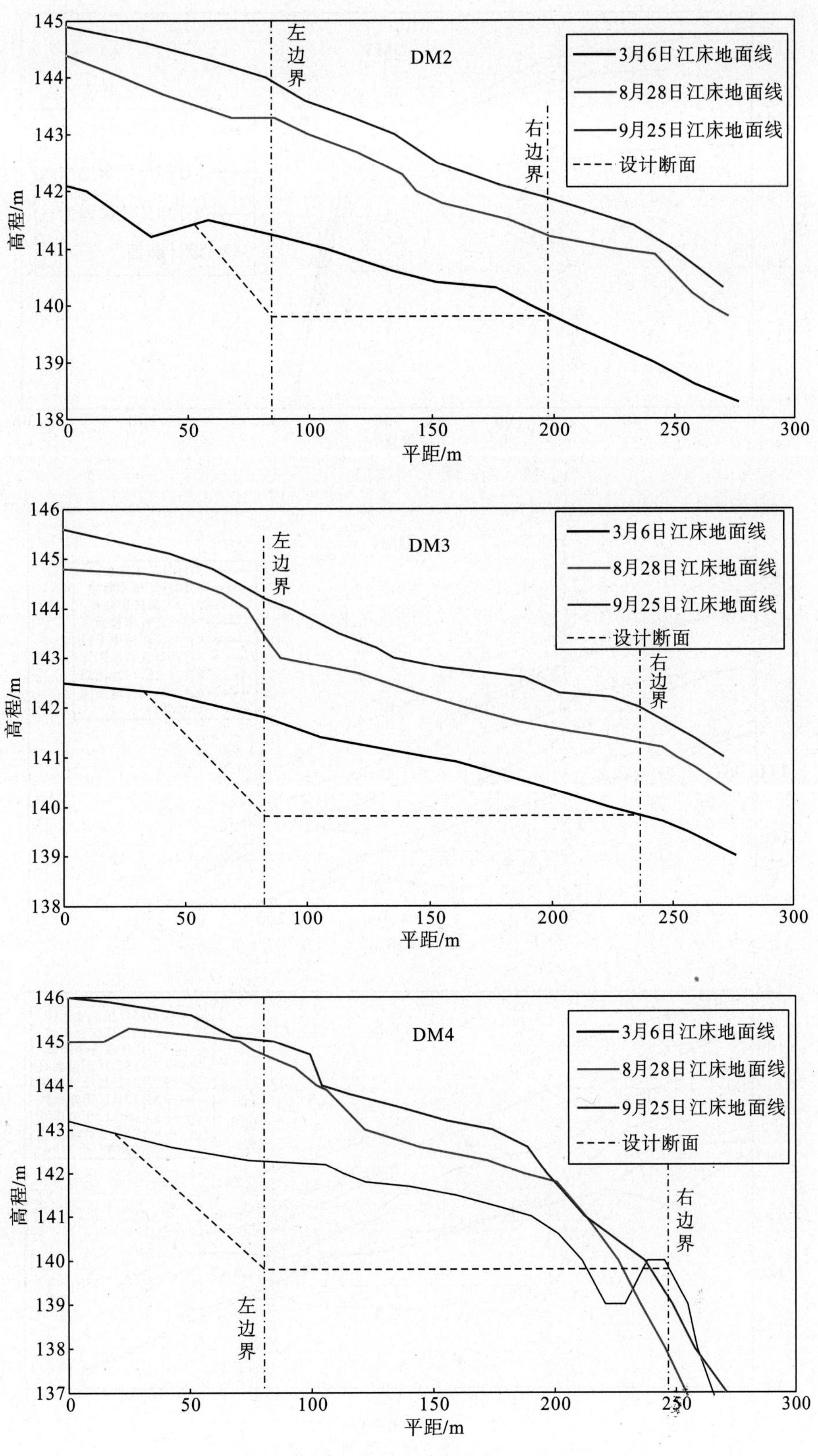

145
144
143
142
141
140
139
138
0
50
100
150
200
250
300
高程/m
平距/m
左
边
界
DM2
右
边
界
3月6日江床地面线
8月28日江床地面线
9月25日江床地面线
设计断面
146
145
144
143
142
141
140
139
138
0
50
100
150
200
250
300
高程/m
平距/m
左
边
界
DM3
右
边
界
3月6日江床地面线
8月28日江床地面线
9月25日江床地面线
设计断面
146
145
144
143
142
141
140
139
138
137
0
50
100
150
200
250
300
高程/m
平距/m
DM4
左
边
界
右
边
界
3月6日江床地面线
8月28日江床地面线
9月25日江床地面线
设计断面

图 7-59(续)

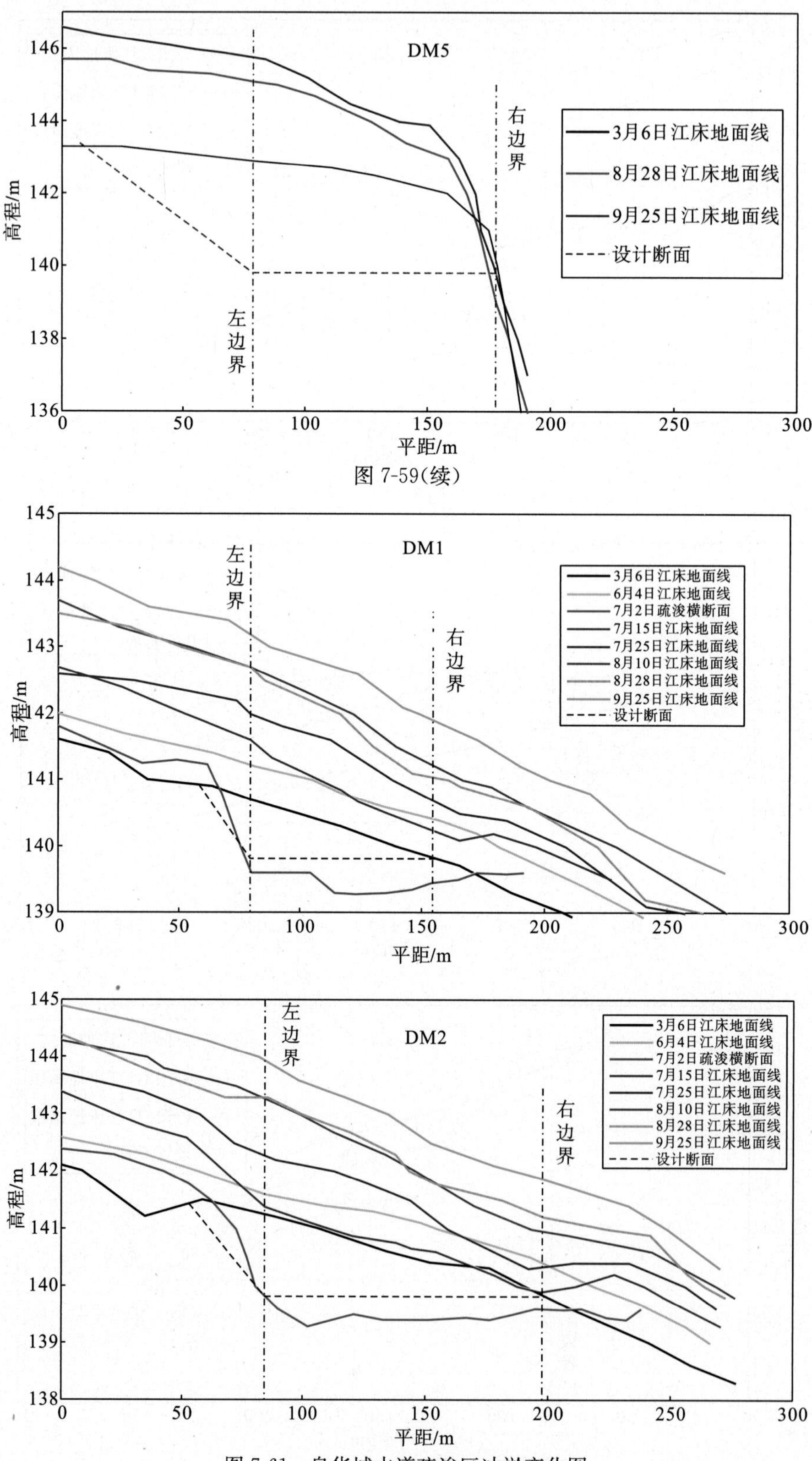

图 7-59(续)

图 7-61　皇华城水道疏浚区冲淤变化图

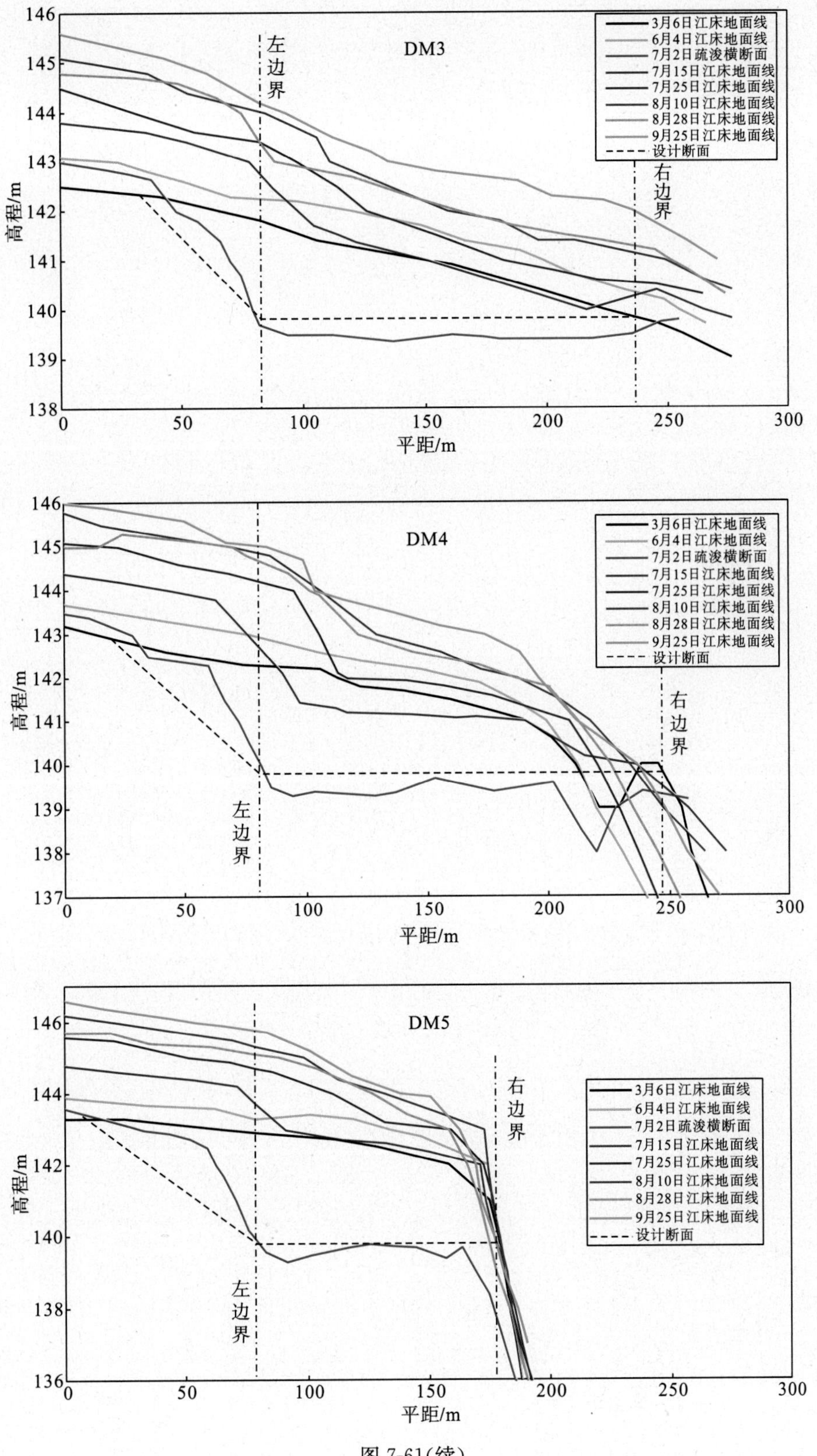

DM3
左边界
右边界
高程/m
平距/m
3月6日江床地面线
6月4日江床地面线
7月2日疏浚横断面
7月15日江床地面线
7月25日江床地面线
8月10日江床地面线
8月28日江床地面线
9月25日江床地面线
设计断面
DM4
左边界
右边界
高程/m
平距/m
3月6日江床地面线
6月4日江床地面线
7月2日疏浚横断面
7月15日江床地面线
7月25日江床地面线
8月10日江床地面线
8月28日江床地面线
9月25日江床地面线
设计断面
DM5
左边界
右边界
高程/m
平距/m
3月6日江床地面线
6月4日江床地面线
7月2日疏浚横断面
7月15日江床地面线
7月25日江床地面线
8月10日江床地面线
8月28日江床地面线
9月25日江床地面线
设计断面

图 7-61(续)